U0621165

江苏文脉整理与研究工程

江苏文库

研究编

江苏文化专门史

江苏水利史

卢勇 著

江苏人民出版社

图书在版编目(CIP)数据

江苏水利史 / 卢勇著. -- 南京 : 江苏人民出版社, 2023.12

(江苏文库. 研究编)

ISBN 978-7-214-26337-7

Ⅰ. ①江… Ⅱ. ①卢… Ⅲ. ①水利史–江苏 Ⅳ. ①TV-092

中国国家版本馆 CIP 数据核字(2024)第 024701 号

书　　名　江苏水利史
著　　者　卢　勇
出版统筹　张　凉
责任编辑　白立业　汪意云
责任监制　王　娟
装帧设计　姜　嵩
出版发行　江苏人民出版社
地　　址　南京市湖南路 1 号 A 楼,邮编:210009
照　　排　江苏凤凰制版有限公司
印　　刷　苏州市越洋印刷有限公司
开　　本　718 毫米×1000 毫米　1/16
印　　张　31.5　插页 4
字　　数　460 千字
版　　次　2024 年 4 月第 1 版
印　　次　2024 年 4 月第 1 次印刷
标准书号　978-7-214-26337-7
定　　价　104.50 元

江苏文脉整理与研究工程

总主编

信长星　许昆林

学术指导委员会

主　　任　周勋初

委　　员　（按姓氏笔画排序）

冯其庸　邬书林　张岂之　郁贤皓　周勋初

茅家琦　袁行霈　程毅中　蒋赞初　戴　逸

编纂出版委员会

主　　编　张爱军　徐　缨

副 主 编　梁　勇　赵金松　章朝阳　樊和平　莫砺锋

编　　委　（按姓氏笔画排序）

马　欣　王　江　王卫星　王月清　王华宝
王建朗　王燕文　双传学　左健伟　田汉云
朱玉麒　朱庆葆　全　勤　刘　东　刘西忠
江庆柏　许佃兵　许益军　孙　逊　孙　敏
孙真福　李　扬　李贞强　李昌集　佘江涛
沈卫荣　张乃格　张伯伟　张爱军　张新科
武秀成　范金民　尚庆飞　罗时进　周　琪
周　斌　周建忠　周新国　赵生群　赵金松
胡发贵　胡阿祥　钟振振　姜　建　姜小青
贺云翱　莫砺锋　徐　俊　徐　海　徐　缨
徐之顺　徐小跃　徐兴无　陶思炎　曹玉梅
章朝阳　梁　勇　彭　林　蒋　寅　程章灿
傅康生　焦建俊　赖永海　熊月之　樊和平

分卷主编　徐小跃　姜小青（书目编）
周勋初　程章灿（文献编）
莫砺锋　徐兴无（精华编）
茅家琦　江庆柏（史料编）
左健伟　张乃格（方志编）
王月清　张新科（研究编）

出版说明

江苏文化源远流长、历久弥新，文化经典与历史文献层出不穷，典藏丰富；文化巨匠代有人出、彪炳史册，在中华民族乃至整个人类文明的发展史上有着相当重要的地位。为科学把握江苏文化的内涵与特征，在新时代彰显江苏文化对中华文化的贡献，江苏省委、省政府决定组织实施“江苏文脉整理与研究工程”，以梳理江苏文脉资源，总结江苏文化发展的历史规律，再现江苏历史上的文化高地，为当代江苏构筑新的文化高地把准脉动、探明趋势、勾画蓝图。

组织编纂大型江苏历史文献总集《江苏文库》，是“江苏文脉整理与研究工程”的重要工作。《文库》以“编纂整理古今文献，梳理再现名人名作，探究追溯文化脉络，打造江苏文化名片”为宗旨，分六编集中呈现：

（一）书目编。完整著录历史上江苏籍学人的著述及其历史记录，全面反映江苏图书馆的图书典藏情况。

（二）文献编。收录历代江苏籍学人的代表性著作，集中呈现自历史开端至一九一一年的江苏文化文本，呈现江苏文化的整体景观。

（三）精华编。选取历代江苏籍学人著述中对中外文化产生重要影响、在文化学术史上具有经典性代表性的作品进行整理，并从中选取十余种，组织海外汉学家翻译成各国文字，作为江苏对外文化交流的标志性文化成果。

（四）方志编。从江苏现存各级各类旧志中选择价值较高、保存较好的志书，以充分发挥地方志资治、存史、教化等作用，保存江苏的地方文献与历史文化记忆。

（五）史料编。收录有关江苏地方史料类文献，反映江苏各地历史地理、政治经济、文化教育、宗教艺术、社会生活、风土民情等。

（六）研究编。组织、编纂当代学者研究、撰写的江苏文化研究著作。

文献、史料、方志三编属于基础文献，以影印方式出版，旨在提供原始文献，以满足学术研究需要；书目、精华、研究三编，以排印方式出版，既能满足学术研究的基本需求，又能满足全民阅读的基本需求。

“江苏文脉整理与研究工程”工作委员会

江苏文库·研究编编纂人员

主　编

王月清　张新科

副主编

徐之顺　姜　建　王卫星　胡发贵　胡传胜　刘西忠

一脉千古成江河

——江苏文库·研究编序言

樊和平

“江苏文脉整理与研究工程”是江苏文化史上继往开来的一个浩大工程。与当下方兴未艾的全国性“文库热”相比，江苏文脉工程有三个基本特点：一是全面系统的整理；二是“整理”与“研究”同步；三是以“文脉”为主题。在“书目编—文献编—精华编—史料编—方志编—研究编”的体系结构中，“研究编”是十分独特的板块，因为它是试图超越“修典”而推进文化传承创新的一种学术努力。

“盛世修典”之说不知起源于何时，不过语词结构已经表明“盛世”与“修典”之间的某种互释甚至共谋，以及由此而衍生的复杂文化心态。历史已经表明，“修典”在建构巨大历史功勋的同时，也包含内在的巨大文化风险，最基本的是“入典”的选择风险。《四库全书》的文化贡献不言自明，但最终其收书的数量竟与禁书、毁书、改书的数量大致相当，还有高出近一倍的书目被宣判为无价值。“入典”可能将一个时代的局限甚至选择者个人的局限放大为历史的文化局限，也可能由此扼杀文化多样性而产生文化专断。另一个更为潜在和深刻的风险，是对待传统的文化态度。文献整理，尤其是地域典籍的整理，在理念和战略上面临的最大考验，是以何种心态对待文化传统。当今之世，无论对个体还是社会，传统已经不仅是文化根源，而且是文化和经济发展的资源甚至资本。然而一旦传统成为资源和资本，邂逅市场逻辑的推波助澜，就面临沦为消费和运作对象的风险，从而以一种消费主义和工具主义的文化态度对待文化传统和文献整理。当传统成为消费和运作的对象，其文化价值不仅可能被误读误用，而且也可能在对传统的消费中使文化坐吃山空，造就出文化上的纨绔子弟，更可能在市场运作中使文化不断被糟蹋。“江苏文脉整理与研究工程”的“整理工程”以全面系统的整理的战略应对可能存在的第一种风险，即入典选择的风险；以“研究工程”应对第二种可能的风险，即消费主义与工具主义的风险。我们不仅是既往传统的继承者，更应当是未来传统的创造者；现代人的使命，不仅是继承优秀传统，更应当创造新的优秀传统，这便是传统的创造性转化与创新性发展的真义。诚然，创造传统任重道远，需要经过坚忍不拔的卓越努力和大浪淘沙般的历史积淀，但对“江苏文脉整理与研究工程”而言，无论如何必须在“整理”的同时开启“研究”的千里之行，在研究中继承和发展传统。这便是“研究编”的价值和使命所在，也是“江苏文脉整理与研究工程”在“文库热”中于顶层设计层面的拔群之处。

一　倾听来自历史深处的文化脉动

20 世纪是文化大发现的世纪，20 世纪以来西方世界最重要的战略，就是文化战略。20 世纪 20 年代，德国社会学家马克斯・韦伯的《新教伦理与资本主义精神》，揭示了西方资本主义文明的文化密码，这就是“新教伦理”及其所造就的“资本主义精神”，由此建构“新教伦理＋资本主义”的所谓“理想类型”，为西方资本主义进行了文化论证尤其是伦理论证，奠定了 20 世纪以后西方中心论的文化基础。20 世纪 70 年代，哈佛大学教授丹尼尔・贝尔的《资本主义文化矛盾》，揭示了当代资本主义最深刻的矛盾不是经济矛盾，也不是政治矛盾，而是“文化矛盾”，其集中表现是宗教释放的伦理冲动与市场释放的经济冲动分离与背离，进而对现代西方文明发出文化预警。20 世纪 70 年代之后，亨廷顿的《文明的冲突与世界秩序的重建》将当今世界的一切冲突归结为文明冲突、文化冲突，将文化上升为西方世界尤其是美国国家战略的高度。以上三部曲构成西方世界尤其是美国文化帝国主义的国家文化战略，正如一些西方学者所发现的那样，时至今日，文化帝国主义被另一个概念代替——“全球化”，显而易见，全球化不仅是一种浪潮，更是一种思潮，是西方世界的国家文化战略。文化虽然受经济发展制约甚至被经济发展水平所决定，但回顾从传统到现代的中国文明史，文化问题不仅逻辑地而且历史地成为文明发展的最高最难的问题，正因为如此，文化自信才成为比理论自信、道路自信、制度自信更具基础意义的最重要的自信。

在全球化背景下，文脉整理与研究具有重大的国家文化战略意义，不仅必要，而且急迫。文化遵循与经济社会不同的规律，全球化在造就广泛的全球市场并使全球成为一个“地球村”的同时，内在的最大文明风险和文化风险便是同质性。全球化催生的是一个文化上的独生子女，其可能的镜像是：一种文化风险将是整个世界的风险，一次文化失败将是整个人类的文化失败。文化的本质是什么？梁漱溟先生说，文化就是人的生活的根本样法，文化就是“人化”。丹尼尔·贝尔指出，文化是为人的生命过程提供解释系统，以对付生存困境的一种努力。据此，文化的同质化，最终导致的将是人的同质化，将是民族文化或西方学者所说地方性知识的消解和消失；同时，由于文化是人类应对生存困境的大智慧，或治疗生活世界痼疾的抗体，它所建构的是与自然世界相对应的精神世界和意义世界，文化的同质性将导致人类在面临重大生存困境时智慧资源的贫乏和生命力的苍白，从而将整个人类文明推向空前的高风险。应对全球化的挑战和西方文化帝国主义的国家战略，“江苏文脉整理与研究工程”是整个中华民族浩大文化工程的一部分和具体落实，其战略意义决不止于保存文化记忆的自持和自赏，在这个全球化的高风险正日益逼近的时代，完整地保存地方文化物种，认同文化血脉，畅通文化命脉，不仅可以让我们在遭遇全球化的滔滔洪水之时可以于故乡文化的山脉之巅“一览众山小”地建设自己的精神家园和文化根据地，而且可以在患上全球化的文化感冒甚至某种文化瘟疫之后，不致乞求“西方药”来治“中国病”，而是根据自己的文化基因和文化命理，寻找强化自身的文化抗体和文化免疫力之道，其深远意义，犹如在今天经过独生子女时代穿越时光隧道，回首当年我们的“兄弟姐妹那么多”

和父辈们儿孙满堂的那种天伦风光，不只是因为寂寞，而且是为了中华民族大家庭的文化安全和对未来文化风险的抗击能力。

“江苏文脉整理与研究工程”是以江苏这一特殊地域文化为对象的一次集体文化自觉和文化自信，与其他同类文化工程相比，其最具标识意义的是“文脉”理念。“文脉”是什么？它与“文献”和文化传统的关系到底如何？这是“文脉工程”必须解决的基本问题。

庞朴先生曾对“文化传统”与“传统文化”两个概念进行了审慎而严格的区分，认为“传统文化”可能是历史上曾经存在过的一切文化现象，而“文化传统”则是一以贯之的文化道统。在逻辑和历史两个维度，文化成为传统都必须同时具备三个条件：历史上发生的，一以贯之的，在现实生活中依然发挥作用的。传统当然发生于历史，但历史上发生的一切，从《道德经》《论语》到女人裹小脚，并不都成为传统，即便当今被考古或历史研究所不断发现的现象，也只能说是“文化遗存”，文化成为传统必须在历史长河中一以贯之而成为道统或法统，孔子提供的儒家学说，老子提供的道家智慧，之所以成为传统，就是因为它们始终与中国人的生活世界和精神世界相伴随，并成为人的生命和生活的文化指引。然而，文化并不只存在于文献典籍之中，否则它只是精英们的特权，作为“人的生活的根本样法”和“对付生存困境”的解释系统，它必定存在于芸芸众生的生命和生活之中，由此才可能，也才真正成为传统。《论语》与《道德经》之所以成为传统，不只是因为它们作为经典至今还为人们所学习和研究，而且因为在中国人精神的深层结构中，即便在未读过它们的田夫村妇身上，也存在同样的文化基因。中国人在得意时是儒家，“明知不可为而偏为之”；在失意时是道家，“后退一步天地宽”；在绝望时是佛家，“四大皆空”，从而建立了与自给自足的自然经济结构相匹合的自给自足的文化精神结构，在任何境遇下都不会丧失安身立命的精神基地，这就是传统。文化传统必须也必定是“活”的，是在现实中依然发挥作用的，是构成现代人的文化基因的生命因子。这种与人的生活和生命同在的文化传统就是“脉”，就是“文脉”。

文脉以文献、典籍为载体，但又不止于文献和典籍，而是与负载它的生命及其现实生活息息相关。“文脉”是什么？“文脉”对历史而言是

"血脉",对未来而言是"命脉",对当下而言是"山脉"。"江苏文脉"就是江苏人的文化血脉、文化命脉、文化山脉,是历史、现在、未来江苏人特殊的文化生命、文化标识、文化家园,以及生生不息的文化记忆和文化动力。虽然它们可能以诸种文化典籍和文化传统的方式呈现和延续,但"文脉工程"致力探寻和发现的则是跃动于这些典籍和传统,也跃动于江苏人生命之中的那种文化脉动。"江苏文脉整理与研究工程"的最大特点就在于它是"文脉工程"而不是一般的"文化工程",更不是"文库工程"。"文化工程""文库工程"可能只是一般的文化挖掘与整理,而"文脉工程"则是与地域的文化生命深切相通,贯穿地域的历史、现在与未来的生命工程。

"江苏文脉整理与研究工程"是"整理"与"研究"的璧合,在"研究工程"中能否、如何倾听到来自历史深处的文化脉动,关键是处理好"文献"与"文脉"的关系。"整理工程"是对文脉的客观呈现,而"研究工程"则是对文脉的自觉揭示,若想取得成功,必须学会在"文献"中倾听和发现"文脉"。"文献"如何呈现"文脉"? 文献是人类文明尤其是人类文化记忆的特殊形态,也是人类信息交换和信息传播的特殊方式。回首人类文明史,到目前为止,大致经历了三种信息方式。最基本也是最原初的是口口交流的信息方式,在这种信息方式中,信息发布者和信息传播者都同时在场,它是人的生命直接和整体在场并对话的信息传播方式,是从语言到身体、情感的全息参与,是生命与生命之间的直接沟通,但具有很大的时空局限。印刷术的产生大大扩展了人类信息交换的广度和深度,不仅可以以文字的方式与不在场的对象交换信息,而且可以以文献的方式与不同时代、不同时空的人们交换信息,这便是第二种信息方式,即以印刷为媒介的信息方式或印刷信息方式。第三种信息方式便是现代社会以电子网络技术为媒介的信息方式,即电子信息方式。文献与典籍是印刷信息方式的特殊形态,它将人类文化史和文明史上具有特殊价值的信息以印刷媒介的方式保存下来,供后人学习和研究,从而积淀为传统。文字本质上是人的生命的表达符号,所谓"诗言志"便是指向生命本身。然而由于它以文字为中介,一旦成为文献,便离开原有的时空背景,并与创作它的生命个体相分离,于是便需要解读,在解读中便可能发生误读，但无论如何，解读的对象并不只是文字本身，而是文字背后的生命现象。

文献尤其是典籍是不同时代人们对于文化精华的集体记忆，它们不仅经受过不同时代人们的共同选择，而且经受过大浪淘沙的历史洗礼，因而其中不仅有创造它的那个个体或文化英雄如老子、孔子的生命表达，而且有传播和接受它的那个民族的文化脉动，是负载它的那个民族的文化生命，这种文化生命一言以蔽之便是文化传统。正因为如此，作为集体记忆的精华，文献和典籍是个体和集体的文化脉动的客观形态，关键在于，必须学会倾听和揭示来自远方的生命旋律。由于它们巨大的时空跨度，往往不能直接把脉，而需要具有一种“悬丝诊脉”的卓越倾听能力。同时，为了把握真实的文化脉动，不仅需要对文献和典籍即“文本”进行研究，而且需要对创造它们的主体包括创作的个体和传播接受的集体的生命即“人物”进行研究。正如席勒所说，每个人都是时代的产儿，那些卓越的哲学家和有抱负的文学家却可能成为一切时代的同代人。文字一旦成为文献或典籍，便意味着创作它的个体成为一切时代的同代人，但无论如何，文献和它们的创造者首先是某个时代的产儿，因而要在浩如烟海的文献和典籍中倾听到来自传统深处的文化脉动，还需要将它们还原到民族的文化生命之中，形成文化发展的“精神的历史”。由此，文本研究、人物研究、学派流派研究、历史研究，便成为“文脉研究工程”的学术构造和逻辑结构。

二　中国文化传统中的江苏文脉

江苏文脉是中国文化传统的一部分，二者之间的关系并不只是部分与整体的关系，借助宋明理学的话语，是“理一”与“分殊”的关系。文脉与文化传统是民族生命的文化表达和自觉体现，如果只将它们理解为部分与整体的关系，那么江苏文脉只是中国文化传统或整个中华文化脉统中的一个构造，只是中华文化生命体中的一个器官。朱熹曾以佛家的“月映万川”诠释“理一分殊”。朗月高照，江河湖泊中水月熠熠，此番景象的哲学本真便是“一月普现一切水，一切水月一月摄”。天空中的“一月”与江河中的“一切水月”之间的关系是“分享”关系，不是分享了“一月”的某一部分，而是全部。江苏文脉与中国文化传统之间的关系便是“理一分殊”，中国文化传统是“理一”，江苏文脉是“分殊”，正因为如此，关于江苏文脉的研究必须在与整个中国文化传统的关系中整体性地把握和展开。其中，文化与地域的关系、江苏文化在中华文化发展中的贡献和地位，是两个基本课题。

到目前为止的一切人类文明的大格局基本上都是由以山河为标志的地理环境造就的，从轴心文明时代的四大文明古国，到“五大洲四大洋”的地理区隔，再到中国山东—山西、广东—广西、河南—河北，江苏的苏南—苏北的文化与经济差异，山河在其中具有基础性意义。在这个意义上，可以将在此以前的一切文明称为“山河文明”。如今，科技经济发展迎来一个“高”时代：高铁、高速公路、电子高速公路……正在并将继续推倒由山河造就的一切文明界碑，即将造就甚至正在造就一个“后山河时代”。“后山河时代”的最后一道屏障，“山河时代”遗赠给“后山河时代”的最宝贵的文明资源，便是地域文化。在这个意义上，江苏文脉的整理与研究，不仅可以为经过全球化席卷之后的同质化世界留下弥足珍贵的“文化大熊猫”，而且可以在未来的芸芸众生饱尝“独上高楼，望尽天涯路”的孤独之后，缔造一个“蓦然回首”的文化故乡，从中可以鸟瞰文化与世界关系的真谛。江苏独特的地域环境与江苏文化、江苏文脉之间的关系，已经不是所谓“一方水土一方人”所能表达，可以说，地脉、水脉、山脉与江苏文脉之间的关系，已经是一脉相承。

我们通过考察和反思发现，水系，地势，山势，大海，是对江苏文脉尤其是文化性格产生重大影响的地理因素。露水不显山，大江大河入大海，低平而辽阔，黄河改道，这一切的一切与其说是自然画卷和自然事件，不如说是江苏文脉的大地摇篮和文化宿命的历史必然，它们孕生和哺育了江苏文明，延绵了江苏文脉。历史学家发现，江苏是中国唯一同时拥有大海、大江、大湖、大平原的省份，有全国第一大河长江，第二大河黄河（故道），第三大河淮河，世界第一大人工河大运河，全国第三大淡水湖太湖，全国第四大淡水湖洪泽湖。江苏也是全国地势最低平的一个省区，绝大部分地区在海拔50米以下，少量低山丘陵大多分布于省际边缘，最高峰即连云港云台山的玉女峰也只有625米。丰沛而开放的水系和低平而辽阔的地势馈赠给江苏的不只是得天独厚的宜居，更沉潜、更深刻的是独特的文化性格和文脉传统，它们是对江苏地域文化产生重大影响的两个基本自然元素。

不少学者指证江苏文化具有水文化特性，而在众多水系中又具长江文化的特性。“水”的文化特性是什么？“老聃贵柔”，老子尚水，以水演绎世界真谛和人生大智慧。“天下莫柔弱于水，而攻坚强者莫之能胜。”柔弱胜刚强，是水的品质和力量。西方文明史上第一个哲学家和科学家泰勒斯向全世界宣告的第一个大智慧便是：水是万物的始基。辽阔的平原在中国也许还有很多，却没有像江苏这样“处下”。老子也曾以大海揭示“处下”的智慧：“江海所以能为百谷王者，以其善下之，故能为百谷王。”历史上江苏的文化作品、江苏人的文化性格，相当程度上演绎了这种“水性”与“处下”的气质与智慧。历史上相当时期黄河曾经从江苏入海，然而黄河改道、黄河夺淮，几番自然力量或人力所为，最终黄河在江苏留下的只是一个“故道”的背影。黄河在江苏的改道当然是一个自然事件或历史事件，但我们也可能甚至毋宁将它当作一个文化事件，数次改道，偶然之中有必然，从中可以发现和佐证江苏文脉的“长江”守望和江南气质。不仅江苏的地脉“露水不显山”，而且江苏的文化作品，江苏人的文化性格，一句话，江苏文脉，也是“露水不显山”，虽不是“壁立千仞”，却是“有容乃大”。一般说来，充沛的水系，广阔的平原，往往造就自给自足的自我封闭，然而，江苏东临大海，无论长江、淮河，还是历史上的黄河，都从这里入大海，归大海，不只昭示江苏的开放，而且演绎江苏文化、江苏文脉、江苏人海纳百川的博大和静水深流的仁厚。

黄河与长江好似中华文脉的动脉与静脉，也好似人的身体中的任督二脉，以长江文化为基色的江苏文化在中华文脉的缔造和绵延中作出了杰出贡献。有学者指出，在中国文明史上，长江文化每每在黄河文化衰弱之后承担起“救亡图存”的重任。人们常说南京古都不少为小朝廷，其实这正是“救亡图存”的反证，“天下兴亡，匹夫有责”的口号首先由江苏人顾炎武喊出，偶然之中有必然。学界关于江苏文化有三次高峰或三次大贡献，与两次大贡献之说。第一次高峰是开启于秦汉之际的汉文化，第二次高峰是六朝文化，第三次高峰是明清文化。人们已对六朝文化与明清文化两大高峰对中国文化的贡献基本达成共识，但江苏的汉文化高峰及其贡献也应当得到承认，而且三次文化高峰都发生于中国社会的大转折时期，对中国文化的承续作出了重大贡献。在秦汉之际的大变革和大一统国家的建构中，不仅在江苏大地上曾经演绎了波澜壮阔的对后来中国文明产生深远影响的历史史诗，而且演绎这些历史史诗的主角刘邦、项羽、韩信等都是江苏人，他们虽然自身不是文化人，但无疑对中国文化产生了深远影响。董仲舒提出“罢黜百家，独尊儒术”的主张，奠定了大一统的思想和文化基础，他本人虽不是江苏人，却在江苏留下印迹十多年。江苏的汉文化高峰对中国文化的最大贡献，一言概之即“大一统”，包括政治上的大一统和思想文化上的大一统。六朝被公认为中国文化发展的高峰，不少学者将它与古罗马文明相提并论，而六朝文化的中心在江苏、在南京。以南京为核心的六朝文化发生于三国之后的大动乱，它接纳大量流入南方的北方士族，使南北方文化合流，为保存和发展中国文化作出了杰出贡献。明朝是中国历史上第一次在南京，也是第一次在江苏建立统一的帝国都城，江苏的经济文化在全国处于举足轻重的地位，扬州学派、泰州学派、常州学派，形成明清时代中国文化的江苏气象，形成江苏文化对中国文化的第三次重大贡献。三大高峰是江苏的文化贡献，在重大历史转折关头或者民族国家危难之际挺身而出，海纳百川，则是江苏文化的精神和品质，这就是江苏文脉。也正因为如此，江苏文化和江苏文脉在“匹夫有责”的担当精神中总是透逸出某种深沉的忧患意识。

江苏文脉对中国文化的独特贡献及其特殊精神气质在文化经典中得到充分体现。中国四大文学名著，其中三大名著的作者都来自江苏，这就是《西游记》《红楼梦》《水浒》，其实《三国演义》也与江苏深切相关，虽然罗贯中不是江苏人，但却以江苏为重要的时空背景之一。四大名著中不仅有明显的江苏文化的元素，甚至有深刻的江苏地域文化的基因。《西游记》到底是悲剧还是喜剧？仔细反思便会发现，《西游记》就是文学版的《清明上河图》。《清明上河图》表面呈现一幅盛世生活画卷,实际却是一幅“盛世危情图”,空虚的城防,懈怠的守城士兵……被繁华遗忘的是正在悄悄到来的深刻危机。《西游记》以唐僧西天取经渲染大唐的繁盛和开放,然而在经济的极盛之巅,中国人的精神世界却空前贫乏,贫乏得需要派一个和尚不远万里,请来印度的佛教,坐上中国意识形态的宝座,入主中国人的精神世界。口袋富了,脑袋空了,这是不折不扣的悲剧。然而,《西游记》的智慧,江苏文化的智慧,是将悲剧当作喜剧写,在喜剧的形式中潜隐悲剧的主题,就像《清明上河图》将空虚的城防和懈怠的士兵淹没于繁华的海洋一样。《西游记》喜剧与悲剧的二重性,隐喻了江苏文脉的忧患意识,而在对大唐盛世,对唐僧取经的一片颂歌中,深藏悲剧的潜主题,正是江苏文脉“匹夫有责”的担当精神和文化智慧的体现。鲁迅说,悲剧将人生的有价值的东西毁灭给人看。《西游记》是在喜剧形式的背后撕碎了大唐时代人的精神世界的深刻悲剧。把悲剧当作喜剧写,喜剧当作悲剧读,正是江苏文化、江苏文脉的大智慧和特殊气质所在,也是当今江苏文脉转化发展的重要创新点所在。正因为如此,“江苏文脉研究”必须以深刻的哲学洞察力和深厚的文化功力,倾听来自历史深处的江苏文化的脉动,读懂江苏,触摸江苏文脉。

三　通血脉,知命脉,仰望山脉

江苏文化的巨大魅力和强大生命力,是在数千年发展中已经形成一种传统、一种脉动,不仅是一种客观呈现的文化,而且是一种深植个体生命和集体记忆的生生不息的文脉。这种文化和文脉不仅成为共同的价值认同,而且已经成为一种地域文化胎记。在精神领域,在文化领域,江苏不仅有灿若星河的文学家,而且有彪炳史册的思想家、学问家,更有数不尽的才子骚客。长江在这片土地上流连,黄河在这片土地上改道,淮河在这片土地上滋润,太湖在这片土地上一展胸怀。一代代中国人,一代代江苏人,在这里缔造了文化长江、文化黄河、文化淮河、文化太湖，演绎了波澜壮阔的历史诗篇，这便是江苏文脉。

为了在全球化时代完整地保存江苏文脉这一独特地域文化的集体记忆，以在“后山河时代”为人类缔造精神家园提供根源与资源，为了继承弘扬并创造性转化、创新性发展中国优秀传统文化，2016 年江苏启动了“江苏文脉整理与研究工程”。根据“文脉”的理念，我们将研究工程或“研究编”的顶层设计以一句话表达：“通血脉，知命脉，仰望山脉。”由此将整个工程分为五个结构：江苏文化通史，江苏历代文化名人传，江苏文化专门史，江苏地方文化史，江苏文化史专题。

“江苏文化通史”的要义是“通血脉”，关键词是“通”。“通”的要义，首先是江苏文化与中国文明的息息相通，与人类文明的息息相通，由此才能有民族感或“中国感”，也才有世界眼光，因而必须进行关于“中国文化传统中的江苏文脉”的整体性研究；其次是江苏文脉中诸文化结构之间的“通”，由此才是“江苏”，才有“江苏味”；再次是历史上各个重要历史时期文化发展之间的“通”，由此才能构成“史”，才有历史感；最后是与江苏人的生命与生活的“通”，由此“江苏文脉”才能真正成为江苏人的文化血脉、文化命脉和文化山脉。达到以上“四通”，“江苏文化通史”才是真正的“通”史。

“江苏文化专门史”和“江苏文化史专题”的要义是“知命脉”，关键词是“专”，即“专门”与“专题”。“江苏文化专门史”在框架上分为物质文化史、精神文化史、制度文化史、特色文化史等，深入研究各类专门史，总体思路是系统研究和特色研究相结合，系统研究整体性地呈现江苏历史上的重要文化史，如哲学史、文学史、艺术史等，为了保证基本的完整性，我们根据国务院学科分类目录进行选择；特色研究着力研究历史上具有江苏特色的历史，如民间工艺史、昆曲史等。“江苏文化史专题”着力研究江苏历史上具有全国性影响的各种学派、流派，如扬州学派、泰州学派、常州学派等。

“江苏地方文化史”的要义是“血脉延伸和勾连”，关键词是“地方”。“江苏地方文化史”以现省辖市区域划分为界，13 市各市一卷。每卷上编为地方文化通史，讲述地方整体历史脉络中的文化历史分期演化和内在结构流变，注重把握文化运动规律和发展脉络，定位于地方文化总体性研究；下编为地方文化专题史，按照科学技术、教育科举、文学语言、宗教文化等专题划分，以一定逻辑结构聚焦对地方文化板块加以具体呈现，定位于凸显文化专题特色。每卷都是对一个地方文化的总结和梳理，这是江苏文化血脉的伸展和渗入，是江苏文化多样性、丰富性的生动呈现和重要载体。

“江苏历代文化名人传”的要义是“仰望山脉”，关键词是“文化”。它不是一般性地为江苏历朝历代的“名人”作传，而只是为文化意义上的名人作传。为此，传主或者自身就是文化人并为中国文化的发展、为江苏文脉的积累积淀作出了重要贡献；或者虽然自身主要不是文化人而是政治家、社会活动家等，但对中国文化发展具有重大影响。如何对历史人物进行文化倾听、文化诠释、文化理解，是“文化名人传”的最大难点，也是其最有意义的方面。江苏历史上的文化名人汗牛充栋，“文化名人传”计划为 100 位江苏文化名人作传，为呈现江苏文化名人的整体画卷，同时编辑出版一部“江苏文化名人辞典”，集中介绍历史上的江苏文化名人 1000 位左右。

一脉千古成江河，“茫茫九派流中国”。江苏文脉研究的千里之行已经迈出第一步，历史馈赠我们一次千载难逢的宝贵机遇，让我们巡天遥看，一览江苏数千年文化银河的无限风光，对创造江苏文化、缔造江苏文脉的先行者们献上心灵的鞠躬。面对奔涌如黄河、悠远如长江的江苏文脉，我们惟有以跋涉探索之心，怵惕敬畏之情，且行且进，循着爱因斯坦的“引力波”，不断走近并播放来自江苏文脉深处的或澎湃，或激越，或温婉静穆的天籁之音。

我们一直在努力；

我们将一直努力！

《江苏水利史》序一

江苏省水网密布，跨江滨海，湖泊众多，是中国唯一一个拥有大江、大河、大湖、大海的省份。长期以来，勤劳的江苏人民在这片沃土上积累了适应自然、改造自然的丰富经验和根植于江苏大地的水文化。水文化是中华文化的重要组成部分，党的二十大报告指出，推进文化自信自强，铸就社会主义文化新辉煌，要坚持传统文化的创造性转化、创新性发展。《“十四五”水文化建设规划》强调，加强水文化建设是水利高质量发展的应有之义，要在全社会树立人水和谐、人水共生理念，推动水利事业的跨越性发展。

水利维系着国计民生，一部江苏发展史可以说是一部波澜壮阔的江苏水利发展史。纵观江苏的水利事业，既有延续至今的历史伟绩，又有守正创新的今日辉煌。春秋时期吴王夫差开挖的邗沟是里运河的前身，为高邮一带大规模引水灌溉的水利形势奠定了基础，里运河—高邮湖灌区在 2021 年正式入选第八批世界灌溉工程遗产名录；明中叶修筑的高家堰大堤兼具挡浪消能和生态景观的功能，至今仍在守卫洪泽湖。兴化垛田正式创建于明代中后期，是国内唯一的旱田高地灌排工程体系，2022 年正式入选第九批世界灌溉工程遗产名录。新中国成立后，中国共产党和中央政府高度重视水利工程的修建，江苏省积极响应，自主规划、自主设计、自主制造、自主施工了大型泵站群——江都水利枢纽，在南水北调的工程中彰显了江苏担当。2020 年 11 月 13 日，习近平总书记视察江都水利枢纽并作出重要指示，习总书记的期许点赞和殷切嘱托是对江苏水利工作者的极大鼓舞。近年来，在党中央的亲切关怀下，江苏省水利厅不忘初心、牢记使命，认真贯彻创新、协调、绿色、开放、共享的新发展理念，积极推动水利建设从量的积累向质的提升转变，推进传统水利向现代水利转变，奋力走在水利现代化建设新征程最前列。

前事不忘，后事之师。南京农业大学中国农业遗产研究室是我国唯一一家国家级农业遗产研究的专业机构，至今已有百余年的历史。水利史是中国农业遗产研究室的优势研究方向之一，缪启愉、张芳等老一辈学者对江苏地区的治水兴水方略皆有重要论述，且大部分成果对当下学界仍有极大的学术影响力。卢勇教授继承先辈遗志，扛起了中国农业遗产研究室水利史研究的大旗，并在前人研究的基础上进一步发扬光大，拓展了水利史研究的广度与深度，将水利史的研究与现实紧密结合，彰显了观古以鉴今的史学情怀。

薪火相传，赓续华章。《江苏水利史》是卢勇教授在水利史研究中的又一力作，它以"江苏文脉整理与研究工程"为依托，可以称得上是一部融"存史、资治、教化"为一体的鸿篇巨著。这本书突破了以往以时间为纵轴的编年体式书写，以板块分类模式论述江苏省水利与社会各个层面之间的交织和互动。于内容而言，此书材料详实、图文对照，书中运用了大量的地方性资料，几乎全景式地呈现了江苏省的水利变迁史，是一部不可多得的区域性水利通史。此书溯古人治水兴水之方略，探求江苏人与自然和谐相处之道，留予从政者，以正镜旁鉴。此外，不同层次的读者都能够从中有所收获。诚然，《江苏水利史》中亦存在薄弱之处，例如书中有关江苏运河及典型治水人物等方面的研究有待进一步补充，但瑕不掩瑜，此书所具有的学术及现实价值是毋庸置疑的。

江河治理千秋业，水利文脉贯古今。这本书不仅仅是江苏水利发展史的简单回顾，它亦如宏伟壮丽的水利工程，必将成为秉承历史、昭示后人的佳作。我相信，《江苏水利史》的出版会对塑造文化自信、打造江苏样板、推进新时代江苏省水利工程与文化的融合发展大有裨益。水利兴则天下定，仓廪实则百业兴，治水兴水的千年方略必将助力江淮大地水利事业新篇章的谱写。

张颢瀚

《江苏水利史》序二

差不多两个月前的 2022 年 11 月 21 日，卢勇兄发来微信，“劳驾”我为“江苏文脉整理与研究工程”之《江苏水利史》撰序，我秒回“是否故意在吓哥哥？我哪里懂水利啊”，然而几番往复之后，架不住他“卢说八道”的“恭维”，我只得“待学习后尝试”地答应了下来，并把书稿置于电脑桌面的显著位置，以便提醒自己重视这份“作业”。

前几天，想着“年前交上作业”的“年关将至”，我遂打开书稿浏览。而浏览下来的体会，那是亲近、犯难、钦佩、启发、感动，可谓“五味杂陈”。

亲近者在于，我看到了诸多熟悉的师友，如复旦大学谭其骧、张修桂、邹逸麟、魏嵩山、葛剑雄等老师，韩昭庆、王建革、安介生、冯贤亮、鲍俊林等同仁，以及其他院校的史念海、范金民、唐元海、王卫平、马俊亚、韩茂莉、王社教、彭安玉、张剑光、吴海涛等大小先生，书稿中既能“披沙沥金”地引述、对话这些或权威或具代表性的学者的论著，我相信这无疑显示了其基础之扎实、平台之高拔；我也颇出意外但仍觉亲切地看到了我的《江南社会经济研究·六朝隋唐卷》《淮河》《中国行政区划通史·三国两晋南朝卷》《南京古旧地图集》《东晋南朝侨州郡县与侨流人口研究》，乃至 2021 年底《安徽史学》才刊发的《“黄侵运逼”视野中的淮河变迁》，于是我又相信了其所参考的今人论著之广泛、其所追踪的学术进展之及时。然则一部书稿能够做到基础扎实、平台高拔、参考广泛、追踪及时之兼美并善，在社会风气已然浮躁的当下，委实不易。

犯难者在于，当我读过卢勇兄《自序》对全书内容与撰述立意之简单却清晰的说明，读过《结语》围绕“江苏水利史”主题之深入总结与全景呈现后，我感觉若是按照常规写序的路数，已经少话可说、剩义无多。毕竟我对文献资料的了解、研究状况的把握、复杂问题的分析、实地踏勘的感悟，肯定远远不及原作者，我总不能交份照抄《自序》与《结语》的“作业”，辜负卢勇兄的一番美意吧？于是我也只能学着中学生们写“阅读理解”的方法，码些钦佩、启发、感动之类的文字……

先说钦佩。单就“江苏”“水利”“史”三大关键词糅在一起而言，就让我心生钦佩。早在近20年前，《史学月刊》约我组织“区域研究的新走向”笔谈，我在附骥的《以魏晋本土文学为例谈地理分区》短文中，就“直言不讳”地表明过我的态度：“研究元明清以前的问题，套用现行政区尤其是现行一级行政区域（省、自治区、直辖市）为研究单位，大体上是不合适的。”然而这种学理上的“不合适”，终究还得服从政府部门的实操需要，比如“以当今省区为范围的通史或经济、文化一类的专史，也在众多因素的促成下，逐渐涌现或加紧编修”，而属于此种类型的“江苏文脉整理与研究工程”，其实我也参与其中，承担了《江苏文化通史·魏晋南北朝卷》。“魏晋南北朝”时代，当然没有“江苏省”，于是史料的收集、对象的分割、讨论的逻辑等等，颇费思量，所以至今尚未交稿；《江苏水利史》的情况也相近似，而考虑到“水利”之“水”属于自然要素、“水利”之“利”属于人文性质、“史”在这里又属于跨越古今的“通史”概念，则如何在历时才350多年、“既跨有长江南北、又跨有淮河南北的不符合自然、经济和文化区域”（谭其骧师语）的“江苏”时空范围内，有条不紊地“装进”江苏水利史的纷繁方面与丰富内容，诚非易事。而我浏览下来的感觉是，卢著的处理，可谓纵不断线（如水系、水利的变迁，大事记）、横不缺面（如农田水利的发展、交通事业的进步、防灾体系的构建、社会文化的演变），其运筹帷幄之细密、谋篇布局之周到，非老道于撰述者，难以达此境界；至于卢著对于“水”的处理，诸如水既有“利”也有“害”、既有“自然”的也有“人文”的、既有“外来”的也有“本来”的，那么如何变“害”为“利”？自然的“水”怎样变迁频繁、人文的“水”怎样涉及广泛？“外来”的水与“本来”的水之间有着怎样的因果联系？朝廷与地方、官员与民众、获益者与受害者怎样看待“水利”与“水害”的得失取舍？凡此种种，卢著也都有着勾连推进的阐释、一以贯之的关怀，若非沉潜甚深、涵蕴多年，又何以能如此从容？是为我所钦佩于卢著、卢兄者也。

再说启发，仅举一例。2022 年 7 月下旬酷暑时节，我有幸参加了江苏省政府参事室、江苏省文史研究馆组织的“里下河地域文化”考察调研活动。7 月 29 日上午看过兴化垛田后，下午即与当地领导、专家座谈。而在研讨兴化垛田出现年代时，产生了分歧，兴化方面持唐宋说，我则凭推理地认为当在明代后期黄河单股夺淮以后。为了验证我的“想当然”，会后我还微信请教我心中的大专家卢兄，很快得到的答复是：

唐宋之说不可信，原因有三：第一，唐宋时期走千走万不如淮河两岸，环境良好，水系安流，没有如此大费周章、在湖泊里面堆土成垛的必要。第二，黄河自南宋杜充掘堤以后，南下入淮，里下河地区生态恶化，水灾频发，才具备抗灾防洪筑墩的可能性。南宋这里是宋金战区不可能，元代顾不上，明代的可能性最大。目前掌握的地方志所载也只能追溯到明代。第三，（此处不便引述，省略 34 字）我又微信我的判断：“1546 年前，黄河多股夺淮，患在淮北。此后，黄河单股夺淮，因高家堰筑、洪泽湖成，淮扬常成具区矣。所以我的倾向时间，要比老兄更晚。”卢兄再回复：“完全赞同老哥所言。我还是有点地方保护主义……用了个模糊词汇，明代中后期。”然则这个曾经简单交流、在我悬而未决的问题，这次在卢著《江苏水利史》中，终于获得了历史文献、实地调研、水文背景、形成机理、农业技术、演变过程各方面不仅详备、而且确切的答案，真是幸何如之。那么这个问题重要吗？我觉得是重要的，起码也是有趣的。重要在兴化垛田拥有“全球重要农业文化遗产”“全国重点文物保护单位”“世界灌溉工程遗产”等殊荣，而兴化城市精神就是极具特色的“垒土成垛，择高向上”；有趣在油菜花开时节，这里是游客们纷至沓来的热门打卡地，而若游客们知其然、也知其所以然，是不是旅游体验就更“高大上”了呢？这样的“高大上”，甚至还启发我发现了新的研究课题，比如以今天的垛田高度与卢著所述旧时情形进行比较，即“垛田的地势很高，远远望去如同水中高高耸起的一座座小岛，大大高于当地的整体地形地势，高者高出水面可达七八米，低的也有两三米高”，是否意味着里下河地区的水环境越优化，垛田的高度就越降低呢？果真如此，那就是“究天人之际，通古今之变”的水利思维了。推而广之，这样的重要、有趣与启发，又不仅在兴化垛田一例，如卢著“附录”多达117项的“江苏省首批省级水利工程遗产名录”，与“兴化垛田灌排工程体系”并列为“世界灌溉工程遗产”的“江苏里运河—高邮灌区”，也可作如是观吧，而卢著之广泛的学术价值、鲜活的社会意义，亦由此可见大概矣。

最后说说感动。从个人之小处言，我感动于浏览卢著时获得的亲近、钦佩与启发，这样的启发，因为得自亲近如兄、钦佩若师的卢兄，当有不少可以随时请教、后续展开与具体落实者；而从江苏之大处言，我尤其感动于卢著不露痕迹地彰显了“水韵江苏”的特质、心平气和地弘扬了富有奉献情怀的江苏人精神。此话怎说？这半年来，我在“江苏书展”“江苏文脉大讲堂”“南京农业大学百廿校庆系列讲座”“江苏省委党校主体班”“江苏文旅推介会”等诸多场合，向各方人士汇报着我对江河湖海如何塑造江苏文明的思考。如在我的认知中，以言江苏的历史，在传统帝制时代，流淌于江苏的“母亲河”长江、“父亲河”黄河、“隐忍子”淮河、“富贵子”京杭大运河，它们或孕育了古都，或堆积出土地，或奉献于朝廷大局，或维系着国家经济命脉；以言江苏的地理，长江、淮河东西串连，京杭大运河南北贯通，洪泽湖、太湖上下相望，黄海东面环抱，废黄河曾经南下入淮，江河湖海集于一身，既以江苏最为典型，水域面积超过1.72万平方千米，占比近17%，也是全国之最；以言江苏的文化，无论是我们形容的吴歌、越秀、楚风、汉韵、北雄南秀的江苏，还是我们划分的金陵、吴、维扬、楚汉、海洋五大文化区，水的滋润作用、水的标志意义，都是显而易见的；以言创造与承载文化的江苏人，历古即今，又是上善若水、仁爱、坚韧、柔和、豁达、富有奉献情怀、大局意识、牺牲精神的江苏人。于是我常说，江苏之“名”离不开水，江宁府与苏(蘇)州府各取一字乃成“江苏”；江苏之“实”离不开水，江苏人依水而生，江苏城依水而兴，江苏命运依水而变，江苏文化依水而成。这就是水做的江苏、水做的江苏人，水既是江苏“形而下”的“器”，也是江苏“形而上”的“道”，江苏还是可以坐船周游全域的省份，于是文旅的江苏，又以“水韵江苏”最为写实、最为传神。而由江苏一省放大到中华全域，仿佛尼罗河对应着古埃及文明、幼发拉底河与底格里斯河对应着古巴比伦文明、恒河与印度河对应着古印度文明，中华文明对应的是“发源注海”的“四渎”，即长江、黄河、淮河、济水，“四渎”中的三渎又都与江苏有关，长江、淮河自不必说，黄河也曾流经江苏 700 多年，即从 1128 年到 1855 年黄河夺淮入海；而最具人文象征意义的京杭大运河，也以江苏段最为关键。如此，理解河流与文明的关系，即河流孕育的文明，文明丰富的河流，地域范围小小的江苏，无论是立足于江苏本身，还是着眼于中华文明，都实在具有大大的典型意义。然则我们回到卢著《江苏水利史》，作为“江苏文脉整理与研究工程”的基础选题之一，不仅本身不可或缺，而且对于“江苏文脉”的梳理乃至“中华文明”的解读，也同样具有前提意义上的价值，这本是“一方水土养一方人”、一方水利也养一方文化的既浅显又深刻的道理，所以我感动于卢著的洋洋洒洒，感动于卢兄“青灯黄卷”的默默付出！

以上，谨以亲近、犯难、钦佩、启发、感动五个关键词，汇报我匆匆浏览卢勇教授所著《江苏水利史》的“五味杂陈”的体会，不知读者诸君以为然否？我期待着与读者诸君的交流与共享……

胡阿祥

2023 年 1 月 18 日

写于句容宝华山麓

目　录

绪 论

江苏，简称“苏”，位于我国的东部沿海，为长江三角洲之核心地区，总面积 10.72 万平方千米。北、西、南三面分别与山东、安徽、浙江三个省份相邻，东南则与上海市相交。江苏省地跨长江、淮河南北，处在亚热带和暖温带的气候过渡地带。以淮河为界，以北地区属暖温带湿润、半湿润季风性气候，以南地区属亚热带季风性湿润气候。江苏省地势低平，总体地势较低，地形以平原为主，兼有部分丘陵，绝大部分地区海拔在 50 米以下，长江与淮河横穿其中并经由此处入海。省内河道纵横、湖泊湿地遍地散落，水网稠密。省内水资源、土地资源、矿产资源、动植物资源等相对丰富，是中国古代文明的发祥地之一，境内很早就有人类在此生存，最早可追溯至距今约 30 万年的“南京猿人”。此后先民们在这片热土上耕烟犁雨、渔歌唱晚，创造了辉煌灿烂的多元文化，也使得江苏成为享誉海内外的鱼米之乡和水乡天堂。但需要看到，江苏境内自然地理环境发展劣势亦很明显：襟江带湖且面海靠山，地多平阜又雨阳不均，梅雨长而显著，江河水量充沛，导致相当长的历史时期里或因河湖阻隔交通而束缚社会经济文化交流，或因洪灾频仍而民生多艰，这些自然地理的优越性与局限性相互交织，或正面、或反面地成为江苏发展水利的重要推动力。

第一节　江苏省自然地理概况

江苏境内河网密布，水陆结合，河道纵横，江河湖海一应俱全；长江经此奔流入海，江面宽阔，水量充沛，自古即为黄金水道。发达的水运交通体系起着对内沟通、对外连接的作用。省内无奇峰险峻，绝大部分辖域介于黄淮和长江三角洲两大平原之间，千万亩良田匿于其中，耕地资源较为丰富。优越的自然地理条件奠定了江苏的繁荣之基，但宽广平坦的地势与交错纵横的水网在带来经济发展便利的同时，却也增添了域内河流淤阻与海潮侵袭的困扰。因此，水利建设与水灾防治历来都是江苏社会、经济发展的重要命题。

一、地理位置

江苏介于北纬 30°45′至北纬 35°08′，东经 116°21′至东经 121°56′之间，属于亚欧大陆东岸的中纬度地区。若就其与东亚版图的关系观之，江苏位于太平洋的西侧，属于东亚的中心区域。江苏省在中国版图上的轮廓大概呈现为一个相对规则的四边形，其最北端赣榆区（属连云港市）与最南端吴江区（属苏州市）两者之间的距离大约有 460 千米；而最东端启东市（属南通市）与最西端丰县（属徐州市）之间的距离则大约为 320 千米，总体面积 10.72 万平方千米，约占中国国土总面积的 1.12%。

二、地形特点

江苏省地形以平原为主，地势较平坦，与毗邻的几个省份相比较，“一马平川”是江苏省最大的地形特点。总体而言，黄淮平原、长江三角洲平原、东部滨海平原等在内的冲积平原约占整个江苏省域面积的 87%，构成了江苏省的整体面貌，是全国平原占比最大的省份。而形成这种地形地貌特点的主要原因在于长江、淮河与黄河等水系的泥沙沉积作用。具体而言，上游河道由于地势较高、流速较快等原因造成水土流失，加之人类活动等综合影响，使得河流中泥沙含量大幅增加，而作

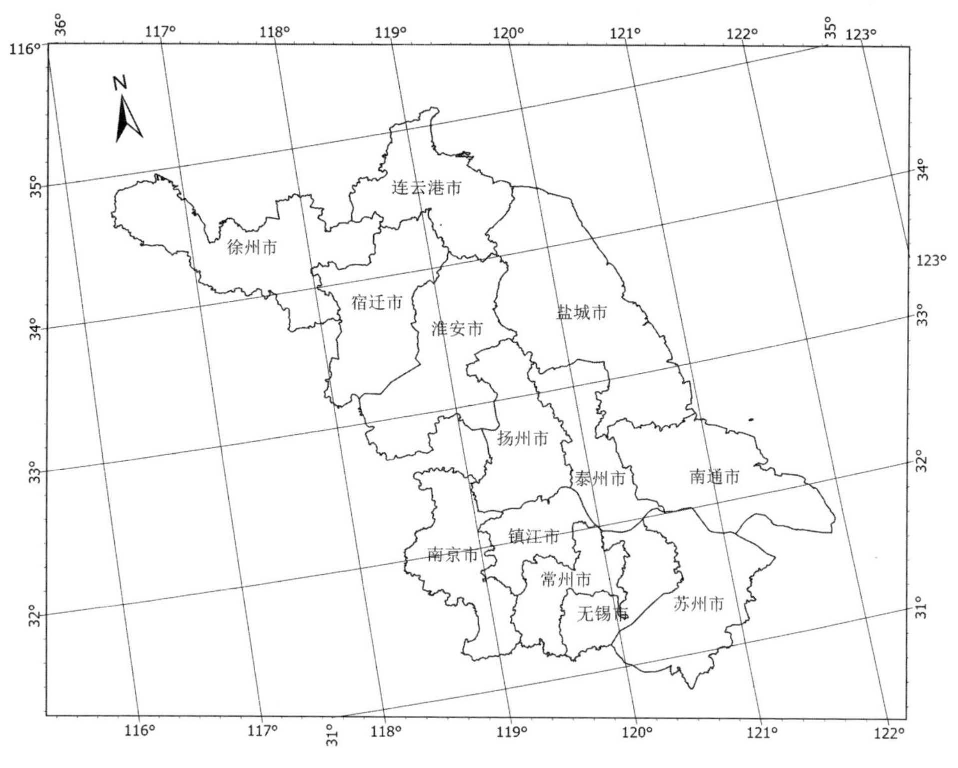

图 0-1　江苏省地理位置示意图

为下游地区的江苏省因地势平坦，河流流经此处时流速变缓，泥沙逐渐沉积，经年累月之后，便形成了江苏广袤的冲积平原。北魏著名的地理学家郦道元在《水经注》中载有："朐县东北海中有大洲，谓之郁洲。"①对此，今《中国古今地名大辞典》中有详细的解释："郁林山，亦名郁山，在江苏灌云县东北郁洲，旧在海中……今已连于大陆，名云台山。"②这两段话对如今连云港市云台山与连云港市从隔海相望到连接为整体的过程进行了详细介绍，由此可窥见江苏因境内泥沙淤积造成整体海岸线外推的历史缩影。

在河流搬运堆积的作用过程中，由于其所夹带的岩石、沙砾、泥土等固体颗粒的质量各有不同，细砂等一些较小的颗粒往往会沉积在靠近海岸线的最外层，在海潮涨落运动的共同作用下，海岸线得以不断向

① 陈桥驿译注，王东补注：《中华经典藏书・水经注》，中华书局出版社 2019 年版，第 245 页。
② 戴均良等主编：《中国古今地名大词典》，上海辞书出版社 2005 年版，第 384 页。

外延伸。时至今日，长江与淮河仍携带大量泥沙流经江苏境内，致使江苏海岸线仍继续向外推进，滩涂面积持续扩大。可以说，江苏今天之地形地貌是长江、淮河、黄河与海洋共同塑造的结果。

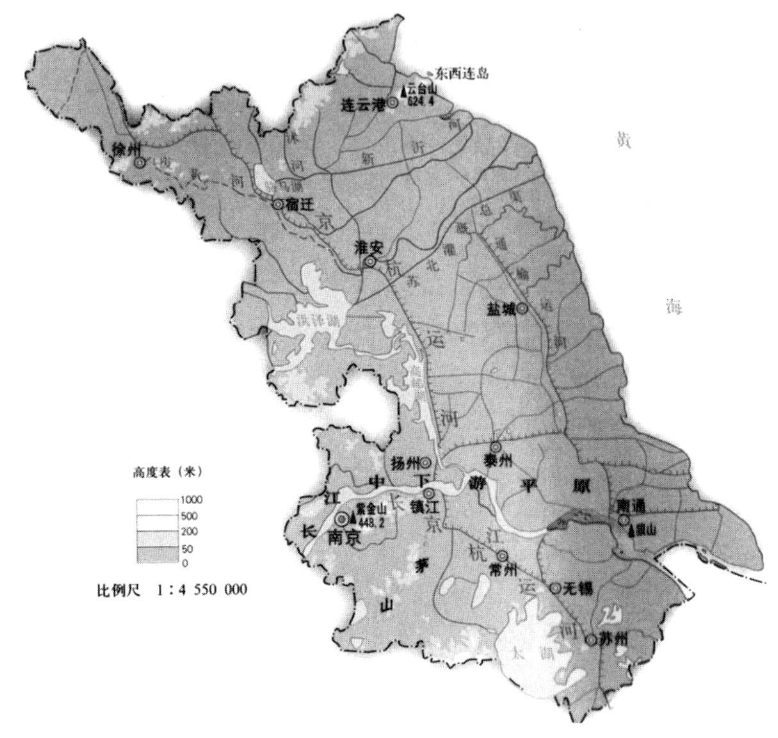

图 0－2　江苏省地形高程图

江苏的诸多河湖为境内百姓的生存与发展提供了不可或缺的物质基础，为他们带来的不仅仅是丰富的水资源，更促进了区域内商业、水利事业、交通运输业等经济建设和社会各项事业的发展进步。长江、淮河两条河流天然地将江苏省划分为三个部分，根据气候条件、经济状况等特征，将二者作为江苏省内的区域分界线，淮河以北为苏北地区，长江以南为苏南地区，淮河以南与长江以北之间则为苏中地区。

广义上的苏北地区主要有盐城、淮安、徐州、宿迁和连云港五个地级市，它们大都居于以苏北平原为主的广袤地带，譬如徐州、淮安、宿迁地区主要位于徐淮黄泛平原，盐城、连云港东南部地区一带主要位于苏东滨海平原区，连云港市大部分及徐州市、宿迁市的部分位于沂沭丘陵平原地区。此外，苏北地区亦存在丘陵山地，如连云港市的东北部便有上文中所提及的云台山地区。苏中地区有“苏中三市”，即扬州、泰州、南通三个地级市。该区域以平原为主，地势低洼，其地形之塑造主要源自黄河与淮河多年的泛滥。其中泰州市主要位于里下河浅洼平原南部，同时也有部分地区属扬州、南通两市，处于长江三角洲平原区。苏南地区主要包括了南京、常州、无锡、镇江、苏州五个地级市，该地区平原、丘陵与山地俱全。南京市和镇江市一带，主要属于宁镇扬及宜溧低山丘陵岗地区；无锡市、常州市和苏州市则主要位于太湖水网平原区。

三、主要水系

江苏省河湖面积约占辖区总面积的16.9%，境内水系发达、河网密布，长江、淮河横穿其中，京杭运河纵贯全省，洪泽湖、太湖、高邮湖、骆马湖等大小湖泊散落其间。省内主要有三大水系，自北到南分别为沂沭泗水系、淮河水系、长江水系。随着多年来河流携带的泥沙沉积，沿海区域不断外扩，形成了大片的冲积平原，黄淮、江淮湖洼、苏北滨海及长江三角洲平原皆是由此形成发展的。江苏省内主要以长江、淮河两条河流为主，向外延伸出纵横交错的河湖水网系统，以南为涵盖苏北沿江水系、太湖水系、秦淮河水系等在内的长江流域，以北则是包括淮河水系和沂沭泗水系在内的淮河流域。

1. 淮河水系

淮河历史久远，《尚书·禹贡》载“导淮自桐柏，东会于泗、沂，东入海”[①]，描述了古代淮河水系大体的轮廓，对淮河源头、最终归宿均有交代。郦道元在古代中国地理学著作《水经注》中，对淮河源头、流向和注入的各大支流等进行了较为详细的考察，大木水、慎水、颍水、涡水、泗水等支流在淮河北岸注入淮河，油水、泚水、中渎水等支流则在南岸汇入淮河。[②]

淮河发源于我国地势第二阶梯的东部，即河南省桐柏县桐柏山太白顶西北侧河谷，并向东延伸至第三阶梯。因淮河流域地势西面高、东

① 雒江生校诂：《尚书》，中华书局2018年版，第98页。

② 参见唐元海《淮河古水系述略》，《治淮》1985年第4期，第34—37页。

处低，受地形地势影响，形成了自西向东的流向。另外，淮河流经地区地形地貌类型极为丰富，有山地、丘陵、平原等。其中，处于淮河源头的桐柏山、伏牛山等地，地形以山地和丘陵为主。而分布在淮河北部的地区则多为平原，称“淮北平原”，主要由黄、淮等诸多大河经常年冲积而成。在地势高度上，淮北平原呈现出由西北向西南地面高程逐渐递减的趋势。

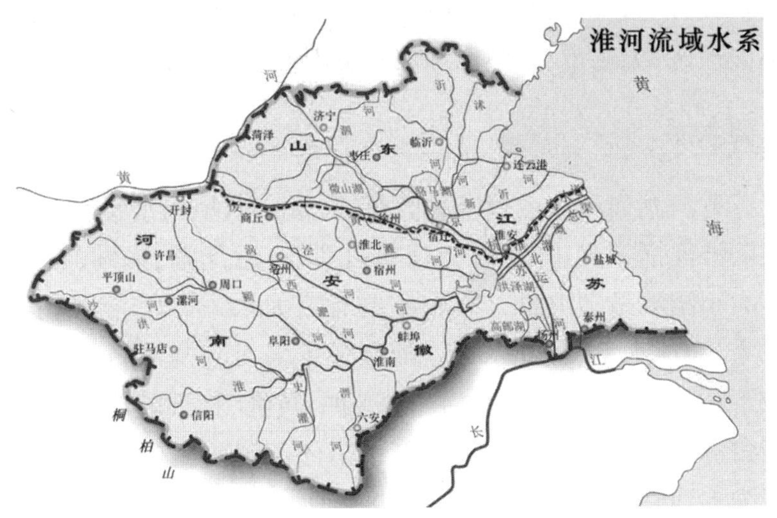

图 0-3　淮河流域水系

（来源：天地图·江苏 1∶800000 江苏水系。网址：http://zrzy.jiangsu.gov.cn/jsbzdt/index.html）

江苏省境内的淮河水系大多处于淮河流域的下游，即洪泽湖以下到入江口的河道。洪泽湖作为淮河水系下游最大的水体，其形成与演变深远且持久地影响着淮河流域的水系与水生态环境。通过卫星图可以发现，洪泽湖在某种程度上将淮河一截为二，淮河下游河段必然要经过洪泽湖。通过洪泽湖的调蓄，可以一定程度减少洪水对淮河下游的危害，也可截流部分淮水用以灌溉农田、供给城市。在江苏省内，淮河分两支，分别流入长江与黄海。通往长江的水道经过洪泽湖大堤南端的三河闸，沿京杭大运河经高邮、邵伯等湖南下，最终在扬州三江营注入长江；另一支是在洪泽湖大堤北端，经过高良涧闸和苏北灌溉总渠，最终在扁担港流入黄海。[①]

2. 沂沭泗水系

沂沭泗水系主要发源于鲁中山区，河流所在区域地势呈现由北向西向南逐渐递减的趋势。受地形地势影响，沂沭泗水系上游水流湍急，下游因进入地势较为低缓的平原地带，水流渐趋平缓。该地区地貌主要由岗地、低山丘陵、中高山区和平原等组成，平原面积占该地区总面积的67%，山地丘陵面积约为31%，湖区面积占2%，地貌以平原为主。该地平原主要为黄泛平原、沂沭河冲积平原和滨海沉积平原。

其中，黄泛平原位于该流域的南部，一直延伸至黄河故道，是黄河改道后经多年河流冲积与泥沙淤积而成。沂沭河冲积平原处于黄泛平原和低山丘陵与岗地之间，是黄河水系与沂沭河共同作用的结果，其雏形是黄河泥沙与沂沭河冲积填充而成的湖荡。滨海沉积平原地势较为低平，主要位于东部沿海一带，是黄河与淮河两河及其携带泥沙在海水波浪潮涌作用下所形成的。中高山区是沂沭泗水系的发源地，多为海拔1000米左右的高山，也有低山丘陵分布于此。

沂沭泗水系所处地区位于江苏北部，属于暖温带半湿润季风气候区，因大部分区域距海洋较远，具有大陆性气候特征，气候特征与其所属地理位置极其相近，夏季炎热且多雨，冬季寒冷且降水偏少，季风性气候显著。在该气候的影响下，流域降水量多集中在夏季，降水量约占全年总降水量的70%，并极易出现暴雨。[②]

3. 长江水系

长江江苏段属长江下游地区，该段河流地势呈现由北向南、由西向东逐渐递减的趋势。流域地形以长江干流为界，以南地区地势西高东低，加之沿江滨海地区地势较高，遂形成以太湖为中心的碟形盆地。[③] 长江以北地区则呈现北高南低的地势特征。在江苏省境内，长江水系主要包括长江干流、太湖上游入湖水系、太湖下游水系、淮河水系、

① 参见邹逸麟主编《黄淮海平原历史地理》，安徽教育出版社1997年版，第108页。

② 参见水利部淮河水利委员会《淮河水利简史》编写组编《淮河水利简史》，水利电力出版社1990年版，第5页。

③ 参见《太湖水利史稿》编写组编《太湖水利史稿》，河海大学出版社1993年版，第3页。

苏北沿江水系，还有属于青弋江、水阳江流域的固城湖、石臼湖等水系。[①] 该流域属于北亚热带南部和中亚热带北部农业气候区，光热条件极为充足，无霜期长，受当地气候的影响，降雨量充沛。受其地理位置的影响，季风环流对当地影响极为突出，季风气候活动周期的不稳定，使得该地区极易发生洪涝等气候灾害。[②]

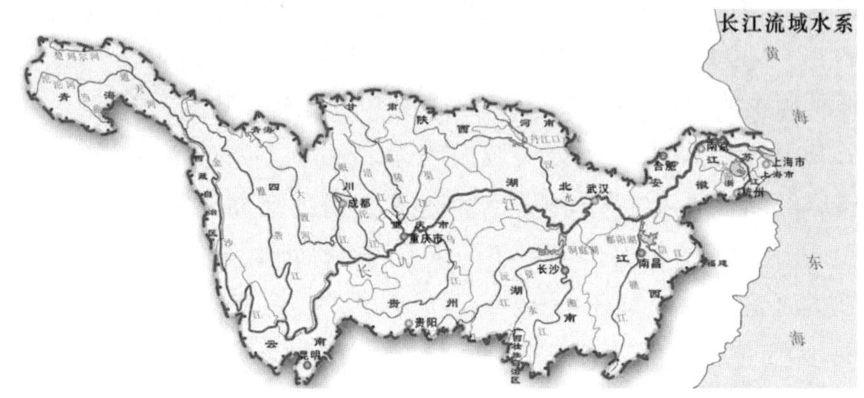

图 0-4　长江流域水系

（来源：天地图·江苏 1∶800000 江苏水系。网址：http://zrzy.jiangsu.gov.cn/jsbzdt/index.html）

长江干流河道经过数次变迁而逐渐稳固。长江江苏段西至南京江宁区和尚港，东端在崇明岛分成南北两支，南北分别在上海市南汇区南与启东市北入海。按河道特征，其河段可以分为南京河段、镇扬河段、扬中河段、澄通河段和河口段。

太湖流域以太湖为核心，分太湖上游入湖水系与太湖下游水系，上游入湖水系主要有两条，称“苕溪”“荆溪”，为较古老的河道，该入湖河道从古至今变化不大。其中苕溪又分为东、西苕溪，荆溪水系分为南溪水系、洮滆湖和江南运河水系。荆溪水系流域面积较大，其中的南溪水系便有胥溪河、南河、南溪河三条河流，洮滆湖水系在江南运河、南河和南溪河之间，以洮、滆两湖作为主体，最终注入太湖。

太湖下游水系是以太湖为核心所形成的水域格局。太湖作为长江

---

① 参见胡福明总纂，戴玉凯主编，江苏省地方志编纂委员会编《江苏省志·13·水利志》，江苏古籍出版社 2001 年版，第 37—43 页。

② 参见同上书，第 37 页。

江苏段水系中面积最大的湖泊，在全国五大淡水湖泊中排名第三，水域面积极为宽广，其下游河道在古代曾有260余条，经过常年河道淤积与人为改造，现存河道已经不足200条。原260余条入湖水系按入湖方位划分，主要有西北方向的荆溪百渎，西南方向的苕溪74溇，东南方向的震泽72港，东面的吴江78港，其中西北和西南两个方位均为入湖河流，东南方向的河流既有注入湖泊的，也有流出的河道。古史记载，古代太湖下游入江入海的河道有吴淞江、东江、娄江，三者作为太湖的排水河道，分别从东、南和北三面将太湖湖水排入长江，导入东海，是为"三湖三江"。后期随着河道的自然演变与人为干涉，东江、娄江以及吴淞江逐渐淤积，甚至出现断流现象。到了明代中后期，黄浦江因水流冲刷形成大河，成为太湖下游的主要排水通道。在太湖以东的湖东洼地，以太浦河为界分为淀泖水系与浦南水系，在江南运河一带至浏河北部地区，又有阳澄水系、澄锡虞水系以及湖西沿江水系。

秦淮河水系属于长江下游左岸支流，其水系的大部分区域位于江苏省南京市，是南京市内最大的河流。秦淮河水系所在区域以丘陵、岗地为主，其主干流有句容、溧水和秦淮河干河三条，干流两侧多为低洼圩区，与圩区接壤的是丘陵山区。除去干流，秦淮河共有支流19条，其中南京市内有支流16条。

苏北沿江水系是江淮分水线以南的部分水域，该水域由滁河水系、通扬水系和通启水系构成，主要分布在南京、扬州和南通域内。滁河水系发源于安徽省的肥东县，流经安徽、江苏两省11个县市区，古称"涂水""滁水"，除安徽省赤镇以下河道与长江平行外，其他主要干流均在长江北岸。通扬水系是淮河入江水道东部，也是海安至如皋以西区域的主要水系，所处地形多为圩区，此水系的众多河道经此流域注入长江。苏北沿江水系中的淮河入江水道位于仪征市，以及邗江区的大部分区域，在该地区的主要河道有胥浦河、龙河、仪征河和古运河等。其中，属于通启水系的河道有通扬运河、通启运河等众多水系，部分河道是自然形成的水道，也有如通扬运河，是经过人工挖掘的水道。①

① 参见胡福明总纂，戴玉凯主编，江苏省地方志编纂委员会编《江苏省志·13·水利志》，江苏古籍出版社2001年版，第41—42页。

作为长江水系中除太湖之外的两个较大湖泊，固城湖、石臼湖为远古丹阳湖的遗存水域，其生成于中生代燕山运动后期，是溧高背斜西北翼在地壳运动中受断裂作用影响，地势下沉而形成的湿地湖泊。① 注入固城湖的河流主要有胥河、牛儿港等，官溪河是其主要出湖水道。注入石臼湖的上游河道主要有天生桥河、新桥河、博望河、水阳江以及运粮河等诸多水道，下游水系中的河道则有姑溪河、青山河等。

四、气候类型及水文特征

秦岭—淮河一线在地理学上有多重地理意义，该线既是湿润区与半湿润区分界线，即 800 毫米等降水量线，又是暖温带与亚热带的分界线，同时还是亚热带季风气候与温带季风气候的分界线。我国幅员辽阔，纬度跨度大，温度带囊括了寒带、暖温带、亚热带、中温带、热带，其中暖温带(以淮河为界)的范围大约在北纬 32°至 43°之间，亚热带大约在北纬 22°至 32°之间，其中江苏横跨北温带和亚热带，故而兼有两种气候类型，即温带季风性气候与亚热带季风性湿润气候。由于江苏总体地势低平，东部临海地区多为平坦的冲积平原，水汽更容易进入省内，因此江苏受海洋的影响较同纬度其他省份相对较强，降水较多且稳定，年际变化较小，全年降水也比较均匀，通常维持在 12%至 24%之间。全省平均年降水量为 715 毫米至 1280 毫米，江淮中部及淮北地区年降水量大于 800 毫米，但少于 1000 毫米，南部地区年降水量大致均在 1000 毫米以上，降水分布特点是南多北少，内陆较之沿海更少。从等降水量分界线上来看，一般以淮河为界，淮河以北(苏北)地区属半湿润地区，淮河以南地区(苏中、苏南)则属于湿润地区。

苏北地区位于淮河以北，属于我国南方和北方的过渡地带。苏北地区相比于苏南地区纬度较高，受海陆热力性质差异影响，气候上以温带季风性气候为主，加上大部分属于临海平原，基本上处于湿润地区(年降水量 800 毫米以上)，主要特征是夏季炎热多雨、冬季寒冷且相对干燥，四季分明。这是因为苏北受季风的影响较大，夏季盛行东南季风

① 参见姚书春、王小林、薛滨《全新世以来江苏固城湖沉积模式初探》，《第四纪研究》2007 年第 3 期，第 365—370 页。

的同时带来充沛的降水，雨热同期；冬季受西北季风的影响，较苏南相对寒冷，且降水较少。例如徐州属暖温带半湿润季风气候，夏季无酷暑却发暴雨，冬季无严寒但寒潮频袭，全年平均气温为 14℃，无霜期可达 220 天，全年平均降水量 800 毫米左右，一年中一半的降水主要集中在 7、8、9 月。[①] 苏北地区虽四季分明，但是每个季节的时间跨度却并不相等，春季和秋季相对短暂且天气变化多端，夏季和冬季持续时间比较长，且时常伴有暴雨狂风或寒潮袭扰。

苏中地区位于淮河以南、长江以北，属于温带季风性气候向亚热带季风性湿润气候的过渡区。四季分明，最冷月（1 月）均温普遍在 0℃以上，最热月（7 月）均温一般在 25℃左右，日照充足，雨量丰沛，盛行风向随季节有明显变化。以南通市为例，其地处于北纬 31°41′—32°43′、东经 120°12′—121°55′之间，为北亚热带海洋性季风气候，年平均气温在 15℃左右，年降水量大概为 1040 毫米，光照充足，雨水充沛，四季分明，温和宜人。苏中其他地区的降水状况与南通市相类，四季较为分明，夏季炎热多雨，冬季温和少雨，夏冬两季比较长，春秋两季气候变化多端，时间上相对冬夏两季也更为短暂。

苏南地区虽受季风影响，但由于热带海洋气团的存在感较强，海洋性特征也比苏北更明显，属于亚热带季风性湿润气候，全年平均气温 15℃左右。以南京市和苏州市为例，南京市平均温度 14.4℃，年平均降水量在 1000 毫米左右；苏州市气候温和，1 月均温 2.5℃，7 月均温 28℃，全年平均温度为 15.7℃，雨量充沛，全年平均降水量与南京市相同。苏南地区夏季东南季风显著，受之影响，气候特点表现为高温且雨量充沛；冬季由于纬度偏低，加上海洋水汽的进入，海洋性比较强，海洋气团的登陆使得苏南气温鲜少低于零度，且降水较苏北要偏多。每逢 6、7 月份，在季风的作用下，江苏整体上受到来自太平洋的暖湿气流影响，从而形成梅雨季节，阴雨连绵且集中，暴雨频发，气候异常潮湿。通常苏南较先进入梅雨时节，此后随时间的推移季风发生变化，“梅雨”会向北推进。所以总的来看，苏南四季分明，降水季节分配较为均匀，春

① 参见蒋玉峰、郭荣良、颜振德《雨季稻配套栽培技术的研究》，《江苏农业科学》1995 年第 1 期，第 6—8 页。

季气温多变，夏季雨热同期、气象灾害多发，秋季天气清爽，冬季气温相对苏北来说比较温和。

江苏气候特征表现为雨热同步，在季风气候的影响下，降水与气温同步升降。在冬季气温较低的时候，降水量也较少；到了春季，随着气温的升高，全省降水也随之增多；到了夏季，气温最高，梅雨、暴雨等大规模降水也随之而至，降水量随之增多。受全省降水、气温等因素影响，河湖水位、流量等形成了其独特的水文特征。

江苏江河最高水位多出现在每年的6月到9月，低水位多出现在冬春季节。在不同的地区，水位变化情况有所不同，如平原水网，因蓄水量多，水位的变化并不明显，而在沿江沿海地区，在洪水、潮汐等的影响下，水位变动极为频繁。其中，省内河湖水位在地形的影响下，形成了高低不一的分布特征。省内北部的山丘地带，水位通常保持在20—30米之间；在平原坡水区，通常在4—15米之间；在京杭运河以西地区，一般维持在12.5米左右；而里下河地区腹部和沿海地区，水位相对较低，仅为1米左右；苏北沿江一带在2米左右；太湖湖东地区和湖西丹阳、溧阳等在2—3米之间；西南部的宜溧山区等多在5—8米。① 全省最高水位多为洪水、暴雨和潮汐等极端气象造成，如1954年长江、淮河进入汛期，在特大洪水的影响下，诸多河湖水位暴涨，洪泽湖、太湖、长江等均超过历史时期最高水位记录。而最低水位通常出现在冬春季节，当然在干旱少雨的夏季，因农业灌溉、工业用水等也会出现最低水位。沿江沿海潮水位多受天体运行的影响，但是多有规律，异常高水位的出现通常是台风、洪水等的影响，其水位高度与增水强度多是台风、大潮汛共同作用的结果。

河流流量方面，江苏洪水多由暴雨造成，其中最大的洪峰流量出现在6月到8月，最小流量通常在11月到次年的1月。在丰水年，因上游客水的增大，常发洪水，导致洪峰来临时河流流量为平时流量的数倍，最多可达数百倍；而至枯水期，上游来水量少，河流流量也相对较小，除了长江，其他中小型河流可能还会出现断流现象。②

---

① 参见马蕴芬《江苏省水文特征》，《水文》1997年第1期，第57—62页。

② 同上。

第二节 历史上江苏行政区划的演变

我国行政区划的起源最早可上溯到《尚书·禹贡》中的“九州”，除此之外，《诗·大雅·文王有声》《商颂·长发》《尚书·吕刑》《周礼·职方》《吕氏春秋·有始览》中皆有涉及古代区域划分的记载。至元代，设“行中书省”用于地方行政区域的等级划分，简称“行省”或“省”，为后世承袭。直至今日，我国依旧以“省”作为一级行政区。江苏省位于我国的东部沿海地区，该地经人类数千年开发，形成了东临黄海、控淮扼江，南接上海、浙江，西邻安徽，北连山东的行政区划格局。

一、先秦时期

江苏省最早的行政区划可追溯至《尚书·禹贡》，书中将全国的土地划分为冀州、兖州、青州、徐州、扬州、荆州、豫州、梁州、雍州九个大州。江苏属于徐州和扬州的区域范围。《尚书·禹贡》载：“海、岱及淮惟徐州”“淮海惟扬州……达于淮、泗”，可知徐州和扬州的分界线是淮河，淮河之北是徐州、淮河之南为扬州。

春秋时期，今江苏境内置有吴国（今无锡、苏州一带）、钟吾国（今新沂市南）、徐国（治所在今泗洪县东南大徐台子）、延陵邑（治所在今常州市武进区东南淹城遗址）、云阳邑（今丹阳市城镇）、朱方县（治所在今镇江市丹徒区东南）、南武城（今昆山市西北）、邗城（今扬州市区西北）、棠邑（治所在今南京市六合区西北）、彭城（治所在今徐州市区）、留邑（今沛县东南）、吕邑（治所在今徐州市东南吕梁山）、中城（治所在今沭阳县西北）等。

战国时期，诸侯争霸，各方势力此长彼消，所辖范围亦时有变化。战国初期，淮南及太湖流域属于吴国。东周周元王三年（前 473 年），越国打败吴国，原属吴国势力范围的大部分区域落入越国统治之下。彼时，邳国仍处于沂水和泗水的交汇之处。周赧王九年（前 306 年），越国被楚国击败，原属越国的土地连同吴国剩余的部分土地，全部归于楚国管辖之下，楚国势力遍布江、淮，江苏省大部分区域亦为楚国所控。周赧王二十九年(前 286 年),齐国、楚国、卫国结盟共伐宋国,战后今徐州市区一带归于楚国。周赧王五十九年(前 256 年),楚国再灭鲁国,之后楚国成为今江苏省内不可忽视的政权,势力范围囊括现江苏省的绝大多数区域,只有少数西北和东北的边缘地区,为齐国所占。此间,江苏省境内置有邳国(治所在今睢宁县西北古邳镇东)、沛邑(治所在今沛县沛城镇)、留邑(治所在今沛县东南)、常邑(今邳州市东)、广陵邑(今扬州市西北蜀冈上)、金陵邑(治所在今南京市区西北部)等。

二、秦汉到南北朝时期

秦始皇统一全国后,废除分封,推行郡县制。秦朝初期,全国共设郡 36 个。今江苏省境在秦朝时期分属于不同的郡县,长江以南的绝大部分地区属于会稽郡,长江以北则大多处于东海郡和泗水郡之中,其中东海郡在今江淮间并包含淮北大部分地区,苏北的东北部地区,即今连云港市的部分地区属琅琊郡;江北西南部分地区(今江浦一带)则属于九江郡。

西汉初期采用分封制与郡县制并存的郡国并行制,西汉中期汉武帝为了加强中央集权,下令削藩,设立“十三州刺史部”以监察地方。西汉时期(前 202—公元 8),江苏境内的州县郡国者共有 56 个,分属于徐州、扬州、豫州。苏北地区属于徐州刺史部,包括楚、广陵、泗水三国和东海、临淮、琅琊三郡。长江以南属扬州刺史部,领会稽、丹阳二郡,二者分别居于今茅山之东西。东汉时期(25—220),各项制度基本承袭西汉,在行政制度上仍然实行郡国并行制。因此,东汉时期江苏省的区域划分与西汉所置并无较大区别。

三国时期,魏蜀吴三国鼎立,江苏省的境域分属于吴、魏两国。吴永安五年(262 年),吴魏两国以今江苏省东台、高邮及安徽省天长一线为界,将江苏省大致划分为南北两部分。吴国定都建业,领有扬州(治所在今扬州市区)。扬州设丹阳郡(治建业)、吴郡(治吴县)和毗陵典农校尉(今常州市区),并辖长江北岸堂邑、广陵、海陵诸县。魏国则辖徐州(治彭城),下领彭城国、下邳国和东海郡、广陵郡,其辖区范围与东汉相比略有变动但并无明显区别。①

西晋时期，江苏境域与前朝相同，仍属扬州和徐州。两州以长江以线为界，江南属扬州，江北属徐州。东晋不同于此前的朝代，实行“侨置郡县”，通过异地安置、设置侨郡和侨县在江南重建州郡、安置侨人。作为东晋王畿所在的江苏省，淮水南岸侨郡、侨县众多，行政区划极为混乱，主要分布在建康（今南京市）、京口市（今镇江市区）、晋陵县（今常州市区）等地区。苏北地区多由北方割据势力控制，例如十六国的后赵、前燕、前秦等国。②

南朝刘宋时期，定都建康（今南京市），领有江苏全境。淮北地区属徐州，南朝宋永初二年（421 年）更名为北徐州，领彭城郡（治所在今徐州市）、沛郡（治所在今沛县）、下邳郡（今沛县）、东海郡（治所在今涟水县北）、淮阳郡（治所在今淮安市淮阴区）、济阴郡（治所在今睢宁县）等。江淮间属南兖州，南兖州同属侨州。元嘉八年（431 年）移治广陵，领广陵、海陵、山阳、盱眙等郡。大明八年（464 年），江南分属南徐州和扬州。南徐州是为南朝宋永初二年（421 年）所置侨州，领南东海郡（今镇江市）、南琅琊郡（今句容市）、晋陵郡（今常州市）和南兰陵郡（后并入南琅琊郡）；扬州领丹阳郡（治建康）、吴郡（治吴县）和义兴郡（治阳羡县）。泰始二年（466 年）刘宋丢失淮北之后，将兖州侨人安置于淮阴县，又有青、冀二州合侨置于郁洲（今连云港市云台山）。侨州所辖侨郡、县多无实土，仅存其名而已。

三、隋唐两宋时期

隋朝只设州、县二级，江苏境内分置苏州、常州（治所初在今常熟市西北，后移州治于今常州市）、蒋州（今南京市溧水区、高淳区和安徽省芜湖市繁昌区、马鞍山市当涂县）、润州（治所在今镇江市区）、扬州（治所在今镇江市区）、方州（治所在今南京六合区）、楚州（今淮安市）、邳州（隋大业初改为下邳郡）、泗州（治所在今宿迁市东南旧黄河东北岸之古

① 参见江苏省地方志编纂委员会编《江苏省志 · 2 · 地理志》，江苏古籍出版社 1986 年版，第 33 页。
② 同上书，第 34—35 页。

城)、海州和徐州(隋大业初改为彭城郡)。①

唐朝政府首创以道、府为核心的行政区划制度,以山川河流作为地理划分的依据。唐贞观元年(627 年)江苏分属河南道、淮南道及江南东道。河南道辖境包括今江苏境内的徐州、海州、泗州,淮南道辖境在今江苏省境内的扬州及楚州,相当于今淮河以南、长江以北,东至海,西至湖北应山、应城、汉川等县一带;江南东道所置之苏州、润州和常州在今江苏省境内。

五代十国时期,江苏地域因战争,各行政区分崩离析,区域归属常有更改。初期金陵府(治所在今南京市区)为南吴、南唐之都,现今的苏北地区与苏中地区基本在其控制之下。后周显德五年(958 年),周世宗尽取江北之地,与南唐划江为界,又在沿江海处增置通州及海门县(治所在今启东市东北南阳村附近)。徐州先后属于梁、唐、晋、汉、周五代,苏州则一直隶属于贯穿五代而存在的吴越钱氏。

北宋初将全国划分为 10 道,又于淳化五年(994 年)改道为路,至神宗元丰六年(1083 年),全国共存 23 路。北宋末年,江苏分属五路:江南东路、两浙路、淮南东路、京东东路和京东西路。江南东路辖境相当于今江苏省镇江市、茅山、洮湖一线以西和长江以南,以及今安徽省江南和江西省东北隅一部分。两浙路辖境相当今江苏省镇江市、金坛、宜兴等县市以东地区和今上海市及浙江全省。淮南东路辖境相当今江苏省赣榆、东海、淮安等县市以南地区及今安徽省大部、湖北一部分地区。京东西路辖淮北西部的彭城、丰、沛等县及宝丰、利国二监(今徐州市及所辖铜山区、丰县、沛县等地)。

南宋靖康二年(1127 年),金兵南下,宋室南迁,江苏也因此一分为二,淮河以北的徐州、淮阳军、海州、泗州等地为金人所控。在南宋管辖之中的苏中和苏南地区则分属于两浙西路、江南东路、淮南东路。两浙西路领镇江府(治所在今镇江市区)、平江府(治所在今苏州市区)、常州和江阴军属;建康府(治所在今南京市区)属江南东路;扬州、泰州、楚州、真州、通州和高邮军、盱眙(治所在今盱眙县盱眙镇)属淮南东路。

---

① 参见江苏省地方志编纂委员会编《江苏省志·2·地理志》,江苏古籍出版社 1986 年版,第 44 页。

四、元明清民国时期

元朝忽必烈统一中原后，进行了行政区划制度改革，以元大都（今北京市）为中书省，由中央直接管辖的行政级别为行中书省，行中书省下又分为路、府、州、县四级。元末，江苏地域以长江为界，分属江浙行省和河南行省。[①] 江南的江浙行省下辖集庆路（治所在今南京市）、镇江路、常州路（治所在今常州市）、平江路（治所在今苏州市）、松江府（治所在今上海市松江区）和江阴州（治所今江阴市澄江镇）等。[②] 江北的河南行省之下置淮东道宣慰司（辖扬州路、淮安路和高邮府）以及徐州、邳州。

明朝承前代的区划制度，并将元朝复杂多级的行省制度简化为省、府（州）、县（州）三级。洪武元年（1368 年）八月，建都南京，罢行中书省，十一年正月，改南京为京师，下辖应天府、凤阳府、淮安府、扬州府、苏州府、松江府、常州府、镇江府、庐州府、安庆府、太平府、池州府、宁国府、徽州府共 14 个府，徐州、滁州、和州、广德州 4 个直隶州，为江苏建省奠定了基础。[③]

清顺治十八年（1661 年），清廷对通管全省的江南左、右布政使司进行重新划分。康熙六年（1667 年）江南左、右布政使司分别更名为江苏布政使司、安徽布政使司。至此，江苏省基本形成。至清末，江苏省所辖范围内包括江宁府、淮安府、扬州府、徐州府、苏州府、松江府、常州府、镇江府、通州直隶州、海州直隶州、太仓直隶州、海门直隶州厅。[④]

民国元年（1912 年）一月，民国临时政府成立，以南京府取代原江宁府，并定都南京，与此同时，取消府、州、厅区划，保留县一级。1914 年，设省、道、县三级制，置金陵道、苏常道、沪海道、淮扬道、徐海道统辖各县。民国十六年（1927 年），国民政府成立，定都南京。南京政府废除道一级区划，依据江宁县设置南京特别市，依据上海县、宝山县设置

① 参见徐四海编著《苏文化通论》，东南大学出版社 2016 年版，第 10 页。

② 参见江苏省地方志编纂委员会编《江苏省志・2・地理志》，江苏教育出版社 1986 年版，第 6 页。

③ 参见季士家《江苏建省考实》，《东南文化》1989 第 2 期，第 180 页。

④ 参见江苏省地方志编纂委员会编《江苏省志・2・地理志》，江苏教育出版社 1986 年版，第 59 页。

上海特别市，二市由中央直辖。1934年，实行省、督察区、县三级制，相继设立无锡、松江、南通、淮阴、盐城、东海、铜山、江宁八个行政督察区，[①]包括因抗战爆发未设立的溧阳、江都，全省共设10个督察区。抗日战争爆发后，中国共产党带领江苏人民建立了苏南、苏中和苏北等抗日根据地。除此之外，亦建立了如东、建阳、涟东等50多个抗日民主县政府，各县县境几经更改，直至抗日战争后期和解放战争时期才稳定下来。1949年之后，这些县正式建置。

第三节　江苏水利史研究状况述评

江苏独特的自然地理环境与区域开发历史奠定了水利事业在社会经济发展中的重要地位。在江苏，有文字记载的水事活动距今已有三四千年的历史，关于江苏水利史的研究与书写，历代多有建树，江苏水利史也成为江苏社会、经济与文化史中一项极为重要的内容。近代以来，有关江苏区域的水利史研究成果丰硕，不同学科、不同视角、不同区域的研究，涉及江苏区域水系与水生态环境、水利与农耕发展、水利与交通发展、水利与防灾减灾、水利与社会文化等多个方面，极大地丰富了江苏水利史的研究。

一、江苏水利史综合研究

“江苏”本义是一个人文地理概念，是现代中国的省级行政区，也是本书所写的水利事业的地域范围。江苏历代水利昌盛，近代以来，对于江苏水利问题研究最早的是晚清著名水利学家武同举，著有《淮系年表全编》《江苏水利全书》《江苏涨并水道说》《江苏江北运河为水道统系论》等文，皆堪称佳作。其中尤以《淮系年表全编》《江苏水利全书》最为典型，涉及黄淮二河水利、水患与江北运河、江南运河、太湖流域、江南海塘等内容，《江苏水利全书》有“华东水利资料之宝库”之称，是江苏省

---

① 参见崔乃夫主编《中华人民共和国地名大词典》第1卷，商务印书馆1998年版，第1361页。

水利史上空前的一部水利全书。[①]

姚汉源在《中国水利史纲要》[②]一书中扼要叙述了中国有史以来水利事业的发展历程，其中在论述黄河流域衰落、江淮流域发展、南方持续发展等方面时有不少篇幅涉及江苏区域水利研究。江苏是淮河的主要流经地，对淮河的研究是江苏水利史研究中的重要话题，水利部淮河水利委员会编写的《淮河水利简史》[③]一书，对历史时期淮河水利事业发展情况进行了详细研究，涉及淮河水系的变迁、农田水利、水运航运、水旱灾害等多个方面。水利部黄河水利委员会编写的《黄河水利史述要》[④]一书，虽主要写黄河水利史，但明清时期黄河夺淮入海，与江苏，尤其是苏北关系密切，书中对此着力甚多。再如《长江水利史略》[⑤]一书，对长江江苏段有着较大篇幅的论述，无论是对长江的航运、水灾、水利技术，还是对太湖流域的农田水利等，均有较为详细的梳理。

二、水系与水生态环境

江苏滨江临海，境内河湖众多，京杭大运河连接南北，长江、淮河横贯东西，沂沭泗河会于淮北，太湖、洪泽湖、高邮湖、骆马湖等湖泊散落其间。丰富的水系、独特的水生态环境与保存良好的历代典籍，为研究江苏境内水系与水生态环境演变提供了便利，对此，学界先贤做了大量的搜集、整理与研究工作，取得了许多重要成果。

邹逸麟的《黄淮海平原历史地理》[⑥]一文，以黄淮海平原为历史地理研究对象，分历史自然地理与历史人文地理，对黄淮海平原的气候、植被、土壤等与人口、农业、城市交通等诸多部分进行了详细研究，书中对于江苏境内淮河水系、平原湖沼与海岸的演变与淮河流域的农田水利、运河航运等均有涉及。

---

① 参见王群、姜松林《民国水利史专家武同举》，《档案与建设》2009 年第 11 期。

② 姚汉源：《中国水利史纲要》，水利电力出版社 1987 年版。

③ 水利部淮河水利委员会《淮河水利简史》编写组编：《淮河水利简史》，水利电力出版社 1990 年版。

④ 水利部黄河水利委员会《黄河水利史述要》编写组：《黄河水利史述要》，水利出版社 1984 年版。

⑤ 长江流域规划办公室《长江水利史略》编写组编：《长江水利史略》，水利电力出版社 1979 年版。

⑥ 邹逸麟主编：《黄淮海平原历史地理》，安徽教育出版社 1997 年版。

唐元海的《淮河古水系述略》[①]一文，通过对《禹贡》《山海经》《水经注》等地理著作的分析，对古淮河水系的源头、流向与分支等信息进行了梳理。王均在《论淮河下游的水系变迁》[②]一文中，以淮河下游水系的变迁为研究对象，研究在黄河南徙和大运河的变迁两个影响因素下淮河下游水系变迁的情况与变迁规律，是探索江苏境内淮河水系变迁的重要研究。

胡阿祥、胡萧南的《"黄侵运逼"视野中的淮河变迁》[③]一文，从"黄侵""运逼"的视角对淮河变迁进行了深入探讨，并以文学拟喻给予哲学关怀，从深层次探讨了人地关系演变与政治权力对自然变迁的影响。韩昭庆《黄淮关系及其演变过程研究》[④]，通过对历史文献对比，结合实地考察与图表，论述了黄河长期夺淮期间淮北平原、湖泊与水系的变迁。吴必虎在《黄河夺淮后里下河平原河湖地貌的变迁》[⑤]一文中，分析了黄河夺淮与里下河地区河湖地貌变动间的关联，认为射阳湖等湖泊的淤塞是明中期开始实施"北堤南分""束水攻沙"方略而导致黄河泥沙随水灾沉积至里下河地区沉积的结果。

张金池、毛锋等著的《京杭大运河沿线生态环境变迁》[⑥]一书，研究了京杭大运河沿线古生态环境和水系、气候、土壤、植被等生态环境要素变迁的过程，对于江苏段运河生态环境的变迁做了较为深入的探讨。王建革在《明代黄淮运交汇区域的水系结构与水环境变化》[⑦]一文中对明代苏北黄淮运交汇地区的水系与水环境变化进行了探讨，提出官方对于运河的维护与"保漕"措施是导致其变化的原因。他在另一篇《清口、高

① 唐元海：《淮河古水系述略》，《治淮》1985 第 4 期。

② 王均：《论淮河下游的水系变迁》，《地域研究与开发》1990 年第 2 期。

③ 胡阿祥、胡箫南：《"黄侵运逼"视野中的淮河变迁》，《安徽史学》2021 年第 6 期。

④ 韩昭庆：《黄淮关系及其演变过程研究：黄河长期夺淮期间淮北平原湖泊、水系的变迁和背景》，复旦大学出版社 1999 年版。

⑤ 吴必虎：《黄河夺淮后里下河平原河湖地貌的变迁》，《扬州师院学报（自然科学版）》1988 年第 Z1 期。

⑥ 张金池、毛锋、林杰、庄家尧、张增信、方炎明、俞元春：《京杭大运河沿线生态环境变迁》，科学出版社 2021 年版。

⑦ 王建革：《明代黄淮运交汇区域的水系结构与水环境变化》，《历史地理研究》2019 年第 1 期。

家堰与清王朝对黄淮水环境的控制(1755—1855 年)》[①]文章中,研究了清乾隆二十年(1755 年)至咸丰五年(1855 年)清口、高家堰与洪泽湖水流的互动关系。

除了对黄、淮、江水系演变的探讨,江苏境内星罗棋布的大中小型湖泊也是水利史研究的重要话题。魏嵩山的《太湖水系的历史变迁》[②]一文,探讨了太湖形成的历史过程,提出太湖水系的变迁过程大致为三江到湖泊再到水网化的发展趋势。潘凤英的《晚全新世以来江淮之间湖泊的变迁》[③]一文,基于历史文献中对湖泊的记载,结合通过晚全新世沉积层的岩相等自然考古资料相佐证的研究方式,对江苏境内古代淮河以南、长江以北地区的湖泊变迁进行了探讨。潘凤英的《历史时期射阳湖的变迁及其成因探讨》、柯长青的《人类活动对射阳湖的影响》与凌申的《历史时期射阳湖演变模式研究》《射阳湖历史变迁研究》等研究[④],均是研究射阳湖变迁的经典之作,它们梳理了射阳湖变迁的历史脉络,对射阳湖的变迁过程、成因、演变模式进行了极为详细的探索。

此外,洪泽湖、高邮湖、太湖、石臼湖、骆马湖等湖泊均是研究江苏水利史不可避开的内容,涌现了诸如孙顺才和伍贻范的《太湖形成演变与现代沉积作用》、洪雪晴的《太湖的形成和演变过程》、刘金陵的《11000 年以来太湖的形成与演变》与韩昭庆的《洪泽湖演变的历史过程及其背景分析》等研究成果,极大地丰富了历史时期江苏境内湖泊研究。[⑤]

水利事业的兴起始于人类改造自然界以满足自身生存与发展需要的活动。为了实现对水资源的控制,必然要对水环境加以改造,在此过

---

① 王建革:《清口、高家堰与清王朝对黄淮水环境的控制(1755—1855 年)》,《浙江社会科学》2021 年第 9 期。

② 魏嵩山:《太湖水系的历史变迁》,《复旦学报(社会科学版)》1997 年第 2 期。

③ 潘凤英:《晚全新世以来江淮之间湖泊的变迁》,《地理科学》1983 年第 4 期。

④ 潘凤英:《历史时期射阳湖的变迁及其成因探讨》,《湖泊科学》1989 第 1 期;柯长青:《人类活动对射阳湖的影响》,《湖泊科学》2001 年第 2 期;凌申:《历史时期射阳湖演变模式研究》,《中国历史地理论丛》2005 年第 3 辑;凌申:《射阳湖历史变迁研究》,《湖泊科学》1993 年第 3 期。

⑤ 孙顺才、伍贻范:《太湖形成演变与现代沉积作用》,《中国科学(B 辑)》1987 年第 12 期;洪雪晴:《太湖的形成和演变过程》,《海洋地质与第四纪地质》1991 年第 4 期;刘金陵:《11000 年以来太湖的形成与演变》,《古生物学报》1996 年第 2 期;韩昭庆:《洪泽湖演变的历史过程及其背景分析》,《中国历史地理论丛》1998 年第 2 辑。

程中水生态环境亦会随之改变，因此水利事业的发展与水生态环境有着密切的联系。

张崇旺在《淮河流域水生态环境变迁与水事纠纷研究（1127—1949）》[①]一书中对远古至新中国成立后淮河流域水生态环境变迁的历史进程、变迁表现和特点以及对经济社会的影响进行了讨论与分析。

吴海涛在《淮河流域环境变迁史》[②]一书中，认为淮河流域环境变迁的原因主要在于黄河长期泛淮、历代治河方略与淮河问题的产生、淮河流域人地关系的演变、清代河务问题与淮河治理的成效等方面。

在苏南地区，冯贤亮的《太湖平原的环境刻画与城乡变迁（1368—1912）》一书，以明清时期太湖平原水环境演变为研究的主要内容，论述了如环境变迁中的水利与社会问题等江南环境史研究中比较重要的问题。张根福、冯贤亮等的《太湖流域人口与生态环境的变迁及社会影响研究（1851—2005）》[③]一书，虽然作为一本江南社会经济史方面的著作，但是在水域环境改造、水生态环境变迁等方面均有着色，较为详细地论述了太湖流域水乡环境的塑造、水环境变迁的驱动因素与生态环境变迁的驱动因素。王建革的《水乡生态与江南社会（9—20世纪）》[④]《江南环境史研究》[⑤]着眼于生态与社会、人与环境间的互动关系，两书均围绕江南河道、圩田与当地社会，呈现了从宏观到微观的江南环境史，其中水生态环境是构成环境的重要方面。吴俊范在《水乡聚落：太湖以东家园生态史研究》一书中，探讨了太湖以东地区滨海如何变成水乡，认为适应盐业的水道、适应农耕的塘浦泾浜与适合定居的宅河等水网的构建是滨海如何变成水乡的原因之一，这便是水系与水生态环境交互影响的体现。

水体与水生态环境变迁是水利史研究的重要内容，大家主要围绕水利与环境两者的互动而进行论述。在大量的研究中，涉及江苏境内

---

① 张崇旺：《淮河流域水生态环境变迁与水事纠纷研究（1127—1949）》，天津古籍出版社2015年版。

② 吴海涛：《淮河流域环境变迁史》，黄山书社2017年版。

③ 张根福、冯贤亮、岳钦韬：《太湖流域人口与生态环境的变迁及社会影响研究（1851—2005）》，复旦大学出版社2014年版。

④ 王建革：《水乡生态与江南社会（9—20世纪）》，北京大学出版社2012年版。

⑤ 王建革：《江南环境史研究》，科学出版社2016年版。

的淮河、长江、黄河与太湖流域，探讨了诸水系的变迁与水生态环境的演变，为以江苏作为地域范围的历史时期水体与水生态环境演变研究奠定了坚实的研究基础。

三、水利与农耕发展

水是人类发展生产最基本的物质基础，对于水资源的开发与利用，在农业生产中体现得最为明显。江苏素称“鱼米之乡”，气候、水源与土壤等农业生产条件得天独厚，唐代便有“军国大计，仰于江淮”的称誉，粮食生产长期居于全国前列。为了协调土地与水源，为农业生产提供更为优渥的自然条件，通过对平原、丘陵与沿海沿江滩地等的水土条件的改造，江苏地区出现了圩田、陂塘与沟渠等农田水利。20 世纪以来，关于江苏区域水利与农耕发展的研究著述如林，农业史、历史地理、水利学领域等众多学者共同耕耘，取得了许多重要成果。

周魁一在《农田水利史略》[①]《中国古代的农田水利》[②]等书和文章中有关农田水利史的研究中，对于淮河流域、长江流域、江南地区与黄淮海平原农田水利建设的历史进行了简明扼要的梳理。汪家伦、张芳编著的《中国农田水利史》[③]，论述了农田水利出现的原因以及与社会经济、农业发展的关系，进一步丰富完善了我国水利发展的历史，其中江苏作为农田水利发展的重点区域，着墨甚多。王社教的《苏皖浙赣地区明代农业地理研究》[④]一书以明代南直隶、浙江与江西二布政使司为研究对象，论述了研究区水利建设的发展与存在问题。

关于江苏区域农田水利史的研究，形成了以太湖、下河为主要研究对象的特点。其中，在太湖农田水利研究方面，出现了如龚允文的《太湖流域农田水利略》、缪启愉的《太湖塘浦圩田史研究》、郑肇经的《太湖水利技术史》等[⑤]太湖流域农田水利研究巨著。此外，黄锡之的《太湖地

① 周魁一：《农田水利史略》，水利出版社 1986 年版。

② 周魁一：《中国古代的农田水利》，《农业考古》1986 年第 1 期。

③ 汪家伦、张芳编著：《中国农田水利史》，农业出版社 1990 年版。

④ 王社教：《苏皖浙赣地区明代农业地理研究》，陕西师范大学出版社 1999 年版。

⑤ 龚允文：《太湖流域农田水利略》，太湖水利局 1925 年版；缪启愉编著：《太湖塘浦圩田史研究》，农业出版社 1985 年版；郑肇经主编：《太湖水利技术史》，农业出版社 1987 年版。

区圩田、潮田的历史考察》[①]一书以太湖地区的圩田、潮田为研究对象，对其成因及变迁进行了深入研究，并提出了历史上圩田、潮田利用正反两面的教训。何勇强的《论唐宋时期圩田的三种形态——以太湖流域的圩田为中心》[②]一文，对江淮的“圩田”、浙西“围田”与浙东的“湖田”间的差异进行分辨，论述了太湖流域圩田的演变。谢湜的《11世纪太湖地区农田水利格局的形成》[③]《明前期江南水利格局的整体转变及相关问题》[④]、周晴的《唐宋时期太湖南岸平原区农田水利格局的形成》[⑤]等文章对唐宋时期太湖流域农田水利开发进行研究，提出太湖地区农田水利格局的形成是官方治水事业等背景下奠定的。

此外，以长江下游为对象进行水利建设与农耕发展的研究成果也极为显著。《古代长江下游的经济开发》[⑥]论文集以3—9世纪长江下游经济开发为主题，内容涉及农业、手工艺、商业、交通、水利等各个方面，如魏嵩山《北宋以前江南地区的开发过程及其在全国经济地位的历史演变》、王炎平《略论三世纪以来长江下游经济持续稳定增长的原因》、郭黎安《论魏晋隋唐之间江淮地区水利业的发展》等文章，均提到江南区域农业出现较大发展的原因与水利的兴修有着密切的关系，梯田、圩田的开发和水利的兴修扩大了本区耕地面积，为农业生产提供了充足的水量，极大地促进了农业生产进步。

牟发松的《从“火耕水耨”到“以沟天下”——汉唐间江南的稻作农业与水利工程考论》[⑦]一文对汉唐间江南稻作农业的发展过程进行了梳理，提出完善的农田水利工程是江东地区出现数以十万顷“膏腴上地”的重要原因。彭雨新、张建民合著的《明清长江流域农业水利研究》[⑧]一

---

① 黄锡之：《太湖地区圩田、潮田的历史考察》，《苏州大学学报》1992年第2期。

② 何勇强：《论唐宋时期圩田的三种形态——以太湖流域的圩田为中心》，《浙江学刊》2003年第2期。

③ 谢湜：《11世纪太湖地区农田水利格局的形成》，《中山大学学报（社会科学版）》2010年第5期。

④ 谢湜：《明前期江南水利格局的整体转变及相关问题》，《史学集刊》2011年第4期。

⑤ 周晴：《唐宋时期太湖南岸平原区农田水利格局的形成》，《中国历史地理论丛》2010年第4辑。

⑥ 江苏省六朝史研究会、江苏省社科院历史所编：《古代长江下游的经济开发》，三秦出版社1996年版。

⑦ 牟发松：《从“火耕水耨”到“以沟天下”——汉唐间江南的稻作农业与水利工程考论》，《中华文史论丛》2014年第1期。

⑧ 彭雨新、张建民：《明清长江流域农业水利研究》，武汉大学出版社1993年版。

书中的太湖平原区农业水利发展、治水与农村经济结构的变化及江苏沿江的圩田、水土关系的变迁与圩田水利等方面涉及江苏区域农业水利，探讨了江苏区域农业水利的发展。

相较于学术热点的江南地区，一江之隔的江北地区在往期研究中多处于弱势，近期才有相当程度的研究成果涌现。如肖启荣的《农民、政府与环境资源的利用——明清时期下河地区的农民生计与淮扬水利工程的维护》①一文，提出水利工程体系的形成促使下河地区形成了层次分明的资源环境，稻田区、湖荡区与运西湖区构建起层次分明的生计格局。袁慧、王建革的《水环境与兴化圩-垛农田格局的发展(16—20世纪上半叶)》②一文，对兴化圩、垛并存的农田土地利用格局形成和历史演变的原因进行了梳理与完善。他们合著的另一篇《清代中后期黄、淮、运、湖的水环境与苏北水利体系》③文章讨论了苏北地区圩田体系与垛田体系形成与增长的原因，提出明清时期黄淮运水环境的变化与之有着密切关联。

水利是农业的命脉。江苏区域优越的自然禀赋为发展农耕提供了便利，在水利与农业耕作的互动中，形成了独具特色的农田水利与土地利用格局。因江苏地形多样，不同的地域环境使得在以往研究中形成了以太湖流域为核心的塘浦圩田农田水利研究和以下河为核心的黄淮交汇区水环境演变与土地利用体系互动研究。与此相关的圩田、潮田与垛田等的形成、演变成为研究的重要内容，体现了水利事业与农业耕作的互动关联。

四、水利与交通发展

中国航运有着悠久的历史，《周易·系辞下》载“刳木为舟，剡木为楫，舟楫之利以济不通，致远以利天下，盖取诸涣”，便是对水上交通及

① 肖启荣：《农民、政府与环境资源的利用——明清时期下河地区的农民生计与淮扬水利工程的维护》，《社会科学》2019年第7期。

② 袁慧、王建革：《水环境与兴化圩-垛农田格局的发展(16—20世纪上半叶)》，《中国农史》2019年第2期。

③ 王建革、袁慧：《清代中后期黄、淮、运、湖的水环境与苏北水利体系》，《浙江社会科学》2020年第12期。

其作用的概述。江苏是长江流域开发较早的区域之一，发展水运交通的历史悠久，长江、淮河等天然水系与星罗棋布的湖泊、港浦为江苏水上交通的发展提供了便利。漫长的开发历史与繁荣的水运交通使探讨历史时期江苏区域水利与交通发展间的互动关系，成为江苏水利史研究的重要内容。

由中华文化通志编委会编，周魁一、谭徐明所撰的《中华文化通志·水利与交通志》[①]分水利与交通两大部分，论述了水利、交通与社会政治、经济等的发展关系，其中如长江及太湖、淮河、珠江、海河防洪工程等部分，均涉及江苏区域。

大运河江苏段是中国大运河最为核心的河段之一，作为人工开凿用以发展运输的河道，是江苏境内极为重要的水路交通航线。先秦时期江苏境内便有开凿的运河，史念海的《中国的运河》[②]一书，从历史地理学研究视角，对三江五湖间的运河，诸如邗沟、江南运河等的开凿及其影响进行了深入研究，其中大量运河河道涉及江苏境内。姚汉源在《京杭运河史》[③]一书中对京杭运河兴修至衰败的历史进行了详细的研究与叙述，对作为京杭运河的主要流经地区的江苏境内淮扬运河、江南运河等诸多运河的开凿、修治与各闸坝等均有记载。再如陈桥驿主编的《中国运河开发史》[④]一书，从历史地理学研究视角对中国运河开发利用的历史进行了深入梳理，其中里运河、江南运河的形成与变迁均涉及江苏境内运河开发、利用与变迁。江苏境内最为典型、重要的运河是淮扬运河与江南运河。

董文虎等著《京杭大运河的历史与未来》[⑤]《江苏大运河的前世今生》[⑥]等书，对运河的历史变迁等进行了深入探讨，分析了大运河对沿岸地区经济、文化与社会发展的关联。范金民《15～19 世纪大运河的物

---

① 中华文化通志编委会编，周魁一、谭徐明撰：《中华文化通志·水利与交通志》，上海人民出版社 1998 年版。

② 史念海：《中国的运河》，陕西人民出版社 1988 年版。

③ 姚汉源：《京杭运河史》，中国水利水电出版社 1998 年版。

④ 陈桥驿主编：《中国运河开发史》，中华书局 2008 年版。

⑤ 董文虎等：《京杭大运河的历史与未来》，社会科学文献出版社 2008 年版。

⑥ 董文虎、王健：《江苏大运河的前世今生》，河海大学出版社 2014 年版。

货流通与苏杭城市经济的发展》[①]一文，论述了大运河的运输与经济属性，并提到大运河是南北货物运输大通道，是苏杭经济发展的生命线，运河功能的发挥直接关乎苏杭城市的发展。史念海在《隋唐时期运河和长江的水上交通及其沿岸的都会》[②]一文中，用较多笔墨论述了邗沟与长江汇合处的扬州、江南河畔的润常苏诸州以及长江沿岸的都会等地理位置、交通状况等，体现了江苏境内运河的发展对沿岸的影响。

除了运河，长江、淮河无论是自然气候、水体水量，还是流域社会经济条件，都适合发展水运，因此，关于江苏境内长江、淮河流域水利航运史研究，也有较为丰富的成果，尤以《长江航运史》[③]系列丛书最为典型。该丛书分大事记、古代部分与近代部分，从航道、航运、港口等方面对古代长江水上运输的形成、发展与兴衰演变进行了深入研究，江苏作为长江下游重要省份，如扬州港、南京港、镇江港等内容均有涉及。再如王鑫义主编的《淮河流域经济开发史》[④]，探索了淮河流域漕路的开发、修治与利用等水利交通运输问题。

对于江苏水利与交通发展研究，邱树森主编、汪家伦等编的《江苏航运史(古代史部分)》[⑤]，探讨了中国古代航运发展的历史规律，是研究江苏航运发展历史的佳作。贺云翱、干有成《中国大运河江苏段的历史演变及其深远影响》[⑥]一文对大运河江苏段的历史演变与大运河对江苏文化的深远影响进行了研究与论证，认为江苏境内以大运河为主线形成了运河网络、特色文化空间，推动了江苏地域经济与文化的发展，成为大运河文化带建设的重要组成部分，推动了江苏海洋文化发展与海洋区域的开发，塑造了江苏水运、水利、水生态系统，使江苏成为古代海上丝绸之路与陆上丝绸之路的交汇地，为江苏留下了众多璀璨古今的文化瑰宝。

---

① 范金民：《15～19世纪大运河的物货流通与苏杭城市经济的发展》，《运河学研究》2020年第1辑。

② 史念海：《隋唐时期运河和长江的水上交通及其沿岸的都会》，《中国历史地理论丛》1994年第4辑。

③ 罗传栋主编：《长江航运史(古代部分)》，人民交通出版社1991年版。

④ 王鑫义主编，卞利、张金铣、李修松、张崇旺、周怀宇、周崇云撰：《淮河流域经济开发史》，黄山书社2001年第5期。

⑤ 邱树森主编，汪家伦等编：《江苏航运史(古代部分)》，人民交通出版社1989年版。

⑥ 贺云翱、干有成：《中国大运河江苏段的历史演变及其深远影响》，《江苏地方志》2020年第3期。

除了江苏运河的专项研究，张纪成主编的《京杭运河(江苏)史料选编》[①]一书作为一本关于京杭运河的历史资料集，对先秦至新中国成立前京杭运河江苏段航道与运输有关的史料进行了汇集，收集了众多重要的古近代运河史籍，为江苏境内京杭运河航运研究提供了极大的便利。南京博物院编的《江苏大运河碑刻》[②]，对散落在大运河沿岸的碑刻进行了梳理与汇编，这些碑刻记录成为研究运河治水、技术与社会经济的重要参考。

在古代，水运的速度、花费与运载量等都要远远优于陆运，利用天然河道、湖泊或通过人工开凿沟渠扩展航运范围，成为推动地区间经济、文化交流的重要手段。江苏境内河湖众多，经济繁荣发达，其沟通南北的地理位置，使得水运交通成为江苏区域重要的交通方式。以运河为核心的水运开发，沟通了太湖、长江、淮河与黄河流域，也形成了以水系为核心的水运交通研究体系，其中不仅包括了水系的变迁，因水运交通的发展带来的经济、文化与社会的繁荣也成为水利与交通发展中的重要内容。

五、水利与防灾减灾

长江把江苏分为南北两地，长江以南为太湖流域，地势周边高、中间低，为碟形洼地；长江以北为淮河、黄河与运河交汇之处，是一望无际的苏北大平原。大江两岸均地势低矮，大多为广袤的平原区，滨江临海的地理位置，使得历史时期江苏境内多遭水灾。与水灾的斗争始终贯穿在江苏的发展历程中，也使得江苏水利史水利与防灾减灾板块成为研究的重点与热点，并呈现水灾史料搜集整理、水灾史与水灾防治研究并驾齐驱的特点。

苏北地区因黄、淮、运交汇且势若釜底，水涝灾害极为严重，有关苏北水灾的研究，成果丰硕。如王日根的《明清时期苏北水灾原因初

① 张纪成主编，《京杭运河(江苏)史料选编》编纂委员会编：《京杭运河 江苏 史料选编》，人民交通出版社 1997 年版。

② 南京博物院编：《江苏大运河碑刻》，译林出版社 2019 年版。

探》[1]一文，对苏北水灾概况和致灾原因进行分析，认为自然与社会、政治等原因的综合叠加是本时期水灾日趋严重的根源。再如潘涛的《民国时期苏北水灾灾况简述》[2]一文，对民国时期苏北水灾频发的缘由进行了总结，并在文中对 1931 年、1935 年、1938 年及 1947 年四次水灾状况进行了论述。施和金等编著的《江苏农业气象气候灾害历史纪年（公元前 190 年—公元 2002 年）》[3]一书，以公元纪年为序，所列农业气象灾害涉及水、旱、雹等。彭安玉所著的《明清苏北水灾研究》[4]，采用灾害学、水利学、地理学与历史学的研究方法，对明清时期苏北地区洪涝灾害展开研究。除了对苏北区域水患的探索与研究，围绕淮河流域水患也出现了较为显著的研究成果。梅兴柱的《明代淮河的水患及治理得失》[5]一文，对明代淮河流域发生水患的原因、水患的发展以及淮河治理得失进行了总结，对潘季驯、杨一魁等人制定的"蓄清刷黄""分黄导淮"之策给予了肯定。

江南的太湖流域自古便是我国极为重要的经济区，是我国著名的鱼米之乡，但洪涝灾害一直是影响太湖地区农业发展的主要祸患，因而对于历史时期太湖流域洪涝灾害的问题，研究成果也较为丰富。汪家伦的《历史上太湖地区的洪涝问题及治理方略》[6]一文对太湖地区水患及其特征进行了梳理与研究，认为降水变率大、地势平衍低洼、向外排水不畅等是太湖地区易受水患的原因，并对历史时期太湖流域治水成就进行了总结。

吴刚的《封建生产关系与太湖水患的久治不愈》[7]一文，以封建生产关系的演变作为分析太湖水患的切入点，提出太湖水患久治不愈的根本原因在于统治集团为自身利益不惜违背自然规律而使太湖围田屡禁不止。陈茂山的《试论清末民国时期太湖流域的水旱灾害和减灾活动

① 王日根：《明清时期苏北水灾原因初探》，《农业考古》1995 年第 3 期。

② 潘涛：《民国时期苏北水灾灾况简述》，《民国档案》1998 年第 4 期。

③ 施和金、张海防、杨峻编著：《江苏农业气象气候灾害历史纪年（公元前 190 年—公元 2002 年）》，吉林人民出版社 2005 年版。

④ 彭安玉：《明清苏北水灾研究》，内蒙古人民出版社 2006 年版。

⑤ 梅兴柱：《明代淮河的水患及治理得失》，《烟台大学学报（哲学社会科学版）》1996 年第 2 期。

⑥ 汪家伦：《历史上太湖地区的洪涝问题及治理方略》，《江苏水利》1984 年第 4 期。

⑦ 吴刚：《封建生产关系与太湖水患的久治不愈》，《史林》1992 年第 3 期。

的时代特征》[①]一文中着重对民国时期太湖流域最为著名且有富有成效的模范灌溉加以总结，认识到水利科学技术和经营方式的更新对于水利发展有着重要的意义。

王建革的《宋代以来江南水灾防御中的科学与景观认知》[②]一文，对江南防涝的水文知识体系进行了深入探索，论述了宋代三江水学与对水灾治理的对策，并以吴江水则碑为例加以说明，最后探讨了中国社会对旱涝的知识体系没有进一步发展原因，认识到水利建设与专制集权的分离演变对古代水灾知识体系的影响。胡孔发等的《民国时期苏南水灾研究》[③]一文，对民国时期苏北地区水灾进行了深入研究，认为民国时期苏南水灾的形成除了自然环境的影响，与人类活动也有一定的关联。胡火金等的《明清时期太湖流域水灾危害及灾害链——以江苏苏州为中心的考察》[④]一文，对太湖流域水灾及其衍生灾害进行了深入研究。

对于灾害史料的搜集与整理工作，宋正海总主编的《中国古代重大自然灾害和异常年表总集》[⑤]一书，以天象、地质象、地震象等九大科以及年表的形式将历史时期各省区灾害史料进行了汇总与整理，对于江苏区域水灾的记载集中于“水象”一科。

张秉伦等编著的《淮河和长江中下游旱涝灾害年表与旱涝规律研究》[⑥]一书，以淮河与长江中下游为研究区域，对该区域旱涝史料、旱涝规律研究成果进行了系统梳理。张德二主编的《中国三千年气象记录总集》[⑦]一书，较为系统且详细地记录了3000多年各类气象灾害史料，对于江苏区域洪涝灾害均有涉及。水利电力部水管司、水利水电科学

① 陈茂山：《试论清末民国时期太湖流域的水旱灾害和减灾活动的时代特征》，《古今农业》1993年第2期。

② 王建革：《宋代以来江南水灾防御中的科学与景观认知》，《云南社会科学》2017年第2期。

③ 胡孔发、曹幸穗、张文教：《民国时期苏南水灾研究》，《农业考古》2010年第3期。

④ 胡火金、孟明娟、李兵兵：《明清时期太湖流域水灾危害及灾害链——以江苏苏州为中心的考察》，《农业考古》2021年第4期。

⑤ 宋正海总主编：《中国古代重大自然灾害和异常年表总集》，广东教育出版社1992年版。

⑥ 张秉伦、方兆本主编；方兆本、王成兴、张秉伦、曹永忠编著：《淮河和长江中下游旱涝灾害年表与旱涝规律研究》，安徽教育出版社1998年版。

⑦ 张德二主编，蒋光美等编写：《中国三千年气象记录总集》，凤凰出版社2004年版。

研究院编写的《清代淮河流域洪涝档案史料》[①]一书，根据国家第一历史档案馆保存的宫中档案、朱批、军机处录副档等有关淮河流域洪涝史料的记载，以水系为分类，对清代淮河流域洪涝资料进行了较为详细的汇总。

《江苏省近两千年洪涝旱潮灾害年表》[②]是通过对本省各府州县志、正史以及历代农业、水利、荒政记载的水旱灾害搜集、整理而成，反映了江苏历史上水旱灾害的复杂性与危害性，为水利建设研究与规划设计提供参考。

按灾害学理论，减灾是"人类所有减少或减轻自然灾害损失的行为与过程"[③]，历史时期江苏地区因独特的地理环境、关键的区位要素与特殊的社会关系，所受自然灾害中尤以洪涝最为严重，为了减少洪涝灾害对社会发展的影响，历代极为重视对河湖水系的治理与水利工程的营建。学术界有关江苏区域水灾预防和治理研究，也已有不少成果。如陈家其的《太湖流域洪涝灾害的历史根源及治水方略》[④]一文，对太湖洪涝灾害的历史根源、水域环境现状进行分析与总结，提出了太湖流域"以泄为主，泄蓄并举"的治水方略。蒋小欣、顾明的《古代太湖流域治水思想的探讨》[⑤]一文，在太湖水系演变研究的基础上，探讨了防洪、排水、灌溉等技术，对古人治水得失以及经验进行了分析。除了对水患治理思想与方略的探讨，防洪、防潮与御卤等水利工程的修建也体现了水利与防灾减灾间的关联。如嵇超的《范公堤的兴筑及其作用》[⑥]一文，对范公堤修筑的原因、经过及其作用进行了分析。凌申的《历史时期江苏古海塘的修筑及演变》[⑦]一文，以时间为线，论述了古海塘、常丰塘、范公堤等海堤修筑的原因及其演变过程。鲍俊林、高抒的《苏北捍海堰与

① 水利电力部水管司、水利水电科学研究院编:《清代淮河流域洪涝档案史料》，中华书局 1998 年版。

② "江苏省革命委员会水利局"编:《江苏省近两千年洪涝旱潮灾害年表》，"江苏省革命委员会水利局"1976 年版。

③ 刘波、姚清林、卢振恒、马宗晋:《灾害管理学》，湖南人民出版社 1998 年版。

④ 陈家其:《太湖流域洪涝灾害的历史根源及治水方略》，《水科学进展》1992 年第 3 期。

⑤ 蒋小欣、顾明:《古代太湖流域治水思想的探讨》，《水资源保护》2005 年第 2 期。

⑥ 嵇超:《范公堤的兴筑及其作用》，《复旦学报(社会科学版)》1980 年 S1 期。

⑦ 凌申:《历史时期江苏古海塘的修筑及演变》，《中国历史地理论丛》2002 年第 4 辑。

“范公堤”考异》[1]一文，考证了明代后期淮北莞渎场捍海堰和安东县古淮堤沿海分布区位，辨清了“范公堤”的指代对象。再如徐靖捷的《苏北平原的捍海堰与淮南盐场历史地理考》[2]一文，论证了捍海堰和淮南盐场的地理位置，论证了盐灶东迁的时间。

正是江苏地域的特殊性与重要性，历史时期江苏洪涝灾害对人民的生产、生活有着极为严重的负面影响。为总结历史时期江苏治水的经验和教训，探讨防灾减灾的根本出路，古为今用、以史为鉴，对于古代江苏境内水灾研究，成为江苏水利史研究的热点与重要板块。

六、水利与社会文化

中国自古以农立国，农业发展是社会发展过程的重要组成部分，水利的兴衰又对农业的发展有着极为深刻的影响，因此，探寻水利事业的发展、变化与社会生态、经济、文化等要素间的关系就显得尤为必要。江苏是大运河流经的主要地区之一，自习近平总书记对大运河文化带建设两次批示后，省内相继成立了大运河文化带研究院，其中，依托江南大学、苏州大学等高校设立区市分院，以及南京农业大学大运河文化带建设研究院农业文明分院，以深入挖掘大运河文化内涵并深化大运河文化研究。在江苏大运河研究方面，相关成果百花齐放。《明清小说研究》《江南大学学报》等核心期刊相继开设运河研究专栏，大运河研究专著更是相继出版。如夏锦文主编的《大运河文化研究》[3]选编了大运河文化带建设研究主题的专家文章，这些文章从理论指引、实践经验、生态环境等多领域，采用多维度的视角与多样化的研究方法探讨了大运河文化。

除了运河文化，江苏频发的水患对社会文化也有着极为深刻的影响，考察水患与社会文化间的勾连，是水利史研究较为直接且深刻的话

---

① 鲍俊林、高抒：《苏北捍海堰与“范公堤”考异》，《中国历史地理论丛》2015年第4辑。

② 徐靖捷：《苏北平原的捍海堰与淮南盐场历史地理考》，《扬州大学学报（人文社会科学版）》2015年第5期。

③ 夏锦文主编：《大运河文化研究》，江苏人民出版社2019年版。

题。张崇旺的《明清时期江淮地区的自然灾害与社会经济》[①]，对明清时期江淮间灾害类型与频次进行了统计，探讨了江淮自然灾害对社会经济较为沉重的消极影响，并论述了灾害与江淮地区雨旱、水利与虫疫灾害信仰间的关系。

卢勇的《明清时期淮河水患与生态、社会关系研究》[②]一书，以淮河流域为研究对象，论述了淮河流域水患、生态环境与社会关系间的互动关系，提出淮河流域频发的洪涝灾害本质上是明清时期该区域特殊的社会关系与变化的生态环境所致，自然因素并非其主要原因。作者还对水患的社会影响进行了总结，认为水患造成了淮河流域人口、耕地的损失，对水运交通、社会风习等均带来了极为消极的影响。

马俊亚在《被牺牲的“局部”：淮北社会生态变迁研究（1680—1949）》[③]一书，以淮北为研究区域，围绕国家政策与区域社会生态变迁两者间的关系加以论述，认为国家政策对于区域社会生态的消极影响其背景多由区域水环境的恶化而引发。作者以治水事务的地区冲突与政策偏向为引，提出农业生态、农村经济结构的变迁再到淮北社会的畸形与社会结构的异化，均与治水与水环境的改变有关。此外，《集团利益与国运衰变——明清漕粮河运及其社会生态后果》《从武松到盗跖：近代淮北地区的暴力崇拜》《治水政治与淮河下游地区的社会冲突（1579—1949）》等成果均与之相关。[④] 计小敏的《清代以来淮扬水上社会的研究》[⑤]，研究了清代以来频发的水患对淮扬一带百姓生活的影响，一是大量百姓由农民转为船民，出现了身份的转变，二是水上人由向扬州的流徙转为普遍南下，除此之外，也出现了帮与水上保甲的水面组织。

---

① 张崇旺：《明清时期江淮地区的自然灾害与社会经济》，福建人民出版社 2006 年版。

② 卢勇：《明清时期淮河水患与生态社会关系研究》，中国三峡出版社 2009 年版。

③ 马俊亚：《被牺牲的“局部”》，台湾大学出版中心 2010 年版。

④ 马俊亚：《集团利益与国运衰变——明清漕粮河运及其社会生态后果》，《南京大学学报（哲学·人文科学·社会科学版）》2008 年第 2 期；马俊亚：《从武松到盗跖：近代淮北地区的暴力崇拜》，《清华大学学报（哲学社会科学版）》2009 年第 4 期；马俊亚：《治水政治与淮河下游地区的社会冲突（1579—1949）》，《淮阴师范学院学报（哲学社会科学版）》2011 年第 5 期。

⑤ 计小敏：《清代以来淮扬水上社会的研究（1644—1949）》，《扬州大学学报（人文社会科学版）》2017 年第 3 期。

水作为社会发展中不可或缺的资源，不仅为农业发展提供了作物所需的空间、养分，也与造船业、盐业与画舫业等为代表的工商业的兴盛、繁荣紧密相关。苏文在《从考古资料看两汉时代的江苏经济》[①]一文中便提到，汉代农业除了以陂田灌溉和自然河流灌溉以外，还有人工灌溉和井灌，江苏地处水乡的环境地域特点，可见两汉时代江苏社会的发展处处带有水乡的影子。

韩茂莉的《宋代农业地理》[②]一书作为第一部断代历史地理著作，用了较大篇幅论述东南区太湖流域诸多水利工程的兴修与农业发展的关联，强调了水利是农业发展的基础这一定理。凌申的《江苏沿海两淮盐业史概说》[③]一文，论述了唐以前至宋、元、明直至清、民国时期的盐业开发，认识到历史时期淮盐生产中心由淮南转移至淮北，与黄河夺淮、苏北水系与水环境变迁有着密切的关联。再如郑学檬的《中国古代经济重心南移和唐宋江南经济研究》[④]一书，以中国古代经济重心南移为论述中心，从水利、农业、航运、冶金与制造业等的技术进步解释中国古代经济重心南移的动力，探讨了水利、农业等与经济发展的关联。

文化诞生于人类适应和改造自然环境的活动之中，是人类共同积累的智慧结晶。水利事业的发展也正是在人类对自然环境中水系与水环境的适应、利用与改造的过程中得到进步的。江苏水乡的特点，因邻近江海河湖，在满足灌溉、防洪、交通等多方所需的基础上，不仅诞生了物质层面的水利工程，基于此也出现了与之相关的水利思想、文化、信仰与风俗。张家诚的《中国古代治水的科学思想》[⑤]、韩春辉等的《我国治水思想演变分析》[⑥]等文章，均是对水利治理过程中形成的治水思想与治水方法的总结。涉及江苏区域治水思想形成、演变的研究，卢勇的《明代刘天和的治水思想与实践——兼论治黄分流、合流之辨》[⑦]，对

① 苏文：《从考古资料看两汉时代的江苏经济》，《东南文化》1989 年第 3 期。

② 韩茂莉：《宋代农业地理》，山西古籍出版社 1993 年版。

③ 凌申：《江苏沿海两淮盐业史概说》，《盐业史研究》1989 年第 4 期。

④ 郑学檬：《中国古代经济重心南移和唐宋江南经济研究》，岳麓书社 1996 年版。

⑤ 张家诚：《中国古代治水的科学思想》，《水科学进展》1996 年第 2 期。

⑥ 韩春辉、左其亭、宋梦林、罗增良：《我国治水思想演变分析》，《水利发展研究》2015 年第 5 期。

⑦ 卢勇：《明代刘天和的治水思想与实践——兼论治黄分流、合流之辨》，《山西大学学报（哲学社会科学版）》2016 年第 3 期。

刘天和治水思想、实践以及明中后期分流、合流之论进行分析，认为分流与合流并不是衡量治黄理论先进与否的标准。

此外，人类对水的崇拜、敬畏与所求，将水或治水有功的官员赋予人格或神格加以祭祀，便形成了水神信仰，水神信仰文化由此也成为水利与社会文化联系最紧密的存在。黄芝岗的《中国的水神》[①]一书，以民间口头传说、文人笔记等记载的杨四将军等水神神话资料，对水神神话的形成、传播与演变进行研究，是中国水神信仰研究较早的著作。之后有关水神的信仰崇拜研究，形成以单个河流流域、单个河神信仰与单个区域为核心的专题化研究趋势，其中江苏区域因河湖众多，研究成果较为显著。如胡其伟的《漕运兴废与水神崇拜的盛衰——以明清时期徐州为中心的考察》[②]一文，对徐州的水神来历、水神崇拜类型进行了调查与分析，认为徐州水神崇拜的盛衰与当地水环境变迁有着直接关系。再如胡梦飞的《漕运、河工与水神崇拜——以明清时期淮安地区为中心的考察》[③]一文，对明清淮安地区水神信仰展开研究，认为严重的黄河水患、繁忙的漕运与频繁的河工的水神信仰是导致淮安地区水神信仰盛行的主要原因，并分析了水神信仰的主要功能及影响。

综上所述，学界前贤在江苏区域水利史研究领域之水体与生态环境、水利与农耕发展、水利与交通发展、水利与防灾减灾、水利与社会文化以及水利史料整理等几大主题颇多建树，业已取得了较为显著的成果。但欠缺之处也较为明显，尤其是在系统梳理研究江苏水利数千年发展脉络与分类开展版块式研究江苏水利之诸多方面尚有待加强。新中国成立以来，随着江苏区域水利史研究的进一步深化、现实价值的需要与地方文脉的重建，在“盛世修典”的优秀传统、梳理江苏水利发展文脉资源与提高民族文化自觉、文化自信的大背景下，学界的相关研究已关注到此，以太湖流域、江南区域或以江苏某一地区进行的相关研究与著述迭涌，但似乎仍然不能较好地弥补上述空白，尤其是着眼于江苏全境的水利史研究

① 黄芝岗：《中国的水神》，上海文艺出版社 1988 年版。

② 胡其伟：《漕运兴废与水神崇拜的盛衰——以明清时期徐州为中心的考察》，《中国矿业大学学报（社会科学版）》2008 年第 2 期。

③ 胡梦飞：《漕运、河工与水神崇拜——以明清时期淮安地区为中心的考察》，《沧州师范学院学报》2013 年第 1 期。

之缺憾。因此,《江苏水利史》作为江苏首部总括性与全局性的水利史研究之作,正是站在前人研究的基础之上,着眼于此两点缺憾,希冀做出一些补白与贡献,让江苏水利史的发展脉络得以全景展示,使水利与环境、水利与农业、水利与交通等版块的研究亦有所强化,同时更好地发挥其殷鉴功能,古为今用,服务当下的水利建设与国民经济发展。

第一章　水系及水生态环境变迁

江苏境内河湖众多，有长江、淮河流经，数据统计全省接近 20%的面积被水覆盖，内陆水域面积多达 17300 平方千米，其中有河道 2000 多条，大中小型湖泊多达 100 余个，我国第三、第四、第六大淡水湖的太湖、洪泽湖、高邮湖均处于江苏境内。境内河湖按水系划分，可分为长江、淮河两大流域。江淮分水脊作为两大流域的分界线，以南为长江流域，以北属淮河流域。历史上，滨江临海的地理区位、随时而应的水系演变与数量众多、面积广大的河湖分布，对江苏境内地形地貌、植被覆盖率、土壤性质、湖泊容积、海岸线的推移等生态环境产生了极为深远的影响。

第一节　淮河水系变迁

河南省境内桐柏县的桐柏山区是淮河的主要发源地，该河流经河南、安徽与江苏等地，全长超过 1000 千米，流域面积多达 27 万平方千米。位于江苏境内的淮河水系，北端抵黄河故道，南达通扬、如泰运河，流域面积约 37900 平方千米。[①] 境内水系以洪泽湖为中心，承接淮河水系干支流的汇水任务，以此作为划分江苏境内淮河上游与下游的分界点，洪泽湖以上为淮河上游，以下则为淮河下游。

① 参见江苏省地方志编纂委员会编《江苏省志・13・水利志》，江苏古籍出版社 2001 年版，第 30 页。

一、淮河水系的形成

河流、湖泊的诞生与发展是众多要素共同作用的结果，如地层构造、地形地貌、气候特征等因素共同塑造了大地上的河流、湖泊。[①] 地质构造运动在淮河形成的最初阶段起着决定性作用，在极为遥远的地质年代，江苏境内淮河水系下游地区仍处一片汪洋，江苏所在的大部分区域还未形成，随着地质构造运动，使地壳逐渐抬高，淹没在海底的陆地逐渐上升。陆地在形成与演变的过程中，河流在其上的沟壑、断裂面中缓慢生成。在构造隆升或者陆地基准面下降的背景下，水流侵蚀地壳并形成河谷，为河流的继续发育和扩张奠定基础。根据淮河流向，大致可以确定淮河的生成与桐柏—大别造山带的隆升有着密切关联。[②]

对淮河中下游地区河段沉积物以及出漏地层剖面进行分析后，发现该地区上新世地层多含有灰绿色粉细砂，粒径比较细碎，下更新层多灰黄色沙砾夹薄层亚砂土。对沉积堆叠物中所含成分进行分析，证明了淮河中下游地区在上新世为湖泊沉积环境，在早更期多是冲洪积环境。[③]

在苏北的兴化地区，通过钻孔等方式，发现该地早更期有着极为频繁的河湖交互过程，在早更新世[④]期间有辫状、网状河沉积体系在此发育，[⑤]这些研究成果表明，在早更新世淮河已经在此地流过，并且形成了一定规模的河道。[⑥] 在淮河水系中，最晚成陆的地方是淮阴、高邮、扬州以东的里下河地区，而对里下河地区沉积层的打孔检测发现，该地区多是淮河等水系泥沙淤积堆叠而成。通过对早、中、晚更新世地壳运动、

---

① 参见吴忱、朱宣清、何乃华等《华北平原古河道的形成研究》，《中国科学(B辑)》1991年第2期。

② 参见李宗盟、高红山、刘芬良、王帅、武茹丽、张辰光《淮河形成时代探析》，《地理科学进展》2020年第10期，第1708—1716页。

③ 参见陈希祥《淮河下游区第四系下界的初步研究》，《地层学杂志》1987年第3期，第207—212页，

④ 在1932年国际第四纪会议确定将第四纪冰川更新世的第一个时期称为早更新世，并根据时间的先后，分为早、中、晚三期，早更新世的时间大致与考古学上的旧石器时代相当。

⑤ 参见张茂恒、李吉均、舒强等《兴化XH—1孔记录的苏北盆地晚新生代沉积体系及环境变化过程》，《地理研究》2011年第3期，第513—522页。

⑥ 参见李宗盟、高红山、刘芬良、王帅、武茹丽、张辰光《淮河形成时代探析》，《地理科学进展》2020年第10期，第1708—1716页。

气候变化影响的分析，发现在喜马拉雅运动的作用下，沿着淮河断裂带以北的沉积地区出现了西北抬升、东南沉降的反向掀斜运动，这次运动改变了淮北地区东高西低的地势特征，从而形成了东南低、西北高的地势特征，受地形、地势改变的影响，淮河水系的流向也随之发生变化，出现了由西向东的水流流向。[①] 新生成的陆地形成对水系的“束缚”作用，使得淮河河槽逐渐固定下来，成为横贯江苏北部的大河。

淮河水系的形成是地质构造、地形地貌等因素综合塑造的结果，淮河水系形成、演变，出现一定规模后，作为紧邻中华文明诞生之地的淮河流域，在中国古书典籍中的记载逐渐丰富起来，淮河水系的身影不仅出现在《尚书・禹贡》篇，在更早期的先秦典籍《山海经》中，便以神话传说的方式展现了这条河流的踪迹。当然，对于淮河河道的记载最为丰富且详细的仍是北魏郦道元的《水经注》。

待地质构造运动结束，原本塑造力与影响力极大的地壳活动逐渐趋于平稳。黄河的入侵成为继地质构造运动后对淮河水系影响最大的因素。黄河南下入侵淮河，“二渎”逐渐合一，对淮河水系的演变产生了极大的影响。正是黄河南下入侵与京杭大运河的开辟、维护等因素，造就了里下河地区独特的水体结构。根据黄河南下夺淮的时间以及对淮河等水系影响，将淮河水系发展演变的历史过程划分为三个阶段：一是南宋初年黄河尚未大规模南下入侵淮河，淮河独流入海时期的淮河水系；二是南宋初年至清代末年，黄河长时段夺淮南下时期的淮河水系；三是黄河北徙，逐渐与淮河水系分离的水系结构。[②]

二、黄河尚未南下前的淮河水系

《汉书・地理志》对《禹贡》所记淮河流域的大体轮廓作了初步定位，“《禹贡》桐柏大复山在东南，淮水所出，东南至淮浦入海”[③]，这一时期淮河稳定沿河道向东南流入大海，虽时有改道南下，但都只是暂时性

① 参见吴梅《淮河水系的形成与演变研究》，中国地质大学（北京）第四纪地质学 2013 年博士学位论文，第 24—26 页。

② 参见邹逸麟主编《黄淮海平原历史地理》，安徽教育出版社 1997 年版，第 108 页。

③ （汉）班固撰，（唐）颜师古注：《汉书》卷二十八上《地理志第八上》，中华书局 2013 年版，第 1564 页。

的情况。如公元前168年，时值汉文帝在位时期，黄河在今河南延津县西北处决口。《史记·封禅书》中记载了此次事件，“今河溢通泗”①，即黄河决溢与泗水相通。泗水所在的沂沭泗流域与淮河流域连接，黄河决口注入泗水，进入了淮河水系，这也是第一次有史所载黄河南下入淮的记录。② 36年后，黄河再度决口，于今河南濮阳县改道南下，《汉书·沟洫志》载“东南注巨野，通于淮泗。”③这次溃决持续了24年，16个郡县被水淹没，此后黄河多次南下涌入淮河。暂时性的黄河南下，对淮河水系并没有带来太大的冲击，对于整个淮河流域也没有形成过多的影响，淮河仍处于相对稳定的状态。

据《水经·淮水注》记载，可以较为详细了解北朝魏时乃至之前淮河水系干、支流情况。在《水经注》中单独用一卷记录了淮水的有关信息，“淮水出南阳平氏县胎簪山，东北过桐柏山”④，根据《山海经》《地理志》《春秋说题辞》等对淮水的源头、流经地等特征一一对照，并体现注文之中。郦道元通过注文进一步指出淮水和醴水为同源，只不过流向相反，东流者称“淮水”，河西流者为“醴水”。淮水在地下潜流30里，经过桐柏之大复山南部由“阳口”流出。淮河出“阳口”后，有石泉水、九渡水注入，二水皆为山溪。淮水又“东过江夏平春县北”，有支流油水注入，河道向东经“魏城阳郡”，后又向东北，过城阳县故城，支流大木水由北注入淮河。经城阳县故城继续东去至安阳县故城南端，南部支流浉口水注入淮河。此后淮河继续向东，谷水、慎水、黄水、淠水、汝水、决水、泄水、颍水、夏肥水、鸡水、东淝水、洛川、涡水、北肥水、涣水、潼水、蕲水、泗水、中渎水、凌水等众支流注入淮河，最终于广陵淮浦县向东入海。其中，淮河在江苏境内先是东经广陵淮阳（今江苏省泗阳县北）城南，至下邳淮阴县西，又过淮阴县（今江苏省淮阴市）北，在末口（今江苏省淮安市）与中渎水相会。⑤

---

① (汉)司马迁撰:《史记》卷二十八《封禅书第六》，中华书局2013年版，第1383页。

② 参见水利部淮河水利委员会《淮河水利简史》编写组编《淮河水利简史》，水利电力出版社1990年版，第162页。

③ (汉)班固撰，(唐)颜师古注:《汉书》卷二十九《沟洫志第九》，中华书局2013年版，第1679页。

④ (北魏)郦道元著，陈桥驿校证:《水经注校证》，中华书局2007年版，第702页。

⑤ 参见同上书，第702—721页。

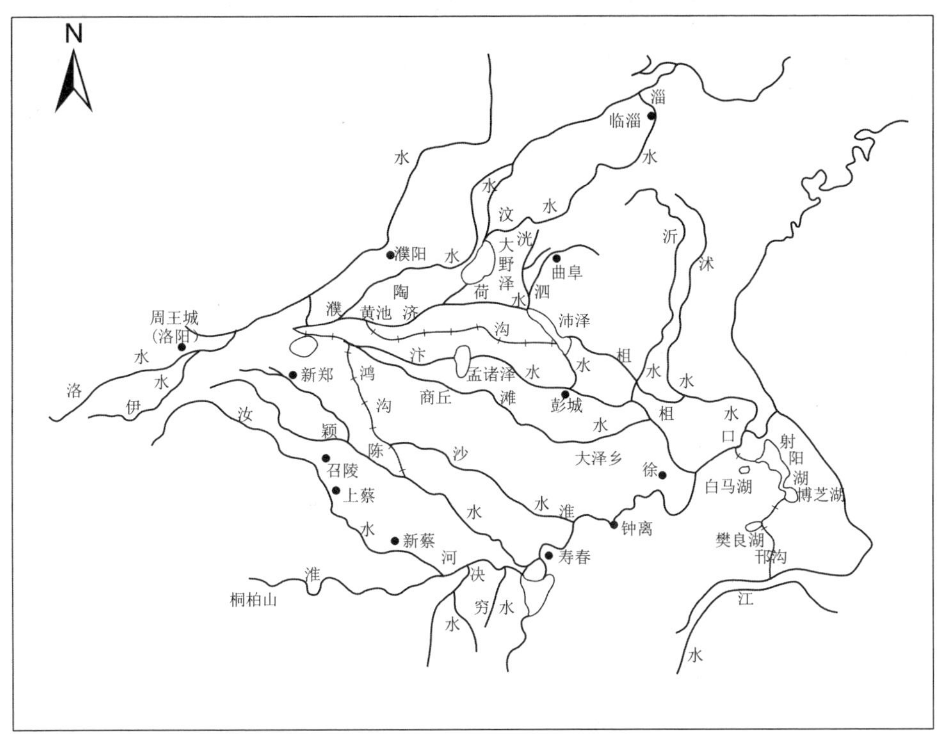

图 1-1　古代淮河流域水系图

（来源：《淮河水利简史》，第 11 页。作者改绘）

按照《水经注》对淮水各段的记载，并根据现今的行政区划，淮河上游由河南所管辖，中游属于安徽境内，下游属于江苏境内。其中江苏境内淮河河段主要为浮山到广陵淮浦县。淮河下游共有两条支流，分别为从南部注入淮河的中渎水和由北部流入淮河的泗水。泗水、沂水与沭水共同组成了淮河两大水系之一的沂沭泗水系。

《水经·淮水注》载“中渎水，首受江于广陵郡之江都县，自江东北通射阳湖，西北至末口入淮”①，即现今苏北里运河的前身，是中国历史上最早沟通长江与淮河的人工运河。中渎水的前身是周敬王三十四年（前 486 年）于邗城城下开凿的运道，距今已有 2500 多年的历史。在漫长的历史中邗沟经历多次变道，清代刘宝楠所作《宝应图经》，对邗沟的

① (北魏)郦道元著，陈桥驿校证：《水经注校证》，中华书局 2007 年版，第 713 页。

变化进行了总结，称“邗沟十三变”①，中渎水便是邗沟河道经过多次变动改道后的西路河道。在《汉志》中，中渎水称“渠水”，据《水经·淮水注》记载，中渎水与江水交汇是在广陵郡江都县，本是旧江水道，吴将伐齐之时，在广陵城的东南处营造邗城，在城下挖掘深沟，使其与射阳湖相通。蒋济的《三州论》载“淮湖纡远，水陆异路，山阳不通，陈敏穿沟，更凿马濑，百里渡湖者也”②，记录了对中渎水的改建。其中，陈敏穿沟是永兴年间广陵相陈敏主持对邗沟部分水道的改建工程，通过这次改建，再次疏通了中渎水，淮河与射阳湖得以相通。

随着人工运河的开凿，江、淮、黄三河之间的水运交通得到了发展。两晋及南北朝时期，邗沟经过三次调整，通航条件得到了极大的改善。一是黄河经过渠水、涡水或者颍水直达淮河，再通过肥水、巢湖，经过濡须水与江水相连；二是黄河经浚仪由汴水或由睢水到泗水，走沂沭泗水系到达淮河，最后经过邗沟进入长江。③ 在江、淮、黄之间的两条主要用于水运交通的水道，成为淮河水系中极为重要的组成部分。

按《水经注》所载，淮河水系除了干、支流与运河，密集分布的湖泊以及不知名的众多河道一并构成了其庞大的水体。

通过对高邮、宝应等地区泥土沉积物的沉积学分析，现高邮、宝应、兴化等大片区域曾经是由江、淮泥沙共同沉积、堆叠而成。④ 受江、淮二渎的影响，高邮、宝应等地一度成为江、淮外溢区，同时西部丘陵地带生成的溪流、东部涨溢的海水形成四水齐汇之势，常使高、宝一带成为水泽之地。其后该地常年受江、淮两河携带泥沙的沉积作用，水域面积逐渐缩小，被上升的由泥沙淤积而成的陆地所取代，而逐渐分隔，形成星罗棋布的中小型湖泊和蛛网般密集的河道。⑤ 承接淮河水系的土地随着海平面的下降、海岸线的推移，原来东西连为一体的大型湖面逐渐分

---

① 戴甫青：《“邗沟十三变”综述》，《档案与建设》2019 年第 1 期，第 71—74，76 页。

② （北魏）郦道元著，陈桥驿校证：《水经注校证》，中华书局 2007 年版，第 714 页。

③ 参见吴梅《淮河水系的形成与演变研究》，中国地质大学（北京）第四纪地质学 2013 年博士学位论文，第 35—36 页。

④ 参见哈承祐、朱锦旗、叶念军、黄敬军、龚建师、陆华《被遗忘的三角洲——论淮河三角洲的形成与演化》，《地质通报》2005 年第 12 期，第 1094—1106 页。

⑤ 参见袁慧《唐宋时期苏北运堤对湖泊水环境分割的过程研究》，《历史地理》2018 年第 2 期，第 13—22 页。

化，形成了《水经注》中所记载淮河水系中的东、西湖泊格局，其中几个大湖如东面湖群的射阳、博芝等诸湖，西面湖群的樊梁、白马等诸湖，在众多河道的勾连下相互贯通形成整体。[①]

除了自然形成的湖泊，在淮河右岸还存在不少湖塘，如白水塘、羡塘等。随着人为垦殖等活动的开展，湖塘也成为田地灌溉的水源，如白水塘为曹魏明帝时期由邓艾所建，一并沟通盱眙县破釜塘，屯水用以灌溉田地，当湖塘八门齐开，可以灌溉田地约 12000 顷。[②]

随着全国经济重心的南移，江苏境内的淮河水系得到进一步开发与利用。到了隋唐北宋时期，黄河南下对于淮河的影响有限，淮河水系结构变化不大，但是出现了陂塘和运河等由人工开凿、维护的水利工程。这一时期，淮河水系的干、支流没有太大变化。隋代首开沟通海河、黄河、淮河、长江、钱塘江五大水系的大运河，将中国南北相连，北可达涿郡，南可至余杭。运河极为重要的经济、政治地位，也使得处于南北腹地的江苏地区得到了历代政府极大的重视。

在隋代开凿的四段运河中，多段经江苏境内。如通过对古邗沟疏浚与重开，形成了今江苏仪征市南部连通淮安的山阳渎，以河南汜水县为首，经过成皋、中牟、开封等地，在盱眙注入淮河的通济渠，以及从今江苏镇江经过太湖东部，向南抵达浙江杭州最终注入钱塘江的江南运河。可见，隋代开辟的四段运河，其中二段都与江苏境内的淮河水系相勾连。北宋时期，江苏境内淮河流域的运河仍旧是沿着古邗沟旧道开辟的江淮运河，这段运河北端是江苏省淮安县北，南端位于江苏扬州市南部临江的瓜州镇。此运道依托淮水，但是淮水风高浪急，并不利于漕船通行，为了降低舟船通行的危险，在嘉祐、熙宁年间，对从淮阴经过沙河，直到洪泽镇的洪泽运河，重新进行了开辟与疏浚。到元丰六年(1083 年)，发运使蒋之奇提出淮河有风浪之险，对于公、私运船的损害难以估计，因此便提出在“宜自龟山蛇浦下属洪泽，凿左肋为复河，取淮

① 袁慧:《唐宋时期苏北运堤对湖泊水环境分割的过程研究》,《历史地理》2018 年第 2 期，第 13—22 页。

② 参见(宋)乐史撰《太平寰宇记》，中华书局 2007 年版，第 2463 页。

为源，不置堰闸，可免风涛覆溺之患”[①]的建议，后根据都水监丞的调查，“今既不用闸蓄水，惟随淮面高下，开深河底，引淮通流，形势为便”[②]。

除了淮河干、支流与运河，淮河水系在黄河全面夺淮之前，分布着大大小小四十余处湖泊。这一时期，伴随着淮河水系中运河体系的构建，堤防的形成与发展对淮河水系形成一定的制约与控制作用。唐代后期，运河以西有了新生湖群的发育，且仍处于扩张阶段。与之相应，在运、湖两大水体的互动之中，两者之间出现了单堤的运堤结构。

隋炀帝在开邗沟之时，为了保证运道的稳固，“发淮南民十余万开邗沟，自山阳至扬子入江，渠广四十步，渠旁皆筑御道，树以柳”[③]，通过修筑起来的御道自老鹳河至新开诸湖，将淮河水系沿运河分为东西两界，西岸因为能够截留更多来水，使得运西湖群得到进一步发展与扩张，在此过程中，江、淮二水携带的泥沙在运口淤积，更是加剧了运河以西湖泊潴水现象。至宋代，因运河堤坝的修建，运西湖群在来水难泄的困局中终于形成了一片汪洋，宋代秦观在《咏三十六湖》中对此情景进行过描绘，“高邮西北多巨湖，累累相连如贯珠”[④]，而运东的诸湖因为水源被拦截在运西，部分湖泊出现干涸、分化，而其中的古射阳湖便是逐渐干涸，被分化成各个小型湖泊的超大型湖泊。

在淮河水系中，古射阳湖曾是众多湖泊中面积最大的一个，扬州、兴化、高邮、宝应等周边州县诸水均注入射阳湖内，再向东流入大海。有关射阳湖水域，地方志载，“射阳湖，江淮间巨浸也。南通樊梁湖、博芝湖，以承邗沟之江水；北通夹耶湖，由末口达淮，汉建安中更西通白马湖。自春秋以迄汴宋，千有余年，为南北馈运之孔道”[⑤]，是里下河地区面积最为宽广的水域。

在宋之前，古射阳湖并非一个单独的湖区，而是诸多湖沼荡滩合并而成的整体，统称“射阳湖群”，其中包含射阳湖、得胜湖等诸多湖泊。

---

① (元)脱脱等撰:《宋史》卷九十六《河渠六》，中华书局 2013 年版，第 2382 页。

② 同上。

③ (宋)司马光:《资治通鉴》卷一百八十，中华书局 1956 年版，第 5724 页。

④ 雍正《高邮州志》卷二《山川》，钞本，第 28 页。

⑤ 光绪《阜宁县志》卷四《川渎下》，第 1 页。

各个湖区之间由水道相互连接，形成一个整体，长江之水也可以通过河道进入射阳湖群与淮河相通，正如地方志所载“其时黄未南徙，淮水庳下，里运一带地未壅高，故江流得以北注入湖，湖水又北泄入淮也”[①]。在黄河尚未南下注入淮河时，射阳湖湖区地势主要呈现南高北低之势，北流的江水便是南高北低的实证。《汉书·地理志》记载“渠水（即邗沟）首受江，北至射阳湖入湖”[②]，便反映了汉时射阳湖地区的地势特征。在唐代李堤尚未修筑之前，射阳湖湖区经常会受到东侧海洋的影响，尤其是靠近海洋的东岸，因多条入海河水，使得海水可以直接经过古潮汐海道侵入湖区。射阳湖的东侧湖区因为有西冈存在，能够起到一定程度上对海水的阻隔，这也造成了范公堤与西冈间泄湖湖水所含盐分远远高于东部地区，因此，此地带成为古代盐场的主要分布区。待唐宋时期，射阳湖的西侧逐渐修建起堤堰，如平津堰等，使得淮水和诸湖湖水常侵入范公堤与西冈间泄湖，对此间湖水具有冲淡之效。后因海岸东迁，湖区东部、范公堤西的盐场逐渐迁移到范公堤东侧。[③] 淮河水系在黄河南下夺淮之前，便没有太大变化，在北宋后期绘制的《禹迹图》与《华夷图》中，对淮河水系的描绘与《水经·淮水注》中所记基本一致，没有太多偏差。[④]

三、黄河长时段夺淮时的淮河水系

1. 黄河夺淮对淮河河道的影响

元陈孚的《黄河谣》以形象化，拟声化的歌谣记述了黄河夺淮的历史史实：“长淮绿如苔，飞下桐柏山。黄河忽西来，乱泻长淮间。冯夷鼓狂浪，峥嵘雪崖堕。惊起无支祁，腥涎沃铁锁。两雄斗不死，大声吼乾坤。震撼山岳骨，磨荡日月魂。黄河无停时，淮亦流不息。东风吹海波，万里涌秋色。秋色不可扫，青烟映芦花。白鸟亦四五，长鸣下汀沙。黄灵奠四渎，各剖盘古髓。千载今合流，神理胡乃尔。渔翁一鬓霜，扁舟依古树。隔浦欲扣之，翩然凌波去。”

① 民国《续修盐城县志稿》卷二《水利》，第1页。

② （汉）班固撰，（唐）颜师古注：《汉书》卷二十八上《地理志第八上》，中华书局2013年版，第1638页。

③ 参见凌申《历史时期射阳湖演变模式研究》，《中国历史地理论丛》2005年第3辑，第73—79页。

④ 参见邹逸麟主编《黄淮海平原历史地理》，安徽教育出版社1997年版，第110页。

再次回到这一段历史，南宋建炎二年（1128 年），东京留守杜充为了防止金兵南下，掘开黄河河堤，黄河河水借此汇入泗水，最终南下涌入淮水水系。这次决口使得黄河长达 700 余年持续南下涌入淮河河道，黄、淮二渎逐渐合而为一。当然，长时段黄河河水的南下并非“一日之功”，在北宋时期便有多次河决涌入淮泗的记录，如“天禧三年六月乙未夜，滑州河溢城西北天台山旁，俄复溃于城西南，岸摧七百步，漫溢州城，历澶、濮、曹、郓，注梁山泊；又合清水、古汴渠东入于淮，州邑罹患者三十二。即遣使赋诸州薪石、楗橛、芟竹之数千六百万，发兵夫九万人治之。四年二月，河塞，群臣入贺，上亲为文，刻石纪功”[①]，这次黄河改道入淮只有八个月，次年再度决口，直到七年后才将决口堵塞。除了这两次决口记录，北宋时期黄河决口有十余次之多。多次冲决形成的河道为建炎二年后黄河长时段涌入淮河水系奠定了基础。

至杜充掘开黄河大堤，因时值南北用兵、相互征战的混乱时期，金朝政府对于黄河决口并没有采取有效措施，导致黄河河道在数十年间上下迁徙。金章宗明昌五年（1194 年），黄河在阳武故堤溃决，由封丘向东冲去，这次决口使得黄河南流不再断绝。金朝灭亡后，元代对黄河虽有所治理，但是实效不大，黄河在苏北平原经常改道，频繁决溢。有元一代，仅《元史》中记载黄河决口的年份便超过 40 年，决溢多达 70 余次，在至元九年到至正二十八年，90 年的时间中，平均 1.4 年黄河便会决溢一次。黄河河道在淮河流域的上下摆动，极大地改变了淮河水系结构和水生态环境。

黄河夺淮南下对于淮河水系的影响，根据其时间与特征，大体可以分为三个阶段，其中南宋建炎二年（1128 年）至金末元初是第一阶段，哀宗天兴三年（1234 年）至明隆庆初年为第二阶段，自明隆庆初年到清咸丰五年（1855 年）为第三阶段。[②] 在第一阶段约 40 年的时间中，淮河南下夺淮沿着元代建立前的三支分流河道涌入淮河水系，其中主流经过陈留、通许、太康等地，经过涡水注入淮水；两支分流中一支为原汴水

① (元)脱脱等撰:《宋史》卷九十一《河渠一》，中华书局 2013 年版，第 2263 页。

② 参见水利部淮河水利委员会《淮河水利简史》编写组编《淮河水利简史》，水利电力出版社 1990 年版，第 162 页。

故道,另外一支沿中牟、尉氏等地经颍水注入淮河。这一阶段,虽然黄河河水南下,但是对淮河水系并没有产生太大的影响,淮河水系仍旧保持原本的水系结构。在第二阶段,黄河南下夺淮主要通过古汴水故道,沿元末贾鲁故道经泗水注入淮河,最后通过云梯关出海或者沿运河水道南下入江。第三阶段,黄河河水沿黄河故道继续南下,黄河夺淮决溢地点逐渐从河南开封地区转移到黄河入淮口,甚至推移到滨海地区。

黄河夺淮对于淮河水系的影响是极为巨大的,1546—1855 年近 300 年的时间中,黄河长期固定在今宿迁以北的废黄河一带,经此注入黄海。随着黄河携带泥沙的不断淤积,黄河流经地的河床乃至下游被泥沙抬高进而成为地上河,而黄河的夺淮南下,也使得原来淮河下游诸多河段以及其支流古汴水逐步演变为地上河。正是随着黄河夺淮南下,在废黄河一带形成地上河,将原本蔓延于河南、安徽、山东、江苏的淮河流域一分为二,成为现今的淮河水系与沂沭泗水系。

2. 洪泽湖的形成与发展

黄河夺淮对于淮河水系最深远的影响就是洪泽湖的形成与进一步扩张。根据韩昭庆考证,洪泽湖这一大型浅水型湖泊,是在高堰的修筑与黄泛的加剧这两个条件形成之后,进而在明万历初年开始形成的。[①] 淮河在洪泽湖地区因为有门限沙以及东部高堰的阻挡,水流在洪泽湖地区囤积,形成了湖区的基本雏形。湖区西侧因为有河流注入,多携带泥沙,有泥沙淤积,而东部受泥沙堆积量较少,地势较低。淮河和诸多湖水在淮河的东岸形成了诸多水系合为一体的形势。洪泽湖形成前期多是自然因素作用的结果,但是到了明嘉靖二十五年(1546 年),以治淮保漕为目的的人为治水活动,成为洪泽湖湖区扩张的主要因素。

明代前期中央政府处理黄、淮、运关系的治水之策,是洪泽湖最终形成的主要动因。在处理苏北地区黄、淮、运关系时,政府多采取抑河夺淮的策略。当时治河的主要观点是,黄河在淮北地区"经营"上百年,形成了多支分流,黄河南下,分流杀其水势,并不会对运河河道造成冲击,反而为运河补充了水源,益于漕运。正如万恭在《治水筌蹄》中所

① 参见韩昭庆《洪泽湖演变的历史过程及其背景分析》,《中国历史地理论丛》1998 年第 2 辑,第 61—76 页。

记:“黄河南徙,则万艘度长江,穿淮、扬,入黄河而直达于闸河,浮卫,贯白河,抵于京,……故曰:黄河南徙,国家之福也。”①因此,明代在治理黄河时首要考虑的便是如何防止黄河改道北去和黄水的北决。② 每当黄河水势高涨,河堤有溃决之迹,加强北岸堤坝成为第一紧要之事,而被“忽视”的南岸即苏北地区,则成为黄水的宣泄之处。明嘉靖二十五年,黄河不再分流注入淮河,而是以单支的形式流进淮河,这也使黄河河道固定在由徐州到清河一线。“单支”意味着来自北方的河水以及其携带的泥沙,将极大程度注入洪泽湖所在洼地,这也为洪泽湖的形成与发展提供了水、沙条件。

隆庆五年(1571 年),万恭任兵部侍郎总理河道,专事维运治河。随着明代中后期“保漕”实践的深入开展,治河官员们逐渐认识到治沙的重要性并开展了对治沙的探索。③ 隆庆六年十一月,万恭上疏言“欲河不为暴,莫若令河专而深;欲河专而深,莫若束水急骤。束水急而骤,使由地中,舍堤无别策”④,开“束水攻沙”之先河。万历六年,潘季驯继任总督漕运兼提督军务,负责处理黄、淮、运三河问题。通过对前人经验的总结,提出“筑堤障河,束水归槽;筑堰障淮,逼淮注黄。以清刷浊,沙随水去”⑤的治水方略。筑起高堰进行蓄水,以达到“蓄清刷黄”的效果,而筑高堰就是由刷黄而起,这也成为治河的首要之务。高堰的修建为淮河西侧诸多湖群与洼地积水的合并、扩张,以及大型湖区的形成创造了条件。洪泽湖在高堰、清口附近门限沙等因素的影响下,逐渐与淮河合并成为一体。

除了黄、淮两河河水与泥沙的注入,洪泽湖在扩张过程中吞并了溧河洼、安河洼等小型湖泊,到了清代中后期,洪泽湖西部三洼联并成湖,逐渐构成了洪泽湖较为完整的湖身,也使洪泽湖的发展进入到水库阶

---

① 万恭:《治水筌蹄》,水利电力出版社 1985 年版,第 28 页。

② 参见水利部淮河水利委员会《淮河水利简史》编写组编《淮河水利简史》,水利电力出版社 1990 年版,第 202 页。

③ 参见吴海燕、郭孟良《万恭及其〈治水筌蹄〉初探》,《河南师范大学学报(哲学社会科学版)》1991 年第 4 期,第 62—65 页。

④《明神宗实录》卷七,隆庆六年十一月乙未,(中国台湾)台北中研院历史语言研究所校印本 1962 年版,第 257 页。

⑤ (清)张廷玉等撰:《明史》卷八十三《河渠二》,中华书局 2013 年版,第 2056 页。

段。这一时期，洪泽湖水域面积变化不再明显，其变化更多体现在水位的升降。根据水位的升降，洪泽湖湖体变化大体可以分为三个阶段，第一阶段是康熙中期至乾隆五十年（1700—1785），第二阶段是乾隆五十一年至道光四年（1786—1824），第三阶段是道光五年至咸丰五年（1825—1855）。

第一阶段属于深水期，根据徐士传在《洪泽湖的年最高水位考》一书中考证，从乾隆元年到四十九年（1736—1784），洪泽湖最高平均水位为 12.88 米，水深为 3.84 米。第二阶段属于洪泽湖淤垫壅水期，乾隆五十年（1785 年）因淮河流域难逢甘霖，发生大旱，洪泽湖来水断绝，黄河在清口的淤积进一步加重。为了解决淤积泥沙的问题，政府在黄、淮、运交织的清口通过在五引河上修筑拦河水坝，抬高水位蓄水冲刷洪泽湖沉积泥沙。随着黄河携带巨量泥沙在河槽淤积，其河身的抬高进而导致了洪泽湖壅水现象的产生。经过黄、淮河水的常年灌注，逐步形成了湖区北高南低的湖底形势。第三阶段，洪泽湖湖区常年处于高水位，随着湖底的淤高，逐步发展为地上悬湖，对湖区附近百姓生存带来极大的威胁。如 1831 年、1832 年、1840 年、1841 年、1843 年、1848 年、1850 年等年份洪泽湖水位高达两丈以上，平均最高水位达到 15.31 米，远远超过前两个阶段平均水位。①

洪泽湖在形成过程中，主要有四条汇水河流，将来自淮河、黄河与诸山间的流水汇入，这也是洪泽湖演变过程中的主要水源。其中，第一条主要存在于明代中期以前，是明代中期以前汇入洪泽湖的主要水道之一，由淮河支流汇入淮河干流，最后注入洪泽湖。第二条是由多处减水闸坝经过灵芝湖、孟山湖等几个湖泊，最后经过安河，由安河洼注入洪泽湖的河道。该河道出现时间比较晚，据文献记载，该河道从清康熙中期开始汇水，直至咸丰五年（1855 年）断流。第三条河道主要存在于嘉庆、道光年间，此后便断绝不再通水。该河道经过桃源，在祥瑞、五符二闸进入洪泽湖。第四条是在桃源的吴城七堡注入洪泽湖，该入湖水道主要存在于道光年间。当然，除了常规通过河道流入湖泊而使湖泊

① 参见韩昭庆《洪泽湖演变的历史过程及其背景分析》，《中国历史地理论丛》1998 年第 2 辑，第 74 页。

扩大，洪泽湖的形成、扩张，与其他地区湖泊的发育有着些许差别。黄河河水在清口处倒灌进入洪泽湖，使得湖中泥沙淤积，抬高湖泊水位。这种倒灌入湖的情况，是自黄河南下夺淮直至黄河北徙一直存在的形式，这也是洪泽湖淤积泥沙的主要来源与洪泽湖面积扩大的动因。①

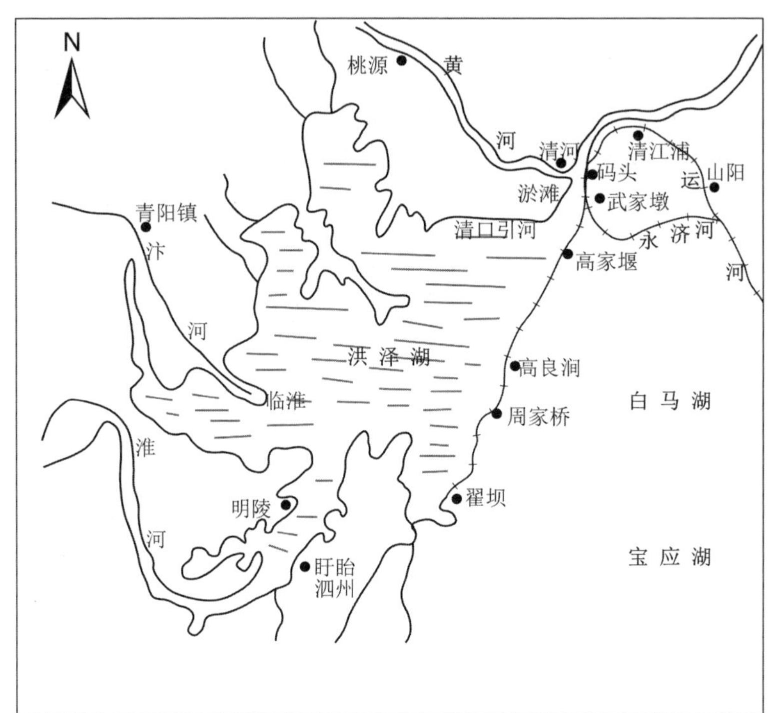

图 1-2　清康熙十九年(1680 年)洪泽湖示意图

（来源：《淮河水利简史》，第 217 页。作者改绘）

3. 射阳湖的淤垫

在江苏境内的淮河水系中，受黄河南下夺淮影响发生巨大变迁的湖泊，除了洪泽湖，还有位于淮河南侧的射阳湖。随着黄河南流入淮，射阳湖区淤塞的速度显著提升，随着湖中泥沙的淤积，湖面面积逐渐缩小，沿岸多成为荡地。在这一时期，古射阳湖的湖区出现诸多小型湖泊。清代张希良的《虾、须二沟告成记》有记“为湖者五十有奇”，可见数量之多。

① 韩昭庆：《洪泽湖演变的历史过程及其背景分析》，《中国历史地理论丛》1998 年第 2 辑，第 74 页。

古射阳湖的演变以1495年为界，可以分为两个阶段，第一阶段大致为1128—1495年，这一阶段，因黄河南下夺淮并没有形成固定河道，经过多次南北决口造成河道的分流，使得黄河携带的泥沙在多股分流中被逐渐分化、沉积在不同河道、洼地之中，在这一阶段古射阳湖淤积情况较轻，[①]湖面仍比较宽阔。到了元代，文学家萨都剌《雨中过射阳》对射阳湖的形容是"霜落大湖浅""孤蒲雁相语"。可见至元代，射阳湖湖水已经变浅，孤蒲等水生植物的繁茂，证明了此时射阳湖正在向沼泽型湖泊演变。

第二阶段为1495—1855年，随着明清两代在苏北地区以保漕护运为核心的治水方略实施，在黄、淮二河北岸修筑的大堤束缚了黄河河水，使其全流入淮。本意是借助黄河河水接济由徐州到清河一段黄河与运河合而为一的运道，"引黄济运"，以及防止黄河北徙冲淤山东境内的会通河等诸运河河道[②]，但是黄河带来的泥沙却多沉积在南岸，大量泥沙在苏北平原的淤积成为射阳湖迅速湖荡化的重要原因。同时，黄河长期淤积势若悬河，两岸河堤极易溃决，因为黄、淮二河决溢，河水下灌苏北平原，这也使得淤积的泥沙在溃堤洪水的冲击作用下随东下的水流淤积在河水倾注之处，这一阶段，射阳湖湖区的泥沙淤积速度极为迅速。在光绪《阜宁县志》中，便提到射阳湖的淤积，"嘉隆间，河患日剧，填淤日远，西北入淮之迹不复可考，而射阳湖亦渐受淤"[③]。

除了黄、淮二河携带泥沙对射阳湖的填淤，西侧的洪泽等湖与运河也是射阳湖湖荡化的重要动因。因射阳湖本属苏北拗陷区，是曾经陆相沉积盆地，虽经长期淤积，但是地势与运西河道、湖泊相比较低，地势呈现"锅底洼"的形势。为保运河而人为放堤或任凭洪水冲溃运堤，导致运河河水与洪泽诸湖湖水一并倾泻至射阳湖已成常事，在清代射阳湖半身已成平陆。至此，这个古江苏五湖之一的射阳湖成为典型的沼泽型湖泊，水域演变为诸多沼泽、湖荡及小型湖泊，甚至淤为平地，成为

① 参见凌申《黄河南徙与苏北海岸线的变迁》，《海洋科学》1988第5期，第54—58页。

② 参见水利部淮河水利委员会《淮河水利简史》编写组编《淮河水利简史》，水利电力出版社1990年版，第202页。

③ 光绪《阜宁县志》卷四《川渎下》，第4页。

里下河盆地的一部分。[1] 到了清末,古射阳湖"巨浸"已不复存在,分化为诸多湖荡,在这一时期射阳湖湖区的主要湖荡有大纵湖、平望湖、蜈蚣湖、广洋湖及其马家荡、九里荡等。

4. 高邮湖的形成

现为江苏第三大湖的高邮湖也是淮河水系中重要水域,它的发展与洪泽湖具有一定的相似性。高邮湖是由诸多小型湖泊合并而形成的大型湖泊,在宋元时期,高邮湖由五个湖泊组成,分别是珠湖、甓社湖、张良湖、新开湖、平阿湖。在地方志中,记录了组成高邮湖五个湖泊其中两个的大体位置,即"珠湖,在州治西七十里,通五湖;甓社湖,在州治西三十里,通鹅儿白湖"[2]。

至明代,高邮五湖随着黄、淮水患的加剧,湖面逐渐扩大,湖区已经由五湖扩大到了五荡十二湖,其中五荡分别为黄林荡、马家荡、聂里荡、三里荡、扠儿荡,十二湖由原先珠湖、甓社湖、张良湖、新开湖、平阿湖五湖增加至十二湖,新增加湖泊分别为五湖、石臼湖、七里湖、鹅儿白湖、塘下湖、姜里湖、津湖。[3] 在嘉庆《高邮州志》中,记录了高邮湖区的荡、湖位置,其中黄林荡位于高邮"州治西北三十五里,东通马家荡,南连葑地,北抵陆田",马家荡在高邮州治所"西北三十里黄林村东,通新开湖,南连葑地,北抵陆田",与黄林荡相邻;聂里荡位于"州治西三十里,沛城村南,通七里湖,东至新开湖北,绕沛城村",三里荡距离城较近,位置在城西七里的地方。扠儿荡在"城西三里新沟口"。五湖,在高邮州治西60里平阿东村,通天长县桐城河;石臼湖位于高邮州治所西北50里,与甓社湖相连;七里湖,位于高邮州治所北17里,东接运河,西通鹅儿白湖;鹅儿白湖位于州治西20里,通张良湖;塘下湖,位于州治西40里,与甓社湖相通,又名唐家湖、赤岸湖;姜里湖,在州治西50里,通塘下湖;津湖,在宝应境内。[4]

随着黄、淮、运来水量的增加,高邮、宝应等运河以东地势较为低洼

---

① 参见凌申《射阳湖历史变迁研究》,《湖泊科学》1993年版,第225—233页。

② 康熙《扬州府志》卷六《河渠六》,第11页。

③ 参见廖高明《高邮湖的形成和发展》,《地理学报》1992年第2期,第139—145页。

④ 参见嘉庆《高邮州志》卷一《山川》,第7页。

的地方，水域面积与湖群数量处于不断扩大的趋势。《运工专刊·高宝湖图说》记载了宝应、高邮和邵伯三个湖区所包含的全部湖泊，“高宝湖为二十四湖之集合体，在昔诸湖部落，属于高邮者十一：新开湖、姜里湖、甓社湖、七里湖、平阿湖、鹅儿白湖、珠湖、武安湖、张良湖、塘下湖、石臼湖；属于宝应者七：白马湖、精湖、青荡湖、洒火湖、清水湖、衡阳湖、氾光湖；属于邵伯者六：邵伯湖、黄子湖、赤岸湖、朱家湖、白茆湖、新城湖。星罗棋布，各占位置，自黄东注，诸湖连成一片”①。

高邮湖区所有大小型湖泊最终合并成为一体，是在嘉靖四十年(1565年)至万历二十年(1592年)，这27年间也正是潘季驯负责治理黄、淮、运三河的时间。在以水攻沙的思想指导下，束起的高堤将黄河归为一道，后又在万历二十四年(1596年)，由杨一魁主导分疏黄淮，开武家墩、高良涧、周家桥三闸，挖掘引水通道进而将淮水泄入长江。但是这条引水通道难以承受来自诸多河、湖的水量，使得洪水宣泄困难，高邮湖等诸多湖泊成为洪水停滞之处，来水的增多使之前五荡十二湖逐渐联并，成为高邮湖。②

到明末清初，高邮湖已经形成一定规模，后因战乱，水利难修，苏北、淮河一带水患不决，常年溃坝，使得经洪泽湖大堤下泄的洪水日益增多。咸丰元年(1851年)，高家堰上三河坝齐开，水经过大坝流入高宝湖区，到了同治十二年(1873年)，《申报》上便记载了“查咸丰元年启放三河坝，冲跌深塘，足抵五坝河之宣泄，迄今不能闭。实全淮水势，顺性南趋，常年下注，直至高宝湖，归江入海”③，注入高宝湖的河水绝大部分被湖泊截留，成为高宝湖群扩大的基础。1921年，江淮水利测量局对淮水和洪泽湖湖水经过三河南下、经张福河入旧黄河与经车、南、新三坝入海的流量进行测算，测得归江水量已达60%，归海水量达到30%，高宝诸湖拦蓄水量约为10%。新中国成立之后，为了减少淮河水患，多次对洪泽湖、高宝诸湖等水量进行调控，1953年在洪泽湖三河口

① 张纪成主编，《京杭运河(江苏)史料选编》编纂委员会编：《京杭运河(江苏)史料选编(第2册)》，人民交通出版社1997年版，第798页。

② 参见廖高明《高邮湖的形成和发展》，《地理学报》1992年第2期，第139—145页。

③ 同上。

筑起三河闸，1969 年又建起三河拦河大坝、大汕子隔堤等诸多水利工程，1962 年至 1972 年，建立起来的六座漫水闸扩大了高邮湖的容水量。随着众多水利设施的陆续兴修，高邮湖最终成为现今的规模。[①]

5. 淮河入江水道的形成

在黄河夺淮期间，在苏北地区形成了一条淮河入江的水道。明万历二十一年（1593 年），淮水大涨，高良涧等闸坝与沿高邮湖湖堤的南北运堤共计 28 口闸坝皆被冲决大开。次年虽然决口皆被堵住，但是因为清口的淤积，淮水“汇于泗者，仅留数丈一口出之，出者什一，停者什九。河身日高，流日壅，淮日益不得出，而潴蓄日益深”[②]，并且随着逐渐扩大的洪泽湖，明代祖陵与泗州城皆沉于水底。祖陵与泗城被淹，明神宗大怒。为了解决河患，杨一魁总督河道，进行治理。为了保漕、护运与护陵，杨一魁与部下共商“分淮导淮”之策。在“分淮导淮”中，为了分泄淮水开辟了金家湾，并建金湾河芒稻减水闸，将淮水通过两湖经过芒稻河排入长江。一条沟通江、淮间的水道在此次治河中就此形成。

作为新开辟的淮河入江水道，在过水之初，并非承担全部泄水的功能。但是江水高涨在淮河入江口产生顶托作用，江水沿淮河入江水道上溯，极大地加重了淮河灾情。从康熙元年至十二年（1662—1673），淮河流域曾因江水顶托引发大型洪水就有九次之多。因为淮水入江水道与运道相近，多次冲击运堤，造成运河大堤决口。因此，在保漕护运思想的指导下，为了更好地发挥淮河入江水道的作用，清廷多次开辟新的河道，并且对入江河道进行梳理，拓宽、疏浚六闸以下的河道，以减少洪水对运河大堤的冲击。

到了道光年间，淮河入江水道的末端形成了如运盐河、金湾河、太平河、凤凰河、新河和淮阳运河等六条入江通道，在六闸下端以沙土为基础的河道在输水中不断受到来水冲刷，原芒稻河、廖家沟、董家沟等诸多河道最终汇水于廖家沟、芒稻河，并以此形成了淮河入江水道的下游。淮河入江水道本是为了排泄淮河余水的水道，随着过水量的增加，逐步发展为淮河新的尾闾。这一标志性的事件起源于咸丰元年（1851

---

① 廖高明：《高邮湖的形成和发展》，《地理学报》1992 年第 2 期，第 139—145 页。

② （清）张廷玉等编：《明史》卷八十三《河渠二》，中华书局 2013 年版，第 2061 页。

年)黄、淮水灾。高家堰上五坝之一的礼坝被洪水冲毁,堤坝外在洪水的冲刷之下成为深塘,洪水也由此从决口处向东流至金沟镇,又分两股注入高邮湖。注入高邮湖的两股,一股向东南经金钩河入高邮湖,另一股向东北经过宝应湖流入高邮湖。两股水流注入高宝湖区后,通过六闸入归江河道,最终通过廖家沟与芒稻河,在三江营附近注入长江。

可以看到,淮河入江其实并没有减轻淮河中下游的泄洪压力,归江河道后期虽然已达 10 条,但在河湖汛期,仍然容纳不了自洪泽湖南下的洪水。黄、淮洪水,其高沙、易淤、善决的特点,使得苏北地区水患频仍,不仅给当地百姓的生命财产等造成重大损失,而且对周边环境造成重大影响。南下的淮水经洪泽湖至长江,造成沿途湖泊扩大、河流改道、土质恶化等恶果,甚至加剧了沿江地区江岸崩塌的形势,引发整个周边环境沧海桑田般的巨变。[①] 如淮河的南下极大扰乱了河道自然水系,淮河南下入江后,洪水多次漫流,大量泥沙沉积在苏北的运河及其他河流的河床上,从而扰乱了原有的自然水系。在淮河南下以前,苏北平原曾经由密如蛛网的若干天然河道互相沟通。然而在淮河南下入江以后,这些河网水系遭到严重的破坏。万历中后期,里下河东部的滨海港汊已多有湮塞。射阳湖东北庙的湾河段,虽然勉强行水,但"水行甚缓,自射阳九里淤浅",不得已于万历八年(1580 年)"发帑金八千两浚之"[②],然旋浚旋淤,毫无成效。至于一些支河小港,不少已经淤塞不通。

清代,里下河河渠沟港淤塞不堪,屡浚屡淤,已成顽症。康熙二十二年(1683 年),康熙首次"南巡"河工,途经高邮、宝应等处,见民庐田畴被水淹没,询知"高宝等处湖水下流原有海口,以年久沙淤,遂至壅塞",下令"将入海故道浚治疏流"[③],但由于入江水道经常满溢,不久周边河渠沟港又渐淤塞不畅。仅十余年后,康熙三十七年(1698 年)董安国奏称:车路河淤塞 10 余里,海清河淤塞 70 余里,海陵溪淤塞 40 余里,虾须沟、戛梁河合淤 60 余里。不得已,康熙乃再谕疏浚。后来高斌

① 参见卢勇、王思明《明清时期淮河南下入江与周边环境演变》,《中国农学通报》2009 年第 23 期,第 494—499 页。

② 万历《扬州府志》卷六《河渠志下》,第 16 页。

③ (清)康基田:《河渠纪闻》卷一五,水利珍本丛书本。

奏称车路、白涂、串场等河又已“久经淤塞”，泰州运盐河“亦多淤垫”，雍正帝乃下令冬春大挑“应行挑浚之河道”①。

此后的雍正、乾隆、嘉庆、道光历朝，均有组织对里下河淤塞不通的河流进行大挑，但旋挑旋淤，收效甚微。至光绪时，诸河几成平地。历史上，苏北曾有著名的三横两纵人工运河河网。三横分别是南盐河、中盐河、北盐河；两纵分别指运河（即古邗沟）、串场河。这些人工运河与密集的天然河道组成了发达的苏北水运网络。然而淮河南下入江以后，侵入运河，这些河道大多被荒废。以沟通江淮的著名人工运河邗沟为例，古代邗沟是从南向北顺地势流入淮河的，唐李翱的《来南录》明确讲“自淮阴至邵伯三百有五十里逆流”，即是北流入淮之佐证。这条运河在历史上发挥了相当的航运和灌溉作用。万历年间，“淮安府以南，高邮州以北，运河皆黄水”②。由于水走沙停，运河北段已经淤高，运河水面宝应高于高邮 12 尺。运河北段河床的淤高使运河从北流入淮变为南流入江。

由于漕运事关国运大计，明清两代投入大量人力物力保漕护运，但收效甚微，长期处于苦苦支撑的状态。自嘉庆朝之后，由于黄淮屡决，运河淤垫日甚，漕船北上只能行“倒塘灌运”之法，就是在清口临时筑闸坝形成一个临时船闸，放船出入，以通漕船。后来此法也难以施行。至清末，运河两滩积淤宽厚，存水仅三四尺，并且深不及五指者，船只由南而北，拾级而上，逆水而行，殊为艰难，漕运逐渐衰落为海运所代替或改为折色征银。咸丰三年（1853 年），清政府被迫放弃漕运，而以海运为常。③

嘉庆《高邮州志》曾对比州境内淮河南下前后湖泊、运河：“按：旧志之论韪矣，然今昔异宜则犹有未尽者。昔之湖犹可容纳也，今则湖身日就淤垫矣。昔虽受湖之害，然绿洋、鼋潭等湖可以灌输沟洫，城西诸湖从万家塘、杭家嘴等处可以引入闸河，犹用以济旱也。今则绿洋等湖既

---

① 嘉庆《重修扬州府志》卷十一《河渠三》，第 20 页。

② 嘉庆《高邮州志》卷二《源委》，第 21 页。

③ 参见卢勇、王思明《明清时期淮河南下入江与周边环境演变》，《中国农学通报》2009 年第 23 期，第 494—499 页。

半就干涸，运河日垫高。设遇干旱，并不能引西湖一勺之水以溉润民田矣，因时以为调剂，非司牧者之类矣！”[1]足见淮河南下对沿途水生态环境之影响。

四、黄河北徙以后的淮河水系

黄河北徙的标志性事件是清咸丰五年（1855 年），因黄河决口于铜瓦厢，不再南入淮河，河道经过大清河在利津注入渤海，标志着黄河南下夺淮近 700 多年的历史就此终结。黄河北徙后，淮河水系缺少了黄河这一极大变因，但是黄河南下至淮河流域，诸多泥沙的沉积、河系的变迁与洪涝灾害的肆虐，却使得淮河成为一大害河。混乱的水系，使得淮河水系多次发生洪涝灾害，更是为新中国成立后淮河流域重大水灾埋下了祸根。

为了缓解淮河流域水系混乱、水利失修、水涝频仍的情况，“复淮”“导淮”的主张多被提及。所谓“复淮”，最早是由苏北山阳丁显提出，丁显在《黄河北徙应复淮水故道有利无害论》中认为，堵三河、辟清口、浚淮渠与开云梯关尾闾，达到复淮水故道的目的。[2] 在政府与地方有识之士的组织下，曾国藩于同治六年（1867 年）十月在清江浦设“导淮局”，主持治淮。同治八年（1869 年）马新贻就任两江总督，“测量云梯关以下河身，及成子河、张福口、高良涧一带湖心，始知黄河底高于洪泽湖底一丈至五六尺不等”[3]，废黄河的河底要高于洪泽湖底，若加以疏浚，其工程必然浩大，难以全面动工疏浚废黄河。

“导淮”开始于光绪七年（1881 年），在江苏总督刘坤一的主持下，再设“导淮局”，对淮河水系加以改造，通过开挖张福河、碎石河，将洪泽湖湖水经过吴城七堡汇顺清河，若水小则引水经顺清河入运，水大则借废黄河入海。同年二月“导淮”工程正式动工，此次开工的重点集中在对旧黄河河道的疏浚，但是因河床淤泥太厚、渗水严重，加上连续的阴

① 嘉庆《高邮州志》卷一《山川》，第 6 页。

② 参见水利部淮河水利委员会《淮河水利简史》编写组编《淮河水利简史》，水利电力出版社 1990 年版，第 296 页。

③（民国）赵尔巽：《清史稿》卷一百二十八《河渠志》，中华书局 1977 年版，第 3804 页。

雨，工程进展缓慢。此后因两江总督调换频繁，清政府的不支持加上施工耗资巨大，虽有左宗棠、张謇等人为治淮“奔走”，但直至1931年，“导淮”工程才正式开工。

民国时期的“导淮”工程开始于1931年大水后，根据水利专家李仪祉先生主持拟订出台的《导淮工程计划》，1933年1月疏浚张福河工程先期开工。后经南京政府批准，《导淮工程计划》正式施行。到抗战爆发前，对淮河河道、船闸与活动坝进行了整治，完成了苏北大运河水道的拓展工作，高邮湖、邵伯湖水道得以截直，六塘河入海水道疏滩，运河上的邵伯、淮阴、惠济闸等船闸、活动坝进行了修建。[①] 后因抗战，苏北在战争的影响下，水利设施破坏严重。抗战胜利后，从1946年6月起，开始由江北运河工程局对苏北运河、沂沭河堤坝、里运河东西堤坝等水利工程进行修复复堤，但效果甚微。

可以看到，黄河虽然北徙，但是对淮河水系带来的诸多变化，却形成绵绵不绝的影响，经过近百年治淮运动，黄河南下夺淮的诸多余波才被慢慢消化。其中最为严重的问题仍旧离不开黄河携带泥沙在淮河水系的淤积问题。著名淮河水利学家武同举在《促进导淮商榷书》中指出，淮河中下游水系河道中出现的比降倒置问题，“淮河干流自寿县一带至五河三四百华里之间，河床‘几无倾斜’，比降几乎为零，已属于不正常现象。而自五河至盱眙，淮河河床的倾斜度不但仍没有下降，反而升高了‘五尺许’，盱眙至洪泽湖，河床再次抬高‘二许尺’，结果是杨庄旧黄河底高于海平面十米突……洪泽湖底真高亦十米突”[②]。与武同举的《促进导淮商榷书》一并发表的还有徐寅亮的《导淮问题的研究》，文中同样也指出“河堤蜿蜒，如山丘绵，高出县城之上，城内地面比河堤低三十尺左右，河身两面夹堤，泥沙淤积多变高阜，堤上尽成田畴”[③]。可见，黄河泥沙的淤积，使得淮河水系出现比降错置的现象，极大影响了黄、淮余水的排泄。

---

① 参见张红安《试析南京国民政府在苏北的“导淮”》，《南京师大学报（社会科学版）》2001年第1期，第156—157页。

② 水利部淮河水利委员会《淮河水利简史》编写组编：《淮河水利简史》，水利电力出版社1990年版，第202页。

③ 徐寅亮：《导淮问题的研究》，《东方杂志》1923年第11号。

这一时期，淮河水系下游的河道出现了较大的变化。以淮河水系中的运河河道为中心，在里运河西岸堤坝加固的基础上，对东岸堤坝逐步退建，又通过疏浚河道，大大提高了里运河的过水能力。为了减少入江水道对沿岸的威胁，在扬州与瓜州之间开辟了一条沟通彼此的新运河，在运河东侧与滨海地区又分别修建了新通扬运河与通榆运河。

第二节　沂沭泗水系变迁

沂沭泗水系是淮河流域的重要组成部分，主要发源于山东沂蒙山区，由沂河、沭河和泗河及其诸多支流构成，在古代为淮河的重要支流，流域总面积为 80000 平方千米。[①] 按行政单位进行划分，沂沭泗水系主要流经山东、江苏、安徽、河南四省。该水系东部可达黄海，西部与黄河水系相连，以废黄河作为淮河水系的分界，随着废黄河的发育与成熟，逐渐与淮河水系分开，成为一个相对独立的水系。沂沭泗水系本是淮河下游支流，沂沭泗流域即沂、沭、泗三河流经区域，《禹贡》书中"导淮自桐柏，东会于泗沂，东入海"[②]，记载了淮河与泗沂相通的场景。在古代，泗水是淮河下游最主要的大支流之一，沂水、沭水、潍水都是作为泗水的支流而存在。以黄河南下夺淮为标志，在未夺淮之前，沂、沭、泗诸河道排水通畅，泗水入淮，沂水入泗，沭水入泗入淮，潍水入泗。[③] 但是待黄河夺淮后，沂沭泗水系出现了剧烈的变化，同时元、明、清三代对京杭运河的开辟与修缮，又进一步加快了沂沭泗水系的变迁。正如水利水电专家、中国工程院院士钱正英所言："沂沭泗原是淮河下游的三条支流，流域面积不过八万平方千米，但是其河道变化的复杂情况，不但在全国、恐怕在世界上也是少有的。在某种意义上，沂沭泗河道变化的历史也是中国江河治理历史的一个缩影"[④]。

① 参见水利部淮河水利委员会《淮河志》编纂委员会编《淮河志·第 2 卷·淮河综述志》，科学出版社 2000 年版，第 5 页。

② 雒江生校诂：《尚书》，中华书局 2018 年版，第 98 页。

③ 参见杨勇《沂沭泗水系演变及洪水治理》，《水利规划与设计》2005 年第 2 期，第 64—67 页。

④ 水利部淮河水利委员会沂沭泗水利管理局编：《沂沭泗河道志》，中国水利水电出版社 1996 年版。

一、黄河改道南下前的沂沭泗水系

在水系最初形成与之后的演变过程中，流域所处的板块构造以及形成的地形地势都会对河流水系演变产生影响。

沂沭泗水系在地质上分为三个构造单元，分别为沂沭泗山丘区、沂沭断裂带和鲁西南断陷区，其中沂沭泗山丘区形成原因为地壳的垂直升降。根据其特点又可分为以沂河为分界的东部新华夏构造区河西部鲁西旋转构造与新华夏构造复合构造区。[①] 沂沭断裂带是山东区域地质的重要分界线，具有延展长、规模大、切割深、活动时间长等特点，也是一条由不同断裂、凹陷和凸起等地质结构构成的断裂界，这条断裂带纵贯山东东、西两地。鲁西南断陷区集中分布在北中部的中高山区和鲁西南湖洼地带，主要由两组断裂带构成，分别为近南北和近东西向，两组断裂带共同构成了网格状构造格局。该地带是受黄河影响最深远的沂沭泗水系构造单元，黄河多次在此改道、泛滥，黄河泥沙沉积层在此累计，最终发育成湖西平原；在北中部分布有众多高山和低山丘陵，西部是鲁西南湖洼地带，众多湖泊在此发育形成串状，如作为京杭大运河水柜的南四湖便在分布于此。[②] 也正是其所处的不同地质板块，在板块的运动中形成了山地，也出现了地势较为低洼之地，在山地的山麓发育出了河流，低洼之处在水流的汇集下则出现了湖泊。

可以看到，沂沭泗水系最初形成，是地质构造运动的结果，经过近万年河流发育，在黄河尚未南下前，沂沭泗流域形成了以泗水为主干的沂沭泗水系结构。此外，除了沂沭泗水系，在流域的西北部还有济水水系，是分泄黄河水的河道之一。

泗水曾是淮河下游最大的支流，其支流有沂、沭、汴、濉、相等水。根据《水经·泗水注》中对泗水的记载，泗水主要发源于泗水县东的东陪尾山，在曲阜市北与洙水相汇，继续向西南经过兖州折向东北，后又南流，再西南经过邹县，洸水从北部与之相汇，后经过鱼台县东，荷水自

① 参见胡其伟《环境变迁与水利纠纷：以民国以来沂沭泗流域为例》，上海交通大学出版社 2018 年版。

② 参见山东省地方史志编纂委员会编《山东省志·第 6 卷·地质矿产志》，山东人民出版社 1993 年版，第 135 页。

西汇入；之后流向东南，涓水与郭水在东北流入泗水；折向南流，经过沛县东部，泡水在西部汇入淮水，经过夏镇西部，在徐州境内，获水在西部汇入泗水河道；又折向东南流，武原水在河道右侧注入；到睢宁县古邳镇，沂水在东北方向流入；在东南流，沭水西支在东边汇入；在宿迁县南部五公里的地方，西边的濉水流入泗水，经过角城，继续东南流，在淮阴西部汇入淮河。①

除了泗水，沂水、沭水两条支流同出于沂蒙山区，两河向南平流，其中沂水发源于鲁山南麓，向南流经沂水县西、临沂市东、郯城县西，在睢宁古邳镇向东注入泗水。沭水则发源于沂山南麓，向南流经莒县东部，临沭市东、郯城东、新安镇东，在沭阳西北后丘分成两支，其中一支向西南流至宿迁，在宿迁的东南处与泗水相汇，另外一支往东南流入朐县，先注入游水，最后注入淮河，除了这两条还有一条在郯城东北开一分水口，从白马河流入沂水。②

除了沂、沭、泗三条主要河道，在黄河未南下夺淮时，沂沭泗流域还分布着大大小小诸多湖泊。根据《水经注·渠》的记载，黄河南部，江淮以北，嵩山和汝、颍二河以东，泗水以西的区域内较大的湖泊多达140余个。在豫西山地东麓洪积冲积和鸿沟之间的交接洼地，有洧、溴等河流聚积而成的一些湖沼。③

二、黄河长时段夺淮时的沂沭泗水系

自宋金以来，黄河河段多次更改，逐渐侵蚀南岸河道，在自然与人为影响下，黄河河水多次涌入淮河、泗水河道，淮河水系与沂沭泗水系大受其扰，正如“中世以降，黄河南徙，夺泗与沂，因而夺淮，两雄角力，强者战胜，盖数百年焉”④，进而推动了淮河流域水环境的演变。

泗水水系因其所处地理位置，是受黄河南下夺淮影响时间最长的

① 参见水利部淮河水利委员会沂沭泗水利管理局编《沂沭泗河道志》，中国水利水电出版社1996年版，第11页。

② 参见同上书，第11—12页。

③ 参见河南省地方史志编纂委员会编纂《河南省志 地貌山河志》，河南人民出版社1994年版，第98页。

④ 民国《泗阳县志》卷九《志三·河渠总叙》，民国十五年铅印本，第1页。

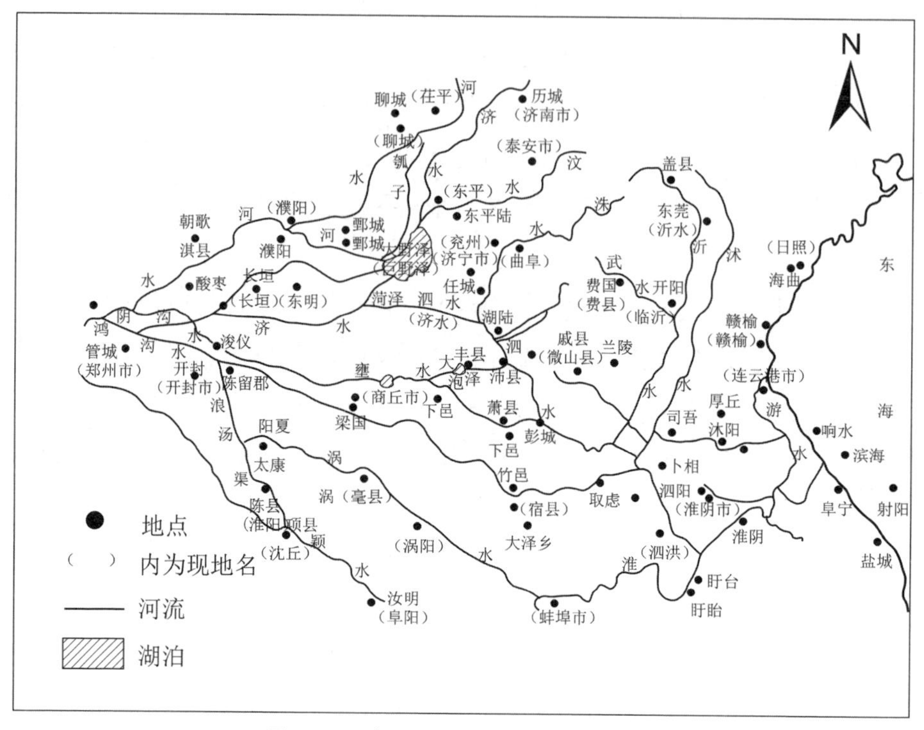

图 1－3　东汉永和年间沂沭泗水系图

（来源：水利部淮河水利委员会沂沭泗水利管理局编，《沂沭泗河道志》，中国水利水电出版社 1996 年版，第 8 页。作者改绘）

水系。《史记》中便记载了黄河河水涌入泗水的事件。《封禅书》中提到"今河溢通泗"，便是对黄河河水涌入泗水河道的记载。在之后的近千年中，黄河更是多次涌入泗水，但是并没有形成长时段夺淮南下的情况，黄河仍旧北流注入渤海，偶尔侵入泗水，也并没有对泗水产生太大的影响。

直至南宋建炎二年（1128 年），黄河南下夺淮以杜充决黄河大堤为标志性事件，"决黄河，自泗入淮，以阻金兵"①，黄河便开始长时段对沂沭泗水系造成深远且持续的影响。杜充决黄河堤坝后的 40 年，即金世宗大定八年（1168 年），黄河在浚南县决口，此次决口，黄河河水的 60% 向南流入泗水河道，黄河河势开始向南偏移。到了金世宗大定二十年（1180 年），黄河再度决口，分为三支分流入泗，以泗水河道作为黄河的

---

① （元）脱脱等撰：《宋史》卷二十五《本纪第二十五》，中华书局 2013 年版，第 459 页。

行水河道，由泗水涌入淮河。19 年后，黄河再度决口于阳武故堤，黄河溜道沿汴水在徐州注入泗水，从淮阴流入淮河，最后归入大海。黄河南下夺淮，对于沂沭泗水系整体水系结构并没有形成太过剧烈的影响。有金一代，随着黄河的逐渐南下，"自徐城以南，泗水悉为黄河所占，而《禹贡》会淮入海之旧迹不可考矣"①。

至元代，除了黄河南下夺淮对沂沭泗水系带来冲击，人类为满足其漕运、战争目的也推动了水系的演变。元代大都定于北京，但是至南北朝开始的经济重心南移，对江南地区的开发使得京都粮赋多赖东南，为了"转东南之粟以赡京师"，元代开始逐步疏浚、修复隋唐所开的大运河。至元二十六年（1289 年），疏通了山东境内的会通河。运河为国家之大计，为了保证运河的通航，元代采取了重运河而轻黄河的治河方略。由于疏于治理，使得黄河多股南流，黄河河务逐渐败坏。太宗六年（1234 年），竟然决开开封寸金淀，"以灌南军"，此次决口使得黄河在杞城分为三支，其中北边的一支经过汴水故道，侵入泗水，最后涌入淮河，中流在杞城县城北部，向东经过鹿邑、亳州，最后与涡河一并涌入淮河。②

至明代，随着黄河河势渐趋东南，汴河、泗水、涡河、颍河成为黄河主要的分水河道。到了明孝宗弘治二年（1489 年），黄河在开封等地多处决口，为了缓解水势，白昂继任治水，采取了北堵南疏的治黄之策。所谓治黄之策，即在黄河北岸修筑拦水长堤，防止黄河河水北徙冲击张秋运道，而在黄河的南岸，则是"引中牟决河出荥泽阳桥以达淮，浚宿州古汴河以入泗，又浚睢河自归德饮马池，经符离至宿迁，以会漕河，……使河流入汴，汴入睢，睢入泗，泗入淮，以达海"③，便是在黄河北岸修建黄河大堤的开始。

明神宗万历六年（1578 年），潘季驯再任河道总理一职。潘氏承接前任治河经验，仍采用筑堤束水、蓄清刷黄之策。④ 为了实现蓄清刷黄的目的，在淮河水系中修筑起高家堰后，又修建起从砀山到徐州黄河缕

---

① 民国《泗阳县志》卷九《志三・河渠上・泗水》，民国十五年铅印本，第 2 页。

② 参见邹逸麟、张修桂《中国自然地理系列专著 中国历史自然地理》，科学出版社 2015 年版。

③ （清）张廷玉等撰：《明史》卷八十三《河渠一》，中华书局 2013 年版，第 2021 页。

④ 水利部治淮委员会：《淮河水利简史》，水利电力出版社 1990 年版，第 215 页。

堤长达144里的黄河遥堤，在徐州到淮阴段的黄河两岸修建起56000丈的遥堤，又在黄河所经过的泗阳与淮阴两县南岸修建防洪大堤。经过潘季驯三次对南下至淮河流域的黄河河道的治理，在一定程度上实现了束水归槽的目的，使得黄河河道不再分叉南流，固定在废黄河一带，而这也导致黄河以全流之势涌入泗水河道。万历十六年(1588年)，潘季驯第四次治理黄河，这次治河依旧延续上次治河之策，修建了河南境内的武陟、荥泽，以及江苏境内淮安以东的黄河大堤。经过潘氏两次对黄河大堤的修建，此后黄河虽多有决溢，但是下游入海河道一直维持在废黄河一带。

到了万历二十三年(1595年)，为了实现分黄导淮的目的，征用山东、河南、江苏二十万丁夫开辟了从今江苏泗阳县到灌河口的黄坝新河，意欲借此河开辟一条新河道用以分流黄水，通过在沂、沭两河的下游地区分引黄水使其直接经灌河口流入大海。黄河经过沂沭流域，极大改变了沂沭泗流域水生态环境。以保漕为主要目的，再加上在明代对泗州祖陵的维护，明朝廷担心徐州到淮阴段黄河西决，一直采取分黄之策，在黄河的东岸开分黄减坝，这也使得沂沭泗水系多次遭分黄之害。除了黄坝新河，为了避免黄河对运河的侵扰，明代开辟了泇河运道，将泗水上游的洪涝水导入沂沭流域，而这也使得沂泗流域对洪涝等消化能力大幅度降低，导致流域排水条件恶化严重。

明朝政府对沂沭泗水系的改造，对后世影响极深。如清初，沭水每遭洪涝，洪水多涌入白马河、墨河直趋沂水，到达骆马湖，将洪涝灾害的波及范围扩大到骆马湖以北的沂河流域。除了洪涝灾害，在清康熙七年(1668年)，临沂、郯城附近地区的一次极为罕见的地震使得沭河下游河道更难控制，沂、沭两河相互干扰的局面进一步加深。到了康熙二十八年(1689年)，通过重建的竹络坝与挑浚引河、浚子河等河道，沭河才逐渐稳定。但是因为下游诸多湖泊淤废、湮灭，而河道的下游又受沂河泄洪的影响，只得改道经过盐河至临洪口入海，这一系列变动进一步加重了沭河水系排水的负担。①

---

① 参见水利部淮河水利委员会沂沭泗水利管理局编《沂沭泗河道志》，中国水利水电出版社1996年版，第14—19页。

黄河河道趋于东南，除了洪水灌入淮河流域诸多河道，其最为深远的影响主要体现在黄河泥沙在淮河诸河道的淤积，这也是黄河带给淮河流域最难以解决的问题。及至元代，出于维护运河的考量，在处理黄河与淮河两者问题上更为审慎。为了运河的顺利通航，防止黄河改道对运河的影响，逐渐在黄河沿岸修建起黄河大堤。但是黄河大堤形成之后，却也使得沂沭泗水系逐渐与淮河水系分离，沂水在大坝的阻拦下难以流入泗水，而沭河因为流入淮河的通道逐渐淤积，只得向东开辟新的河道。黄河的逐渐淤高，形成了横贯江苏北端东西的地上河，泗水注入黄河河道受阻，这也使得原本南下的泗水多汇聚在河道两侧地势较为低洼的洼地和小型湖泊中。随着来水的逐渐增多，南四湖等诸多湖泊形成后，泗水故道逐渐淤垫，最终湮灭。受黄河南下夺淮影响较小的沂沭泗水系其他河道，在这一阶段变化不大，原本流入淮河的河水最后注入了诸多湖泊，不再南下。

沂沭泗水系除了河道，在这一时间段中湖群也出现了极为显著的变化，其中最明显的就是鲁西湖群的演变。鲁西湖群主要包括南四湖和北五湖，其中南四湖有微山湖、昭阳湖、独山湖和南阳湖；北五湖有安山湖、南旺湖、马踏湖、蜀山湖以及马场湖。① 对于鲁西湖群的形成与发展，北京地质学院在《山东省综合地质-水文地质普查报告》中认为"湖的排列方向呈西北—东南向，被河流贯穿，且与当地构成线方向一致，因而湖的成因和断层有关"。据《南四湖的形成初探》一文推测，南四湖形成的原因是鲁西平原倾斜面地势低洼，在鲁中山丘区地形与地势的阻隔下，经过黄河、泗水等诸多河流汇集，形成湖泊的基底，后在人类活动的影响下，形成了现今的地貌形态。②

江苏省区域地质调查队《江苏省卫星照片地质构造解释图说明书》认为"天然湖泊的定向带状排，或负地形的定向带状排列，如昭阳湖、微山湖、骆马湖、洪泽湖、高邮湖及太湖等，呈北西向排列在一个带上，两侧色调、花纹组合、地形高度及基岩出露情况有较大的差异，反映出呈北西向斜列的湖泊群是断裂带"。张义丰经过多年考察，提出鲁西湖群

① 参见张义丰、李良义、钮仲勋主编《淮河地理研究》，测绘出版社 1993 年版，第 173 页。

② 参见郎丽如《南四湖形成问题初探》，《海洋湖沼通报》1983 年第 1 期，第 31—38 页。

的形成是地质构造的结果，在第四纪的地质构造使得该地区出现沉降，进而形成了湖群的地质基础。到了全新纪，随着黄河冲积扇的不断扩大，泥沙输送导致冲积扇推移至鲁中山地，这冲积扇与鲁中山地之间出现一片下沉条状地带，因为地势较低，成为洼地，成为鲁中湖群形成的基础。待黄河夺淮之后，随着黄河河水的涌入和黄河堤坝等的形成，沂、沭、泗诸多河流河水南下流入淮河的河道逐渐堵塞，进而汇集在洼地，鲁西湖群就此形成。①

元代以降，鲁西湖群在诸多河水注入下逐渐扩张。为了维护运河，明清政府引水济运、引黄助运、蓄清刷黄等一系列维运之策，又进一步加速了鲁西湖泊的发展，使得鲁西湖泊呈现的串状分布结构更加稳定。到了明代，政府对于运河漕运更为看重，但是黄河多次决口流入运河，严重影响了运河的正常运行。此外，山东段运河若想正常运行也绕不过山东“水脊”，山东运河河道与水源问题成为保漕必须解决的问题。因此，在运河河道两岸的湖泊被利用，成为运河供给水源的水柜。鲁西湖群运河沿线地势最为低洼的地方是在南四湖，随着黄河河水多次流入泗水，以及承受东部山区流下的山水，湖泊中大量泥沙的淤积使得湖底逐渐淤高，这也使得湖区逐渐向四周扩展，湖区面积也在逐渐扩大。到了清乾隆年间，也便有了“(湖)名虽各异，实则联为巨浸，周围三百里”②的记载。可以看到，在鲁西湖群形成与发育过程中，地质基础是湖群形成的基本条件，黄河夺泗是湖群形成的主导因素，而因保漕为目的对湖泊、水系的改造，则大大加速的湖群形成的过程。③

三、黄河北徙以后的沂沭泗水系

清咸丰五年(1855 年)，黄河在铜瓦厢决口。此次决口标志着黄河北徙的开始，对于整个沂沭泗水系产生了极为深远的影响。

虽然黄河不再夺淮南下，但是经数百年黄河南下，在苏北地区遗留

---

① 参见张义丰《淮河流域两大湖群的兴衰与黄河夺淮的关系》,《河南大学学报(自然科学版)》1985 年第 1 期，第 45—50 页。

② (清)黎世序：《续行水金鉴》卷一百一十六《北河续记》，中华书局 1983 年版。

③ 参见张义丰《淮河流域两大湖群的兴衰与黄河夺淮的关系》,《河南大学学报(自然科学版)》1985 年第 1 期，第 45—50 页。

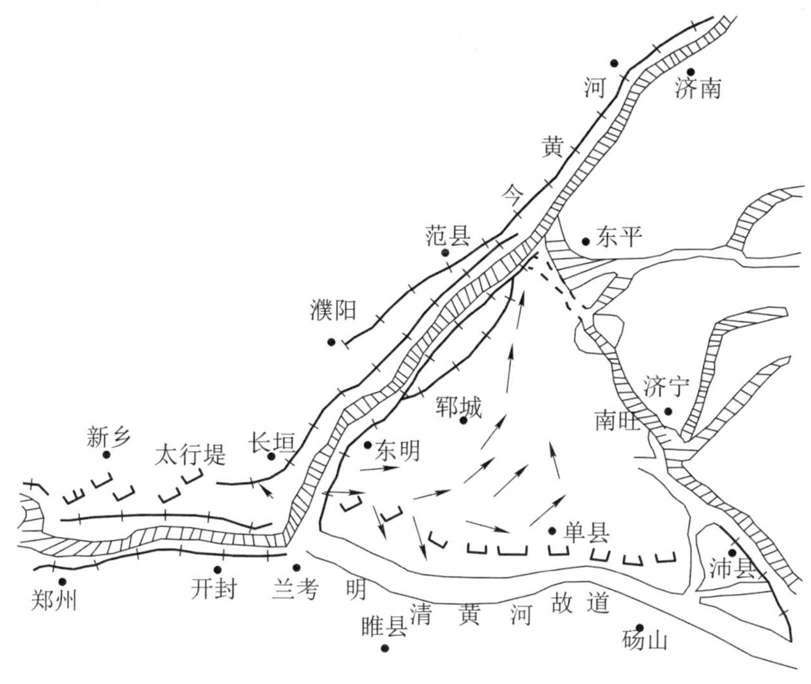

图 1-4 铜瓦厢决口示意图

(来源:水利部淮河水利委员会沂沭泗水利管理局编,《沂沭泗河道志》,中国水利水电出版社 1996 年版,第 14 页。作者改绘)

下的黄河故道将淮河水系分隔为黄河故道以南的淮河水系与以北的沂沭泗水系,严重影响到沂沭泗水系对余水的排泄。在黄河、运河两条水道的影响下,沂沭泗水系长期没有形成一条能够分泄洪水的排洪河道,汹涌的洪水只能依靠蔷薇河、六塘河等小型河流将余水排除,这也加剧了沂沭泗流域水患发生的频次与程度。①

第三节 长江水系变迁

江苏境内的长江水系以长江东流过境为标志,在长江的影响下形成了众多河湖池泽,其中较为著名的支流有秦淮河、黄浦江等,太湖、固

① 参见水利部淮河水利委员会《淮河水利简史》编写组编《淮河水利简史》,水利电力出版社 1990 年版,第 6 页。

城湖、阳澄湖等诸多湖泊也在其中。长江有着极为悠久的历史，在古代典籍《诗·小雅·四月》中便有"滔滔江汉，南国之纪"的记载，在《尚书·禹贡》中同样也记载了长江的有关信息，如"岷山导江，东别为沱；又东至于澧；过九江，至于东陵；东迤北会于汇；东为中江，入于海"①，虽然不太准确，但也大体记载了从西周乃至战国时期，长江流经的方位和其归宿。长江是中国第一大河，其长度、水量以及流域面积等方面在中国均排首位。在江苏境内诸多水系中，长江水系是其中影响最大的水系之一，从源头到尽头，长江干流流经中国数十个省级行政区，支流更是多达 700 余支。长江下游绝大部分河段位于江苏省内，在漫长的时间中，长江水系在自然与人为因素的影响下不断变化与演变，江、河、湖、沼等均处于变化之中。

一、长江下游干流变迁

长江是一条极为古老的河流，在地史上，长江最早的雏形可以追溯到距今两亿年以前的三叠纪时期，其形成是地壳运动的结果。在三叠纪，我国地势东高西低，此时古地中海面积扩大到长江流域的西部地区，现西藏、青海南部、四川西部、云南中西部等大片区域因为地势较为低洼，海水灌入形成海湾，这种现象一直维持到侏罗纪。经过侏罗纪时期一次极为强烈的造山运动，横断山脉与秦岭的出现与抬高使得古地中海逐步消退，原来曾经是海湾的地方成为由一条水系串联而成的几大水体，其中便有云梦泽、巴蜀湖、西昌湖等诸多巨型湖泊。在这条水系的串联下，诸多湖水经此通过南涧海峡流到古地中海，这条串联诸多大型湖泊的水道便是长江最早的雏形，而此时长江还不是由西向东流入东海，而是由东向西注入古地中海。② 长江流向由西向东注入太平洋源于三四千年前的喜马拉雅造山运动，在这次地壳运动中全流域地面高度出现较为明显上升，其中最强烈的是河流的上游区域，高山、高原等地势较高的地形由此生成，中、下游变动较为微弱，出现海拔较低的

---

① 雒江生校诂：《尚书》，中华书局 2018 年版，第 98 页。

② 参见长江流域规划办公室《长江水利史略》编写组编《长江水利史略》，水利电力出版社 1979 年版，第 2 页。

丘陵、山地，地形变化为西高东低。在地形的影响下，长江下游地区河道流向发生变化，从九江至南京长江干流河道呈现北东南西走向，南京至镇江河段，河道为东西走向，镇江以下河段由东又反折为南东向，形成现今长江流域的基本雏形。①

长江下游河段在形成之后，没有再出现大的变化，其河道变迁的特点和形式主要有三种类型：一是长江下游河道在科氏力作用下，水流长期侵蚀右岸，当然也存在有时河道向左岸摆动的情况；二是主流的往复摆动，因为长江下游地形地势在全新世以来变化不大，作为一条较为稳定的河段，有往返摆动的趋势，但是摆动的周期比较长，数十年甚至数百年才会出现较大的摆动现象；三是河流曲折度增大，受河流流动过程中自身有向弯曲发展的趋势，河流在流动中会出现河流曲折度增大的趋势，这也在一定程度上促进了江心沙洲的出现。同时，正是下游河道上下摆动，导致部分河槽出现不断束狭，经学者研究，从“最近两千年廖角咀与南汇咀之间的距离，从 180 公里收缩到 90 公里”②，扬州段以上的长江江漕原本江面宽度在 20 千米以上，但是到了宋朝初年，收缩至 9 千米宽度，到了 20 世纪 50 年代左右，江面宽度仅有 2.3 千米。③

长江下游水体的演变其实也是其江岸、沙洲演变的结果。受自然河流流动等自然因素以及人类在上游活动造成山林破坏、形成水土流失等影响，长江江岸常常发生涨、坍，进而形成涨与坍交相反复的环节，通过涨—稳定—坍—稳定—涨，或者以坍—稳定—涨—稳定—坍，江岸出现不规则的变化，并对长江下游水体结构造成影响。

以清代长江江苏段八卦洲的演变为例，可见长江下游干流水系之变迁。八卦洲是长江江苏段中第三大岛屿，其形成与演变是清代以来长江干流演变史中的一件大事，因南岸矶头挑流、北岸滩地疏松，此段河道形成鹅颈式分汊，极大地改变了河道的水流形势。

八卦洲在晋宋时期称“新洲”“薛家洲”，又有“青沙”“金珠沙”和“巨

① 参见中国科学院地理研究所等著《长江中下游河道特性及其演变》，科学出版社 1985 年版，第 5 页。

② 陈吉余：《长江三角洲江口段的地形发育》，《地理学报》1957 年第 3 期，第 241—253 页。

③ 参见陈吉余、恽才兴《南京吴淞间长江河槽的演变过程》，《地理学报》1959 年第 3 期，第 221—239 页。

洲”之称，南宋时期该洲位于幕府山北的江中，距城 40 里，分为上新洲与下新洲两洲，于隋末开始淤涨。[①] 清改称“八卦洲”，《八卦洲土地利用调查》称“盖以乾坤震艮离坎兑巽八字，按照八卦方位列为八号，故名”[②]。按万历《应天府志》所载，“自下新河而东分为三股，一引石桥城，一引江东桥，一自草鞋夹以达于江，名曰三汊河，夹之外为道士洲，上有屯驻处曰江心营，南为护国洲、中口洲，自道士洲直抵北岸为浦子口……自东沟而下以达于瓜埠滨江之地，以洲名为者曰拦江洲、工部洲、官洲、老洲、柳州、赵家洲、匾檐洲……滁河沿瓜埠镇东南流以达于江，江之名曰宣化漾，有洲亦名新洲”[③]，位于草鞋夹外的道士洲、草鞋洲，瓜埠对面江中的拦江洲、工部洲、官洲、老洲、柳州等，与宣化荡之新洲等诸多小洲，为八卦洲形成、发育的基础。八卦洲处长江河道属于鹅颈式分汊河道，在发育过程中鹅头朝向北岸，江泓向北岸逼近，造成凹岸的不断崩塌，江中的江心洲不断扩大[④]，正如“八卦洲渐涨，江北旧地则渐坍矣”[⑤]。随着江心洲的扩大，与南北两岸沙洲呈现不同的互动关系，南岸表现为对七里洲等沙洲的合并，而北岸的拦江诸洲与新洲，随着北岸沙洲的坍消，其泥沙成为八卦洲淤长的基础。[⑥]

八卦洲作为长江中仅次于崇明岛与扬中岛的第三大岛，在清乾隆三十六年（1795 年）前便已形成较大的洲体。根据《八卦洲示禁碑刻》载：

计开本洲四址并现在管业亩数

大八卦洲一段　南至夹江　北至大江　东至大江　西至大江计芦地肆仟伍拾贰亩随洲草泥滩捌仟陆佰玖拾叁亩壹分玖厘

小八卦洲一段　南至夹江　北至大江　东至大江　西至大江

---

① 参见景定《建康志》卷十九，第 38—39 页。

② 李文琥：《八卦洲土地利用调查》，萧铮主编：《民国二十年代中国大陆土地问题资料》第 56 辑，（中国台湾）台北成文出版社有限公司、美国中文资料中心 1977 年影印本，第 28737 页。

③ 万历《应天府志》卷十五《山川志》，第 18 页。

④ 参见孙仲明《历史时期长江中下游河道变迁模式》，《科学通报》1983 年第 12 期，第 746—749 页。

⑤ 同治《续纂江宁府志》卷一《图说》，第 15 页。

⑥ 卢勇、尚家乐：《明至民国长江南京段沙洲的演变及其原因》，《中国历史地理论丛》2023 年第 1 辑。

计芦地壹千壹佰壹拾亩随洲草滩泥滩壹仟肆佰伍拾肆亩玖分二厘①

由此可见大、小八卦洲四面环水的形势、较为庞大的洲体以及仍处诸洲联并的趋势。至清中后期，大、小八卦洲统称“八卦洲”，侧面说明了八卦洲合并趋势的加深。另有“长江旧以燕子矶为险要，近则沙洲漫涨，此处已成夹江，矶在平陆，长江深流徙出八卦洲之外”②，足见八卦洲发育之势。在《扬子江流域图（日制）》第三十二、三十三号，可以较为明显地看到八卦洲的形成与联并。根据其标注洲名，由南至北有滩下洲、七里洲、草鞋洲、公洲、河复洲、老洲、新洲、外新洲、外江洲、外活水洲、复新河洲、外飞花洲、外沙包；滩涂地带也不尽处沙洲外围，其内有长下滩、白沙滩、新老滩与大沙滩，图中所示的内夹江即今时之小江，仍保留诸洲合并的残迹。成书于民国二十四年（1935 年）的民国《首都志》，载“草鞋夹外为八卦洲，长八英尺，最广处五英里，面积约十万亩，较江心洲尤大”③，可见八卦洲规模已与现今相当。④

长江干流河道的演变是一个极为漫长的过程，一整个环节所需时间大概要经过上百年。当然，在不同的河段也可能时间要短一些，在水流与泥沙的作用下，河岸与江中沙洲逐渐发生演变，这也是部分河段出现江面宽度变化的原因。

二、太湖流域水系演变

1. 太湖的形成

太湖是我国第五大淡水湖之一，是伴随长江三角洲的发育而逐渐形成的巨型湖泊，也是长江水系中极为重要的水体，古代称“震泽”。太湖是在独特地质构造的基础上逐渐形成与发育起来的。太湖流域原属扬子古陆，位于太湖钱塘褶皱带与扬子地台褶皱带，西部属于南京凹陷

① 《八卦洲示禁碑刻》，转引自南京市栖霞区地方志编纂委员会编：《栖霞区志》，方志出版社 2002 年版，第 1175 页。
② 同治《续纂江宁府志》卷一《图说》，第 1 页。
③ 王焕镳：《民国丛书 第 5 编 76 首都志》，上海书店 1996 年版，第 418 页。
④ 卢勇、尚家乐：《明至民国长江南京段沙洲的演变及其原因》，《中国历史地理论丛》2023 年第 1 辑。

的边缘地带，流域的东部地区属于江南古陆向东北方向延伸的潜伏带。两块不同的地质构造带在第三纪地壳运动的作用下，到了第四纪，其中的南京凹陷边缘地带地壳出现上升趋势，江南古陆东北延伸的潜伏地带则不断下降，太湖的雏形便在向东北延伸的潜伏地带开始形成。① 地势较为低洼的洼地和西部较为隆起山区的汇水作用使得太湖以及与其相关的水系逐渐形成，其中便有苕溪、荆溪两条河流汇入。到了全新世中期，全球气温的上升，海平面抬高，原本直接注入海洋与长江的苕溪、荆溪不得不改变其流向，荆溪东流与苕溪齐汇太湖。在此基础上，太湖以及附近众多湖泊开始形成并慢慢扩大，原先的吴淞江随着地形与汇水的变化，发育成三支，即吴淞江、东江与娄江。

太湖流域的演变很大程度是平原逐渐下沉以及诸多河流输送泥沙淤积于沿海地区，使得诸多来水汇集于太湖平原的结果，这也加速了太湖流域碟形洼地的发展。为太湖提供水源的河流从古至今都没发生太大的变化，苕溪、荆溪与江南运河三支源源不断地注入太湖。随着全球气温的升高，海面的抬升使得东部与海洋相接的地区，在泥沙淤积的作用下形成向海洋推进的"岗身"，进而不断抬高地面，将海岸线向外推移。太湖流域在河流的作用下其碟形洼地的程度得到进一步加强，原本引太湖水入海、归江的三江，在海水、江水的汹涌下，成为两水侵入太湖的主要通道。海水顺着吴淞江河道上涌至苏州城东部一二十里的地方，太湖湖水也只有在海水低潮之时才能将湖水排入大海和长江。潮水的倒灌除了带来江水、海水，携带的大量泥沙也在河口不断堆积，这也使得原本承担太湖与江、海沟通的三江水体不断淤积，从而导致太湖与江、海彻底分隔。来水的不绝与排水的阻隔，使得太湖平原形成积水之势，大大小小的诸多河渠、湖泊在此形成，太湖水系出现沼泽化的趋势。在《越绝书》中便记载了太湖水系中诸多大小湖泊，除了太湖，还有芙蓉湖、小湖、杨湖、昆湖、麋湖、巢湖等。

2. "三江"水系的变迁

太湖雏形形成之后，在演变过程中也逐渐出现了三江五湖的水体

---

① 参见魏嵩山《太湖水系的历史变迁》，《复旦学报(社会科学版)》1979 年第 2 期，第 58—64,111 页。

结构，这也是太湖地区自然形成的古代水系。[①]《尚书·禹贡》中提到"三江既入，震泽底定"，《周礼·职方氏》对太湖地区三江五湖的水体结构做了更为全面的记载，"薮曰具区，川曰三江，浸曰五湖"[②]，提出了太湖地区三江五湖的概念，在《史记》上也有"于吴则通渠三江五湖"和"太史公登姑苏台，以望五湖"的记载。当然，关于三江是哪三江，五湖是哪五湖，历代解释也不尽相同。

三江水系作为在太湖水利历史上具有重要地位的水体，随着太湖湖体的变化其结构与特点也处于不断演变之中。"三江"是对娄江、吴淞江与东江这三条太湖自然泄水大河的简称，其中娄江故道的变迁，史书记载极为有限，大部分记载也只是对该条河流的定名，如唐代张守节在《史记正义》中记载"一江东北下，三百余里入海，名曰下江，亦曰娄江"[③]，《昆山郡志》中虽对娄江有一定的描述，但是其河道位置、源头与末尾皆不甚明确，县志中称"三江旧迹，谓东北入海曰娄江，今府东关曰娄门，其下七十里即古娄县，皆以娄江得名。自是而下，乃出海之孔道，并无迂曲，实有吞潮吐海之势，娄江旧迹昭然可寻"[④]。到了明清两代，随着对《禹贡》中三江研究的进一步深入，在顾炎武《天下郡国利病书》、王凤生《三江水道图说》以及《太仓州志》中将现今娄江的浏河(至和塘及其太仓塘)认定为古史中所提娄江旧道，并且考证了太湖湖水流入娄江的河口，认为湖水是由鲇鱼口灌入娄江。但是在清代王廷珊所撰《苏松太山川考》与民国《镇洋县志》均认为浏河、至和塘与太仓塘均非娄江故道。关于古娄江变迁情况，也只是在北宋郏亶的《水利书》有寥寥数句，即"三江已不得见，今只松江，又复淤不能通泄"，明确记载了娄江淤积的情况。当然后期是否通泄，此书并没有记载，由此可以推测，至北宋，娄江已是淤废。[⑤]

古吴淞江与现今吴淞江河道流经路线没有出现太大改变，只是河

① 参见《太湖水利史稿》编写组编《太湖水利史稿》，河海大学出版社 1993 年版，第 28 页。

② 杨天宇译注：《周礼译注》，上海古籍出版社 2016 年版，第 480 页。

③ (清)顾祖禹著：《读史方舆纪要》，中华书局 2005 年版，第 903 页。

④ 至正《昆山郡志》卷六，元至正元年修、清宣统元年本，第 8 页。

⑤ 参见《太湖水利史稿》编写组编《太湖水利史稿》，河海大学出版社 1993 年版，第 32 页。

道的广度与深度已大不如往昔。在郏亶的《水利书》中，将吴淞江的宽度与深度形容为"故道深广，可敌千浦"①。现今吴淞江在上海市内宽度不足50米。

吴淞江在长时期自然演变与人工引导等因素的影响下，其水体演变经历了三个阶段。第一阶段是唐末以前，在太湖流域三江五湖的水体结构中，吴淞江是三江之中的主要出水河道，也就是松江。在唐代之前，松江除了承担太湖的泄水任务，对于当地人民也是一条重要的航道，因此政府曾对松江多次治理，在战国时期便已经有黄歇治理松江的记载。当然这一说法难以考证其真实，有明确记载治理松江的是吴越天宝八年(749年)，通过设置撩浅军，治理河道修筑河堤，直至松江。在这一阶段，松江淤积情况并不严重。

第二阶段是宋元时期，在这一时期，原本三江因受泥沙淤积已只存一江，"今二江已绝，惟吴淞一江存焉"②。可见，到了北宋，吴淞江仍然存在。这一阶段，吴淞江出现的较大变化是吴江长桥的修筑以及南宋中期东江下游出口的隔断。这两次变化使得吴淞江上游排水受阻，太湖和淀山湖下游湖水经吴淞江排出水量多汇入黄浦江，黄浦江逐渐出现替代吴淞江作为太湖以及淀山湖的排水主流，其水面也在不断扩大之中。③

第三阶段中，吴淞江水体特征主要体现在旧有河道逐渐淤积，黄浦江"反客为主"由本是吴淞江的支流变成的吴淞江的干流。这一阶段吴淞江上游变化不大，多是对其下游的疏浚。

三江中的东江，对于其变迁记载较少，根据前人对史料的搜集与整理，其变化主要经过了四个时期：第一时期是4世纪初，此时文献中还有关于东江古迹的记载；到了5世纪，南朝开辟大河引水入钱塘江时，东江因泥沙淤积等原因逐渐淤垫；到了8世纪，随着海塘的大规模修建，东江不复大江之势；到了10世纪，或者更早一些，"东江"的名字在

---

① (宋)范成大撰，陆振岳校点：《吴郡志》卷十九《水利下》，江苏古籍出版社1986年版，第279页。

② 太仓县纪念郑和下西洋筹备委员会，苏州大学历史系编：《古代刘家港资料集》，南京大学出版社1985年版，第45页。

③ 参见褚绍唐《吴淞江的历史变迁》，《上海师范大学学报(自然科学版)》1980年第2期，第102—111页。

史书中不再相见，这一河道应是被泥沙淤积掩盖，不复存在。[①] 有关东江河道的记载，在不同书籍中各有不同，如宋代朱长文的《吴郡图经续记》认为东江起源于太湖牛毛墩，向东南流经唐家湖，经过江南运河向东汇合湖州与嘉兴的河流，继续向东注入淀山湖、三泖，最后流入黄浦江流入大海。[②]

3. 江南运河的形成与演变

除了自然形成的湖泊、水道，太湖水域还有人工挖掘的运河河道。因为其优越的自然地理条件，早在春秋战国时期，太湖地区便已经出现由人工沟通的水道，通过与天然河道相互连通，实现其军事目的。其中，最著名的就是北起镇江、南至杭州的江南运河，这条贯通太湖南北的航道，成为沟通长江和钱塘江水运的重要通道。江南运河的开辟，始于春秋末期，基本接通时间是在秦汉时期。春秋战国时期，由吴国开辟的从苏州到奔牛段河道，到了秦汉时期，镇丹段、杭嘉段和苏嘉段相继得到开通。经过上述两个阶段的分段开挖，在天然河湖的水体结构基础上，在公元前后江南运河已经可以勉强承担长江三角洲南北航运的功能。直至隋炀帝在位期间，江南运河才全部得以沟通。隋炀帝大业六年（610 年）“自京口至余杭，八百余里，广十余丈，使可通龙舟，并置驿宫、草顿，欲东巡会稽”[③]，后根据《无锡县志》对无锡段运河上桥梁的记载，可以将隋代江南运河全线沟通的时间进一步明确，其中提到“一名通济桥，跨运河，隋大业八年二月建”，可见，在大业七年至八年年初，江南运河便已全线贯通。[④]

在《资治通鉴》中，对于江南运河水体记载为“广十余丈”，换算至大概宽度为 36 米。同样，在《无锡县志》中记载“胜七百石舟”[⑤]，可想其吃水之深，也可以推断所开运河深度定有数米之深。到了唐代，江南运河河段在京杭大运河中的地位逐渐提高，为了保证运河的顺利通航，对运

① 参见《太湖水利史稿》编写组编《太湖水利史稿》，河海大学出版社 1993 年版，第 33 页。

② 参见朱长文撰《吴郡图经续记》，第 56—58 页。

③ （宋）司马光：《资治通鉴》卷一八一《隋纪五》，中华书局 1976 年版。

④ 参见张剑光《江南运河与唐前期江南经济的面貌》，《中国社会经济史研究》2014 年第 4 期，第 15—27 页。

⑤ 洪武《无锡县志》卷二，清文渊阁四库全书本，第 27 页。

河流经地区的江、河、湖等水体，通过开辟引水河道为江南运河河段开辟水源。江南运河需要引水的河道主要有两段，分别是京口至望亭的北段和嘉兴到杭州的南段，其中北端运河河口距长江较近，主要水源来自长江潮水，但是长江潮有起有伏，潮水的增减直接影响运河河水的供给。到了唐代中叶，江中瓜州的迅速扩大，使得长江江面宽度被沙洲压缩到仅有 18 里，这也使得江水流入京口的流量大幅度减少。为了解决这一问题，在元和八年(813 年)，孟简开辟了长达 41 里的古孟渎，引得江水注入运河。[①] 这条古孟渎不仅成为为运河供给水源的河道，也保证了周边农田的灌溉。

随着国家经济重心的南移，国家财赋逐渐仰仗江南，为了保证江南财赋及时运抵国都，政府对江南运河河道多次疏浚，并逐步完善了运河引水系统。

为了保证运河水量以供行船，在江南运河南北两端专门修建水库为运河补充水源，北端水库称丹阳练湖，南端为杭州西湖和临平湖。除了水库，在运河闸旁，兴起了一种名叫“澳”的蓄水水柜，通过对运河旁洼地的利用，用以蓄水，以保证运河水量的充沛。“澳”是人工修建的水体，一般分上下两澳，上澳称“积水澳”，下澳称“归水澳”，通过两澳对上下运闸水量进行调控。北宋元符元年之前，江南运河左右两岸便已修建了众多水澳用以屯水，如江南运河北端的吕城闸、京口闸和奔牛闸等，运闸左右均建有水澳。但是在宋末后的史料中，运河闸岸两边不见与澳相关的记载，推测多是豪民趁宋末政局动荡、战乱频仍，故意占地为田，后因再难管理，便不再修筑。[②]

在江南运河两侧，除了人工开凿水利工程保证运河水量，也有诸多支河，与江南运河构成水网，为江南运河水源不足的河段提供水源，并进一步扩大水运范围。其中较为著名的是至和塘以及丹金溧漕河。至和塘在昆山到苏州娄门，现今是娄江的一段，曾叫昆山塘，四面均与河、江相通，北部是阳城湖，南边与吴淞江相连，东部可通长江，西边直达运河。丹金溧漕河在茅山东边，北面与运河相连，南边可以沟通荆溪，因

---

① 参见邱树森主编，汪家伦等编《江苏航运史(古代部分)》，人民交通出版社 1989 年版，第 40 页。
② 参见《太湖水利史稿》编写组编《太湖水利史稿》，河海大学出版社 1993 年版，第 135—136 页。

为地势的影响，河水多流向运河。到了明清两代，运河仍是政府着重治理之处，这一时期对于江南运河的整治多集中在运河北端。常、镇段江南运河在地形、地势的影响下，河水水量不足，并且极易流失，这一时期主要通过疏浚孟渎，来保证运河漕运畅通。到了中段，太湖、阳澄湖与淀泖湖等诸多大中小型湖泊成为运河自然的水柜，运河也成为沟通这些湖泊的水道，使诸多水体形成一个整体。

4. 泰伯渎、胥溪河等运河水利工程

在太湖流域，除了江南运河，为了更好地经营农业和实现军事运输，还有一些极为重要的运河水利工程，如泰伯渎、胥溪河、胥浦、蠡渎、芙蓉圩等。《读史方舆纪要》便记载了泰伯渎的地理位置，言“泰伯渎在无锡县东南五里，西枕运河，东通蠡湖，入长洲县界，渎长八十一里，相传泰伯所开”[①]，可以看到在文中不仅记载了泰伯渎的地理位置，也对其长度进行了记录。胥溪河在历史上多将其归为人工开凿的人工运道，在《水经》等文献中则将其称为自然河流，通过实地考察，地质学家丁文江以及之后由胡焕庸等编撰的《东坝考察记》都倾向于认为胥溪河系人工开凿的运道。魏嵩山的《胥溪运河形成的历史过程》则回归《水经》等文献中的观点，认为胥溪运河原来是一条一条自然河流，并且对韩邦宪的《广通镇坝考》所论胥溪河由伍子胥所开的说法给予反驳。[②]

胥浦，相传也是由伍子胥主持开凿的，清雍正年间《江南通志·水利篇》中记载为“横潦泾在金山县北，即潦泾，黄浦之首也”。对于胥浦的记载并不多，对于其开辟的原因，相传主要源于吴国与越国之间的争雄，是吴国为了实现进攻越、楚、齐三国的军事目的而开辟的运道。也有传说是范蠡为了便于将陶器等卖到江浙地区，开通江浙市场，便开辟了这条水道，将陶器产地与太湖水道联系在一起，实现陶器在江南市场的直接销售和发展地区经济的目的。还有传说是范蠡为了灌溉田亩和实现交通目的而开凿的。从上述传说可以看到，蠡渎由来传说多将始建者归于范蠡，而这也是该河道取名“蠡渎”的原因。在宋代单锷的《水利书》中提到“宜兴东有蠡河，横亘荆溪，东北透湛渎，东南接罨画溪，昔

---

① (清)顾祖禹:《读史方舆纪要》，中华书局 2005 年版，第 1235 页。

② 参见魏嵩山《胥溪运河形成的历史过程》，《复旦学报(社会科学版)》1980 年第 S1 期，第 53—59 页。

范蠡所凿”。雍正《江南通志》上记载“周元王元年,越大夫范蠡开漕河,在苏州境。越伐吴,蠡开此转馈,亦名蠡湖”。可见,蠡渎由范蠡所建不仅仅是以传说的方式流传,更是被记载在通志中。

清光绪《无锡金匮县志》对蠡渎流经地区的地理区位有较为详细的记载。县志中提到“越范蠡伐吴,开渎因名蠡渎,亦名范蠡渎”[①],蠡河即《太平寰宇记》所记的蠡渎,为范蠡所开,自望亭运河分支东行,伯渎之水出坊桥来会,达于漕河,又东达于潮湖。该河南与长洲县分界,东通常熟为常熟运河。[②] 漕河亦名“蠡河”“孟河”,西纳蠡河,北通鹅湖。其中所称“漕河”,即范蠡所开的蠡渎。

芙蓉圩,位于无锡县西北,古时称“芙蓉湖”“无锡湖”,“芙蓉”一名由湖中生芙蓉而得。芙蓉湖的记载最早可以追溯到战国时期,公元前248年,楚国封春申君于黄歇,“楚黄歇治无锡湖,立无锡塘”[③],无锡塘即芙蓉湖的前身,在地方县志《无锡金匮县志》中也提到“无锡故水区也,芙蓉号巨浸,自春申陂,阅千余年而胥为南亩”。芙蓉圩被大规模开发、利用始于刘宋时期,这一时期太湖流域人口的增长加速了当地环境的破坏,围湖造田的迅速发展使得芙蓉湖逐渐淤垫,湖区东南部地区逐渐被开垦为田地,湖区分化出阳湖、荚饶、临津诸湖。[④] 唐宋时期,对江南的开发与建设更是推动了芙蓉湖化湖为田的发展进程。到了明宣德年间,苏州巡抚周忱主持修建了溧阳东坝,以捍上水,并且开辟江阴黄田诸港,确保余水的下泄。这一系列措施推动了湖泊良田化的趋势,湖内较浅的地方多处露底,被开辟成为良田。[⑤] 原芙蓉湖作为无锡西北部的大型水体,经过历代数次人为开发,成为土地供以利用,现今已经不存在。

---

① 光绪《无锡金匮县志》卷三《水利》,清光绪七年刊本,第20页。

② 参见同上书,第13页。

③ 同上书,第20页。

④ 参见孙景超《圩田环境与江南地域社会——以芙蓉圩地区为中心的讨论》,《农业考古》2013年第4期,第159页。

⑤ 参见《太湖水利史稿》编写组编《太湖水利史稿》,河海大学出版社1993年版,第39页。

第四节　水生态环境演变的诱因与影响

水生态环境的演变，是自然因素与社会因素共同作用的结果。在人类社会发展早期，对环境改造能力有限，生态环境演变的主要动力多来自自然演变，受自然因素影响较大。随着人类社会的发展和生产力的提高，人类对水生态环境演变的影响越来越深刻。在历史时期，江苏境内水生态环境变迁既受到水系所处流域自然地理环境、气候条件等自然因素的制约，又受到人类在谋求生存与发展中对生态环境改造作用的影响。在自然与社会因素两者共同作用下，共同促进了水生态环境的演变。同时，随着水生态环境的演变，也会形成对水系所在区域生态环境与人类的影响，形成对两者的反作用。

一、水生态环境演变的诱因

《马克思、恩格斯、列宁、斯大林论历史科学》一书提到马克思、恩格斯两位导师对历史考察的分析，书中解释"历史可以从两方面考察，可以把它划分为自然史和人类史。但这两方面是密切相连的；只要有人存在，自然史和人类史就彼此相互制约"①。在分析历史时期导致水生态环境演变的原因时，自然演变与人类活动的干涉必然成为历史考察的两个重要划分依据。引起水生态环境演变的自然因素主要包括水系流经范围中地形地势、气候特征两项，人为因素则包括治水活动、人地关系演变等主要影响因素。为了更好地揭示以上问题，以江苏境内具有代表性的淮河、长江水系变迁为例，分析地形地势、气候特征两大自然因素对水环境的影响。

1. 自然因素

（1）地形地势

地壳运动导致流域地形地势变化是早期河流诞生的基础，以淮河水系为例，在淮河水系形成、发育过程中地形与地势的演变起着决定性

① 黎澍主编：《马恩列斯论历史科学》，人民出版社1980年版，第14页。

的作用。在自然界，河流一般在地壳较为薄弱的构造破碎带发育，现代淮河的干流大致沿桐柏—大别山一线构造线自西向东流动，这与桐柏—大别造山带的隆升有着密切联系。① 在整体板块构造看，桐柏—大别造山带是秦岭造山带向东延伸的部分，②其主体是中元古代以来的原始古陆——淮阳古陆。淮阳古陆的隆升造山运动是华北板块与扬子板块碰撞的结果，这一隆升运动经历喜马拉雅运动，以阶段性构造隆升至今。③ 因此，经历新生代后，在桐柏—大别造山带逐渐隆升和华北平原构造的日渐沉降，成为淮河流域水系发育的地质构造背景。④

到了新生代，随着淮河所处区域地质构造运动与整体气候变化，黄淮平原地区的水系经历了极为复杂的变化和重组，⑤从地质构造看，新生代期间该地区经历的冈底斯运动、喜马拉雅运动和青藏运动等多次构造运动，成为影响淮河流域构造地貌格局的重要因素。在新生代，华北平原以沉降为主，在淮河流域的西部地区和南部山体多是呈现抬升趋势，⑥而江淮平原的形成便是大别山造山带在稳定且长期遭受剥蚀作用的状态下逐渐形成的。⑦ 这一时期，在地质构造与暖湿气候的影响下，淮河流域在已存在的河湖相环境与海陆交互相等作用下接受了广泛的沉积。到了古近末，冈底斯运动与喜马拉雅运动继续影响着淮河流域所处的地区，在淮河流域的广大区域出现了不同的运动表现，在淮河下游段盐城组与三垛组之间出现不整合的接触。在这一阶段，江淮准平原在地壳抬升的作用下逐渐分解，并在其中诞生了霍山夷平面。

到了新近纪期间，大别山造山带在水流、风蚀的剥蚀作用下，一级

① 参见李宗盟、高红山、刘芬良等《淮河形成时代探析》，《地理科学进展》2020 年第 10 期，第 1708—1716 页。

② 参见袁国强《桐柏大别山区地貌结构特征及其演化》，《地域研究与开发》1990 年第 7 期，第 69—72 页。

③ 参见尤联元、杨景春《中国地貌》，科学出版社 2013 年版。

④ 参见李宗盟、高红山、刘芬良等《淮河形成时代探析》，《地理科学进展》2020 年第 10 期，第 1708—1716 页。

⑤ 参见王鸿桢《中国古地理图集》，地图出版社 1985 年版。

⑥ 参见尤联元、杨景春《中国地貌》，科学出版社 2013 年版。

⑦ 参见刘振中、徐馨、陈钦峦等《江淮分水岭东段地区的地貌发育》，《扬州师院学报（自然科学版）》1982 年第 1 期，第 54—59 页。

山麓剥蚀平原由此形成。[①] 在这一时期黄淮平原继续沉降，随着整体环境中气温的变化，湖泊沉积范围呈现缩小趋势，湖泊在这一时期得到较为广泛的发育，呈现水面扩张的发展态势。[②] 淮河流域的发展到了新世纪，海洋对其影响更为显著。这一时期，有淮河发育基础的众多造山带主要受到青藏运动的影响而逐渐抬升，更促进了在新近纪期间形成的一级山麓剥蚀平原的解体，淮南夷平面就此诞生。[③] 黄淮平原相对沉降，接受了广泛的沉积，中更新世以降，淮河中、上游段的现代河湖体系已经逐步建立；下游段因为海岸，常受海侵影响，受海陆交互作用的影响一直持续到全新世期间。[④]

可以看到，在淮河水系形成的最早期，层状地貌和沉积地层等因素的变化是河道形成的基础。在新生代的古近纪末和上新世末，淮河流域内的水系共发生了两次较大的调整。[⑤] 在古近纪和新近纪期间，淮河流域主要以河湖相沉积环境为主，广泛发育湖泊沉积，到了第四纪期间，流域内古地理环境逐渐过渡到以河流沉积环境为主。而现代意义上的淮河河湖体系形成于早至中更新世，在此之后不断演化，发生了沧海桑田的巨变，直至现今。

江苏地形整体呈现西北高、东南低的地势特征，这种地势特征极大地影响了淮河水系的水体结构。江苏境内为淮河水系的下游区域，大部分位于黄淮海平原，从地质构造上看，江苏境内淮河水系所处区域主要位于苏、皖隆起区，以东的滨海平原是第二个强烈沉降区域；位于断裂带上的地壳下降区域和地壳沉降地区，形成了地势较为平缓的平原洼地。在水向低处流的自然规律下，地质构造活动与淮河水系的分布、演变密切相关，成为水系中各大水体分布、变迁的主导因素。

对河流的分布、流向和演变产生较大影响的还有山地、丘陵、平原

① 参见冯文科《大别山地区构造地貌特征》，《地质科学》1976 年第 3 期，第 266—276 页。

② 参见李宗盟、高红山、刘芬良等《淮河形成时代探析》，《地理科学进展》2020 年第 10 期，第 1708—1716 页。

③ 参见冯文科《大别山地区构造地貌特征》，《地质科学》1976 年第 3 期，第 266—276 页。

④ 参见陈希祥、缪锦洋、宋育勤《淮河三角洲的初步研究》，《海洋科学》1983 年第 4 期，第，10—13 页。

⑤ 参见李宗盟、高红山、刘芬良等《淮河形成时代探析》，《地理科学进展》2020 年第 10 期，第 1708—1716 页。

等地形的作用。如境内的睢宁县，受其山川地形的影响，“河流自徐城下行百余里，至睢宁县界，北岸鲤鱼山，南岸为峰山、龙虎山，两边山势夹峙，河行中央。其面仅宽百丈，底系山脚，冲刷不深，洪流到此束急，常致漫决”[①]。山川等的作用体现在对河流河道的引导与束缚，甚至可以改变河道的流向。

江苏境内古淮河水系经过地质构造时期的演变，地层处于较为稳定阶段，地质构造时期形成的山川在之后变动甚微，地形与地貌的变动多来自黄、淮河水携带泥沙的淤积，进而形成如今的地貌。由泥沙淤积而成的地貌又成为淮河水系流经区域水生态环境演变的重要因素。可以看到，江苏淮河水系分布区域的地貌形成四周高中部低的特征，而水体分布上也呈现出由四周向中部低洼地区汇水的趋势。

总体而言，江苏省境内淮河水系在地形地势的影响下，对淮河水系所处区域水生态环境的演变主要可以分为三个方面，一是形成了淮河水系由西北至东南流向的特征，造成了淮河北岸诸多支流汇水于淮河的水文特征；二是在地形地势的影响下，在一定程度上诱导、加剧了黄河南下夺淮的程度，更是形成全面夺淮的水体特征；三是在此地形地势的影响下，造成泥沙汇集于下游地势低洼处，使得水系上游来水量巨大，而下游缺乏通畅的排水条件，导致下游形成诸多湖泊、沼泽、湖荡等类型的蓄洪区。[②]

(2) 气候因素

俄国著名气候学家沃耶依科夫曾提出“河流是气候的产物”的经典论断，河流变化与其所处区域气候的变化之间有着极为密切的联系，是河流水文特征变化的首要决定要素。气候包括气温和降水两个基本要素，这两者对于河流的影响多体现在对河流水源的补给以及对河流水文特征的塑造，河流的盈亏与其水文特征正是河流流域水生态环境的体现之一。历史时期的淮河、长江水系流经地所包含的如川泽湖泊等水体的时空分布、形态演变等都是气温与降水等诸多因素影响的结果。

---

① (清)郭起元撰，(清)蔡寅斗评：《介石堂水鉴 6 卷》，齐鲁书社 1996 年版，第 510 页。

② 参见张崇旺《淮河流域水生态环境变迁与水事纠纷研究(1127—1949)》，天津古籍出版社 2015 年版，第 51—53 页。

第一，对淮河水系的影响

区域内气候变迁在淮河流域地貌演化的最初阶段有着不可忽视的作用。首先，在新生代期间，全球气候的主要特征为阶梯性的降温。[①] 随着南极冰盖的形成，开始进入冰室期，到了新近纪期间全球气温较之前仍比较暖湿，在第四纪元气候变化较大。而到了中生代，在暖湿气候与构造背景下淮河流域进入广泛沉积阶段。在上新世末的第四纪初，气候系统迅速在冰期-间冰期旋回，进而使得河流加大了对地表的侵蚀与再造作用。在构造抬升背景下，现代河湖体系逐渐建立。

在现代河湖体系形成后，江苏省境内的淮河、长江水系所处区域历史气候又在一定程度上塑造了水系所包含众多水体的特征。囿于历史时期对于气候变迁情况留存史料的缺乏，以及历史气候作为一种具有一定时间范围限制的自然现象，对于较早时期气候特征及其变化的探讨略微有限，难以完全还原历史时期该地区的气候特征，只能以出土物证或传世的文献记载这种间接证据来论证历史时期中水系区域气候变化。并且水系所处区域并非概念上的气候区域，因此在分析气候变化对淮河水系水生态环境演变的影响时，会从大的气候区域来进行探索。

根据著名地理学家、气象学家竺可桢在《中国近五千年来气候变迁的初步研究》[②]中，对中国近五千年历史气候演变进行分析。他通过采用物候的方式对古气候进行推断，将中国历史气候可以分为考古时期、物候时期、方志时期与仪器观测时期四个时期。在考古时期，长江下游各地温度比现今平均温度高 2 摄氏度，属于温和气候时代；到了物候时期，从南北朝时期到隋唐五代出现了又一阶段的气温上升现象，这一现象一直持续到南宋，南宋时期长江中下游温度相较于前阶段降低了 2、3 摄氏度，到了元代气温才逐渐上升；到了方志时期，随着各类文献记载内容的进一步扩充，物候信息较为常见，在各地修撰的地方志中常见其

① Zachos J C, Dickens G R, Zeebe R E. “An early Cenozoic perspective on greenhouse warming and carbon—cycle dynamics”. *Nature*, 2008, 451: 279—283.

② 竺可桢：《中国近五千年来气候变迁的初步研究》，《考古学报》1972 年第 1 期，第 15—38 页。

记录，也为考证一个地区气候特征提供了较为可靠的历史信息；仪器观测时期，是从公元1900年开始的，随着风向仪和雨量计等气候观测仪器的广泛应用，仪器观测成为地区气候变化最重要的依据。在方志与仪器观测两个时期，长江中下游气温呈现波动性变化趋势，但是气温变化幅度较小，并没有出现较为极端的气温上升或下降的情况。到了近现代，根据部分气候学家研究，至1840年中国进入第六个小冰期，并且一直持续到19世纪80年代，而这一时间段气候变冷在华北、华东和华中最为明显。① 到了19世纪末至20世纪40年代，气温有过变暖的倾向，但是之后又转向冷峻，后在10—20年左右气温又呈现变暖的趋势。②

历史时期气候干冷暖湿的阶段性变化是河流、湖泊等诸多水体水文特征变化的重要影响因素。气候的变化在整体上对于水生态环境的影响主要表现为：在温暖期，气候趋于温热，对于水草的生长裨益较大，此时表现为水草的增加；在寒冷期，气候趋于干冷且伴随极为明显、强烈的搬运活动；而在由温暖期向寒冷期和寒冷期向温暖期转变的过渡阶段，常常伴随着气候的振荡，而气候的振荡会直接导致严重的水旱灾害，从而造成河道湖沼的改变和水资源增量的急剧盈缩。

从整体上看，淮河流域从诞生之初水生态环境变迁的趋势与气候变化的总趋势具有一定的相关性。③ 如作为气候中重要因素之一的降水，降水量的多少、降水季节的分配以及年际分布直接影响着水生态环境的变化，特别是近四五百年，可以明显看到因为降水的失衡直接导致黄淮频发水患，洪水挟带大量泥沙在河道沉积，而造成流域内一些河道逐渐淤积，甚至成为平陆。当然也有部分河道、湖泊因为降水量的增多水体面积逐渐扩大，这些变化都与降水量的增减有直接关系。

---

① 参见刘昭民《中国历史上气候之变迁》，商务印书馆1982年版，第135页。

② 参见涂长望《关于二十世纪气候变暖的问题》，《人民日报》1961年1月26日。

③ 参见张崇旺《淮河流域水生态环境变迁与水事纠纷研究（1127—1949）》，天津古籍出版社2015年版，第55页。

第二，对长江干流的影响

气候的变化，对于江苏段长江干流演变的影响更为突出，以长江南京段沙洲的演变为例，可以看到气候因素在长江水生态环境演变中的作用。流域气候的变化与江中沙洲的演变联系密切，气候变化通过对长江水流流速与流量的作用，影响沙洲的淤涨与坍消。自元末开始，长江下游地区进入长达500余年的气候寒冷期。[①] 这一时期寒冷、干旱以及其他灾害群发，长江下游特大洪水与严重干旱交替出现。[②] 特大洪水对沙洲的影响主要体现在沙洲形态的改变，这与沙洲过水断面大小、洪水形态等有关，沙洲过水断面较小时在洪水中多受剧烈冲刷，而当沙洲过水断面较大时则极速淤涨，有"大水成地，盍变沙洲"[③]之论。严重干旱对于沙洲演变的影响体现在潜州的出露与淤涨，大旱之年，长江河道水位与流速明显降低，有沙洲新生与已有沙洲淤涨，如"水势渐定，城西沙洲既露于上流，城东石骨复露于水滏"[④]，江浦城西沙洲的出露便是河道水位降低与水势稳定的结果。

2. 人类活动

（1）人地关系演变

江苏境内自古便是我国传统农业经济区，并以此为基础形成了以农为本的农耕社会结构，正如地方志所载，震泽县"人重去其乡，离家百里，辄有难色，非公差仕宦不远，故商贾少而农业多"[⑤]，睢宁县"民惮远涉，百物取给于外商，即有兴贩，自稻、秫、麦、菽、园蔬、水鲜而外无闻焉"[⑥]。可以看到，该地人民多依赖农耕，以此作为谋生的主要方式，这也强化了当地百姓对自然资源的"掠夺"。为了更好地获得食物和宜居的生存环境，使得区域内天然生态环境发生变化，并且随着区域内人口数量与密度的增加，对自然生态环境改变的速度会越来越快。这一趋

① 参见竺可桢《中国近五千年来气候变迁的初步研究》，《考古学报》1972年第1期，第15—38页。

② 参见杨怀仁、徐馨、杨达源等《长江中下游环境变迁与地生态系统》，河海大学出版社1995年版，第25—26页。

③ 乾隆《昌化县志》卷八《水利》，第5页。

④ (清)侯宗海、夏锡宝纂：《光绪江浦埤乘》，江苏古籍出版1991年版，第64页。

⑤ 乾隆《震泽县志》卷二十五《风俗一》，第8页。

⑥ 光绪《盐城县志》卷二《舆地》，清光绪二十一年刻本。

势主要体现在对耕地与水资源的需求，而这便是历史时期江苏境内水生态环境变化的重要原因。以明清时期淮河、长江流域水生态环境的变化为例，可以较为清晰地看到人地关系愈发严峻，对水生态环境的影响。

第一，淮河流域人地关系演变

淮河流域人地关系演变主要分为两个阶段，第一阶段是元代之前淮河流域人地关系，第二阶段是元明清时期淮河流域人地关系。

在第一阶段，这一时期人地关系较为协调，淮河流域的地理和气候条件为人类的发展提供了适宜的环境，极为适合农业的产生与发展。根据考古发现，淮河流域新石器时期的先民主要分布在台地、丘冈等地势相对较高且靠近水源的地方，这一时期因为人类的生产力较为有限，对于水生态环境的改造并不突出，其改造影响也较为有限。

到了夏、商、周时期，随着铁器牛耕的使用，虽然淮河流域相较于中原属于较为偏远地区，但是生产工具变革的影响力仍扩展到淮河流域。在这一时期淮北地区部分荒地被开辟成良田，荒地越来越少，淮河流域的农业开发进入新的历史阶段。

到了战国后期，淮河流域的大部分地区成为楚国控制的领土。为了开发淮域荒地，楚国曾迁贵族去往地广人稀之地。在秦汉魏晋南北朝时期，淮河流域的农业得到了进一步发展，随着人口的增长，淮南、淮北两地的发展程度开始出现不平衡，其中淮北地区开发时间较早，且人口数量较多，发展较为迅速，而淮南地区开发程度较轻。当然，这一时期随着频仍的战乱以及人口迁移等情况，淮河流域人地关系基本仍处于较为协调阶段，对流域水生态环境并没有出现太大规模的改造。

到了隋唐时期，随着经济重心的逐渐南移，淮河流域因为远离战争中心，即便隋唐农民战争与唐安史之乱等战争余波也有所波及，但整体上经济仍处于上升阶段，更是成为国家的重要经济区，有着“天下以江淮为国命”[1]之称。

---

① (清)董诰等编:《全唐文》卷七百五十三《上宰相求杭州启》，中华书局 1983 年版，第 7806 页。

北宋时期，该地区农业得到了进一步的发展，尤其在政府募民耕植下，大量荒地被开垦成为耕田，不少原本属于湖泊、沼泽等地块也被开垦为耕田，这一时期人地关系开始出现紧张，地区百姓为了生存加剧了对自然的改造。自金人南下侵宋，淮河流域的经济发展频遭破坏，虽然南宋的南下一定程度上对淮河流域经济等的发展大有裨益，但是频仍的战乱一度使人地关系出现不协调状态。当然这一不协调主要表现在人口的急剧减少，大量土地被迫抛荒而形成的不协调之状。在这种情况下，宋、金统治者为了促进两淮地区经济的发展，仍采取了一些兴修水利的措施，虽然其程度和效益不及北宋，但是对于淮河流域农业的发展仍有一定的助益。[①]

在第二阶段，人地关系逐渐趋于不协调，这一时期也是江苏境内淮河流域水生态环境变化最为剧烈、影响最为深远的时期。应当明确的是，在人类社会发展的漫长历史过程中，人口数量、资源消耗、环境影响程度都呈指数增长，[②]而元明清时期，因元代存在时间较短，以明清为主要讨论对象，这一时期人口数量总体呈现大幅度增长，并于康乾时期达到鼎盛。有数据统计，在明代洪武一朝，淮河流域人口仅从其他区域迁徙而来次数便多达 7 次，共迁徙人口总量多达 20 万。[③] 到了清代，人口数量的增长更为明显，根据葛剑雄先生研究，元代人口最多不过 5000 万，但是到了明末这个数字上升到 12000 万，[④]增长了两倍之多，到了清代中叶，人口数量已经达到 4 亿之多，与元代人口相比，数量增加了 10 倍之多。有清一代，处于淮河流域的江苏人口增长速度极为迅速，其中至咸丰元年(1851 年)止，江苏安徽两省人口较顺治十八年(1661 年)增长了近 17 倍。而人口的增长，对于粮食和生存空间等的需求都是呈指数增长，这也便需要开辟更多的土地、使用更多的水资源去生产人们赖以生存的食物与空间。[⑤]

---

① 参见吴海涛《淮河流域环境变迁史》，黄山书社 2017 年版，第 46 页。

② 参见陈静生、蔡运龙、王学军《人类—环境系统及其可持续性》，商务印书馆 2007 年版，第 123 页。

③ 参见卢勇《明清时期淮河水患与生态社会关系研究》，中国三峡出版社 2009 年版，第 95 页。

④ 参见葛剑雄主编《中国人口史(第 4 卷)》，复旦大学出版社 2005 年版。

⑤ 参见张崇旺《淮河流域水生态环境变迁与水事纠纷研究(1127—1949)》，天津古籍出版社 2015 年版，第 69 页。

表 1－1　清代江苏省人口增殖情况表(单位:个)

顺治十八年	康熙二十四年	雍正二年	乾隆十四年	乾隆十八年	乾隆二十二年	乾隆二十七年
3 453 240	2 657 750	2 673 208	20 972 437	12 628 987	22 638 766	23 284 397
乾隆三十二年	乾隆五十一至五十六年		嘉庆十七年	道光十至十九年	道光二十至三十年	咸丰元年
23 779 812	31 907 338		37 843 501	41 960 700	43 482 545	44 302 621

资料来源:卢勇,《明清时期淮河水患与生态社会关系研究》,中国三峡出版社 2009 年版,第 97 页。

表 1－2　清代江苏省人口密度表

顺治十八年	康熙二十四年	雍正二年	乾隆十八年	乾隆三十二年	乾隆五十一—五十六年	嘉庆十七年	道光十一—十九年	道光二十一—三十年	咸丰元年
13.22	26.89	27.05	127.80	240.64	322.68	382.95	440.02	440.02	448.32

资料来源:卢勇,《明清时期淮河水患与生态社会关系研究》,中国三峡出版社 2009 年版,第 98 页。

有清一代江苏省人口增殖数量与每平方公里密度都呈指数上涨,而人口的增长以及庞大的人口基数意味着需要更多的粮食和生存空间去支撑社会和个人的生存与发展,这在封建社会农业生产力普遍不高的情况下只能通过增加耕地的粗放方式去适应发展的需求,①其结果直接导致了淮河流域毁林开荒、垦占湖泊荡地与人工开凿的农田水利和大肆捕捞鱼虾等行为的滥行。

淮河流域山地森林主要分布在流域的西部、南部和东北部,作为腹地的淮北平原和滨海平原则较少有大片森林林木,原生植被分布稀疏。即便如此,在整个历史进程中随着人口数量的增多,为了满足生存与发展的需要,淮河流域原有森林植被也被大规模开荒,部分成为耕种的田地。如滁州、六合、盱眙、泗州境内因多有山地丘陵,原生条件极为适合林木的生长,但是嘉庆之后,随着棚民的增多,垦山开荒用以耕种的声势愈发强烈。随着棚户对山林的开垦,“邑境西南多冈岭,乾隆后棚民

① 参见卢勇《明清时期淮河水患与生态社会关系研究》,中国三峡出版社 2009 年版,第 98 页。

占垦几遍，开凿既久，真气尽失，求所谓螺黛苍翠者，不可见矣”[1]。山地森林的破坏虽然在一定程度上能够增加可供耕种土地的面积，且具有材薪之利，但是对流域内水生态环境的破坏却是难以弥补的。[2] 针对此种情景，在光绪《盱眙县志稿》中便明确指出森林垦荒的危害，“时雨骤降，山溜挟沙而下，其敞兼受其水，淮身淤垫，半由于此”[3]，并提出论点，即淮河淤垫“半由于此”。森林被大幅度砍伐，一遇骤雨，水流挟带泥沙顺流而下，下游河床在泥沙淤积之下被逐渐垫高，常受水灾。

此外，为了缓解人口压力，统治者对于垦占湖泊荡地、人工维建的农田水利和大肆捕捞鱼虾等行为大多不加制止，与水争地成为历史上人类在发展过程中增加耕地面积的一大重要途径，但是这对水生态环境的影响是极为重大的。历史上淮河流域人与水争田使得众多湖泊沼泽萎缩甚至湮灭，不少河道在人为影响下改道或消失。明代刘天和在《问水集》中曾指出：“禹之治河自在大伾（今浚县境）而下，播为九河。是弃数百里地（今沧、瀛、景、德之间）为受水之区，初无堤防以约束之，其间冲决迁改，虽禹之世，要自不常，惟使北向归诸海而已……非若今之民滨水而居，室庐耕稼其上，一有湛溺，即称大害。”[4]可见滨水而居、耕稼其上在古代是较为常见的现象。

明清时期，不少湖泊陂塘在当地政府官员和民众短视之下被开垦破坏，最终干涸成为田亩。如在射阳湖演变的过程中，人类活动便扮演着极为重要的角色。在北宋秦观描写高邮附近湖泊时，有“高邮西北多巨湖，累累相连似贯珠。三十六湖水所潴，尤其大者为五湖”[5]之说，而硕项、射阳便是五大巨浸。而到了明清时期，随着人为对湖泊沼泽的开辟以及黄淮泥沙的淤积，湖泊周边荡地部分被开垦成为农田，湖泊水域面积逐渐缩小。到了清中期之后，射阳湖区围垦更为严重，有“射阳两岸农田遂成上腴”的“赞叹之言”，但是其结果正如盐城地方志所载“县

---

① 光绪《盱眙县志稿》卷二《山川》，清光绪十七年刻本，第 43 页。

② 参见张崇旺《淮河流域水生态环境变迁与水事纠纷研究（1127—1949）》，天津古籍出版社 2015 年版，第 72 页。

③ 光绪《盱眙县志稿》卷二《山川》，清光绪十七年刻本，第 43 页。

④ 卢勇：《问水集校注》，南京大学出版社 2016 年版，第 3 页。

⑤ 万历《扬州府志》卷六《河渠志下》，明万历刻本，第 11 页。

西湖荡，逐年淤垫，日就湮狭，附近居民围田蓻稻，岁增月进”[①]。

此外，对渔业资源的过度开发与利用，对流域水生态环境也会形成较为严重的负面影响。为了养殖鱼类或便于捕捞，在河渠设簖、拦网甚至堵坝，此种情形在淮河流域常有发生，而这极易堵塞河道，影响河流的正常流通以及对洪水的分泄。如处于苏北地区的高邮、宝应、兴化等各地所设支河本是待黄淮水溢，洪泽、高邮诸湖决坝之际分引洪水入海的泄洪水道，但是也常发生“节被垄断之徒密张鱼簖，壅滞水利，淹漫民田”[②]的现象。

第二，长江流域人地关系演变——以南京段沙洲演变为例

再如长江干流河道的变迁，以南京段沙洲的演变为例，在沙洲演变过程中，除却长江干流自然变迁以外，可看到人地关系愈发紧张的发展趋势以及对河道的影响。沙洲是水与沙共同作用的产物，人类活动对沙洲形成与演变的影响集中表现为对江中水与沙的影响。在大的流域背景下，唐宋之前，长江中下游河湖水系密布，多有“平原广泽”之貌，诸多河流经湖泊与长江相连，如湖北、安徽境内的诸多滨江湖泊，这些湖泊实际成为长江的蓄水库，对于长江水量的调节与诸支流携带泥沙的沉积，意义极为重大。[③] 在湖泊、河流等自然水系的调节下，上、中游以及沿岸支流中的泥沙经过湖泊蓄清，长江下游河段含沙量并不高。这一时期，长江江岸变化较小，江面并无太多沙洲。宋代以降，仅建康长江一带，较大型沙洲便多达二十余个，这应与长江上、中游湖泊河道淤塞和森林破坏关系密切。

唐宋以后，随着长江流域人口数量的增加，对于耕地的需求使得人工对湖泊的围垦更为剧烈，加之湖泊的自然淤积，部分滨江湖泊逐渐消亡，如云梦泽在唐宋时期基本已填淤成陆地，大面积的湖泊水体为星罗棋布的湖沼所代替。[④] 森林的破坏使得长江水流含沙量大增，而人类的

---

① 民国《续修盐城县志稿》卷四《产殖》，第 3 页。

② (明)朱国盛纂，(明)徐标续纂：《南河志》卷七《旧规条》，第 642 页。

③ 参见史为乐《试论长江大通—芜湖段江岸和沙洲的历史变迁》，《安徽师大学报(哲学社会科学版)》1984 年第 3 期，第 74—84 页。

④ 参见张修桂《云梦泽的演变与下荆江河曲的形成》，《复旦学报(社会科学版)》1980 年第 2 期，第 40—48 页。

农业活动正是造成长江流域森林破坏的主导因素，[①]山川丘陵间大片天然森林被砍伐殆尽，此中情景如南宋范成大所言，“皆土山，略无峰峦秀丽之意，但荒凉相属耳”[②]。道光年间，时任两江总督的陶澍在《覆奏江苏尚无阻碍水道沙洲折子》中也提到，“江洲之生亦实因上游川、陕、滇、黔等省开垦太多，无业游民到处伐山砍林，种植粮食，一遇暴雨，土石随流而下，以至停淤接涨”[③]。森林被大肆砍伐引发的结果直接影响了长江水流与泥沙情况，沿江河湖对长江水量与泥沙调节作用被大幅度削弱，巨量泥沙直冲长江，尤其是在洪水之后，潜州在泥沙的落淤下出露，已有的沙洲则迅速淤涨。[④]

人类活动对沙洲的影响，除了在大的流域背景下，与两岸的堤岸、内河水文环境也有密切关联。如魏源所记“自后世与水争地，堤岸日增，江面日狭，洲渚日少”[⑤]。江中沙洲的围垦与开发加速了沙洲的联并与并岸，江道束狭而使江面沙洲渐少。据同治《上江两县志》所载，“秦蜀垦山为梯田，沙随水下，以故洲渚纵横，涨多坍少，受水既浅，旁溢自多”[⑥]，垦山为田的农业活动破坏了山林植被，暴雨倾注之时，泥沙被卷入河流，后汇入长江，成为推动沙洲淤涨的重要原因。围垦与开发中还包含人类对沙洲的主观性干预，沙洲天生良好的灌溉条件与肥沃属性，加之其无主属性便于逃避田赋，“每一洲出，则大豪宿猾人人睥睨其间，……毕得乃已”[⑦]。此外，古人认识到江中沙洲会对江流方向产生影响，进而加剧江堤崩坍，提出“鸡心挑溜”与“挖洲防溜”，人为促使沙洲形成或减少沙洲的存在用以防止江堤崩坍，[⑧]即沙洲“虽天工所在，实可

① 参见周宏伟《长江流域森林变迁与水土流失》，湖南教育出版社 2006 年版，第 32 页。

② 王云五主编：《丛书集成初编 3114 骖鸾录 南中纪闻 三省山内风土杂识》，商务印书馆民国 25 年版，第 12 页。

③ (清)陶澍：《覆奏江苏尚无阻碍水道沙洲折子》，引自《陶文毅公全集》卷十《奏疏》，两淮淮北士民公刊，第 15 页。

④ 参见卢勇、尚家乐《明至民国长江南京段沙洲的演变及其原因》，《中国历史地理论丛》2023 年第 1 辑。

⑤ (清)魏源：《释道南条汉水》，《魏源集 下》，中华书局 1983 年版，第 552 页。

⑥ 同治《上江两县志》卷七《食货考》，第 3 页。

⑦ (清)唐顺之：《洲田记》，乾隆《镇江府志》卷四十六《艺文三》，第 16 页。

⑧ 参见房利、惠富平《清代安徽无为江堤治理研究》，《中国农史》2014 年第 5 期，第 88—96 页。

以人为也”[①]之论断所在。

从长远来看，湖泊、河道、沼泽等诸多水域的萎缩甚至湮灭，对于区域整体水生态环境的负面影响远远大于其客观效益的。对于其危害及整治建议，邹逸麟先生总结有：“历史时期黄淮海平原湖沼的消亡过程，是黄淮海地区自然环境恶化的一个重要标准。大量湖沼在平原上的消失，严重影响农业生产的发展，加速洪涝灾害发生的频率，阻碍交通事业的畅通，造成局部小气候的变化。因此，对于黄淮海平原目前残存的为数不多的湖沼，应当极力加以保护，严禁围湖造田，根据自然消亡规律，采取必要的措施，减少泥沙淤积，延长湖泊的寿命。”[②]

当然，不仅仅是湖泊，淮河流域的水生态环境对于维持整个地区自然、社会的正常运行都有着至关重要的作用，区域水生态环境若持续恶化，最后会对人类社会带来严重的负面影响。正如《自然辩证法》中所讲：“我们不要过分陶醉于我们人类对自然界的胜利。对于每一次这样的胜利，自然界都对我们进行报复。每一次胜利，起初确实取得了我们预期的结果，但是往后和再往后却发生完全不同的、出乎意料的影响，常常把最初的结果又消除了。”[③]

（2）治水活动

著名环境史学家约翰·麦克尼尔对中国水系以及政府对水系的利用有这样一段描述，他认为“中国的水系作为整合广大而丰饶的土地之设计，世界上没有一个内陆水系可与之匹敌。借着这个水系，自宋代以来的中国政府在大部分的时间都能控制巨大而多样的生态地带，整备一系列有用的自然资源”[④]。历史上，江苏作为南北交界之地，是联系南北的重要纽带，为了实现权力中心对全国资源的整合与南北的控制，历代政府都不可避免地要对该地进行开发与维护。在京杭大运河尚未贯通之时，该地区治水活动主要集中在某一区域，由当地政府主持，而当

① 乾隆《汉阳县志》卷五《山川》，清乾隆十三年刊本，第 28 页。

② 邹逸麟主编：《黄淮海平原历史地理》，安徽教育出版社 1997 年版，第 410 页。

③ 马克思、恩格斯著，中共中央马克思恩格斯列宁斯大林著作编译局编译：《马克思恩格斯选集》，人民出版社 1995 年版，第 383 页。

④ 王利华主编：《中国历史上的环境与社会》，生活·读书·新知三联书店 2007 年版，第 9 页。

大运河开通之后，该地的治水活动开始逐渐围绕运河而展开，“保漕”更是上升为“国之大计”，这些治水活动在某一时期确保了统治者地位的稳固，为其带来了巨大的经济、政治等效益，但是这些治水活动其实质仍是对环境的改造，不可避免会引起流域水生态环境的变化，对水生态环境可能带来严重的影响。

以明清时期“保漕”为核心的治水运动为例，可清晰揭示人为治水活动对江苏境内淮河流域水生态环境的影响。元代所用运河河道始于隋唐，是在原运河基础上对部分河段重新开辟与旧有河道再度疏通的产物，虽然元代运河在当时并没有能够完全实现其目的，但是为明、清漕运的发展提供了思路与基础。正如明人陈邦瞻对运河的评价，“元人始创为之，非有所因也。元人为之而未至于大成，用之而未得其大利，是故开创之功虽在胜国，而所以修理而拓大之者则有待于圣朝焉。前元所运岁仅数十万，而今日极盛之数则逾四百万焉，盖十倍之矣”[①]。

京杭运河对于定都北京的元、明、清三代朝廷意义极为重大。为了保漕维运，政府在淮河流域实施了筑堤束水、蓄水攻沙、引水济运等一系列治水活动。如元代，因黄河频繁决溢，河道紊乱，极大干扰了运河的顺利通航。为了保漕，元代治河多选择保北不保南，而这也导致黄河河水在涡河、颍河等南处河流穿行。到了元代中前期，在淮河流域黄河河道共有三条，前两条为汴水泛道，分别经过陈留、通许等地注入涡河最后归入淮河，第三条是经过中牟等地注入颍河，经过颍河流入淮河。但是到了元代后期随着涡、颍两河相继淤积，黄河河水一旦决溢便向南漫流。为了解决黄河干扰运道的问题，元代统治者任命贾鲁治河，通过修建贾鲁河来疏导北流的黄水，向东南牵挽河流。贾鲁河的修建在一定程度分流了黄河河势，实现了对漕运的维护，但是因为对黄河水文情况等认识不足以及元末战乱等问题，黄河夺淮南下的大势没有改变。[②]

到了明代，保漕之策经历了初期的“分流”、中期白昂、刘大夏的“北堤南分”及明末潘季驯“蓄水攻沙”等几个阶段，[③]在这一时期淮河流域

① 丘濬:《大学衍义补》卷三十四《漕挽之宜下》，景印文渊阁四库全书子部，第 712 册，第 435 页。

② 参见吴海涛《淮河流域环境变迁史》，黄山书社 2017 年版，第 45—48 页。

③ 参见同上书，第 36 页。

除了保漕，还出现了护陵这一政治难题，作为国家政治根基的象征，位于淮河流域的朱家祖陵不容有失。到了清代，仍沿用明代保漕之策，只是没有了保护祖陵的限制，仍沿用明代潘氏治河之法，基本上将黄河河道固定在现宿迁北部的废黄河一带。这一时期对于河决的响应是极为迅速的，一般采用“旋塞”，积极地堵塞决口成为清代治河的一大特点，当然这也反映了清代对于沟通南北大运河的重视。

第一，保漕、护陵治河方略

朱明王朝的奠基者朱元璋出生于安徽凤阳，其祖籍在淮泗，故明皇陵在凤阳，祖陵在泗州。明代绝大部分时间里，黄河借淮入海，位于淮泗之间的泗州祖陵及淮泗以南的凤阳皇陵就常处于黄淮频繁水害的威胁下。但是，在明前半期（洪武至弘治时期）因河患大多发生在河南开封附近的淮北地区，对归德、徐州以南的淮泗地区威胁不是很大，因之正德、嘉靖以前治淮鲜有提及保护陵寝事者。①

弘治年间，河南境内黄河的北岸、南岸堤防相继修成，加之黄河由颍入淮的河道又于嘉靖初逐渐淤塞，黄河河患发生于河南的已较少，山东和南直隶境内的中下游河段成为黄河水患的多发地。淮河在归德以下、徐州以上河段屡屡决溢，淮泗之地逐渐成为河患威胁的重灾区。由于害怕淮河和洪泽湖水泛滥淹没明皇祖陵，导致所谓的“王气中泄”，自正德、嘉靖始，保护泗州祖陵不受河患洪水冲击就成为明代中后期治河的重大政治问题而摆上台面。但是，由于护陵要确保黄河南流不能过远，而保漕要求黄河要在不淤塞运道的前提下可以济运通漕。这一南一北的两大限制使治淮陷入政治、经济两大问题的范围之中，治淮与治运、保漕紧密联系在一起，治淮回旋余地狭小，腾挪空间不大，成效大打折扣，水患因之加剧。

明代中前期，祖陵偶尔受水，但威胁并不严重，潘季驯大筑淮安高家堰以后，原本是为了“捍淮东侵”以护运，使湖水由清江浦专力冲黄，但随着黄河独流南徙，淮弱黄强，束水攻沙并不能达到预期效果，反而导致淮河中下游河道逐渐淤高，洪泽湖水面日益淤高扩展，西岸的泗州

① 参见卢勇《明清时期淮河水患与生态社会关系研究》，中国三峡出版社2009年版，第117页。

城和明祖陵屡遭水灾。[①]

万历十九年(1591年)九月,“泗州大水,州治淹二尺,居民沉溺十九,没及祖陵”。二十年(1592年)二月,“水势横溃,徐、泗、淮、扬间无岁不受患,祖陵被水”,“泗城如水上浮盂,盂中之水复满,祖陵自神路至三桥、丹墀,无一不被水”[②]。到了万历二十一年(1593年),黄水大涨,清口淤堵,淮水不能东下,于是挟上源阜陵诸湖与山溪之水,暴浸祖陵,泗城淹没,酿成明代水利史上的一大灾难。为此,万历帝龙颜震怒,屡易河臣,“河臣刘公东星竟以忧陨,上复赫然震怒,切责大司空”[③],并连简河臣李顺、鲁如春抓紧治河保陵安全。为避免水患再次殃及祖陵,明廷决定不顾民生而决堰分水,通过人为降低洪泽湖水位以护陵,分黄导淮之议而起。总河杨一魁提出并负责实施了“分黄导淮”之策,在高家堰上兴建减水闸,引洪泽湖水东入运西诸湖后,分别经射阳湖、广洋湖入海和经邵伯湖下芒稻河入江。此举虽然短期内取得了“泗陵水患平,而淮、扬安矣”的较好局面,[④]但这次分流的根本性质等于是把祸水南引,把祖陵附近的水患转嫁到今苏北地区。

由于分黄,淮河横穿沂沭河,夺灌河口入海,几乎打乱了整个苏北水系,给苏北人民带来了深重的灾难。导淮又多由高堰穿运河大堤,直下里下河地区向东漫流入海。高堰形势高峻险要,武家敦等三闸一开,洪泽湖洪水高屋建瓴,滚滚东下,高、宝、泰地区顿为泽国;淮扬各郡,田庐漂没,数百万生灵悉为鱼鳖;滨海盐场,尽被淹没。

明代中后期治河深受“护陵”这一政治原则的影响,为此统治阶级不惜采取筑堤、分流泄洪、建闸坝等,甚至后期为护陵寝而逼水淹别处。这些措施基本上保证了120余年时间里明祖陵等陵寝少受水患冲击,客观上有利于淮、泗地区人民的生命财产安全。但是,“护陵”要求的存在很大程度上束缚了当时地方政府治理淮河的能动性与客观性,不利于从全局考虑来把水患损失减少到最低。另一方面,由于没有也不太

① 参见卢勇《明清时期淮河水患与生态社会关系研究》,中国三峡出版社2009年版,第118页。

② (清)张廷玉等撰:《明史》卷八十四《河渠二》,中华书局2013年版,第2056页。

③ (明)陈子龙辑:《皇明经世文编》卷四百七十八《周司农集》,第5262页。

④ 参见(清)张廷玉等撰《明史》卷八十四《河渠二》,中华书局2013年版,第2062页。

可能根治黄河的泥沙问题，护陵措施多是消极应对、疲于应付，而洪水分泄，祸水南流，加重了中下游尤其是苏北人民的灾难。

第二，社会思潮的约束与影响

明清时期，封建社会已达末期，施行高度的中央集权制，通过“八股取士”“文字狱”等文化专制手段，把儒家经典文献抬高到无以复加的地位，借以愚弄人民，钳制人们思想的自由发挥，以培养皇家的忠实奴仆。封建知识分子不敢表露自己的思想，唯有沉溺于故纸堆中寻求精神安慰和解决现实问题的方法，考据、崇古思想于是日盛，渐渐成为主流社会思潮。这种社会思潮的弥漫影响着社会生活的各个方面，在淮河治理中也有深刻反映，阻碍着治淮思想的进步和治河策略的正确实施，英明如潘季驯、靳辅、陈潢等人也不能免俗，严重束缚了革新精神，从而局限了治淮的发展。①

潘季驯受崇古思想的毒害很深，迷信圣人之言，他曾说“是大智者必师古，而不师古则凿矣”②。他曾在筑堤束水攻沙遭到反对时，引经据典、牵强附会地说：“禹之导水何尝不以堤哉？”③用以说明筑堤也是遵禹治水的古法所办的，其实并没有实际根据。

潘氏对水沙互动关系的议论是对于河流规律的探索，基本方向是正确的。但是，在谈到“水之性”时，他却根本不谈实际问题，而是从经义角度出发作出“玄而又玄”的解释。关于河的治乱“归天归神，误事最大”的观点，本来是正确的，但是他话锋一转说“神非他，即水之性也”，就走上了主观唯心主义的歧途。他在引《孟子》“禹之治水，水之道也”的话后，解释道：“道即神也，聪明正直之谓神，岂有神而不道者乎！”④这段话讲得曲折隐晦，看似有理，实则谬矣。这段话的前提虽有唯物因素，而最终则引向唯心主义。换言之，他所谓的“水之性”，并不是指客观规律，而是受天命来到人间的“神”（大禹），是神的主观意识。所以他绕了一个大弯，还是认为河的治乱取决于天，取决于神，从根本上推翻

---

① 参见卢勇《明清时期淮河水患与生态社会关系研究》，中国三峡出版社2009年版，第119页。

② （明）潘季驯：《河防一览》卷七《两河经略疏》。

③ （明）潘季驯：《河防一览》卷十二《并勘河情疏》。

④ （明）潘季驯：《河防一览》卷二《河议辩惑》。

了他的“归天归神，误事最大”的正确观点，走向了“通向神明”的主观治水路线。①

由此可见，潘季驯虽然承认河流冲淤的现象，但并不承认客观真理，只相信唯心主义的所谓“性”和“理”(道)。这个“性”和“理”，绝不同于他所从而得出的“以水攻沙”结论的河之理。他在讲“水之性”时，抛弃了这个有唯物因素的“性”和“理”，而高谈唯心主义的“性”和“理”，因此就不可能认真地探索河流的运行规律，研究客观真理。这正是局限他治河继续前进的思想根源。②

清代治河大家靳辅和陈潢，拨明末清初数十年淮河水患频仍之乱，开清代二百多年治水之圭臬，在治河治淮上取得了不小的成就，但他们在治河思想上同样受“畏大人、畏圣人之言”的毒害，停滞徘徊，阻碍了治淮事业的进一步发展。

靳辅说：“大禹千古治水之圣人也。《禹贡》千古治河之圣经也。”③又说：“《禹贡》圣人之书，其言不可易。”④他把“圣人之言”奉为永恒的真理，所以迈进了故纸堆中，封闭了思想继续前进的道路。他的高级幕僚陈潢也说：“千古治水者，莫神禹若也。千古知治水之道者，莫孟子若也”。他对《孟子》中的两句话十分欣赏，一句是“禹之治水，水之道也。”另一句是“禹之行水，行其所无事也”。他认为孟子深得“治水之至理”，是“千古治水之至言”⑤。他在议论筑堤、疏浚等具体治河措施时，都是以此为据，可以说这两句是他治水思想的核心内容。但实际上这两句自相矛盾，无法自圆其说。他用孟子的性善学说来解释水之性，他说：“譬之人本性善，率之即谓之道。”“惟其多方防范，而其本性乃全。而防之者正所以顺其性也。”⑥他把孟子的性善学说来喻水之性，提出用克己的手段来治水，就是要筑堤束水，这就和传说中的大禹治水时“顺水之性，播为九河”之说相矛盾了。而筑堤束水，他们所谓的“水之性”

① 参见卢勇《明清时期淮河水患与生态社会关系研究》，中国三峡出版社 2009 年版，第 120 页。

② 参见张含英《历代治河方略探讨》，水利出版社 1982 年版，第 111 页。

③ (清)靳辅：《治河方略·论贾让治河策》。

④ (清)靳辅：《治河方略·开辟海口》。

⑤ (清)陈潢：《河防述言·河性第一》。

⑥ (清)陈潢：《河防述言·堤防第六》。

也不是河流的真正客观规律。

陈潢认为“行其所无事”是指“顺水之性，而不参以人意”[①]。也是站不住脚的。我们知道，人根据对河流规律的认识和地形、地质、社会条件、经济要求，提出除害兴利的计划。正确的计划是客观和主观的统一，由人来操作实施，怎能“不参之以人意”呢？由于社会经济的发展和实践经验的积累，对于治河的方法和要求都应有所不同，因地制宜，因时制宜，与时俱进。以潘季驯、靳辅、陈潢等人为代表的明清治河大家，对此虽有初步认识，也取得了一定的成果，但他们却深受当时社会思潮的影响和习惯势力的束缚，不敢稍有逾越。潘、靳、陈等人把相隔数千年的大禹、孟子的言行当作“至理”，视为解决了治河的最终任务，因而封闭了当时治河思想和实践走向未来、走向进一步发展深入的道路，以致长期停滞不前，淮河水患长期延续，未能得到根治。[②]

第三，历代战争影响

明代倭寇猖獗，淮河流域许多地方“为倭警故，所在闭塞以水患”。明代李贽也说：“嘉靖会倭奴入寇，江之南北运道为梗”[③]。《东台县志》中也记有“倭夷出没”，对水利带来破坏的记载。明崇祯年间，淮河流域水患屡发，造成大批农民破产，他们纷纷起义，啸聚山林，“军民及商灶户死者无算，少壮转徙，丐江、仪、通、泰间，盗贼千百啸聚”[④]。农民起义给政府修治淮河带来极大不便，也是崇祯年间水患不断的一个重要原因。

清康熙年间，三藩之乱，“诸藩诸降将响应，兵事极棘，河道不治，先后溃决，淮南交病，水浸淫四出，下河七州县淹为大泽，淮水全入运河”[⑤]。说明康熙朝时水灾频繁与之有密切的关系，其后的太平军、捻军在此作战，也给这一带的水利设施带来了一些破坏。[⑥]

治水运动对于淮河流域水生态环境演变的推动主要有以下几个方

---

① (清)陈潢：《河防述言·河性第一》。

② 参见卢勇《明清时期淮河水患与生态社会关系研究》，中国三峡出版社2009年版，第122页。

③ 李贽：《续藏书·经济名臣》。

④ (清)张廷玉等撰：《明史》卷八十四《河渠三》，中华书局2013年版，第2072页。

⑤ 王日根：《明清时期苏北水灾原因初探》，《农业考古》1995年第3期，第167—171页。

⑥ 参见卢勇：《明清时期淮河水患与生态社会关系研究》，中国三峡出版社2009年版，第122页。

面：一是京杭大运河这一条人工运道开通后，在人为的影响下，沿途区域水运生态环境的强适应性改造；二是以治河为中心的黄河夺淮事件中，治水运动对淮河流域水生态环境的影响；三是以“保漕”为中心的治河运动形成了以“蓄清刷黄”为主的治水之策，在此基础上修筑的高家堰使得洪泽湖水域面积迅速扩大，进而对洪泽湖周边及其入湖河道水生态环境产生极为严重的影响；四是倒流截流工程对黄、淮、运、江等水系系统的严重干扰。[①]

在治水活动中，诸如明祖陵、漕运、战争和经义治水、盲目崇古等社会思潮对水生态环境的影响都是巨大的，而这种影响通常由水灾来呈现。剧烈的洪水冲刷，改变了河道的流向；携带的泥沙在河道、湖泊沉积，导致河床淤高，加之人类为了减少洪涝对社会、经济发展的影响，发挥其主观能动性，通过开通新渠、构筑堤坝等形式对水系加以改造，进而引起了水生态环境的变迁。

总之，明清时期，黄淮两大流域合而为一，并流入海，泥沙淤积，水量大增，淮河更易发生壅塞溃决。统治阶级只知治标，不知治本，试图用高筑堤防来解决一切，于是，河床抬高，下泄不畅，两岸支津全被堵塞。堤防尽管一再加高，由于泥沙淤垫，河床增高的速度更快，洪水一到，终不免于溃决。漕运、祖陵等因素又或直接或间接地导致了淮河水患的加剧，使得明清时期淮河水患的防治要受到这样那样的限制和制约，需要顾及和考虑的因素太多，统治阶级甚至为了某些政治和经济利益，不惜逆河之性，客观上加重了河患危害的程度。源于人类在江苏境内淮河流域护陵保漕的治河方略、盲目崇古的社会思潮以及战争等因素的影响，水系的改道、河道的淤积、堤防的增高，进一步增加了区域水患发生的频率与危害。在水灾的肆虐下，淮河流域水生态环境发生了极大改迁，足见治水活动对水生态环境深远而持久的影响。

二、水生态环境演变的影响——以明清黄淮造陆为例

水生态环境是由河流、湖泊等水体与土地、气候等其他生态要素构

① 参见张崇旺《淮河流域水生态环境变迁与水事纠纷研究（1127—1949）》，天津古籍出版社 2015 年版，第 90—106 页。

成的，其主体为大环境中的水系。历史时期，河流与湖泊的演变极大地牵动了环境中其他要素的变迁，进而对土地、局部小气候、河湖分布造成较为明显的影响。如明清时期淮河长时段的南下，借淮河水道由苏北入海，造成了极为严重的影响。南宋建炎二年（1128 年），宋将杜充为阻止金兵南下，在滑县李固渡以西决河东流，黄河于是经豫鲁注入泗水，再由泗入淮，形成历史上影响极为重大的一次改道。至清咸丰五年（1855 年）改道北上入渤海止，黄河夺淮入海近 700 年之久。黄河夺淮入海，黄淮合流，使淮河沦为黄河支流，对淮河流域产生了深远影响，在入海口外快速造陆，与明清苏北灾害发生也有密切的联系。①

1. 黄河在苏北海岸造陆概况

黄河水性重浊，携带大量泥沙，汉代就有"一石水而六斗泥之说"。明治河专家潘季驯多次论及黄河泥沙问题，他说："若至伏秋，则水居其二矣；以二升之水，载八升之沙。"②据现代水文测量分析，黄河的多年平均含沙量高达每立方米 34.7 千克，年输沙量为 16.3 亿吨，和长江相比，年输沙量是后者的 3.7 倍。③ 泥沙随水流入海，造成海岸线不断向海推移。尤其是自明中期以后黄淮河道的治理一直沿用潘季驯的束水攻沙之法，蓄清刷黄，以水治沙，巨量的泥沙在水流的冲刷下搬移至口外堆积，在河口附近形成沙嘴和拦门沙并快速淤长，使海岸线呈尖形向海推进。入海泥沙向两侧扩散后沉积在黄海平缓斜坡上，其中北部沿岸带泥沙沉积量小，又因云台山的阻挡，形成以灌云为中心的海湾相沉积，造成灌云一带海岸迅速向东伸展，19 世纪中叶云台山已全部与陆地相连；向南扩散的泥沙则淤成沙洲，在潮汐的作用下逐渐滩成陆地，形成阜宁—盐城一线以东的广大滨海平原。④

据吴祥定所载，在黄河南泛之前，苏北的海岸线一直比较稳定，在

① 参见卢勇、王思明等《明清时期黄淮造陆与苏北灾害关系研究》，《南京农业大学（社会科学版）》2007 年第 2 期，第 78—88 页。

② 吴祥定：《历史时期黄河流域环境变迁与水沙变化》，气象出版社 1994 年版，第 130 页。

③ 水利部黄河水利委员会：《黄河水利史述要》，水利出版社 1982 年版，第 9 页。

④ 参见卢勇、王思明等《明清时期黄淮造陆与苏北灾害关系研究》，《南京农业大学（社会科学版）》2007 年第 2 期，第 78—88 页。

南宋初年黄河南泛夺淮以前的 3000 年时间内，海岸线一直在东冈附近。[①] 北宋政治家范仲淹（989—1052）任泰州盐监（1023—1027）时，倡修捍海堰以阻止海水侵蚀田地。该堰北起盐城，南止余西场，沿海修筑，共长 142 华里多，后世称为“范公堤”。黄河南泛后，造陆沿范公堤向东延伸几十千米，其中弶港附近海岸线推进了 40—50 千米，至 1855 年河口更是向海延伸了 90 千米，[②]泥沙在范公堤外形成了面积广大的平原（10000 平方千米以上）。

明清时期，黄淮在苏北快速造陆，增加了我国的国土面积（新造陆地约占今江苏省国土面积的三分之一），同时也对明清时期苏北灾害产生了深刻影响。

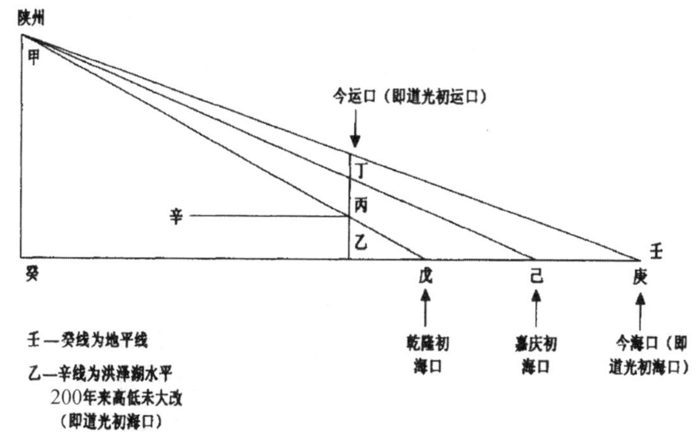

图 1-5　阮元所作海口日远运口日高图

（来源：黄河水利委员会著，《黄河水利史述要》，水利出版社 1982 年版，第 330 页。）

2. 造陆对河湖决溢的影响

黄河河口的不断向海延伸，实际上变相地拉长了淮河河道长度，在上游源头海拔不变的情况下，河道长度愈是增加，河床比降就愈小，河道因此愈加平缓，水流流速降低，在洪水期泄水也就更为困难。以今日之淮河（以苏北灌溉总渠为下游河段）试作分析。淮河全长约 1000 千米，总落差达到 200 米，但从淮源至洪河口的上游 364 千米河段，落差

① 参见吴祥定《历史时期黄河流域环境变迁与水沙变化》，气象出版社 1994 年版，第 130 页。
② 同上。

就有178米，占总落差的89%，而从洪河口到洪泽湖出口的三河闸中游河段，全长490千米，比降仅为0.03‰，洪泽湖以下的下游168千米河段，比降为0.04‰，有的河段甚至呈现倒比降。[①] 由上可知，如果淮河还在宋代改道前的河口入海，则下游河道长度缩短90千米，为78千米，河床比降则上升至3.7‱，大水来袭时，泄水速度必将会显著增加，反之则河道决溢不断。[②]

万历六年（1578年），潘季驯坚持蓄清刷黄，以水攻沙，在洪泽湖清口使淮河汇入黄河助黄刷沙，由于水量增加，水流迅猛，大量的泥沙被冲刷入海，造陆迅速，远超前代。黄河在潘氏治理之初安流了十几年后，自万历十九年（1591年）起，水患再次频发，年年成灾，灾情之重大，达于极点。[③]

对于黄河治理，清承明制，康熙十六年（1677年）任用靳辅、陈潢沿袭潘氏“束水攻沙”之法后，黄河安流了一段时间，但随后的水灾愈加难以控制，见于《清史稿·河渠志》的决溢年份就有二十多年。河道决溢给淮河流域人民造成了深重灾难，尤其是在康熙十九年（1680年）酿成巨灾。是年夏六月间，淮河中上游普降暴雨，淮水下泄不及，“高出堤者数尺，樯帆往来，可手援堞口……官若浮鸥，百姓尽奔盱麓乡村，若鸟兽散”。由于洪泽湖水位的一再抬高，而东岸有高家堰阻挡。湖水只能向西漫溢，大水漫过泗州，使得唐宋以来盛极一时的泗州城完全沉入茫茫湖底。

道光年间（1821—1850），阮元也曾认识到了这一点。他提出了“海口日远，运口日高”之说，他认为黄河挟沙入海积垫于海口，愈积愈多，愈积愈远，所以“乾隆初年之海口，非康熙初年之海口矣。嘉庆初年之海口，非乾隆初年之海口矣，盖远数百里矣，今又三十余年。而清黄交会通漕之处，则未尺寸移故地矣”。接着他举例说“然则运口昔日清高于黄，今常黄高于清者，岂非海口日远之故乎？夫以愈久愈远之海口，

---

① 水利部治淮委员会：《淮河水利简史》，水利电力出版社1990年版。

② 参见卢勇、王思明等《明清时期黄淮造陆与苏北灾害关系研究》，《南京农业大学（社会科学版）》2007年第2期，第78—88页。

③ 参见梅兴柱《明代淮河的水患及治理得失》，《烟台大学学报：哲学社科版》1996年第2期，第68—74页。

行陕州以东之黄水，自中州至徐、淮二府，逐里逐步无不日加月高，低者填之使平，坳者填之使仰，此亦必然之势也”①。明清两代的“束水攻沙”之法执行了数百年，开始效果不错，但在一段时间后总是水患不断，无法控制，而黄淮河床依旧不断淤积上升，最后还是归于失败，黄河被迫改道北上，就是这个道理。

总之，由于明清时期的黄河入海口不断东移，而使海口以上河道发生溯源淤积，影响到洪泽湖附近运口河床的抬高，以致淮水逐渐不能入黄助黄刷沙。为了执行“蓄清刷黄、束水攻沙”的治河方略，只能一再加筑高堰，抬高洪泽湖水位，使之高于黄河水位。同时，由于河床不断淤高，河成悬河，有的河段甚至高离地面数丈，这些都使得河湖决溢的危险度显著上升，水灾频繁发生。②

① 水利部黄河水利委员会:《黄河水利史述要》,水利出版社 1982 年版,第 329 页。

② 参见卢勇、王思明等《明清时期黄淮造陆与苏北灾害关系研究》,《南京农业大学(社会科学版)》2007 年第 2 期,第 78—88 页。

第二章　水利与传统农业发展

江苏农业文明史也是依靠大河冲积平原而不断发展起来的农田水利经济史。历代先民为了保证农业的收成，通过修筑农田水利工程，推动了区域农业经济的发展，对农田水利工程的修建也成为水利与农业经济发展的重要内容。农田水利是伴随着定居农业及生产需求的发展而产生的，农田水利建设是贯穿江苏的社会发展始终的一条主线，亦是江苏水利史的重要内容，对推动农业经济发展、实现民富国强具有重要作用。

农田水利营建活动受社会历史环境影响，在江苏地区也相应地呈现出阶段性演变特征。依据建设规模、技术特点、农业发展情况综合来看，新中国成立以前的江苏水利与农业发展的历史大致可以分为五个时期：先秦时期，即大禹治水至秦汉以前，这一时期是各种类型农田排灌工程的起源和初创，通过对水资源利用范围的扩大，奠定了农田水利事业的基础；秦汉至三国两晋南北朝时期，是江苏农田水利进步和发展的时期，活跃的农田水利建设活动，蓬勃兴起的圩田、湖田、架田等农田水利新形式，更加完备的水井形制，以及屯田，为农业进步提供了良好的条件；隋唐宋元时期，是农田水利走向成熟的时期，江苏南部的塘浦圩田体系经历形成、完善又崩溃的过程，逐渐诞生出更适应现实需求的小圩、联圩，在处理灌溉和济运问题的过程中，很多陂塘湖堰实现了功能转型，一系列法律法规的出台使得农田水利管理更加法治化，促进了重要农业经济区的形成；明清时期，是江苏传统农田水利衰落和再发展的时期，这一时期主要是对传统农田水利进行总结，传统农田水利科技发展缓慢,水乡湿地的农业再发展,苏州、南京等地的农田水利建设地域特色彰显;民国时期,是江苏农田水利建设在艰难前行的时期,这一时期战乱频繁,时局动荡,国民政府水政懈怠,在水利界有识之士和商界爱国人士,以及广大人民群众的共同努力之下,水利事业逐渐走向近代化,灌排工程发展、水利科研事业兴起、水利法规科学化等对稳定农业生产有一定积极作用,虽有引进西方先进技术,但未能有效普遍地应用。

第一节　先秦时期:起源与初创

先秦时期农田水利灌溉的出现是江苏水文化萌芽的标识,是先秦时期农耕文明产生和发展的基础。

一、大禹治水与排灌农业的肇始

远古时代,水患是威胁我国农业生产发展的最大自然灾害。从已经发掘的新石器时代遗址来看,居民点多分布于河谷及湖沼附近的台阶地上,临近水源,土壤肥沃,宜于耕种。临近水源,便于先民进行生产生活,同时,也易受到洪水侵袭。由于农田须连年垦殖,定居村落亦已形成,先民们应对自然灾害的做法不得不从逃避转为直面斗争。先民们经过长期农业生产实践,对水土已有初步认识,积累丰富的治理水土经验,并发明耜、锛、铲等农具,这些为治水活动提供基础条件。为了更好地减少洪水对生产生活的影响,先民们通过集体治水活动来维持生存范围和环境状况,原始治水活动在先秦农业发展中应运而生,其中最具代表性的应属大禹治水。

江苏水文化启蒙于大禹治水的时代。相传距今 4000 年前大禹治水时,疏九江、决四渎,"导淮自桐柏,东汇于泗沂,东入于海"①,在地域上业已包含今日的江苏。大禹"决九川,距四海",他命令上至诸侯、下

① 雒江生校诂:《尚书》,中华书局 2018 年版,第 125 页。

至百姓皆“徒以傅土、行山表木”(《史记·夏本纪》),所有人都参与进来,从而实现“尽力乎沟洫”的治水目的。[①] 据《禹贡》记载,治理九州与保障水系的通畅密切相关。[②]

大禹治水的活动区城主要在黄河下游一带。大禹在前辈治水的基础上,吸取了大量经验并有所创新。九州的治理,核心在于水道的疏通。从“决九川,距四海;浚畎浍,距川”(《尚书·益稷》)、“禹疏九河,瀹济、漯,而注诸海。决汝、汉,排淮、泗而注之江,然后中国可得而食也”(《孟子·滕文公》)等记载可见,大禹治水之法不在于“堵”,而是采用疏导法,“因水之性”“疏川导滞”(《国语·周语下》),即按照水向低处流的自然趋势将洪水因势利导、疏排入海。从结果看,通过“导水”,长江、黄河、济水、淮河、洛水、渭河、汉水等,均形成标志性的水道,一改昔日河道在平原地区肆意漫流的景象。由于水土平治,诸河有序畅流,平原地区形成了相互勾连的庞大水网,百姓得已摆脱洪涝险情,进而扩大农耕面积,发展种植业。《史记·夏本纪》有载,禹平治水土后,“令益予众庶稻,可种卑湿”,人们可以将水稻栽种在低平湿润的地方,有效促进了稻作范围的扩大。

治理洪水的过程始终贯穿破旧立新的核心理念,原本以姓氏、血缘为纽带的各氏族部落,因为治理洪水的共同需要而不得不联合起来,山川等自然地理要素也逐渐成了划分疆域的重要依据,这为早期国家的形成奠定了基础。美国历史学家和理论家卡尔·魏特夫(Karl August Wittfogel,1896—1988)曾在《东方专制主义》中提出“东方国家起源于‘治水’”,东方国家“强有力的政权的建立只能在占领定居的可灌溉的土地以后;而巨大的水利工程只有靠专制政权才能进行和完成,即治水社会(hydraulic societies)”[③]。他的观点不完全正确,但从这个角度来看:新的权力与平原自然水系、人工水道等水系网络的出现紧密相关。大禹治水,不但治理部分水道,最重要的是涉及“名川三百,支川三千,小者无数”,而且“所活者千八百国”,治理了整个平原地区水系。大禹

---

① 参见卜风贤《古代黄河治理中的科技力量》,《团结报》2020年4月30日,第5版。

② 参见张新斌《大禹与中国运河水系的起源》,《河南日报》2019年10月30日,第12版。

③ 陈启能:《乔治·奥威尔和卡尔·魏特夫》,《史学理论研究》2003年第4期,第116—121页。

治水过程中对州、国的划分，实质上是国家基本形成的一种标志。以大禹为代表的远古人民平治水土，取得了伟大的胜利，为原始农业奠定了基础，标志着今江苏境内乃至我国的水利由此进入一个新的时期。

二、农田排灌系统的产生

大禹治水时“尽力乎沟洫”为广义的兴修水利，以及“决汩九川，陂鄣九泽，丰殖九薮，汩越九原”[①]，可能建有原始的灌溉设施，故相传沟洫制度也始于禹。随着河谷平原地区的农业进一步发展，对农田水利建设提出了更高的要求。

农作物生长离不开水，但仅仅依靠自然降雨往往不能与农作物的生长需求相适应，因此，农业是离不开灌溉的。灌溉系统的产生，源于古人对作物生长规律认识的深入。江苏地理区位具有雨热同期的特点，但是年降水量季节分布并不均匀。古人意识到农作物不同生长时期需水量的不同，为保证农作物能够稳定有效地产出，修建灌溉系统，提供稳定水源，成为农业发展的必要条件。早期农业的生产方式非常简单，火耕水耨阶段，一旦放火烧荒后就需要引水灌田才能松润土壤，即“烧薙行水，利以杀草，如以热汤，可以粪田畴，可以美土疆”[②]。《礼记·月令》所反映的该种土地利用形式，引水灌溉是其中重要一环。起初，农田灌溉可能依靠人力提水，随着生产力进步，开垦田亩的数量不断增加，单纯依靠人力提水已经无法满足农田灌溉的需求，修建灌溉系统提升灌溉能力成为先民的必然选择。先民们在生产实践中认识到水往低处流的自然规律，学会了开渠引水灌田。

江苏地势比较平缓，平原面积广阔，夏秋季节降水量大，易有涝灾隐患。过多的水量极大地威胁了农事生产，同时当时人们抵御自然灾害的能力较差，兴修农田排水设施成为当时农业生产中需要解决的另一重要问题。现代农田排水的任务是排除地面或土壤中过多的水分，降低地下水位。改善土壤性质，首先是土壤物理性质，即土壤的水、气、热等，以及土壤结构状况等，并改善土壤中有机物质的分解和微生物的

① 董立章：《国语译注辨析》，暨南大学出版社1993年版，第101页。

② 张双棣：《吕氏春秋译注》，北京大学出版社2000年版，第145页。

活动状态，改造对农业生产不利的自然条件，提高土壤肥力，进一步提高土壤生产力。早期农业生产中，农田排水设施的主要作用是防止农作物因供水过度导致减产乃至歉收、绝收。排灌系统的产生与土壤耕作技术的产生息息相关，[①]且其发展稍滞后于土壤耕作技术。在古人对土壤耕作技术有充分认识之前，排灌系统的主要目的是保障粮食收成，而不是增产增收。

鉴于目前考古发掘主要集中在人类居住或墓葬等留有明显遗迹的范围，对于农田进行考古发掘则较少，太湖地区新石器考古尚未发现有稻田水利工程遗迹。但是根据有关建筑遗址的水沟可作出合理推断，例如吴兴邱城遗址中马家浜文化层发现 9 条浅水沟（大约是排水沟）和 2 条宽 1.5—2 米的大型引水沟渠，[②]太湖地区的史前居民应已兴修原始农田水利，如修筑田埂、田塍，建立起一套初步的引、灌、排技术。随着考古发掘的进一步深入，原始水田中开挖的灌溉设施已经被近年来的考古发掘成果证实。中日考古学家联合发掘了苏州唯亭镇陵南村的草鞋山遗址，其中有 33 块分列两行、南北走向的稻田遗址，有长方形、椭圆形等不规则形状，[③]水田相互连接，田块间则以水口相连，在水田的东部、北部边缘均有各自相通的水沟，水沟的尾端设有水塘或蓄水井，说明江苏省于良渚文化时期已经存在以水塘或蓄水井为水源的灌溉系统。[④] 草鞋山稻田遗址较日本福冈县板付稻田遗址还早 3500 年，是全球迄今为止发现的较早古代稻田遗址之一。草鞋山稻田遗址从考古学方面证实，早在四五千年前的良渚文化时代，先民已经掌握了相当先进的农田水利技术，来保证稻田灌溉，亦是江苏境内稻田水利开发较有规模、成为固定生产基地的佐证之一。这些考古资料证明远古时期的治水活动不再仅仅存留于神话传说中，先秦时期已经诞生农田排灌系统雏形。

---

① 参见王星光《中国古代农具与土壤耕作技术的发展》，《郑州大学学报（哲学社会科学版）》1994 年第 4 期，第 8—11 页。

② 参见梅福根《浙江吴兴邱城遗址发掘简介》，《考古》1959 年第 9 期，第 479＋512 页。

③ 参见张芳《论中国灌溉水利起源于南方原始水田区》，《中国农史》2005 年第 2 期，第 37—44 页。

④ 参见宇田津彻郎、汤陵华、王才林、郑云飞、柳泽一男、佐佐木章、藤原宏志《中国的水田遗构探查》，《农业考古》1998 年第 1 期，第 3—5 页。

三、农田水利事业的奠基

凿井和开发利用地下水，进一步扩大了水资源的利用范围，使得人们摆脱了单纯依赖自然降雨和河流湖泊等地表水的状况，为扩大生活和生产的地域范围提供有利条件。

“井养而不穷也。”(《周易・井》)井水不易枯竭，而且井水具有水质优良、矿物质丰富的特点，有益于人体健康和农作物生长。我国古代人民很早就认识到利用水井的好处，开展凿井工事，用以开发地下水。据文献记载和考古发现，我国水井起源至少可追溯至五六千年前的新石器时代，而江苏省的原始水井最早可能出现于距今 5000 年左右的崧泽文化时期，到春秋战国时期已经出现井灌的萌芽。

新中国成立以来，在考古发掘中已经发现一些新石器时代中、晚期的水井。据发掘者推测，水井原先可能是天然的或者人工开挖的锅底形水坑，水坑在多雨期积满水后，人们可日常取用；而少雨期时，坑中水位降低，人们为了取水方便会不断在坑内垫石。在大旱季节，坑内水源几乎接近枯竭，人们为了保障基本用水需求，在原先的水坑中部挖掘一口竖井。因此，水井是从积蓄地表水防旱开始，之后再挖深以利用地下水。

新石器时代晚期，现江苏省所在地区因较为湿润的气候、地形等，拥有极为丰富的水资源，但在地形与地势的影响下，江河湖泊在洪水涨溢的影响下常常浑浊不清，浑浊的泥水极其不适宜早期先民饮用。此外因地理位置靠海，海水时常涨潮倒灌，导致地表水多偏咸卤，不适宜饮用，也不适合多数农作物的种植。为了适应环境，干栏式的建筑方式与水井的挖掘逐渐产生，并得到推广。[①] 这既提高生活饮用水质量，又有蓄水灌溉、加工玉石器等生产用途。目前江苏省发现最早的原始水井距今 5900 年至 5300 年，见于太湖流域的吴县澄湖遗址古井群，其中包含了属于崧泽文化时期的原始文化遗存。从已经清理的古井来看，口径均在 1 米左右，井壁平直，原深度应有 1.5—2.5 米。井内出土大

① 参见王星光《中国农史与环境史研究》，大象出版社 2012 年版，第 198—200 页。

量随意摆放的遗物，且多属于罐类盛器，很可能是汲水时不小心掉落在井中。①

根据江苏境内现有的考古发掘，在聚落生活区有水井的遗迹，在较为偏远的有耕作遗迹的地区也有水井发现。这反映出水井的功能已经不仅仅局限在日常饮水，而且具备了灌溉农田的功效。如在苏州境内，草鞋山遗址中发掘出6000年前的水田与灌溉工程遗迹，其中便包含数十口水井。而北方地区经过对早期人类遗址的考古，并没有发现用于灌溉农田的水井。当然，这与南、北方不同的水环境有关，南方较为充裕的水资源与较高的地下水位使得在南方用水井灌溉农田更为容易。因此，推断水井灌溉田地在常理上是讲得通的，这也在一定程度上说明"凿井而灌"说法的合理性。

夏商周时期，随着青铜工具制造技术的发展和青铜工具应用的不断推广，水井的开凿利用也逐渐普及，该时期的水井遗迹在长江和黄河流域多有发现。在1973年江苏省东海县焦庄遗址发现的水井计有9处，有商代的，也有西周早期的。其中有一口砌石井，该水井截面呈圆形，直径0.95—1.1米，深2.8米，底部嵌在生土中，井壁从下而上加砌一圈经过精心挑选或初步加工过的石块，大小比较整齐。② 与张家坡遗址中所发现的8口土井（有长方形和椭圆形的）相比，焦庄遗址所见的水井是先挖出土井，再在井壁垒砌石圈，通过此种技术改进后所建的水井可以既使井壁坚固耐用，又保证井水清洁卫生。

春秋战国时期，社会大变革的背景促进了经济文化、科学技术的繁荣发展。这一时期，造井技术日臻进步。突出表现在水井类型的多样化，除了已有的土井、木井等之外，还出现了陶圈井。同时，水井的用途也更加广泛，不仅供应日常生活用水，而且用于灌溉、冷藏的遗址也多有发现。1979年5月江苏溧水县发现东周古井，古井系土井，在地表下3米许露口，直径1米，井内积有淤泥，夹以树枝乱石，井深约5米，井底距原地表8米多。接近井底淤泥的部分，出土陶器7件和炭化树木1

---

① 参见文物编辑委员会编《文物资料丛刊》第9册，文物出版社1985年版，第1—22页。

② 参见南波《江苏省东海县焦庄古遗址》，《文物》1975年第8期，第45—56,60页。

段。[1] 20世纪80年代苏州新庄遗址发掘出3口近圆形的土井。根据对水井的挖掘,发现了两种常用汲水方式,一是通过用绳子系起的陶罐来汲取井水,二是通过自然的树桠来取水。此外,在对水井的挖掘中发现井壁四周有木桩,可以推测应是用木桩来固定井壁防止井壁坍塌,这种固定井壁的方式在那个时代是比较先进的。[2]

第二节　秦汉至三国两晋南北朝时期:进步与发展

秦汉两代大一统的社会环境,为水利事业的大发展创造了有利条件,但秦汉时期的农田水利建设多集中在当时的政治中心地区,即关中平原;西汉晚期以后,江苏地区的农田水利建设方才逐步发展。汉代后,长江、淮河流域的水利事业有了较大发展,还在一个时期内形成过高潮。如汉武帝元光年间许多古老的陂塘得以整修,而且在各地还修建了许多新的陂塘。三国两晋南北朝时期,北方迭经战乱,农田水利工程废多兴少,比较突出的是曹魏时期对淮河流域和海河流域的水利开发。其中淮河流域的屯田开发推动了农田水利建设,加强了曹魏政权的经济实力,同时也使得淮河流域一度成为全国重要经济区。随着三国时期南方的进一步开发以及魏晋南北朝时期人口的大量南迁,加之南方较为优渥的水热条件,新的灌溉工具及技术陆续出现,水利工程项目数量也逐渐增多,水利事业范围开始突破治水、疏通渠道之类的局限,圩田、湖田、架田等新形式丰富了农田水利事业。水利活动的军事化色彩也随之减弱,转而更多为经济社会服务。

一、灌渠设施的推广

战国时期,有赖于北方一些大国对河渠的建设和修缮,水利兴修有了一定的技术积累。大型水利工程郑国渠的建设成功,为秦朝统

① 参见吴大林《江苏溧水县发现东周古井》,《考古》1987年第11期,第1047页。
② 参见王得庆《苏州新庄东周遗址试掘简报》,《考古》1987年第4期,第311—317,362页。

一以后的水利事业建设积攒了丰富的水利技术经验和人才。这一时期水利工程的作用不仅仅着眼于改善生存与生产条件，其政治属性也愈发彰显，在一定程度上成为关系国家政权稳定与社会发展的重要影响因素。

秦二世而亡，其农田水利设施上的建设多是继承和发展秦国原有的渠灌系统。西汉初年受秦末战乱的影响社会经济凋敝，国家无力调集人力物力兴修大型水利设施。汉代时，灌溉机具方面已经积累一定基础，如桔槔、翻车、骨车等工具在引水浇灌方面的使用。三国时期，各地都十分重视兴办水利，例如开掘枣祇河，引清源水灌溉流域内的农田等。曹魏所修河道既可以用来灌溉，又可兼作运道，布局合理，收效亦十分显著。这使得粮食大大增产，且运粮河四通八达，为运粮提供了速度保障。运粮河对于运输和灌溉的突出作用，促进了曹魏政权经济和军事方面的发展，也为其赢得全国统一的战争产生了重要影响。[①] 三国两晋南北朝时期，南方利用小型陂塘，而北方则多利用溪水、沟渠、井水进行灌溉菜园，因而不论南北方，菜园种植业发展都较好。

这一历史时期的江苏境内，在开发利用水利资源方面并非一帆风顺，其中黄淮海流域的用水矛盾比较突出。因为人口增殖和水灾侵害，一部分官员建议排水以便开垦种田，满足粮食需求，“水种秔稻，旱艺桑麻”[②]；但另一部分官员则主张“惜其鱼蒲之饶”，认为排水垦田虽有利发展种植业，但对于牧业和渔业的发展益处不大，甚至会损害牧业、渔业的正常发展。淮河流域关于水利的矛盾主要体现在蓄水与排水之间。对于这一问题的解决，可分为两大论说，其中邓艾主张通过蓄水来实现推动农业发展的目的，即通过陂塘堰坝的修建为稻作的发展提供良好的环境；而以杜预为代表则主张对于积水应多加排泄，并上疏列举大范围修建陂塘堰坝的害处，如易发生渍涝，且占用正常耕地等。

---

① 参见水利部治淮委员会《淮河水利简史》，水利电力出版社 1990 年版，第 82 页。

② 梁家勉主编：《中国农业科学技术史稿》，农业出版社 1989 年版，第 256 页。

二、陂塘建造与地方农事

江苏省南部属江南地区，[①]从地形上看，湖荡平原和丘陵山地均有大面积分布，河湖沼泽密集分布，地形地势较为低平。为了更好地开发与利用平原地区的土地资源，必然要考虑防止河湖涨溢而形成的防洪排涝问题，因此，在平原地区因地制宜建造以防护、疏通为主的水利设施。而另外分布较广泛的丘陵山地则主要表现为暴雨时水借地势，山地极易被雨水侵蚀形成较大规模的水土流失，且较高的地势对于农田引水工程的修建要求极大，引水灌溉比较困难。此外，较分散的山地使得大型引水沟渠的修建较容易受到山体的分隔，对引水沟渠的修建影响极大。但是丘陵地区长期受到水流的侵蚀，在河谷中有次生河谷发育，成为塘坝蓄水的优良选址，在丘陵山地中不同坡度的山坡与地形其水文与土壤等也会有较为明显的差异，在这些差异中便会形成适宜开垦的土地与适宜修建灌溉工程的地区。[②]

秦汉时期，在大兴水利的背景下，地方水利建设得到相应发展。在地方水利建设中作用较大的是当地的郡守县令，这一时期众多水利设施的修建都是在他们组织下建成的。这些郡守县令与地方的乡、里、亭等基层管理者们相互配合，在地方水利建设中起着较为积极的推动作用。随着水利设施的建设，以秦岭淮河为界，南北两地在农业类型上的差异逐渐增大，如秦岭淮河以南地区，在本身较为优渥的水土条件下，形成与黄河流域差异较为明显的水田耕作，即以稻作农业为主要生产方式。相应地，为了适应稻谷的生长，为其营造良好的生长环境，在秦岭淮河以南地区，主要以修建堰、塘、圩等方式为主。这样的好处在于可以较大程度避免因洪涝灾害而造成稻苗被水淹没所带来的损失，在干旱时期，蓄积的塘水则可以保证农作物的正

---

① 此处江南地区是指古代以荆州、扬州为主的长江中下游以南地区，大致相当于今天的湖南、江西、浙江、福建和上海全省(市)和湖北、江苏、安徽三省南部的部分地区。

② 参见赵凌飞《六朝江南水利事业与经济社会变迁》，江西师范大学 2014 年硕士学位论文，第 8—9 页。

常生长。[①]

由于芍陂的建立,使淮河水系成为以陂塘灌溉为特色的灌区。受其影响,其他地方还修建了很多类似芍陂的陂塘堰坝,江苏较著名的有今洪泽一带的白水塘、扬州的陈公塘、丹阳的练湖、南京句容的赤山湖等。"这样就可以根据各时期灌溉用水量不同,开放一个或几个陂塘,供给整个灌区使用,从而提高灌溉保证率。"[②]

东汉前期江苏水利事业一度活跃,在原有水利工程的基础上进行了一系列的修复和扩建,并且农田水利工程的修建已经向南推进。[③] 东汉元和三年(86 年),在徐县北界(今江苏省泗洪县南)有蒲阳陂,"旁多良田,而废莫修",下邳国相张禹修复蒲阳陂,"通引灌溉,遂成熟田数百顷"[④]。《后汉书》中记载章和元年(87 年),马棱时任广陵郡(郡治位于今江苏省扬州市)太守,致力于兴复陂湖,灌田达 20000 余顷,规模相当之大。东汉建安元年(196 年)起,陈登在广陵(今江苏省扬州市)修浚陈公塘、上雷塘、下雷塘、小新塘等。三国时期,孙吴赤乌二年(239 年)在句容城西开凿绛岩湖,又称赤山湖、赤山塘,引水为湖,用以汲水济源,初为破冈渎的水柜,[⑤]有溉田万顷之效。

三、水井形制更加完备

秦汉至三国两晋南北朝时期,人们生活生产用水仍然以地表水为主,但是地下水的开发利用也有进展,主要体现在更加完备的水井形制。根据考古发现的水井遗迹,秦汉时期的水井形制大部分是圆形井,兼有部分不规则形状的水井,且圆形井的口径普遍较小,其中最大直径的水井为江苏省徐州市金地商都两汉遗址发现的楔形砖

---

① 参见张凤岐《秦汉政治制度与农业发展研究》,西北农林科技大学 2017 年硕士学位论文,第 36 页。

② 梁利:《简论我国古代灌溉事业发展与地理环境的关系》,《水利电力科技》1995 年第 2 期,第 46—50 页。

③ 参见郭文韬《中国农业科技发展史略》,中国科学技术出版社 1988 年版,第 147—149 页。

④ (东汉)班固著,(南朝宋)范晔著:《后汉书》卷四十四《邓张徐张胡列传》,中华书局 2012 年版,第 1498 页。

⑤ 水柜是古代水利工程方面的特定名称,多建在山岭之间,或者运河航道上游的湖洼地带,既可大量蓄水济航,又可在缺水时引水灌溉。

井，直径是 1.8 米。[①]

通过对江苏省境内遗址的考古发掘，水井的修建已经出现多种样式，如在江苏省东海县石梁河镇原湖发现的不规则型井。[②] 此外，除了不同规则的形状，搭建水井的材料也呈现多样化，既有用砖块、石块搭建的水井，还有部分采用多种混合材料进行搭建。如在江苏省发现的陶圈井，在无锡市人民路考古挖掘的两口水井，这两口井均以陶井圈为搭建材料，由陶井圈层层累加而成，从制作工艺上看，井圈形状较为规整，一号井圈规格直径为 58 厘米，高度为 24 厘米；二号井圈规格直径为 61 厘米，高度为 38 厘米，且每个陶井圈中部都留有对称圆孔，并于外壁绘有绳纹用以装饰。[③] 在苏州火车站职工医院基建工地施工时，也发现了七眼陶圈井，与东海县发现的陶圈井极为相似，如外壁依然有绘制的花纹，陶圈中部也有对称圆孔来达到渗水的效果。这七眼水井共分为两个规格，分别为直径 68 厘米和 76 厘米，高度为 18 厘米和 22 厘米，厚度为 3 厘米和 4 厘米。其中不同的是这七眼陶圈井外壁装饰纹路更加精细，在陶圈的内外两侧均绘有诸如方格纹、菱形纹等，而外壁则是细绳纹或者为复回纹路。[④]

此外，在淮安市金湖县金南镇、黎城镇与塔集镇均发现陶圈井，根据对陶圈井的发掘与测量，三处陶圈井的外径、内径出现较大差异，但是高度却相同，均为 50 厘米，而根据陶井圈颜色与外饰花纹，三处均为灰陶质，花纹为拍绳纹。[⑤] 除了上述几个地方，根据考古出土的秦汉至三国两晋南北朝时期的陶井，在盐城市、连云港市、宿迁市、徐州市、高邮市、盐城市、常熟市等地均有陶井圈出现，可见在今江苏省境内使用陶井圈作为水井的搭建材料已经较为普遍。

就砖井而言，在今盐城市、东海县与泗洪县均有砖井遗址出土。如

① 参见尚群昌《秦汉水井空间分布与区域差异研究》，郑州大学 2015 年博士学位论文，第 93—95 页。

② 参见朱磊、林玉萍、刘劲松、李道亮、张猛《江苏东海县体育场汉代水井发掘简报》，《华夏考古》2014 年第 1 期，第 11—15，61 页。

③ 参见蔡剑鸣《无锡市区汉晋水井》，《中国考古学年鉴（1990 ）》，文物出版社 1991 年版，第 209—210 页；国家文物局主编：《中国文物地图集 · 江苏分册（下）》，中国地图出版社 2008 年版，第 291 页。

④ 参见王德庆《苏州北郊汉代水井群清理简报》，《考古》1993 年第 3 期，第 254—259 页。

⑤ 参见国家文物局主编《中国文物地图集 · 江苏分册（下）》，中国地图出版社 2007 年版，第 629 页。

在盐城市的建军中路便发现一眼汉代搭建的砖井，因搭建材料的不同，砖井较陶井复杂了许多，砖井的搭建是由众多小型砖块累积而成，如搭建井面二层扇砖通过弧平铺组成圆形的井口，二层扇面砖的下半截则采用半截条形砖，通过侧面竖立，再下层使用单层的扇面砖通过对弧平铺，在井口两层以下的部分，使用二竖一平的方式实现上下立单砖之间通过顺缝相叠构成水井圆桶状结构。① 在东海县发现的砖井为弧形字

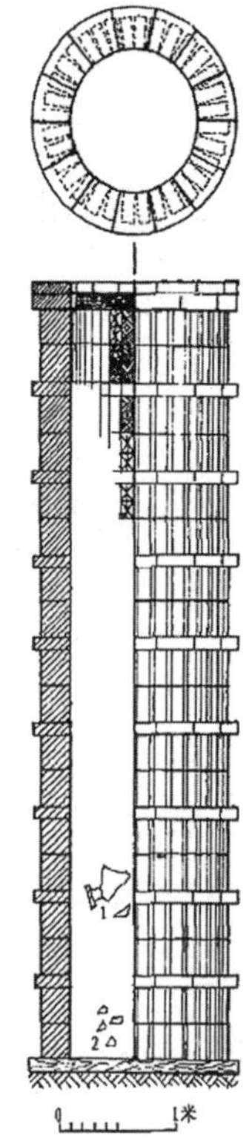

图 2-1 江苏省盐城市建军中路东汉砖井

（来源：俞洪顺，《江苏盐城市建军中路东汉至明代水井的清理》，《考古》2001 年第 11 期，第 29—41，98—99 页。）

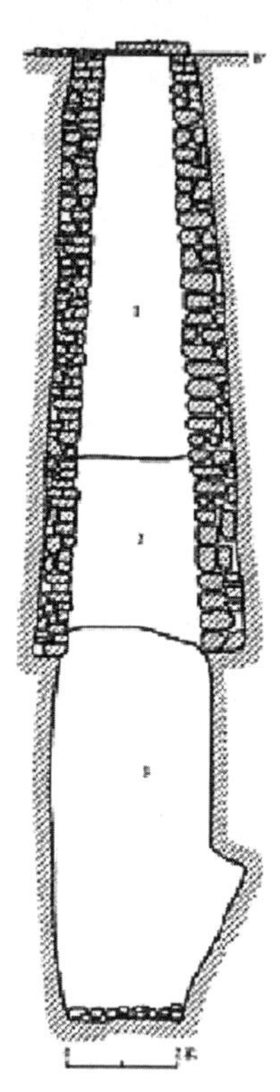

图 2-2 江苏省徐州市徐州卫遗址水井

（来源：孙爱芹，《江苏徐州市徐州卫遗址水井发掘简报》，《考古》2001 年第 10 期，第 40—46，104—106 页。）

① 参见俞洪顺《江苏盐城市建军中路东汉至明代水井的清理》，《考古》2001 年第 11 期，第 29—41，98—99 页。

母榫砖井，其搭建方式较盐城市水井更为简单，目前残存水井搭建架构共 6 层，每层由 15 块弧形字母砖相互叠加而成，此砖井外径共 1.5 米，每块弧形砖按一定规格制成，砖长为 0.315 米，宽度为 0.155 米，厚约 0.063 米，每块砖弧度控制在 167 度。[①] 在东海县的原湖村也发现了一眼砖井，每层砖井用 6 块长方形的灰色砖块从横向砌成，每块砖长约 40 厘米，宽为 14.5 厘米，厚度为 5.5 厘米。[②]

四、屯田与农田水利

统一、稳定的社会环境是水利事业发展的根柢。秦汉时期，在大一统的环境下，中央政府与地方政府的行政构架逐渐成形。其中通过相对严密的考核制度监督并激励着地方官员，他们须对劝课农桑、兴修水利、发展生产、推行教化等工作内容兢兢业业，客观上为地方农业的发展作出了贡献。大型水利工程设施的修建单靠个人或小团体的力量不能够完成，尤其是淮河治理这样的流域性大型水利工程。而水环境的改善和水资源的利用，是农业生产中至关重要的一环。在生产力整体相对落后的秦汉时期，中央集权体制具备可以完成大型水利设施兴修的优势，屯田制度的设立与完善推动了水利工程的进步。秦汉时期形成并得到进一步发展的以举国方式对水利工程的修建工作，成为早期“工程国家”的一大雏形。[③]

三国两晋南北朝时期，社会因为频仍的战乱动荡不断，长期的分裂与动荡对当时经济造成了极大的破坏。曹魏政权为了加强自己的军事力量，召集因战争而产生的大量流民以及附属军队，实行以屯田为主的农业集体耕作制度，凡曹魏势力所及之处，都进行了大规模的屯田活动，为曹魏军队提供给养，保证税粮征集。如“以沛国刘馥为扬州刺史，镇合肥，广屯田，修芍陂、茹陂、七门、吴塘诸堨，以溉稻田，公私有蓄，历

① 参见朱磊、林玉萍、刘劲松、李道亮、张猛《江苏东海县体育场汉代水井发掘简报》，《华夏考古》2014 年第 1 期，第 11—15，61 页。

② 同上。

③ 参见张凤岐《秦汉政治制度与农业发展研究》，西北农林科技大学 2017 年硕士学位论文，第 25—27 页。

代为利”[①]，由于屯田数量多并且集体劳作效率较高，所以屯田所获粮食产量也相当可观，屯粮成为曹魏主要的军粮来源。但是如何将军粮高速有效地运输到指定地点，军粮的及时补给成了首要问题。解决这个问题首先考虑的运输方法就是具有运输量大、速度快且相对便利的水运，这就需要水利工程的帮助。

屯田需要开发水利，水利的发展又反过来促进屯田的兴旺。曹魏大兴屯田后，屯田与水利工程的规模和数量在两晋南北朝时期亦续有增加。如为了便于对屯田的指挥和粮食的储藏与转运，东晋徐州刺史荀羡依傍白水陂、破釜塘等水利工程，引水灌田，陂湖毗连，经营石鳖屯(位于今江苏省的盱眙、金湖、宝应、淮安、洪泽五地)，田稻丰饶。“永嘉南渡”后，随着北方先进技术传到南方，农垦事业得到扩展，经济重心也逐渐南移。北魏统一北方后，生产力得到恢复，解决了百余年战乱所造成的土地无人耕、财赋无所出的局面。把无主荒芜土地利用起来，安置了流散的劳动力，[②]加上通联沟渠、灌溉田地，使当地土地肥美，可种五谷，民生复苏。

第三节　隋唐宋元时期：繁荣与昌盛

隋唐两代不仅着眼于运河的修筑，也同样重视农村水利的发展，在促进农村经济发展上采取了一些有力措施。隋唐时期，统治者派遣水利专员前往山川腹地，进行实地考察并了解地势水情，依照实情，制定出合理的水利工程方案，指导并监督地方民众和官员进行农田水利的修建工作。

宋朝封建经济发展达到了一个新的高度，在社会生活、政治制度、文艺娱乐等方面都领先于同时期的其他国家。所谓盛极而衰，盛世的背后隐藏了许多问题，为了巩固维护封建统治，北宋推行的两次新政均

① (唐)房玄龄著：《晋书》卷二十六《食货志》，中华书局1999年版，第784页。
② 参见张履鹏《魏晋南北朝时期农业资源开发利用概述》，《中国农史》1990年第3期，第7—15页。

在农田水利方面加大投入，掀起了一波农田水利建设高潮。朝廷为了推动农业经济发展，积极修建农田水利工程。在地方政权的主持下，地方政府积极整顿和修补陈旧的水利设施，并挖凿新的沟渠用以调节旱涝、灌溉农田、蓄淡防洪，带动了太湖圩田、扬州五塘、范公堤等工程的营建。

南宋、金、元时期，淮河流域广大地区屡遭战乱，水利失修，黄河南下夺淮，水旱灾害日益加重。为了安抚流亡百姓，解决军兵的用粮，南宋和元王朝在淮南等地大兴屯田，兴修农田水利，促进农业的发展和社会秩序的安定。

受元末战乱影响，地方政府无暇顾及水利工程，水利工程年久失修，无人维护，导致河岸人民和农田饱受洪涝与干旱之苦，良田尽毁，田园荒芜，经济状况不容乐观，人民苦不堪言，沿河地区百姓生活与宋朝相比较为惨淡。

一、塘浦圩田体系:形成与毁坏

早在春秋时期，百姓对太湖流域水土资源的利用、开发已经发展到一定水平。由于水利技术进步和生产发展需要的推动，春秋末期出现了对浅沼洼地的围垦。最早围垦湖沼浅滩的活动便发生在吴越之地。吴国在固城湖区（现江苏省南京市、安徽省马鞍山市的交界处）筑圩，变涂泥“为吴之沃土”；越国在太湖下游淀泖地区（今江苏省苏州市及附近）围田，即在田地外起土筑堤隔水以防洪排涝。[①] 经过战国、秦汉时期的发展，围田进一步开拓。到了南朝，围湖造田又有新的发展，太湖地区呈现出“畦畎相望”“阡陌如绣”的局面。圩田的发展对水环境与土壤环境进行了适宜改造，使得江南农业的生产活动处于动态稳定发展阶段。

到了唐代，太湖地区对农田水利的建设与开发步入一个新的阶段。在这一时期，圩堤、排灌设施的建设规模和数量均较以前有大规模提高。南方小型农田水利极盛，如大历年间的苏州嘉禾一带，“嘉禾一穰，江淮为之康”。不仅官府修建的陂、塘四处分布，大小水荡也多到不计

① 参见郑肇经主编《太湖水利技术史》，农业出版社1987年版，第1页。

其数，王祯形容当时的水利效用可实现“大可灌田数百顷，小可灌田数十亩”[①]。江淮之间多处修建了水塘，灌溉面积日益扩大。五代时期，吴越在太湖流域治水治田，通过对当地环境的适应和改善，发明并完善“塘浦制”[②]。七里十里一横塘，五里七里一纵浦，纵横交错，横塘纵浦之间筑堤作坪，使水行于坪外，田成于圩内，形成棋盘式的塘浦圩田系统。[③]

与一般的圩田、围田相比，塘浦圩田体系具有两大优势：一方面，修建与构建的规模极大，且形成较为有序的修建结构。据载，“平江府兴修围田二千余顷”[④]，当时的塘浦圩田系统，圩岸可高达 2 丈，低者也有 1 丈余，而塘浦有二三十余丈宽，深度 1 丈至 3 丈不等，堪比天然河道。宋代对此多有记载，如庆历年间，范仲淹曾将江南圩田描述为中有河渠、外有闸门的大城，“旱则开闸引江水之利，涝则闭闸拒江水之害”[⑤]，使得田地不受旱涝侵害，保障田产收益。《宋会要辑稿·食货》亦有相似记载，当时的沿江圩田以两层的形制为主，在圩堤外设有大堤，因此即使圩堤受到损坏，一时也不致圩内农田遭殃。[⑥] 更有“联圩”[⑦]这一新的围垦形式在江南圩区出现。据北宋郏亶对太湖地区的记载，太湖周边地区的高地和地势较低的腹内洼地因地制宜修建了不同的水利工程，从而实现了在低处田地与高处田地两者之间的分类治理，既可以避免洪涝对作物的损害，在旱时也可以保住秧苗生长。[⑧] 同时，将沿江圩田的维修养护管理纳入考核奖惩体制中，如“政和六年，立管干圩岸、围

---

① (元)王祯著，王毓瑚校：《王祯农书》，农业出版社 1981 年版，第 480 页。

② 苏州通史编纂委员会，王国平、林锡旦、叶文宪：《苏州通史·志表卷 上》，苏州大学出版社 2019 年版，第 50 页。

③ 塘浦圩田体系，把浚河、筑堤、建闸等水利工程措施统一于圩田建设过程中，既是田制的一种形式，也是农田水利发展的一种新形式。“塘”和“浦”都是圩内的排灌沟渠，这是依据走向不同而予以不同称谓，即纵浦横塘。纵浦既可以将多余的水排入江湖，遇到天旱又可以引用湖水灌溉。横塘则有利于储蓄积水，建筑门堰方便控制灌溉、调节水量，还可以利用径沥(通水壕沟)通港引水入横塘。

④ (元)脱脱等撰：《宋史》卷一百七十三《食货上》，中华书局 1977 年版，第 4169 页。

⑤ (清)顾沅辑：《苏州文献丛书 吴郡文编》，上海古籍出版社 2011 年版，第 362 页。

⑥ 参见庄华峰《古代江南地区圩田开发及其对生态环境的影响》，《中国历史地理论丛》2005 年第 3 辑，第 87—94 页。

⑦ 联圩即通过筑长堤，将众多小圩联并起来，以收“塞支强干”和防洪保收之效。从筑圩到联圩，这是人们认识上的一大飞跃，也是治水的有效举措。

⑧ 参见黎沛虹、李可可《长江治水》，湖北教育出版社 2004 年 8 月版，第 168—169 页。

岸官法，在官三年，无毁损堵塞者，赏之”[①]。

塘浦圩田，可以说是我们祖先在历史时期适应自然、改造自然的过程中逐渐探索出的一种土地利用方式，为江南滨江临海平原地区土地的开发利用起到了表率和示范作用，对于当地农业生产和社会经济的发展具有深远的历史意义。[②] 但是随着社会经济发展的需要，航运与农田灌溉在水源上的矛盾愈加明显。自北宋起，因政府在水利事业上的态度常以航运为重，牺牲灌溉以保漕运，虽然政局稳定时对部分塘浦有过一些浚治，但塘浦圩田日渐毁坏已是难以改变的历史趋势。

二、陂塘湖堰：灌溉转济运

水利作为农业发展必要条件，政府对其极为重视，唐宋政府在农田水利方面加大投入，掀起了一波农田水利建设高潮，尤其在北宋推行新法而兴起的水利建设中，水利工程修建取得了重大成就。依《新唐书·食货志》可考，唐代扬州附近已经有 34 处陂塘水利，其中以“扬州五塘”[③]最具代表。据《雍正扬州府志》记载，宋代时，扬州地区的官塘有数十处，如加上境内的私塘，合计达 240 处，“天长三十六陂”即用来形容当时扬州众多的陂塘湖泊。

随着自江南至洛阳、长安的南北运输需求的增加，整治运河、解决水源不足的问题成为建造陂塘湖堰的重要目标。唐时灌溉用水和运河用水的矛盾已经明显。元和年间，李吉甫为解决运河水少影响漕运的突出矛盾，于邗沟、邵伯湖、高邮湖之间筑造平津堰（今江苏扬州、高邮），实现了阻遏水位增高、灌溉千顷农田的双重效益。同样，修筑的富人塘、固本塘（位于今江苏高邮）、羡塘（位于今江苏宝应）等既有蓄水济运的作用，还可灌溉农田。常丰堰（位于今江苏盐城、李承主持修建）“遮护民田，屏蔽盐灶”，棠梨泾（位于今江苏淮阴）泄洪溉田，以及徐州泾、青州泾、大府泾等（位于今江苏宝应）分布在洪泽湖的人工水道，都

① (元)脱脱等撰：《宋史》，中华书局 1977 年版，第 4168—4169 页。

② 参见郭凯《太湖流域塘浦圩田系统的形成及其影响研究》，《中国农业历史学会会议论文集》，2007 年 9 月，第 12 页。

③ 一般指陈公塘、句城塘、上雷塘、下雷塘、小新塘。

对唐代灌溉、济运发挥了重要作用。北宋建都开封，漕运路线比唐朝缩短一半，漕船由淮水入汴水，水道畅通，滩阻较少，而且不需转运。另外，农业、水利的发展和造船、水工技术的进步为北宋漕运事业创造了有利条件，宋朝的漕船运载量超过了唐朝，“每年漕运量一般五六百万石，多时还曾到八百万石，成为我国漕运史上最高纪录”①。

扬州作为漕运的重要站点，其湖塘浚治工作，尤其是“扬州五塘”的修治体现了政府对水利工程功能需求的转变。与北方的大型水利工程不同，南方因地制宜，利用对江、河、湖、泽等自然水系，建立了适宜稻田的种植模式与灌溉的水利排灌系统，实现防害、增产的效果。

总体说来，平原上的“治水”事业较为细碎、精致，且地方性陂塘等水利工程较为发达。扬州南临长江，蜀冈与长江间为沿江冲积平原，②为了实现对古扬州广大区域的开发，很早就通过兴修陂塘灌溉农田。据《后汉书·马援列传》记载，后汉章和元年(87 年)马棱迁广陵郡(治所在今江苏省扬州市西北)太守，“兴复陂湖，溉田二万遏余顷，吏民刻石颂之”③。

“扬州五塘”是江淮地区著名的灌溉工程，始建于汉代，并在唐宋时经历多次修缮、扩建。五塘在陂塘中以面积大、灌溉与济运效益高而著名。五塘中以陈公塘为最大，次为句城塘，其次为上、下雷塘，最小为小新塘。五塘兴建初期是为了灌溉，至唐贞元时开始引五塘水济运，其后济运比灌溉更为重要。④

表 2-1　唐代修治“扬州五塘”举要

名称	位置	年代	修治纪要	主持人
陈公塘	仪征市东北 30 里	贞元初年(785—805 年)	增筑陈公塘的堤障，新作斗门一所	淮南节度使杜亚
		宋淳熙九年(1182 年)	再次修建	淮南运判钱冲之

① 夏邦杰、王延荣、杨惠淑:《治水与定国安邦》,《河南水利与南水北调》2012 年第 17 期,第 16—17 页。
② 参见孙竞昊、卢俊俊《江南区域环境史研究的若干重要问题检讨和省思》,《重庆大学学报(社会科学版)》2021 年第 2 期,第 248—263 页。
③ (东汉)班固,(南朝宋)范晔:《后汉书》卷二十四《马援列传》,中华书局 2012 年版,第 862 页。
④ 张芳:《扬州五塘》,《中国农史》1987 年第 1 期,第 59—64 页。

续表

名称	位置	年代	修治纪要	主持人
句城塘	扬州市西35里	贞观十八年(644年)	引渠又筑	长史李袭誉
上、下雷塘	扬州市西北15里	贞观、贞元年间	引雷陂水灌田	长史李袭誉、淮南节度使杜佑
小新塘	扬州市西北10里			

资料来源：张芳，《扬州五塘》，《中国农史》1987年第1期，第59—64页。

宋代曾经用以工代赈、水利司钱的办法，在淮南东路招募流民修筑圩埠、兴修水利，其中最大的是扬州府天长县的三十六陂(今扬州市)。三十六陂工程耗时之长、所需人力之多，可见于文书记载，修建完成之后在农田灌溉方面发挥着巨大的作用。据记载，三十六陂可浇灌田地90万亩，且利于排洪泄洪，有力地解决了八万多灾民因洪水带来的严重影响，因此多有诗词以此代指湖泊之多。此外，其他地方也修建了许多水利工程，有的是兴建水渠、引水灌溉，有的是建造水柜、蓄水以利灌溉。许多堙塞崩坏的陂塘经过整修，重新发挥了灌溉效益，全国兴修农田水利工程达10000多处，被灌溉土地面积达到3000多万亩。

三、农田水利管理法治化

历代统治者对水资源的利用与管理都较为重视，为了实现对农田水利规范化与合法化管理，保护和促进农田水利建设，水利法规便由此诞生，并在长期实践中得到深化与推进，成为水利工程建设中管理成熟度的重要反映。[①] 春秋时期，随着水利的兴修和发展，在诸侯盟约中已有水利条款。秦武王二年(前309年)制订的田律条款中有“十月为桥，修阪堤，利津隘”的规定。[②] 专门的农田水利法规始见于西汉，“定水令，以广溉田”[③]。隋唐宋元时期对水资源利用的管理进入法制化阶段。

① 参见王永新《我国古代的水利法规》，《治淮》1994年第1期，第42—43页。

② 于琨奇著，何兹全主编：《战国秦汉小农经济研究》，商务印书馆2012年版，第9页。

③ 周魁一：《我国古代水利法规初探》，《水利学报》1988年第5期，第26—36页。

1. 我国古代第一部较完整的水利法律法规:《水部式》

要复兴经济必先恢复农业,恢复农业以整治水利为重,因而唐朝政府十分重视农业生产。在中央,政府设有水部郎中,总管全国河道,包括了航运、灌溉等事务,并在地方设立专门机构或专职官员,主要负责上传下达地方水情与决策,参与管理地方防洪与灌溉等相关事宜。政府在加强对水资源利用的管理上采取了多样的措施,而制定法律法规是最为直接有效的手段之一。我国古代第一部较为完整的水利法《水部式》[①]便诞生于唐朝,是现存见于文字记载的最早的一部水资源专门法规。《水部式》中详细制定了关于水利工程修建的细则以及完整的水利制度,包含对中央及地方水利官员的考核标准等,并且对于河道管理与农田水利的相关内容都有清晰的界定,使水利管理工作有法可依、有章可循,是一部较为完整的水利法典,为后世提供了水利立法范本。

水资源的合理利用和分配是农业生产的关键。为保证有效、合理地利用水资源,在一定程度上避免各种水资源利用之间的纠纷,《水部式》在灌溉农田、碾硙(即水碾)[②]和航运三个方面作出了许多规定。例如在水权归国家所有的唐代,权势者或贵族官僚多采用碾硙(即水碾)等各种手段,企图谋取经济利益。但是,经营水碾硙活动规模愈发增大,对河渠水流的流向、流量影响也愈发重大,极易造成河渠阻塞,影响农业灌溉。[③]

为保证农田灌溉,政府不仅拆除了很多碾硙,还在《水部式》中规定:"诸水碾硙,若壅水质泥塞渠,不自疏导,致令水溢渠坏,于公私有妨者,碾硙即令毁破。"[④]由此可知,为保证碾硙运转,设置了碾硙的水渠须筑堰,但是这也导致水流流速减缓,泥沙逐渐淤积渠底,抬高河渠水位,而使水溢出渠道,损坏水渠,若碾硙经营者不能自觉疏浚渠道,则必须

---

① 20世纪初,在甘肃敦煌鸣沙山千佛洞里发现了唐开元二十五年(737年)修订的《水部式》残卷,共2600余字。

② 水碾是中古时期较为先进的生产加工工具,其特点主要是在技术上充分利用水利资源,借助水力带动碾硙进行加工生产(如谷物脱粒、加工面粉),这不仅解放了人力,而且大大提高了生产劳动效率。

③ 参见刘小平《唐代寺院的水碾硙经营》,《中国农史》2005年第4期,第44—50页。

④ 唐耕耦、陆宏基:《敦煌社会经济文献真迹释录(第二辑)》,全国图书馆文献微缩复制中心1990年版,第579页。

拆除。

但是《水部式》并不禁止碾硙用水，只是规定灌溉用水优先于碾硙用水。“诸溉灌小渠上，先有碾硙，其水以下即弃者，每年八月卅日以后，正月一日以前听动用，自余之月，仰所管官司，于用硙斗门下着锁封印，仍去却硙石，先尽百姓灌溉。若天雨水足，不须浇田，任听动用。其旁渠疑有偷水之硙，亦准此断塞。”①漕运和农业灌溉也会存在水源相争的矛盾，《水部式》的相关规定，则是优先满足漕运通航，即“只有当完成运输任务之后，或在水量充沛，不妨碍行船的情况下，方可允许灌溉。如果航运与灌溉不能兼顾时，优先满足通航要求”②。

由于可耕土地数量的日益增加，农田与农田之间也存在灌溉争水的情况。为解决这类矛盾，《水部式》规定：“诸灌溉大渠，有水下地高者，不得当渠造堰，听于上流势高之处，为斗门引取。”“凡浇田，皆仰预知顷亩，依次取用，水遍即令闭塞，务使均普，不得偏并。”③对于上下游的水资源使用，《水部式》规定的是一种均水制度，按照所需灌溉的田地亩数来确定用水量；上游不得在渠道上造堰，不得使下游无水灌溉。对于水量的分配，《水部式》的规定较为具体化。“京兆府高陵县界，清、白二渠交口著斗门，堰清水，恒准水为五分，三分入中白渠，二分入清渠。若水两(量)过多，即与上下用处相知开放，还入清水。”④“至浇田之时，须有开下，放水多少，委当界县官，共专当官司相知，量事开闭。”⑤“南白渠水一尺以上，二尺以下，入中白渠及偶南渠。若水两(量)过多，放还本渠。”⑥唐朝通过渠道上的取水闸门来实现河道上下游的水量分配，如“泾渭白渠及诸大渠，用水溉灌之处，皆安斗门，并须累石及安木傍壁，

① 韩秀桃、张德美、李靓编著：《中国法制史》，法律出版社 2001 年版，第 293 页。转引自张兰、宋金华《唐朝〈水部式〉的主要内容及其评析》，中国法学会环境资源法学研究会、水利部、河海大学：《水资源可持续利用与水生态环境保护的法律问题研究——2008 年全国环境资源法学研讨会(年会)论文集》，中国法学会环境资源法学研究会、水利部、河海大学：中国法学会环境资源法学研究会，2008 年版，第 4 页。

② 同上。

③ 同上。

④ 杨春岩、王秀梅责任编辑《中国灾害志》编纂委员会：《中国灾害志 断代卷 隋唐五代卷》，中国社会出版社 2019 年版，第 364 页。

⑤ 同上。

⑥ 韩秀桃、张德美、李靓编著：《中国法制史》，法律出版社 2001 年版，第 293 页。

仰使牢固”①。《水部式》还规定，渠道上设渠长；闸门上设斗门长；渠长和斗门长负责按计划配水；大型灌区的工作由政府派员督导和随时检查，“其斗门，皆须州县官司检行安置，不得私造”②。扬子津（今江苏省扬州市扬子桥）的二斗门即是其中最有代表性的一处。

在节约用水方面，《水部式》中规定，“诸渠长及斗门长，至浇田之时，专知节水多少。其州县每年各差一官简校；长官及都水官司，时加巡察”，“泾、渭二水，大白渠，每年京兆少尹一人检校。其二水口大都门，至浇田之时，须有开下，放水多少，委当界县官，共专当官司相知，量事开闭”③。不仅明确了节约用水，而且对官吏的节水管理职责作出要求，工部下设水部，有郎中、员外郎各一人，全天下的河流、水渎、陂塘等相关的政令都归水部掌管，“凡舟楫灌溉之利，咸总而举之”④。

同时，都水监掌水利建设，掌管京畿地区的河渠修理和灌溉事宜。《水部式》中规定，“若用水得所，田畴丰殖；及用水不平，并虚弃水利者，年终录为功过，附考”。将官吏的考核与节约用水联系在一起，以水资源管理的成绩作为官吏考核的标准之一。这些内容，与中国现今所提倡的建设节约用水型社会的思想基本一致。⑤

2. 农田水利法规的进一步转型

农业在宋代统治阶级眼里更受重视，不仅采取一系列促进农业生产的措施，而且皇帝、官员都曾对农田水利于国计民生的重要性和关系作出阐释。如宋神宗曾指出“灌溉之利，农事大本”。北宋三司度支判官陈尧叟认为，相比于陆田靠天收，水田可尽地力，因而水田更重要，要重视农田水利。南宋时期的陈亮认为时谚“衣则成人，水则成田”是水利于稻田之重要性的最好说明。⑥ 陈耆卿也有言：“夫稼，民之命也；水，稼之命也。”⑦

---

① 韩秀桃、张德美、李靓编著：《中国法制史》，法律出版社 2001 年版，第 293 页。
② 同上。
③ 同上。
④ 耿戈军：《唐太宗时期的农田水利发展》，《水利天地》2001 年第 12 期，第 36 页。
⑤ 参见韩秀桃、张德美、李靓编著：《中国法制史》，法律出版社 2001 年版，第 293 页。
⑥ 参见漆侠《宋代经济史》，上海人民出版社 1987 年版，第 75 页。
⑦ 齐芳芳：《宋代农田水利管理法律制度研究》，南京师范大学 2017 年硕士学位论文，第 24 页。

出台法律法规，是宋政府加强对农田水利事务管理的有力举措之一。农田水利管理的法条，不仅存在于《天圣令》等综合性的法律之中，而且包含在专门的水利法规中。这些法规以政府主导、预防水旱灾害为原则，在宋代农田水利事务管理中发挥着重要的作用，构成了宋朝农田水利管理法律制度体系。这个体系内容详细且具体，从水利设施的规划修建到水利设施的保护，再到农业灌溉用水，以及破坏水利设施所需承担的惩罚。其中，农田水利设施兴修的法规内容翔实。

地方进行水利建设时，官员可根据法律法规进行依法治理。例如在论浙西、苏州一带水利设施建设时，王淮指出："惟因人之力而用之，则役省；因人之利而导之，则乐从。力半工倍，莫胜于此。"①景祐年间，苏州受灾，范仲淹也曾"日以五升，召民为役"②，兴修水利。民众也是宋代水利事业进步的另一大重大推动力。根据一些地方性法规，推选出堰首、甲头、监当等自治管理人员，参与到农田水利事务的管理中来。③

表2-2 宋朝农田水利设施兴修的法规内容举要

适用范围	内容	法规出处
水利灌溉设施的审批	"诸别敕有所修造，令量给人力者，计满千功以上，皆须奏闻。"	《天圣令》卷二十八《营缮令》
农田水利事务的责任归属	"诸近河及陂塘大水，有堤堰之处，州县长吏以时检行。若须修理，每秋收讫，劝募众力，官为总领。"	《天圣令》卷二十八《营缮令》
农田水利事务的责任归属	各州县"有无浅塞合要浚导，及所管陂塘、堰埭之类可以取水灌溉者，有无废坏合要兴修"。	《农田利害条约》
劳动力与资金的筹集	农户兴修水利如因"工役浩大、民力不能给者"，允许其"于常平广惠仓系官钱解内，连状借贷支用"。借贷者难以依次还清借款，可根据青苗钱例，"作两限或三限送纳"。	《农田利害条约》

① 曾枣庄、刘琳主编：《全宋文》，上海辞书出版社2006年版，第171页。

② (宋)范仲淹著，李勇先、王蓉贵校点：《范仲淹全集》，四川大学出版社2002年版，第265页。

③ 参见齐芳芳《宋代农田水利管理法律制度研究》，南京师范大学2017年硕士学位论文，第24—26页。

续表

适用范围	内容	法规出处
堰首的选举和任职	堰首"集上中下三源田户,保举下源十五工以上,有材力公当者充。二年一替"。	《通济堰归》
监督诸路官员的农田水利事务之考课	"一善德义有闻。二善清慎明著。三善公平可称。四善恪勤匪懈。一生齿之最:民籍增益,进丁入老,批注收落,不失其实。二治事之最:狱讼无冤,催科不扰。三劝课之最:农桑垦殖,水利兴修。四养葬之最:屏除奸盗,人获安居。"	《庆元条法事类》

资料来源:《宋史》《宋会要辑稿》、漆侠的《王安石变法》等。

3. 元承唐宋旧制:《劝农立社事理条画》等水利法规

水是把双刃剑。"水为中国患,尚矣。知其所以为患,则知其所以为利,因其患之不可测而能先事而为之备,或后事而有其功,斯可谓善治水而能通其利者也。昔者禹堙洪水,疏九河,陂九泽,以开万世之利,而《周礼·地官》之属,所载潴防沟遂之法甚详。当是之时,天下盖无适而非水利也。"[①]因而,要争取将水资源利用好,兴修水利工程,"惟能因其势而导之,可蓄则储水以备旱之灾,可泄则泻水以防水潦之溢,则水之患息,而于是盖有无穷之利焉"[②]。

灌溉是兴农务之根本,更是国家丰厚粮赋的重要来源。元政府非常重视兴修水利工程,"内立都水监,外设各处河渠司,以兴举水利、修理河堤为务"[③]。还临时设立都水庸田司,工程结束后就撤销。如1323年在松江设都水庸田司,掌管江南河渠水利。郭守敬、王允中等水利专家获得重用,参与规划全国水利建设。元朝中央政府还派劝农官和知水利者等巡行郡邑,了解农田灌溉的需要。"凡河渠之利,委本处正官一员,以时浚治。或民力不足者,提举河渠官相其轻重,官为导之。地高水不能上者,命造水车。贫不能造者,官具材木给之。俟秋成之后,验使水之家,俾均输其直。田无水者凿井,井深不能得水者,听种区

① 周魁一等注释:《二十五史河渠志注释》,中国书店1990年版,第235页。
② 同上。
③《元史》卷六十四《河渠志一》,中华书局2013年版,第1588页。

田。”[①]凡是需要或正在兴修水利的地方，元朝中央政府都委派正品官员一名到任负责。如果遇到兴修水利所需的劳动力、资金或者物材不足时，官府可提供或由官府出面筹集。在地势高的地方造水车，在无水的地方凿井。秋收之后，官府查验用水的农户，来征收赋税。[②]

最重要的是由元仁宗初拟、经元英宗增改并正式确定的《大元通制》。此法为汇辑历朝颁发的有关法令文书而成，于至治三年（1323年）在全国大范围刊行。

表 2-3 《劝农立社事理条画》所涉农田水利内容举要

适用对象	文书内容
诸路（各地方）	均有水利
水利官员	设水利官员，和通晓水利的人相互监督和巡视
建设水利的权利	允许民间力量开沟挖渠
劳动力和资金	若民间力量不足，可以上报上级，差提举河渠官验过之后，官府增添人力修建，根据实际情况安置水碾磨，需要浇灌田地时，停住碾磨，浇溉田禾
水利设施的使用	水田浇完，碾磨才能继续引水或废弃，务必要各尽其用
用水分配	有河渠但地形较高，不能引水的，造水车，官府应派人去测量水和田地的远近，根据每户人口多少，分置使用

资料来源：（明）宋濂，《元史》卷九十三《食货志一·农桑》；崔婷婷，《元代农官制度研究》，2017年西北农林科技大学硕士学位论文，第14—16，28，32页。

元朝廷在《通制条格》中以法律的形式一再颁布有关水利建设与河道治理的政策和举措。在水利灌溉方面，元代从中央到地方都设立了明确的管理监督机构，为保障农业生产的稳定增加了保险屏障。元代水利建设和农官设置及水利灌溉法规，在很大程度上促进了农业生产的恢复和发展，也提高了人民修建水利工程的技术以及抵御自然灾害

① 《元史》卷九十三《食货一》，中华书局2013年版，第2355页。

② 参见崔婷婷《元代农官制度研究》，西北农林科技大学2017年硕士学位论文，第14—15页。

的能力。[①]

四、水利与经济重心南移

沟通南北的大运河是隋朝留给后世最重要的水利工程。隋之前大部分水利工程兴修多以灌溉为目的,用作交通与通漕的水道较少。到了隋代开凿运河时,在保证漕运的基础上一定程度保证了对短距离通航、引水灌溉与分泄洪水等功效的兼顾,成为一种具有综合效益、综合利用的水利工程。这条隋代运河因兼顾都城与各大经济区,形成了以长安、洛阳为中心的运河水系结构。

隋朝大运河开凿后,政治中心与主要经济区相距较远的矛盾也随之产生。隋代定都长安,长安所处的关中地区自然成为全国的政治中心,但是以经济的角度去看,随着战乱、士人南渡与南方优渥的自然条件,关中较南方地区差距逐渐拉大,已难以维系京都粮赋,必然要通过漕运等方式将江南之财赋运至都城。因陆运艰难,漕运便成为国家运行所仰仗之事。而隋代之前,如秦汉时期,关中水利设施的构建与农业的发展足够满足都城对粮赋的需求,因此关中地区既是政治重心,也是当时区域的经济中心。但是经过魏晋南北朝长期的战乱,永嘉南渡等大量人口的南迁,对江南地区尤其是自然条件较好、利于耕种的三吴地区,农业得到大规模开发,使得经济与中原地区的经济已经达到相持的水平。因此江南地区的经济成为当时统治者维系统治极为重要的资源。

为了国家政治、经济发展,隋代必然要对江南地区的财富进行调配,以便将其集中于关中地区,实现经济与政治的相匹配,也因此,通过通济渠、永济渠、邗沟、江南河等诸多河道将位于关中地区的长安、洛阳与北方的涿郡、南方的余杭等地相互联系起来。当然,除了江南,在运河开凿时对涿郡的考虑实际也证明了北方地区的重要性,尤其是在北魏时期,在现今的河北,经济曾出现一段时间的繁荣,成为当时一个极为重要的经济区,正如史载的"国之资储,唯藉河北"(《北史·魏常山王

① 参见崔婷婷《元代农官制度研究》,西北农林科技大学 2017 年硕士学位论文,第 14—15 页。

遵传》)，运河河道的开凿自然也有为了保证河北财赋运至都城的需求。除此之外，隋炀帝三征高句丽，用兵东北地区，为了征战，军粮物资必须得到供应，这也是永济渠开通的重要原因。可以看到，大运河的开凿与全国经济区的发展有着极为密切的联系，至大运河开凿后，更是加大了经济区之间的差距，经济重心南移的趋势进一步加强。大运河开通后，极大地推动了全国尤其是南方地区经济的繁荣，也成为中央政府扩大与增强对全国掌控能力的关键工程。

总体而言，大运河对隋代经济、政治以及文化等的积极作用是极为显著的，但是也带来了一些消极作用，在有隋一代，短短不到半个世纪，其实并没有享受到大运河带来的对全国政治、经济上的好处。通过运河由南至北、由北至西搜刮来的粮食、布帛等直至隋朝灭亡仍堆积在都城仓库之中。真正受运河之益的，其实是唐、五代和北宋。据《元和郡县图志》记载“隋氏作之虽劳，后代实受其利焉”①。待唐朝建立，在继承隋朝修建的大运河这一重大水利工程遗产后，并没有轻视大运河之功效，而是对运河各段积极维护与运营，以保证运河漕运和灌溉功效。在唐代，大运河将中央政府与各地方政府尤其是江南地区政府紧紧联系起来，并在一定程度上促进了全国经济重心的南移。

除了沟通南北的大运河，唐代修建的大型水利工程部分侧重于灌溉之效，将重点放在对农业发展的扶持之中。因此，在唐朝水利工程分布特点呈现在数量多、分布广之上，甚至原本经济较为落后、农业发展较为缓慢的岭南地区也逐渐修建起众多大型水利工程。唐代农田水利工程的修建与发展呈现出与农业区发展的一致性。如全国农业较为发达地区，农田水利事业的发展也较为可观，如北方的黄河流域，关中、河南、河北一带，南方以太湖流域、长江流域为中心的四川、江西、淮南等地均是农田水利工程发展较为迅速的地区，这些地区无一例外均为农业发达地区。随着经济重心的逐渐南移，长江流域的农业发展速度逐渐提升，日益繁荣的商业经济又驱使农业谋求新发展，而农业的发展离不开农田水利工程的修建，因此这一时期是江南农田水利发展极为辉

① (唐)李吉甫撰，贺次君点校：《元和郡县图志》卷五《河南道》，中华书局 1983 年版，第 137 页。

煌的时期。当然,其中最重要的一点是,随着水利工程的修建与水利事业的发展,尤其是贯通江南地区南北两地的运河的修建,使得淮南经济区、太湖流域经济区逐渐联合成为一个整体,逐渐形成了长江下游经济区,也正是因为运河,黄河下游农业区与长江下游经济区的联系更为密切。

优渥的自然条件和南迁之人带去的劳力、技术和种子等使得江淮地区尤其是以太湖流域为中心的地区,自东晋南朝,农业得到了迅速的发展,与之配套的农田水利工程也得到了开发。到了唐后期更是取得了极为辉煌的成就,江南地区浦、渎、塘、圩等的发展,促进了耕地面积的扩大与人口的增长,推动了江南地区成为全国最富庶的地区。

唐代宰相权德舆曾评价江南地区:"江东诸州,业在田亩,每一岁善熟,则旁资数道……赋取所资,漕挽所出,军国大计,仰于江淮。"[①]可见,在农田水利逐渐发展的过程中,农业与经济也得到了极大的推动。江淮地区农业最发达的地区也是水利最发达的地区,如扬州、太湖流域和浙东地区。随着运河的兴起扬州逐渐发展为水陆交通的重要枢纽,漕粮、茶叶、丝织等在扬州进行汇集与分散,当地经济得到进一步发展,更有称"富庶甲天下"。位于长江以南的苏州、湖州与杭州等地,在发展中逐渐成为太湖与浙东地区的经济要地。苏州的经济地位随着贸易的往来,逐渐与杭州经济发展水平相近。白居易曾说:"杭州丽且康,苏民富而庶。"宋人郏亶说:"天下之利莫大于水田,水田之美莫大于苏州。"[②]由此而知,太湖流域和浙东地区的经济十分繁荣。[③] 在江南水利不断发展演变之中,我国逐渐实现了经济重心的南移,直到南宋时期最终完成这一历史过程。

---

①《全唐文》卷四百八十六《权德舆 论江淮水灾上疏》。

②《吴郡志》卷十九。

③ 参见杨荫楼《秦汉隋唐间我国水利事业的发展趋势与经济区域重心的转移》,《中国农史》1989 年第 2 期,第 38—44 页。

第四节 明清时期:停滞与再发展

明清两代对农田水利的治理颇为频繁,但因黄淮地区灾害不断,政府对其屡次治理却未有明显成效。又因江南地区是国家经济重心所在,故尤以水利兴修为重,其中浚疏太湖流域的淤垫达二三十次,其他河湖港汊的浚治活动几乎每年都有,对设闸和增修圩堤亦颇为重视。明清水旱灾害的频率超过历史上任何时期,所以这一时期江苏农田水利建设营建也集中在主要围绕太湖流域水旱灾害的应对和防治。随着塘浦圩田系统的衰落,新的土地利用形式,如垛田的产生与推广为农业发展增添了新动力,同时还涌现了一批从传统治水理念中寻求新方法的乡绅、官吏。

一、塘浦圩田日益衰落

明代初年,随着吴淞江海口逐渐向东移动,下游江身淤塞愈发严重。夏元吉采取"掣淞入浏"的新办法,由夏驾浦等导吴淞江水改经浏河出长江入海,事实上已经放弃了对吴淞江的治理。但是吴淞江的地理位置与河道的构建对于太湖地区农业发展意义极为重大。明代归有光曾言:"江水自吴江经由长洲、昆山、华亭、嘉定、上海之境,旁近之田,固藉其灌溉。要之吴淞江,之所以为利者,盖不止此,独以其直承太湖之水"①,而且"吴淞江为三州太湖出水之大道,水之经流也,江之南北岸二百五十里间,支流数百,引以灌溉。自顷水利不修,经河即湮,支流亦塞。然自长桥以东,上流之水犹驶,迨夏驾口至安亭,过嘉定、青浦之境,中间不绝如线,是以两县之田与安亭连界者,无不荒"②。

可以看到,若是吴淞江因泥沙淤塞,将会对太湖流域主要农业生产区产生极为严重的损伤,对农田水利的发展也是极为不利的。且吴淞江作为太湖湖水的出口,若因淤塞,当洪涝发生之时,太湖流域水量难

① (明)归有光:《震川集选》,林纾选评《寄王太守书》铅印本,商务印书馆民国十三年版,第 26 页。

② (明)归有光:《震川集选》,林纾选评《论三区赋役水利书》铅印本,商务印书馆民国十三年版,第 32 页。

以宣泄，必然会出现湖水涨溢的情况，并且该地濒临海洋，若与海潮一并，两者相害，必然会对太湖地区的经济与社会发展造成难以挽回的损伤，从整个国家的角度，也会对太湖财赋的收取产生极大影响，所以明、清两代的政府对太湖流域的水利建设高度重视。[①] 同时另开范家浜，导淀泖湖水经过黄浦江入海，黄浦江水势日盛，占夺了吴淞江的尾间，这是一次大变化，其后果利弊互见，而吴淞江终于被黄浦江夺流，泥沙淤垫更快。

为了减少江水涨溢对苏州、常州等地的威胁，明永乐年间由当地政府出面组织了对部分河闸的整改，如五堰河闸便由此改成上坝，也就是现在所称的东坝。[②] 此外，在胥溪上的五堰在明初至永乐年间也经过大范围的修建，历经复河建闸后又改闸为坝。这一次对胥溪的整改，对太湖以西的水文特征产生了极大的影响。如东坝修筑后，水势不再向西，又经过历代对水坝的整修与加固，太湖流域与水阳江等不再通水，出现了基本隔绝的情况。[③]

清代以后，由于塘浦系统日益毁坏，后“水利不讲，农政废弛，未有如近代之甚者”[④]。太湖流域，特别是苏锡常地区，地方市镇主姓大族加强了对小区域的农田水利的修治，七浦塘、三丈浦、李墓塘、贵泾、尤泾等疏浚均离不开“有力之家”的协助。[⑤] 明清时期，江苏的湖荡平原地区深受豪强占垦、私筑堰坝影响，三江河道淤塞严重，古老的陂塘淤堙严重，直至近代情况才有所改善。

二、水乡的土地利用新形式:垛田

江苏中部的平原地带，属淮河流域的湿地区，多为湖荡圩田平原。[⑥] 明时此处被称作“东下河”；清时则称“下河”，里运河之东地势低

---

① 参见解诚《清代前期太湖流域水利建设研究》，东北师范大学 2006 年硕士学位论文，第 7 页。

② 参见谢湜《 历史 · 田野丛书 高乡与低乡 11—16 世纪江南区域历史地理研究》，生活 · 读书 · 新知三联书店 2015 年版，第 138 页。

③ 参见谢湜《明前期江南水利格局的整体转变及相关问题》，《史学集刊》2011 年第 4 期，第 44—49 页。

④ 张履祥辑补、陈恒力校释、王达参校:《补农书校释》，农业出版社 1983 年版，第 167 页。

⑤ 参见李兵兵《明代常熟水利研究》，苏州大学硕士学位论文 2021 年，第 57—69 页。

⑥ 圩田平原是一种沿河修筑堤坝、开沟排水、发展圩田而形成的人工平原地貌。

下，为有别于运河大堤以西之上河，故得此名，包括山阳、宝应、高邮、江都、兴化、盐城、泰州、甘泉、东台、阜宁等州、县。“沿范堤之旁，南北有河一道，曰串场河，淮南诸商藉以运引盐之往来者也。运河东堤中八十里曰平津堰。明初设立二十三浅，浅有浅夫使之不时捞浚，运盐之堤。曰东河塘，明初分为十塘，塘有塘夫，使之随时修筑。统计下河之地不下三十万顷。为田者十之四，为湖者十之六，当时堤岸坚固，疏浚得宜，故水旱为无虞也。”①当时上下游水势较为平稳，下游受灾程度低。

明清时期，随着黄河南下夺淮，黄河携带的泥沙在地势较为平坦的苏北平原地区以及沿海大量淤积，并自潘季驯治水后淤垫进一步加深，大量泥沙的淤积堵塞了苏北平原众多河渠，并随着淤积的加深，古老的射阳湖湖区逐渐向湖荡沼泽转变。② 正如史籍所载：“（黄河）南渡以后，大河南徙，黄淮合流……迨嘉隆间，河患日剧、填淤日远。西北入淮之迹不复可考。而射阳湖亦渐受淤。”③

射阳湖因地处苏北平原腹地，地势低洼，且一直为苏北诸多河渠倾注之地，待黄河夺淮南下后，水环境逐渐变差，古射阳湖也逐渐成为黄、淮、运等诸多河流的泄洪之处。每次洪水倾注，湖盆底部均会有大量泥沙沉积，在历经多次洪水，湖泊面积逐渐淤浅，沼泽、荡地开始逐渐出现。如在清代高邮州靠近东北的地方，原本湖面在泥沙的堆积下出现了五片荡地，并逐渐相连成为大片湖荡，兴化境内也出现了两片荡地。④ 乾隆年间，盐城县已有部分湖泊淤成平陆，即在县治的西侧、射阳湖东畔。至清末，湖区的主要湖荡有大纵湖、平望湖、蜈蚣湖、得胜湖、郭正湖、广洋湖及马家荡、九里荡等，其中大纵湖、平望湖、蜈蚣湖、得胜湖等均位于今兴化境内。⑤ 大量湖荡的出现，说明兴化地区的环境已经

① 魏源全集编辑委员会编校，贺长龄辑，魏源编次，曹堉校勘：《魏源全集》第 18 册—第 19 册《皇朝经世文编》卷 90—卷 120《刑政 工政》，岳麓书社 2004 年版，第 336—337 页。

② 参见彭安玉《论明清时期苏北里下河自然环境的变迁》，《中国农史》2006 年第 1 期，第 111—118 页。

③（清）阮本焱：《阜宁县志》卷四《川渎下》，清光绪十二年刻本，第 4 页。

④ 据嘉庆《扬州府志》记载，高邮州新增草荡、时家荡、秦家荡、张家荡、鱼池纲荡；咸丰《重修兴化县志》记载，兴化新增旗杆荡（又名“盘荡”）、乌巾荡。

⑤ 参见凌申《射阳湖历史变迁研究》，《湖泊科学》1993 年第 3 期，第 225—233 页。

由濒湖而居的临水状态逐渐转化为陆降水升的沼泽水荡。[①]

伴随着黄河南下夺淮，大量泥沙淤积下游入海通道，洪水排泄不畅，四处泛滥，地势低洼的(东)下河地区逐渐成为黄淮下游滞洪、泄洪区。随着洪泽湖底与黄河河身的抬高，管理者利用高堰蓄清，五坝坝基因此抬高。泄水水势与水量的加强，使归江入海和归海通道受到汛水的影响程度增加。[②] 当地农田多临河湖，叠被水灾，但滨湖土地较肥沃。于是当地百姓在与洪水灾害作斗争的过程中，因地制宜地根据当地水多田少的土地格局，对广阔的水域和低洼地进行开发，形成了垛田这种新的土地利用形式。[③]

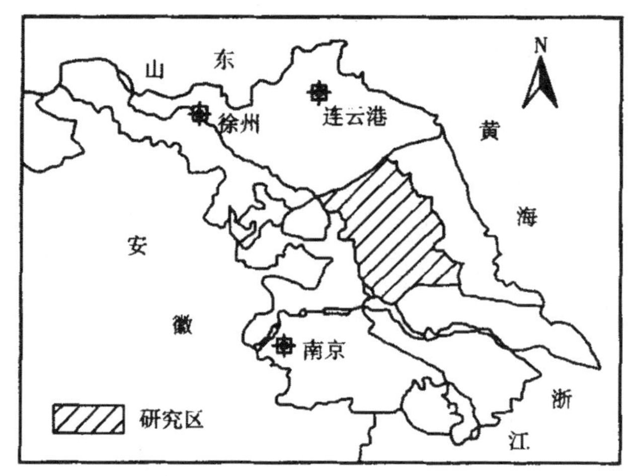

图 2-3 (东)下河地区垛田示意

(来源:谭少华、倪绍祥、周飞,《苏北里下河地区湿地资源可持续利用的思考》,《农村生态环境》2003 年第 3 期,第 61—64 页。)

在海拔不足 2 米的兴化等地，百姓常有昏垫之厄，于是他们创造性地挖掘河泥以垫高农田，形成了千百个高低错落的水中小丘，百姓于其

---

① 参见卢勇《江苏兴化地区垛田的起源及其价值初探》,《南京农业大学学报(社会科学版)》2011 年第 2 期，第 132—136 页。

② 参见王建革、袁慧《清代中后期黄、淮、运、湖的水环境与苏北水利体系》,《浙江社会科学》2020 年第 12 期，第 145—155 页。

③ 参见冯培《明清时期里下河地区的湿地农业发展及社会影响研究》，南京农业大学 2020 年硕士学位论文，第 22—23 页。

上种植庄稼、蔬菜和瓜果，以确保灾荒之年食粮无忧，这种独特的土地利用方式被称为“垛田”。

笔者调研时多次询问当地老农，他们告知湖荡堆垛之法：第一，选地。堆垛要选择好较浅的湖荡河沟，风小浪平之湖湾处最为合宜。第二，罱泥。即两人合作撑小船，用泥夹（俗名“罱子”）夹取河沟湖荡中的淤泥和水草的混合物（学名“罚泥”），一年数次往垛上堆泥渣、浇泥浆，如此反复，垛便以每年几厘米十几厘米的速度缓缓增长，形成垛田。[①] 第三，扒苲[②]。采用的工具与罱子类似，但不同于夹取烂泥，而近似于挖泥，所以扒苲的河泥多带有贝壳、水草等，更肥沃也更富有建构性，是堆垛和田间土质肥沃的保证。

图 2-4　垛田风景

垛田大致产生于明中叶至清前期，《扬州风土记略》中有关于垛田的详细记载：“兴化一带，有所谓坨者，面积约亩许，在水中央，因地制宜，例于冬时种菜，取其戽水之便也，故年产白籽甚丰。”[③]垛田的地势很高，远远望去如同水中高高耸起的一座座小岛，大大高于当地的整体地

① 参见卢勇、陈加晋、陈晓艳《从洪灾走廊到水乡天堂：明清治淮与里下河湿地农业系统的形成》，《南京农业大学学报（社会科学版）》2017 年第 6 期，第 152—161 页。

② “苲”，字典解释为莋草、金鱼藻等水生植物。垛田地区人们指代的是一种采自湖荡地带的河泥与水草混合的农家肥。

③ 徐谦芳：《扬州风土记略》，江苏古籍出版社 1982 年版，第 32 页。

形地势，高者高出水面可达七八米，低的也有两三米高。如此高的地势，在面对频繁降临的洪涝灾害时，就可以高“垛”无忧了。而且高耸的垛田还增加了耕种面积，除了垛顶的平面，垛子四周之坡面，皆可稼穑，以收增田扩产之效，洪涝之时更是一家数口的可靠衣食保障。垛田四面环水，地下水资源丰富，上升形成湿润的“湿阵”线，非常有利于水杉、池杉等耐湿树木的生长，由于光热条件充裕，在垛田地区发展林业具有很好的便利条件。垛田主要是由葑泥、河泥构成，富含有机质，当地百姓又在林下大量种植蔬菜，培育出来垛田香葱、油菜、龙香芋头等特色农产品；河沟内放养青虾、螃蟹、黄鳝、甲鱼等，进行特种水产养殖；此外，河沟浅水中还可种植种类多样的水生蔬果。在清康熙《兴化县志》的记载中，“蔬”类下排在前列的均是菰蒲、蘋藻、荠、荇、藕、芹等水生或喜水植物；至于“果也”，更俱是“莲、菱、芡实、茨菇、野荸荠”①。

在时间序列上，按照不同时节，普遍施行多熟制，充分利用土地、水和光热资源，既产生了极高的经济效益，又塑造了变幻多姿的独特景观。明代中后期以来，兴化地区的垛田先民面对洪灾没有消极逃避，而是积极应对，努力变害为利，在沼泽湖荡地带罱泥堆垛，因地制宜发展生产，把“诸水投塘”之地改造成“九夏芙蓉三秋菱藕、四围香菜万顷鱼虾”的世外桃源。这种顺应自然、改造自然、与自然和谐相处的成功案例是我国先祖们一直所提倡的天人合一的最佳典范，也契合了“全球重要农业文化遗产（GIAHS）”的创设理念，并且成功列入全球重要农业文化遗产，成为江苏首个入选项目。②

三、湖泊湿地农业的形成与模式

经过明清时期500多年的大规模治淮，里下河地区形成了湖荡并存的大规模湿地，陆地、水域和水陆交错地（滩涂）并存，且三者一直处于相互作用与动态变化中。另一方面，频发的水灾使得庄稼种植型的传统农业遭受到毁灭性打击，一度民不聊生。基于如此复杂而变化的

---

① 康熙《兴化县志》，《泰州文献 第一辑 7》，凤凰出版社2014年版，第403页。

② 参见卢勇、陈加晋、陈晓艳《从洪灾走廊到水乡天堂：明清治淮与里下河湿地农业系统的形成》，《南京农业大学学报（社会科学版）》2017年第6期，第152—161页。

土地类型和日益严重的洪涝威胁，当地劳动人民没有屈服，积极应对，相继因地制宜地创造出了多种农作模式，即在沼泽地带施行"垛—菜/林—沟—渔"立体生产系统，在水陆交错空间内实行稻鸭共作，在湖区实行鱼鸭混养和鱼蟹混养。[①]

里下河地区的稻鸭共作是当地最具代表性，同时也是最早建立和较为完善的一种湿地农作模式，其滥觞可追溯到"以鸭治虫"技术，即以鸭消灭稻田里的蝗虫等害虫。学界前贤据明代农书《治蝗传习录》认为其可能脱胎于我国江南的稻田养鸭技术，由闽县人陈经纶约在明万历二十五年（1579 年）所创，其后经人推广，才被转用到稻田灭蝗上。[②] 但实际上，里下河地区早就有田家放养鸭子的习俗，当地种稻和养鸭的历史可分别追溯到史前和春秋时代，这一点早已为近些年的考古发现所明证。

宋元之际，高邮湖区水域面积的扩大，加之连通长江水系，使湖内增加了大量洄游性鱼类，渔业资源进一步扩充和丰富。无独有偶，这一时期亦是水禽业快速发展和兴盛阶段，证据之一便是地方优质品种"高邮鸭"的出现。高邮湖区养鸭历史要晚于水产业，但发展十分迅速。鸭子可水可旱的生物特性本就极其适合湖泊湿地环境，而高邮湖湿地更是养鸭的绝佳之地，湖区广袤的湖荡河沟和草滩内有大量鱼虾、螺蛳、蚬蚌和水生植物，为高邮鸭提供了丰富的饲料。北宋时期，高邮鸭就已名扬四海，熙宁十一年（1078 年），高邮乡贤秦观曾请专人给时在徐州的恩师苏轼捎赠高邮土产，并赋诗一首《寄莼姜法鱼糟蟹·寄子瞻》："鲜鲫经年渍醽醁，团脐紫蟹脂填腹。后春莼茁滑于酥，先社姜芽肥胜肉。凫卵累累何足道，饤饾盘餐亦时欲……"[③]高邮鸭蛋名列秦观给恩师的"礼单"之中，说明宋时高邮湖湿地水禽业已声名远播。因此，最迟到明代"高邮鸭"已成为享誉全国的一个地标性物种，这是高邮先民与

① 参见卢勇、陈加晋、陈晓艳《从洪灾走廊到水乡天堂：明清治淮与里下河湿地农业系统的形成》，《南京农业大学学报（社会科学版）》2017 年第 6 期，第 152—161 页。

② 参见闵宗殿《养鸭治虫与〈治蝗传习录〉》，《农业考古》1981 年第 1 期，第 106—107 页。

③ 秦观：《寄莼姜法鱼糟蟹·寄子瞻》，王鹤：《古代诗词咏高邮》，广陵书社 2006 年版，第 66 页。

高邮湖湿地经久磨合的产物，并与人工湿地稻田有机结合。[①]

事实上，南北朝时期的《齐民要术》对此曾有记载："鸭，靡不食矣。水稗实成时，尤是所便，噉此足得肥充。"[②]南宋时，稻田养鸭已被推广，诗人杨万里曾见过衢州农村的男女老幼冒雨插秧的情景，其《插秧歌》写道："秧根未牢莳未匝，照管鹅儿与雏鸭。"[③]可见农民不仅在稻田养鸭，而且已掌握分时段放鸭的技术了。这种技术受地域、水源和农业生产类型等因素制约，有自身变化规律：南方稻区优于北方，平坝、浅丘优于山区，放牧优于圈牧结合，又优于圈养；放牧场地以稻田为主体，也利用溪沟、塘库、湖泊等水域。纵观高邮湖湿地变迁历史不难发现，这些优势条件和因素迟至在明代就已初具雏形了。明清时期，随着治淮带来的巨量洪水以及泥沙南下，高邮湖水域面积扩大至天文数字。加之区域内人口膨胀，而可耕种土地却不断萎缩，为避开洪泽湖上游夏秋季节水涨对稻作带来的威胁，湖区不得不改变耕作制度，由稻麦两熟改种生产发育期短的一熟稻，这就为水稻单产提出了更高的要求。

图 2-5　稻与鸭共生(高邮市政府提供)

① 参见卢勇、陈加晋、陈晓艳《从洪灾走廊到水乡天堂：明清治淮与里下河湿地农业系统的形成》，《南京农业大学学报(社会科学版)》2017 年第 6 期，第 152—161 页。

② 贾思勰编著，缪启愉校释：《齐民要术校释》，农业出版社 1982 年版，第 338 页。

③ 杨万里著，张勇等解评：《杨万里集》，三晋出版社 2008 年版，第 40 页。

稻鸭共作可以说是当时生产条件下的必然且唯一的选择。一方面，鸭子以田间的杂草和害虫为食，可驱虫除草；田间的奔走穿梭又能起到中耕浑水增氧的效果，有控草和刺激水土营养加速循环的功效；粪便还是优质有机肥料，补充水稻生产营养所需。另一方面，稻田为鸭子提供优质水资源、动植物饲料以及活动与休息区域。以高邮鸭为核心的稻鸭共作模式，既是对食物链原理和动物物性的高度利用，也是时空结构中生物群落演替的合理配置；既收水稻除虫增产之功，又有鸭子增肥、鸭蛋增优之效果，可谓一举多得，高度体现了当地先民的勤劳精神与因地制宜积极应对不利环境的智慧创造。

里下河地区的最大特色是广阔的水域与丰富的水资源，取之不竭的水产是上天带给本地百姓的最大馈赠。高邮龙虬庄遗址表明，当地水产业产生于新石器早期。当时原始人类已能熟练地在湖泊水面上作业，他们攫取湖中丰富的鱼、贝、虾、蟹、鳖等水生动物作为主要的肉食来源之一，以菱角和芡实等水生植物作为食物补充，从而保障人类文明的延续和农业的发展。宋元之后，淮水南泛，里下河地区的河湖加剧扩充，湿地面积大、水生物种多，尤其是盛产各种淡水鱼虾，被誉为江北淡水产品博物馆，当地百姓积极利用此条件，几乎达到家家捕鱼捉虾、户户捞蚌摸蟹的地步。我们从此时期的文人雅士关于里下河地区农业的记载和诗句中可见一斑。随着当地水产品的声名远播，需求愈大，而野生资源的限制使得大力发展水产品养殖成为必然。当地百姓养鱼养虾

图 2-6　人与湿地共生(高邮市政府提供)

已有近千年历史和数十代之功,经验和知识累积到了相当先进系统的地步,尤其是创造性地发展出鱼鸭虾蟹的混养技术,大大提高了生产效率。养殖的品种除高邮鸭外,从四大家鱼的青、鲢、鲤、鲫,到当地特产的青虾、螃蟹、长鱼、黑鱼、虎头呆子、昂刺、甲鱼、鲶鱼等等。明清时期,里下河地区的鱼、鸭、蟹等水产便已名声在外。据清道光《续增高邮州志》载:"邮湖产鱼甚多……收鲜鱼或腌咸鱼贩卖,各处得倍利者多矣。"①

清代末年,本区的劳动人民将稻田养鸭的经验和原则"移植"到了广阔的水体空间,创建了"鱼鸭混养"和"鱼蟹混养"模式。水域是养鸭、养鱼和养蟹的主要场所,鸭取食病鱼、水生昆虫的幼虫,鸭粪小部分以有机腐屑的形式被鱼所食,大部分经游离分解促进浮游生物生长;鱼与蟹天性上又共生互利、优势互补。其中,鸭子可旱可水的特性,将种植业、渔业和养殖业有机结合,三个子系统紧密结合、互为补充,可以说达到了湿地农业水土立体化系统利用与经济效益有机结合的高峰,《三续高邮州志》有云:"鱼蟹及鸭毛野鸭绒输出为甚。"②

明清时期的里下河地区,充足过量的水本是首患,但当地农民从危机中看到了转机和商机,通过大力发展与水相宜的水产业,再灵活运用水生动植物的生物特性,创造出了鱼鸭蟹虾混养模式,从而化水害为水利,充分发挥了水的资源效应。这种因地制宜、变害为利的创举是古人留给今人的宝贵财富。今天,兴化垛田地区在借鉴明清时期的生态混养经验的基础上,经过多年探索和实践,成功打造了一套河沟放养与池塘精养相结合的水产模式,先后建有旗杆荡、癞子荡、得胜湖三个大型养殖场,建构起了生产与保护同步、大宗与特种并重的水产供应体系。鱼虾、鱼蚌、蟹鱼等混养的规模逐年扩大。如今,里下河湿地的高邮鸭、双黄鸭蛋、兴化红膏蟹、淡水大青虾等更是驰名中外的商标品牌,成了

---

① 左辉春:《(道光)续增高邮州志》,《中国地方志集成(江苏府县志辑 46)》,江苏古籍出版社 1991 年版,第 75—76 页。

② 金元烺、龚定瀛:《(光绪)再续高邮州志》,《中国地方志集成(江苏府县志辑 467)》,江苏古籍出版社 1991 年版,第 299 页。

当地最有代表性的名片。[①]

四、水利建设的革新——以清代苏州府为例

历史时期，江苏区域农田水利建设呈现螺旋式上升的发展态势，到了清代，在农业生产技术、农田水利发展思想与社会发展需要等一系列因素的影响下，农田水利建设出现了新的历史面貌，尤以清代苏州府农田水利建设最为典型。在农田水利经营方的参与方面，地方政府在农田水利的营建与经营中仍发挥着重要的作用，而地方士绅阶级，在区域农田水利建设中的作用与影响力日益提高，政府、士绅与百姓共建成为农田水利的主要经营模式；在农田水利建设思想方面，地方通过防治水患、治理水道与维护农田的实践，整合多种治水方案，形成了具有地方特色的水利建设思想，保证了地方财赋的征收与百姓的富足。清代苏州府农田水利的发展，构建出了极具其地域特色的农田水利开发模式。[②]

1. 多方共建的经营模式

清代水利职官开始逐渐退出对于地方水利工程的直接管理，且多不专设，而由地方官兼任，是清代水利职官演变的重要特点。[③] 雍正年间，苏州地区水利管辖出现了新的形式，道员兼管水利成为地区官方水利经营的主要模式。据《清史稿·职官三》载，清代江苏苏州道、苏松太仓道地方官均兼任水利营田衔，如同治、通判、县丞等作为水利职官负责地区农田水利等事宜已成常事。[④]

“兴事役众，必资于财。”[⑤]水利工程作为群体性工程的代表，避免不了对劳动力与经费的需求。回顾历史，在大型水利工程修建与维护的过程中，经费的筹措、劳动力的征调与利益团体的协调，往往是水利工

① 参见卢勇、陈加晋、陈晓艳《从洪灾走廊到水乡天堂：明清治淮与里下河湿地农业系统的形成》，《南京农业大学学报(社会科学版)》2017年第6期，第152—161页。

② 参见张志翔《清代苏州府农田水利研究》，南京农业大学2022年硕士学位论文，第43—53页。

③ 参见周邦君《地方官与农田水利的发展——以清代四川为中心的考察》，《农业考古》2006年第6期；钞晓鸿：《清代汉水上游的水资源环境与社会变迁》，《清史研究》2005年第2期。

④ 参见吴连才、秦树才《清代水利兼衔制度研究》，《云南民族大学学报(哲学社会科学版)》2015年第3期，第118—125页。

⑤ 康熙《重修常熟县志》卷二《水》，康熙二十六年刻本。

程修建中十分重要、不可忽视的问题。

到了清代，随着中央和地方政府对于农田水利建设财政支出的削减，为了更好地保证农业生产、满足财赋的征收，地方上出现了政府和百姓共同建设、共同维护的农田水利建设格局，这一现象在苏州府等国家财赋重地体现得更为明显。在清代，苏州府农田水利的兴修，中央政府出资多在大型水利工程的修建与维护中，如太湖、三江水道的清淤、疏通，海塘的加固等，多由政府统筹经费、劳力。康熙年间江苏巡抚马祜因疏浚吴淞、刘河而奏请动用经费，“历代以来，凡遇淤滞，俱特遣大臣驻扎吴中，专修水利，动支正项钱粮，拨充疏浚经费”①。这一现象逐渐成为定制，到雍正年间也是如此。如张世友针对吴淞江的清淤、疏通问题，便奏有“自顺治九年至今，吴淞、刘河等处发帑开浚者已十数次”②。

由地方政府进行拨款的农田水利建设，多是区域性、规模较小的水利工程，其经费来自地方库帑，如“浚河者，……干河之大者量给官银，枝(支)河则用民力焉”③。而当地方需要修建的水利工程所需经费超过地方财政所能支撑的范围，民间筹集难以弥补工程所需，中央政府便通过地方政府贷款的方式给予经费支持，这便是“借支官帑”的水利工程修建形式。在清代，这一形式最早用在治理和疏浚吴淞、刘河之时，巡抚马祜提出“借帑开支，按亩摊征归款”的方式，用来补充吴淞、刘河两大水利工程所需的钱粮，再通过“将估计工费一十四万均派苏、松、常、杭、嘉、湖六府属去年被灾州县，分年按亩输解，抵还漕折”④，用以偿还贷款，为地方经费难以支撑水利工程修建时，提供新的解题思路。这一形式早在康熙、乾隆之时便有施行。后来，清廷财政经费捉襟见肘，便鼓励地方自行修建水利，通过临时扶助、借帑投资的方式予以扶持，后这种扶持方式逐渐推行。在《议浚吴淞江书》中便有记：

① 上海市地方志办公室、上海市嘉定区地方志办公室编：《上海府县旧志丛书 嘉定县卷 1》，上海古籍出版社 2012 年版，第 511 页。

② (清)魏源：《魏源全集》，岳麓书社 2004 年版，第 299 页。

③ 道光《苏州府志》卷七《水利下》，道光四年刊本。

④ 同上。

请帑者，令该地方官承修，而以本府州厅董责之，则呼应灵而督理专，庶大工易就。按图计亩者，令该邑绅士集议，公举领办，以地方官督治之，则人情习而公私不扰。每岁轮修者，各图业自行修浚，地方官酌定章程，以五岁为率，每岁仅浚一方，四岁而四境之支港皆通，五岁一治干河，并令各图查报江湖水口之浮涨，删除侵碍水面之茭芦，查拔拦江蔽口之鱼簖。如此不懈，则五年之后，人皆知其利而自行之，将不俟官司之督率，而水利益溥矣。[①]

可见，在地方水利兴修中，主要负责与参与方除了地方官，还有士绅。

除了水利兴修的经费来源，大约在清中期，苏州府水利工程修建的劳力来源形式也出现了转变，出现了由“按田出夫”到“按田出资雇夫”的转变。如乾隆元年(1736 年)对江东土塘坦坡进行维护时，便采取雇工的形式，负责维护的人员中有人夫、游手甚至乞丐；再如道光年间林则徐主持兴修、维护白茆河，便是采取以工代赈的方式。[②]

2. 治水、治田并重的水利建设思想

“治水与治田”并重是清代苏州府继承、发展并广泛应用的农田水利建设思想。在清代，苏州府作为国家财赋收入的主要供给区，其稳定的社会、经济发展，对于维护中央与地方政府的运行与长治久安，有着极为重要的意义，因此，中央乃至地方政府对于苏州府地区农业生产收益的稳定与提高极为看重。同时，“民以食为天”，粮食的收成对于地方百姓不仅意味着吃食，还关乎赋税，面对频繁的水旱、沉重的赋税与愈发严峻的人地矛盾，急需构建一个稳定的农业生产环境。因此，无论是从中央、地方政府，还是从当地百姓的视角，治水与治田并举、并重的农田水利建设思想对于地区农田水利建设有着较为积极的影响。

苏州府西濒太湖，东临黄海，其内河湖浩繁，吴淞江、娄江与东江纵列其中。《东南水利议》载：“东南民命，悬于水利，水利要害，制于三江”，三江涨溢成为东南水患根源。伴随着海塘的兴建与东江的湮废，

① (清)魏源:《魏源全集》，岳麓书社 2004 年版，第 300 页。

② 参见张志翔《清代苏州府农田水利研究》，南京农业大学 2022 年硕士学位论文，第 43—45 页。

吴淞江、娄江因接太湖之水，下游排泄不畅，流经地水患频仍。明代东南一带水利工程的兴修，如永乐年间夏原吉、正统年间的周忱等治水活动多因于此。到了清代，随着农田水利构建的需要，出现了治水与治田并举、并重的水利建设格局，这一现象在水网密集、地势低洼的苏州府表现得更为明显，“水利兴，闾阎时盈；水利废，闾阎日绌”[①]，进一步体现了水利建设的重要性。

为了保证农田收成与社会稳定，苏州府水利工程建设逐渐集中在解决太湖出水与区域农田水利营建之中。乾隆《吴江县志》载：“邑滨湖荡，素称泽国。低洼之田，十有八九。每遇春夏之交，梅雨连绵，天目水自南而下，苕水自西而下，势如釜底，田易渰没。”[②]足见水患之害。再如太湖之滨的光福镇，有“光福农事勤于他处，无旷土，无游民。丁男以耕种为业。凡山之无垒石者，濒湖之可筑岸者，悉皆耕种。……如菱塘岸、永安堂、西华塘，皆筑堤为田，似围田也。……然围田一遇水潦，旋被淹没，而荡田、湖田亦然”[③]记载，可见河湖淤塞涨溢对沿河低洼之处农田的破坏，甚至导致整个苏州府叠被水灾。

清初，因连年征战，江南一带水利常年失修，河湖因泥沙淤积，水患频仍，农田屡次被灾。顺治年间，为发展农业经济，布政使慕天颜提出大兴水利以保田增收，实现国富民强的提议，因其对江南农事与水利事务更为熟悉，江南一带水利事务被纳入清廷重点关注的范围，为重新整治江南水利、构建江南农田水利发展格局奠定了理论基础。随着清朝政局的逐渐稳定，江南地区的苏州等府因其重要的国家财赋供给地位，其农田水利问题变得更为紧要。康熙四十六年（1707 年），清圣祖谕旨：

> 江南、浙江生齿殷繁，地不加增，而仰食者日众，其风土阴晴燥湿及种植所宜，迥与西北有异。朕屡经巡省，察之甚悉。大约民恃田亩为生，田资灌溉为急，虽东南名称水乡，而水溢易泄，旱暵难

---

① （清）凌介禧：《东南水利略》卷四《东南水利总说》，引自罗仑、范金民、夏维中《苏州地区社会经济史（明清卷）》，南京大学出版社 1993 年版，第 396 页。

② 乾隆《吴江县志》卷五《风俗》，乾隆十二年刻本。

③ 民国《光福志》卷一《风俗》，民国十八年（1929）铅印本。

支，夏秋之间，经旬不雨，则土坼而苗伤矣。滨河低田，犹可戽水济用；高仰之地，力无所施，往往三农坐困。朕为民生，再三图画，非修治水利，建立闸座，使蓄水以灌溉田畴，无以为农业缓急之备。[①]

谕旨中对江南、浙江一带水利与农田间的关联进行了分析，强调了农田水利对农业生产的重要性，其背景与康熙九年(1670 年)夏江南水灾有关。康熙十年(1671 年)江苏巡抚马祜上疏，九年夏季江南突发水灾，又因吴淞江、刘河等入海口常年泥沙淤积堵塞，导致洪水三月不退，积水"无从走泄"[②]。商业、农业、手工业等均停废，造成百姓流离失所，稻禾尽数无收，伤亡损失极为惨重。慕天颜奏言"自三江湮塞，震泽泛滥，以田为壑，而苏、松、常、湖、嘉、杭受患日深"[③]，在康熙的首允下，遂主持了康熙十年、二十年江南地区两次大规模水利兴修。康乾时期又一治水名臣庄有恭，在乾隆二十八年(1763 年)疏通、整治三江时，便着重对苏州府农田水利进行了较大规模的整治，开浚了太湖诸溇渎，划分了湖滩草荡，对原有的塘浦圩田进行了维护。再如雍正五年(1727 年)对白茆港、梅李塘的维护，乾隆二年(1737 年)修缮元和塘以及乾隆四年(1739 年)竺塘、景墅、长蜞、仲桥塘、西横塘等的重新营建。在整治、疏通江河淤积的同时，对灌溉农田的河道、水渠进行了清淤，保障了农田在旱时可以引水灌溉，在洪涝发生时可以排泄余水，使农田水利系统始终处于良性发展状态，体现了治水与治田并举、并重的水利建设思想。[④]

五、水利建设的发展——以清代江宁府为例

地区农田水利的具体建设状况受当地自然与地理条件的深刻影响，清代，江宁府地区在面临复杂多样的地形地貌下，利用自身具备的河湖资源，因地制宜地发展引水灌溉、蓄水灌溉与圩田水利这三种水利建设类型。其中，引水珍珠泉、挑濬赤山塘、加固相国圩分别是此三类水利建设的典型案例。

---

① (清)张廷玉:《清文献通考》卷六《田赋六》，商务印书馆民国二十五年铅印本。

② 同治《苏州府志》卷十一《水利三》，光绪八年刊本。

③ (清)慕天颜:《疏河救荒议》，《清经世文编》卷一百一十三《江苏水利下》。

④ 参见张志翔《清代苏州府农田水利研究》，南京农业大学 2022 年硕士学位论文，第 46—50 页。

1. 引水灌溉

(1) 引河湖灌溉

江宁府地区水系丰富,更有一众湖泊星罗棋布,利用这些江河、湖泊并修建渠系引导至附近农田用于灌溉,是清代江宁府地区较为普遍的一种灌溉形式。[①]

江北六合、江浦两县多引滁河水灌溉。例如六合有龙斗、梁家、黄湖等港,均入滁河。[②] 濒临长江的江浦、江宁等县,引入江水灌田的也很多。江浦县"通于江者可以引潮汐为灌溉"[③],"韦游沟在治西南乌江镇,引江水灌田五百顷"[④]。秦淮河作为长江南岸的主要水系,流经府内多县,自古都是重要的引灌对象,城内外皆交资其利。如"班渎在府北,义沟渎在上元县治东二十里,下流入秦淮,溉田百余顷"[⑤]。

在引江河灌溉的同时,一众湖泊也得到了充分利用。江宁县境内湖泊众多,民多用于灌溉。

表 2-4　清代江宁县各湖泊灌溉表

湖名	方位、面积	灌田效益
三城湖	在县西南七十三里	
梁墟湖	在县东南,周十里	溉田二十顷
石坳湖	在县南,周二十二里	溉田四十余顷
河湖	在县西南,周八里	溉田十顷
笪湖	在县南,周五里	溉田十五顷
银湖	在县南,周十三里	溉田二十顷
白都湖	在县南,周八里	溉田二十五顷
葛塘湖	在县东南,周七里	溉田四十顷
白家湖	在县东南二十里,里人相传有九湾十八汊	其浸甚广,溉田颇多

资料来源:康熙《江宁县志》卷二《山川志》,清康熙二十二年刻本,第 33—34 页。

① 参见张强《清代江宁府农田水利研究》,南京农业大学 2022 年硕士学位论文,第 36 页。

② 参见光绪《六合县志》卷一《地理志·山川》,清光绪十年刻本,第 13 页。

③ 光绪《江浦埤乘》卷三《山水中》,清光绪十七年刻本,第 28 页。

④ 雍正《江浦县志》卷五《田赋志》,清乾隆重修本,第 56 页。

⑤ 乾隆《江南通志》卷六十二《河渠志》,清文渊阁四库全书本,第 1 页。

有些湖泊蓄水量较大，可供两县灌溉。赤山湖在“上元句容两县间，溉田二十四埠”[①]。此外，在三湖地区（固城、石臼、丹阳），长期围垦使得三湖蓄水量大不如前，但此三湖仍是当地重要的灌溉水源，高淳县“辖三湖，乡之滨湖者四，引水溉田至，易也”[②]，其余还有沙湖、江城湖等作为补充之用。

（2）引泉灌溉

江宁府地区是多山泉之地，其开发历史较早，《王荆公诗注补笺》中引用《吴郡志》所述：“江乘县有汤山，出温泉二所，可以治疾。”[③]除用于沐浴疗伤之外，民众也常将这些不涸不竭的泉水引至农田用于灌溉。

江浦地处长江北岸，有以珍珠泉为首的一众名泉，这些泉水多水质优良，且埋藏较浅，常常溢出地面形成泉水或池沼，稍作引导便可堪灌溉之用，有的更是“颇利田畴”，是当地优良的灌溉水源。珍珠泉又名“咄泉”，位于定山西南麓以西，因“水辄涌出如珠，又名珍珠泉”[④]，周围民众常引其至田中灌溉。卓锡泉在定山观音岩下，“灌溉近田无旱岁”[⑤]。碧泉在浦口朝宗门外，因黑如墨汁，工人以之染色，可溉田，亦有水磨。为防止碧泉被江北滁、来、全、六、浦五县的圩田排水所溷，乃于“泉旁周遭砌石数层，使外水不得侵入，又于其旁别辟一泉，环泉砌石如前，客民乐其业之不荒于水，而泉之迭出也”[⑥]。此外，还有琥珀泉、八里铺泉、霸王泉、汤沟泉等泉，均被用于灌溉。

长江南岸地区引泉水灌溉也较为普遍。汤山温泉昔属句容，其经上元泉水乡之地而入秦淮，“民多截之以资灌溉”[⑦]。杨柳泉在句容县北琅琊乡华麓山西，可“溉田万亩”[⑧]。玉泉在张山下，“深广丈余，溉田百顷，冬夏不竭”[⑨]。

---

① 乾隆《句容县志》卷三《山川》，清乾隆修光绪重刊本，第 27 页。
② 民国《高淳县志》卷三《山川》，民国七年刻本，第 38 页。
③（宋）王安石撰，（宋）李壁注，李之亮补笺：《王荆公诗注补笺》，巴蜀书社 2002 年版，第 431 页。
④ 乾隆《江南通志》卷十七《舆地志》，清文渊阁四库全书本，第 52 页。
⑤ 光绪《江浦埤乘》卷四《山水下》，清光绪十七年刻本，第 4 页。
⑥ 同上，第 6 页。
⑦ 道光《上元县志》卷二十四《艺文志》，清道光四年刻本，第 29 页。
⑧ 乾隆《句容县志》卷三《山川志》，清乾隆修光绪重刊本，第 34 页。
⑨ 道光《上元县志》卷四《舆地志》，清道光四年刻本，第 27 页。

引泉灌溉虽非农田水利主要的引灌方式，但作为一种重要补充，灌溉效益显著，尤其是旱灾之年。万历年间，浦口守御彭绍贤到珍珠泉处察看，"会大旱，涧沚且涸，独斯泉流注不穷，氓借其润刈，获倍"[①]。此外，不少泉水都能做到"大旱不竭"，这对于减缓旱情、保障当地农业生产有着积极意义。

（3）提水灌溉

在江宁府地区，不少农田或圩岸均高于水源，故利用人力工具，将地表水或地下水引至高处进行灌溉，也是清代江宁府地区的一种重要的引灌方式。

发展提水灌溉，自然离不开灌溉工具，清代江宁府地区的提灌工具多式多样。戽斗是江宁府地区常见的提水工具，在田间使用较为便利，两人合力即可。在雨泽延期、夏日久亢之年，为保证田间作物生长水分的供给，农民多"昼夜车戽，竭力灌溉"[②]。但戽斗终究还是依靠人力，效率并不显著，虽"倍废人力，功尚需设法补救"。此外，"各州县挨次车戽，大河水日渐消涸，滨河田无水灌"[③]，过度地使用戽斗会给灌溉水源造成压力。最重要的是，戽斗的使用受到恶劣气候限制，大旱之年，尤其是江宁府六合、溧水等地势居高之地，"田畴龟坼，车戽无由"[④]。

戽斗多用于田间小沟小渠中，而临近河湖之处多用水车提水，如麦子桥前有"水车所次"[⑤]。六合县山田平时多依赖塘坝蓄水，旱时则"车为挹注"[⑥]。此外，桔槔也得以广泛运用。这种利用杠杆的提水工具，可有效减轻农民的劳动强度。在溧水县，旱时常用桔槔取水，故"遇旱则桔槔为有功"[⑦]。总体而言，人力的灌溉工具在这一时期得以广泛运用，有些地区多种提灌工具并用。如六合县农民可选择的灌溉工具颇多，有风车、小车、脚车、手车之类，制式"或圆之为轮以挽之，方之为柜以逆

① 光绪《江浦埤乘》卷四《山水下》，清光绪十七年刻本，第1页。
② 光绪《续纂句容县志》卷四《实政》，清光绪刊本，第2页。
③ 光绪《六合县志》卷一《地理志・水利》，清光绪十年刻本，第20页。
④ 光绪《续纂句容县志》卷四《实政》，清光绪刊本，第14页。
⑤ 同治《续纂江宁府志》卷十五《拾补》，清光绪六年刊本，第42页。
⑥ 民国《六合县续志稿》卷十四《实业志》，民国九年石印本，第4页。
⑦ 光绪《溧水县志》卷十七《艺文志》，清光绪九年刊本，第32页。

之，有巧思者，水不劳人力”[①]。

2. 山地塘坝蓄水灌溉

(1) 各县塘坝建设的现实条件

“陂即野池，塘犹堰。”陂塘是中国古代人民在原有自然湖泽基础上人工围筑而成的蓄水工程，即所谓“蓄为陂与塘”。堰与坝是溢流性水利工程，均有挡水之效，从而抬高水位，利于引水灌溉。总结而言，陂塘堰坝是我国古代防洪、灌溉水利工程的总称，亦称“塘坝”。人们因地制宜，修筑该类水利工程，合理地蓄泄调节水量，以规避水旱灾害、保障农业生产。尤其是南方山地、丘陵地区，人们为了抗旱，大规模地修塘筑坝，引水灌田，故素有“南塘北井”之称。

江宁府地区丘陵山地分布较广，低山、岗地、丘陵占约全府面积的六成。虽有丰富的地表径流，但地势起伏较大，溪河源短流急，如遇暴雨，大水会裹挟着山洪奔流而下，常一溃千里，莫可止也；如遇夏日久亢，则溪涧皆涸，土地龟裂。这是府内多县所面临的现实条件。

江浦是多山地之县，雍正《江浦县志》曰：“浦地山圩参杂……山地多高，所赖塘坝潴蓄，以备亢旸，若山水陡发，又难免冲激之虞，则隄防尤不可不豫讲也，是惟相度机宜，疏筑兼举，乃为尽善。”[②]因地制宜，发展陂塘堰坝，解决拦蓄问题，是江浦县所需解决的问题。

上元之地“山乡十居其七”，灌溉条件并不理想。同样，其余诸县也面临着类似的问题。六合“较河远处为山田，山田全恃塘坝蓄水，车为挹注，水多塘溢则入坝，坝溢则入河，故不患水而患旱，防旱之法在濬深其塘坝而已”[③]；句容县东南皆山，而西偏一隅，其势差卑，故“山乡之利全在塘坝，塘坝淤浅则水无停留之所”[④]；高淳地处三湖，有众多滨湖之乡，引水灌溉十分方便，但“去湖差远而皆取给于溪涧陂塘，则水之为利也薄矣，顾盈涸靡常，而苦雨忧旱”[⑤]；溧水大半皆山，冈阜陂陀，然其执

① 光绪《六合县志》卷一《地理志·水利》，清光绪十年刻本，第18页。

② 光绪《江浦埤乘》卷三《山水中》，清光绪十七年刻本，第28页。

③ 民国《六合县续志稿》卷十四《实业志》，民国九年石印本，第4页。

④ 光绪《续纂句容县志》卷六上《水利》，清光绪刊本，第16页。

⑤ 民国《高淳县志》卷三《山川》，民国七年刻本，第39页。

据高阜者,亦“不能宣泄”[①]。

是以,各县因地制宜,发展陂塘堰坝工程,以御水旱之灾、收灌溉之利,是江宁府山地地区农田水利建设的核心所在。

(2) 各县塘坝建设的具体状况

鉴于塘坝水利契合山乡的地形及水文特点,江宁府各县皆发展塘坝水利,但发展力度和侧重点均有所不同。

六合县于光绪朝时有瓦梁、长塘两堰,载于明嘉靖时的刘城堰与卯城堰均已废止。塘 18 处,其中墩塘、鱼子塘、莲花绽、张塘、蒲塘、小草塘、破塘、东南塘、西南塘、小官塘此 10 塘均为入清后新修。坝 5 处。[②]

江浦县于光绪朝时存有芦塘、西龙塘 2 处。明时仍有记载的 3 处塘均已被垦为田,如官塘修于明嘉靖年间,由“知县侯国治凿,蓄水养鱼、栽藕以助公帑”,今废,孤塘“已淤为田地,名孤塘埂”,东龙塘今“复为良田”。坝有钟家坝等坝 5 处。[③]

道光年间,上元县有“临贺塘在县东南,开善塘、铜塘、王塘、水门塘、赤山塘、长塘在县东南,蠡湖塘、刘塘在县北”[④],共 9 塘。江宁县在乾隆年间有缘淮塘、横塘、栅塘、倪塘、黄家塘、湾塘、白塘、查塘、长塘共 9 塘,分布在县四周,其中常长塘“屈曲五十里,溉田一百顷”[⑤]。句容县塘坝工程最多,远超其他县。据统计,光绪年间句容尚有郭西塘等塘 134 处,但“以上诸塘淤浅待濬者多矣,所以不能为旱备也”;坝有顾家坝等坝 97 处;闸有陈家闸等闸 24 处。[⑥]

清末民国初,高淳有十洞塘、官塘、石塘等 31 处,有东山坝、杨家坝 2 处,其余未见有载。[⑦] 光绪年间,溧水有清水塘、竹塘、双峰塘、土塘、大塘、解塘、尚书塘、芮塘、鲁塘共 7 处,其中,尚书塘在“西十五里琛山北,周数十亩,渊深莫测,虽大旱,亦不涸,可灌田百顷”。坝有余先坝、

---

① 光绪《溧水县志》卷二《舆地志》,清光绪九年刊本,第 49 页。
② 参见光绪《六合县志》卷一之三《水利》,清光绪十年刻本,第 17 页。
③ 参见光绪《江浦埤乘》卷三《山水中》,清光绪十七年刻本,第 27 页。
④ 道光《上元县志》卷四《舆地下》,清道光四年刻本,第 31 页。
⑤ 乾隆《江宁县志》卷七《山川志》,清乾隆十三年刻本,第 17—18 页。
⑥ 参见光绪《续纂句容县志》卷六上《水利》,清光绪刊本,第 20—24 页。
⑦ 参见民国《高淳县志》卷三《山川》,民国七年刻本,第 17 页。

中坝2处。[①]

由上可知，清代江宁府地区的蓄水工程主要有塘、坝、堰、闸四类。在这四类中，塘的数量明显居多，是主要的蓄水工程，而坝、堰、闸等起辅助作用。在地区分布上，各地在总量与种类上存在着差异。在数量上，句容县有塘加坝共231处，是其他县的10倍以上，相差甚大。在种类上，六合县有堰、塘、坝三类蓄水工程，而上元、江宁两县仅有塘这一类。此外，这些工程的灌溉效益也存在差距，除部分工程尚保有可观的灌溉效益，能"溉田百顷"外，不少工程都面临着年久失修的问题，这也是各县的通病。

3. 圩田水利

(1) 各县圩田的兴修状况

圩田是一种特殊的土地利用形式，人们于低洼沼泽之地或河滩湖滨处依据水势地势之宜筑建连绵、高厚的堤坝，围田于内，挡水于外。旱时堤内沟渠可灌溉润田、滞水蓄流，涝时堤、闸可拦洪泄水，蓄排两便，能旱涝保收。故农家有云："圩者，围也。内以围田，外以围水。盖河高而田反在水下，沿堤通斗门，每门疏港以溉田，故有丰年而无水患。"[②]江宁府地区的圩田兴于宋。政和五年(1115年)，以五县劳力围成的永丰圩，至今仍然为高淳第一大圩。隆兴二年(1164年)，因"势家围田，湮塞流水"[③]，一度推行废湖还田的政策，但不久后，又因人口压力而放宽。至明正德年间，江宁县有"永丰等圩二百八十七处"[④]。时邑人韩无咎所著《永丰行》中描述："民圩不坚自招水潦……官圩六十里如城"[⑤]，官圩与民圩的发展极其不均。清代，江宁府地区受上游滁河地区及下游太湖地区圩田兴修的辐射，圩田得以进一步扩展。乾隆年间韩梦周考察滁河地区圩田时发现"东南则江浦、东则六合，皆有圩"[⑥]。具体分布与建设情况可参见下表：

① 参见光绪《溧水县志》卷二《舆地志》，清光绪九年刊本，第20页。

② (宋)杨万里：《诚斋集》卷三十二《圩丁词十解序》，四部丛刊本。

③ 乾隆《江南通志》卷六十三《河渠志》，清文渊阁四库全书本，第14页。

④ 正德《江宁县志》卷二《川泽》，明正德刻本，第13页。

⑤ 同上书，第14页。

⑥ (清)韩梦周：《开黑河议》，见《清经世文编》卷一一六《工政二二》，第2814页。

表 2-5　清代江宁府地区圩田建设及分布情况表

县名	圩田修筑状况	资料来源
江浦	雍正年间，该县有圩 67 处，其中北地圩田 18 处，山南滨江地圩田 49 处。及至光绪年间圩田数量增至 137 处	雍正《江浦县志》卷五《田赋志》；光绪《江浦埤乘》卷三《山水中》
六合	光绪年间，该县有圩田 21 处	光绪《六合县志》卷一《地理志》
上元	引景定《建康志》所载，共圩岸 153 处，至于实际现存则无从得知	道光《上元县志》卷四《舆地下》
江宁	万历年间该县有圩 287 处，此后康熙、乾隆两朝县志未见有载，则实际现存无从得知	万历《江宁县志》卷一《地理志》康熙《江宁县志》卷二《山川志》；乾隆《江宁新志》卷七《山川志》
句容	光绪年间，该县有圩 63 处，诸圩水利南则倚赖于赤山湖，北则倚赖于便民河	光绪《续纂句容县志》卷六上《水利》
高淳	明嘉靖年间，句容有圩 118 处，至康熙年间，圩增至 167 处	嘉靖《高淳县志》卷一《山川》；康熙《高淳县志》卷九《水利》
溧水	光绪年间，该县有圩 98 处	光绪《县志溧水》卷二《舆地志》

总体而言，清代江宁府地区的圩田得到了较大的发展，其发展也呈现了以下特点：

第一，分布广。从分布地区看，宋时围垦多出现于湖区，分布范围有限。在清代水患灾害频发的背景之下，能旱涝保收的圩田愈发受到民众的青睐，各县多乡都发展圩田。如江浦县有“四十九圩皆山南滨江地”①“十八圩皆山北地”②记载，又如高淳的崇教乡、立信乡、游山乡、唐昌乡、永宁乡、永丰乡均发展圩田。

第二，发展类型多样。江宁府地区地貌丰富，湖边、江边、滩地、河谷等均是发展圩田的场所。最为常见的是围湖成田，湖边滩地较为肥沃且易于开垦，是湖区民众围田的重点对象。在高淳，石臼湖东至永南圩、永中圩、永北圩，南至老新圩、邢家圩、钢刀圩、教化圩，周身几乎都被各乡围垦。③ 在湖泊较少，或湖泊无法满足圩田开垦所需时，于滨江、

① 光绪《江浦埤乘》卷三《山水中》，清光绪十七年刻本，第 57 页。

② 同上。

③ 康熙《高淳县志》卷之九《水利志》，康熙二十二年刻本，第 32 页。

滨河地区围田也是一种选择。上元县“秦淮与大江之滨则皆圩田”[①]。溧水县山地灌溉多赖塘坝,而南北下湿之地有“湖堧、河岸、支港,交通其间,围而为田,悉成沃壤”[②]。江浦县船圩等四十九圩皆山南滨江地,右滨江也有瓮圩、清江圩等圩。[③] 此外,还有长江江中的沙洲圩田这一类型,这种露出的泥沙质小岛,也吸引了不少民众前来围垦。江宁县在康熙年间有合兴、鱼袋等洲共 21 处,其中不少都有人类活动。这些沙洲上多有芦苇生长,故沙洲所垦田地又称“芦田”。政府为统一管理,会对芦田征收“芦课”,并定例为:“课银次年压征,腹地芦田免丈,滨江芦洲五年一丈,涨者升增,坍者豁除。”[④]芦课的征收可在一定程度上能反映出当时沙洲圩田的兴修热度。

第三,新圩修与旧圩废互现。不少县圩田数量都是呈增长状态,圩田增加的情况具体参照上表。圩田荒废的原因有多种,除人为原因外,还受自然因素影响,如江浦“于雍正二年距今(光绪年间)一百六十余年,凡滨江之圩,大半坍江”[⑤]。有的圩田荒废是受人为与自然交互作用所致。如东坝修筑后,恰处于明清小冰期,水灾甚于以往,导致高淳县共有 80 圩沉没于三湖中。[⑥]

(2) 圩田的管理与维护

圩田不同于普通田,它是由堤、坝、闸以及内部沟渠而组成的一个水利系统,对于水旱灾情上的处理方式天差地别,加上很多地区采取多圩并联的建设方式,关系上呈“牵一发而动全身”之势,故对于圩田的管理就显得十分重要。此外,圩田多建于江、湖、河边,更易受水流侵蚀,因此圩田的维护也显得举足轻重。[⑦]

在圩田的管理上,各地都设有专门的圩田管理者,即圩长。圩长最早设置于宋代,至清时,长江流域已“乡有圩长”。作为圩区事务的管理

① 道光《上元县志》卷二十四《舆地下》,清道光四年刻本,第 21 页。
② 光绪《溧水县志》卷二《舆地志》,清光绪九年刊本,第 50 页。
③ 参见光绪《江浦埤乘》卷三《山水中》,清光绪十七年刻本,第 23 页。
④ 乾隆《上元县志》卷七《民赋上》,清乾隆十七年刻本,第 12 页。
⑤ 光绪《江浦埤乘》卷三《山水中》,清光绪十七年刻本,第 26 页。
⑥ 参见民国《高淳县志》卷三《水利下·废圩附》,民国七年刻本,第 37—38 页。
⑦ 参见张强《清代江宁府农田水利研究》,南京农业大学 2022 年硕士学位论文,第 44 页。

者，圩内工程维修与任务分责、纠纷处理与祈神祭祀等大小事务都由圩长牵头，如“每圩长所督人夫，春时兴工，各助工一日”①。为了提高水利工程的利用效率，也为了更好地抵御水患，圩区民众会将各自的圩联并起来，即“联圩并圩”，每当遇到水患袭来，圩内民众便会一拥而上并力抗洪。上元、江宁、溧水多圩田，“每遇水至，则举村合社日夜并力守圩，狼狈淤泥中”②。

在圩田维护方面，人们认识到“惟有高厚其堤防，以待风雨之时，而望收获”③，从而注重工程加固与设施更新。句容县圩田最惧山水，如果湖河不能容泄，圩即浵漫，故当地人十分注重对圩田的维护，认为“保圩重在修隄”④，并毫不吝啬在修圩上的支出。句容南北两乡圩田濒河临江，一旦夏水暴涨，圩埂常被冲决，同治八年（1869 年）与光绪初年间被灾尤重，秋成无望。光绪十二年（1886 年），知县陈玉斌据绅董禀请拨银“二千九百五十三两五钱三分以备修堤之用”⑤。同年，总督曾国荃“饬统领叶少林监筑北乡圩堤缺口，又饬水利局委员罗树勋修王家闸石闸”⑥。此外，句容县柏家闸年久失修，上下诸圩都受影响，原因是“道光初年，因陋就简造，有松木板闸，七十余年来，迭次修理，已朽烂，岌岌可危”⑦。于是，光绪二十年（1894 年），“圩董等集众计议，采石青龙山，于水涸时改建，仍旧制，长五丈五尺，宽二尺七寸，高二尺九寸，石厚五寸有奇”⑧。

总之，句容县对于圩田的维护与管理已十分成熟，“埂低者加高，窄者培阔，缺者补筑完固，圩埂之上多积土牛以备急需”⑨，形成一套较为完备的维护体系。永丰圩为高淳第一大圩，当地向来重视维护。其北陡门为下坝泄水之处，曾于乾隆年间重造，同治七年（1868 年）复修，并

---

① 康熙《高淳县志》卷之三《水利》，清康熙二十二年刻本，第 7 页。
② 乾隆《江南通志》卷六十三《河渠志》，清文渊阁四库全书本，第 5 页。
③ 道光《上元县志》卷二十四《艺文志》，清道光四年刻本，第 21 页。
④ 光绪《续纂句容县志》卷六上《水利》，清光绪刊本，第 25 页。
⑤ 光绪《续纂句容县志》卷四《实政》，清光绪刊本，第 11 页。
⑥ 同上书，第 15 页。
⑦ 光绪《续纂句容县志》卷六上《水利》，清光绪刊本，第 24 页。
⑧ 同上。
⑨ 光绪《续纂句容县志》卷四《实政》，清光绪刊本，第 15 页。

添造亮洞于外，以重防守。[①] 淳邑另有永辛圩，当湖水之冲，几至溃决，同治八年(1869 年)，知县杨福鼎、委员裴大中筑造挡水坝以挡苦辛圩水患。[②] 重修北城圩是清代江浦县重要的圩田维护工程。北城圩位于江浦县城北，丰富的产出使得其为北城军民所依仗，然上游滁河常有水患，致使该圩屡被冲决，圩岸残缺者十有八九。康熙十一年(1672 年)，徐姓知县带头捐出俸禄，势族大家亦纷纷效仿，百姓不分老幼，皆出力修圩，最终“变汪洋为沃土”[③]。

4. 农田水利建设典型举要

(1) 引水珍珠泉

珍珠泉位于江浦定山西南麓以西，是历代皆负盛名的金陵名胜，吸引过秦观、庄昶等名家为之留下脍炙人口的诗词。除观赏用途外，当地民众还将其用于农业灌溉。江浦境内多山地，蓄水困难，“所赖塘坝潴蓄，以备亢旸”[④]。面对普通旱情，塘坝所蓄之水尚且堪用，但大旱之年，塘坝亦无水可蓄。田无水灌，以至田内禾稼不登，民无所食，常有饿殍盈途。此时，能发挥灌溉效益的唯有不竭的地下泉，珍珠泉作为江宁府长江北岸主要地热资源之一，泉眼常年可涌出可观的水量，足以汇聚成池，池广十余亩，民众在池边修建水沟、水渠，稍加引导便将珍珠泉泉水引至田内，其“溉田甚广，下流置水磨、水碓十余处，民以为利”[⑤]。清代江宁府地区屡遭大旱，然对珍珠泉周边村落的影响却微乎其微，有些村落“竟不知有旱”，可见其灌溉效益。

(2) 挑濬赤山塘

赤山塘(湖)，古绛湖也，因塘近赤山得名，“上承三茅诸山(茅山、浮山、虬山)之水汇成巨浸，由秦淮而注之江”[⑥]，历史上灌溉农田曾达万顷。然代远年湮，沧桑屡易，湖身淤垫日甚一日。宋末时，赤山湖周 80 里，明为 60 里，清康熙时湖身已大半侵占为田，同治、光绪之时湖面周

① 参见民国《高淳县志》卷三《山川志》，民国七年刻本，第 26 页。
② 参见同上书，第 23 页。
③ 光绪《江浦埤乘》卷三《山水中》，清光绪十七年刻本，第 35 页。
④ 同上书，第 28 页。
⑤ 光绪《江浦埤乘》卷四《山水下》，清光绪十七年刻本，第 1 页。
⑥ 光绪《续纂句容县志》卷六上《水利》，清光绪刊本，第 24 页。

长仅40里，湖内不再一望都是水面，而是形成了五荡三河。[①] 每遇山水暴涨，湖不能潴，河亦不能达，泛溢横流，周边圩田皆为所淹，成为当时一大水患。

光绪五年(1879年)，上元县请精于河工者携带器具"具上自茅山绛湖一带，下至通济门外，挨次周历，将各处正河、支河河底之高下，河面之宽窄，河水之浅深，逐一测量，明确分款登记"[②]。通过现场测量，重开赤山湖"共估土二十五万一千七百四十四方，若雇民夫兴挑，工有险易，岸有高下，路有远近，方价多寡不齐，约计非六万金不办，薪饭局用器具杂款在外"[③]。光绪八年(1882年)五月，上、江、句三邑上书左宗棠，认为此工程虽规模浩大，且"时势艰难，库款支绌"，但事关数邑水利，如能还其旧貌，可宣蓄两得。此外，他们还建议将"前开江北之朱家山机器移濬湖河"[④]，以节省成本。同年，筹防局陈道鸣在给光绪皇帝的奏折中赞成挑濬："湖水之东流，一经濬深，则湖水可由东西两路分泄，泥土亦可培高隄岸，再于东西择地各建一闸，以时启闭，可期水旱无虞"[⑤]。后经光绪皇帝批准，工程交由左宗棠指挥，光绪八年(1882年)十月工程开工，"濬东西流河道二十二里，并建陈家村闸、桥各一座"[⑥]，共"计工长三千九百七丈九尺五寸五分，共挑土十七万五千八百十一方，支银一万七千九百六十八两七钱三分一厘三毫"[⑦]。光绪十年三月(1884年)工程完工，使得原本淤垫的水道得以疏浚，原本无常的水势得以控制，即此"水各有归，不致泛滥横决，而筑隄修闸蓄泄以时，足资灌溉，旱潦有备，年谷顺成，已造四邑十数万农民之福"[⑧]。

(3) 加固相国圩

相国圩位于江宁府西南高淳县，西连水阳江，东毗秦家圩，南接保胜圩，北邻永丰圩，并与宣城金宝圩隔水阳江而相望。春秋时期，吴国

---

① 参见张芳《宁、镇、扬地区历史上的塘坝水利》，《中国农史》1994年第2期，第39页。

② 光绪《续纂句容县志》卷六上《水利》，清光绪刊本，第2页。

③ 同上书，第3页。

④ 同上书，第5页。

⑤ 同上书，第10页。

⑥ 同上书，第13页。

⑦ 同上书，第14页。

⑧ 同上书，第13页。

欲西进与楚争霸，将势力范围扩张到太湖上游。为保障军民所需，乃围湖以造田，因“吴丞相钟有宠于君，因以是圩赐之，故名”[①]。此圩是长江流域最早圩田之一，加之显著的农业产出效益，人们将其称为“吴之沃土”。

入清后，三湖地区的生态环境明显恶于以往，受湖泊调蓄能力衰减的影响，当地水患灾害愈来愈严重，不少圩田长期面临着洪水威胁，原本简单加固及疏浚的工程早已杯水车薪。如此情况下，湖区圩民不得不发展圩区的配套水利设施，以减少圩田直面洪水的压力。从三湖地区各县志记载来看，“垏”与“垱”这两种挡水设施在该地区的运用应当不会早于清朝，而且安徽当涂县运用的应当更早，如康熙《当涂县志》载：“积土筑成水垏。”[②]虽然起步相对较晚，但高淳县也十分重视建设此类挡水设施，甚至有邑人张朝栋“造水垏，捐数千金”[③]。相国圩作为高淳大圩之一，人们于其上“甃石为垏、垱，以防冲决”[④]，建有“九垏八垱”和“鳡鱼嘴分水垏”。

“九垏八垱”，依次分布于水碧桥至大花滩之间。其中，垏有 9 座，以石块构建，每垏相距约为 175 米，第一座叫“头水垏”，整体呈圆筒形，总高约 10 米，直径长 16.5 米，外壁采用青石块构筑，底部用木头作梅花桩为地基，辅以土、石、草等填充。地基上用石块平铺一层，再用石灰拌糯米汁以条石相砌，两竖一平，砌筑外围，中间部分以土夯实。鳡鱼嘴分水垏主体采用青条石筑，两侧用块石筑成竖壁，全长约 71 米，高约 10 米，宽 14 米，整体呈倒“V”形，可将上游江水分为两股，一股下泄，一股用于通航灌溉。自清以来“九垏八垱”和“鳡鱼嘴分水垏”这两个挡水设施，固堤分水，起到了杀水患、弥水患之效。宣统三年(1911 年)，大水，高淳境内仅“永丰、相国、门陡三圩未决”[⑤]，垏与垱发挥的效益，使得相国圩在相当长时间段内得以免于水患袭扰，“铁相国”的称号也由此而来。

① 民国《高淳县志》卷三《三川》，民国七年刻本，第 37 页。

② 康熙《当涂县志》，清钞本。

③ 同治《续撰江宁府志》卷十四《人物》，清光绪六年刊本，第 19 页。

④ 民国《高淳县志》卷三《三川》，民国七年刻本，第 24 页。

⑤ 民国《高淳县志》卷十二下《祥异》，民国七年刻本，第 13 页。

第五节 民国时期:曲折前进

民国时期,受战乱与政治因素影响,农田水利建设还是受到了极大的限制。由于国民政府的水政懈怠,江苏多地的农田水利严重失修,水旱灾害多发,大量民众没有得到妥善救助而流离失所。但是随着西方水利科学与技术的传入,在有识之士的不懈努力下,江苏的农田水利事业也取得了一些成绩,兴建一些新型灌区,应用新技术对一些古代的灌区加以改造和扩建,开创了农田水利科学实验,制定了比较科学的水利法,表现出鲜明的时代特征。这一时期,农田水利事业曲折前进,但逐步迈入近代化阶段。

一、水政日益懈怠

晚清以降,太湖水利失治,河网杂乱,加之降水量分配不均,水旱灾害频发。气候变化引发了水旱自然灾害,但是水利设施的荒废进一步加剧了自然灾害对人类社会生产生活的破坏。这样的状况一直持续到民国时期,并且伴随着水政不断懈怠,水旱灾情也越来越严重。时人孙裴忱对太湖农田水利评价道:“数十年来,政治不良,水利失修乃至航运阻塞,交通农田时告灾歉。”[①]民国时期,常镇运河、白茆河等河道淤塞,沿长江各湖泊面积日益狭小,无法正常调节水量,太湖流域水旱灾害频发,对江苏社会经济造成严重损失。据《无锡县志》记载,民国时期无锡的农田因降雨过多曾多次被淹没。如 1921 年 9 月的连日降雨导致了河水暴涨,原本“已抢救脱险的农田再遭淹没,全县水稻受灾 26.4 万亩”[②]。1923 年无锡受暴雨袭击,京杭运河无锡段水位增高,“圩田地区一片汪洋,禾苗尽淹”[③]。溧水县多丘陵地,境内有茅山、湫湖、东庐等山脉,塘坝圩堤破败不堪,水患频发,难于治理。溧水县的 182 座圩堤大

① 孙棐忱:《太湖流域农田水利概况及其整治方策之商榷》,《太湖流域水利季刊》1930 年第 2 期。
② 谈汗人主编,无锡县志编纂委员会编:《无锡县志》,上海社会科学院出版社 1994 年版,第 28 页。
③ 同上书,第 28 页。

都荒废，“塘坝十塘九漏，圩堤十圩九渗”。1931年水灾淹没农田13万亩；1934年旱灾25万亩颗粒无收。[①] 受低洼地势影响，在1931年和1935年的两次大洪灾中，以常熟、吴县、吴江、昆山、太仓等地区损失最为惨重，仅吴江一县便有五十余万亩良田被淹没，城墙、房屋、桥梁亦多处坍塌。

为增加财政收入，地方政府鼓励放垦，以致大规模湖滩被侵占。湖面萎缩是水患频发的又一诱因。太湖周边大量港浜被人为填塞开辟成田，填港为田之举在乡村社会蔚然成风，“城镇则以居民填土而河日窄，乡村则以田地扩充而河日窄，地方官吏务为姑息，只言开深不言开阔”[②]。出于利益考虑，不论是地方强势人物还是原有豪强地主，都对浚治河道的事务持不管不顾的态度，任由河道淤塞；普通百姓也无力承担这样需要耗费大量资金、人力的公共事务。可是如果遇到连日降雨，狭窄的河道无法满足泄洪要求，往往导致洪水泛滥现象。

丹阳湖曾是蓄纳洪水的潴水库，用以保护其他地区的农田不受水灾。明清政府曾禁止在丹阳湖周遭的湖滩开垦湖田，不仅高淳地区，与丹阳湖毗邻的当涂、高淳两县百姓也自觉遵守，以维护好湖滩水环境。到了民国后期，随着一些劣绅官僚组建围垦公司，对围垦的湖滩进行大肆吞并，虽然河流两岸的百姓对此大加反抗，但并无力改变此等现状。只是一味地围垦，必然会造成对自然环境的破坏，并引来洪水，这也验证了强行围垦对百姓生产生活环境破坏的严重后果。[③] 灾区的百姓未能得到国民政府及时有效的救助，因粮食短缺、粮价飞涨，他们饥馑难耐、生活困苦。地方水政不利引发社会失序，在一定程度上加速了国民政府的溃败。

二、水利事业近代化

民国时期，水利事业的兴建吸收了西方传入的水利科学与技术，兴建了一些新型灌区，并应用新技术对一些古代的灌区加以改造和扩建，

---

① 参见胡吉伟《民国时期太湖流域水系治理研究》，南京大学2014年博士学位论文，第31—33页。

② 陈恒力：《补农书研究》，中华书局1928年版，第124页。

③ 参见胡吉伟《民国时期太湖流域水系治理研究》，南京大学2014年博士学位论文，第33—34页。

取得了一定的成绩。这一时期比较新奇、先进的农田水利建设是创造性地开创了农田水利科学实验，通过较为先进的法律、法规，制定出更为科学的水利法规，这也开始了水利事业近代化的历史进程。

1. 灌排工程发展

民国年间，全国兴建了多处大型灌溉工程，渠系引水工程的枢纽布置多以混凝土溢流坝和具有平面钢闸门、螺旋启闭机的进水闸、退水闸组成。江苏省曾修复运堤、修建闸洞，淮安以南东堤有闸洞 50 座(其中淮安 19 座、宝应 17 座、高邮 12 座、江都 2 座)，西堤有 16 座(淮安 5 座、宝应 9 座、高邮 2 座)。淮水从张福河至杨庄循里运河南下，会高邮、宝应、邵伯湖水，一并进入通扬运河，沿线灌溉农田近百万亩。但是全省仍未有一个水库灌区，仅靠小塘、小坝灌溉，面积在 200 万亩左右，灌溉标准也很低，75%的耕地无灌溉设施，处于“望天收”的状况。

因为水灾频繁，长江中下游的农田水利工程以排水工程居多。如清末以降，政局不稳，人心浮动，故不得不重新谋划疏浚白茆的事情。因白茆淤塞，退水缓慢，常熟很多地方甚至泡在水中达半年之久。在这一特殊的时代背景中，疏浚白茆及赈灾基本上由地方士绅来主持，资金来源与传统社会以朝廷拨款与地方征收相结合的方式大有不同，如在疏浚白茆积水之时，所需钱粮便是徐兆玮、方还等地方士绅亲自出面，利用人脉，在盛宣怀等处谋来。[①] 所以白茆工程修建过程中，因为各方争执，一波三折。最终在 1914 年 3 月底，白茆疏浚全工告竣。但因开坝与废坝之争未有定论，疏浚南段的计划也搁置了。

1919 年 8 月，“太湖水利局”成立，主要操办江南地区水利工程疏浚事务。1921 年 12 月 12 日，常熟组建水利工程局，徐兆玮任局长，“吾邑水利之命脉实在此河，自南段淤塞而水不下行，东唐、古里之积水病根实由于此”[②]。但工程囿于种种原因还是不了了之。直至 1936 年在江苏常熟以东太湖上游的白茆河 4 千米处修建长 45 米 5 孔的钢筋水泥节制闸门，使沿海地区圩田排水有了较大的改善。

---

① 参见陈岭《清末至民国江南水利转型与政治因应——以常熟白茆河为中心》,《江苏社会科学》2017 年第 4 期,第 252—263 页。

② 同上。

2. 水利科研事业兴起

民国时期，水利科研事业在“江河动荡”的背景下逐渐兴起，不仅出版了一系列学术著作和论文，而且翻译了大量国外的水利科学新成果，随着水利研究仪器和设备不断引进，水利科研事业随着现代科学技术的引进而兴起。科学研究机构以及社会团体的纷纷建立，以及一系列机械灌溉、电力灌溉实验的有序开展，为该时期江苏农田灌溉事业作出了一定贡献。

民国初年全国水利行政并未实现事权专一。1927 年，伴随着南京国民政府的成立，水利事务逐渐形成由不同部(会)多头管理的形式。1931 年大水，全国舆论要求水政统一进行管理。在呼吁全国水政统一的同时，水利界有识之士和专业组织要求成立全国性水利科研机构的呼声也日益高涨。经过多方筹备和努力，中国水利工程学会于 1931 年 4 月 22 日成立，主要活动有促进水利行政统一，推动水工试验馆的建立，促进水利立法，以及鼓励培养水利人才、创办刊物，出版书籍等。它是水利界第一个具有学术权威的群众组织，在国内水利界具有很大的影响。李仪祉、栾书田、沈百先、张含英、须恺、孙辅世等水利界前辈都是学会的创始人及学会活动的积极组织者。

在中国水利工程学会顺利成立后，举办年会共计 11 次，在年会上对中国当时的水利问题进行了广泛而深入的探讨。其中第一次年会于 1931 年 8 月在南京举办。这次会议主要有两项重要任务，一是对中国水利工程学会的筹办过程进行回顾，并点明了学会的宗旨，即“联络水利工程同志，研究水利学术，促进水利建设”[①]，在会上对这一宗旨的定义与背景进行了较为详细的阐述。此次会议对当时中国全境极为频繁的水灾以及缭乱的水系等严重形势进行了总结和分析，在此背景下发布了第一届中国水利工程学会年会宣言，即建议政府重视全国的水政问题，从速统一水政，制定相应的水利法规，培养水利人才。

1933 年 10 月 7 日新成立的全国经济委员会水利处在《全国经济委员会水利处暂行组织条例》中第 13 条首倡“水利处为研究水利工程，得

① 陈椿庭：《水利水电科研工作发展历程》，中国水力发电史料征集编辑委员会编：《中国水力发电史料选编》，《中国水力发电史料》编辑部 1997 年版，第 398 页。

设置水工试验所”①。1934年9月13日全国经济委员会决定，改组原导淮委员会、广东治河委员会、黄河水利委员会、扬子江水利委员会、华北水利委员会等为各流域水利机构，同时在南京设立中央水工试验所（简称“中试所”，英文名称 China Central Hydraulic Research Institute），属全国经济委员会。要求将其建设成为全国水利科学研究中心，掌理水工试验、研究水利改进事宜，为水利的规划设计与工程实施提供科学依据。同时成立中央水工试验所筹备委员会。在全国经济委员会的组织系统表中，中央水工试验所是1934年全国唯一进入政府组织系统的水利科研机构。

民间社会亦有专注水利科研，并切实为江苏水利建设发挥重要作用的团体。1917年9月，“江苏（省）水利协会”在南京成立，会长韩国钧，副会长沈惟贤、黄以霖，标志着中国最早的水利学术团体就此产生。② 1931年，全国性水利学术团体中国水利学会成立。在人才培养方面，1915年，河海工程专门学校成立。中国水利工程学会还积极组织派遣学生出国留学。1942年，郑肇经所著《中国水利史》出版，这也是近代第一部水利史著作，同时期重要著作还有武同举整编的《江苏水利全书》《淮系年表》等。这些情况表明，中国的水利科技事业进入了新时期。

新中国成立前，灌溉工具以水车、牛车为主，如南京农村地区主要使用木制龙骨水车进行排灌，这种传统排灌农具生产力低下，旱涝收成无保障。1926年左右，无锡、常州使用流动机船沿京杭运河为农民戽水，也有农民自筹资金购买戽水机器进行戽水。③ 1924年江苏武进县戚墅堰的震华电厂首先经营电力灌溉，该厂工程师沈嗣芳倡议用剩余电力进行灌溉农田。1930年震华电厂实现了电力灌溉田地46959亩，后来被国民政府建设委员会誉为“模范灌溉第一示范区”。在武进境内

① 中国第二历史档案馆编：《民国档案资料汇编：财政经济第七卷》，江苏人民出版社1979年版，第452页。

② 参见齐耀琳《令：江苏省公署令第三十号（民国五年十二月）：公布江苏省水利协会条例》，《江苏省公报》1916年第1087期，第2—10页 。

③ 丹阳市吕城镇志编纂委员会编著：《丹阳市吕城镇志》，方志出版社2010年版，第190页。

有戽水站 49 处，在无锡境内有 8 处，戽水专用电线 100 余里。[①] 同时，1929—1934 年在江苏武进成立武锡区办事处，开展电力灌溉实验。随后江苏其他城市多地电厂亦对此进行效仿，进行电力灌溉，如苏州吴江县的庞山湖农场用苏州电厂、江宁县土山镇一带用首都电厂等进行灌溉。[②]

1931 年，南京开始使用排灌机械。同年 5 月吴江县成立模范灌溉庞山实验场，以水稻灌水实验为主，主要项目有优良水稻品种调查、二杆行实验、浸水实验、栽培迟早实验、品种比较实验等，亦是成立最早的农田水利科研机构。1932 年 7 月，南京工务局修筑下关江岸堤防，同时修建下关石梁柱机械排水站，排水能力 0.25 立方米/秒。同年，南京市政府在八卦洲建立抽水机站，以防农田旱涝灾害。1933 年夏旱，六合县政府首次租赁 3 台抽水机，在皂河口、三汊河口设立汲水站。次年，江宁县大旱，江宁自治实验县政府从上海、无锡购买抽水机 16 台，分配各旱区抗灾。1935 年 6 月，南京市建成由首都电厂和江宁县政府合资在土山、桥头等 8 个乡建成 29 个电力抽水机站（属翻水型抽水站），受益农田 4.6 万亩。每站安装抽水机 1 台套，配用 12.5—29.5 千瓦动力，水管口径 9—22 英寸。1944 年，丹阳市吕城河南建德平（邵公圻）站，实现了用 50 匹马力的柴油机抽水，灌溉农田达 6600 亩。1948 年，由国民党政府农村部及中国农民银行辅导成立电力灌溉合作社。

3. 水利法规科学化

1931 年，全国受强降雨的影响，江河决堤，长江中下游地区发生特大水灾，其中尤以江淮地区受灾程度最为严重。此时的政府对于这次水灾并没能做好防范，但是在水灾发生前、发生时应该积极吸取教训，并组织人手努力补救。补救仅仅做到尽量减轻水灾带来的损失是不够的，对于此后的水灾等自然灾害应进行提前防范和制定可行、有效的应急管理方案。“防止今后水灾之道无他，惟在平时之兴修水利而已”，因

① 参见张人杰《关於水利灌溉事业案：建设委员会训令：第二二四号（民国二十年五月二十七日）：令模范灌溉武锡区办事处：武锡灌溉区各戽水站面积》，《建设委员会公报》1931 年第 17 期，第 53—54 页。

② 参见王红谊等编著《中国近代农业改进史略》，中国农业科技出版社 2001 年版，第 102 页。

此，在水利专家李仪祉的组织、宣传下，希望通过该年4月成立的中国水利工程学会对全国水利进行统一协调、管理。对于当时国民党政府高层，也深刻认识到水政统一的必要性与重要性。① 第二年7月，由蒋介石等人在国民党中央政治会议上提出改组中国水利行政机关。次年，在中央政治会议上，改组全国水利机关的决议正式通过，由当时全国经济委员会作为统筹，全权负责。为了更好地发挥全国水利行政机关的作用，在之后又颁布了《统一水利行政事业进行办法》《统一水利行政及事业办法纲要》，并对全国水利行政机关的职权、运行机制，即水利规划、地形与水文测量、水利调查等做了进一步规定。此外，对于机构经费，通过商议决定自1934年开始，每年中央划分水利经费600万，以月为单位由全国经济委员领取。②

1942年，我国近代第一部水利法——《水利法》颁布，自此从国家层面全盘谋划水利事业有了法理基础。次年，国民政府《水利法实行细则》《水权登记规则》《全国水利建设纲领草案》等相继颁发，虽然一些如水权申请与登记等项目在当时大环境中难以实现，但是其雏形与运行机制对于当代水利政策、水利工程、水利建设等具有一定的借鉴意义与实践意义。此后，在对中央水利行政机关与水利法规等响应中，各地方政府相继制定了以水利为核心的法律法规，这在一定程度上使得水利法规体系逐渐完善。③

三、实业兴邦修水利

晚清闭关锁国政策的施行以及19世纪60年代"洋务"破产，使得有识之士和乡绅们逐渐认识到"实业"的重要性，纷纷呼吁"实业救国"，而实业首先要振兴农业。民国成立之初，为恢复和发展农业生产，江苏先后以江南水利局、太湖水利工程局为主要组织，开始全面规划整治苏南地区的水利，涉及的空间范围包括太湖平原，新的水利规划与实地调

① 参见《请设专管水政机关》，《申报》1931年9月21日。

② 参见陈岭《清末至民国江南水利转型与政治因应——以常熟白茆河为中心》，《江苏社会科学》2017年第4期，第252—263页。

③ 参见汤建学、傅靓、孙婷霞《抗战时期国统区和边区水利建设初探》，《江苏水利》2016年第2期，第48—51+55页。

查得以全面展开。

至民国前期，苏南水利的重点一直都在太湖水系的余水排泄方面，即《禹贡》中所云“三江”疏通问题。[①] 通过对清代及清以前水利经验的继承与发扬，在民国之初，当地政府结合实际情况，对江南水利进行了统一筹划，以保证江南地区水利环境的稳定，为此专门设立了江南水利局，作为机构对此统一规划。同治十年(1871 年)苏州便设立专门机构用以管理水利，即“苏垣水利局”。1914 年 4 月，以重新建设江北运河与江南水利为主要目的，由当时吴县人徐寿兹担任江苏实业司长与筹备水利处处长，并于同年 9 月份在江南水利局作为第一任总办，[②]将办公地点设立在当时吴县(今江苏省苏州市境内)，负责江南水利的维护与修建工作。[③] 民国时期建设的水利局与清代时设立的有关水利的机构除了时间上的继承，在设立目的、机构运行等也具有一定的继承性。继苏垣水利局成立后，江都县设立了“筹浚江北运河工程局”，主要负责江北运河等的规划工作。[④] 江南水利局所管治的区划包括了江宁、句容、溧水等 28 个县，[⑤]主要负责河湖海塘的浚治事宜。[⑥]

清末民初可谓是中国自然灾害频发的时期，尤其是水旱灾害的连年肆虐。20 世纪以来，美国、英国、德国等都陆续兴建起高坝大库，在国际舞台上，水利事业在国家经济中的重要地位得以迅速奠定。[⑦] 面对近现代应对自然灾害的科学技术优势，一些热衷于实业和教育来救国

① 明清以来太湖下游的吴淞江、白茆港以及后来日受重视的黄浦江，成为政府与地方治理的重中之重，也是事实。其中，清代的人们对于太湖水利，已日渐产生系统性和全局性的思想和实践，民国时期这种情形更为明显。有现代水利技术支持和较为科学化的水利观念，人们在批评前人的同时，也怀有对民国初期即将进行大规模水利计划的期许，希望从全局、系统的方向出发，彻底整治苏南水利。

② 参见沈佺编《民国江南水利志》卷末《题名》。

③ 参见沈佺编《民国江南水利志》卷二《吴江水利委员陈恩梓详江南水利局为奉委代表说明带征水利经费竣事报请核转文》附“说明书”。

④ 参见冯贤亮、林涓《民国前期苏南水利的组织规划与实践》，《江苏社会科学》2009 年第 1 期，第 186—193 页。

⑤ 江宁、句容、溧水、高淳、丹徒、丹阳、金坛、溧阳、扬中、上海、松江、南汇、青浦、奉贤、金山、川沙、太仓、嘉定、宝山、崇明、吴县、常熟、昆山、吴江、武进、无锡、宜兴、江阴。

⑥ 参见冯贤亮《太湖平原的环境刻画与城乡变迁(1368—1912)》，上海人民出版社 2008 年版，第 344—346 页。

⑦ 参见尹北直《李仪祉与中国近代水利事业发展研究》，南京农业大学 2010 年博士论文。

救民的知识分子，对中国传统水利技术进行变革的热情不断高涨，他们当中的一些人成为我国现代水利的开创者。若论在治黄、治淮、治江方面的杰出代表，张謇便是从“官僚治水”走向“专家治水”的典范。

张謇是江苏通州（今江苏省南通市）人。他自小聪颖好学，年少时便能熟读传统经典“四书五经”，成年后参加过科举考试并高中状元。张謇生长在一个富农兼小商人的家庭，同时，他的父亲认为“天下大势，非农商不能自立”。受幼年教育与切身经历的影响，张謇逐渐认识到“水利是农业的命脉”，这也是后来张謇投入到治理黄河和淮河的重要原因。例如，他成立的通海垦牧公司是由八个“大堤”[①]组成，各“堤”余水的排泄又可与内陆农田一样，经原有河港出海而互不干扰。这在当时即使是中国的一些大城市也并不多见。通海垦牧公司在建设水利工程和农田基础设施上投入了大量资本。[②] 1931 年张謇担任导淮局督办，面对治淮困难，他在《治淮规划之概要》《导淮计画宣告书》等书中对治淮之策进行了多次探讨。张謇为治理淮河努力近三十年，他所编撰的科学治淮规划，不仅在当时起到了一定的积极作用，而且在新中国成立后大力治理淮河的过程中得以继承与发扬。

四、战乱阻碍水利发展

自古以来，各代王朝统治阶级都极为重视水利的兴修。但是近代以降，国家处于内忧外患之中，导致了水利设施年久失修、水利行政紊乱，农业发展也在较大程度上受到限制。民国时期，全国局势动荡，当时国民政府和地方各级机构为了水利环境的稳定与农业的正常发展，制定并实施了很多水利政策，使得江南地区乃至西部地区的农田水利得到了进一步发展，并取得了一定的成果。[③]

但是民国至新中国成立的三十多年间，中国境内除了水旱等自然

① 在原有出海河港之间根据自然地形，围成形状比较规则的、各自独立的、被称之为“堤”的八个大单位。通海垦牧公司的外堤底宽 4 丈，面宽 1 丈，高 1.2 丈，里堤底宽 1.5 丈，面宽 8 尺，高 8 尺。与沟河配套的是涵闸，用以沟通全公司的水系。在一些主要出海港口则建大闸，以钢筋水泥结构为主。

② 参见羌建《张謇与陈炽农业观之比较研究》，《中国农史》2013 年第 6 期，第 123—130 页。

③ 参见陆和健《抗战时期西部地区农田水利建设述论》，《扬州大学学报（人文社会科学版）》2004 年第 5 期，第 91—96 页。

灾害影响农业生产以外，各种战争从未停息，战火纷飞，匪盗猖獗，大片耕地被抛荒，农田水利设施也遭到很大破坏。兴修农田水利主要依靠锹、铲、扁担、箩筐等工具，劳动强度大、工作效率低。除了农田基本建设机械外，虽然有机械化排灌设施，但是抗日战争全面爆发后，国内外局势更加紧张，油料中断，机械灌溉几乎停滞，农民仍然依靠人力、牛力进行车水、翻水，南京所有抽水站损毁殆尽。

在学术研究方面，受战争影响，许多科研机构被迫迁移各地。如第六届年会后，中国水利工程学会迁往重庆，年会未能继续举行，直至1947年10月在南京举行第十一届年会讨论黄河治理规划以及若干西北水利问题。中央水工试验所不得已也西迁重庆，文件、仪器、资料散失严重。正在兴建的导淮工程被迫停工，导淮委员会迁入四川达八年之久，导淮工程毁于一旦。战争还使一些刚刚起步的水文观测中途夭折，体系崩溃，损失难以弥补。

第三章　水利与交通事业进步

我国的水路运输始于商周，完善于春秋战国时期。各诸侯国为征伐需要大举修建人工运河，沟通黄河、淮河和长江等几个主要水系，打通国内领土以及国与国之间疆土的水路通道。[①] 公元前486年，吴王夫差北上争霸，然而“其师远征徙众运输粮食之供给，皆为问题。乃城邗沟通江淮。鲁畏吴，请服；而齐不徒，吴王伐之”[②]。以运河连接淮河流域与中原地区，精锐的吴国水师由此可以很快经由邗沟北上中原，与诸侯盟会于黄池，实现霸业。自六朝以迄于隋唐、两宋，人口与经济重心的南移，农业技术的进步，尤其是大运河的开通，使得江苏农业与水利运输取得了空前的进步与发展。明初，南京再次成为首都，因其“北跨中原，瓜连数省，五方辐辏，万国灌输……南北商贾争赴”[③]的交通所需，且水路运输有着较陆运成本低、运量大、运行平稳等优势，形成了以南京为中心的水运网络，江苏水运再次获得大发展。清末，随着外国资本主义的入侵以及国内太平天国运动的破坏，运河长久未修，逐渐衰颓，黄河铜瓦厢决口北徙进一步加速了苏北水运网络的消亡。民国初年，河漕停运后木帆船运输成为水运的主要载体。从抗日战争爆发直至新中国成立前，十余年战争使得江苏的水运航道残破不堪，最终走向衰落，水运事业百废待兴。历史上，在自然河道的利用、人工运河开凿与

① 参见卢勇《水利勃兴与大国崛起：春秋战国时期军事水利的发展与启示》，《江海学刊》2017年第6期，第175页。

② 陈恭禄：《中国通史》第六篇《东周（续前）》，中国工人出版社2014年版，第59页。

③ （明）张翰撰，盛冬铃点校：《松窗梦语》卷四《商贾纪》，上海古籍出版社1986年版，第74页。

港埠建设等背景下，受政治、军事与经济等因素的影响，苏南地区水运航道形成以政治中心南京(建康)为中心向四周辐射的发展特点。

第一节　水利与天然水运航道

江苏地势低平，多为平原洼地，丘陵起伏和缓且分布集中，湖泊港湾众多，主要分布在太湖地区、里下河地区与沿长江地区等，这些流域水网密布、河道纵横，为构建水运交通网提供了极佳的条件。由于生产力的限制，中国古代河流的价值主要体现在灌溉农田与水运运输两大方面，但随着历代王朝对水运交通的重视与社会发展的需要，水利工程的利用率大大提升，并在地区发展中扮演的角色越来越重要，本节主要回顾江苏几条主要水运航道的发展变迁状况。

一、江苏天然水运航道概况

江苏水网稠密，拥有相对较为温和的气候、充沛的降雨以及平坦的地形，天然水道航运起步最早，为省内通达的河渠网络系统奠定了良好的基础。隋唐以前，天然河道渠化水平较低，出于政治军事(军运与粮草运输等)以及商贸运输等原因，朝廷河工部门的主要工作就是疏浚河道与防灾。隋唐以后，大运河开凿带来的先进水利技术以及人口南移，推动了江南地区的大规模开发，天然水运航道修建陂塘堤坝的水平也相应提升。

江苏的三大河流湖泊系统中，沂沭泗水系与淮河下游水系关联度较大，睢水、汴河、沂河、沭河汇入泗河，进而流入淮河。北宋建炎二年(1128 年)黄河开始经由汴河、泗河流入淮河，汴河、泗河两支河流成为连接黄河与淮河的“纽带”。绍熙五年(1194 年)，黄河完全改道，黄水最终经汴河、泗河涌入淮河。明代以后，由于黄河河道在汴河故道附近南北迁徙不定，加之“保漕”“护陵”等重要因素介于其中，使得朝廷不得不通过开挖新河、修筑堤坝等方式达到避水、分水的效果。这一时期，苏北地区出现了众多水利工程。

建炎二年后，因黄河长期夺淮入海，淮河下游故道逐渐被黄河泥沙淤高，水流四溢，低洼之处形成了洪泽湖、宝应湖与高邮湖等湖泊。由于黄河南下，河道、湖泊淤高，水灾频发，为农业生产带来了一定的负面影响，明万历二十一年（1593 年），杨一魁任总河尚书，开始实施自己的“分黄导淮”策略，通过开诸湖，放湖水以疏通渠道，加强了河湖之间的联系，同时也降低了运河河道风波险情发生概率。明万历二十三年（1595 年），杨一魁任工部尚书兼都察院右副都御史，总理河道。次年，再次实施“分黄导淮”计划，分黄导淮一度平息了淮河下游的水患，为后来“归江十坝”的建成奠定了基础。20 世纪 50 年代，淮河流域再发洪水，淮河下游流域成为一片泽国，上段自三河闸经金湖县进入高邮湖，下段上自三河闸至芒稻河、夹江等水道至三江营注入长江。

长江是我国第一大河，长江江苏段水量充沛、江面宽阔，一直是绝佳的天然航道。《尚书・禹贡》有言：“淮海惟扬州……沿于江海、达于淮泗。”[①]这说明，在上古时期，自长江以至于淮河一带的天然水道已经开始用作航道，这也是上古时期长江航运的一个缩影。汉唐以后，随着长江中上游的开发加剧，向山要地、毁林垦荒以及围湖垦田等人类活动，导致雨季水沙俱下，长江携带泥沙增多。长江入海口，唐时原位于今镇江扬州一带，随着入海口泥沙的不断淤积，再加上明代中后期淮河经由入江水道注入长江，在两者合力冲击与泥沙淤积之下，长江三角洲不断向东推移。在此过程中，长江江苏段的“黄金水道”也不断向东延伸，至今江苏启东、上海崇明一带入海。

二、江苏主要水系天然水道航运

1. 淮河下游水系水利与航运

淮河下游从古至今变动较大，受黄河冲击与泥沙淤积的影响，入海口从正阳关、盱眙、淮阴等地逐渐东移。古代淮河下游河湖密布，包含博芝湖、津湖、白马湖、樊良湖、武广湖、陆阳湖、富陵湖、射阳湖等一系列湖泊。经过复杂的水系变迁，这一连串大小湖泊最终演变为洪泽湖、

① 雒江生校诂：《尚书》，中华书局 2018 年版，第 98 页。

高邮湖、白马湖、宝应湖、邵伯湖等几大湖泊。这些湖泊对于水运交通而言十分重要。

(1) 春秋、秦汉时期淮河下游水运的萌芽

春秋时期,淮河河道在航运中主要起着中介作用,借此水道,可将船只由江淮流域中转至黄河流域。例如,邗沟修建后,吴国船只可经邗沟北上,通过淮河、泗水、菏水到达黄河流域。秦汉时期,两淮盐业兴起,沿淮河的商业运输业也随之发展。魏晋时期,淮河沿岸一些港埠得以发展,以山阳(今江苏淮安)为代表,因其处于黄、淮、湖、海之间,原本只是一个交通闭塞的小镇,此处淮河河道经多次整治与渠化,淮河航运条件大为改善,后成为水运重镇,在军事运输领域发挥了重要作用。

(2) 唐宋时期淮河下游水运的兴衰

隋唐五代,随着大运河的开凿,江苏航运体系随之形成,淮河水运也因此受益。武则天掌权时期,崔融曾作出如此描述:"天下诸津,舟航所聚。旁通巴汉,前指闽越,七泽十薮,三江五湖,控引河洛,兼包淮海;弘舸巨舰,千舳万艘,交货往还,昧旦永日。"[①]唐宪宗时,宰相李吉甫也说:"自扬、益、湘南至交、广、闽中等州,公家运漕,私行商旅,舳舻相继。隋氏作之虽劳,后代实受其利。"[②]另外,随着军事与政治形势的变化,江淮漕运得以恢复。初唐时,府兵制开始向募兵制转变,国家财政大量投用于雇佣兵;而漕运量又在很大程度上取决于士兵多少。因此,"今国用渐广,漕运数倍于前,支犹不给"[③],江淮转漕的任务量大增。当时,每年约有数千艘漕船,运送百余万石的江淮粮赋北上至东都洛阳含嘉仓、渭河口的永丰仓以及陕州太原仓。开元十五年(727 年)秋,河北发生饥荒,朝廷拨转淮南租米百万石予以赈济。可见,彼时的漕运规模已远超唐初。

盛唐时,社会经济快速发展,漕运业也随之兴起,开元、天宝年间,对江淮漕运最有影响的财政大员首推裴耀卿。唐玄宗于开元二十一年(733 年)最后一次巡幸东都洛阳时,决定整改漕运。鉴于京兆尹裴耀

① (后晋)刘昫著:《旧唐书》卷九十四《崔融传》,中华书局 2013 年版,第 2998 页。
② (唐)李吉甫:《元和郡县图志》,广雅书局,清光绪二十五年。
③ (五代)刘昫著:《旧唐书》卷九十八《裴耀卿传》,中华书局 2013 年版,第 3081 页。

卿曾提出改良漕运的建议，玄宗将他擢升为宰相兼江淮转运都使，主持漕运整顿，充实关中物资。针对唐初以来长运法结合租庸调带来的弊病，裴耀卿将分段运输法定为改革策略，在大大小小的中转点设置粮仓，分段转运至关中。分段运输法带来了运输周期的缩短，大大降低了船只在河道搁浅滞留的概率，船夫在各自的分段河道中航行，熟练度高，降低了事故发生的可能性，黄河中专人专船运输制度也减省了一笔水手雇佣费用。[①]

安史之乱爆发后，唐朝社会经济遭受严重破坏，“天宝之后，中原释耒，辇越而衣，漕吴而食”[②]，“赋取所资，漕挽所出，军用大计，仰于江淮”[③]。当时征粮于江淮并集结扬州，沿淮、泗、荷水载运北上。但是，频年战乱对江淮漕运产生了较大的负面影响。例如，叛乱发生不久，安禄山率兵南下，东都洛阳在内的河南大部分地区被叛军控制，漕运河道因此断绝。肃宗末年，史朝义军队攻打宋州（治今河南商丘），因淮运废弛，大批江南贡赋只得从长江转汉水，至汉中再由陆路运至扶风（治今陕西凤翔）。虽解一时之急，但从安全与效益两方面来看，都无法与江淮漕运相比。

安史之乱被彻底平定后，刘晏任转运使，开始大刀阔斧地整顿破败不堪的漕运事业。通过疏浚河道、雇佣运丁、定点设驿站等措施恢复了江淮漕运，虽节省出大量运费，但每年运输的漕粮数量大大减少。晚唐时，不断出现的节度使叛乱导致运路屡屡被截断，河道阻塞，唐僖宗年间，黄巢起义爆发，动乱祸及大江南北，导致以扬州为中心的江淮地区由原本“富庶甲天下”变为“东西千里，扫地尽矣”[④]的萧索破败景象。与此同时，各地节度使纷纷停止给朝廷上缴贡赋，扣留运输的贡物并破坏运河，江淮漕运从此断绝，唐王朝也走向崩溃灭亡。

宋神宗时期，陈祐甫担任都水监丞一职，他根据淮河河面高低，将

① 参见嵇果煌《中国运河三千年》，上海科学技术出版社2020年版，第536—537页。

② （唐）吕温撰：《吕衡州集》卷六《故太子少保赠尚书左仆射京兆韦府君神道碑》，上海古籍出版社1993年版，第50页。

③ （清）董诰等编：《全唐文》卷七百六十三《沈珣授杜琮淮南节度使制》，中华书局1983年版，第6928页。

④ （汉）司马光：《资治通鉴》卷二百五十九《景福元年七月》，中华书局1987版，第8431页。

所开凿的龟山运河河底挖深，而后引入淮水沟通该运河，整治黄、淮运口。[①] 黄河下游夺淮入海以后，与纵贯南北的京杭运河交叉于淮安附近，因而，解决好黄、淮、运三河的交汇问题，成为保证运河顺利通航的关键。为了使运河能够顺利通过黄、淮，明政府在淮阴、淮安一带曾经多次修建各类工程设施。[②] 明代之前，运河水位高于淮河，为防止运河水反流入淮，在两河交汇处增设堰闸进行控制。

(3) 明代以后淮河下游水运的发展

至明初，堰闸已不复存在。为促进航运发展，洪武元年(1368 年)，政府组织在淮安城东新建仁字坝。后因漕运需求，又于永乐二年(1404 年)新增义、礼、智、信四坝，与仁字坝一道，合称“淮安五坝”。[③] 构成五坝的材料主要为软性质地的树木枝条，故也被称为“软坝”。舟船过坝时，先卸下货物，后牵引货船，这一方法不仅费时费力，且对舟船、货物损坏程度较大。为适应繁重的运输需要，永乐十三年(1415 年)，由陈瑄主持，在宋代沙河故道基础上开凿清江浦，由淮安城西的管家湖至鸭陈口入淮，全长 40 里，前后设置了移风、清江、福兴、新庄四闸，控水通航。[④] 清江浦线路开通后，航运条件大为改善，但由于黄河河身高于淮河，又高于清江浦，若黄、淮并涨，清江浦的阻塞在所难免。嘉靖八年(1529 年)，新庄运口闸门重新修建，在清江闸北到淮河南岸之间增开月河一道，与新庄闸轮流使用。嘉靖三十年(1551 年)，淮河水位暴涨，新庄运口经数次疏浚又不断淤积，遂移运口于三里沟并开新河。[⑤] 万历元年(1573 年)，三里沟仍然处于淤堵状态，又重开新庄天妃闸口。万历六年(1578 年)，因天妃闸口逼近黄河，又移运口至马头镇北以避免黄河倒灌。此后，虽曾建闸坝于淮河之上，借助洪泽湖水增长运河水势，但总体上仍未改变黄高运低的状况，亦未能从根本上解决黄运交叉

① 淮阴市交通史编审委员会《淮阴市水运史》编写组编：《淮阴市水运史》，南京大学出版社 1989 年版，第 29 页。

② 参见水文化丛书编委会编《水利名贤》，河海大学出版社 2018 年版，第 61 页。

③ 水利部治淮委员会：《淮河水利简史》，水利电力出版社 1990 年版，第 201—202 页。

④ 参见水文化丛书编委会编《江苏水文化丛书 · 水利名贤》，河海大学出版社 2018 年版，第 61 页。

⑤ 参见邹逸麟《椿庐史地论稿》，天津古籍出版社 2005 年版，第 195 页。

处的淤积问题。[①]

在明代，另外一个绕不开的问题就是两淮地区的盐业运输。载盐的商船从各盐场运出，需要先送去核验，签字批准后再运至各行盐区域。凡是在淮南 20 个盐场装盐的船只，要从湾头闸进入漕盐运河，到仪征批验所检验；而在淮北各大盐场装盐的船只，一般会从盐越河运抵淮安批验所，途经汴、泗、黄、淮等河流分销至今河南、安徽、江苏一带地区。

清代，淮北运盐河不断向淮西延伸，疏浚运盐河成为漕运中十分重要的任务。康熙二十六年(1687 年)，总河督靳辅继开凿中运河之后，自其尾又开一河，自清河北部起，东北经杨庄、于营、安东三城之北，直到平旺河，总长 130 里。此河开通后，用做分泄黄河涨水，又可运输盐船，取其名为“下中河”，[②]东接盐河，西入黄河，于入黄口建双金门大闸，承担着淮北地区的盐运任务，故后人将运盐河与下中河统称为“盐河”。康熙四十三年(1706 年)，盐河口被移至杨庄以北的花家庄，并建盐闸。除多次疏浚工作外，盐河的形貌基本未因人工干预而发生变化。乾隆五十三年(1788 年)，因盐河屡受黄水淤垫，捞挖费时，延误运输，遂在盐河北开凿张家河，[③]接入上塘河，共长 130 余里；另成新盐河一道，与老盐河交替行运。新盐河开通后，只通航 38 年便被彻底废弃，仅剩老盐河，成为淮北盐运的唯一通道。

咸丰五年(1855 年)，黄河在河南铜瓦厢决口北上，在山东袭夺大清河入海，不再流经江苏境内淮阴以东段，最终形成“废黄河故道”，在此之后，“河势不复南行，徐海下至海口遂成平陆”[④]。淮河故道日渐淤高，逐渐潴留成为大湖，最典型的就是淮河下游的洪泽湖，运河反而成为淮河的一个泄水通道，但运河既浅又窄，无法使淮水畅流，淮河下游淤阻的问题越来越严重。淮河泛滥，水灾频仍，给人民生命财产造成了

① 水利部治淮委员会:《淮河水利简史》，水利电力出版社 1990 年版，第 206 页。

② 参见水文化丛书编委会编《江苏水文化丛书・水利名贤》，河海大学出版社 2018 年版，第 94—95 页。

③ 邱树森主编，汪家伦等编:《江苏航运史・古代部分》，人民交通出版社 1989 年版，第 172 页。

④ 凤凰出版社编:《中国地方志集成・江苏府县志辑　55 光绪丙子清河县志》，凤凰出版社 2008 年版。

无法估量的损失，淮河水运交通濒临崩溃，时人感叹："二十年水灾，以淮为最著。"[①]宣统元年(1909年)，江苏省咨议局再次提出导淮方案，在张謇主持下，为制定实施"导淮治运计划"开展了大规模调查。[②]

民国时期，政府对淮河进行了大量勘测。根据勘测资料反映的实际情况，1917年，咨议局发表《江淮水利计划书》，宣布了导淮治运十年计划。1919年，发布《江淮水利施工计划书》，提出淮河七分入江、三分入海的方案，并规划出具体路线。[③] 1920年4月，江苏运河工程局外聘工程师卫根莱通过勘测运河各闸坝，整理并制定苏北运河计划。在淮河流域航运事业中，最出名的是大达与大通两公司。1934年4月，大达、大通两公司联合成立联营办事处，按出资比例分成运费收入。与此同时，大达公司还分别与大通仁记公司、薛鸿记运输行联合创办了达通内河轮船公司与薛鸿记帆船联运公司，开展江河联运，[④]通过苏南航运系统接转苏北水域旅客与物资，其经营范围包含今淮河下游全域。

解放战争时期，华野部队迅速南下，组织数百条大小船只，在淮河上架起浮桥，使部队于短时间内全部渡过淮河。双沟县县长率领民兵随军行动，行军至泗南一带时，浮桥被敌机炸毁，部队被迫在当地临时征集大量渔船，再次搭建浮桥，并且用临时组建的"渔船编队"运送部队渡河。苏北一带当时为解放区，苏南地区则长期处于国民党政府统治之下。苏北地区盐业的发展给当地百姓的生活带来了生机，大量船民纷纷修整自家船只进行食盐运销，为解放区的建设发展创造了源源不断的动力。

2. 沂沭泗水系水利与航运

最初沂河与沭河分别注入泗河并汇入淮河，建炎二年(1128年)，黄河南下夺泗河进入淮河并最终入海，黄河夺泗夺淮导致泗河下游(尤其宿迁至淮安一段)泥沙堆积。黄河多次夺淮入海，使沂河成为黄河支流。明崇祯年间，为保障宿迁城免受黄河水侵扰，开凿六塘河，将骆马

① 张謇：《关于全国各省筹设河海工程测绘养成所给大总统呈文》，《政府公报》1915年8月8日第1168号。

② 束方昆主编；郭孝义本册主编：《江苏航运史 近代部分》，人民交通出版社1990年版，第140页。

③ 参见张越著《民国时期生态环境思想研究》，知识产权出版社2019年版，第59页。

④ 束方昆主编，郭孝义编著：《江苏航运史·近代部分》，人民交通出版社1990年版，第117页。

湖水引向黄海。清康熙二十四年(1685 年),导沂河由灌河口东入黄海,这种状况一直持续到 1951 年开挖新沂河。① 泗河为沂沭泗水系中南四湖支流,源头位于山东省新泰市太平顶山西麓上峪村东黑峪山。泗河从河道长度和流域面积上来看,都是淮河最大的支流,尤其在徐州河段之后,随着支流汴河的注入,泗河的流量更大。

建炎二年(1128 年),黄河改道南侵夺泗入淮后,长期以来对泗河河道的侵占导致其下游形成高出地面的黄河故道。元至正元年(1241年),创建仲浅闸,泗河仲浅闸下游部分形成南四湖,原来泗河的许多支流纷纷汇入南四湖,而此时泗河的自然河道仅剩仲浅闸以上的河道。南四湖中,只有昭阳湖位于今江苏境内,京杭大运河修成之后,泗河改道注入京杭大运河。②

明中叶之前,泗河自茶城东向东南,经徐州东北,继续向东南行至淮阴最终入淮河。清同治十二年(1873 年),泗河结束了成为京杭大运河支流的历史,于今山东省济宁市石桥镇新闸村直接注入南四湖。泗河河道自张桥至仲浅西北入南阳湖,全长六千米,同时堵塞东、西泗河支流,最终使其改道。从新中国成立之际“导沭整沂”工程的推行至 1991 年“沂沭泗洪水东调南下工程”③的实施,历经多年艰辛治理,流域内防洪工程体系初步形成。

沂沭泗流域以自然补给为唯一的降水来源,其航运状况的好坏也需“望天”而行。沂沭泗流域汛期降水集中,河道流量稳定性极差,干涸、断流的状况时常出现。因此,研究江苏主要水运航道,有必要对历史时期沂沭泗水系与水利航运的关系,进行系统性整理与说明。

(1) 苏北沂沭泗水系航运起源与秦汉水运

在原始社会末期,沂沭泗流域的人们开始了大范围的渔猎活动,并且“刳木为舟,剡木为楫”④,制造木船,借助天然河湖,开展最初的水运。

春秋中晚期,江苏大部分地区属吴、越两国,因战争与运输物资的

---

① 参见吴宗越编著《沂沭泗河览胜》,长江出版社 2006 年版,第 388 页。

② 参见水利部淮河水利委员会沂沭泗水利管理局编《沂沭泗河道志》,中国水利水电出版社 1996 年版,第 17 页。

③ 吴宗越编著:《沂沭泗河览胜》,长江出版社 2006 年版,第 363 页。

④ 冯国超译注:《周易》,华夏出版社 2017 年版,第 390 页。

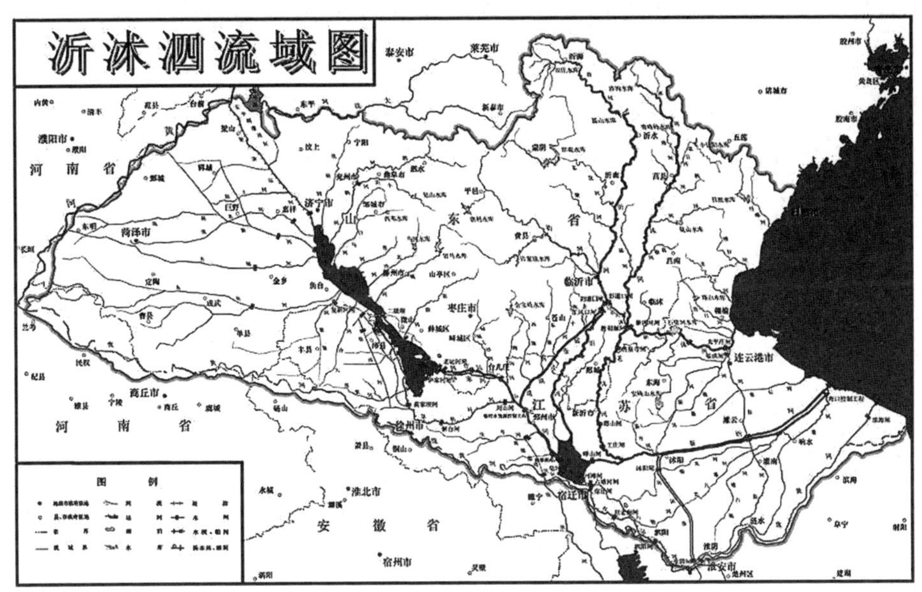

图 3－1　沂沭泗流域图

需要，造船业逐渐发展起来。吴、越两国的航运虽多为军事行动服务，但积累下来的大量经验为后期江苏内河各项航运事业的发展打下了坚实基础。

至秦代，相传秦始皇为求长生不老，命徐福东渡，寻仙求药。据考证，东渡起点即在今江苏省连云港市赣榆区金山镇下辖的徐福村，在古游水入海口处的大王坊村地下出土数以千计的古木料很可能与徐福下海造船有关。根据张传藻先生的推断，古游水下游“经石梁河源头，入赣榆县，走大小莒城，盐仓城，在柘汪入海”①，其线路与如今的沭河十分类似。徐福东渡能够开展，与秦代江苏的物质条件、航海知识与技术能力是分不开的。②

汉代，沂沭泗水系分属琅琊郡与东海郡管辖。《汉书·地理志》载“东莞(县)，沭水南至下邳入泗，过郡三，行七百一十里，青州浸”③，明确沭水为泗水支流。《水经注》批驳了原《水经》所载“(沭水)于阳都入沂”

① 张传藻:《连云港地理与经济》，河海大学出版社 1999 年版。

② 参见水利部淮河水利委员会沂沭泗水利管理局编《沂沭泗河道志》，中国水利水电出版社 1996 年版，第 17 页。

③ (汉)班固:《汉书》卷二十八《地理志上》，中华书局 2013 年版，第 1586 页。

的观点，认为“沭水左渎自大堰水断，故渎东南出”[①]，而其右渎则“西南至宿预注泗水也”[②]，可见沭水的东支为人工筑堤原因而东流，沭水的天然干流仍主要注入泗水。另外，“祠水东南至下邳入泗”[③]，下邳依托此优势成为当时的水运枢纽。东汉末年，下邳已成为泗水流域内向广陵、彭城运粮的水运中转站。

秦至两汉水运的发展也使得一些市镇经济逐渐兴起，最典型的当属位于古泗水之滨的彭城。彭城居汴河、泗河交汇之处，崛起为沟通江淮与中原的要津。

（2）魏晋、隋唐、宋元航路的贯通

魏晋时期，由地方政府主持对泗水运道进行了一系列整修，这些整修活动基本都与军事密切相关。泗水在泗阳段附近，地势北高南低，且受两岸山岗夹峙，水流湍急异常，在徐州段分别形成了百步洪、秦梁洪与吕梁洪三处急流险滩。这种急流险滩的状况不改变，流域内航运便难以发展。东晋太元九年（384 年），谢玄北上伐秦，军队到达彭城，在当地采取都护闻人奭之策，组织九万人对吕梁水道进行了一次大整治，“树栅，立七埭为派，拥二岸之流，以利运漕”[④]，修建七座大坝，深化航道，分段控制，水道渠化。经这次整治之后，航运条件大为改观。义熙十二年（416 年），刘裕北伐，在行军途中，命周超之“自彭城缘汴故沟，斩树穿道七百余里，以开水路”[⑤]，对汴水运道进行了大规模疏通治理。

隋代，邗沟被重新开凿，隋运河整体贯通，而泗水、汴水就是大运河邗沟段北上连接洛阳的水运中转通道。唐代关于泗水的描写与记载，最著名的当属唐代诗人白居易的那句“汴水流，泗水流，流到瓜洲古渡口，吴山点点愁”[⑥]。源于山东境内的泗水，经徐州与汴水并入淮河，能够流到瓜州古渡，说明进入淮河后可再转大运河直下扬州。如今的泗

---

① （北魏）郦道元著；陈桥驿校证：《水经注校证》卷二十六《沭水》，北京：中华书局 2007 年版，第 616 页。

② 同上。

③ （汉）班固：《汉书》卷二十八《地理志上》，中华书局 2013 年版，第 1588 页。

④ （唐）房玄龄等撰：《晋书》卷七十九《谢玄传》，中华书局 2013 年版，第 2083 页。

⑤ （北魏）郦道元著，陈桥驿校证：《水经注校证》，中华书局 2007 年版，第 557 页。

⑥ 出自（唐）白居易诗作《长相思》。

河仅相当于古泗河上游山丘区河段。①

安史之乱后，黄河流域遭受空前破坏，人口锐减，河道长期未清淤修治，运河各段阻塞拥堵的情况极为严重。针对这一情况，中唐时期，刘晏主持国家财政之后，鉴于“江、淮、汴、河、渭”等各河段运力不同，借鉴裴耀卿“分段运输法”的经验，将原运河分为长江、淮河、汴水等各段，各段之间设置专门枢纽，在枢纽处进行货物的装卸与转载，②这一改革不仅重新恢复了原运河各河道航运事业，朝廷的财政负担也得以大大减轻。③ 安史之乱后唐王朝财赋基本依赖江淮一带，而汴河就是沟通江淮水系与黄河水系的重要“桥梁”，随着唐代中后期北方战事的增多，通过各河流航道运送北方粮赋的船只往来也更为频繁，“汴水通淮利最多，生人为害亦相和。东南四十三州地，取尽膏脂是此河”④。但唐朝后期对于江淮地区的过度依赖以及运河的脆弱性，导致其时常被各方势力所威胁，唐王朝的灭亡很大程度上与该线路时常受到地方叛乱威胁相关。⑤

北宋定都东京(今开封)，东京城周边一马平川，并无险可守，宋太祖选择以此为都最重要的考量即为运河，其时大量的财富与物资供应俱依赖于江淮地区。淳化二年(991 年)六月，汴河在浚仪县(位于今开封市)决口，为表示治水安民的决心，宋太宗乘步辇出乾元门，并对宰相、枢密说道:“东京养甲兵数十万，居人百万家，天下转漕，仰给在此一渠水，朕安得不顾?”⑥由此可见汴河对汴京城军民配给以及宋代漕运的重要性。北宋仁宗初年，沈括担任沭阳县主簿，发动当地劳动人民“括疏水为百渠九堰……得上田七千顷”⑦，在此之前，淮、泗、沂、沭都为完整的水道系统，泗水在当时作为运河，沂河、沭河流注泗水，为其支流，当时在苏北鲁南接近海岸一带还有“游水”，北抵山东南部，南至今涟水

① 邱树森主编，汪家伦等编:《江苏航运史・古代部分》，人民交通出版社 1989 年版，第 26 页。
② 参见姜爱林编著《治国之镜・诗词镜鉴历代改革家》，新华出版社 2015 年版，第 189 页。
③ 邱树森主编，汪家伦等编:《江苏航运史・古代部分》，人民交通出版社 1989 年版，第 52 页。
④ 王溥:《唐会要》卷八十七《转运盐铁总叙》，上海古籍出版社 1991 年版，第 1881—1900 页。
⑤ 邱树森主编，汪家伦等编:《江苏航运史・古代部分》，人民交通出版社 1989 年版，第 54 页。
⑥ (元)脱脱等撰:《宋史》卷九十三《河渠三》，中华书局 2013 年版，第 2317 页。
⑦ (元)脱脱等撰:《宋史》卷三百三十一《沈括传》，中华书局 2013 年版，第 10653 页。

县与淮河交汇处，是重要的航运交通线。

建炎二年(1128 年)，南宋政权为阻止金兵南下，令东京(今河南开封)留守杜充掘开黄河，使黄河自泗水入淮，成为黄河历史上长期南泛的开端。两宋之际，由于汴京被金人所围，汴河被决数处且“塞久不合”[①]。宋孝宗年间，楼钥出使金国，在路过汴水之时，看到汴水已然断流，“河益堙塞，几与岸平，车马皆在其中，亦有作屋其上……汴河底多种麦”[②]，汴河荒废，河道被填充，河运变陆运，很多人还将置房、地于其中。绍熙五年(1194 年)，黄河南堤决口，金人计划引水水淹宋军，不对其进行封堵复道，以至于黄河之后又经历了长达 661 年的南下夺淮入海历史。在此期间，黄河下游注入淮河的部分淤高，淮河本身不能容纳，原本天然的支流、航道等反而变成了分水岭，使得沂、沭两河之水利航运深受其害，被迫改道。

元代海运兴起，河运居从属地位，苏北段河运也进入较为黯淡的一个时期，海运与河海联运成为主流。此时，北上大都的船只，最常走的一条线路是，从刘家港入海，过崇明岛并沿海岸线行至胶州湾一带，而后进入胶莱河抵达莱州湾，出海后继续傍海前行，从天津大沽口登陆抵达大都。[③] 另一条线路是出海后直行至山东半岛尖端折向渤海湾直抵天津，进而运至大都，但这种情况不稳定性较大，航行周期要看顺风与逆风的情况。

(3) 明清以来苏北沂沭泗河道水运的衰退

明代前期，政府对于兴修水利一事较为积极，这对于水运而言也产生了正向影响。明后期，水系变动剧烈，水灾频发。沂河、沭河改道之前，苏北平原上本存在骆马、青伊、硕项、桑墟等湖，沂河改道后经骆马、硕项两湖流入大海，沭河改道后分别注入青伊、桑墟、硕项等湖并各自东流入海，而后这些湖泊也都因河道淤积，有的面积大大缩小，有的完全消失，水无潴留之地。另外，水利设施遭到荒废，万历《嘉定县志》载：“昔人以治水为大政，故二百年常通流不废。正嘉之际，其遗烈犹有存

---

① (元)脱脱等撰:《宋史》卷九十四《河渠四》，中华书局 2013 年版，第 2335 页。

② (宋)楼钥:《北行日录》卷下，中华书局 1991 年版，第 27—38 页。

③ 参见苏山编著《中国科技文化史速读》，北京工业大学出版社 2012 年版，第 173 页。

者。至于今，湮没者十八九，其存者如衣带而已。”[①]旧有的水利设施大多被废弃而无人修缮，再加上明代以后统治者“护陵保漕”政策的介入，导致苏北的水系进一步紊乱。

清咸丰五年(1855年)，黄河在铜瓦厢决口，北徙而去，沂沭泗流域形成一个单独的区域。但黄河北徙之后，苏北海岸逐年向东扩张，潮汐受到影响，卤气渐淡。光绪三十三年(1907年)，清政府在灌河口沿海地带开辟济南盐场，产出食盐专门销往济南。宣统年间，以张謇为代表的民族企业家创立大阜等七家制盐公司，合称“盐场七公司”。[②] 这些灌河旁的盐场与公司，货运频繁往来于济南至灌河口间的广大区域，带动了当地经济发展。

民国时期，灌河一线以沟堆港为代表的港口常常有英、美、德、意、日、葡、荷等外国大型汽轮来进行贸易活动。民国初年，针对沂沭泗流域河道治理问题，张謇在民国二年(1913年)发布的《导淮计划宣告书》[③]中明确提出，必须统筹兼顾，协调推进诸河流治理。泗、沂、沭几条河流与其支流港汊交互纵横，发挥着为中运河、里运河、盐河提供水源与苏北鲁南地区排泄洪水的作用，对河流航运与耕地灌溉意义重大。[④] 但自从黄河侵夺泗淮入海以及决口后再次北徙，沂沭河流域诸河受害最重，河道淤积阻塞，几乎年年都有洪灾发生。泗、沂、沭诸河的疏通治理也与导淮治运紧密相连，沂、泗的治理是淮河治理的前提。

1921年，张謇出任江苏运河督办，发布了《淮、沂、沭治标商榷书》[⑤]，强调兼治泗、沂、沭诸河的重要性及其与治淮的关联性。然而因经费不到位，这一计划未能落实。1925年，北洋政府水利局再次同意并落实这一工程计划，将沂河、六塘河、沭河、蔷薇河等洪泽湖下游与淮河有联系的河流进行治理，根据其所用到的土方闸坝及购置管理费合计约2000余万元派发下去。导淮委员会成立后，将治理沂、沭的计划

① 韩浚:《万历嘉定县志·文苑一·永折漕粮碑记》，万历三十三年刻本。

② 束方昆主编;郭孝义本册主编:《江苏航运史 近代部分》，人民交通出版社1990年版，第73页。

③ 张謇著，文明国编:《张謇自述》，安徽文艺出版社2014年版，第222—226页。

④ 束方昆主编;郭孝义本册主编:《江苏航运史 近代部分》，人民交通出版社1990年版，第142页。

⑤ 李明勋、尤世玮主编，张廷栖、陈炅、赵鹏、戴致君执行主编，《张謇全集》编纂委员会编:《张謇全集》卷四《论说·演说》，上海辞书出版社2012年版，第487—490页。

作为导淮入江入海的辅助措施。1931年,导淮委员会再次拟定治理沂、沭河之计划,分别疏导沂河、沭河,使得沂、沭、运三河之间能够保持足够的间隔互不侵扰,并使各河由灌河入海。在此期间,江苏省政府对沭河、蔷薇河等河流进行了疏浚、增挖、切滩、培堤等工作。1935年,江苏省政府疏浚万公河、六塘河、涵养河等河流。1936年,又疏浚车场河、池河等,便于引水入海。①

表3-1 江淮水利局所成立的水文站与观测站

站名	地点	河系	备注
码头镇站	码头镇	运河	该站于1915年江淮水利局设立
码头镇站	码头镇	张福河	该站于1915年江淮水利局设立
中渡站	中渡	三河	该站于1915年江淮水利局设立
六闸站	六闸	运河	该站于1915年江淮水利局设立
六闸站	六闸	新河	该站于1915年江淮水利局设立
六闸站	六闸	邵伯河	该站于1915年江淮水利局设立
沟上集站	芦口坝	沂河	该站于1915年江淮水利局设立,1922年停止
新安镇站	新安镇	沭河	该站于1918年江淮水利局设立,1923年停止
正阳关站	溜子口	淮河	该站于1922年设立,1925年停止。1931年6月南京国民政府导淮委员会在此设水文站
蚌埠站	蚌埠	淮河	1915年7月,江淮水利测量局设立此观测站,1931年6月南京国民政府导淮委员会在此设水文站,1938年1月停止

资料来源:依据康复圣著《导淮委员会导淮始末(二)》第40—41页表格整理而成,见《淮河志通讯》1987年第3期,第38—41页。

抗日战争时期,沂沭河流域的水利设施遭到了严重破坏。1938年,连云港灌河码头遭到严重的损毁。日军强攻连云港时,对当时被誉为"盐都"的大伊山与板浦进行了高强度轰炸,使当时整个苏北盐业被迫迁往河南信阳。② 这一时期,除了日军的破坏,地方政府也损毁了大

① 束方昆主编;郭孝义本册主编:《江苏航运史 近代部分》,人民交通出版社1990年版,第144页。
② 同上书,第186页。

量水运设施。1939年，在日军侵占了灌云、沭阳、宿迁、泗阳、涟水、淮阴、淮安等徐淮大部分区域后，江苏省政府奉命炸毁船只、船闸，对当时的航运基础设施造成了不可逆的破坏。[①] 然而这一时期，日军为了加紧掠夺中国的资源，制定了《连云港应急修复方案》，疏浚各港口，复建码头，进而对苏北地区展开疯狂掠夺。1940年，新四军建立盐阜抗日民主根据地，在当时中共灌云县委领导下，组织船只运送军资补给支前。新中国成立之前，沂沭泗流域的船只还被用于支持淮海战场上解放军的物资补给，沭阳、灌云、泗阳等县的粮食物资，通过大小船只运送到涟水、宿迁等前线阵地。

3. 长江太湖水系水利与航运

长江在江苏早期水运开发中居于主体地位。远古时期的长江，水流湍急，奔腾迅疾，进入江苏境内之后，形成了许多湖泊与港汊，尤以镇江段较为典型。距今约六七千年前，长江由镇江东出入海。此后，由于长江挟带泥沙长期冲积，入海口渐渐东移，最终形成现今的长江三角洲。隋唐以前，镇江至扬州间长江江面宽约四十余里。根据《尚书·禹贡》记载，扬州贡道"沿于江海，达于淮泗"[②]，由此可见，长江是江苏早期重要的水运通道之一。

随长江三角洲的发育而逐渐形成的太湖，承载着江苏早期水运任务。太湖流域本是一片海湾，经过漫长的泥沙淤积过程，逐步封闭形成一个潟湖，即现今太湖的雏形。太湖完全形成之后，仍留有许多通海河道。距今约五六千年，太湖流域的古海岸线位置大致是从今天的丹徒起，经江阴西、常熟东、太仓西。在太湖流域成陆过程中，形成了东江、娄江、吴淞江三条自然泄水河，各自向东注入东海。[③]

(1) 先秦时期长江水运的萌芽

远古时期，为开展渔猎活动，先民常使用原始独木舟，航行于天然水域。根据考古发现，江苏最早的独木舟大概出现在新石器时代早期。江苏武进区淹城区于1958年与1965年分别出土的三艘独木舟以及

① 《民主建设》第二期，民国三十五年四月。
② 雒江生校诂：《尚书》，中华书局2018年版，第98页。
③ 参见张荷《吴越文化》，辽宁教育出版社1991年版，第49页。

1984年宜兴吾桥村出土的完整独木舟，大约都在距今约3000至2500年前，出土较早的独木舟是用整木中间挖空做成，较晚的已经采用木钉固定船板，在技术上进步较大。[①] 1984年，东县汤园乡长田村出土了一艘东汉时期独木舟，舟长15米，用整段楠木刳成。舟尾两侧附加两块木料，与横向的两块木板，通过舌状榫槽及铁钉搭接，船尾搭篷，似做防雨遮阳之用，较之宜兴出土的木船而言，在技术层面实现了较大提升。[②]

春秋战国时期，饮食起居礼制、音乐、文艺规范逐渐衰败，各诸侯国之间纷争不断。水运成为重要的军事斗争支撑条件，原有的舟船已无法满足作战需要，因此舟船制造业得以兴起。吴国为满足自身军事发展需要，开始发展舟船制造业。春秋末期，吴国的造船技术达到了很高的水平，国内有专门的舟船制造厂，被称为"船宫"或"船室"。春秋时期吴国的丽溪城即为当年吴王阖闾所设造船工厂之地。丽溪同"梁溪"谐音，城址位于今无锡梁溪河北岸，如今苏州南郊吴中区蠡墅镇，即为当年吴国舟船制造场所在地。[③] 在当时来看，吴国的战船结构精良，种类丰富，大小战船长宽比约在2∶3到3∶4之间。这种造型精良的战船能够降低水流助力，拥有较快的航行速度。正是由于这种工艺精湛的战船，吴国才能够建立起一支强大的水军，在江淮间横扫四方。其强盛一时，功不可没。

春秋吴国时期，苏南内河航运主要以军事用途为主，形成以吴都为中心向四周辐射的水道分布。东路从吴淞江入海；南路由胥浦出发，抵达吴越交界的军事前沿西路，经太湖、胥溪、丹阳、石臼等湖泊出长江，最终进入淮南地区；北路沿淮河入江水道北上，经淮、沂、泗、菏等水与黄河相接。[④] 在交错纵横的运道上，航行着吴国的大小战船，为战争做足准备。军运发展的同时，商运也在蓬勃发展。范蠡辅佐勾践打败吴王夫差后，功成身退，弃官经商。《史记·货殖列传》载"范蠡既雪会稽之耻……乃乘扁舟浮于江湖，变名易姓，适齐为鸱夷子皮，之陶为朱公。朱公以为陶，天下之中，诸侯四通，货物所交易也。乃治产积居，遂至巨

① 参见李硕《设计学视阈下的中国古代船舶形式研究》，中国轻工业出版社2019年版，第163页。
② 邱树森主编，汪家伦等编：《江苏航运史·古代部分》，人民交通出版社1989年版，第9页。
③ 参见《水运技术词典》编委会编《水运技术词典》卷下，人民交通出版社2000年版，第1806页。
④ 邱树森主编，汪家伦等编：《江苏航运史·古代部分》，人民交通出版社1989年版，第13页。

万。"[①]可见，当时商运广泛地存在于长江下游地区，范蠡经商区域位于水运交通线上，运输便利，极大地促进了商业的发展。

水运事业的发展为水网沿线许多城市发展增添了强大动力，其中最为典型的当属吴(治今苏州市)。吴(又称梅里)是春秋战国时期吴国的都城，地处太湖东畔，居江南运河中段，古太湖流域的东江、娄江与松江在其东南30里处会合，水路四通八达，航运十分便利。吴都建立后，"城厚而崇，池广以深，水陆八门，舟车并便"[②]，在当时看来，已经具备极高的城防能力与水平。由于大量人工运河的开挖与以太湖为中心的水运交通网络的形成，吴从单一性的政治中心发展成为江南地区集政治、经济、水运为一体的多功能中心。诚如司马迁所言："吴，东有海盐之饶，章山之铜，三江五湖之利，亦江东一都会也。"[③]

(2) 秦汉魏晋南北朝时期长江水运的持续发展

秦汉时期，江苏地区的造船业进一步发展。汉武帝曾命人在吴地大量制造战船。据《汉书》所载，制造战船的地点在会稽郡(包含今天苏东浙西一带，其郡治在今苏州吴县)，造船之规模、技术都大为提升。魏晋时期，孙吴、东晋、宋、齐、梁、陈先后定都建康(今南京)，为加强都城同周边经济区的联系，促进军事运输发展，六朝以建康为中心，先后开凿贯通周边的内河航道，使其最终形成一个水运交通网。这得益于江苏长江太湖一带诸多的天然河湖以及春秋至秦汉时期疏通与开凿的各类天然以及人工运渠。因此，除新开凿的上容渎与破岗渎外，主要工程都集中在整治旧航道、改善水运条件与水道渠化方面，并取得了显著的成果。魏晋时期，许多重要战争以水军为主展开，尤其在江南一带，其中最为典型的当属西晋灭吴。西晋太康元年(280年)，晋武帝司马炎命令王濬、杜预、王戎等将率水陆联军20万人，分道伐吴。王濬等率水军从武昌东下建康，"戎卒八万，方舟百里，鼓噪入于石头"[④]，吴国的水军拥有万余精锐，但面对西晋进攻，皆望旗而降，使西晋统一了南北。

① (汉)司马迁:《史记》卷一百二十九《货殖列传》，中华书局2013版，第3257页。
② 缪启愉:《太湖地区塘浦圩田的形成和发展》，《中国农史》1982年第1期，第13页。
③ (汉)司马迁:《史记》卷一百二十九《货殖列传》，中华书局2013年版，第3267页。
④ (宋)司马光:《资治通鉴》卷八十一《晋纪三》，中华书局1976年版，第5566页。

魏晋时期，虽然军事运输依然占据了江南水运的主流地位，但是商业运输也有了一定的发展。这一时期，进行贸易往来的商船航行于长江太湖流域，熙熙攘攘，呈现出一派蓬勃发展的盛况。许多商贸富豪拥有上千艘商船，经营水运贸易，“势利倾于邦郡，储积富于公室”[①]。东吴永安二年(259年)，景帝孙休下诏：“自倾年已来，州郡吏民及诸营兵，多违此业，皆浮船长江，贾作上下，良田渐废”[②]，可见，商业的发展已经影响到了军屯与农业生产，使得士兵与种田的百姓将目光纷纷投向水运商贸领域。

长江下游港口城市发展最为典型的当属京口(今镇江)。京口位于长江与运河汇合之处，是大江南北水运交通枢纽。三国以前，它在全国尚未取得如此重要的地位，直到东吴时，才成为水上军事要地。六朝时，京口为京城重地，“经途四达，利尽淮海”[③]。在当时，长江是联系京口的水运干道，“东通吴会，南接江湖，西连都邑(今南京)”[④]。因此，以京口为中心的水运交通网之上的商贸活动十分频繁，京口也成为周边各地物资集散中心。[⑤]

东晋至南朝时期，江南地区经济日渐繁盛，水上运输线路以建康为中心向外辐射，长江就是其中的一条主要水上运输航线。该航线向西沿长江沟通安徽、江西、湖南、湖北，承担着大宗贸易物资的运输，包括商人与高官的船舰。根据《宋书·吴喜传》记载，当时从长江中上游返回建康的将士，每人皆满载而归，大小的船只几乎都载满了钱米布绢。这一方面反映了商品经济的充分发展，也反映了当时建康与四川、湖北之间发达便利的水运交通。建康水运发达，经济活跃，当时的秦淮河，河道最深处距水面约15米，干流宽约300米，从今天的水西门一带入江，北与长江相接，内连建康城内的青溪与运渎，南从今天的水西门一带入江，水运条件非常便利，秦淮河两岸帆樯辐辏，商贾云集。左思《吴都赋》写道：“水浮陆行，方舟结驷，唱棹转毂，昧旦永日。”[⑥]其盛况可见

① 杨乙丹：《魏晋南北朝时期农业科技文化的交流及其思考》，《古今农业》2006年第2期，第18页。
② (晋)陈寿：《三国志》卷四十八《吴书·孙休传》，中华书局1959年版，第1158页。
③ (南朝)沈约：《宋书》卷五《文帝纪》，中华书局2013年版，第97页。
④ (唐)魏征：《隋书》卷三十一《地理志》，中华书局1973年版，第886—887页。
⑤ 邱树森主编，汪家伦等编：《江苏航运史·古代部分》，人民交通出版社1989年版，第33页。
⑥ 选自(晋)左思《三都赋》其二《吴都赋》。

一斑。这一时期，还有一些外国商船驶入长江流域，进入秦淮河畔与中国展开商贸往来，典型代表如日本商船，它们自九州出发，穿越东海，来到建康进行商贸往来与文化交流。史书记载的“贡使商旅，方舟万计”[①]，便是对建康繁华盛景的生动写照。

（3）隋唐宋元时期长江水运的鼎盛期

隋唐时期，随着大运河的开凿，水运覆盖范围扩展到今江苏、安徽以及河南北部等地，南北向水运交通空前发展。在这一时期，长江在航运中发挥的作用主要体现在三个方面：

首先，长江中上游地区的土特产品与手工艺品被大量运到长江下游太湖流域。如江西的茶叶、茶具、木材与瓷器与蜀锦，宣城的空青、石绿、纸笔、黄连、军器、绢匹，始安的蕉葛、蚺胆、翠羽[②]等，通过商船运至南京、扬州一带。

其次，长江太湖一带的手工艺品与土特产品，也通过长江大量西运。比如，淮南至江苏沿海一带制成的食盐，大多经扬州通过长江运至内地。扬州生产的家具、蔗糖、铜镜、丝织品等产品通过长江西销内地的情况也很普遍。杜甫诗云：“蜀麻吴盐自古通，万斛之舟行若风。”[③]形象地概括了长江航线上东西部之间商贸往来的繁忙景象。

第三，当时由南海来华经商的许多外国商人，进入中国南方最大的贸易港口——广州后，如果要北上，大都通过南岭进入江西并于南昌集合。随后沿赣江北上进入长江，顺游东下，抵达南京、扬州一带。

唐开元之后，由于长江北岸有绵延数十里的积沙，扬子津被这一片沙洲所阻隔，商船由京口过江北上进入邗沟后，必须绕行 60 里才能进入并继续航行，带来了诸多不便。[④] 基于这一问题，开元三十五年（737 年），润州刺史齐浣通过疏通伊娄河，使其北接扬子津，南通瓜洲渡口，全长 25 里，“岁利百亿，舟不漂溺”[⑤]，大大便利了长江与扬州一带的水运交通。安史之乱后，大量北方人口南迁，南方被大规模开发，农业与

① 刘馨秋：《六朝建康茶文化中心形成论》，《中国农史》2020 年第 6 期，第 36 页。

② 常华：《品唐诗·习典故》，江苏文艺出版社 2017 年版，第 264 页。

③ 选自（唐）杜甫《夔州歌十绝句》。

④ 邱树森主编，汪家伦等编：《江苏航运史·古代部分》，人民交通出版社 1989 年版，第 42 页。

⑤（宋）欧阳修、宋祁撰：《新唐书》卷四十一《地理五》，中华书局 2013 年版，第 1057 页。

工商业经济得以持续健康发展。到两宋时期，南方广大区域得到进一步发展，有“苏湖熟，天下足”之称。宋代造船业发达，太湖流域的江苏地区设置有楚州（治今淮安市）、平江（治今苏州市）、松江（治今上海市）、镇江、建康（治今南京市）等地。

真州、润州与扬州航运业的发展是两宋时期江苏水运发展的缩影。真州作为港埠，地位的日渐提升得益于长江太湖流域水运交通的发展，并体现在其名称的演变。唐代，真州还只是一个默默无名的小镇，名为白沙镇，五代时期改名迎銮镇。北宋乾德二年（964 年），再次被提升为建安军。宋真宗大中祥符六年（1013 年），改其名为真州。宋徽宗政和七年（1117 年），赐名仪真郡。[①] 名称与建制的变化，反映了其地位日趋重要。北宋时期，南京等地运往汴京的物品，首先在真、扬、楚、泗四州集中，再行运输。

真州因其距离长江最近这一得天独厚的优势，“南逾五岭，远浮三湘，西自巴峡之津，东泊瓯闽之域。经涂咸出，列壤为雄”[②]，因此，当时最为繁盛的真、扬、楚、泗四州中又以真州为首，发运使治所也置于真州，以便借助其优越的地理位置指挥调度漕运事务。根据宋徽宗崇宁年间的一次统计数据，当时真州总户数为 24242 户，人口为 82043 人，[③]与其他大城市相较，其规模虽说较小，但“其俗少土著，以操舟通商贾为业”[④]，土著居民很少，而从事水运商贸之人比比皆是，侧面反映出真州新兴港埠的性质。[⑤]

另一水运商业港埠——镇江也是在两宋发展起来的。镇江本为润州治所，政和三年（1113 年）升级为镇江府。宋代以来，日趋重要，嘉定年间（1208—1224），镇江府于某一年征收长江太湖流域来往船只税收共计约 20 万余贯，至南宋末期，这一数值平均达到 33 万余贯。扬州城则在金兵劫掠之后遭受重创，姜夔曾感叹道：“自胡马窥江去后，废池乔

① 邱树森主编，汪家伦等编：《江苏航运史 · 古代部分》，人民交通出版社 1989 年版，第 91 页。

② 胡宿：《文恭集》卷三十五《真州水闸记》，中华书局 1985 年版，第 419 页。

③（元）脱脱：《宋史》卷八十八《地理志 · 四》，中华书局 2013 年版，第 2181 页。

④（宋）沈括：《长兴集》卷 25《开封府推官金部员外郎墓志铭》，沈辽、沈遘：《沈三先生文集》，上海书店 1985 年版。

⑤ 邱树森主编，汪家伦等编：《江苏航运史 · 古代部分》，人民交通出版社 1989 年版，第 91 页。

木，犹厌言兵。”此时，扬州的地位较之于北宋已经一落千丈，而经历南宋的休养生息，在元初得以恢复。马可波罗在其游记中写道：“城颇强盛……恃工商为活，制造骑尉战士之武装甚多。”①可见工商业发展与军备力量皆十分强势。

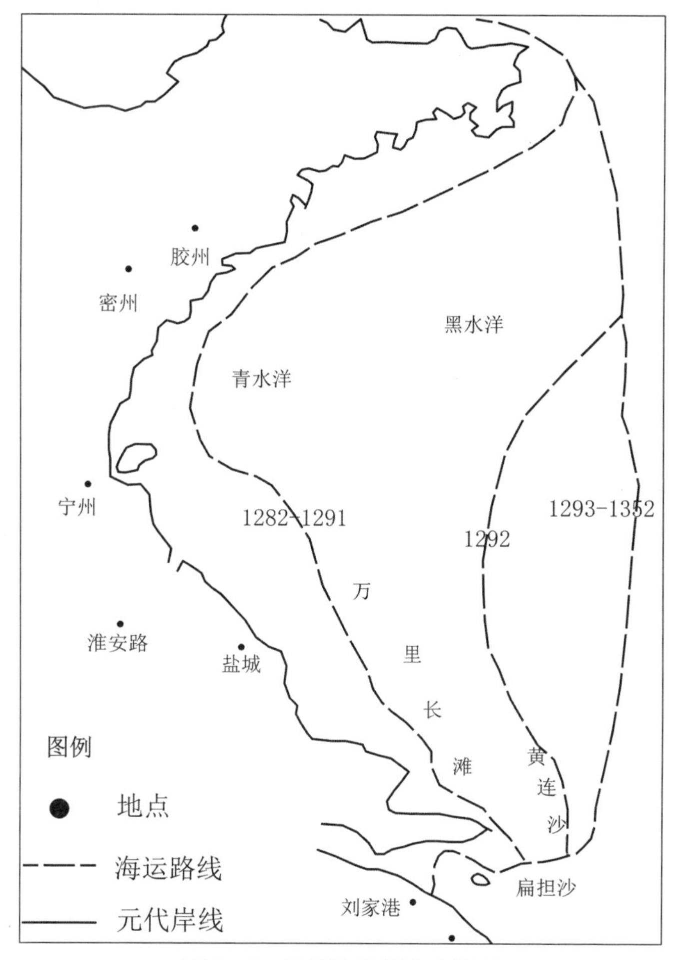

图 3-2　元代海运线路变化图

（来源：宫纪子，《モンゴル帝国が生んだ世界图》，日本经济新闻出版社 2007 年版，第 43 页。作者改绘）

从钞关税收数据中，也能看出元代长江太湖流域贸易往来之繁盛。据《元典章·吏部》载，元代税务提领设于长江干流沿线各地，各处税收状况如表 3-2。处于长江太湖流域的几个城市：扬州、建康、镇江，其税

① (意)马可波罗：《马可波罗行记》，中华书局 1954 年，第 560—562 页。

收额度都处于一个比较高的水平，反映了当地水上贸易的繁盛。

表 3-2　元代长江干流沿线各地收缴税银情况一览

税收额度	包含区域
5000 锭	扬州、武昌
3000 锭	建康、江陵、镇江
1000 锭	和州、公安县、江州、重庆
500 锭	芜湖、江阴、池州、岳州、安庆、蕲州、黄州、汉阳

资料来源：沈家本，《沈刻元典章·七》卷一《吏部·官制一·职品》，中国书店 2011 年版，第 108—113 页。

（4）明清以来长江水运的曲折发展

明清时期，商品经济迅速发展，长江流域的水运呈现出许多新的特点。至清中叶之后，大量漕粮运输已由王朝自运演变为招商承运，而随着这一运输方式的改变，长江太湖流域关税机构与征收制度比宋元时期更为精细，近代港务管理的雏形在沿江的大型港埠码头初现。

明代，内河航运中农产品商品化趋势十分明显，棉花、蚕桑等经济作物普遍种植并交易，为棉纺织业和丝织业的发展提供了大量原材料。[①] 棉纺织业主要集中在无锡至松江一带，丝织业主要集中在南京、苏州等几座大城市。手工业所需经济作物种植规模扩大的同时，粮食作物在长江太湖流域种植规模大幅缩减，然而，手工业所需粮食作物的提升却扩大了总的需求量，故在这一时期，长江太湖流域大规模通过长江上游以及北方运河南下入江水道买入粮食作物，手工业产品对外输出量不断扩大，这些都进一步提升了长江在苏南地区内河航运中的重要性。[②] 最具代表性的例子是，彼时的长江商业运输中，形成了“川米易苏布”[③]的大宗商品对流运输现象。

发达的航运业促进了苏南城镇间经济的发展，如无锡生产的果蔗、草席，多运至苏州浒墅、虎丘一带销售，又如常熟一带日用油糖杂货，皆

① 曹鸿涛：《大明风物志》，汕头大学出版社 2008 年版，第 125 页。

② 邱树森主编，汪家伦等编：《江苏航运史·古代部分》，人民交通出版社 1989 年版，第 161 页。

③ 范金民：《明清江南商业的发展》，南京大学出版社 1998 年版，第 311 页。

由苏州买入。太仓至松江一带的稻米产自常熟等地，使得江苏内河运输极为繁忙，内河航运的发展令沿长江市镇获得长足发展。明宣德年间，全国33个著名工商业市镇中，江苏独占8个(南京、苏州、镇江、扬州、常州、仪真、淮安、松江)[①]，南京与苏州尤为突出。

南京城西、北两侧濒临长江，东侧倚靠钟山，形势十分险要。“上江上下皆可以方舟而至，且北有銮江、瓜洲，东有京口，而五堰之利或由东坝以通苏、常，或由西坝以通宣、歙，所谓取之左右逢其源者也。自古都会之得水利者，宜亡如金陵”[②]，水网可通达苏南各地，城内的秦淮河、青溪等也可通行船只，便利的水上交通使得各地来到明南京城朝贡的使节络绎不绝，各地运来的漕粮贡赋源源不断。

苏州在明代已成为全国最发达的工商业市镇之一，其河道之通畅也属少见，城北有长江通至常熟、江阴一带。城内平江河、干将河、道前河等河道纵横交错，沟通着各大区域。便捷的水运交通与农业、手工业的高速发展，促进了商业的繁盛，城市商铺如雨后春笋般出现，而全国其他区域的商贸活动规模较之于苏州城内要大得多，城内停泊着装满各类货物的船只，这也导致苏州内河码头与外河港埠的拥挤不堪。

另外，松江府在这一时期发展迅速。根据《上海县志》《松江府志》等地方志记载，从明中叶弘治、正德年间到明末崇祯年间，华亭、上海、青浦等县新增二十多个市镇。[③] 内河航运的不断发展促进了市镇数量的增加与市镇经济的繁荣。清代，江南地区造船业异军突起，运载大宗货物的沙船发展尤为突出。这说明，从明末至清代，江南地区市镇经济往来规模急剧扩充，而造船厂作为一个产业，发展到类似“寡头垄断”的程度，船厂的经营模式大体有两种：一种为有钱有权势的巨富独资经营；另一种是富商和沙船大户合营共建。由于苏南一代民间船厂所造

① 明代33个工商业重镇分别为：顺天府、应天府、苏州府、松江府、镇江府、淮安府、常州府、扬州府、仪真府、杭州府、嘉兴府、湖州府、福州府、建宁府、武昌府、荆州府、南昌府、吉安府、临江府、清江府、广州府、开封府、成都府、重庆府、泸州、济南府、济宁州、德州、临清州、桂林府、太原府、平阳府、蒲州。据明会典记载，这些市镇“市镇店肆、门摊、税课加五倍”，从课税一项可窥见当时这些城镇的经济发达程度。

② 佟世燕修：《康熙江宁县志》卷十四，南京出版社2013年版。

③ 邱树森主编，汪家伦等编：《江苏航运史·古代部分》，人民交通出版社1989年版，第165页。

船只种类多、数量大、用途广，不仅满足了国内的需求，还大量出口国外。康熙年间，苏州船厂所造船只每年投入下水航行的船只，一半以上售于外商。

清代江南地区工商业产品生产规模急剧扩增，贸易量大幅提升，其特点是商品品种多、流量大、流向广。这一时期，松江府（治今上海市）、苏州府（治今苏州市）与江宁府（治今南京市）的纺织业高速发展，成为全国三大织造中心。苏南地区长江内河航道在养蚕季节有“无船不载桑”①的说法，语气虽有夸大成分，但也反映了当时内河航运与棉纺手工业的紧密联系。江宁、苏州、松江、淮安、常州、扬州、镇江等沿长江各大市镇，工商业经济飞速发展，其中苏州的发展尤为亮眼，商贸范围进一步扩大，“上自帝京，远连交广，以及海外诸洋，梯航毕至”②，“南达浙闽，北接齐豫，渡江而西，走皖鄂，逾彭蠡，引楚蜀岭南”③，商贸线路被清晰地描画出来。苏州本地虽生产了大量手工艺品，集市上售卖的则主要由各地商人通过大小河道转运而来。因此，苏州活跃着全国各地的商人，他们在当地纷纷建立会馆，以促进同乡商人之间的联系。其中，广东客商的潮州会馆、嘉应会馆与福建客商的三山会馆、江州会馆最具代表性。除此之外，各地商船在苏州有固定停泊点，且不准外来货船停泊，苏州本地商人也设立了自己的码头。

近代后，西方列强通过与中国签订一系列不平等条约，逐步打开了南京、镇江等一系列沿江市镇的大门，侵害了我国内河航运保护权。外轮入侵对中国木船航运业造成了严重挤压。西方列强取得通商航行的特权后，通过进一步控制中国海关与内河港埠，夺取关税收益与港埠的经营权，并以此为契机控制中国经济，在中国内河沿线倾销商品，买入大量原料，彻底垄断中国的航运事业。为自强求富、振兴国运，在清政府高层官员主导下，19世纪60年代，洋务运动如火如荼地开展起来，其中，李鸿章发起的“官督商办”的轮船招商局开业经营，不仅带动了苏南

① 严伯英主编，《江阴市交通志》编纂委员会编：《江阴市交通志》重修本，苏州大学出版社2011年版，第279页。

② 江苏省博物馆编：《明清苏州工商业碑刻集》，江苏人民出版社1981年版，第84页。

③ 苏州历史博物馆、江苏师范学院历史系、南京大学明清史研究室编：《武安会馆碑记·光绪十五年·明清苏州工商业碑刻集》，江苏人民出版社1981年版，第364—365页。

航运往来与物资交流，而且带动了船舶制造技术的进步与江苏近代轮运业的发展。近代以来，内忧外患与天灾兵祸困扰下的清政府已成积重难返之势，难以顾及航道治理，长江太湖流域的淤积堵塞情况十分严重，在多雨季节，长江水位暴涨冲决两岸已成常态。在道光至光绪年间，清政府先后对江南河道进行了多次疏浚。

近代以后，长江江苏段的河岸受海潮台风与江水冲刷影响，向南淤积、北岸坍塌的现象日趋严重，位于江心岛上的金山逐渐与南岸的镇江城连成一片，南岸的淤积给港口建设带来了很多麻烦，加之泥沙携带至此形成的诸多江心洲，受海潮影响，江流趋缓，冲刷北岸，造成沿江多地沙洲坍塌。随着近代航运事业的发展，长江沿岸立起越来越多的航标，1847 年，清政府在苏松段长江北岸浅滩设立一座标桩，随后又在南岸设立一座。1855 年，清政府购入第一艘航标船，即“柯普登爵士号”[①]，于铜沙浅滩设置航标指引船只进入长江。[②] 1868 年，海务部于上海成立，长江江苏段至入海口处的航标设置逐渐形成一整套规范化操作程序。[③] 在 19 世纪 50 至 60 年代，长江江苏段流域为太平天国核心势力范围，在转战南北的过程中，太平天国建立起自己的水师，控制了长江太湖一带的水运交通，既抗击外来侵略，又抵抗清军，并保障势力范围内军民粮食供给，开展水上运输与贸易，同时形成了一套内部航运制度，一定程度上促进了苏南地区民间水运事业发展。

从第一次世界大战开始至抗战爆发之前，民族资本主义工商业逐步发展起来，江苏轮运业实现了快速发展。第一次世界大战期间，列强无暇东顾，北洋政府也出台了一系列取缔封建地主的水运特权与促进民族资本主义工商业发展的法律条令，为苏南地区轮运业的发展提供了一个良好的环境。一战结束后，外轮再度侵入长江下游，恢复了自身在苏南地区内河航运中的势力。但这一时期中国民营航运业经过一战时期的发展，已具备与外国轮船运输业竞争的实力，对打破外资垄断产

① [英]班思德：《最近百年中国对外贸易史》，茅家琦：《中国旧海关史料（1859—1948）》第 147 册，京华出版社 2001 年版，第 62 页。

② 参见王轼刚《长江航道史》，人民交通出版社 1993 年版，第 131 页。

③ 中国航海学会编，彭德清主编，刘延穆、朱仲伦、卢其昌、金立成副主编：《中国航海史 · 近代航海史》，人民交通出版社 1989 年版，第 44 页。

生了重要作用。

1927 年,国民党在南京建立国民政府,苏南地区成为畿辅重地,受其带动,民间航运业得以进一步发展。到 20 世纪 30 年代左右,苏南大部分城镇已发展起相应的小型轮船航运网络。随着轮船运输业的发展,长江江苏段开始出现大大小小的轮渡区域。长江南京段在这一时期承运的南北客货运量急剧攀升,这一时期较为著名的是"飞鸿号"轮渡,航行往返于下关与浦口之间,1921 年,"飞鸿号"遭遇事故沉没,"澄平号"取而代之,担负起南北两岸的运输任务。[①] 该货轮总重约 400 余吨,每次航行可运输 1000 余名客人。[②] 1924 年,镇江与扬州两地的 5 个商会组织共同创办的普济轮渡局开始筹办跨江轮渡事业,每日固定 3 班,定时启航返航,形成了一个固定的轮渡体系。抗战爆发后,江苏航运业中的广大员工应征参加抗日与内迁运输,在日军大规模进攻的档口,纷纷献出自己的船只,沉船封堵长江太湖流域各条河流以阻止或迟缓日军的进攻,作出了极大的贡献与牺牲。抗战胜利后,日伪航运业被国民党当局收归,西迁的航运人员回到故土并纷纷投资于水运行业,江苏轮运业逐渐复苏。[③] 但国民党挑起的内战使得正在恢复期的江苏航运事业再遭重创,国民党军队在撤退之前对苏南地区的河道与港口进行了大规模的封锁与破坏,使得苏南地区内河航运事业再度陷入绝境,到新中国成立之前,江苏的内河航运业已然伤痕累累,百废待兴。

第二节　水利与人工水运航道

受自然生态环境变迁影响,自然航道出现了淤积堵塞、河流变道与河道浅涩等一系列问题,逐渐无法满足人们水运的需求。随着河道开挖疏浚与造船技术的进步,春秋时期的吴国,调动大量的人财物力,兴修了一系列水运工程,主要包括泰伯渎、胥溪、胥浦与邗沟等人工水运

---

① 卢海鸣、杨新华主编:《南京民国建筑・图集》,南京大学出版社 2001 年版,第 245 页。

② 参见邱树森主编,汪家伦等编《江苏航运史・古代部分》,人民交通出版社 1989 年版,第 124 页。

③ 吕华清主编,王臻青等编写:《南京港史》,人民交通出版社 1989 年版,第 211 页。

航道。随着朝代的更迭与自然、社会的变迁，江苏的人工水运航道在不同时期发生了不一样的变动，其中，最引人关注的当属吴王夫差时期开凿的邗沟，即后来大运河修建最早的一段河道，它连通了长江流域与淮河流域，在宏观上将中国南北方水运交通相勾连，使江苏乃至整个中国东部地区实现了区域联动发展，其曲折发展的历程是隋代以后大运河兴衰更替的集中映射。

一、沂沭泗水系水利与人工水运航道

1. 大运河开凿前的沂沭泗水系水运

春秋时期，吴国先后开凿了胥溪、胥浦、邗沟等人工运河。秦汉时期，苏北地区开凿了西起广陵茱萸湾，东通海陵及如皋磻溪的运盐河，这一开通便利了淮南产盐区与邗沟运河系统之间的商贸往来。东晋时期，为满足北伐之需，在沂沭泗流域进行了大规模水运水利工程建设，在彭城泗水以北段，开凿了人工渠道和汶水、济水相衔接，使三条河流相互沟通。永和十二年(356 年)，荀羡率东晋大军攻前燕，开凿水运道，沟通汶、泗两河。

太和四年(369 年)，东晋大将军桓温北伐前燕，“时亢旱，水道不通，乃凿巨野三百余里以通舟运”①，派毛穆之在巨野泽东开渠 300 里，后该运渠被称为“桓公沟”。义熙五年(409 年)，刘裕北伐南燕，又一次疏浚了桓公沟。数次开浚疏通之后，泗、汶、济三河最终相互串联沟通。虽说水运网更为密集，但桓公沟并未渠化，其交通仍不够便利。一个最典型的例子是，在南朝宋元嘉七年(430 年)，宋将率水军由淮河入泗水，经桓公沟北上伐魏。军运航船迟滞缓慢，日航不过十里，历时三月有余才抵达许昌。

2. 大运河开凿后的沂沭泗水系水运

唐初，在隋代开凿大运河的基础上，在苏北沂沭泗流域开挖了一些其他水运通道。如唐高祖武德七年(624 年)，尉迟敬德开凿疏水通道以治徐州、吕梁(在江苏徐州市东南)两处的洪水，又如唐嗣圣五年(688

① (唐)房玄龄：《晋书》卷九十八《桓温传》，中华书局 2013 年版，第 2576 页。

年），在涟水开凿新漕渠，从涟水向北，通至海州（今江苏连云港市西南）等地，并沟通了淮水、沂水、沭水和潍水等水系，该河道在后来被荒废，但涟水与潍水间的一段河道成为运盐河的前身。唐宪宗以后，受地方节度使叛乱影响，运河联系南北功能渐弱，直至完全消失。长庆二年（822 年），平息已久的汴州城内军乱再起，城内驻军在王智兴的引导下，前往通桥劫掠北运物资。自唐文宗大和年间（827—836）至唐宣宗大中年间（847—860），运河所承担的漕运粮食，至多不过 40 万石，能最终运到渭河仓的漕船数只有约三分之一。

两宋时期，重新对古运道开展修整与开凿工作。在唐代所开涟水县新漕渠的基础上，从鲁南的沂、密等州向南通至涟水县入淮，这也成为两宋时期苏北沂沭泗流域沟通运河的主干道。但是在涟水至淮河航段，风大浪急，运船很多沉溺于此处。元符二年（1099 年），江淮发运使王宗望在新漕渠中段往西南至淮安方向开凿支氏渠，避开了原支家河最危险的一段。同时，通过修堤筑坝恢复闸堰，包括北宋时期修筑的新开湖石堤。[①] 新开湖在南、北、东南三个方向分别与高邮湖、樊良湖以及运河相通。天长以东的各条河流经此处入淮河，这里的水流较分散，流速较慢，但风急浪高。景德年间（1004—1007），江淮路发运使李溥定下规矩，只要是漕船东下，在未过泗州的河段，都要运载一些石头并顺道投入新开湖中，长此以往，最终形成一道长堤。石堤形成后，溃决现象虽仍不时发生，但风浪带来船行祸患的情况已大大减少。

北宋参考借鉴了唐代的分段运输法，确立转搬法，运送东南六路漕粮贡物。[②] 转运司在规定时间内必须将货物运送至真、扬、楚、泗等州的转搬仓，再由各州转运司发往汴梁城。除漕粮外，各地纷纷向汴京输送了很多地方特色产品，如徐州就向朝廷进贡了大量冶炼铁。两宋之际，由于汴京被围，漕运也受到了破坏与干扰，中原地区兵燹致使汴水遭到人为破坏，因常年征战，河道无暇修复，汴河决口多处，

---

① 新开湖石堤，为北宋真宗景德年间（1001—1007），发运使李溥下令筑高邮新开湖石堤，长 35 千米。天禧年间（1016—1020），发运副使张纶在新开湖石堤基础上向北接筑 200 千米长的漕河堤至淮阴。

② 全汉昇口述，叶龙整理：《中国社会经济通史》，北京联合出版公司 2016 年版，第 91 页。

粮道断绝。宋室南渡后，宋金划淮为界，运河被切分为两段，南北水运交通断绝，黄河夺淮入海使得汴河被严重冲击与破坏，直至荒废。汴水荒废后，大运河中段整体东迁，这也为元代南北大运河格局的形成埋下伏笔。

3. 元代海运与明清漕运的相继兴起

元初，实行河海联运，船只从淮安出发，经黄河入海，沿海岸线经过今连云港赣榆区到达胶州湾，再经胶莱河抵达莱州湾，最后出海运至天津大沽口并最终运抵大都。从至元十九年到至元二十八年(1282—1291)，河海联运转变为全程海运。至元二十九年(1292 年)改变航道后，由崇明出海，直抵山东刘公岛，而后经烟台入天津。明代，重新修整并开通运河。永乐九年(1411 年)为解决漕粮运输问题，由工部尚书宋礼主持，征发山东及徐州、应天、镇江等府民工 30 万人，疏浚会通河。并在徐州地区建立 21 座水上闸门，逐段逐级调控水流，便利了当地的航运。从此之后，海运业与"黄卫之运"纷纷作罢。

明代在沂沭泗流域的另一项工作是开凿泇河，①明初，大运河徐州至淮阴段借黄行运，这段运道是黄河南下夺泗夺淮入海后冲刷形成的，在泗水下游的两条地段分别形成了徐州洪和吕梁洪。永乐年间，这两段虽经多次治理，但未从根本上得以改善。明中叶之后，借黄行运必须将船桨置于黄河主流之中，风险很大。万历三十二年(1604 年)，开凿泇河。此运河起自夏镇(今微山县)南，向东经由韩庄、台儿庄入江苏境，至邳州直河口进入黄河。泇河开成后，不仅避开了黄河夺泗后徐州两处易发洪水的地方，且其本身运道较平直，水量充足，漕运条件优越。天启五年(1625 年)，再开泇河并延长至骆马湖口。避开了刘口、磨儿庄等处的急流险滩。但直至明王朝灭亡，宿迁以南的水运通道仍沿用旧河道，未开新渠。

① 泇河，发源于鲁南山区，源头分东、西两支，汇合后至泇口与薛河、彭河南省流之水合，下汇沂水，至邳州入黄河，黄河夺泗淮之前为泗水支流。

表 3-3 清代沂沭泗流域航线概况

始发地	途经地	终点
徐州府铜山、萧、砀山三县以及邳州、睢宁县	淮河、洪泽湖、清河县帅家庄	黄河运道
海州赣榆县	清河县北、三坌、桃源县、众兴集、悦来集、宿迁县	仰化集
沭阳县	硕项湖经盐河、仰化集、朱家庄、宿迁县北西宁桥、中河、骆马湖、窑湾竹闸	邳州徐塘口
邳州徐塘口、沛县	刘昌庄	山东兖州府

资料来源：邱树森主编，汪家伦等编，《江苏航运史·古代部分》，人民交通出版社1989年版，第169—173页。

清代的江苏漕船航线有明确规定，其中，位于沂沭泗流域内的航线主要有四条（表3-3）。清代前期，黄河河患严重，康熙十五年（1676年），黄河与淮河齐发大水，高家堰被冲决多处，从千家港、武家墩一路冲决下去，灌入黄河故道，经杨家庙汇入淮河奔向洪泽湖，两淮平原几成一片汪洋，田地里的庄稼全部被淹没，农民大量流徙，因此康熙启用靳辅、陈潢开展了一系列运道治理工程。清初，三藩作乱，军需倍增，两淮行盐量大增，航运范围也有所扩大。清代实行纲运法，缓解了明朝以来盐引滥发导致的市场混乱情况。[①] 两淮地区根据规定赴各自口岸销售，行销江苏的纲盐商人，其盐船到淮安集中批验，而后换小船行至乌沙河换船，最终分销各地。其中淮北沂沭泗流域的运输线路大致如表3-4所示：

表 3-4 清代沂沭泗流域行盐运输线路

线路	起点	途经	终点
线路1	山阳县	淮安批验所	淮北各县
线路2	清河、桃源、邳州、宿迁、睢宁五州县	永丰坝、黄河	淮北各县

① 参见汪崇筼《明末清初的两淮盐政状况》，《盐业史研究》2010年第2期，第21页。

续表

线路	起点	途经	终点
线路3	沭阳县	板浦场、河口王家庄、火星庙	淮北各县
线路4	赣榆县	临兴场、清口	淮北各县

资料来源：邱树森主编，汪家伦等编，《江苏航运史·古代部分》，人民交通出版社1989年版，第187页。

康熙二十五年（1686年），开挖中运河。中运河的开通，对于黄河分水与防止黄河水倒灌起到了重要作用。康熙三十八年（1699年），因原中运河向南直逼黄河，难以修筑堤坝，故开新中运河，康熙四十二年（1703年），又进行了运口转移工作，由仲家庄转移至杨家庄，经历反反复复多次改线，漕船只有在黄、淮、运交汇处经过一小段黄河运道，不再借黄行运，也大大降低了苏北地区航行风险。

4. 铜瓦厢决口后沂沭泗水系水运

近代以后，战乱频仍，内外交困，财力不支，难以抽出手来对河道进行整治。咸丰五年（1855年），黄河于河南铜瓦厢决口北徙，进入山东后，夺大清河入海。《清史稿》载："铜瓦厢河决，穿运而东，堤埝冲溃，时军事正棘，仅堵筑张秋以北两岸决口。民埝残缺处，先作裹头护埽。黄流倒漾处筑坝收束，未遑他顾也。"①这一时期，清政府对内忙于镇压太平天国运动，对外屈辱求和，为各条约赔款所累，无暇顾及水利之事，只能任凭黄河水漫溢横流。黄河在张秋附近经运河、大清河入利津境内，再由利津入海，苏北一带徐州至淮阴段的黄河断流。甲午战败后，清政府面临着巨额赔款，但此时的朝政内部十分腐败，支出项繁多，于是通过进一步增加盐产量，加征盐税填补财政空当。当时，沂沭泗流域一带盐业运输线路是根据运送距离与运输条件而定，分木帆船河运与木帆船海运两种形式。各个盐户生产的盐往往会先通过小木船驳运至盐坨，再由各河运盐大船，经盐河至板浦新关查验，查验合格后可直接运至灌云、涟水、沭阳等各县盐场。黄河改道后，淮河下游留存下一众湖

①（民国）赵尔巽：《清史稿》卷一百二十七《河渠志二》，中华书局1977年版，第3769—3795页。

泊且运河成为淮河下泄的新通道，但运河狭窄，使得淮河下泄不畅，宣统元年（1909年），在张謇主持下，江苏省咨议局在其提出的导淮议案制定了导淮治运计划，兼顾沂（河）、沭（河）、泗（水）等水系的综合治理方案，咨议局对苏北运河进行了大规模测量，[①]测量工作前后共进行7年。1922年，盐河双金闸修缮完成，淮河注入中运河的水被泄入盐河。

民国时期，随着民族资本主义经济的发展，江苏内河轮船航运与外海运输事业发展起来。在内河运输方面，苏北沂沭泗流域内的两大航线为清江—灌云线与清江—宿迁线。清江—灌云线长150公里，途经西坝、涟水、新安镇、张店等地，清江—宿迁线长98公里，途经码头镇、杨庄、众兴镇、仰化集等地。在外海运输领域，随着连云港一带港口的建立发展起来，苏北连云港地区的港口得益于轮运业的发展与陇海铁路的通车，成为苏北沂沭泗流域海、陆、内河运输的重要节点与铁路向海洋延伸的东端。1925年，陇海铁路东端修至大浦，濒临黄海，在大浦临时设立火车终止站，修至临洪河口，并修建了一个临时码头。[②] 1930年后，大浦港的堵塞使得铁路运输大打折扣，修筑新码头已势在必行。1933年2月，南京国民政府将即将要修建的新港命名为连云港，归国有管控，并于当年开工建设一号与二号码头。同年11月，陇海路局与招商局签订水陆联运合同，[③]此为中国铁路运输与航运相结合之开端。

1935年，陇海铁路延伸至老窑。连云港在施工过程中克服了港口码头沉陷、横向漂移等方面问题，1936年1月，一号码头顺利建成，同年5月，二号码头建成。建成后的连云港，根据1936年4月发布的《陇海铁路连云港暂行规则》，划分为东西外港、内港和码头区。[④] 连云港港口码头建成后，为改善港口配套设施与基础条件，具体做了三方面工作：首先，为了船舶安全、快速进出港口而设置助航设备灯塔两座；其次，配置起重运输机械；最后，建立港口作业船队，其中包括挖泥船、拖船、装

---

① 参见王轼刚主编《长江航道史》，人民交通出版社1993年版，第215页。

② 中国人民政治协商会议连云港市委员会文史资料委员会编：《连云港市纪念辛亥革命八十周年・专辑》，1991年版，第107页。

③ 杨向昆、李玉：《联以兴港：水陆联运与连云港经济变迁（1933—1937）》，《安徽师范大学学报（人文社会科学版）》2018年第5期，第66页。

④ 卢其昌主编：《连云港港史・古、近代部分》，人民交通出版社1987年版，第85页。

泥船等船只。

自1914年以后，连云港一带的沿海小型港口纷纷建立，1930年，东门河、五图河与小潮河交汇处的杨集港建成5座石码头，分别是：五油坊码头、陈码头、杨公丰码头、郑大行码头与殷家码头。① 停靠在该港的轮船可顺五图河东下，出埒子口入海。同一时期，灌河下游修建了一系列港口，灌河两岸水运条件得以改善，航运进一步发展。

二、淮河下游水系水利与人工水运航道

淮河处于长江和黄河两大河流之间，早先，河、淮、江之间没有水道互通，至春秋战国时期，诸侯之间争霸角逐，交通运输重要性凸显，为了节约时间与人力，吴王夫差决定开凿一条人工河道用以沟通长江与淮河，邗沟便由此而来。邗沟是江苏境内第一条有实物遗迹的人工运河，虽然最初是为了军事目的而建造，但对于漕运业的发展也产生了深远的影响。后世在此基础上不断丰富、发展江苏河道网络，与南北航运要道的大运河（即今之京杭运河）沟通。大运河的诞生标志着古代中国水运交通发展步入了一个新的阶段，不仅促进了大一统封建王朝的发展，而且促进了全国经济文化的交流与进步，更为现今社会发展水运事业奠定了基础、提供了富有价值的借鉴成果。

现今的淮河流域，俨然成为中国最繁忙的航道之一，正在逐步建设成为一个较为完整的流域网，年货运量已达9000多万吨，航道里程达2万多千米。京杭运河南段可自长江岸边北上，经江都、扬州、淮阴达徐州，沿中运河入韩庄运河，经南四湖可达济宁。江苏省内的运河河道，经久不衰，现如今依然保持着可观的运载量，被称为“黄金水道”。新开辟的河道，20世纪苏北灌溉总渠、新沂河等人工河道的通航，实现了变水灾为水利的重大转折点，除了在长、淮两河排洪、分涝方面具有重要作用之外，在沿河农田灌溉、城镇调水等方面也具有深远影响，同时也推动了两河航运进一步发展，综合效益十分显著；下游河网地区，河网密布、滩涂湿地众多，在修建水库以达蓄水之用的同时，一些河湖港湾

① 束方昆主编，郭孝义本册主编：《江苏航运史·近代部分》，人民交通出版社1990年版，第135页。

也可以进行小宗货物运输或者发展其他类型的水运，在促进城乡物资交流的同时提高了人民生活的便利性。

淮河水系江苏段由人工开凿的河道主要包括苏北灌溉总渠、里运河、串场河、通扬运河和通榆运河等。这一系列人工航道，以里下河平原为核心区，西依洪泽、高邮、宝应诸湖，南达长江，北接中运河，东出黄海，形成了一个复杂的航运系统。其中，里运河在扬庄与中运河相连接，经淮阴、淮安、宝应、高邮、邵伯、扬州等几座城市南流入长江。里运河的行经路线，古今差别很大，但它始终发挥着沟通江淮水运的重要通道作用。串场河北起阜宁，南抵如皋，经通扬运河，至姚港入江，贯穿苏东各盐场，用以运盐。通榆运河大体平行于串场河。通扬运河西起扬州，东经江都、泰州、泰县，至海安与串场河交汇，它最初是为运盐而凿，古称“盐河”。①

1. 邗沟的开凿与修缮

春秋时期，诸侯国之间兼并战争迭起。夫差意欲北上伐齐，为缩短军运航程，夫差于蜀冈下开凿邗沟，“举锸如云”②，声势浩大。邗沟在当时被称为“邗江”，亦有“渠水”“中渎水”“邗溟沟”等称谓。鲁哀公九年(前486年)，吴王夫差北上争霸，然而“其师远征徙众运输粮食之供给，皆为问题。乃城邗沟通江淮”③。晋杜预注云：“于邗江筑城穿沟，东北通射阳湖，西北至末口入淮，通粮道也，今广陵韩江是。”④古邗城的大体位置为今扬州市蜀岗一带。邗沟的开通，首次沟通了江、淮，同时也起到了自长江流域至淮河进而北上连通中原的作用，后成为隋运河以及京杭大运河的重要组成部分。

邗沟开凿前，江淮间没有水运通道相连，行驶于长江的货船需要先出海，沿海岸线抵达淮河，即“沿于江海，达于淮泗”⑤，从苏北沿海北上，进入淮河，溯淮而上，经过泗水、汴水，最终抵达黄河流域。江海联运不

① 束方昆主编；郭孝义本册主编：《江苏航运史 近代部分》，人民交通出版社1990年版，第9页。
② 赵敏俐：《论汉代乐府诗中的流行艺术与民间歌谣——兼谈“民歌”概念在汉代诗歌研究中的泛用》，《中国文化研究》2013年第2期，第18页。
③ 陈恭禄：《中国通史 第六篇 东周》，中国工人出版社2014年版，第59页。
④ 阮元：《十三经注疏》，中华书局1980年版，第2165页。
⑤ 雒江生校诂：《尚书》，中华书局2018年版，第98页。

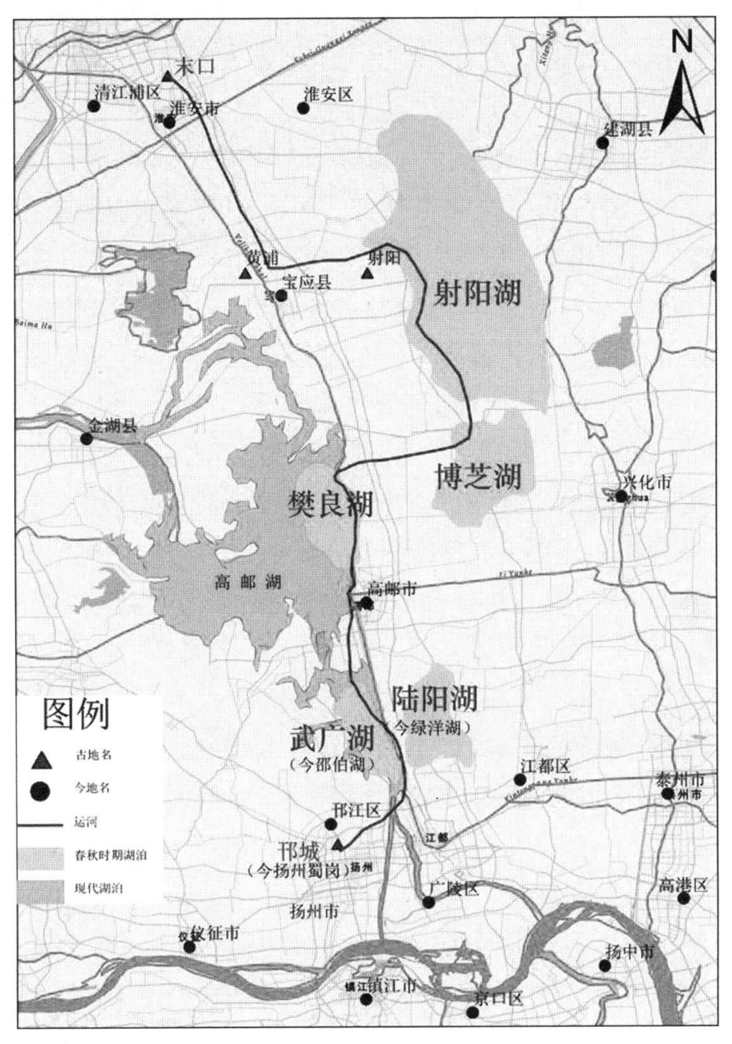

图 3－3　春秋战国时期邗沟运道图

仅不方便，而且海路具有很多不确定性与不安全因素。中国古代著名水文地理著作《水经注》，对邗沟的具体路线作了详尽的记述："中渎水自广陵北出武广湖东、陆阳湖西。二湖东西相直五里，水出其间，下注樊良湖，旧道东北出，至博芝、射阳二湖，西北出夹耶，乃至山阳矣。"①可见，邗沟利用江淮之间湖泊密布的优势，简单疏凿、串联而成。它南起长江，北过高邮、射阳湖、淮安注入淮河。相比海上绕行来说，要便捷安

① (北魏)郦道元著，陈桥驿校证：《水经注校证》，中华书局 2007 年版，第 714 页。

全得多。邗沟的开凿大大减少了吴军北上的困难，吴军可经邗沟入淮，再过泗水、沂水达齐国国境或经泗水、汴水而入黄河问鼎中原。哀公九年（前486年）邗沟建成，吴王夫差率师北上伐齐并于两年后打败齐国。此后，夫差又沿着该路线数次北上中原会盟争雄。吴国灭亡后，越王勾践通过海上、邗沟两条路线北上伐齐。可见，邗沟最初建成之时，被各方势力用做军事运输。

东汉建安二年（197年），陈登任广陵太守，由于距离淮河与其流域内湖泊较远，时山阳渎（古邗沟）不通，于是疏通古邗沟，又开凿马濑（即今白马湖），从湖上行船。从地理形势来看，陈登主持的开凿工程，是从樊良湖（在今高邮县治西北）出发，凿通渠道直至津湖、白马湖，经邗沟入淮。这也是历史上对邗沟的首次大规模改造，经过这次改造，一条较春秋邗沟更为径直的新邗沟开凿成功了。一般来说，将春秋吴国开凿的运河称为“邗沟东道”，将陈登后来开凿的运道称为“邗沟西道”。

淮河流域另一条重要的人工运河是扬州至如皋的运盐河，开通于西汉初年。汉初，淮河流域一带为吴王刘濞势力范围，为盐业核心区，扬州当时临海，海盐的获取、加工与售卖为其带来了大量财富。为大力发展盐业经济，刘濞派遣劳工开凿了茱萸沟运河。茱萸沟西连邗沟，东可达沿海盐区，成为一条专业性运盐商道，促进了淮河片区盐业的发展。《汉书·枚乘传》载：“夫汉并二十四郡，十七诸侯，方输错出，运行数千里不绝于道。其珍怪不如东山之府；转粟西乡，陆行不绝，水行满河，不如海陵之仓。”[①]反映了当时淮南水路商贸交运之兴旺。

魏晋时期，邗沟与其他江淮之间的运河都历经了一番修缮。陈登所开邗沟西道因水量减少、泥沙淤积，水运不畅。魏高祖黄初五年、六年（224—225），魏文帝曹丕前后两次带领水军经淮河、邗沟行至广陵（今扬州），临江观兵。因运道浅且水量小，船只遭遇搁浅，第二次回师途中，战船滞塞于扬州一带。东中郎将蒋济遂设法疏通挖深渠道，同时建设水坝调节津湖湖水，将船只引入淮河才得以顺利返回。[②] 当时，孙吴的势力范围北至今扬州一带，但扬州在彼时属于前线，归属不定，时

---

① （汉）班固撰，颜师古注：《汉书》卷五十一《枚乘传》，中华书局2013年版，第2363页。

② 朱福烓：《扬州史述》，苏州大学出版社2001年版，第39页。

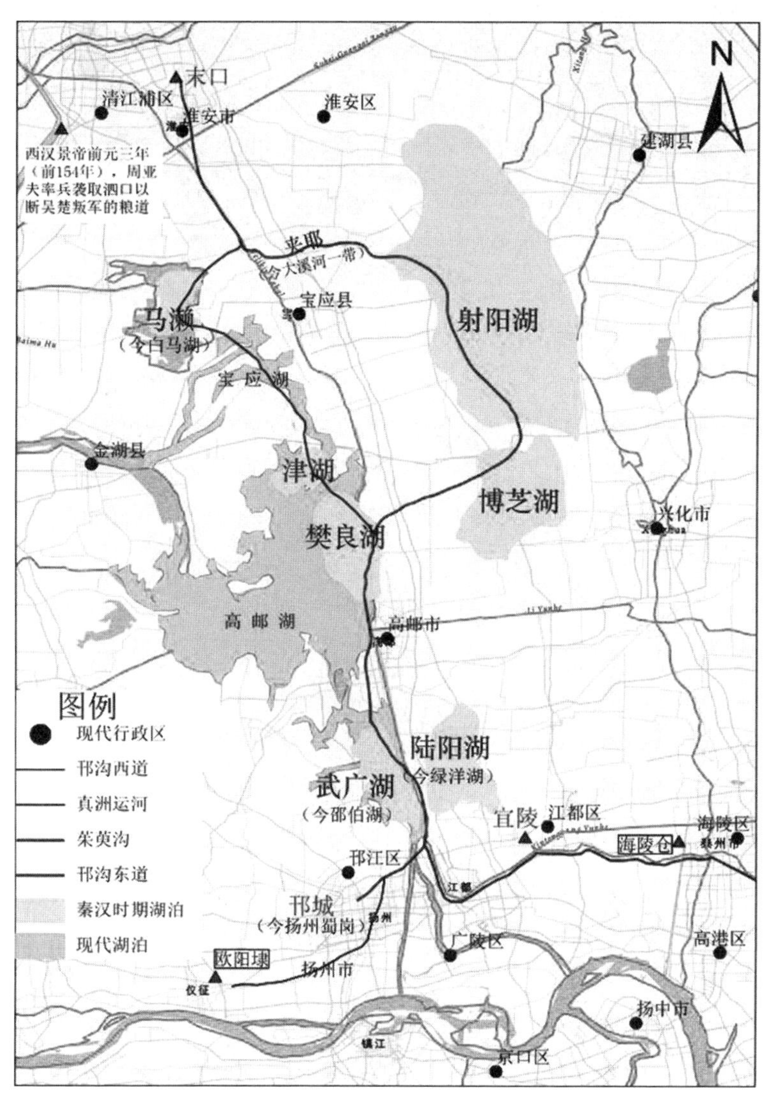

图 3-4　秦汉时期邗沟邗沟运道图

而属于吴国，时而属于魏国，邗沟的不稳定性使其因此被荒废，未被任何一方修缮。东晋时，其势力范围可以达今苏北地区，覆盖邗沟运道的全程，曾多次修整邗沟入江口一带。邗沟南段水源引自长江，引水口在江都(今扬州江都区)一带。东晋永和中(345—356)，入江口沙洲淤积上升，长江主航道南偏，同时江都入江口被阻塞，邗沟水断。为解决这一问题，方便通航，改由在江都城西新建欧阳埭，从此处引水，这条新开运道被开发为仪真(征)运河。

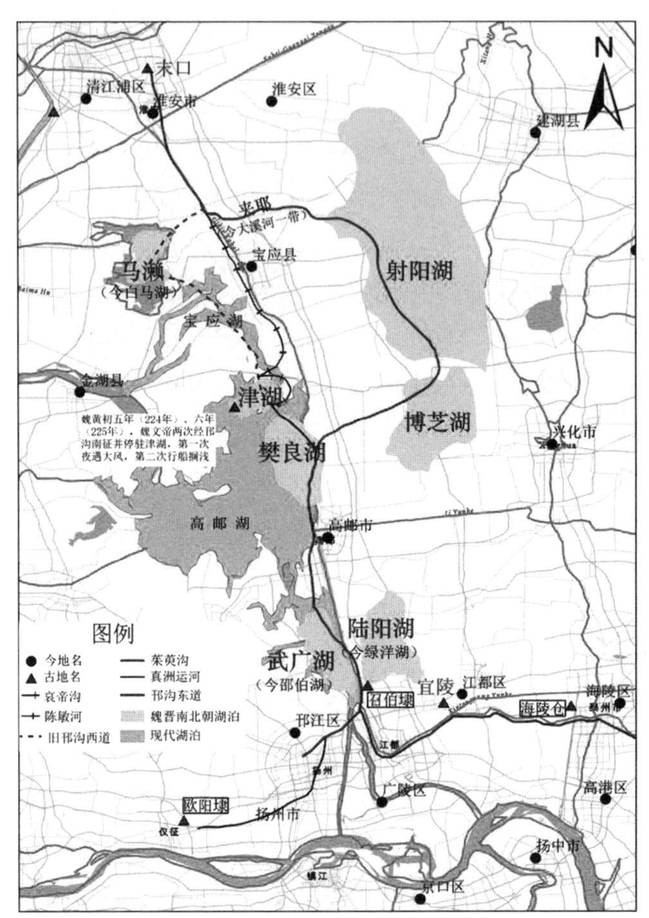

图 3-5　魏晋南北朝时期邗沟运道图

东晋时期,除改造邗沟之外,还主要做了两件事:第一,开通樊良湖水道。樊良湖位于高邮北,南接古邗沟北出口处,航自古邗沟北上后,行樊良湖,但风浪较大,危险性高。晋永兴初,广陵度支陈敏为降低大风大浪对船只造成的威胁,在樊良湖东侧开凿津湖运渠。津湖位于今宝应县南,樊良湖水道开凿以后,邗沟仍需经过津湖。兴宁中,因为津湖一带风大浪急,又在湖的南口,又沿着东岸凿渠 20 里,使航道避开津湖。这次改道之后,邗沟西道中段全部改为人工运渠,行船不再走津湖湖面,直接走运渠,航运更为方便安全。第二,修建堰堤、渠化运道。古扬州地区地势南高北低,经此的邗沟河床同样呈现为向北倾斜的态势。为防渠水流失，确保航道水深，利于常年通航，遂在南口附近设置堤堰，北口连接淮河处设有北神堰。东晋时，堰堤数量大大增加，邗沟西道渠化程度显著提高。太元十年(385年)，谢安在广陵城北修筑召伯埭，兼具航运与水利灌溉的功能。[1] 至东晋末，分别在召伯埭的南、北两侧新修了秦梁埭、三枚埭和统梁埭三座大堤。[2] 这些堤坝通过对邗沟南段的分段节流，实现了对邗沟水量的控制，航运条件大为改善。

2. 大运河开凿后的淮河下游水系水运

隋大业元年(605年)，隋朝通过开凿通济渠，在洛阳西郊引谷水、洛水通向黄河，自板渚(在今河南汜县东北)引河通向淮河，使淮河北连黄河与海河水系，南达长江与钱塘江水系，构成了连接淮河下游的运河体系。同年，派遣淮南各州十余万民夫，重新疏通凿贯邗沟，以山阳(今淮安市淮安区)为起点，至扬子(今扬州市仪征市)入江，全长300余里，运道水面宽40余里，水道旁修有御道，道旁种植柳树。这条运道为东汉建安初年所建，后在白马湖北运道的基础上拓宽、改直而成，南延至扬子津，在此之后，原白马运道通向射阳湖的水路，虽然未丧失主要功能，但重要性已大大降低。

除大运河以外，在淮河流域也开挖了其他运道。如仁寿四年(604年)，在古运道的基础上，以扬州为起点，向东北经茱萸村、宜陵直至泰州，修通了茱萸湾[3]；唐嗣圣五年(688年)，开通辉水渠，沟通淮、沂、沭等主要河流。邗沟由楚州(今江苏淮安)入淮，逆淮水西行，经寿州进入安徽与河南境内，与当地各河流相连，由淮河顺流而东，通过涟水新漕渠沟通苏北鲁南沿海一带。唐睿宗太极元年(712年)，魏景清利用盱眙县的一条南北向径直河流，引淮水至黄土冈(今盱眙县西北)，而后经宝应、天长、六合瓜埠入江。

唐初，地方政府在扬州一带相继疏凿了太子港、爱敬陂等34个陂

---

① 《晋书》卷七十九《谢安传》中有记载："及至新城，筑埭于城北，后人追思之，名为召伯埭"。

② 邱树森主编，汪家伦等编：《江苏航运史·古代部分》，人民交通出版社1989年版，第24—26页。

③ 戴甫青：《"邗沟十三变"综述》，《档案与建设》2019年第1期，第73页。

塘，以便于漕运。[①] 贞元四年（788 年），邗沟淤积堵塞，漕运也受到了干扰。淮南节度使杜亚通过山川河流形势特点，于江都至蜀冈一段修渠，沟通爱敬陂等陂塘以充实漕河水源，以便大船通行。由于蜀冈地势较高，留不住水源，故杜亚之策获益无多且弊端初显。同时，漕河自城中穿过，容易阻塞，浅塞问题并未从根本上得以解决。唐宝历二年（826 年），盐铁使王播开凿七里港河，并将漕河改引至扬州城外，由于“开凿稍深，舟航易济”，最后“漕运不阻，后政赖之”[②]，七里港河自扬州城南七里港向东连通运河，漕河改道后，其河床地势被整体降低，解决了河道浅塞的问题。

两宋时期，漕船一般由真州（今江苏仪征）、扬州进入淮河，经五道堰闸，由于多段运输，漕粮必须反复起卸，船只需要多次牵引，过程中会耗费太多人力物力。为此，真宗年间，江淮发运使贾宗提议开凿淮南漕渠，接入运河，拆除扬州城南龙舟堰、扬州东茱萸堰与新兴堰，凿通漕路以通各大堰堤，均衡扬州城四周的水势。用于漕运的同时，也便于农田灌溉，当时的屯田郎中梁楚在实地查勘后，认为切实可行。次年河工告成，引水注入新河，与三堰的水位相平，“漕船无阻，公私大便”[③]。这道新开河，即扬州城南的运河。

北宋时期，淮河流域开通的人工运河主要有四条：

其一，沙河。淮水从淮安城北北神堰以西的 30 里河道被称为“山湾”，这一段水流湍急，来往航船都很容易在这里翻船。宋雍熙年间，在淮南转运使刘蟠的主持下，当地劳工开凿沙河以避开这一危险河段，但工程进行到一半后，刘蟠便因故辞去了职务，此工程在继任的乔维岳手中完成。沙河起自淮阴城北磨盘口，与山阳湾平行[④]，呈南北流向，开通后，舟船得以更加平稳便利地通行。

其二，洪泽渠。北宋时期，黄河虽未改道，但已多次决口，黄泛区的

---

① 邱树森主编、汪家伦等编：《江苏航运史 古代部分》，人民交通出版社 1989 年版，第 44 页。

② （五代）刘昫著，曾枣壮编：《旧唐书》卷一百六十四《王播传》，中华书局 2013 年版，第 4277 页。

③ （元）脱脱等撰：《宋史》卷九十六《河渠六》，中华书局 2013 年版，第 2380 页。

④ 沙河，扬州城古老的人工河道之一，“自运河达扬子江”，原北起解放桥北侧古运河边，南到今廖家沟入江。今扬州曲江公园运河大桥附近的空地就是曾经的沙河故道，如今已经消失。

洪水常通过汴泗一带进入淮水流域，淮河流域常发水灾。[①] 漕船在淮泗流域常因水灾带来的风浪而发生翻船事故，发运使许元在淮安开凿洪泽渠以避淮泗风浪之险。

其三，龟山运河。淮阴西南一段百余里的水路，是运河中一段十分危险的区域，每年多达百余艘船只出事。为确保漕船航运安全，由发运使罗拯和蒋子奇提议，都水监丞陈祐规划，10 万民工参与建设，从龟山（今江苏盱眙县东北）蛇浦至洪泽一带的东侧开凿一条人工运渠，通过引淮水、中间不设堰堤、挖深河底等工作，降低风涛带来的隐患，使全程安全便捷。[②] 元丰六年（1083 年），龟山运河建成，然而自运河建成后，因淮水湍急，不断冲刷堤岸以致多处坍塌，建中靖国元年（1101 年），官府派遣发运司对运河加以修整并修筑了相应的堤坝。

其四，淮南漕渠。在运河从真州（今江苏仪征）、扬州进入淮河的河段，漕船前后总计经过五道堰闸，而转运法导致漕粮在这一段被反复起卸，船只被反复牵入牵出，造成大量人力物力的耗费。为解决这一问题，宋天禧二年（1018 年），在贾宗的倡导下，开始开凿扬州古河，使其绕行城南，直接与运河相接，同时毁去扬州城南的龙舟堰、城东的茱萸堰、新兴堰和于三堰，在这些堰堤附近凿通漕路，与堰堤水位相平，第二年，河工告成，漕路畅通无阻，一年省下数十万两费用。[③]

南宋时，江淮地区成为战争前线，淮河以北的水利通道与水利设施遭到破坏。当时，以修缮堤坝堰闸等水运工程设施为主，疏浚自然河道的工作很少。绍兴五年（1135 年），瓜州至淮口之间堰闸被破坏，水量较少，河道浅涩。为改变这一状况，淮南宣抚司发起招募，民众自发参与开浚运河以解决其浅涩的问题。“淮东盐课，全仰河流通快”[④]，乾道六年（1170 年），派遣 5000 余名兵士，开浚“自扬州湾头港口至镇西山光寺前桥垛头，计四百八十五丈”[⑤]。次年，洪泽至龟山段河道浅涩问题突

① 参见中华文化通志编委会编《中华文化通志 70 第七典 科学技术史 水利与交通志》，上海人民出版社 2010 年版，第 205—207 页。

② 邱树森主编，汪家伦等编：《江苏航运史 · 古代部分》，人民交通出版社 1989 年版，第 65 页。

③ 同上。

④（元）脱脱等撰：《宋史》卷九十七《河渠七》，中华书局 2013 年版，第 2393 页。

⑤ 同上书，第 2393—2394 页。

出，又令淮南漕运官对其实施了开浚挖深工作。

元代，京杭运河初步成型。至元十三年(1276年)，元政府开始有计划、有组织的漕运活动。同年，蒙元大军攻陷临安，南宋将领李庭芝等仍顽强坚守淮东一带地区。为解决漕粮北运问题，元军安排体轻便捷的“鼓儿船”运载浙西漕粮，自江南运河北上长江，先入淮河，再进黄河，逆水行至中滦(今河北唐山一带)，再经御河、运河行至大都。在这一过程中，“涉江入淮”是指粮船自镇江一带向北，渡长江，经瓜州、扬州，入运河，再经淮安入淮河，[①]绕过了南宋将领所坚守的淮东一带地区。

3. 明清时期京杭大运河中的江淮水系水运

经历了宋元时期大规模战争动荡与海运变动，明代开始重新整治京杭运河。首先是疏浚黄、淮运口。明代黄、淮、运三河交汇于淮安附近，三河交叉问题的妥善解决，是运船得以便捷安全航行的基本保障。为了使运河能够顺利通过黄淮两河，明廷在淮安一带修建了大量水利工程。明代之前，淮安一带的运河水位高于淮河，为防止运河水倒灌入淮河，在淮、运交汇处建立了一系列堰闸进行控制。明初，这些堰闸已不复存在。

洪武二十八年(1395年)，明廷征集淮扬劳工5万余人，在宝应湖东一带沿着槐楼湾至界首开渠，前后约四十里。靖难之役后，随着漕运任务的不断加重，永乐二年(1404年)，新建义、礼、智、信四坝以满足大量船只往返的需要，与仁字坝一道，总称“淮安五坝”。[②] 另外，修缮淮扬运道。[③] 淮扬运道经历了唐宋以来数次改道修整，路线已较为径直且运道深广，但黄淮以南至邵伯镇一线的大部分水运，仍需通过汜光、宝应、白马、高邮、新开等湖。大筑高家堰蓄清刷黄，以至于洪泽湖水位一直在升高并最终灌入沿运河沿线诸湖，诸湖水位也随之不断上升，使得各湖泊水位湍急，严重威胁沿线舟船安全。为降低船只翻覆之风险，确保漕船的安全，需另开新道实现湖运分离。宣德七年(1432年)，开凿高邮

---

① 牛建强：《明代黄河下游的河道治理与河神信仰》，《史学月刊》2011年第9期，第53页。

② (清)张廷玉等撰：《明史》卷八十五《河渠三》，中华书局2013年版，第2081页。

③ 姚汉源：《京杭运河史》，中国水利水电出版社1998年版，第713页。

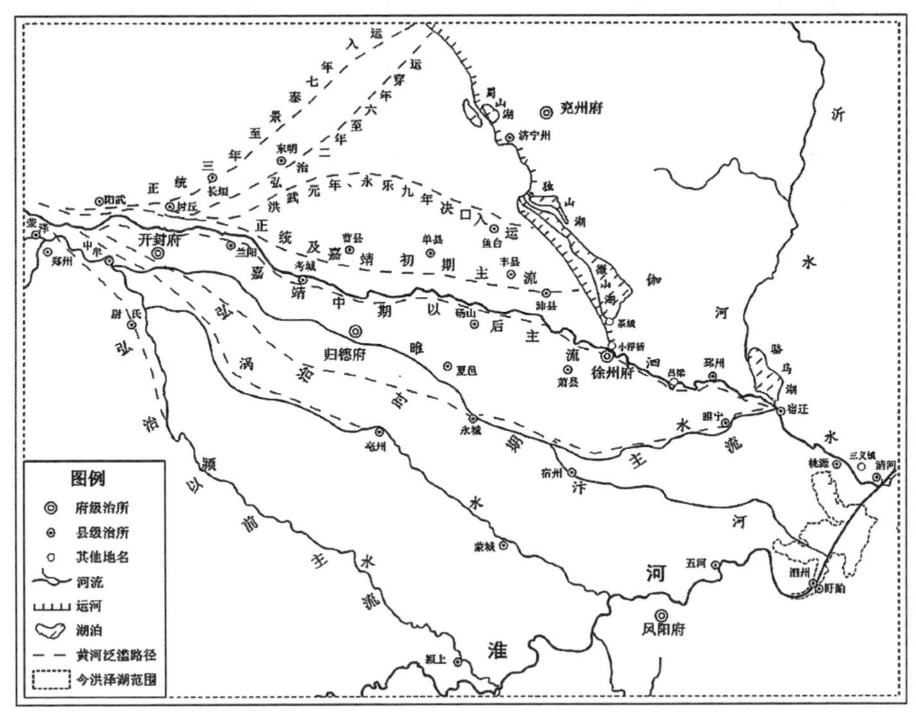

图 3-6　明代早期黄河决口分流路线

（来源：王建革，《明代黄淮运交汇区域的水系结构与水环境变化》，《历史地理研究》2019 年第 1 期。）

运渠。弘治三年（1490 年），在治河侍郎白昂的主持下，于新开湖东开凿康济月河，从杭家嘴至张家镇，以使行船可避高邮湖风浪之险。① 万历十二年（1584 年），在氾光湖东开凿越河（弘济河）。同年，漕抚王延瞻又开宝应月河，又称"宏济河"②。万历十六年（1588 年），潘季驯修浚北开河。万历二十八年（1600 年），河漕总理刘东星开挖邵伯月河。③ 经过上述渠道的开挖与修浚，淮扬之间的水运通道基本实现了湖运分离，里运河大体形成，解决了河湖之水湍急、船只易翻覆的风险，改善了江淮间的水运交通条件。

清代在淮河流域进行了更大规模的水运工程建设，其中，黄、淮、运

① 参见毛振培、谭徐明《中国古代防洪工程技术史》，山西教育出版社 2017 年版，第 257 页。
② 朱偰：《中国运河史料选辑》，江苏人民出版社 2017 年版，第 127 页。
③ 参见王育民：《中国历史地理概论（上）》，人民教育出版社 1987 年版，第 300 页。

水网交汇枢纽的建设就是其中最为重要的一处。明代并没有彻底解决黄、淮、运交汇口的问题，因黄河水位高、运河水位低带来的清不敌黄、泥沙淤积的情况仍然存在，康熙三十八年(1699年)，康熙帝南巡时，为解决黄水倒灌问题，新开陶庄引河，[①]自周家庄引入黄河水，但施工过程中的不当处理导致数次疏通又被堵塞。乾隆中期，在河道总督萨载与两江总督高晋主持下，陶庄引河被重新开通，而引河口距离周家庄旧河口仅五里。[②] 同时，在旧河口，修建闸坝抵御黄水，并使用新泥加固新堤。这样，黄河水可在距离旧河口不远的地方与清水汇合东下，做到不与淮河争道，同时也避免了黄河水倒灌运河的可能。随后，清政府动员当地劳工，依次修建了惠济(头闸)、通济(二闸)、福兴(三闸)三道船闸，[③]并在运河内修筑了三道钳口坝，调整水面比降以便于漕运。

至清代中叶，黄、淮、运交汇处水利枢纽体系最终建成。其中运用各种闸坝所开凿的“之”字形河道，减缓了河面比降，也减轻了浊流灌运的情况。为有效开展漕运，清政府设立漕运专职负责人员，在专职人员体系中，最高官职为漕运总督，驻地位于淮安，总领修造漕船、过淮盘查、查验回空、催促漕欠等漕运事务。淮河沿线市镇也实现了繁荣发展。以淮安为例，淮安位于运道沿线，成为联系淮、运的枢纽城市。

早在元代，淮安就已呈现出“水次千家市，蛮商聚百艘。扬徐元接壤，河泗此交流”[④]的繁华市景。明代，设有盐引批验所、钞关、盐运分司等衙门，淮安城内“舳舻衔尾，背负踵至，百货骈集”[⑤]。清代以降，继续沿用明代所遗留下的衙门，大批督粮、督盐官吏、护运军丁及各级官吏的家属人员聚集于此。城内外街市中商贾人头攒动，一派繁荣景象，官私运船经过或是停泊于此，河岸两旁市肆鳞次栉比，绵延数十里。

---

① 参见姜师立编著:《中国大运河遗产》，中国建材工业出版社2019年版，第167页。

② 参见朱诚如主编:《清朝通史·乾隆朝分卷(上)》，紫禁城出版社2003年版，第358—362页。

③ 参见吴家兴主编:《扬州古港史》，人民交通出版社1988年版，第122页。

④ 此为元代僧人大欣所作诗文《过淮河口》。

⑤ 卫哲治等修:《乾隆淮安府志》卷十四《关税》，《续修四库全书》编纂委员会编:《续修四库全书·700·史部·地理类》，上海古籍出版社1996年版，第61页。

4. 近代以后淮河水系河运的衰落

近代以后，铁路、轮船航运兴起，然而，外国殖民者的侵略与清政府的腐朽没落，使得河槽船运逐渐衰落并最终停摆。光绪二十六年（1900年），八国联军侵华，本于清江浦设立的漕运总局，因“车驾西幸”，移至汉口，清江浦只留分局。次年，清政府借口财政资金匮乏，漕粮改征折色，除应办白粮外，[①]每年收集百万石粳米运至京师。随着政府对漕运事业财政投入的大减，河漕进一步废弛，河工与漕运丧失了吸纳灾民的能力（洪涝灾害的发生使大量沿河民众流离失所），以工代赈能力减退。《清河县志》载：“逮庚子以后，河运停办，十余年间工钜帑绌，运道修濬不时，闸坝亦渐倾圮。每伏秋汛涨，蒙沂诸水直趋运河，宣泄不及，则分灌旧黄河、盐河、六塘河，拍岸稽天，时虞溃决。若冬春水涸，运河枯竭，交通灌溉兼受其弊”[②]，河工的减少使得运道无法得以及时维修，丰水期洪涝灾害威胁更大，从而形成恶性循环。光绪二十八年（1902年）起，采办粮食转交招商局承运。负责漕粮运输相关事宜的漕运总督、河运总督等管制也在光绪三十年（1904年）时裁撤，漕粮运送的历史至此正式宣告结束。

随着铁路、轮船航运的相继兴起，新式运输工具显示出强大的运输能力，旧的运输方式（如漕运）逐渐被取代。民国时期，淮河流域主要以盐运为“主业”，开通了一系列航线，同时，航班船逐渐普及，一种是以运货为主、载客为辅的普通航运船，一种是以载客为主的快船，还有一种是以运送信件为主、兼顾客货运输的信船。这些航班船的集中发出地与聚集地以苏南地区为主。抗日战争全面爆发后，淮河流域水运遭受空前破坏。抗战末期，苏北大部分地区解放，解放区的运输业以水运为主，木帆船成为当时的主要运输工具，在运盐、运粮的经济活动以及支援前线工作中作出了重大贡献。

三、长江太湖人工水运航道

长江下游地区地势低平、支流较短且数量众多，正常情况下流速稳

① 明清向江南五府征收的粳、糯，为专供宫廷和百官用的额外漕粮。

② （清）丁晏等纂：《民国续纂清河县志》卷三《川渎》，江苏古籍出版社，1991年。

定。太湖水系作为长江下游的主要水系有着十分重要的交通枢纽作用。该水系北起江苏镇江、扬州，绕太湖东岸达苏州，包括江南运河、黄浦江、苏州河等，河道纵横交错、湖泊洼地众多，航运四通八达，是典型的江南水网结构。通航里程达 12348 千米，水域面积 2338 平方千米，是全国水运最发达的地区之一。

江南运河贯穿太湖水系，起到平衡水量的作用，该运河自江苏谏壁至杭州，长 305 千米，是江南大运河北段，同时也是上海地区经济联系的重要通道，地处长江、钱塘江下游三角洲地带，是中国内河航运最为发达的地区，地位举足轻重。江南运河和长湖申运河呈“十”字形交叉，在太湖内河运输网中起着中枢作用，有“金十字架”之称。

太湖水系下游入海通道，以苏申外港线和苏申内港线为主要航线，①两条航道下游通过上海市区，港埠码头众多，运输繁忙程度居全国内河之冠。苏申内港线为京杭大运河沟通上海的另一条重要航道，异常繁忙，又因为河道相对窄小而时常发生堵塞；苏申外港线西接京杭大运河，东通长江口，不仅可沟通上海、苏南与苏北，而且与浙、皖，赣、湘、鄂诸省内河航线相连，经济地位十分重要。

1. 泰伯渎、胥溪与胥浦（常州府运河）的开通

太湖流域的人工水运航道建设工程始于春秋时期的吴国。泰伯渎、胥溪和胥浦三条人工河道的开通是最具代表性的：

（1）泰伯渎。商亡周兴之际，以泰伯（周文王的伯父）为首的周人来到江南，在太湖流域建立了勾吴，泰伯也因此成为东吴文化的宗祖。泰伯进入吴地之后，在无锡东南开凿了一条连通今苏州与无锡的人工运河，即泰伯渎（亦名“伯渎”或“伯渎港”）。② 泰伯渎西依运河，东接蠡湖，继而进入吴县境内，全长 81 里。清代顾祖禹所著《读史方舆纪要》一书中写道：“此渠始于泰伯，所以备民之旱涝，民德泰伯，故名其渎，以示不忘。”③可见，泰伯渎主要用于农田水利灌溉，为备旱而凿。另外，泰伯渎作为江苏最早的人工河道，也可用于通航。

---

① 交通部综合规划司编：《内河集装箱运输发展研究》，交通部水运科学研究所 2004 年版，第 15 页。
② 邱树森主编、汪家伦等编：《江苏航运史 古代部分》，人民交通出版社 1989 年版，第 4 页。
③（清）顾祖禹：《读史方舆纪要》，中华书局 2005 年版。

（2）胥溪。春秋战国时期，吴国的政治经济文化日益繁盛，位于吴国以西的楚国是吴国最大的对手。吴国常训练并调动强大的水军同楚国作战，战场多选择在淮河流域一带。吴国水军的行军路线，大致从太湖笠泽（今吴淞江）出海，沿古江苏海岸线北上，而后进入淮河口溯河西上；或自笠泽出海后，溯长江而西，穿越濡须口、巢湖，最终进入淮南一带。[①] 但这两条线路共同的缺点在于，都必须绕道，行程耗损较大，且长江与东海风浪较大，行船风险高。周敬王十四年（前 506 年）初，为西伐楚国，吴王阖闾命伍子胥开凿胥溪。[②] 胥溪从苏州出发，过太湖，经宜兴、溧阳、桐汭（今高淳），最终抵达安徽芜湖，共计长 450 里。胥溪的开凿通行，大大缩短了吴楚两国之间的水运航程，降低了船只航行风险，且胥溪在途经茅山丘陵的部分打通了太湖流域与水阳江流域，促进了两地间的水运联系。《天下郡国利病书》中记载："自是河流相通，东南连两浙，西入大江，舟行无阻矣。"[③]胥溪凿通后，吴西征楚国，五战五捷，甚至攻下了楚国的都城郢都。胥溪开凿后在吴楚战争中发挥了运兵运粮的重要作用，因此，胥溪的开凿对于吴国的胜利起到了一定的促进作用。

（3）胥浦。越国位于吴国南方，都城位于今浙江绍兴。在苏、嘉、杭等一系列运河开凿以前，吴越主要依靠海运进行水上交通往来。吴国也在松江出海口构筑一系列堡垒提防越国入侵。为方便出海，周敬王二十五年（前 495 年），夫差命伍子胥监工开凿胥浦。胥浦西接太湖，东至大海，与惠高、彭巷、处士、沥渎等河相通，充分利用了太湖东南处的天然河流。

在开凿胥浦的同一年，吴王为北上中原争霸，开凿运河，即《大清一统志》所称的常州府运河。该运河经苏州吴县望亭、无锡城东流入镇江府丹阳县界。还有一种说法是常州府运河在常州府南，经过无锡县西北、常州西奔牛镇，最终到达孟河，全长 170 里。因当时常州奔牛镇以西至镇江的地势呈现逐渐走高的态势，施工过程十分艰巨，难以从孟河

① 邱树森主编、汪家伦等编：《江苏航运史 古代部分》，人民交通出版社 1989 年版，第 4 页。
② 李永鑫主编：《绍兴通史》卷二，浙江人民出版社 2012 年版，第 124—125 页。
③（清）顾沅辑：《苏州文献丛书·吴郡文编·1》，上海古籍出版社 2011 年版，第 421—423 页。

口一带出江。[①]

据《越绝书·吴地传》载:“吴古故水道,出平门,上郭池,入渎,出巢湖;上历地,过梅亭,入杨湖;出渔浦,入大江,奏广陵。”[②]平门在今苏州北面,郭池即吴都城外护城河,巢湖指漕湖,梅亭即今梅里(一般认为是无锡梅里村),扬湖位于今无锡与常州之间,渔捕为今江阴市利港。可见,吴古故水道自苏州北上,经古泰伯渎,经无锡北行,穿过古芙蓉湖,至江阴利港出江。从行程路线方面看,它将自然湖泊、已开凿河渠与新开挖河道连接了起来,形成了吴国的又一条出江水道。[③]

太湖以南属越国管辖,亦是吴越争霸的战场。太湖流域运河开凿相对较晚,前 482 年,越伐吴,其南路大军沿松江行进,偷袭并火烧姑苏城,将城中船只作为战利品,缴获甚多。[④] 越军由海上进兵,其路线为:从浙东一带横渡杭州湾,入古松江口,进而沿长江西进,直入吴都苏州。越军选择从海上进兵,主要由于彼时钱塘江与太湖之间的水道尚未开通。灭吴后,越国为进一步强化对吴地的统辖,在苏州城南修建了“通江陵道”。“陵道”为陆行大道,通过大量“挖土堤”形成河港的手段,最终能够接入长江。前 334 年,楚国灭亡越国,春申君黄歇在吴地废墟上建立城池,除在无锡一带进行军屯以外,还整治改造了苏、锡间的运道,成为江南运河苏锡河段的雏形。[⑤]

王翦灭楚后,为强化对江南地区的控制,秦始皇从云梦地区沿江东下,巡视江浙地区,并调遣三千囚犯开凿丹徒与曲阿(今治丹阳市)之间的人工运河。徒阳河段的开通也成为京口通舟最早的起源。在太湖东南,秦时还开凿了另一条河道。《越绝书·吴地传》称,当时嘉兴马塘为陂,从嘉兴“治陵水道,到钱塘(治今杭州市)越地,通浙江”[⑥],是水陆并行的通道,即太湖地区所说的“塘河”,一般认为这段水道就是杭嘉运河的前身。

---

① 邱树森主编、汪家伦等编:《江苏航运史 古代部分》,人民交通出版社 1989 年版,第 6 页。

② 袁康、吴平著,徐儒宗点校:《越绝书》,浙江古籍出版社 2013 年版,第 9 页。

③ 邱树森主编、汪家伦等编:《江苏航运史 古代部分》,人民交通出版社 1989 年版,第 6 页。

④ 陈钦周、杨卡特著:《杭州河道文明探寻》,杭州出版社 2013 年版,第 111 页。

⑤ 邱树森主编、汪家伦等编:《江苏航运史 古代部分》,人民交通出版社 1989 年版,第 7 页。

⑥ 袁康、吴平:《越绝书》,上海古籍出版社 1985 年版,第 18 页。

苏州至嘉兴一带地势低洼、积水严重，为古代太湖泄水通道。在这一带开河，必须筑堤水中，工程极其困难艰巨，因此，这一段运道形成较晚。汉武帝时(前 140—前 87)，为征收闽越粮赋，起自吴江流域一带，南沿太湖东侧沼泽之地开凿江南运河，接杭嘉运河。至此，江南运河经过春秋至两汉历代劳动人民在不同段的开挖修造，已初具雏形。

2. 魏晋南北朝时期长江太湖流域人工水运的发展

魏晋南北朝时期是江苏地区尤其是太湖流域水运的飞速发展时期，孙吴、东晋、宋、齐、梁、陈等政权均建都南京。这一时期，在开凿人工运河、疏浚航道、修筑堤坝、制造航船、开辟新航线、建设港埠等方面都有大幅进步。受战争形势与政治格局影响，水运交通以建康为中心开展各方面建设，且集中服务于军事运输。

东汉末年，孙策占据江东。孙吴政权都城设于京口(今镇江)，核心经济区分布于太湖一带。为加强京口与东南诸郡的水运联系，岑昏奉孙权之命，于赤乌八年(245 年)首次疏凿丹徒至云阳(今丹阳)间的水道。因“杜野(在今镇江东)、小辛(在今丹阳北)间，皆斩绝陵袭”[①]，工程进行得异常艰难。但经这一次的疏凿之后，航运状况大为改善，在一段相当长的时间内，水运得以保持畅通。这次的疏凿工程奠定了徒阳运河的基础，为后来江南运河的全线通航提供了一个契机。故有后人云："自今吴县舟行，过无锡、武进、丹阳至丹徒水道，自孙氏始。"[②]六朝时期，徒阳运河历经多次整治，始终是以吴都为中心的一条重要水道。

徒阳运河位于镇江丘陵地带，地势南高北低。水源主要依赖长江涨潮进行补给，长江汛期水位相对较高，潮水可内灌至徒阳运河，这时往往有利于船只通航；冬、春两季属于枯水期，长江水位较低。向徒阳运河注入的水源较少但运河本身泄水较快，运道浅涩，不利于航运开展。西晋末年，司马夏驻守广陵(今扬州)，因运河浅涩，从京口出发的粮船无法顺利通行。永嘉元年(307 年)，司马夏在京口南修建了一座堰堤，用以控制水流，且便于航船顺利通行，因“丁卯日制可”，由此命名

① 王鸣盛著，黄曙辉点校：《十七史商榷》卷四十二，上海书店出版社 2005 年版，第 305 页。

② 同上。

为“丁卯埭”[①]，这也是现存历史文献中有记载的江南运河史上第一座堤坝，其建造在一定程度上提升了江南运河的通航能力。

建安十六年(211 年)，孙权将吴国都城从今天的镇江一带迁至南京。吴黄龙元年(229 年)，正式将建业确定为吴都。政治中心的迁移导致河道官运产生了深刻的变化。都城设在镇江时，利用江南运河就可解决首都与经济区之间的联系，迁都至建业后，从浙江来的各路船只经江南运河抵达京口后，还需溯江西行 180 余里行至建业。该航线不仅因绕道而较为麻烦，拉长了浙东至建业的距离，而且因长江风大浪急航行十分危险。

为解决这一问题，孙权决定开辟一条径直且更加便捷的航线以加强都城与苏南浙东一带之间的联系。赤乌八年(245 年)八月，校尉陈勋领兵三万开句容中道，自小其(镇江句容市东南一带)至云阳西城(今句容市南唐庄)，以便利吴地与会稽一带的船舰通行。运渠开通后，被称为“句容中道”，运渠经过何庄庙、毕墟村、鼍龙庙、吕坊寺，全长约三十里。它东与香草河、江南运河相接，西与句容南河、秦淮河相连，贯穿茅山一带的丘陵山地地区，因此也被称为“破冈渎”[②]。破冈渎的建成，使东南粮船从丹阳出发，过句容、秦淮，并经赤乌三年(240 年)开通的运渎[③]，直抵建业。

破冈渎穿过茅山，这一段水流较急，比降偏大，船只难以通航，极易发生倾覆。其总长不过四五十里，但这一小段运道上却修建了 14 座堤坝。上七埭控制的水流通往延陵县，下七埭通往江宁界。埭相当于一种截河堤坝，用来做分级调蓄水流之用，使航道最终呈现梯级分布。航船通过堤坝时，使用人力或者畜力拖拽而前。[④] 堰埭是渠化水道的重要工程设施，堤坝供船只穿越山岭是破冈渎的一大特点，也是航道技术上

---

① 《舆地志》记载：“晋元帝车骑将军哀镇广陵。运粮出京口，为水涸，奏请立棣。丁卯制可。因以为名”；又《嘉定镇江志》：“丁卯港在镇城南三里，即晋所立丁卯埸”。又按：东晋元帝执政为公元 317—323 年，其间无丁卯年。元帝执政前的丁卯年为公元 307 年，元帝以后的丁卯年为公元 367 年。现暂定公元 307 年为丁卯埭的制可年。

② 房仲甫、李二和：《中国水运史 古代部分》，北京出版社 2003 年版，第 109 页。

③ 《建康实录》卷二“赤乌三年十二月”条：使左台侍御史郗俭凿苑城而南至秦淮北仓城，名运渎。

④ 《宋书》卷四十三《徐羡之传》中记载：“先是(少)帝于华林园为列肆，亲自酤卖。又开渎聚土，以像破冈，率左右唱呼，引船为乐。”据此可知当时破冈渎船只过埭的一般情况。

的一大进步。

其后250余年间，破冈渎始终为南京与太湖地区间联系的重要航道。为了储藏三吴运来的大量物资，将破冈渎经过的区域与集市连通，设立转运储藏仓库。咸和二年（327年），苏峻之乱[①]爆发，陶侃为平息叛乱，与苏峻大战于建康。陶侃派部下毛宝率军从东侧杀出，截断苏峻粮道，将句容、湖熟一带的粮食烧光，使其缺粮兵败。但破冈渎的路线因过山道较多，限于当时的技术条件，总运量受到限制。为解决破冈渎日渐紧张的船只水运问题，梁武帝在位时，开上容渎于破冈渎北。上容渎位置为今句容市区东部，在五里冈处分流而下：一向东南入句容河，一向西南入洛阳河。而上容渎途经区域山地更为高峻，河道所在纵坡又陡又长，全河段有21座堰埭，平均每2.6里就设有一座，航运工作进展十分艰难。南朝陈国陈霸先在位时，重修破冈渎，开皇九年（589年），隋灭陈统一全国，破冈渎重要性大大降低，与上容渎皆因年久失修，逐渐淤废。[②]

3. *唐宋时期开塘筑坝与水运发展*

唐五代时期，江南地区共开凿三条河道。唐宪宗元和二年（807年），在韩皋与李素的共同主持下，开凿了常熟塘，“自苏州齐门北抵常熟，长九十里”[③]，也被称为“元和塘”；五代十国时期的吴越国，在华亭塘（今上海市松江县东南）运送盐铁，因此被命名为“盐铁塘”；[④]元和八年（813年），孟简开古孟渎于常州北，引长江水至常州南，最终注入江南河。此河可利用长江水溉田4000顷，不仅扩大了灌溉面积，而且可向南注入运河。此后，京口向南可直通杭州，沟通沃壤千里的杭嘉湖平原，再向东出杭州湾，同东海相接。在苏南实现了利用人工运河把繁荣富庶区域连结为一个整体的目标。

南宋时期，政治经济文化重心全面南移，太湖流域农工商各业实现了飞速发展。就北宋来说，江南运河的疏浚与整治对于北宋水运交通

---

① 苏峻之乱，指苏峻、祖约之乱，是东晋成帝年间发生的一次大规模叛乱，起因于苏峻担心庾亮对自己的加害以及对朝廷的不满。叛乱对东晋士族门阀打击重大，对建康城造成了严重的破坏。

②《建康实录》卷二：“陈高祖即位，又堙上容而更修破冈，至隋平陈。乃诏并废此渎”。

③ 赵弘恩等修：《江南通志·水利》，江苏广陵古籍刻印社1987年版，第143页。

④ 邱树森主编，汪家伦等编：《江苏航运史·古代部分》，人民交通出版社1989年版，第40页。

(主要是官运)而言意义重大,在太湖流域,水运工程主要为陂塘与新运河的开挖。其一,为丰富运河水源,减少因河道浅涩对河船通行带来的麻烦,开运河沟通长江与勾城、陈公两塘。宣和中,淮南转运使陈遘奉命开挖扬州西侧吕城、陈公两塘,引其水南下江南运河,为运渠输送水源。其二,开凿仪征新河与靖安河。宁镇扬地段的长江波涛汹涌,漕船渡江风险较大,每年会因风浪损失许多运资。为解决风浪对运资产生的潜在损毁威胁,天圣三年(1025 年),江淮制置发运副使张纶在真州(今仪征市西)修凿长芦口河。[①] 长芦口河发源于六合县东浦口河一带,为躲避长江风涛带来的危险,经六合县城南长芦镇、瓜州而入长江。长芦河修通后,除冬季以外,其他三个季节水源相对都较为充沛,不存在河道浅涩的问题。但由于冬天缺水,河道易发生浅涩甚至枯竭的状况。北宋末年,徽州知州卢宗原提议重开靖安河及仪征新河,使靖安河与今南京北的古漕河相接,顺流进入长江,再接仪征新河,整体规避了长江较危险的区段。

南宋时期,在太湖流域进行了一系列堤坝与堰闸修缮工作。首先是修筑练湖堤坝,宋金战争以来,练湖荒废已久,堤岸溃败以致不能存储水流,地方豪强势力引堤中水用做自家耕田的水利灌溉,水坝淤积问题越来越严重。南宋的堤坝重修是在北宋的基础上完成的。北宋绍兴七年(1137 年),为解决堤坝缺漏的问题,两浙转运使向子諲"增置二斗门,一石,及修补堤防,尽复旧迹,庶为永久之利"[②]。淳熙二年(1175 年),加高加厚环湖堤防,木柱换为石柱,石础增修,将原有涵管进行再扩大改造。景定三年(1262 年),南宋朝廷又一次派拨了大量钞粮,并在练湖修筑了岸埂、斗门、石础[③],虽动用大量人力物力,屡次修整练湖,但均未达到根治的效果。除修筑练湖堤坝外,南宋政权又开展了整治镇江堰闸的工作,处于淮运与长江交叉口的镇江取代原先扬州的地位,成为南北物资交流的十字路口。这一时期,对镇江港进行了两项大型

① 中国历史大辞典·历史地理卷编纂编委会编:《中国历史大辞典·历史地理》,上海辞书出版社 1996 年版,第 447 页。

② (元)脱脱等撰:《宋史》卷一百七十五《食货上三》,中华书局 2013 年版,第 2404—2405 页。

③ 参见岳国芳《中国大运河》,山东友谊出版社 1989 年版,第 171—172 页。

整治工程。

第一项，开浚漕渠，清淤河道。南宋嘉定年间，位于镇江的运河闸口河道出现淤积堵塞的情况，渠道变得十分狭窄，沿江五闸“积岁不开，木圮石泐”[①]。这样一来，过往船只只能沿长江东行绕道至无锡江阴一带而后进入运河。为解决这一问题，嘉定十年（1217 年），镇江转运副史吴镗等人对河道闸口进行了改造，从江口以至于南门的漕渠，水面至水底深度达 1 丈余，河道宽度超过 10 丈。于是“巨防屹立，海潮登应，则次第启闭”“拍岸洪流，畅无流碍，扬枻维楫，舟人欢呼”[②]。

第二项，修复练湖，增高函础，疏浚原有渠道，修复京口与吕城的各个废弃闸坝。镇江京口一带地势高低起伏不定，渠水水流较为湍急，于是官府在此浚湖（练湖）设闸，修建江口、吕城二坝，[③]整治练湖坝闸，达到了开源（练湖为源）节流（闸坝以节流）的效果，又挖深城内运渠渠道，修复了京口诸闸。纵观两宋时期，江南运河的整治效果不佳，常常处于荒废更替、短兴长靡的状态，如有洪涝灾害，运渠与闸坝及极易被毁坏。

4. 元至鸦片战争前闸堰的设置与漕运的发展

在经历了元初长期战争后，元朝政府对运河也进行了全方位整治。太湖流域主要是苏锡河段的整治。较为典型的两项工程：一是大德三年（1299 年）在苏州平江河渠设置 78 处闸堰，以解决水运中阻塞等各类问题；二是泰定二年（1325 年），无锡南、北两水关的河道被疏浚。两项工程使得运河河道更为畅通。

明初，为使江浙税赋漕运免受长江风涛威胁，便于江、浙与南京之间的漕运，朝廷征派大量民工疏浚胥溪运河，同时开凿胭脂河。[④] 洪武二十五年（1392 年），于今高淳市东坝修建石闸用以控制水流，利通舟船。胥溪河的疏浚与治理，使得太湖、固城湖、石臼湖间的水运交通重新恢复了往日的生机。

永乐迁都北京后，漕粮北运正式开始，胥溪运河与胭脂运河的发展

① （宋）卢宪：《嘉定镇江志》，中华书局 1990 年版，第 2366 页。

② 同上。

③ 参见姚汉源《京杭运河史》，中国水利水电出版社 1998 年版，第 39 页。

④ 邱树森主编，汪家伦等编：《江苏航运史·古代部分》，人民交通出版社 1989 年版，第 13 页。

产生了截然不同的走向。在正统年间和万历年间，胭脂运河进行了两次修浚。然而，随着时间的推移，由于缺乏维护，这条运河逐渐淤积堵塞。相比之下，胥溪运河一直都是江苏和安徽之间的主要水运通道。永乐元年（1403 年），为控制水阳江流域涨水外泄太湖地区，于广通镇改闸为坝。正统六年（1441 年）和正德七年（1512 年），各修筑广通镇坝（通称“上坝”）一次，坝高超过 3 丈。嘉靖三十五年（1556 年），在已建坝的东侧新建下坝。[①] 胥溪河筑坝后，虽解决了太湖地区的防洪问题，但对运河本身的航运工作带来了不便。景泰至成化年间，又先后开浚了泰兴新河（今泰兴南官河位置），南起长江，经常州德胜新河、泰兴新河、通扬运河，最终通抵淮扬运河。万历年间，开凿了芒稻河与人字河两条河流，分别从淮河一端引入长江。

明代，江苏人工水运通道纵横交错，“帆樯出没，不可纪极，上下两江，旅舟商舶，络绎奔辏……自南讫北，蜿蜒其中，转输飞挽，樯帆相望”[②]。万历年间，传教士利玛窦从江南沿大运河北上，途中所见河流中船只众多甚至达到了拥挤的程度，内河运输业热闹非凡。这一时期，在长江太湖一带的商贸运输中，形成了“川米易苏布”[③]的大宗商品运输格局。

清康乾时期，随着社会经济的逐渐恢复，国力提升，清政府实施了一系列治河工程，用以发展河漕与盐运。内河与对外商运日渐活跃，苏南城镇经济更加繁荣。清代实行海禁政策，民间造船业曾一度遭受严重打击，随着农、工、商贸的发展，民间对于船只的需求量直线上升。随着户籍制度的变动，造船工匠户籍不必再隶属于匠籍，客观上为民间造船业的发展提供了一定的动力与保障。

清代，苏南一带的民间船场，集中分布在长江及运河水运线上工商业较为繁荣的城市中，如南京、苏州、扬州、海门、通州等地。在这些城市里，船场所造船只数量与种类繁多。如用于生产的篷船、罱泥船等，

---

① 参见程宇铮《胥溪五堰兴废及其社会经济影响——以明清高淳虚粮问题解决为例》，《东南大学学报（哲学社会科学版）》2011 年第 S2 期，第 58 页。

② 黄之隽等编纂，赵弘恩监修：《乾隆江南通志》卷一，广陵书社 2010 年版。

③ 董佳：《发展逻辑与路径转化：近世长江下游地区经济发展动力的历史分析》，《南京农业大学学报（社会科学版）》2012 年第 1 期，第 89 页。

用于郊游观景的画舫，用于水产捕捞的渔船，用于装载大宗商货的沙船等，其中尤以沙船最受欢迎，也最为出名。

5. 近代外国资本主义与民族经济对苏南水运的双重影响

近代以后，外国势力侵入我国内河流域，对于所侵占区域内的中国航运业进行了排挤与干扰，侵夺了长江内河航运权。早在咸丰三年(1853 年)，美国驻华公使就提出了“开放长江及支流”的要求。1856 年 6 月，中英《天津条约》载：“长江一带各口，英商船只俱可通商……准将自汉口溯流至海口各地，选择不逾三口，准为英船出进货物通商之区。”[①]从此，英国开始了对长江流域航运权长时间的控制与霸占，中国内地大量的原料被掠夺，民族航运业举步维艰，内江外海之利为洋人占尽。咸丰十年(1860 年)五月，镇江开埠，在此之前的两个月内，英国已于镇江划定租界。最终将租界界址确定为：东依镇屏山，南达银山门街，西至小码头，北靠长江边。位于这一范围内的英租界也成为最早侵入长江的外国势力盘踞地。

太平天国建立之初，对民船采取军运管制措施。随着辖区内商贸发展与商业政策的改变，取消了对民船的军事管制，允许其自由贸易，甚至太平军水师这一时期也多开展水上商业贸易。如常熟太平军“开张渔行招浒浦等港鲜鱼船，先付银子，到福山贸易，价格公道，各不欺心”[②]，苏州太平军则占领盛产花果的太湖东山、西山，“装载水果无数，来各县各村与民贩卖”[③]，水运贸易带动了经济的发展。苏南地区呈现“流民雨集，百货云屯，市上热闹，生意繁盛”的繁盛景象。[④]

外国资本主义的入侵引起了清王朝的警觉，19 世纪 60 年代，洋务运动兴起。洋务运动后期，清政府打着“求富”口号，开启了对民族经济的扶植与发展。为打破外国航运公司的垄断局面，1873 年，轮船招商局开办棚厂，历经二十余年艰难发展，逐步具备了向近代港口标准靠拢的条件。至 1895 年，南京已经有“福安”等 12 艘官用轮船经

① [美]泰勒·丹涅特：《美国人在东亚》，商务印书馆 1991 年版，第 207 页，李育民：《近代中国的条约制度》，湖南人民出版社 2010 年版，第 178 页。

② 汤民辑：《鳅闻日记》，中华书局 1963 年版，第 121 页。

③ 同上书，第 124 页。

④ 呤唎：《太平天国革命亲历记》，中华书局 1961 年版，第 397 页。

常往来于沿江及内河城铺之间。19世纪末20世纪初,长江中下游成为英国的势力范围,1900年与1901年分别建成了怡和码头与太古洋行码头。1912年,经过四年的修建,津浦铁路完工,而在此之前,清政府为防止外商于津浦铁路修建码头,禁止私自买卖津浦铁路一线的土地,从1910年开始,为装运铁路器材、客货船舶上下之用,清政府于是动工修建码头,到1914年,共计有10座小型码头在浦口沿江地区投入使用(表3-5):

表3-5　浦口津浦铁路码头状况

码头名	型式	用途
津浦一号	趸船浮码头	对江客运轮渡
津浦二号	趸船浮码头	港务办公室
津浦三号	趸船浮码头	杂货卸船
津浦四号	趸船浮码头	杂货卸船
津浦五号	木栈桥固定码头	海轮及重件装卸
津浦六号	趸船浮码头	杂货装船
津浦七号	趸船浮码头	杂货装船
津浦八号	趸船浮码头	杂货装船
津浦九号	趸船浮码头	煤炭装船
津浦十号	趸船浮码头	煤炭装船,散装煤油卸船

资料来源:郭孝义等编,《江苏航运史 近代部分》,人民交通出版社1990年版,第85页。

津浦铁路的通车与南京港的建成,共同促进了浦口一带水陆联运的形成。浦口码头建成后,与南岸港口水运往来极为便利,港口输运能力大幅提高,随着津浦铁路的全线贯通,浦口港获得了更加广阔的经济腹地。津浦铁路通车的当年,浦口港进出货物贸易总值显著提升,其总额在长江五港(南京港、张家港、扬州港、镇江港、南通港)中已跃升至第二位。

表 3－6　浦口港对外贸易进出口货值

年份	外洋进口	出口外洋			入超(－)或出超(＋)
		他港由本港出口	本港出口	合计	
1912	5242414	—	—	—	－5242414
1913	6437554	—	123	123	－6437431
1914	11689777	6490	1048966	1055456	－10630321

资料来源：郭孝义等编，《江苏航运史 近代部分》，人民交通出版社 1990 年版，第 85 页。

辛亥革命后，江苏工商业经济开始复苏，城市间商旅交流频繁，民营小轮航运业起步，以南京、镇江、苏州、无锡、常州为中心点的苏南小轮运航线发展迅速。另外，小长江航线得以扩展，其总体为上海至苏北地区的以长江为主干线的短途航线，包括沪扬线（上海至扬州）、沪启线（上海至启东）与沪崇线（上海至崇明）三条主要航线。国民政府定都南京后，于 1929 年制定了《首都计划》[①]。其中，关于首都一带港口的规定主要为：主要修筑下关，辅之以浦口，通过火车轮渡连接长江两岸的铁路线，同时新修码头以方便船舶装卸与避风。但实际建设过程却很艰难曲折，直到抗战爆发前，南京港已经建成的码头也只有三北码头、招商码头与津浦码头等，很多老式码头仅进行了简单的维修与保养等工作。

抗战时期，苏南水运事业停滞，政府与人民通过沉船封江锁河的方式阻止日军的进攻。后日军侵入苏南地区，炸毁破坏了大量的港口设施，待完全占领这一带之后，通过控制码头与封锁港口垄断水运事业，采取军事运输的手段加紧对中国的经济掠夺，摧残江苏航运业。大批航运工人处于水深火热之中，生活状况异常艰苦。抗战胜利后，国民政府还都于南京，从汪伪政权手中接过了大批的航运企业，苏南一带的民营轮运业得以迅速恢复。南京、镇江在这一时期分别开辟了一些短途航线，恢复、新创了一系列轮船运输公司，随着以常州为代表的苏锡常区域民营轮运业的恢复，一股新的轮运势力开始崛起。

① 薛冰：《读南京》，南京出版社 2017 年版，第 59—60 页。

表 3－7　新中国成立前夕常州轮运局各航线

航线	里程	经过站点	开航轮局
常州—张渚	115	牛塘桥、丫河、东安、徐舍、鲸塘	新商、利民、正昌、佩记、江南、西南
常州—湖㳇	115	戚墅堰、虞桥、洛社、周铁、丁山	新商、佩记、志新
常州—溧阳	94	牛塘桥、丫河、东安、丰仪、杨巷	大华、永安、正昌、镇平、夏声、永余、新华、西南
常州—沙家港	78	奔牛、小河、薛沙、八字桥、姚家桥	永安、利民、江南、新商
常州—姚家桥	60	奔牛、小河、薛沙、八字桥	大华
常州—湟里	40	牛塘桥、丫河、安欢渎	大华、东南
常州—夏溪	30	牛塘桥、丫河、港口、嘉泽	镇平
常州—臧村	35	牛塘桥、丫河、涨河港、闸口	大华、利民
常州—江阴	43.5	石堰、双桥、南闸	武北
常州—焦溪	24.5	洋头桥、郑六桥、三河口、石堰	武北
常州—薛沙	39	奔牛、罗墅湾、西夏墅、小河	武北
江阴—龙窝口	58		武北
常州—官村	55	牛塘桥、丫河、港口、东安	永安
常州—吴县	104.6	戚墅堰、横林、洛社、无锡、新安	永安
常州—金坛	52	北河口、张墅桥、导墅桥、里庄桥	新商佩记
常州—漕桥	33	马杭桥、坂上、前黄	东南
常州—无锡	82.5	万塔、丫河、常州、洛社、吴桥	东南
常州—丹阳	54	奔牛、吕城、陵口	镇平
薛沙—龙窝口	48	西来桥、过船港、龙稍港	镇平
常州—南宅	31	马杭桥、走马塘、毛家桥、周桥	志新

资料来源：郭孝义等编，《江苏航运史・近代部分》，人民交通出版社 1990 年版，第 216 页。

常州先后开设了永安、江南、志新、大华、常泰、武北、镇平轮船局等20余家大小轮运新局。至新中国成立之前尚存15家,其运营航线共计20条,具体情况如表3－7所示。在轮运公司恢复与新建的同时,苏南各地建立并改组了轮船业公会,制定了组织章程、守则及入会条件。航运航业公会组织化程度加深,行业内部的规则与发展目标也更为明确。

第三节 大运河江苏段的整治与维护

大运河常因河道的淤塞、水源不足、水患加剧等原因[①]而变更行经路线,其中最具代表性的是邗沟,自春秋战国时期直至明末,历经13次改道,史称"邗沟十三变"。通过对邗沟不断改道现象的观察,可以发现其背后所反映的江苏段大运河不断维修与整治的历史过程。春秋末年,吴王夫差开邗沟,"自广陵北出武广湖东、陆阳湖西。二湖东西相直五里,水出其间,下注樊梁湖。旧道东北出,至博芝、射阳二湖。西北出夹邪,乃至山阳矣"[②]。邗沟连接了淮河与长江两大水系,为运河的发展奠定了基础。

运河南北贯通始于隋代,隋炀帝先后开凿通济渠、永济渠,疏浚江南运河(京口至余杭)以及山阳渎(邗沟),修成一条连接南北的运河水系,江淮的财富得以运往北方政治中心。大运河贯穿江苏全境,以淮南至扬州的淮扬运河与江南运河的南部为主要部分。宋代,江南地区逐渐成为国家税赋主要来源,因而运河的治理被历代所重视。元明清时期,黄、淮、运交织愈发严重,治黄保运逐渐在治理工作中占据主要地位。北宋初年,宋太祖赵匡胤定都开封,需要集中南方优势资源解决首都粮赋问题,且由于唐末五代以来战争动乱造成的破坏,开始对运河进行大规模修治。南宋初年,黄河改道并开始了长达700余年夺淮入海的历史。因此,水系间关系的协调、运河的整治与维护等问题就成为宋以后江苏段水运交通最重要的问题。

① 戴甫青:《"邗沟十三变"综述》,《档案与建设》2019年第1期,第71页。

② (北魏)郦道元著,陈桥驿校证:《水经注校证》,中华书局2007年版,第714页。

一、宋元运河治理

五代以来，政治中心东移，后唐定都洛阳，后梁、后晋、后汉、后周定都于开封，国都选址必须考虑资源集中问题。宋太祖赵匡胤起家于河南，为大本营所在地，陈桥兵变后，对藩镇兵权的解除使北宋形成了“内重外轻”的局面，数十万禁卫军居于京城，[①]对粮草的需求量大幅攀升，开封较洛阳而言有大运河之便，故最终定都开封。宋初大臣李怀忠称：“汴都岁漕江淮米四五百万斛，赡军数十万计，帑藏重兵在焉。陛下遂欲都洛，臣实未见其利。”[②]后周年间汴渠、五丈河、永济渠等的开凿、疏通，打通了开封至江淮一带的水运航道，北宋便继承了这一遗产。

汴渠在以开封为中心的水运系统中居于核心地位，《宋史》中记载：“宋都大梁，有四河以通漕运：曰汴河，曰黄河，曰惠民河，曰广济河，而汴河所漕为多。”[③]汴河向中央政府运送的漕粮居四大河之首，且其漕运量呈不断上升趋势，“先是，四河所运未有定制，太平兴国六年，汴河岁运江、淮米三百万石，菽一百万石；黄河粟五十万石，菽三十万石；惠民河粟四十万石，菽二十万石；广济河粟十二万石：凡五百五十万石。非水旱蠲放民租，未尝不计其数。至道初，汴河运米五百八十万石。大中祥符初，至七百万石”[④]。从这段话中可以看出，北宋初年的汴河漕运量约占据总漕运量的72%，绝大部分粮食供给仰仗江淮一带，汴河运道的繁华，在张择端所绘《清明上河图》中也有体现，图中虹桥一带汴河两侧风物盛况就是对当时汴河最好的写照。

北宋时期，年均漕运量高达600万—800万石，是我国古代漕运之最。[⑤] 为减缓运道压力，从雍熙元年至元丰七年(984—1084)依次开辟沙河运河、洪泽新河以及龟山运河作为沿淮复线运河。雍熙年间，转运

---

① 据杨瑞军《北宋东京治安研究》(首都师范大学博士学位论文)一文统计，北宋禁军数量自太祖至仁宗年间逐步攀升，之后下滑，太祖时有217位指挥，约8万至10万余人，仁宗时有451位指挥，约18万至22万余人。

② 王称：《东都事略》，齐鲁书社2000年版，第227页。

③ (元)脱脱等撰：《宋史》卷一百七十五《食货上三》，中华书局2013年版，第4250页。

④ 同上。

⑤ 徐业龙、郑孝芬：《淮安运河文化遗产水利科学价值解读》，《淮阴工学院学报》2013年第6期，第2页。

使刘蟠曾议开沙河口，而后乔维岳任淮南转运使，“维岳规度开故沙河，自末口至淮阴磨盘口，凡四十里”①。磨盘口即今淮磨盘口，与清河口相对，此处入淮正好直入清口。为延缓河床比降，保证河道水位，乔维岳又在沙河运河置堰，“维岳始命创二斗门于西河第三堰，二门相距逾五十步，覆以厦屋，设悬门积水，俟潮平乃泄之。建横桥岸上，筑土累石，以牢其址。自是弊尽革，而运舟往来无滞矣”②。皇祐年间（1049—1054），江淮发转运使许元开凿淮阴至洪泽镇的洪泽新河，又称洪泽渠，北至磨盘口与沙河运河相接。元丰六年（1083 年）开凿洪泽镇至龟山镇的龟山运河。北宋末期，由于黄河泥沙的冲刷淤积，汴河成为地上河并冲毁大量田庐畜谷，修缮疏浚迫在眉睫。

淮扬运河沿线兴筑湖堤与开凿小运河较为频繁。天禧年间（1017—1021），江淮制置发运副使张纶主持兴筑高邮以北的堤防，“又筑漕河堤二百里于高邮北，旁锢巨石为十础，以泄横流”③。它既是湖堤也是运堤，增强了运河沿线湖泊区堤防保障。堤岸的形成对天然河湖有着拦截作用。在运堤建置闸坝成为调水泄洪关键，“真扬楚泗、高邮运河堤岸，旧有斗门、水闸等七十九座，限则水势，常得其平”④。除淮扬运河，在镇江运河亦广泛设置闸坝。哲宗元祐四年（1089 年），润州（今江苏镇江）知州林希先后在吕城堰建上下闸，又在京口、瓜州、奔牛等处建闸；元符二年（1099 年）闰九月又建成润州、常州、奔牛澳闸，以便行舟。闸坝的设置可以将自然贯通的水流置于人为控制之下。除了沿淮复线运河等几条主要的辐射线运河之外，宋代还开凿了几条较小的运河。其中，最早的横江渠用于军运（攻打南唐），还有海漕河、白塔河、通涟河、金沙河、余庆河等河道的开凿。除了这些从属于大运河的南北向小运河之外，还有一条“高邮—兴化—盐城”的运盐线路，位于高邮与兴化间的广惠河就是其中的典型代表。

淮扬运河是沟通江、淮的重要水系，“江南贡赋皆由邗沟入淮，以达

① (元)脱脱等撰:《宋史》卷三百零七《乔维岳传》，中华书局 2013 年版，第 10118 页。

② 同上。

③ (元)脱脱等撰:《宋史》卷四百二十六《循吏》，中华书局 2013 年版，第 12695 页。

④ (元)脱脱等撰:《宋史》卷九十六《河渠六》，中华书局 2013 年版，第 2387 页。

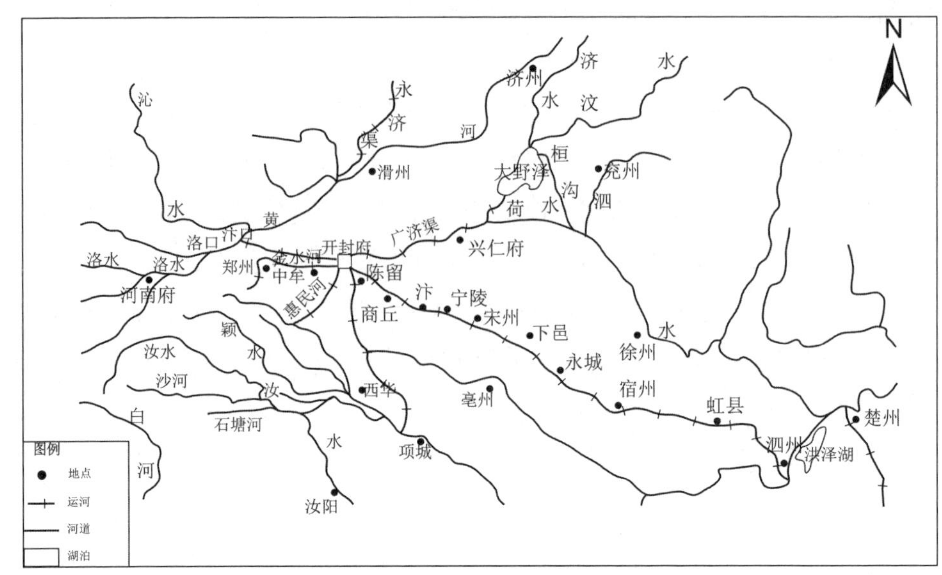

图 3-7　北宋以开封为中心的诸运河图

（资料来源：史念海，《中国的运河》，陕西人民出版社 1988 年版，第 217 页。作者改绘）

京师"①。南宋初，黄河改道，南侵淮泗，虽在其后有细微摇摆之势，但其夺淮入海已成定局。元代以来，黄、淮、运交于清口，黄河上游带来大量泥沙，淮扬运河河道淤浅严重，阻碍漕船的运行。至元二十一年（1284年），淮扬运河进行疏浚工程，"二月，浚扬州漕河"②。由于两淮地区是重要的盐产地，淮扬运河又是淮盐运往各地的重要渠道，成宗大德十年（1306 年），对真州、扬州漕河进行梳理。延祐四年（1317 年），因"运河浅涩无源"③，盐运不通，延祐五年（1318 年），疏浚淮扬运河干支流 2350余里，"诸色户内顾募丁夫万人……乘农隙并工疏治"④。水源不足是淮扬运河面临的最大问题，而疏浚河道并不能解决这一难题。元统年间，两淮都转运盐使王都中"创通州狼山闸，引海水入扬州漕河，以通江

① 苏天爵：《滋溪文稿·故荣禄大夫御史中丞赠推诚佐治济美功臣河南行省平章政事冀国董忠肃公墓志铭》，中华书局 2008 年版，第 193 页。

② （明）宋濂等撰：《元史》卷十三《世祖十》，中华书局 2013 年版，第 264 页。

③ （明）宋濂等撰：《元史》卷六百一十四《河渠一·扬州运河》，中华书局 2013 年版，第 1632 页。

④ （明）宋濂等撰：《元史》卷六十五《河渠二》，中华书局 2013 年版，第 1632 页。

淮”[1],通过修建水闸引海水以入运河。

除了对淮扬运河的疏浚,元代还对镇江运河进行整治。镇江运河是江南运河的一部分,其水源补给主要来自人工开挖的湖泊——练湖,故有“镇江之水利以漕河为先,漕河以丹阳为先。丹阳居丹徒、金坛地之中,受练湖之水以济运也。故丹阳之漕河,以治练湖为先”[2]。由于唐宋以来江南的不断开发,人口增长迅猛,耕地不足的情况下对练湖围垦严重,几近湮没。至元三十年(1293 年),练湖得到一次全面的疏治,“疏瀹湖水,修筑堤岸、斗门、石闼、涵管,咸一新之,一月工毕”[3]。而后,大德九年(1305 年)、延祐六年(1319 年)又进行疏浚,练湖得以正常济运通行。至治三年(1323 年),由于练湖淤浅而造成镇江运河“舟楫不通”。此次治理,改变以往挖深湖底之法,而用高筑湖堤之法,“增筑堤堰及旧有土基,共增阔一丈二尺,平面至高低滩脚,增筑共量斜高二丈五尺”[4]。天历二年(1329 年),修建恢复运河京口闸,以引蓄江水。对练湖与镇江运河的修治,使江南运河上游段水利情况有所改善。

元代对运河的治理以疏浚为主,仅仅为了保证能够维持通航通运能力,并未进行大规模的整治。运河河道水资源不足是元代面临的主要问题,虽然多次疏浚运道,但终究不能解决水流浅少的问题。后期的围湖垦田,对运河沿岸的湖泊蓄水补给以及防洪排涝都有不利影响,常常是治湖与疏运并行。

二、明代运河治理

自永乐迁都北京后,明廷每年要从江南地区漕运 400 万石米粮至京师。此后,江南地区的税银、货物大多通过大运河进行运输。京杭运河之上漕船往来,络绎不绝。京杭运河全长近 1800 千米,据《明史·河渠志》记载:

① (元)黄溍:《正奉大夫江浙等处行中书省参知政事王公墓志铭》,李修生主编:《全元文》第三十册,江苏古籍出版社 1998 年版,第 417 页。

② 姜宝:《镇江府水利图说叙》,《练湖志》卷七《书叙》,海南出版社 2001 年版,第 228 页。

③ (元)俞希鲁:《至顺 镇江志》卷七《山水·练湖》,民国十二年重刊本。

④ (明)宋濂等撰:《元史》卷六十五《河渠二》,中华书局 2013 年版,第 1634 页。

自昌平神山泉诸水，汇贯都城，过大通桥，东至通州入白河者，大通河也。自通州而南至直沽，会卫河入海者，白河也。自临清而北至直沽，会白河入海者，卫水也。自汶上南旺分流，北经张秋至临清，会卫河，南至济宁天井闸，会泗、沂、洸三水者，汶水也。自济宁出天井闸，与汶合流，至南阳新河，旧出茶城，会黄、沁后出夏镇，循泇河达直口，入黄济运者，泗、洸、小沂河及山东泉水也。自茶城秦沟，南历徐、吕，浮邳，会大沂河，至清河县入淮后，从直河口抵清口者，黄河水也。自清口而南，至于瓜、仪者，淮、扬诸湖水也。过此则长江矣。长江以南，则松、苏、浙江运道也。淮、扬至京口以南之河，通谓之转运河，而由瓜、仪达淮安者，又谓之南河，由黄河达丰、沛曰中河，由山东达天津曰北河，由天津达张家湾曰通济河，而总名曰漕河。其逾京师而东若蓟州，西北若昌平，皆尝有河通，转漕饷军。

漕河之别，曰白漕、卫漕、闸漕、河漕、湖漕、江漕、浙漕。因地为号，流俗所通称也。淮、扬诸水所汇，徐、兖河流所经，疏瀹决排，繄人力是系，故闸、河、湖于转漕尤急。①

“白漕、卫漕、闸漕、河漕、湖漕、江漕、浙漕”皆是明代运河不同河段的名称，对应今天的名称分别是北运河、南运河、会通河/山东运河、黄河、邗沟/里运河、长江、江南运河。

“湖漕”与“江漕”是明代大运河在今江苏地区的主要部分，即里运河与江南运河北部。里运河自淮安到扬州，共长 370 余里，地势较低，形成了为数众多的湖泊，有管家、射阳、白马、汜光、石臼、甓社、武安、邵伯诸湖，漕运运道有很多是从湖中通航的。② 考虑到淮河东侵运河，明廷修筑高家堰将淮水上流阻遏。为了保障漕船航行的安全，明廷又开淮安永济河、高邮康济河、宝应弘济河三条月河使漕船从此通航，避免了在湖上航行的危险。这几条运河本来并非天然形成的河道，而其通航又需引诸湖之水，所以明人称之为“湖漕”③。

---

① (清)张廷玉等撰:《明史》卷八十五《河渠三》，中华书局 2013 年版，第 2077—2078 页。

② 远虑荣、杨正泰:《中国地理学史 清代》，商务印书馆 1998 年版，第 86 页。

③ (清)张廷玉等撰:《明史》卷八十五《河渠三》，中华书局 2013 年版，第 2077—2078 页。

由于受到黄、淮二河的影响，明代对于江苏运河的治理主要集中在淮安至扬州的里运河。为保障运河水量充足，通常采用“借黄行运”的方法，即通过治理黄河使河水流通于徐州、淮安之间以通航船只。淮阳段运河治理的关键在于如何穿淮、过江、过湖，明人通过他们的聪明才智解决了这一问题。淮安是淮河下游一大重镇，濒临淮河。永乐年间，陈瑄任漕运总督时，在淮安城外修建“仁”“义”“礼”“智”“信”五座水坝，湖广、江西和江浙的米粮皆在淮安城外通过五坝穿过淮河。

清江浦在淮安城西，永乐初年曾建有一座大坝，然而年久失修，水道淤塞，船只通行十分不便。陈瑄咨访当地故老，征询治理河道的建议，于是“凿清江浦，导水由管家湖入鸭陈口达淮”[①]，大大缩短了运道。永乐十三年(1415 年)，工程告竣，陈瑄又在运河之上修建了新庄闸(头闸)、福兴闸(二闸)、清江闸、移风闸，永乐十四年(1416 年)工程完成。永乐十五年(1417 年)建板闸，以时启闭，严格约束。并且“浚仪真、瓜洲河以通江湖，凿吕梁、百步二洪石以平水势，开泰州白塔河以达大江”[②]，此后，运河自江南直达通州，漕船通行无阻。除了建闸坝之外，陈瑄还在长江口修建了一些港河。永乐七年(1409 年)，陈瑄开白塔河，永乐十年(1412 年)修仪真沿江堤岸及浚夹港等处河道，永乐十三年(1415 年)又发军民两万疏浚了瓜洲坝河道。陈瑄在任时修建的各处水利设施，在明代正统至弘治年间，呈现“兴—废”交替往复状况。正统四年(1439 年)，漕运总兵武兴建言，堵闭白塔河口以防止其“反泄漕河”。正统八年(1443 年)，又因常州德胜新河与孟渎河浅涩，再次疏浚白塔河，正统十年(1445 年)再废，景泰三年(1452 年)、成化十年(1474 年)、正德二年(1507 年)再次疏浚，最终白塔河旧闸被废，只剩下留潮闸。[③]

淮扬运河西侧有大量湖泊，自古以来江淮间船只通航常以这些湖泊作为航道。但湖面宽阔，风大浪急，十分危险，而明王朝采取大修高家堰以“蓄清刷黄”，导致黄淮泛涨，高家堰时常决堤，进而使得运河大

---

① (清)张廷玉等撰:《明史》卷八十五《河渠三》，中华书局 2013 年版，第 2081 页。

② 同上书，第 2081—2082 页。

③ 吴家兴主编:《扬州古港史》，人民交通出版社 1988 年版，第 99 页。

堤受到极大威胁。明廷在不断用砖石加固运河堤岸之外，又修筑运河西侧诸湖堤防，另开新渠，修建重堤，力求达到“湖运分隔”的目的。

在宝应境内的运河河段，洪武九年（1376 年），明太祖采用当地老人柏丛桂的建言，征发淮阳丁夫五六万人，自宝应槐角楼抵界首，在“就湖外直南北穿渠四十里，筑长堤一，长与渠等”①，后名为“柏氏旧堰”。这条长堤是淮扬段运河“重堤”修建的起始。永乐年间陈瑄修筑高邮境内运河河堤，“堤内凿渠四十里”②，作为拖曳漕船行进的纤道。弘治三年（1490 年），户部侍郎白昂在高邮的甓社湖东侧开凿了一条南北长达 40 里的康济月河，这条河道北起杭家嘴，南至张家沟，两岸夯土筑堤，河道两端分别建水闸一座，因水势启闭以沟通湖泊。万历五年（1577 年），吴桂芳担任总漕侍郎，将康济月河向西移筑，原有的月河东堤废置不用，西堤则改筑为新月河的东堤。③ 万历十二年（1584 年）李世达巡抚漕运事，在宝应县西南方沿氾光湖开凿了宏济河，河长 1766 丈，建石闸 3 座，减水闸 2 座，增筑东西两条堤坝用来防护氾光湖水的冲击。万历十七年（1589 年）河道总督潘季驯又筑潘氏土堤，位于宏济越河北端，自黄浦至三官庙西侧，长 3635 丈。④

至此，大运河的江淮段基本实现“运湖分隔”，保护运河水道不受外水的冲击，保障了漕船的正常通航。另外，为保证漕河在汛期运行的平稳，明代还在漕河周边开出一些支流，根据《漕河图志》的记载，最著名的有三条，即泾河、康济河和运盐河，它们属于漕河的分支，其中运盐河为一条运盐专线，由运河向东可通达南通沿海各盐场。

江南运道是明代漕运体系中十分重要的部分。洪武二十六年（1393 年），命崇山侯李新开胭脂河，沟通秦淮河与石臼湖，“免丹阳输挽及大江风涛之险”⑤。三吴之地粟米的运输，必须经过常州、镇江两

---

① （清）孟毓兰修，成观宣监订：《中国方志丛书（道光）重修宝应县志》二十八卷《华中地方・江苏省・第 3 期》，成文出版社据 1840 年版本影印，第 263 页。

② （清）张廷玉等撰：《明史》卷八十五《河渠三》，中华书局 2013 年版，第 2082 页。

③ 凤凰出版社编：《中国地方志集成・江苏府县志辑・46・嘉庆高邮州志・道光续增高邮州志》，凤凰出版社 2008 年版。

④ （清）刘宝楠、孟毓兰、乔载繇：《宝应图经・道光重修宝应县志・咸丰重修宝应县志辨》，广陵书社 2015 年版。

⑤ （清）张廷玉等撰：《明史》卷八十六《河渠四》，中华书局 2013 年版，第 2104 页。

处。永乐年间，通政张琏发民夫10万浚治常州孟渎河和兰陵沟，“北至孟渎河闸，六千余丈，南至奔牛镇，千二百余丈”①。同时疏浚镇江京口、新港和甘露三港，使运河直入长江。宣德六年(1431年)疏浚德胜新河40里，开辟了江南运河另一条通江水道，“漕舟自德胜北入江，直泰兴之北新河。由泰州坝抵扬子湾入漕河，视白塔尤便。于是漕河及孟渎、德胜三河并通，皆可济运矣”②。

三、清代运河治理

清代每年有500万石左右的漕粮通过运河运达京师，因而，对运河的治理十分重视。运河常受黄河的影响，“黄河南行，淮先受病，淮病而运亦病”③。黄河影响着漕运的安危，正所谓“漕之通塞视乎河，河安则漕安，河变则漕危，重漕故重河”④，因而“治河保漕”是清代河道治理的主要任务。

顺治初年，因仪征县运河淤垫，遂转瓜州、宿迁运道从董口沿伽河而上。清初主要通过挑浚运河疏通漕道，如顺治十年(1653年)，规定“每年一小浚，隔年一大浚”，并兴筑闸堤；顺治十八年(1661年)，朱之锡大挑淮扬运河。康熙朝对运道的浚治更加重视，康熙曾先后六次南巡，其主要目的在于治理漕运。康熙年间，靳辅对运道有重大的整治工程，通过以疏浚河道、开挖引河、通清口以及修筑运堤为主的治理工程，改善运道航运情况。康熙十六年(1677年)，靳辅提出治运方案，待漕船过淮后，对运河进行堵口、挑浚，“即封闭通济闸坝，督集人夫，将运河大为挑浚，面宽十一丈，底宽三丈，深丈二尺，日役夫三万四千七百有奇，三百日竣工。并堵塞清水潭、大潭湾决口六，及翟家坝(为高家堰的南端)至武家墩(为高家堰北端)一带决口，需帑九十八万有奇”⑤。由于黄河内灌运河，至运道泥沙淤高，为使清口能出湖刷黄，又“大挑清口、

---

① (清)张廷玉等撰:《明史》卷八十六《河渠四》，中华书局2013年版，第2104页。

② (清)张廷玉等撰:《明史》卷八十五《河渠三》，中华书局2013年版，第2104—2105页。

③ (民国)赵尔巽撰:《清史稿》卷一百二十七《河渠志二·运河》，中华书局1977年版，第3770页。

④ (清)清高宗敕撰:《清朝文献通考·经籍考》卷二百二十三，广陵古籍刻印社1993年版，第2341页。

⑤ (民国)赵尔巽撰:《清史稿》卷一百二十七《河渠志二·运河》，中华书局1977年版，第3771—3772页。

烂泥浅引河四"[①]，在清口拦门沙筑坝截黄水，开挖烂泥浅、张福口、裴家场、帅家庄四条引河，共同引淮刷黄。为防止黄河持续灌入运河，靳辅决定改变运口，"移南运口于烂泥浅之上，自新庄闸之西南挑河一，至太平坝，又自文华寺永济河头起挑河一，南经七里闸，转而西南，亦接太平坝，俱远烂泥浅"[②]。运河改道后，引洪泽湖水以济运，同时裴家场、帅家庄二条引河亦便补注。

为避开黄河，康熙十九年(1680 年)，靳辅开挖皂河，全长 40 里，上接泇河，下达黄河，解决了皂河被黄河倒灌的问题。康熙二十五年(1686 年)，又开挖中运河，"以运道经黄河，风涛险恶，自骆马湖凿渠，历宿迁、桃源至清河仲家庄出口，名曰中河。粮船北上，出清口后，行黄河数里，即入中河，直达张庄运口，以避黄河百八十里之险。议者多谓辅此功不在明陈瑄凿清口下"[③]。自张庄运口起，经骆马湖、宿迁、桃源(今江苏泗阳)至清河仲家庄出口。此次改道是清代所有运河改线中工程最大的一次，如此一来，运船自南向北只需渡 20 里黄河，最大程度规避了黄河的风险。

康熙二十三年(1684 年)，康熙帝"南巡"时见下河发生水灾，命靳辅进行治理，靳辅因忙于治黄而将治理下河的任务分给当时的安徽按察使于成龙，后者采取疏浚河道挑开出海口的办法。康熙二十四年(1685 年)，靳辅提出治理下河之议，认为不可挑海口以防海潮，但康熙帝认为开堤劳民伤财，而堤坝太高易致使河水决溢成灾，于是驳回了靳辅所提建议，采用了于成龙挑海口之策。康熙二十六年(1687 年)，就洪泽湖—高家堰大坝段下河筑坝还是挑浚，靳辅与于成龙再次产生不同的意见，康熙帝再次采取了挑浚下河的建议，于康熙二十八年(1689 年)挑浚下河，并于康熙三十一年(1692 年)在海口修建闸，但效果并不是很好，内地各州县的积水问题仍然较为严重。同年十一月，靳辅卒于任内。

康熙后期(1693—1722 年)的治河工作，主要由康熙帝亲自主持。

---

① 傅泽洪辑录:《行水金鉴》第 4 册，商务印书馆 1937 年版，第 962 页。

② (民国)赵尔巽撰:《清史稿》卷一百二十七《河渠志二·运河》，中华书局 1977 年版，第 3771 页。

③ 同上书，第 3772 页。

康熙三十二年(1693年),河道总督于成龙在中河两岸修筑子堤,用来收束水势。次年,修筑仲家闸,后改名"广济闸"。三十九年(1700年),张鹏翮对运河进行进一步治理,他清楚地认识到运河治理的关键在于高家堰,"两河之关键在高堰,高堰坚闭,则淮流之趋清口者强,而黄自弱,黄、淮顺轨,南北分流,则漕渠常利,而民生亦无垫溺之患"①。其次,在靳辅开中运河的基础上,又另挑筑新河,并进言:"新中河必须全身挑挖,两岸子堤,全行帮筑。所需钱粮颇繁,而河头弯曲,粮艘行走不顺。且三义坝以上三十一里,河身狭浅,遇湖水大涨,恐不能容纳。旧中河自三义坝以下。至仲庄闸二十五里,河身甚深,南岸湖水散漫,难筑子堤,且距黄河甚近。今应在三义坝将旧中河筑拦河堤一道,改入新中河,则旧中河之上段与新中河之下段合为一河。粮艘可以通行无滞矣。"②由于漕船由南岸运口北上需逆黄河而至仲家庄运口,仍存在危险。四十二年(1703年),又建议在陶家庄以下的杨庄挑浚引河,运口改为中下游的杨庄。新中河使得漕运经过黄河所用时间进一步缩短,航运风险也进一步减小。到康熙后期"清水畅流敌黄,海口大通,河堤日深,黄水不虞倒灌"③,水灾频次减少,漕运较为通畅,确保了国家税收稳定。

雍、乾年间,朝廷对运河的治理亦很重视,通常治黄与治运并行,在稳定黄河的同时,保证漕运不受影响。雍正元年(1723年),河道总督齐苏勒上任伊始,开始对黄、运两河进行充分调研,"周历黄河、运河,凡堤形高卑阔狭,水势浅深缓急,皆计里测量"④。嵇曾筠在江南大修黄、运大坝,又与河督齐苏勒会奏培两岸堤,北起荥泽,至山东曹县,南亦起荥泽,至江南砀山,都计十二万三千余丈。乾隆三十三年(1768年),"黄水入运,命大学士刘统勋等往开临黄坝,以泄盛涨"⑤。嘉庆以后运道逐渐淤积,难以通航,常常需要引淮济运。直至咸丰三年(1853年)

① 贺长龄等辑:《清经世文编》卷一百《论塞六坝》,第2457页。
② 华文书局股份有限公司:《清圣祖实录》卷二百□一,1969年,第52页。
③ (民国)赵尔巽撰:《清史稿》卷一百二十六《河渠志一·黄河》,中华书局1977年版,第3724页。
④ (民国)赵尔巽撰:《清史稿》卷三百一十,中华书局1977年版,第10620页。
⑤ (民国)赵尔巽撰:《清史稿》卷一百二十七《河渠志二·运河》,中华书局1977年版,第3783页。

后，“遂以海运为常”[①]，漕运逐渐转向衰亡。

由此可见，对运道的治理直接影响到国家漕粮的运输与人民生命财产的安全和清王朝统治的巩固，而保漕济运也是清政府稳定社会秩序的当务之急。康熙年间，中运河的开通使得黄、运二河基本得以分离，但是黄强运弱的状况使得黄河溃决时常造成运道的淤积。特别是自嘉庆以后，河政的腐败使得江苏北部黄河连年侵淤运河，运河多次面临没有水源补给的困境，漕运事业也随即走向衰亡。

四、清末民国时期运河治理

清末民国时期的运河治理可分为三个阶段：外轮侵入与河道变迁治理早期（1840—1904）、河漕停运后的木帆船运输与航道治理期（1905—1936）、运河轮运业衰落期（1937—1949）。

1. 外轮侵入与河道变迁治理早期（1840—1904）

清末，清政府处于内忧外患之中，多地爆发农民起义，波及江苏多地，外轮也开始入侵，航道治理问题难以顾及。黄河北徙后，运河阻塞情况渐多，南方输送至北方都城的漕粮改道海运。江苏运河航道仅限于省内通行，当时关于“治运必先治河”的议论引起广泛重视，但最后仍是不了了之，淡出人们视线，对于运河的治理只是在江苏省内做了一些局部疏浚与维护。

咸丰五年（1855 年）六月二十日黄河于铜瓦厢决口北徙，夺大清河入海。《清史稿》记载：“铜瓦厢河决，穿运而东，堤埝冲溃，时军事正棘，仅堵筑张秋以北两岸缺口，民埝残缺处，先做裹头护堤，黄河倒漾处筑坝收束，未遑他顾也。”[②]铜瓦厢决口之时，清政府正忙于平定太平天国以及各地农民起义，仅对决口做了简单的堵塞处理。同治初，清政府对运河进行了局部整治，并开始试办江北漕运。光绪年间，谕令疏浚该段运河，[③]光绪十二年（1886 年）后，运河第一次停止行漕，加之修治运河航道的钱需要各省来出，大大降低了地方积极性，使得苏北段的运河终

---

① （民国）赵尔巽撰：《清史稿》卷一百二十七《河渠志二・运河》，中华书局 1977 年版，第 3783 页。
② 同上书，第 3789 页。
③ 武同举：《江苏水利全书》第三册，南京水利实验处 1950 年版。

因淤积堵塞而被废弃。

对于苏南段运河，清政府只是对一些局部区域进行了疏浚，包括对于江南运河及两岸支流、通江港浦、各类闸坝的修建等。光绪二十六年(1900 年)，八国联军武装入侵，海运停摆，漕运再起，于清江浦设立漕运总局，后因“车驾西幸”，总局移至汉口，仅设分局于清江浦。次年，清政府财政出现危机，除奕劻提议每年定额征收的百万石漕粮外，其余漕粮全部改征折色银。光绪二十八年(1902 年)，漕粮尽归招商局承运，光绪三十年(1904 年)，漕运总督、河道总督等职官全部裁撤，“漕运”成为一个历史名词。

2. 河漕停运后的木帆船运输与航道治理期(1905—1936)

官方河漕停运之后，民间轮运企业纷纷建立，传统木帆船运输渐渐兴起。传统木帆船运输早已有之，但此前未在运河贸易之中占据主要位置。传统木帆船来往于市镇与乡村之间，交换着各自的土特产与日用货物，稻米、煤炭等大宗货物成为运输中占比最大的货物，因稻米贸易兴起最终促成了安徽、江苏两省米市的繁荣，其中尤以镇江四乡为最。光绪年间，无锡一带的米市发展如火如荼并最终成为中国四大米市之一。苏北一带，原为漕运分局所在地的清江浦仍然是最重要的商品粮聚集地，粮食、家禽、蛋品成为当地市场的主要交易对象。光绪三十三年(1907 年)，端方于灌河北岸设立济南盐场，将淮北的盐运输至济南销售，在河运与海运之中，木帆船都发挥了重要作用。

这一时期，鉴于“二十年水灾，以淮为最著”[①]，运河航道整治方式逐渐以“导淮治运”为主。宣统元年(1909 年)，江苏省咨议局提出导淮议案，在张謇主持下，制定并实施“导淮治运”计划，1917 年咨议局发布《江淮水利计划书》，提出导淮治运十年计划。1919 年，咨议局又发表《江淮水利施工计划书》，提出淮水“七分入江、三分入海”之主张，[②]并规划出入江入海的具体路线。[③] 1920 年，督办江苏运河工程局聘请英

① 张謇:《关于全国各省筹设河海工程测绘养成所给大总统呈文》，载政府公报 1915 年 8 月 8 日，第 1168 号。

②《泰州水利志》编纂委员会编:《泰州水利大事记》，黄河水利出版社 2018 年版，第 67 页。

③ 东方昆主编;郭孝义本册主编:《江苏航运史 近代部分》，人民交通出版社 1990 年版，第 140 页。

国工程师卫根·莱因负责勘测运河各闸坝,制订整理苏北运河计划。1922 年,盐河双金闸重建,宣泄中运河水入盐河。

1931 年,国民政府成立导淮委员会。鉴于镇江至清江浦段航道以及中运河浅涩淤阻,里运河一年内停航时间往往达到七八个月,清江浦以上浅阻更为严重,"苏北皖北之交通几近隔绝"[①],因此再次制订《导淮工程计划》,重点整治里运河航道,设置新式船闸。对于苏北段航道的整治主要是修缮运河支流以及建立新式闸坝,1933 年,江苏省建设厅大修总六塘河。[②] 1935 年,疏浚镇武河河段,对于苏南段航道的整治主要转为河道浅涩问题的处理。

3. 运河轮运业衰落期(1937—1949)

1937 年,抗日战争全面爆发,日军炸毁了江苏大部分的航港设施,运河之上的轮船、木船损失惨重。运河等内河航运被日军垄断,首先遭到禁运的是长江段。1938 年底,上海往来内港之航运,"表面上亦颇发达",但"扬子江日人迄未允许开放",因此"各外轮不得已纷向内港发展"[③]。除此之外,日军同样打压了其他国家在长江的航运势力,以致"长江商务航务,全为日本人垄断"[④]。广大船工、船民、渔民生活苦不堪言,对日军控制的河道进行反破坏、阻挡与伏击,其中以江海公司为代表的民族航运企业为反抗侵略、提供抗日物资作出了巨大的贡献。

抗日战争胜利结束后,江苏航运业得到了恢复。但不久之后,解放战争爆发,江苏省内各航道又遭破坏,水运秩序混乱。位于苏北解放区的两淮盐场为人民生活与军需调配提供了大量食盐,盐业经济也有了一定的发展,但长期的战争已经使得运河河道残破不堪,最终走向衰落。

---

① 沈百先:《整理里运河航道计划》,江苏省建设厅:《交通杂志》第二卷第四期。

② 水利部淮河水利委员会沂沭泗水利管理局编:《沂沭泗河道志》,中国水利水电出版社 1996 年版,第 261 页。

③ 中国经济统计研究所发行:《经济统计月志》第 5 卷第 12 期,1938 年 12 月,第 4—5 页。

④《银行周报》第 23 卷第 16 期,1939 年 4 月 15 日,第 4 页。

第四节　以南京为中心的水运网络

无限南北的滔滔长江与地理形盛的龙盘虎踞造就了南京非同凡响的政治地位。南京作为历史上多次被定为行政中心的一座城市，其发展对周边城市具有强大的吸附与辐射带动效应，南京城周边天然水网密布，依托各水系纵横交错的分布优势，形成了以行政中心城市带动发展起来的辐射状水运交通网络。南京因水而兴，从旧石器时代汤山文化遗址，到新石器时代北阴阳营文化与湖熟文化的相继兴起，密集的河流湖泊为这里原始渔业的发展提供了优越的条件，随着农业的发展与文明的进步，南京城建立，并先后因军事运输、商业发展对船只建造与河道通航能力提出了更高要求，这一情况在南京城发展为国都之后尤为突出。黄龙元年(229 年)，吴大帝孙权于建业(今南京)建都，南京城对水运的依赖程度大大加深。经过东吴、东晋、宋、齐、梁、陈等朝代的发展，逐步形成了以南京为中心的辐射状水运网络，众多古运河的变迁见证了这段特殊的"南京中心网络"水运史，其中，胥溪河、上容渎、长芦河、靖安河、胭脂河五条运河最具代表性，它们分别承载了从春秋时期伍子胥伐楚到明初永乐迁都北京前后约 1900 年的历史，涉及政治、军事、经济、社会生活等方面。

一、以南京为中心的水运网络形成

以南京为中心的水运网络构建历史主要集中于六朝时期、明朝初年以及民国南京国民政府时期。[①] 这三个时期中，江苏的水运受到政治中心影响最大，呈现出独有的官运、军运以及政府监督或参与下的商贸运输并存的特点。南京地处长江干流之下游，长江风大浪急，普通舟船难以平稳渡过，因此，一系列助运的小型运河被开凿，如胥溪河、破冈渎、上容渎、长芦河、靖安河、阴山河、胭脂河、便民河、会通河等。

南京位于长江下游干流区，拥有着秦淮河流域、滁河流域、沿江诸

① 邱树森主编，汪家伦等编:《江苏航运史(古代部分)》，人民交通出版社 1989 年版，第 20—21 页。

小河流域以及石臼、固城两湖地区为代表的水阳江流域。东汉末年，吴政权治所位于丹徒（今镇江），建安十六年（211 年），孙权迁治所至地理形势更为优越的秣陵（今南京）并将其名改为建业（取建功立业之意），面对河运方面的不利条件，孙权选择开凿人工运河。魏黄初二年（221 年），为巩固对荆州的控制力，孙权以鄂（今武汉）为都城，黄龙元年（229 年），孙权再次迁都建业（今南京）。赤乌八年（245 年），“遣校尉陈勋，将屯田及作士三万人凿句容中道，自小其至云阳西城，通会市，作邸阁”[①]。破冈渎的修成，意义十分重大，给军队屯田带来了极大的便利，方便了商旅集会与贸易往来。破冈渎修成后，在东晋与南朝各代都受到了重视，“尤其是齐、梁两朝，因皇帝陵寝都在丹阳，王公大臣每年要到丹阳去谒陵，都须经过破冈渎”[②]。到了南朝梁后期，由于破冈渎日益淤塞，无法行船，最终被废弃。赤乌十年（247 年），孙权“诏移武昌材瓦，以缮治建康宫，而此犹有端门内殿”[③]，于南京修建太初宫，所用建材皆由武昌运送而来。孙权对于这一问题谈道：“今武昌材木自在，且用缮之。”[④]他采用原先在武昌建都时的旧宫建材，于是调用大量船只去往武昌，将旧宫殿的木料砖瓦顺着长江江流运送至建业。因水运交通方便快捷，太初宫仅用一年时间便宣告完工。

东晋义熙元年（405 年）二月，晋安帝从江陵乘船返回都城建康时，朝中百官都在建康临长江的新亭码头拜迎，场面颇为盛大。此外，朝廷内一些位高权重的文臣武将也经常私用船只，例如，桓玄常常调用一些轻快船只，为自己运送文玩珠宝之类家私。梁天监六年（507 年），萧秀被任命为江州（今江西九江市）刺史。在上任之前，管事官提议以坚实稳固的船只装运物品，较差一些的船只运送随从与部下，但萧秀则选用坚实船只运人，次等船只载物，这也反映了当时的官方对于航运有着很强的控制力。

---

① (晋)陈寿撰，裴松之注：《三国志》卷四十八《吴书三》，中华书局 2013 年版，第 1146 页。

② 尤秈：《三国时代的运河工程(三)》，《交通与运输》2003 年第 2 期，第 44 页。

③ (晋)陈寿撰，裴松之注：《三国志》卷四十八《吴书三》，中华书局 2013 年版，第 1152 页。

④ (唐)许嵩：《建康实录》卷二，上海古籍出版社 1987 年版，第 40 页。

二、明代以后的南京航运水道网

明初，朱元璋建都南京，其水运交通战略形势与东吴时期相似。洪武二十六年(1393 年)，朱元璋下令:“两浙赋税漕运京师，岁实浩繁，一自浙河至丹阳，舍舟登陆转输甚劳;一自大江溯流而上，风涛之险，覆溺甚多，朕甚怜之。”[①]当时，漕粮由浙江向南京运输，漕船经江南运河转运长江终至南京的航线路程绕行较远，风险较高。为解决这些问题，朱元璋根据东吴时期的经验，提出“今欲自畿甸近地，凿河流以通于浙，俾输者不劳，商旅获便”[②]，委派崇山侯李新开凿胭脂河于溧水西，北连秦淮河，全长约为 30 千米。[③] 另外，再一次疏凿了古胥溪，沟通了太湖与石臼湖以及南京至苏州间水上通道，这一丰功伟绩也在当时苏南地区人民之中广为传颂。[④]

清咸丰八年(1858 年)海关兼理航政的制度确立，但直至 20 世纪 30 年代代表国家中央政府统筹航运事务的机关仍未建立。《中国经济年鉴》载:“吾国水道交通之历史，由帆船而嬗为轮船，甫数十载。设局经营，既委诸商人，出入管理，又不归本国，航业而已，何政之有。”[⑤]航运业在外国殖民者把持下，所谓的“海关兼理航政”[⑥]根本无法完成维护与行使我国国家主权的使命。1931 年，国民党政府交通部设航政局于上海、汉口两地[⑦]，航政管理职权开始从海关管辖下分离开来，逐渐形成一个脱离海关机构，直属中央政府的独立系统。对于以南京为中心的江南航运事业来说，自 1931 年至抗战全面爆发前的六七年时间里，运输市场空前兴旺、轮船总吨位达到历史高峰、中外力量对比发生改变，同

---

① (清)张廷玉等撰:《明史》卷八十五《河渠三·运河上》，中华书局 2013 年版，第 2077—2080 页。

② 古照彦著，中央研究院历史语言研究所编:《明洪武实录》卷二百二十九，国立北平图书馆红格钞本微卷影印 1962 年版，第 3352—3353 页。

③ 水文化丛书编委会编:《江苏水文化丛书·水利名贤》，河海大学出版社 2018 年版，第 56 页。

④ 罗传栋主编:《长江航运史(古代部分)》，人民交通出版社 1991 年版，第 313 页。

⑤ 民国丛书续编编辑委员会编:《中国经济年鉴·下·第 5 册》，上海书店出版社 2012 年版，黄强、唐冠军总主编、方传家、熊国炎、聂明新本卷编著:《长江流域的水岸通信》第六卷《大江飞鸿》，长江出版社 2014 年版，第 21 页。

⑥ 江天凤主编:《长江航运史·近代部分》，人民交通出版社 1992 年版，第 399 页。

⑦ 山东省地方史志编纂委员会编:《山东省志·海事志·1861—2005》，山东人民出版社 2011 年版，第 17 页。

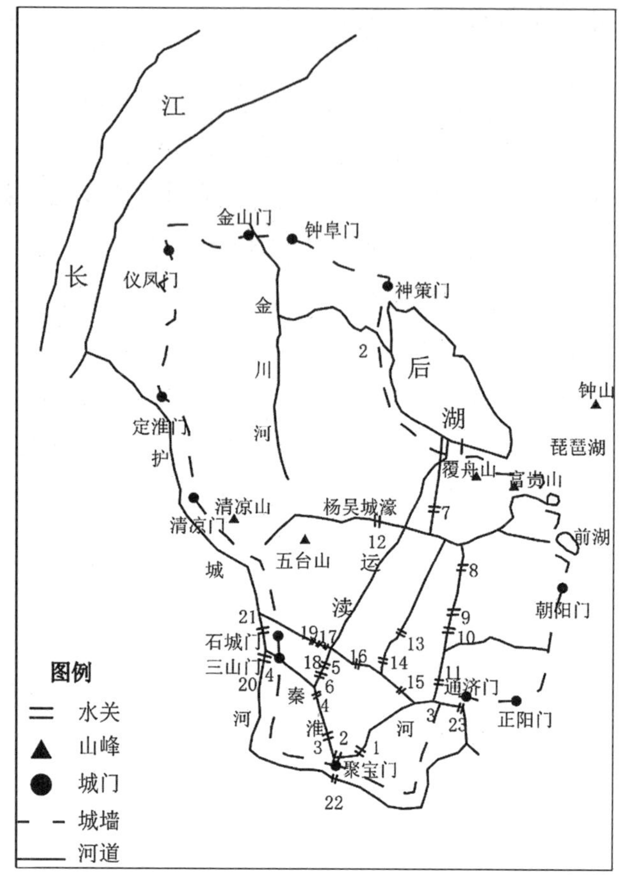

图 3-8　明初南京城主要桥梁及水关、水闸分布

(来源:权伟,《明初南京山水形势与城市建设互动关系研究》,陕西师范大学历史地理学 2007 年硕士毕业论文,第 56 页。作者改绘)

(图中桥梁名称:1. 武定桥　2. 镇淮桥　3. 竹桥　4. 玄津桥　5. 复成桥　6. 大中桥　7. 新桥　8. 上浮桥　9. 乾道桥　10. 斗门桥　11. 镇竹桥　12. 北门桥　13. 太平桥　14. 异平桥　15. 淮清桥　16. 内桥　17. 太平桥　18. 鼎新桥　19. 通济桥　20. 三山桥　21. 石城桥　22. 长安桥　23. 通济桥　水关、水闸名称:1. 武庙闸　2. 大树根闸　3. 东水关　4. 西水关。)

时航运技术也有了大幅发展。

抗战胜利结束后,国民党在美国支持下悍然发动内战。1946 年 6 月,国民党当局以抢运战略物资为理由,决定重开南京、芜湖、九江、汉口四地为通商口岸,竟然将长江内河航运权再度让给外国。四口的再次开放给予英、美等西方列强在中国内陆地区卷土重来、侵夺长江航权的机会。国民党当局这一行为遭到了举国航运商人的一致反对，7月15日，国民党中央收到上海市商会、中国海员工会等八团体"吁请撤销开放京、芜、浔、汉四口"联名邮电，[①]提出了开放四口损害主权、摧残航业、侵略阴谋、无须外求、饮鸩止渴等理由与抗议内容。10月16日，国民党这一卖国行为被延安《解放日报》揭露，在社会各界舆论压力之下，国民党政府最终撤销原先决议，长江内河航运事业被重新夺回中国人民手中。1949年10月1日，中华人民共和国宣告成立，南京航运事业、江苏航运事业乃至长江一带的航运事业，即将迎来新的春天。

三、南京主要古运河的发展

先秦至今，南京因独特的地理位置、政治地位，开凿运河颇多，其中古运河数量多达26条，如胥溪河、上容渎、长芦河、靖安河、胭脂河等，为南京商业贸易、航运发展与城市建设提供了极大的便利。

1. 胥溪河

胥溪河位于高淳县境内，连接固城镇与定埠镇，运河中的东坝、下坝将其分上、中、下三个河段，与太湖水系、水阳江水系相连，全长30.6千米。《吴中水利书》载："自春秋时，吴王阖闾用伍子胥之谋伐楚，始创此河，以为漕运，春冬载二百石舟，而东则通太湖，西则入长江，自后相传，未始有废。"[②]说明胥溪最开始是为服务军事行动而开凿，并且流传延续了下来。地质学家丁文江通过实地查勘，在《芜湖以下扬子江流域地质报告》中写道："我认为很明显，胥溪是一条人工运河，河谷的狭窄，河道的平直，以及周围的黄土山都确切无误地证明了此结论，运河的建设年代是已知的，它肯定是世界上最古老的运河之一，因为有理由相信，这就是公元前510年左右吴国的伍员领导修筑的，旨在运送攻伐楚国的粮草。于是，该河在文献上称为'胥溪'，因为伍员也叫伍子胥。"[③]明初建都南京，为使两浙及皖南漕运避开长江风浪之险，乃启用胥溪河。明洪武二十五年(1392年)，明太祖朱元璋动员三十余万人开

① 黄强、唐冠军主编：《长江航运百年探索》，武汉出版社2009年版，第318页。

② (宋)单锷撰：《吴中水利书》，中华书局1985年版，第11页。

③ 丁文江著，黄汲清等编：《丁文江选集》，北京大学出版社1993年版，第114页。

浚胥溪河，次年于溧水县开挖胭脂河，便于苏南与浙江的漕运船只北上入南京。明成祖朱棣迁都北京后，漕运行道改为从镇江走京杭大运河，胥溪河地位从此一落千丈。

2. 上容渎

在梁武帝统治后期，破岗渎因河道浅涩，舟船难以畅行，于是将其废弃，重新修凿上容渎。上容渎旧道的一头在今句容市河头村境内，中经洛阳河，另一端流入延陵界内。上容渎通过堤坝的建造渠化河道，“一源东南三十里十六埭，入延陵界，一源西南流二十五里五埭，注句容界。上容渎西流入江宁秦淮”①。上容渎的渠化并没有解决河道浅涩的问题，航行不如原先的破岗渎。陈霸先统治期间，恢复了废弃已久的破岗渎。开皇九年(589 年)，隋灭陈后，破岗渎与上容渎双双被废弃。

3. 长芦河

长芦河，又名“急水沟”，故址在今南京市六合区境内，其故道大致从长芦乡延伸至瓜埠乡。据《光绪六合县志》记载：“宋天禧中，范文正公领淮东漕事，以六合濒大江，风涛为险，因长芦河引江水支流下瓜步(埠)，萦回入江，以便漕运。”②沙河为长芦河之上游，明人赵世顗在《沙河道中》中称：“蘼芜山北路，杨柳水边村。马足冲泥滑，鸡声带雨喧。野童蓑当被，草屋席为门。忽睹汙樽饮，犹思古俗存。”③及至清代，“旧有滨江之地新圩司徒圩……北为沙河，南为芦洲……国朝乾嘉间，洲圩始渐坍陷，道光处，全数沦陷入江，今长老独有能言其地形者，正不必以今无其地形而疑之矣”④。由此可知，在清代，长芦河可能已经消失。

4. 靖安河

靖安河是南京境内另一条古运河，位于金川河下游，关于其最早的记录见于南宋《靖安河纪略》，其中记载：“古漕河，一名靖安河，自靖安镇下缺口，取道入仪真新河，八十里。自金陵抵白沙(仪征)，(江险之)

① (唐)许嵩：《建康实录》卷二，上海古籍出版社 1987 年版，第 39 页。

② 嘉靖《六合县志》卷一《天文志》，第 12 页。

③ 凤凰出版社编：《中国地方志集成・江苏府县志辑・5・光绪江浦埤乘・光绪靖江县志》，凤凰出版社 2008 年版，第 45 页。

④ 凤凰出版社编：《中国地方志集成・江苏府县志辑・5・光绪江浦埤乘・光绪靖江县志》，凤凰出版社 2008 年版，第 45 页。

尤为乐官山、李家漾至急流浊港口(玉带洲),凡十有八处。”[①]古漕河属于漕运中比较险要的一段,“东南漕计,岁失于此者什一二”[②]。宣和六年(1124 年),发运使卢宗原找到古漕河位于靖安镇的一个河口(八卦洲附近),取江心洲砂土挖缺填空,使其偏向于北岸,穿过坍月港等港口,经过北小江,最终流入仪真城下新河。

古漕河工程,与“江东古河”工程有一定联系,据《宋史·河渠志》载:“宣和七年九月丙子,又诏宗原措置开浚江东古河,自芜湖至宣溪、溧水至镇江,渡扬子,趋淮、汴,免六百里江行之险,并从之。”[③]同时,《江苏水利全书》也称:“宣和六年,发运使卢宗源开靖安河八十里,通江径易,避黄天荡之险。又开仪真郡新河,于江濡凿渠,由何家穴筑石堰,自黄沙潭以达仪真。”[④]从时间线上看,靖安河、仪真新河的开凿与江东古河的开浚是一个先后承接的关系,靖安河等河流的开凿为江东古河提供了模板与经验借鉴。

5. 胭脂河

胭脂河是一条明代初年开凿的河道,今称天生桥河。它发源于溧水县西部,干流总长度为 15 千米,沟通石臼湖与秦淮河。明初,明太祖朱元璋定都南京,来自苏南与浙东的漕粮一般会经过两条运路:江南运河运路与长江运路。江南运路经过水道较多,转运非常麻烦,长江运路风大浪急,舟船易倾覆。为改善航运,必须修建一条直通都城南京的漕运线路。凿渠工程前后分两期开展,第一期实施于洪武二十五年(1392年),将胥溪河高淳段境疏浚凿深,同时修建广通镇闸;第二期实施于洪武二十六年(1393 年),在溧水县境内开凿胭脂河,“引(石石臼)湖水,会秦淮以达金陵。河自洪蓝埠入山,东北流过天生桥出山,受山溪水,又北流过沙河桥,西北入于(秦)淮水”[⑤]。开河时穿石为桥,桥下通航运,故名曰“天生桥”。胭脂河凿成后,向西可达长江,向东可抵两浙,大

① 景定《建康志》卷十八,第 2 页。

② (明)顾起元:《客座赘语》,南京出版社 2009 年版,第 279 页。

③ (元)脱脱:《宋史》卷九十六《河渠六》,中华书局 2013 年版,第 2391 页。

④ 南京市地方志编纂委员会:《南京水利志》,海天出版社 1994 年版,第 120 页。

⑤ 光绪《溧水县志》卷二《舆地志》,清光绪九年刊本,第 21 页。

大便利了漕运与民航。

永乐年间，明成祖朱棣迁都北京，胭脂河重要性降低，河道无人疏浚，逐渐淤塞。至明中后期，胭脂河仅在夏季丰水期可容小船通行。嘉靖年间，天生桥南桥崩塌，桥身落入河中，河道淤堵问题加重。万历十五年(1587 年)，胭脂岗崩塌，填塞河流，湖水大涌，10 年后再次疏浚，并禁止附近乡民采用胭脂岗石料。清代，胭脂河最终淤塞断绝。民国时期，前后曾两次计划疏通胭脂河，但最终未能施行。

第四章　水利与防灾体系构建

江苏水网纵横，黄河、长江、淮河皆经其境，运河贯通南北，狭长的海岸线，提供丰富海洋资源，另有太湖、洪泽湖、高邮湖、骆马湖等大小湖泊星罗棋布。丰富的水资源，使境内交通、灌溉极为便利，但又因境内地势低平，也面临着江、河、湖、海水流漫溢及堤坝决口、江岸坍塌、海潮等水涝灾害，因而，在江苏自然灾害中以水灾最为严重。为应对频繁、多样的水灾威胁，历代均重视对江苏水利工程的建设，用以防灾减灾。江苏地区的水利工程建设，大致以培筑堤坝、疏浚河道、兴修水闸、开挖引河等形式对江河湖泊进行治理，并在沿海地区修筑海塘、海堤、海堰用于防潮御卤。

第一节　黄河的治理与防灾减灾

黄河是中华民族的母亲河，孕育出了璀璨的黄河文明。历史上，黄河一直是北方地区最主要的灌溉水源，也曾有着舟楫之便，但由于其“善淤、善决、善徙”的特点，故对其治理一直以防水患为要务。自南宋建炎二年(1128年)黄河改道入淮后，原本平稳的水道、水系逐渐紊乱，故江苏地区也不得不面对来自黄河的水患，针对黄、淮的治理成为历代政府的大计之一。

一、明代以前江苏境内黄河治理

据邹逸麟先生研究："从春秋战国时代至北宋末年黄河下游河道虽曾有多次变迁，其中除某一时期外，绝大部分时间都是流经今河北平原由渤海湾入海。"①因此，北宋之前的黄河水患多集中在河南、山东一带，对江苏地区威胁较小。南宋建炎二年(1128年)，为阻金兵南下，时东京留守杜充下令掘开黄河，使黄河"自泗水入淮"，自此黄河离开了春秋战国以来的故道，并在此后的700多年时间里以东南流入淮河为常，这是黄河历史上一个划时代的事件。

金元两代黄河夺泗南下入淮，由于河道不稳，肆意南北摆动，河南、山东境内诸多河道受其影响频繁决溢。黄河对江淮地区影响有所不及，因而治理重点亦不在此。元代至正年间，黄河频繁北决于白茅口(今山东曹县北)，威胁到会通河运道。至正九年(1349年)，贾鲁提出"必疏南河、塞北河，使复故道"②。至正十一年(1351年)，命工部尚书贾鲁为总治河防使，开始修建大规模的治河工程。贾鲁的治河思想是在确保漕运安全的前提下，使河道南行复归故道，采用了"疏、浚、塞"的方法，通过整治旧河、疏浚减河，堵塞小口、培修堤防，堵塞黄陵口门，于十一月，"河乃复故道，南汇于淮，又东入于海"③。贾鲁此番治河堵筑了泛滥多年的决口，使得黄河入淮的河道稳定了百余年。但是黄淮汇流的局面，形成更为复杂的河势，使得淮河下游流域难以稳定，对明清运河则有着更大的危害。因而，明清时期对黄河的治理更加频繁。

二、明代江苏境内黄河治理

明朝前期几次大规模的治理黄河均侧重于整治上流的河南、山西段，如徐有贞治理沙湾段河道，白昂治理张秋段河道，刘大夏治理黄陵冈至张秋段河道皆是如此。明太祖朱元璋生于濠州(今安徽凤阳)，他

---

① 邹逸麟：《黄河下游河道变迁及其影响概述》，《复旦大学学报(社会科学版)》1980年第1期，第12—23页。

② (明)宋濂等撰：《元史》卷一百八十六《列传七十三》，中华书局2013版，第4280页。

③ (明)宋濂等撰：《元史》卷六十六《河渠志·黄河》，中华书局2013版，第1646页。

在建立明朝后，将凤阳定为中都，祖陵即在此地，黄河、淮河频发的水患时刻威胁着皇室祖陵和太祖孝陵的安危。明成祖朱棣迁都北京后，京师财赋供应仰赖东南地区，朝廷所需之米粮、税银及各项物资均需通过运河漕运由南至北，大运河因而成为明朝南北沟通的纽带和经济发展的命脉。因此，明廷对南直隶地区水利设施的兴修与维护，特别是对于黄河、淮河的治理，基本上是以"护陵、保漕"为目的进行的。

明中后期黄河频年决口，黄河水患对江淮地区造成的危害日益加重，其中以隆庆、万历两朝最为显著。对此，明廷进行了相应的河道治理和水利建设。据《明穆宗实录》记载，隆庆三年(1569 年)七月，"河决沛县，自考城、虞城、曹、单、丰、沛抵徐，俱罹其害，漂没田庐不可胜数"①。《明史·河渠志》记载"茶城淤塞，漕船阻邳不能进。已虽少通，而黄河水横溢沛地，秦沟、浊河口淤沙旋疏旋壅"②。隆庆四年(1570 年)"九月，河复决邳州，自睢宁白浪浅至宿迁小河口，淤百八十里"③。五年(1571 年)四月，"乃自灵璧双沟而下，北决三口，南决八口，支流散溢，大势下睢宁出小河口，而匙头湾八十里正河悉淤"④。

万历元年(1573 年)秋，"淮、河并溢"，二年(1574)八月，"河决砀山及邵家口、曹家庄、韩登家口而北，淮亦决高家堰而东，徐、邳、淮南北漂没千里。自此桃、清上下河道淤塞，漕艘梗阻者数年，淮、扬多水患矣"⑤。万历三年(1575 年)八月，"河、淮并涨，千里共成一湖，居民结筏浮箔，采芦心草根以食"⑥。四年(1576 年)"河决韦家楼，又决沛县缕水堤、丰、曹二县长堤，丰、沛、徐州、睢宁、金乡、鱼台、曹、单田庐漂溺无算"⑦。五年(1577 年)八月"河复决崔镇，宿、沛、清、桃两岸多坏"⑧。二

① (明)张居正等修:《明穆宗实录》卷三十五《隆庆三年七月壬午》，中华书局 2016 年影印本，第 890 页。

② (清)张廷玉等编:《明史》卷八十三志第五十九《河渠一》，中华书局 2013 年版，第 2039—2040、2040、2041 页。

③ 同上书，第 2040 页。

④ 同上书，第 2041 页。

⑤ (清)张廷玉等编:《明史》卷八十四《河渠二》，中华书局 2013 年版，第 2047 页。

⑥ 光绪《淮安府志》卷四十《杂记》，清光绪十年刻本，第 14 页。

⑦ (清)张廷玉等编:《明史》卷八十四《河渠二》，中华书局 2013 年版，第 2048 页。

⑧ 同上书，第 2049 页。

十一年(1593年)五月"大雨,河决单县黄堌口,一由徐州出小浮桥,一由旧河达镇口闸。邳城陷水中,高、宝诸湖堤决口无算"[①]。三十一年(1603年)"河大决单县苏家庄及曹县缕堤,又决沛县四铺口太行堤,灌昭阳湖,入夏镇,横冲运道"[②]。四十二年(1614年),"决灵璧陈铺"。四十四年(1616年)五月,"复决狼矢沟,由蛤鳗、周柳诸湖入泇河,出直口,复与黄会。六月,决开封陶家店、张家湾,由会城大堤下陈留,入亳州涡河"[③]。

嘉靖、隆庆、万历三朝黄河水患频仍,对江淮地区造成了巨大破坏。这一时期的治河名臣主要是万恭和潘季驯。万恭在隆庆六年至万历二年(1572—1574)间任总理河道主持治河工作,万恭认为黄河多沙,不宜分流,需以堤防约束,即合流才能使其"势如奔马",束水攻沙、刷沙入海。万恭到任后,"专事徐、邳河,修筑长堤,自徐州至宿迁小河口三百七十里,并缮丰、沛大黄堤,正河安流,运道大通"[④]。遗憾的是,万恭主持治理黄河的时间不长,未能将其治河理论贯彻下去,这一理论的进一步完善和实践,后由潘季驯完成。

潘季驯的治河思想可以归纳为"通漕于河,则治河即以治漕;会河于淮,则治淮即以治河;合河、淮而同入于海,则治河、淮即以治海"[⑤]。潘季驯一生四次担任总理河道,于隆庆四年(1570年)第二次任总理河道时,黄河决口于邳州。在泥沙堵塞运粮河道的危急情况下,他率领5万余名河工,将邳州、睢宁一带的11个决口全部堵塞,疏浚了匙头湾淤塞的河道80余里,修筑缕堤3万余丈,使得"匙头湾故道以复"[⑥]。然而次年潘季驯因漕船阻隔遭弹劾而被罢官。万历六年(1578年),黄河在崔镇(今属江苏泗阳)决口向北流去,淮水在高家堰决口后东流。黄河、运河、淮河交汇之处的"清口"河道水浅难以通航,而周边地区则一片汪

① (清)张廷玉等编:《明史》卷八十四志《河 渠二》,中华书局2013年版,第2058页。
② 同上书,第2068页。
③ 同上书,第2070—2071页。
④ (清)张廷玉等编:《明史》卷八十三志《河渠一》,中华书局2013年版,第2041页。
⑤ (清)傅泽洪撰:《行水金鉴》卷三十二《河水·潘公季驯墓志》,上海商务印书馆1936年版,第474页。
⑥ (清)张廷玉等编:《明史》卷八十三《河渠一》,中华书局2013年版,第2041页。

洋。时张居正掌政，复起用潘季驯第三次担任总理河道。潘力排众议，坚决主张巩固堤防，尽堵黄河及高家堰各处决口，以湍急的水势冲刷泥沙入海。他提出著名的“治河六议”，即“塞决口以挽正河，筑堤防以杜溃决，复闸坝以防外河，创滚水坝以固堤岸，止浚海工程以省靡费，寝开老黄河之议以仍利涉”[①]。这次工程共计：

> 筑高家堰堤六十余里，归仁集堤四十余里，柳浦湾堤东西七十余里，塞崔镇等决口百三十，筑徐、睢、邳、宿、桃、清两岸遥堤五万六千余丈，砀、丰大坝各一道，徐、沛、丰、砀缕堤百四十余里，建崔镇、徐升、季泰、三义减水石坝四座，迁通济闸于甘罗城南，淮、扬间堤坝无不修筑，费帑金五十六万有奇。[②]

潘季驯此次大规模的河道疏浚和堤防建设，较为有效地整治了徐州至淮安之间的河道以及洪泽湖东堤、淮阳运河和南旺一带的水道，史称“高堰初筑，清口方畅，流连数年，河道无大患”[③]。

明代对于黄河下游的治理是江淮地区水利建设的重要组成部分。黄河素以“善决、善淤、善徙”而闻名，以万恭、潘季驯为代表的明代治河者能因势利导，运用科学方法治理黄河，兴修了高家堰等一系列水利工程，为苏北地区的防灾体系构建与减灾事业作出了重大贡献。

三、清代江苏境内黄河治理

明末战乱不断，使得黄河堤防失修，河道频频决口，灾害连连。清代以降，黄河水患更甚，清廷对黄河治理的重视度以及具体管控远超前代。河道总督杨方兴、朱之锡、靳辅、嵇曾筠、高斌等相继治河，取得了较为突出的成就。康乾雍时期是黄河治理的高潮，康熙帝更是将“三藩及河务、漕运为三件大事，夙夜廑念，曾书而悬之宫中柱上”[④]。该时期内，堤防建设、整治河道、疏浚海口各种工程齐头并进。清代，在“治黄保漕”目标的指导下，依然保持着“束水攻沙”“蓄清刷黄”的方法对黄河

---

① (清)张廷玉等编:《明史》卷八十四《河渠二》，中华书局 2013 年版，第 2053 页。

② 同上。

③ 同上书，第 2054 页。

④《清圣祖实录》卷一百五四，康熙三十一年二月。

进行治理。

表 4-1 清代黄河改道前下游决溢状况

年号	决溢次数	河南	江苏	山东	直隶	安徽
顺治	19	13	4	2		
康熙	44	12	29	3		
雍正	12	8	4			
乾隆	28	10	16			2
嘉庆	19	4	12	1	1	1
道光	7	3	4			
咸丰	3	1	2			

资料来源：殷继龙，《清代黄河下游水灾研究》，河南大学 2017 年硕士学位论文，第 9 页。

康熙年间，黄河在下游泛滥不断，大多数集中在曹县以下的江苏段。康熙十五年(1676 年)，黄河倒灌洪泽湖，高堰决口 34 段，漕堤溃决 300 丈，“扬属皆被水，漂溺无算”①。次年，康熙帝任靳辅为河道总督，对黄河进行大规模治理。靳辅治河策略主要分为三部分：一是疏浚海口，二是兴筑堤防，三是修建减水坝。其在《经理河工第一疏》中有言：

今日治河之最宜先者，无过于挑清江浦以下，历云梯关至海口一带河身之土，以筑两岸之堤也。查清江浦以下河身原阔一二里至四五里者，今则止宽一二十丈，原深二、三丈至五、六丈者，今则止深数尺……况用水刷沙，即曰(可)不必挑浚，而束水归槽则又必须筑堤。既筑堤矣，与其取土于他处，何如取土于河身，寓浚于筑，而为一举两得之计也……。臣闻治水者必始自下流，下流疏通则上流自不饱涨，故臣又切切以云梯关外为重，而力请筑堤束水，用保万全。②

康熙十六年(1677 年)，靳辅“大挑清口、烂泥浅引河四，及清口至

① (民国)赵尔巽等编：《清史稿》卷一百二十六《河渠志一・黄河》，中华书局 1977 年版，第 3720 页。
② (清)靳辅：《治河方略》卷五《经理河工第一疏》。

云梯关河道，创筑关外束水堤万八千余丈，塞于家岗、武家墩大决口十六”[①]；十七年(1678年)，“创建王家营、张家庄减水坝二，筑周桥翟坝堤二十五里，加培高家堰长堤”[②]。二十年(1681年)“增建高邮南北滚水坝八，徐州长樊大坝外月堤千六百八十九丈”[③]。

靳辅提出“上流河身至宽至深，而下流河身不敌其半，因而注重修筑减水坝，臣愚以为既知水之逐渐加增，则当作一逐渐泄之法，则惟有建筑减水坝之为得也”[④]，因地制宜地修筑了多座减水坝。

表4-2 《再陈一疏未尽事宜疏》中减水坝修筑数量统计

筑坝地点	砀山县南岸、萧县南岸	徐州北岸大谷山去处并州城对岸子房山去处	花山去处	宿迁北岸拦马湖、朱家堂、温州庙处	桃园北岸之黄家嘴二处	清河北岸，王家营、张家庄二处、安东北岸邢家庄一处
减水区域	减豫东二省骤来之水	减豫东二省骤来之水	减州城之下疏泄未尽之水	减黄河与骆马湖汇合之水	减黄河与白洋河汇合之水	减黄河与淮河汇合之水

资料来源：(清)靳辅，《治河方略》卷二《再陈一疏未尽事宜疏》。

靳辅注重对河道的疏浚，同时也加强对黄河入海口的治理，主张挑浚与筑堤相结合。“自河道内溃，会同之势弱，下流不能畅注出海，而海口之沙日淤。海口淤而上流愈塞，以致漫决频仍。……爰是，自清口以下至云梯关三百余里，挑引河以导其流，于关外两岸筑堤一万八千余丈。凡出关散淌之水，咸逼束于中，涓滴不得外溢。从此二渎就轨，一往急湍，冲沙有力。海口之壅积不浚而自辟矣。”[⑤]其反对单纯挑浚河口，而是注重挑挖引河，利用挑挖引河之土筑堤束水，既得疏浚河道，又便于取土筑堤，因而总结出挖“川”字河的方法，“于河身两旁近水之处，离水三丈，下锹掘土，各挑引水河一道，面阔八丈，底阔二丈，深一丈二尺，以待黄淮之下注。盖黄淮下注之口，中央既有一二丈旧有之河，左

① (民国)赵尔巽等编：《清史稿》卷一百二十六《河渠志一·黄河》，中华书局1977年版，第3720页。
② 同上。
③ 同上。
④ 乾隆《江南通志》卷五十一《河渠志·黄河》，清文渊阁四库全书本，第34页上。
⑤ (清)靳辅：《治河方略》卷一《开辟海口》。

右又有八丈新凿之河，其所存两旁之地虽属坚土，而薄仅三丈，一经三面之夹攻，顺流之冲洗，不待多时，即可尽行刷去，将旧有并新凿之河俱合而为一矣”①。挖引河之土可以用来修筑新引河之地，达到“寓浚于筑”的目的。经过靳辅十余年的治河，有效缓解了清初黄河河患严重的状况，黄河下游两岸形成了完整的堤防系统，保证了漕运的畅通，使得黄河下游得以稳定。

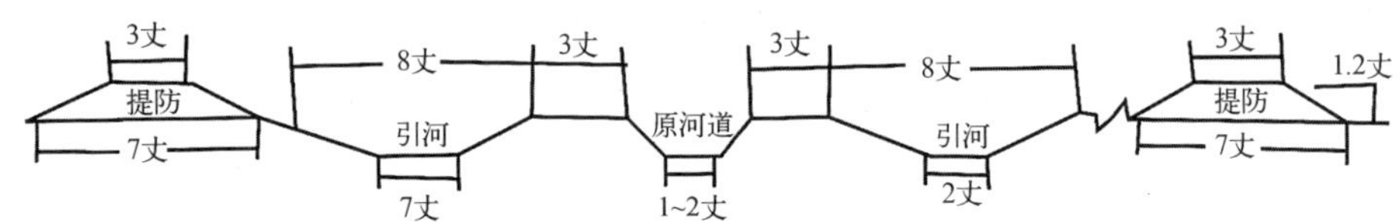

图 4-1 “川”字河及筑堤示意图

（来源：水利部黄河水利委员会：《黄河水利史述要》，水利电力出版社 1994 年版，第 314 页。）

雍、乾年间，黄河决溢相较康熙年间已然减少，但江苏段仍占黄河总决溢数之三分之二。雍正八年（1730 年），“决宿迁及桃源沈家庄，旋塞”②。乾隆十三年（1748 年），“以云梯关下二套涨出沙滩，大溜南趋，直逼天妃宫辛家荡堤工，开分水引河，并修补徐州东门外蜇裂石堤”③，二十二年（1757 年），“徐州南北岸相距甚迫，一遇涨水，时有溃决。南河总督白钟山、东河总督张师载请挑濬淤浅，增筑堤工，并筑北岸支河”，三十九年（1774 年），“决南河老坝口，大溜由山子湖下注马家荡、射阳湖入海”④。该时期并无黄河大工的兴筑，多是对堤坝进行修补。乾隆后期，河政衰败，由于长期缺少对河道的疏浚管理，黄河下游河道日渐淤高，黄河入海亦不通畅，河道决溢、摆动频发。

嘉庆年间，黄河下游江苏段决溢最为严重，常有严重决口。嘉庆元年至二十五年（1796—1820），南河总督更换 12 任。河督的频繁更换使得治河异常混乱。每逢汛期来临，黄河倒灌淮、运，泥沙淤积使得洪泽湖北岸“蓄清刷黄”难以施行。嘉庆十五年（1810 年），为加强对黄河的

---

① （清）傅泽洪、黎世序等主编，郑元庆等纂辑：《行水金鉴》，南京凤凰出版社 2011 年版。
② （民国）赵尔巽等编：《清史稿》卷一百二十六《河渠志一 · 黄河》，中华书局 1977 年版，第 3725 页。
③ 同上书，第 3727、3730 页。
④ 同上书，第 3737 页。

治理，嘉庆帝提出“治河以蓄清刷黄为第一善策”，仍然坚持以“蓄清刷黄”作为治黄的方法。

> 治河以蓄清刷黄为第一善策，而蓄清先需固守堰工，堰工既固清水，清水蓄足畅出敌黄，则黄流奔腾畅达，泥沙皆随之而去，令河俱无淤垫之患。近年高堰堤工不固，清水收蓄一多，既有坝工掣通及砖石堤塌卸之事，清水旁泄，力弱不能直出清口，而黄水转踵齐后倒灌入湖，因之河口受淤，粮船至此辄形浅阻几至误运，而粮运万不可误，不得已仍借黄济运，年复一年，恐将来终有阻塞之患，且黄水入湖益多湖底亦必日淤。[①]

此时担任河道总督的黎世序通过加固堤守、修复减水坝对清口和高家堰进行了有效的治理，至嘉庆十九年（1814 年），清口刷深、海口通畅，为十余年来所未有。道光年间，黄河淤塞更为严重，“履勘下游、河病中满，淤滩梗塞难疏”[②]，决口更加频繁。清代后期，黄河下游的工程主要以堵口为主，再无其他建筑。直至咸丰五年（1855 年），黄河自铜瓦厢改道，黄河回归北流，结束了 700 多年黄河南流的历史，苏北地区受黄河泛滥影响大幅减弱。

总体而言，明清时期注重治河，在具体实践和理论上均有建树。在具体实践方面，两朝皆大兴水利工事，将疏浚河道、加固堤坝、修建减水坝以及疏通海口作为治理黄河的关键，对减轻苏北地区水患、保障民生作出了一定贡献。在理论方面，经历了由“分流”向“合流”的转变，其中“蓄清刷黄”的治水思想更是有划时代意义。但囿于时代所限，两朝治黄成效较为有限，黄淮水患依然是苏北地区人民的心腹之患。

四、治河思想与实践举例

嘉靖十三年（1534 年），守制在家的刘天和受命“着照原职，总理河道”，以都察院右副都御史总理河道。刘天和治水自嘉靖十三年始，至

① 王云等编：《大运河历史文献集成》第五十九册，卷七十四《治河以蓄清刷黄为第一善策钦奉》，国家图书出版社 2014 年版，第 458 页。

② 同上。

嘉靖十五年调任边关，总共两年多的时间，但是他立足调研，抓住主要矛盾，以人为本，在明代治黄史上写下了属于自己的浓墨重彩的一笔，建立了不世功勋。[①]

1. 亲自勘察，注重数据量化

刘天和主持治河时间不长，但由于他能深入实际，注重调查研究，认真总结采纳劳动人民的经验，因而他在河工理论和实践上都有独到建树。据记载，他就任后，即“分遣属吏循河各支沿流而下，直抵出运河之口，逐段测其深浅广狭，纡直所向”，并据以绘制成图。他自己也实地巡视黄淮下游及汶、泗诸水，“所至虽断港故洲，渔夫农叟，亦罔弗咨，咨罔弗悉”[②]。在其代表作《问水集》中，我们还能多次发现刘氏躬亲走访的真实记载“村庄周遭积沙成巨堤，上复多柳，云以御水。询之，乃先于平地植低柳成行，以俟风沙传聚，旋自成堤。柳愈繁则沙愈聚，根株盘结，水至无害也”[③]。正是得益于此次亲自勘察，刘天和改进发展了后来闻名于世的“植柳六法”，开创了生物治水的新阶段。

于勘察中注重数据的量化分析，是刘天和超越前代治水者的一项创举。他在实地考察下游河道后得出结论：“孟津以下，河流甚广，荥泽漫溢至二三十里，封丘、祥符亦几十里许。而下流甚隘，一支出涡河口，广八十余丈；一支出宿迁小河口，广二十余丈；一支出徐州小浮桥口亦广二十余丈；三支不满一里。中州之多水患，不在兹欤？”[④]以数据为基，一语就道出了黄河下游泛决的主要原因。[⑤]

在《治河之要》中他记载道，“今测赵皮寨东流从梁靖口下出徐州小浮桥之旧河，其河底视赵皮寨南流河底高丈有五尺，春间南流深丈六七尺，东流深一二尺，夏秋南流深二丈二三尺，东流深六七尺”[⑥]。通过充分的调研测量，掌握第一手数据并作量化分析，对他了解整体形势、设

---

① 参见卢勇《明代刘天和的治水思想与实践——兼论治黄分流、合流之辩》，《山西大学学报（哲学社会科学版）》，2016年第3期，第69页。

② （明）刘天和：《问水集》，东南印刷所1936年版，第3页。

③ 同上书，第23页。

④ 同上书，第13页。

⑤ 参见卢勇《明代刘天和的治水思想与实践——兼论治黄分流、合流之辩》，《山西大学学报（哲学社会科学版）》，2016年第3期，第69页。

⑥ （明）刘天和：《问水集》，东南印刷所1936年版，第14页。

计治河方案有着极为关键的作用。时任钦差管河工部官员的杨旦、邵元吉在《治河始末》中记载了刘氏的工作方式，作者详细叙述了刘天和在勘测设计方面的细致周详："时已寒冻，入春运舟且至，期限逼甚，刘乃测淤浅深，度河广狭，淤以尺计，工以日计，役巨期迫，公乃先测诸闸自水面至淤，自淤至闸底之浅深，而后逐里逐段止，测水之浅深即知淤之浅深矣。淤之浅深自数尺以至丈有九尺，通融计算各淤深一丈二尺九寸，议止浚一丈为准。复度河中心至岸广狭，自三十余步至四十五步一以四十五步为准。"[1]刘天和治河亲自勘察黄河实际情况，相形度势，注重数据的量化分析，因此对地形地势、泥沙运动规律等认识都极为深刻，治理措施的出台就能切中要害，有的放矢，彻底摒弃了以往文人治河尚空谈的缺点，形成了自己的治河思想。这在明清治河史上具有里程碑式的意义，并为后代治河者所沿袭效仿。

2. 首重治运，抓住主要矛盾

岑仲勉先生认为：明代治河不能发现和抓住治河的重点，作为决定方针的基据，方略的多样性、不统一性是造成河道频繁迁徙的重要原因。[2] 刘天和治河期间，首重治运，抓住此主要矛盾来带动其他矛盾的解决，快速有效地实现了目标，因而避免了治河陷入困境。

如前所述，明清时期徐州至淮阴段的540里黄河也是京杭大运河的运道，但是黄河多患、迁徙无常使得该段运河漕运十分困难，运道经常被淤塞或冲决。嘉靖十三年"河决赵皮寨入淮，谷亭流绝，庙德口复淤"[3]。自济宁南至徐、沛数百里运河淤塞，国计乏绝。所以，刘天和治河首重治运，力求治河、治运合一。他在《问水集》卷三《谢恩疏》中说："伏以挽江海之粟以实京储。开亿万载太平之鸿业；注黄河之水以资漕运，成数千里利济之通津，自昔无闻，于今为盛。"在卷五《治河功成奉劾疏》更是明确指出："臣窃惟运河国计所系，凡宗庙军国之需，营建宴赏之费，与夫四夷薄海之朝贡，京师万姓之仰给，举由是以达，而所虑为运河之患以，则惟黄河而已。""运河国计所系"，一语道出了治河首重治运

① (明)刘天和：《问水集》，东南印刷所1936年版，第37页。
② 岑仲勉：《黄河变迁史》，中华书局2004年版，第514页。
③ (清)张廷玉等撰：《明史》卷一百四十九《列传三十七》，中华书局2013年版，第2034页。

的关键意义。[①]

如何通漕，时议已有引黄河、浚闸河二说，经过他大量实地踏勘及研究历代乃至本朝治水名臣的经验著述，“周询广视，历考前闻”，以“黄河之当防者惟北岸为重”的方略，“酌缓急轻重之势，为疏浚修筑之宜”综合考量后决定双管齐下，北堵南疏，浚运道、筑堤防、修闸坝。其时已寒冻，入春漕舟且至，役巨期迫。运河诸闸乃永乐、弘治前后所建，高低不一。若下闸过低，则上闸易涸。刘天和令人逐一测量，一以枣林闸为准。用平准测浚深浅，俾舟行无滞。刘天和又亲赴现场测量，仅10天便议定谋协，拿出了施工方案，纤悉具备。对于另一个治黄难题护陵，此时陵寝问题尚不严峻，但是刘天和以防万一，还是做了大量的工作，他实地调研后指出“左右筑堤，则西来龙脉交错北去；欲自陵前平地筑堤，则积水长盈，群工难措；欲东自直河口、西自黄冈口上下五十余里间善筑围绕，恐此堤一成，淮河泛涨之水稍能障其旁溢，而陵前湖河之水，又将遏之北侵矣”[②]，强调了陵寝筑堤的重要性，但是修筑堤防，不能阻塞祖陵周围湖河之水的入淮通道，为此他精心设计了陵寝防洪坝，以备无虞。刘天和的工作方法和态度得到了当时最高统治者嘉靖帝的高度褒奖，并委以重任“赐敕有竭诚体国之褒”，令南北畿辅、山东、河南文武监司而下，悉听节制，许一切便宜从事。[③]

3. 重视堤防，植柳以固堤岸

俗语有言：“兵来将挡，水来土掩。”治河重在筑堤，刘天和在《问水集》中专门讨论了堤防问题，认为不要与水争地，宜利用好地形优势，因地制宜修筑堤坝。他指出宋元以来的堤防，不考虑地形问题，大多临河而建，河水稍微涨溢，即会导致堤坝溃决，所以应该“上自河南原武，下迄曹、单、沛，于河北岸七八百里间，择诸堤去河最远且大者，及去河稍远者各一道。内缺者补完，薄者帮厚，低者增高，断绝者连接创筑，务稗

---

① 参见卢勇《明代刘天和的治水思想与实践——兼论治黄分流、合流之辩》，《山西大学学报(哲学社会科学版)》，2016年第3期，第70页。

② (明)陈子龙：《明经世文编》卷一百八十六，水利电力出版社1985年版。

③ 参见卢勇《明代刘天和的治水思想与实践——兼论治黄分流、合流之辩》，《山西大学学报(哲学社会科学版)》，2016年第3期，第70页。

七八里间，均有坚厚大堤二重”①。堤防之制为了借黄通漕，防止黄河北上，因此对北岸大堤尤其重视。接着他就筑堤的规格、用料、维护等细致详尽地作了清晰的要求，甚至为此亲自创制了全新的平准仪和其他治水工具。

当然，刘天和在筑堤方面的最大成就在于以柳护堤，助淤防洪，其《植柳六法》可谓我国古代生物固堤技术的里程碑式的论述。前三种“卧柳”“低柳”“编柳”是专为固护堤岸而设，“盖将来内则根株固结，外则枝叶绸缪，名为活龙埽，虽风浪冲激，可保无虞”②。第四种“深柳”是为预防倒岸冲堤之水，源自刘氏在睢州的亲眼所见，因此勉励郡邑治水之官，“视如家事，图为子孙不拔之计，即可望成效，将来卷埽之费可全省矣”，不仅可以防止堤坝溃决，而且可以省下大笔的卷埽费用，可谓一举两得。第五种“漫柳”则强调树种要选用耐淹的柽柳，俗名“随河柳”，不怕淹没，利用其柔性根系和枝叶与水沙作用，加速淤淀，从而实现“不假人力，自成巨堤”。第六种“高柳”，是为了运输牵挽而用，主要用于运河。从嘉靖十四年正月中至四月初，刘天和主持治黄共役夫 14 万余，浚河 34791 丈 4 尺 7 寸，筑长堤、缕水堤 10800 丈，“于堤两边纵横遍栽高柳、卧柳、编柳、低柳、深柳共二百七十二万五千三百零九株”③。财力不多费，时日不久旷，疾役不作，民命获全，皆“前所未有”。

刘天和的堤防思想尤其是“植柳六法”得到了后来者的高度评价，并发扬光大。明代隆万时期的治水名臣万恭评价：“植柳固堤，‘六柳之法’尽之矣！”“从张家湾以及瓜州、仪征循河二千余里，万历初，植至七十余万株。后来者踵行之”④。清代治水大家靳辅也说“柳之功大矣！然种柳不得其法则护堤之用微，且成活者少，惟明臣刘天和六柳说曲尽其妙，当仿其法行之”⑤。

① (明)刘天和:《问水集》卷一，东南印刷所 1936 年版。
② (明)陈子龙:《明经世文编》卷一百五十七，水利电力出版社 1985 年版。
③ (明)刘天和:《问水集》卷五，东南印刷所 1936 年版。
④ (明)万恭:《治水筌蹄》，水利水电出版社 1985 年版，第 103—104 页。
⑤ (清)靳辅:《行水金鉴》，商务印书馆 1937 年版，第 739 页。

4. 体恤河工,彰显以人为本

嘉靖甲午冬,河决赵皮寨入淮,谷亭流绝,“自济宁至徐沛数百里间运河悉淤……运道阻绝,朝野忧虑”[①]。刘天和受命于危难之间,火速赶往救急,但治黄工程量巨大,且漕运期限急迫。如何快速高效地平抑水灾、浚漕通运,在生产力水平不高的情况下,团结人心,就显得尤为重要。刘天和没有严苛地逼迫民夫劳动,而是处处体恤河工,体现出以人为本的高尚情怀。[②]

据《治河功成举劾疏》中记载:“至二月初间,夫方到齐,工方就绪。复虑大众聚处,疾病易生,事关民命,所当矜恤,备仰职等动支官银买办药材,北河则每府南河则每一总工,各选委诚实官员,医道颇精医生,及旋制锭药,印发簿籍,逐日分发两路,自工首至尾,逐队问病,察脉用药,姓名记簿。”[③]另据杨旦、邵元吉记载,刘天和对待河工不仅禁鞭挞,问病苦,躬抚慰,劳饮食,而且“竖旗升降以时其饮食,节劳佚。时薪米腾贵,有以为言者,公弗应,且榜谕,依时值不少减抑,于是商贩辐辏,役无匮乏而价大省”[④]。刘天和甚至明确要求“每州县即医一人随夫调治。公犹虑其未精,乃斋沐焚香,躬制锭药数万。每郡复选医之明者四人,官之勤者二人,分携药饵,逐营遍问,病即疗之,日一往回”[⑤]。

刘氏设身处地为民着想,想方设法解民所苦,所以他很快赢得广大河工的一致支持,“于是众心和悦,群力毕效,彻水者夜以继日,重浚者至再至三,咸忘其劳,百工告成,运道复通,万艘毕达”[⑥]。

不仅仅是在施工阶段对民夫关怀备至,工程竣工后,刘天和还特地上书嘉靖帝,请求对黄河沿岸的受灾州县和征调民夫的地区予以赋税减免:“将河南一省嘉靖十五年黄河夫役内开封、怀庆、卫辉、彰德四府附近,并临河州县会经调发免一年。其开封、怀庆、彰德三府,隔远未会

---

① (明)刘天和:《问水集》卷五,东南印刷所1936年版。

② 卢勇:《明代刘天和的治水思想与实践——兼论治黄分流、合流之辩》,《山西大学学报(哲学社会科学版)》,2016年第3期,第71页。

③ (明)刘天和:《问水集》卷五,东南印刷所1936年版。

④ (明)刘天和:《问水集》卷二,东南印刷所1936年版。

⑤ 同上。

⑥ 同上。

调夫州县，及汝宁、南阳、河南三府，并汝州全未调夫州县，各减征一半"[1]。上书得到了朝廷的肯定和同意，极大地减免了当地民生的压力。[2]

此外，刘氏的关注民生还表现在对当时的吏治治理中。嘉靖十三年刘天和查得山东金乡县知县王宇"坐视水患，志惟及於征求，任用非人利交通於关节"；单县管河主簿马琇"老病艰於拜起贪求，志在图归"；河南原武县典史董昌修堤"侵尅，托疾逃避"并称"此皆殆政殃民，及当罢黜"[3]。

这些措施既着眼于微细，又从大处着想，其心系民众，关心民生的举动，不愧当年"天下郡守第一"之令名，百年之后，读之尤令人敬仰！[4]

第二节　淮河的治理与水利工程

自金明昌五年(1194 年)黄河夺淮以来，在淮河流域肆意漫流，携带来的大量泥沙增高了淮河的河床，河道淤塞，迁徙不定。黄河的倒灌使得淮河水位上涨，水患日益增多。元末，长期的战乱给淮河流域带来极大的破坏，沿淮并无大的防御工程。明清以来，黄、淮、运关系更加复杂，政府对于淮河的治理愈加重视。

一、明清淮河水灾概述

1. 明代淮河水患

明代，淮河流域水患频发，危害严重。明前期，黄河尚无固定河槽，迁徙不定，决口多在河南境内原武以下，仪封、兰阳以上，主流有时经汴水故道在徐州附近夺泗入淮，有时经颍河至寿州正阳镇入淮，有时经涡

① (明)刘天和：《问水集》卷六，东南印刷所 1936 年版。
② 参见卢勇《明代刘天和的治水思想与实践——兼论治黄分流、合流之辩》，《山西大学学报(哲学社会科学版)》，2016 年第 3 期，第 71 页。
③ (明)刘天和：《问水集》卷四，东南印刷所 1936 年版。
④ 卢勇：《明代刘天和的治水思想与实践——兼论治黄分流、合流之辩》，《山西大学学报(哲学社会科学版)》，2016 年第 3 期，第 71 页。

河至怀远入淮，多支并流，此淤彼决。总的说来，本时期淮河虽有水灾但尚能随时修筑，且多集中在豫东、皖北一带的淮河北岸流域上游地区，江苏地段暂时没有形成大规模的水患。

然而，随着黄河的汇入，淮河水势日盛，水量日增，加之泥沙淤积，河床日高，淮河水患处于日益增多的恶性发展中。正统二年（1437年），"凤阳、淮安、扬州诸府，徐、和、滁诸州，河南开封，泗、五月河、淮泛涨，漂居民禾稼"①。此次水灾，受害最重的为泗州、山阳和清河诸州县。泗州当时城墙被洪水冲毁，全城陷于洪水之中，饱受昏垫之苦："州城东北陴垣崩，水内注，高于檐齐，泗人奔盱山。"清河："漂流房屋孳畜甚众。"山阳："城内行舟，禾苗荡然"②。此次水灾不同以往。首先是受灾范围广，遍及淮河中下游地区，其他周边州县如淮安、扬州等基本类此，都受到不同程度的水患危害。其次，影响时间长，灾情重。由于这次淮河水灾影响较大，近代水利史专家武同举在《淮系年表》中评论说："或以为清口以下，淮患始见。"因此，此次水灾标志着淮河水患发生地由上游转向中下游地区。③

明代后期，淮河水患更趋严重。嘉靖年间，水患频繁，平均每隔二三年就发生一次，④淮河中下游的五河、泗州以及高邮、宝应等地势低洼地带迭遭水淹，造成人员和财产损失，不可胜计。自万历十八年（1590年）后，淮河再度暴发水灾，灾情之重大，达到极点。万历十九年（1591年），"九月，泗州大水，州治淹三尺，居民沉溺十九，浸及祖陵"⑤。万历二十一年（1593年）淮河干支流和沂沭泗流域广大地区，自三月至八月连降大雨，淮河发生特大洪水，又受黄水顶托，排泄不畅，淮河上下，一片汪洋，尸骸枕藉，见之惨目。高堰决高良涧、周家桥22口，高宝诸堤

① （清）张廷玉等撰：《明史》卷二十九《五行志》，中华书局2013年版，第459页。
② 水利部淮河水利委员会《淮河水利简史》编写组编：《淮河水利简史》，水利电力出版社1990年版，第346页。
③ 参见崔宇《明清淮河水灾对生态环境的影响研究》，西北农林科技大学2010年硕士论文。
④ 参见梅兴柱《明代淮河的水患及治理得失》，《烟台大学学报（哲学社会科学版）》1996年第2期，第68—74页。
⑤ 光绪《淮安府志》卷五《河防》，清光绪十年刊本，第9页。

决口 29 处，[①]造成淮河流域极为严重的水患。紧接着万历二十二年(1594 年)，淮河水患再度袭来，“挟上源阜陵诸湖与山溪之水，暴浸祖陵，泗城淹没”[②]。淮河连年水患，以致祖陵被浸，泗州淹没，明神宗极为震怒，包括总河在内的大小治河官员都受到责罚。

天启、崇祯年间，乃多事之秋，明廷内忧外患，对淮河水患的治理，更加有心无力，致使洪水泛滥，日胜一日。苏北、鲁南地区的淮河水患史不绝书，河道淤塞和百姓漂溺交替出现，而且愈演愈烈，无法收拾。如崇祯四年(1631 年)和崇祯五年(1632 年)，“黄淮交涨，海口壅塞，河决建义诸口，下灌兴化、盐城，水深二丈，村落尽漂没”[③]。淮河流域人民“死者无算，少壮转徙丐，江、仪、通、泰间，盗贼千百啸聚”[④]。于是淮患日益严峻，不久明亡。

2. 清代淮河水患

清代初期和中期，由于经行淮河干支流的黄河河床日益淤高，决溢泛滥十分频繁。据历史记载，在这 200 年中，黄河决溢达 361 次之多，平均每六个半月就有一次决溢，泛滥的地区主要是淮河中下游。[⑤]

清前期，由于连续多年的战乱，河防长期失修。据《淮系年表》中的不完全统计，在顺治帝执政的 18 年中，黄河决口祸及淮河的就有 13 次之多。如顺治六年(1649)夏，淮河上下游均发生水灾，“息县淮水溢，坏民舍田禾，平地水深数尺，牛畜俱淹死”[⑥]。顺治十六年(1659 年)黄河在归仁堤决口，睢水及其附近诸湖之水悉由决口涌出入淮，而不再入黄刷沙，黄河水大，反从宿迁小河口、白洋河二处逆注。周围逐渐淤成平陆；而淮水自翟坝、古沟下灌高宝诸湖，“江都濒湖田舍，水深六七尺，高宝则浸及城郭月余”[⑦]。

由于淮河水系河道紊乱，强降水造成的境内内涝现象也很严重，淮

---

① 水利部淮河水利委员会《淮河水利简史》编写组编:《淮河水利简史》，水利电力出版社 1990 年版，第 345 页。

② 光绪《盱眙县志稿》卷十四《祥祲》，清光绪十七年刻本，第 22 页。

③ 光绪《盐城县志》卷十《人物志一》，清光绪二十一年刻本，第 31 页。

④ 光绪《阜宁县志》卷三《川渎上》，清光绪十二年刻本，第 9 页。

⑤ 参见崔宇《明清淮河水灾对生态环境的影响研究》，西北农林科技大学 2010 年硕士论文。

⑥ (清)傅泽洪撰:《行水金鉴》卷六十五《淮水》。

⑦ 康熙《扬州府志》卷六《河渠》，清康熙刻本，第 9 页。

北的河南通许县，自顺治五年至康熙二十七年(1648—1662)共发生内涝8起[①]；淮河中游的邳州"水涝灾眚，岁岁见告"。正如颍州府志所载："每逢五、六、七、八月，淫雨骤涨，则浩瀚澎湃；去路迂回，则怒激倒灌"[②]。

康、雍、乾三代共历134年，号称盛世，但淮河发生重大水灾达43次，大约三年一次。雍正、乾隆两朝73年，见于《清史稿·河渠志》的黄河决溢年份就有20多年。康熙元年至十六年(1662—1677)之间，淮河几乎年年决溢。康熙十五年因久雨导致河水暴涨倒灌洪泽湖，高家堰决口达34次之多。由于康熙帝等最高统治者的重视，加上治水大家靳辅、陈潢等人的不懈努力，黄淮合一，黄河被固定在循淮河入海的河道内，渐趋稳定。[③]

此后黄河主流虽未改道，但决溢仍旧不断。康熙年间由于河道初定，泥沙淤积不多，水患多发生在中上游，泗州水患尤为严重。康熙十九年(1680年)夏，淮河上游山洪暴发，下游排泄不畅，加上泗州连续淫雨达70多天，洪泽湖水位猛涨，河堤溃决，"官浮若鸥，民奔胎麓，乡村若鸟兽散"[④]，洪水把古老的泗州城完全吞没，城镇沉入湖底。[⑤]

雍乾年间，随着河道固定日久，中下游泥沙逐渐淤积严重，河床抬高，下壅而上溃，淮河水灾逐渐向中上游发展。本阶段，沿河的淮域各省都发生过不同程度的水灾，其中比较大的有三次：一是雍正元年(1723年)六月，黄河在中牟县十里店、娄家庄两处决口，大量河水涌入贾鲁河，"祥符、尉氏、扶沟、通许等县村庄田禾淹没甚多"；同月，又决"决梁家营、二铺营土堤及詹家店、马营月堤"[⑥]；九月，再决郑州来童寨民堤，冲牟县杨桥官堤。[⑦] 二是乾隆二十六年(1761年)七月，黄河水位暴涨，河堤决口15处，大溜由涡河入淮。由于决口甚多，大堤千疮百

① 参见卢勇《明清时期淮河水患与生态社会关系研究》，中国三峡出版社2009年版，第27页。
② 乾隆《颍州府志》卷一《舆地志》，清乾隆十七年刊本，第64页。
③ 参见卢勇《明清时期淮河水患与生态社会关系研究》，中国三峡出版社2009年版，第27页。
④ 康熙《泗州直隶州志》卷三《水利下》，清康熙三十七年刻本。
⑤ 参见卢勇《明清时期淮河水患与生态社会关系研究》，中国三峡出版社2009年版，第27页。
⑥ 乾隆《重修怀庆府志》卷六《河渠志》，清乾隆五十四年刻本，第16页。
⑦ (清)黎世序等纂修：《续行水金鉴》卷五，商务印书馆1937年版。

孔，从河南开封，到商丘，再到安徽之颍、泗两州的广大区域悉被水淹。三是乾隆四十六年（1781 年）五月，河决睢宁魏家庄，大溜注入洪泽湖；七月决仪封，决口二十余处，这次水灾，由于水势浩大，淮河一度局部改道，决口到乾隆四十八年才堵合，沛县居民全城覆没，其余受灾地区被浸泡多年。[①]

清中后期，黄淮形势日趋恶化。由于泥沙淤积，清口淤塞，洪泽湖淤垫形势严重，水位不断抬高，此时清口附近除张福河外，相继淤塞，淮河入海之路受阻，沿用近两百年的“蓄清刷黄”之法至此彻底宣告失败。[②] 由于淮河入海之路受阻，被迫南下入江，水道初辟，又给地势较低的里下河地区造成深重灾难，本时期淮河流域各县县志中“舟行城镇”“人畜漂溺无算”等触目惊心的字句不绝于史。[③] 总之，清代中后期，淮河河道愈决愈淤，愈淤愈决，陷入恶性循环。正如魏源所言，“塞于南难保不溃于北，塞于下难保不溃于上，塞于今岁难保不溃于明岁”[④]。由于河道淤积严重，淮不出清，使得运河负担加重，清廷为减轻运河压力，力保运道畅通，不断开放洪泽湖各坝和运河上的归海坝，又使得运河两岸低洼的里下河地区陷入深渊，饱受坝水之灾，洪水常年淤积，田庐多荡没，人民流离失所。[⑤]

二、明代淮河治理工程

明代淮河两岸堤坝溃坝风险极大，“随筑随坏，淮水汙瀰，河身随堤而高，其下泥沙深不可量”[⑥]，对于淮河堤防的需求不断增大，水利工程建设脚步亦不断加快。

永乐初年，淮河在寿州城决口，同时冲击淮扬间的运道，“淮安府南岸坍圮，延及仓廒墙垣”[⑦]。永乐十三年（1415 年）平江伯陈瑄担任漕运

① 水利部淮河水利委员会《淮河水利简史》编写组编：《淮河水利简史》，水利电力出版社 1990 年版，第 265 页。

② 参见卢勇《明清时期淮河水患与生态社会关系研究》，中国三峡出版社 2009 年版，第 28 页。

③ 参见崔宇《明清淮河水灾对生态环境的影响研究》，西北农林科技大学 2010 年硕士论文。

④（清）魏源：《魏源集·筹河篇》，中华书局 1976 年版。

⑤ 崔宇：《明清淮河水灾对生态环境的影响研究》，西北农林科技大学 2010 年硕士论文。

⑥（明）叶权、王临亨、李中复撰：《贤博编》，中华书局 1987 年版，第 39 页。

⑦（清）傅泽洪撰：《行水金鉴》卷六十二《淮水》。

总督，自清江浦沿钵池山、柳浦而东修筑淮安大河南堤，长达 40 里。淮河的地方工程自此始。嘉靖、隆庆年间，淮河频繁决口，威胁到运河漕运，淮扬一带的滨河地区深受其害。而为“蓄清刷黄”修建的高家堰逐渐失去了防洪抗灾的能力。

隆庆四年(1570 年)九月，总河侍郎翁大立鉴于“今淮河自泰山庙至七里沟淤千余里，而水从朱家沟傍出至清河县河南镇以合于黄河，闻者无不骇异”，建议“开新庄闸以通回船，复平江时故道，则淮河可以为无虑”。为了解决“黄河睢宿之间迁徙，未知所定，泗州陵寝甚有可虞”的情况，他又“请浚古睢河，由宿迁历宿州出徐州小浮桥，以泄徐、吕二洪之水，又规复清河鱼沟分河一道，以下草湾，免冲激之患，南北运道庶几可保”①。隆庆六年(1572 年)，漕运总督王宗沐重新整修高家堰，“北自武家墩起，至石家庄止，计三十里而遥，为丈五千四百。堤面广五丈，底广三之；而其高则沿地形高下，大都俱不下一丈许。而又于大涧、小涧、具沟、旧漕河、六安沟诸处，筑龙尾埽以遏奔冲”②。次年又筑成了淮安西长堤，“自清江浦药王庙起，东历大花巷，由西桥相家湾，直抵新城，过金神庙，至柳树湾，六十里而近，为丈八千七百九十八。堤面广四丈，底广三之；高可七尺余，蜿蜒如长虹，以障郡城之北”③。

明万历以后，朝廷治理淮河的主要措施为“蓄清刷黄”和“分黄导淮”。万历六年(1578 年)潘季驯第三次被起用任总理河道时，开始大筑高家堰，北起武家墩，南至越城，长 60 里，堰高 1 丈 5 尺，厚 5 丈，基厚 15 丈，大涧口则为月堰，广 30 丈。并“密布桩入地，深浪不能撼。桩内置版，版内置土，土则致自远，皆坚实者”④，以达到防止淮水决口的目的。万历八年(1580 年)又在大涧口的低洼之地用石材增加了 3000 丈堤岸，以加固高家堰。经过他的治理，一时之间“两河归正，沙刷水深，

---

①《明穆宗实录》卷四十九《隆庆四年九月壬申》。

②(清)傅泽洪撰:《行水金鉴》卷六十二《淮水》。

③同上。

④(明)潘季驯:《河防一览》卷二《河议辨惑》，景印文渊阁四库全书第 576 册，台湾商务印书馆 1986 年版，第 173 页。

海口大辟，田庐尽复，流移归业，禾黍颇登，国计无阻，而民生亦有赖矣”[①]。潘季驯第一次把黄、淮、运联系在一起，提出了“通漕于河，则治河即以治漕；会河于淮，则治淮即以治河；合河、淮而同入于海，则治河、淮即以治海”[②]的思想。注重在黄河南北岸和洪泽湖东岸大筑堤防，固定河槽，对减少黄、淮水患，促进漕运起了很大的作用。然而，潘季驯治河也有其局限性。他无视黄强淮弱这一基本事实，故“蓄清刷黄”之策难以长久维持。黄、淮、运交汇在清口一隅，由于黄水倒灌洪泽湖，致使清口淤塞。淮河没有出路，必然四处决溢。

明代治理淮河的“分黄导淮”之策，早在万历四年(1576 年)就由漕运总督吴桂芳提出。他曾开挖草湾新河，为黄、淮下游分黄之始。万历二十年(1592 年)，南京兵部尚书舒应龙继潘季驯之后任总督河道。二十一年(1593 年)淮水大涨，高良涧等处 22 处决口，高邮南北运堤 28 处决口，“民罹昏垫，田皆淹没”[③]。二十二年(1594)，虽然堵住了决口，但清口已经淤塞，淮水“汇于泗者，仅留数丈一口出之，出者什一，停者什九。河身日高，流日壅，淮日益不得出，而潴蓄日益深”[④]。

值此危急之时，万历二十三年(1595 年)，杨一魁继任河道总督。杨上任后马上派礼科给事中张企程前往泗州查勘祖陵水患。经过一番查勘，共同提出“分杀黄流以纵淮，别疏海口以导黄”的建议，议定了“分黄导淮”之策。二十四年(1596 年)，杨一魁组织民夫 20 万人，开桃源黄坝新河，自黄家嘴经周伏庄，过渔沟、浪石两镇，至安东五港、灌口，长 300 余里，分泄黄水入海，以抑黄强。辟清口沙七里，导淮会黄，“乃建武家墩经河闸，泄淮水由永济河达泾河，下射阳湖入海。又建高良涧及周桥减水石闸，以泄淮水，一由岔河入泾河，一由草子湖、宝应湖下子婴沟，俱下广洋湖入海。又挑高邮茆塘港，通邵伯湖，开金家湾，下芒稻河入江，以疏淮涨，而淮水以平”[⑤]。杨一魁“分黄导淮”的水利工程，为淮

① (明)潘季驯:《河防一览》卷八《河工告成疏》，景印文渊阁四库全书第 576 册，台湾商务印书馆 1986 年版，第 284 页。

② (清)傅泽洪撰:《行水金鉴》卷三十二《河水》。

③ (清)傅泽洪撰:《行水金鉴》卷六十二《淮水·转引南河全考》。

④ (清)张廷玉等撰:《明史》卷八十志第六十《河渠二》，中华书局 2013 年版，第 2061 页。

⑤ (清)张廷玉等撰:《明史》卷八十七志《河渠五》，中华书局 2013 年版，第 2318 页。

河找到了新的出路，一时也收到了“泗陵水患平，而淮、扬安矣”[①]的效果。

在潘季驯“蓄清刷黄”和杨一魁“分黄导淮”的治水主张的指导下，明代在淮河两岸修筑堤坝，保护了两岸百姓与其土地不受泛滥的淮水侵害，减轻了洪涝灾害造成的损失，对淮河局势产生了深远的影响，为当时淮河流域的防灾减灾事业作出了一定贡献。但在黄、淮的淤决问题上仍然得不到有效的解决。桃源黄坝新河开浚不久即淤塞废弃，并且由于分黄工程横穿沂沭河，夺灌河口入海，打乱了苏北水系，给苏北

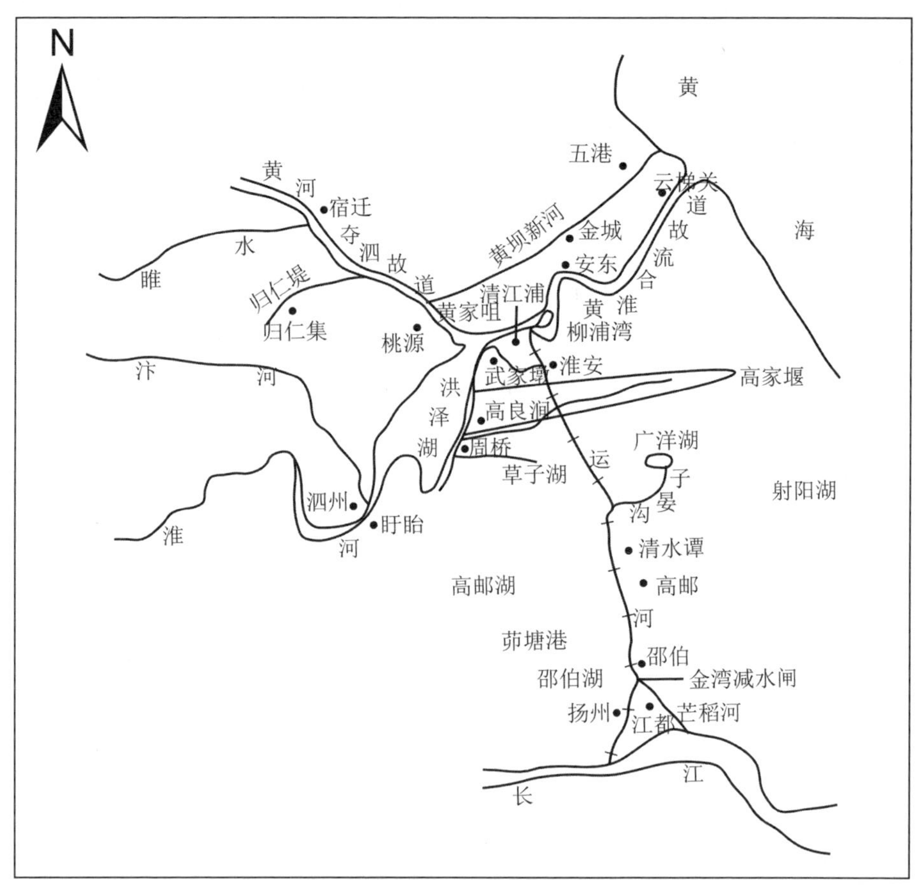

图 4-2 明代“蓄清刷黄”与“分黄导淮”示意图

（来源：水利部治淮委员会，《淮河水利简史》，北京水利出版社 1990 年版，第 209 页。作者改绘。）

① （清）张廷玉等撰：《明史》卷八十七志《河渠五》，中华书局 2013 年版，第 2318 页。

地区百姓带去了深重的灾难。特别是高家堰地形最为高峻，三闸一开，洪水滔滔东下，高宝漕堤，荡为湖海，运船纤挽无路，影响运道；淮扬各郡邑，田庐漂荡，数百万生灵悉为鱼鳖；滨海盐场，尽被淹没。① 到了明末崇祯年间，里下河地区的官员和人民的反对呼声日益高涨。

三、清代淮河治理工程

淮河的治理与黄河有着莫大的关系。清代淮河灾害频繁，淮河的治理以解决河道淤塞，保证漕运畅通为关键，因而治理多在淮河下游，主要为对黄淮运交汇处清口、洪泽湖高家堰以及入海归江河道的浚治。

1. 清口的浚治

清口位于黄、淮、运的交汇处，是解决淮水出口以及引淮刷黄的重要渠道，因此，治理清口是清代治水的关键性工程。康熙十五年(1676年)，黄淮大水，淮扬被淹，“淮、扬等处堤岸溃决，淹没田地，关系运道民生，甚为重大”②。十六年(1677年)，靳辅开始治理黄、淮、运道。其继承了潘季驯“蓄清刷黄”的治河方略，对清口进行治理。靳辅指出：“洪泽下流，自高堰西至清口约二十里，原系汪洋巨浸，为全淮会黄之所。自淮东决、黄内灌，一带湖身渐成平陆，止存宽十余丈、深五六尺至一二尺之小河，淤沙万顷，挑浚甚难。惟有于两旁离水二十丈许，各挑引河一，俾分头冲刷，庶淮河下注，可以冲辟淤泥，径奔清口，会黄刷沙，而无阻滞散漫之虞。”③为疏浚河道，先在清口外筑土坝以切断黄水，后又开挖张福口、裴家场、帅家庄、烂泥浅4道引河，总长6000余丈。淮水得以借清口出，成为引淮刷黄的重要通道。

康熙三十七年(1698年)，黄强淮弱，泥沙淤积导致清口倒灌严重。河道总督董安国、于成龙分别进行筑临清堤(清口西堤)、开陶庄引河等治水举措，但收效甚微。三十九年(1700年)，张鹏翮任河道总督，重新整治清口，疏浚了清口引河，开张福口、张家庄、裴家场、烂泥浅、三汊引河5道，加上淮河冲刷形成的天然、天赐两引河，共有7道引河汇于清

① 参见毛振培、谭徐明《中国古代防洪工程技术史》，山西教育出版社2017年版，第264页。
②《清圣祖实录》卷六十三《康熙十五年十月壬戌》。
③ (民国)赵尔巽等编：《清史稿》卷一百二十八《河渠志三・淮河》，中华书局1977年版，第3796页。

口。由于清口引河仅三十余丈，又对其进行加开宽阔。7道引河“自西而东分别为张福、天然、张家庄、天赐、裴家场、烂泥浅、三汊，各引河总汇点北距清口束水东西坝约二里左右”①。

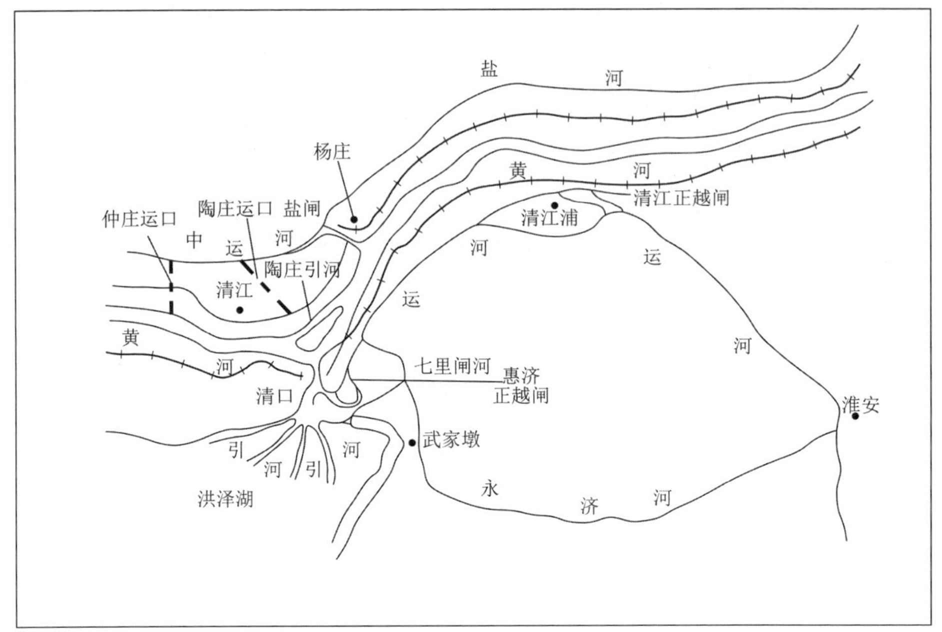

图4-3　靳辅时清口形势示意图

（来源：水利水电科学研究院，《中国水利史稿》下册，北京：水利水电出版社，1989年。编者改绘。）

乾隆年间对清口的浚治依然频繁。乾隆四十一年（1776年），两江总督高晋提出“于陶庄积土之北开一引河，使黄离清口较远”②。高晋与南河总督萨载主持开陶庄新河，改为北行。“清口东西坝基移下百六十丈之平成台，筑拦黄坝百三十丈，并于陶庄迤北开引河，使黄离清口较远，清水畅流，有力攻刷淤沙。明年二月，引河成，黄流直注周家庄，会清东下，清口免倒灌之患者近十年。”③陶庄改道后，为保证新河道稳定，将旧河道堵塞又修筑拦黄坝、顺黄坝、束水堤、兜水坝等工程。乾隆五

① 水利部淮河水利委员会《淮河志》编纂委员会编：《淮河大事记》，科学出版社1997年版，第56—57页。

② （民国）赵尔巽等编：《清史稿》卷一百二十六《河渠志一·黄河》，中华书局1977年版，第3730页。

③ （民国）赵尔巽等编：《清史稿》卷一百二十八《河渠志三·淮河》，中华书局1977年版，第3800、3801页。

十年(1785 年),连年大旱使得洪泽湖水位下降,清口淤积。大学士阿桂履勘后提出引黄济湖,再出清口以济运的主张。“修清口兜水坝,易名束清坝。复移下惠济祠前之东西束水坝三百丈于福神巷前,加长东坝以御黄,缩短西坝以出清,易名御黄坝。”①嘉庆年间,清口淤高,漕船难行,淮水不能刷黄,仅能入运,因而淮水出口问题至关重要。为防止黄河倒灌,疏通清口,挑挖五引河,于黄龙口门以及新挑挖引河河尾设置草闸,封闭御黄、束清二坝口门。有船经过则先引清水灌入,再引漕船,随后关闭尾闸。至道光六年(1826 年),在嘉庆年间修筑闸、坝的基础上,筑临清堰于御黄二坝南,在御黄坝外钳口坝建草闸,在钳口坝两旁建临黄堰,在御黄坝与临清坝之间形成塘体,该段引水灌塘工程被称为“灌塘济运”。

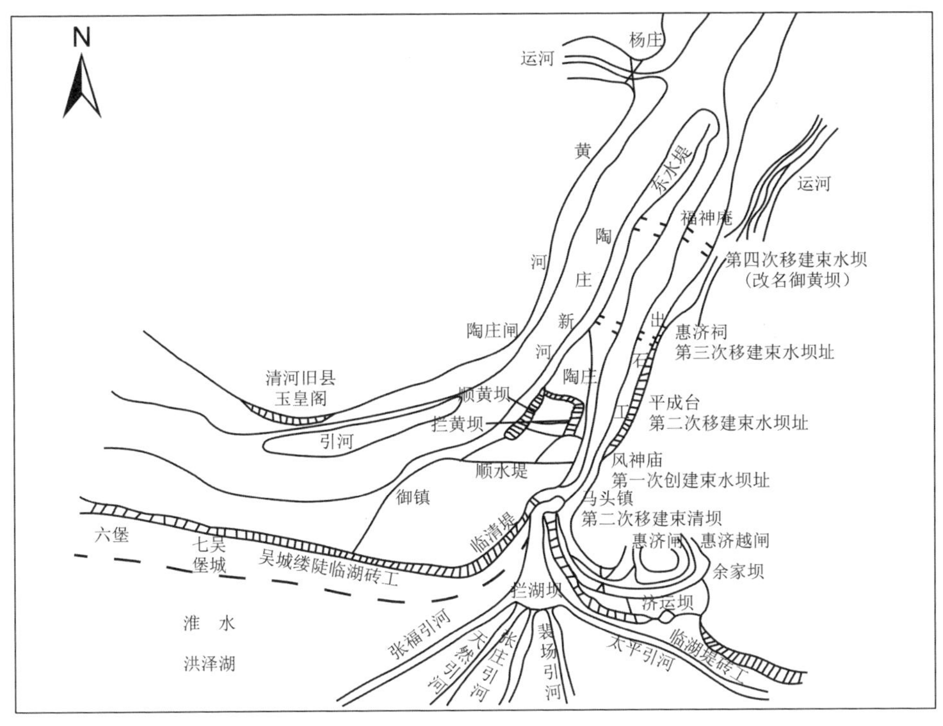

图 4-4 乾隆时期清口治理工程

(来源:水利部治淮委员会,《淮河水利简史》,北京水利出版社 1990 年版,第 244 页。作者改绘。)

① (民国)赵尔巽等编:《清史稿》卷一百二十八《河渠志三 · 淮河》,中华书局 1977 年版,第 3801 页。

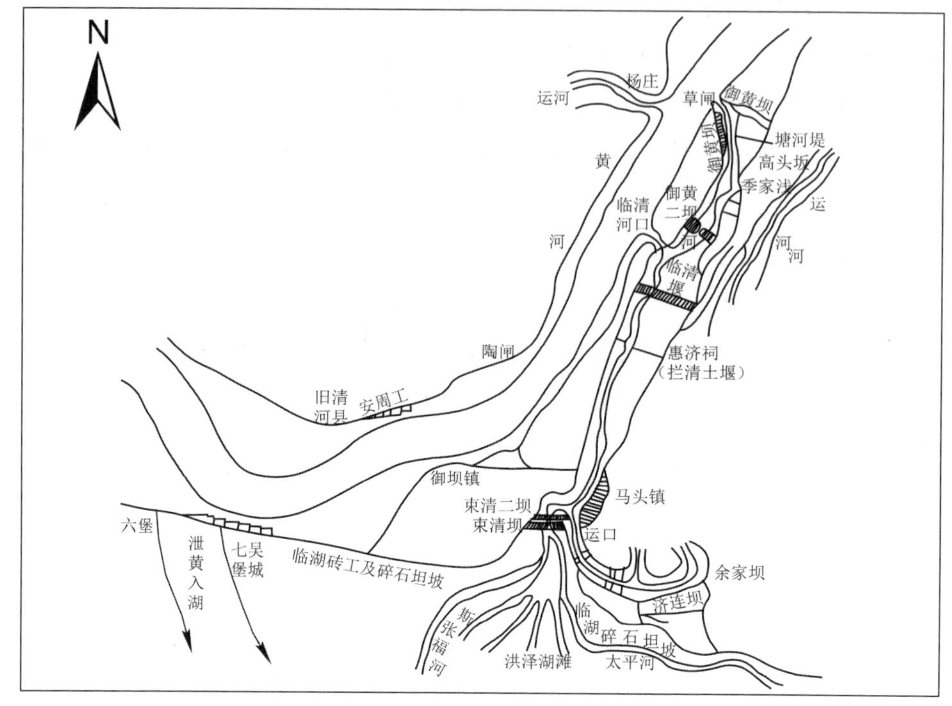

图 4-5　道光年间清口灌塘济运

(来源:水利水电科学研究院,《中国水利史稿 下册》,水利水电出版社 1989 年版。作者改绘。)

2. 洪泽湖高家堰

(1) 明清时期高家堰大堤的发展演变

洪泽湖高家堰大堤的历史虽然最远可以追溯到东汉时期,但是直到明代中期,所谓的高家堰大堤依然只是一条长仅二三十里的低矮土堤。明正德至隆庆年间,黄河主流再次南下夺淮入海,黄、淮二渎归一,淮河中下游水患频仍,事关漕运大计和当地民生,黄、淮、运的治理被提到前所未有的高度。明廷治河大多采取南岸疏浚、北岸筑堤的方法,这些措施虽解除了北段冲断运河之忧,但归、徐之间的河道却此决彼淤,南北滚动,至万历年间,河患日益严重,漕运中断,人民流离失所。

明万历六年(1578 年),潘季驯被第三次起用,总理河漕兼提督军务,他在总结前两次治河实践和吸取前人治河经验的基础上,明确把"筑堤束水,以水攻沙"作为治河的指导思想。他根据"淮清河浊,淮弱河强"的特点,在东汉陈登所修捍淮堤和明永乐间陈瑄所筑土堤的基础上，大筑洪泽湖东岸堤坝以广蓄清水，延长加固高家堰大堤，蓄全淮之水于洪泽湖内，抬高水位，使淮水全出清口，以敌黄强，从而达到“蓄清刷黄”的目的。万历八年(1580 年)，他又在高家堰迎水面创建长 3110 丈、高 1 丈、厚 2 尺 5 寸的石工墙，增强湖堤抗御风浪的能力，开创了高家堰大堤石工坝的先例，后陆续扩展至 5800 余丈，并在大堤沿线设置了 3 座泄水闸。①

明末清初，朝代更迭，战火纷飞，淮、湖失治，水患成灾。清康熙十六年(1677 年)，康熙帝起用靳辅出任河道总督，全面整治黄、淮、运问题。靳辅及其助手陈潢在认真考察了黄淮运形势后，决定继续奉潘季驯的“蓄清刷黄”为圭臬，并有所改进。他们先是带领数万军民堵塞住高家堰各处决口，接着，在大堤前沿加筑永久性副坝，同时大力兴建减水坝、涵洞与防浪坦坡，确保大堤安全。此后，又陆续增筑武家墩以北土堤 18 里和周桥至翟家坝的土堤 25 余里，至此，高家堰全线 100 多里大堤已初具今日之规模。通过靳辅的系统整治，洪泽湖大堤的拦蓄能力进一步增强。②

清雍正年间，国家财力渐舒，朝野上下一致认为洪泽湖为协调黄、淮、运的关键性枢纽工程，而且事关周边淮扬地区数百万人民生命财产安全，不容有失。于是陆续拨巨款加修高家堰，主要是大筑石工墙，兴修通身石工。③ 据《清史稿·河渠志》记载：“先是高堰石工未能一律坚厚。至七年冬，发帑百万，命总河孔继珣、总督尹继善将堤身卑薄倾圮处拆砌，务令一律坚实。十年秋，高堰石工成。”④但这项工程并未就此停止，断断续续的加固与整修一直持续到咸丰五年黄河决铜瓦厢改道大清河北上入渤海才宣告完工。此时，大堤北起码头镇石工头，南至蒋坝镇，全长 120 里，底宽近 20 丈，顶宽 9 至 15 丈，成为真正意义上的

① 徐东平、王勇勇主编：《淮河文化与皖北振兴“第六届淮河文化研讨会”论文选编》，合肥工业大学出版社 2012 年版，第 411 页。

② 参见卢勇、沈志忠《明清时期洪泽湖高家堰大堤的建筑成就》，《安徽史学》2011 年第 6 期，第 109—112 页。

③ 参见徐东平、王勇勇主编《淮河文化与皖北振兴“第六届淮河文化研讨会”论文选编》，合肥工业大学出版社 2012 年版，第 411 页。

④ (民国)赵尔巽等编：《清史稿》卷一百二十八《河渠志三·淮河》，中华书局 1977 年版。

"水上长城"。修成后的高家堰大堤主体结构分为前后两部分:后部为砖土混合堤身,前部为巨大条石垒砌的石工墙,另外还有蒋坝以南14里许的土质大堤,该地土质坚硬,一般作为天然减水坝使用,故未建石工墙。①

高家堰大堤自清中叶建成后,不断接受洪泽湖水陆续抬高的压力和洪水考验,洪水期的洪泽湖面常常高出东面的里下河地区十余米,是名副其实的地上"悬湖",洪泽湖的万顷湖水全赖湖东之高家堰大堤作为屏障。虽然危险如斯,但大坝历经风浪仍基本保存完好,至今依然发挥着不可替代的作用。

(2) 合理巧妙的堤身建构

高家堰大堤南北绵亘60多千米,堤高体壮,蔚为大观,其体积甚至超过了著名的万里长城。当然,如此雄壮的水利工程并不是简简单单的土石堆积,它在结构设计上合乎科学原理,颇有创意,显示了我国古代水利建设者的高超智慧。

第一,堤身走向多弯,顺水之势。洪泽湖高家堰堤身雄壮非凡,远远望去如同一条绿色的巨蟒,匍匐在洪泽湖东岸,横亘南北。但大堤并不是笔直的南北延伸,而是弯弯曲曲,蜿蜒曲折,从南到北一眼望去,似乎不知道有多少弯。堤身的多弯设计主要是建设者们有效地考虑到了当地地形对风浪的影响,通过堤身的故意弯曲,让大堤避免了洪泽湖风浪的正面冲击,减轻了湖水对堤身的冲击力。②

第二,石料丁顺间砌,石砖土三位一体。众所周知,传统堤坝的砌石技术最重要的在于丁顺间砌,才能有利彼此链接,增强抗冲性。高家堰石工墙每丈搭三块丁石,"每层顺砌一丈,例用丁头石三块,每块长三尺六寸,庶与衬里砖石里外牵扯,方资巩固"。丁石石料的尺寸也有明确规定,"丁石务要长三尺以外。顺石务要长二尺四五寸,宽厚均要一尺二寸"③。石块之间首尾凿孔,再加以燕尾状铁销相连,左右贯穿,使

① 参见卢勇、沈志忠《明清时期洪泽湖高家堰大堤的建筑成就》,《安徽史学》2011年第6期,第109—112页。

② 参见徐东平、王勇勇主编《淮河文化与皖北振兴"第六届淮河文化研讨会"论文选编》,合肥工业大学出版社2012年版,第414页。

③ (清)嵇曾筠:《清经世文编》卷一百零三《石工说》,中华书局1992年版,第2509页。

通身之石，宛若一体。[①]

砌砖和砌石类似，但是砖块不及石工经久耐用，然而经费却明显节省，因此，大堤建筑往往在石工里面辅以砖工，以降低开支。此外，随着洪泽湖水位不断抬升，旧有之石工高度不足，若再加高，基础承重将不堪重负，因此，实际操作过程中往往也不再加修砌石，而改用砌砖。清雍正年间，以善于筑坝著称的河道总督嵇曾筠还对砌石之后增筑砌砖的好处有独到理解："里石之后，复衬河砖，盖土石性殊，难于联属，以砖贴土，诚有妙理。如或聪明自用，更改成规，动谓砖性不坚，不如省去。不知土石性难融洽，分而不屑，大有疏虞。是衬砖之贵乎如式者一也。"[②]堤身中间砌砖，缓和了石块和填土之间工程性质差别过大的矛盾，形成了现代土木建筑科学中典型的"弹模过渡带"，使得石砖土三位一体，从而既具有了极高的稳定性，又有效提高了强度。

第三，植树挡浪，栽草护堤。利用堤身植株化解水浪冲激、防止水土流失在我国早已有之。战国时期的《管子·度地》中记载："树以荆棘，以固其地，杂之以柏杨，以备决水。"明清两代都有关于高家堰大堤上植树的相关记载。潘季驯要求将柳树栽种在"去堤址约二三尺（或五六尺）"的滩面上，可以消浪和提供埽工用料的作用，他主张在堤根处栽种芦苇，待芦苇丰茂后，"即有风不能鼓浪"；在堤坡上，潘季驯不主张种柳，而只赞成种草，其作用是"再采草子，乘春初稍锄复密种，俟其畅茂，虽雨淋不能刷土矣"[③]。靳辅对此深以为然，他说："丛植柳芦茭草之属，俟其根株交结，茂盛蔓延，则虽狂风动地，雪浪排空，不能越百余丈之茂林深草而溃堤矣"[④]。对大堤植树栽草的重要性作了精辟阐释。这样，整个大堤做到了堤前有树，堤身有草，既能防风，又能防雨，犹如穿上了一件厚实的防护衣，对堤防的维护就更加完备了。[⑤]

① 参见卢勇、沈志忠《明清时期洪泽湖高家堰大堤的建筑成就》，《安徽史学》2011年第6期，第109—112页。

② （清）嵇曾筠：《清经世文编》卷一百零三《石工说》，中华书局1992年版，第2509页。

③ （明）潘季驯：《河防一览》卷四，水利珍本丛书本。

④ （清）靳辅：《治河方略》卷二《高家堰》，水利珍本丛书本。

⑤ 参见卢勇、沈志忠《明清时期洪泽湖高家堰大堤的建筑成就》，《安徽史学》2011年第6期，第109—112页。

在明清两代河督的大力倡导下，高家堰大堤遍植柳树、茭草等喜水植物。今天的高家堰大堤草木繁茂、郁郁葱葱，已经变成了一条生机盎然的绿色长廊，成为天然的护堤衣、挡浪器。①

(3) 挡浪消能的多重设置

由于洪泽湖湖面开阔，风大浪急，所以高家堰大堤不仅仅依靠大堤堤身防洪挡浪，而且构筑多种附属设施，与堤身紧密相连，协同作用，确保大堤稳固。高家堰之附属设施主要有坦坡、涵洞以及减水坝，等等。

第一，构筑坦坡，挡浪防冲

坦坡是指修筑于堤前，用以保护堤脚免受浪潮冲刷的工程。正如《河工简要》中所载："凡修堤以临河一面平坦宽大，即经水漫刷，不致倒崖，有损堤工，故名坦坡。"②坦坡首见于宋代的海塘工程，明代万历年间，潘季驯大修高家堰时就曾经采用过一定的防浪措施，主要是在洪泽湖浪大水深地段密打一排木桩，桩内铺席和草，草内夯土，称之为"笆工"或者"板工"。风浪来时，先被桩排阻挡再被席子过滤，进入草窝的水就没有什么冲击力了。水退时，里土有草、席的层层阻隔，不会鼓带出来，此种结构与现代坝工上运用的反滤层原理完全相同，但费用高而不耐久。

清康熙年间，靳辅在潘氏笆工的基础上更进一步，发展了土坦坡，并在高家堰大堤前广泛应用。其《治河方略》对坦坡有过详细分析，他说："水，柔物也。惟激之则怒，苟顺之自平。顺之之法，莫如坦坡，乃多运土于堤外，每堤高一尺，填坡八尺，如堤高一丈，即填坦坡八丈，以填出水面为准，务令迤科为渐高，俾来不拒而去不留。"③同时，他还要求"每堤一丈，筑坦坡宽五尺，密布草根草子其上，俟其长茂，则土益坚。至高堰石工，亦宜帮筑坦坡，埋石工于内，更为坚稳，较之用板、用石、用埽，可省二十一万有奇，且免冲激颓卸之患"④。通过增大迎浪堤身断面、植草加大摩擦力，达到消浪防冲、增强堤身防护力之目的。在此基础上，后人发展了堤前抛洒碎石形成坦坡的理念，这一理念今天作为一项有

① 参见徐东平、王勇勇主编《淮河文化与皖北振兴"第六届淮河文化研讨会"论文选编》，合肥工业大学出版社 2012 年版，第 415 页。

② (清)邱步洲辑：《河工简要》，清光绪十三年刻本。

③ (清)靳辅：《治河方略》卷三《闸坝涵洞》。

④ 周魁一等注释：《二十五史河渠志注释》，中国书店 1990 年版，第 589 页。

效的防浪技术，仍在包括洪泽湖大堤的许多堤防工程中广泛采用。①

第二，设置涵洞，抗压消能

明清时期，随着大量黄河泥沙的陆续淤积，洪泽湖水面越抬越高，高家堰大堤背后就是一马平川的里下河平原，水位压力越来越大。据现代科学可知，在这种情况下静水压力往往是导致水工建筑构倾毁的主要外力。当建筑物前面有水而后面没水时，尤其是当汛期高水协同作用下，土体建筑物、建筑物基地或建筑物与上体连接部分往往渗水，形成管涌、流土或漏洞，使大堤溃决直至垮塌。②

清代治河名臣靳辅通过在高家堰大堤设置涵洞，巧妙地解决了这一难题。他在其治水专著《治河方略》中对此有过专门评价：涵洞不但可以排水、淤田、灌溉等，而且可以挡水，“（涵洞）上既有以杀之于未溢之先，下复有以消之于将溢之际，……更以之挡水。以之卫闸，其用微妙，非久于河者不知也”。靳辅的做法是：“我以涵洞之水透入闸后，使之旋澜涌波，以护其基，以承其底，则闸反若有所凭固，而澎湃之势平，倾跌之力轻矣。”③高家堰大堤涵洞多齐地而开，一般洞口三尺见方，今天仍有可见。

第三，添设减水坝，以备不虞

除了涵洞，高家堰大堤上还建有多座减水坝。所谓减水坝即今之溢流堰。减水坝主要用于汛期洪水异涨时泄洪减压之需，是承担洪泽湖汛期泄洪任务的主角。减水坝的选址一般为下游有旧河或不远处有湖荡之地，坝址处为老土，易于洪水下泄，且不致掏空大堤。④

高家堰大堤最多时共有减水坝闸 26 座之多。仅康熙十九年（1680年），为加大洪泽湖泄洪能力，靳辅就改建和扩建了减水坝 6 座，自北而南为武家墩、高良涧、周家桥、古沟东、古沟西和塘埂，各坝宽度不等，总

① 参见徐东平、王勇勇主编《淮河文化与皖北振兴“第六届淮河文化研讨会”论文选编》，合肥工业大学出版社 2012 年版，第 416 页。

② 参见卢勇、沈志忠《明清时期洪泽湖高家堰大堤的建筑成就》，《安徽史学》2011 年第 6 期，第 109—112 页。

③ （清）靳辅：《治河方略》卷三《闸坝涵洞》。

④ 参见徐东平、王勇勇主编《淮河文化与皖北振兴“第六届淮河文化研讨会”论文选编》，合肥工业大学出版社 2012 年版，第 416 页。

宽一百七十丈4尺(约545米),后来发展为著名的"仁""义""礼""智""信"减水坝。

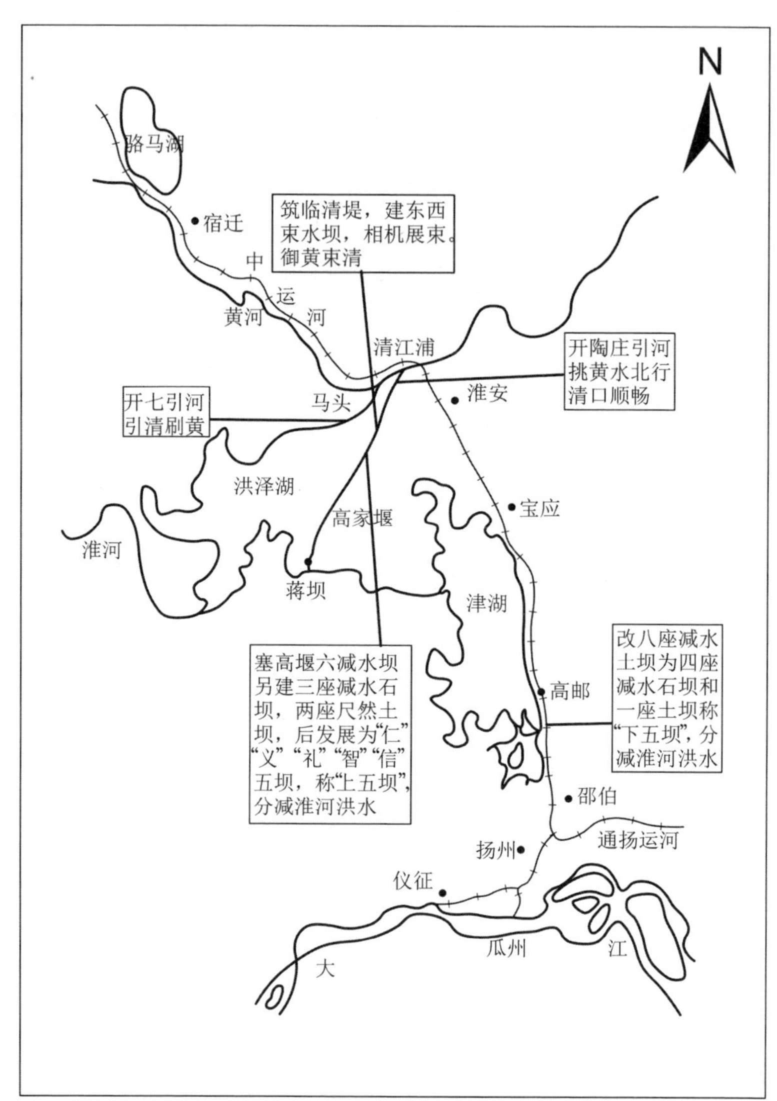

图4-6 张鹏翮修建高家堰工程示意图

(来源:水利水电科学研究院,《中国水利史稿 下册》,水利水电出版社1989年版。作者改绘)

减水坝的施工有严格要求:宽度一般在100丈以内,长度达到八九十丈,两端"金门"为石砌,并加签锁口桩,上口、下口分做迎水、分水,上口六七路,下口八九路,中间的坝面用夯夯实,再铺上三合土,厚1尺2

寸。铺时需分两层，冬天还要盖土防冻。坝后护坦为条石砌就，坚固严密。高家堰大堤减水闸设计缜密，施工精严，至今仍有数座保存完整，成为当地一道独特的景观。[①]

表 4-3　五坝变迁情况表

名称	年代	工程概况
仁坝（北坝）	康熙三十九年（1700 年）	滚水石坝，长七十丈，坝高六尺八寸
	雍正五年（1727 年）	将坝底落矮一尺五寸
	乾隆三十三年（1768 年）	加筑封土护埽
	嘉庆二十三年（1818 年）	嘉庆十六年，坝顶过洪，跌成深塘，堵闭未修。本年筑成土堤，临湖面筑石工长九十五丈八尺，北砌石十六层，南砌石二十四层，石后筑堤长九十四丈
义坝（中坝）	康熙三十九年（1700 年）	始建滚水石坝，长六十丈
	雍正五年（1727 年）	将坝底落矮一尺五寸
	乾隆三十三年（1768 年）	坝上加筑，封土护埽
	嘉庆十年、十五年（1805、1810 年）	两次过水，跌成深塘，堵闭未修。二十三年，筑为土堤，临湖面建石工长七十三丈五尺，内南北长三十三丈五尺七寸，砌石十六层，中长四十丈，砌石二十层，石后筑堤长七十丈
礼坝（南坝）	康熙三十九年（1700 年）	始建滚水石坝，长六十丈
	雍正五年（1727 年）	将坝底落矮一尺五寸
	乾隆三十三年（1768 年）	坝上加筑，封土护埽
	嘉庆十五年（1810 年）	加高坝底三尺
	嘉庆十七年、十八年（1812、1813 年）	启放跌成深塘，未修复，二十三年为土堤，建石工，退后圈越，新石工与南北金刚墙裹头相接，共长一百四十七丈。内中长五十三丈，砌石十九层南北长四十四丈，砌石十七层，两金刚墙旧石工长四十八丈，也作临湖石工，石后筑堤长一百四十一丈

① 参见徐东平、王勇勇主编《淮河文化与皖北振兴"第六届淮河文化研讨会"论文选编》，合肥工业大学出版社 2012 年版，第 416 页。

续表

名称	年代	工程概况
智坝	乾隆十六年(1751年)	始建滚水石坝,金门南北长六十丈,石底面宽二十丈四尺,墙高一丈二寸
	乾隆三十三年(1768年)	坝上加筑,封土护埽
	嘉庆十五年(1810年)	将坝底高程抬高四尺,每年堵闭,在坝脊加筑埽戗
信坝	乾隆十六年(1751年)	始建滚水石坝,金门南北长六十丈,坝底东西宽二十丈,墙高一丈二寸
	嘉庆十七年(1812年)	加高坝底一尺,每年启放,坝上筑做护埽

资料来源:转引自水利部治淮委员会《淮河水利简史》,北京水利出版社1990年版,第247页。

3. 淮河入海入江

(1) 归海五坝

自黄河夺淮后,淮河下游淤垫日益严重,淮河失去入海水道。至清康熙年间,入海口云梯关已下移百余里,淮河入海难以宣泄。康熙十六年(1677年),靳辅对淮河入海口进行的治理,主要采用筑堤束水和人力挑浚的方法,着力于疏浚淮河入海通道。康熙十九年(1680年),靳辅在高邮南北创建宝应子婴沟、高邮永平港、南关、八里铺、柏家墩、江都鳅鱼口减水坝共六座,后又改建高邮五里铺、车逻港减水坝二座,形成土底的"归海八坝","以新建八坝抵泄周桥六坝之水"①。康熙三十九年(1700年),张鹏翮任河道总督,在原八坝的基础上将土质坝改为石坝,并废除了子婴、永平两坝,又将南关坝堵闭移建于五里铺坝址,在八里铺坝址上再建五里中坝,又新建车逻坝,改建江都鳅鱼口坝于昭关庙,称为"昭关坝"。乾隆二十二年(1757年),复建一新坝,合南关坝、五里中坝、车逻坝、昭关坝共称为"归海五坝"。清代后期,由于洪泽湖淤垫严重,归海五坝常用以泄洪。据统计,自嘉庆道光年间,54年中合计开归海坝95次,每两年开坝一次,每次开坝近两道。② 开启归海坝,

---

① (清)靳辅:《治河方略》卷三《南运河》。

② 水利部治淮委员会:《淮河水利简史》,水利电力出版社1990年版,第259、258页。

对里下河地区无疑造成严重危害，地势低洼处尽成泽乡。至咸丰年间，归海坝尚存南关坝、新坝、车逻坝三坝，又被称为“归海三坝”，依然承担着泄洪的功用。

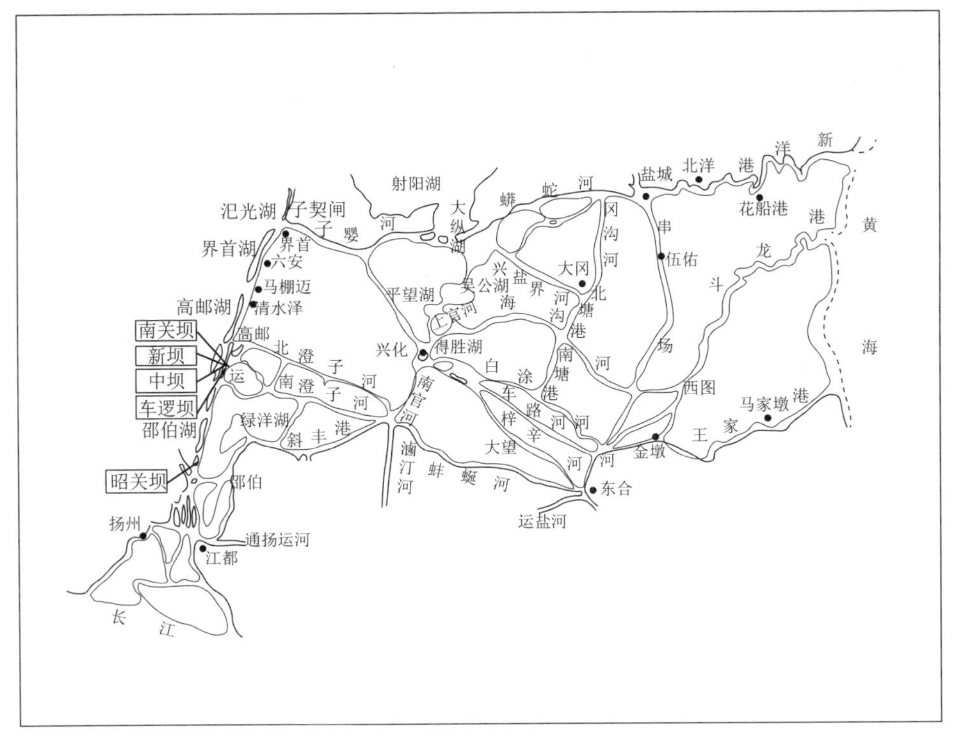

图 4-7　归海坝与里下河区形势图

（来源：水利部治淮委员会，《淮河水利简史》，第 258 页。作者改绘。）

（2）归江十坝

黄河泥沙淤积垫高淮河下游河道与湖泊，加之洪泽湖堤工的加筑，使得江淮之间呈现淮高江低的状态，淮河入海口淤塞不通。为寻求新的出口，淮河入江成为重要的路径。为引淮河入江，明清两代修建了归江十坝。归江十坝是清后期淮水经由里运河南下进入长江的 10 道拦河坝，主要用来控制淮河、洪泽湖进入长江的水量。明代，修里运河引淮河水以济长江。万历年间，在芒稻河上修筑东西二闸以及金湾河闸。天启六年（1626 年），先后在凤凰河、壁虎河上建桥，桥下筑有滚水坝以调节水位。康熙元年（1662 年），开凿运盐河，十一年（1672 年）建西湾、东湾两座滚水坝，并开挖太平河。道光年间，归江十坝主要有：金湾坝、东湾坝、西湾坝、凤凰坝、新河坝、壁虎坝、湾头老坝、沙河坝、拦江坝、褚山坝。[①] 各坝的启放尺寸以昭关镇三沟闸志桩为准。道光年间，各坝启放准则为：存水1丈，启金湾、东西湾；1丈1尺，启壁虎、凤凰桥、瓦窑铺；1丈2尺，再启拦江、褚山；余若沙河等坝，未定水则；现时1丈3尺，启金湾及新河；每长1尺递启东湾、凤凰、壁虎三坝，拦江坝启放水则亦1丈6尺，与壁虎坝、同余坝继启，惟堵闭期限无标准。[②] 咸丰元年(1851年)，淮河洪水冲破洪泽湖上三河口，淮河干道不再入海而改为入江。淮河全量汇入长江，洪峰水量较大，归江各闸已经不能起到调节作用，仅用来通泄洪水。

表4-4　归江十坝

<table>
<tr><th>坝名</th><th>位置</th><th>坝长</th><th>控制河流</th></tr>
<tr><td>金湾坝</td><td>金湾河口</td><td>二十八丈</td><td>金湾河绝古运盐河下董家沟入芒稻河</td></tr>
<tr><td>东湾坝</td><td>太平河口</td><td>原长三十丈越长三十三丈五尺</td><td rowspan="2">二坝之水由太平河绝古运盐河下石洋沟入廖家沟</td></tr>
<tr><td>西湾坝</td><td>太平河口</td><td>长三十丈</td></tr>
<tr><td>凤凰坝</td><td>凤凰河口</td><td>原长二十八丈越长三十七丈五尺</td><td>由凤凰河绝古运盐河入廖家沟</td></tr>
<tr><td>新河坝</td><td>新河口</td><td>长四十四丈</td><td>坝水由新河绝古运盐河入廖家沟</td></tr>
<tr><td>壁虎坝</td><td>湾头河口</td><td>原长六十丈越长七十三丈</td><td rowspan="2">二坝之水由湾头河绝古运盐河入廖家沟</td></tr>
<tr><td>湾头老坝</td><td>湾头河口</td><td>长十二丈</td></tr>
<tr><td>沙河坝</td><td>沙河口</td><td>长二十四丈</td><td>由沙河至霍家桥入廖家沟</td></tr>
<tr><td>拦江坝</td><td>人字河头</td><td>原长二十八丈越长二十九丈五尺</td><td rowspan="2">由人字河绝古运盐河入芒稻河</td></tr>
<tr><td>褚山坝</td><td>人字河尾</td><td>长十二丈</td></tr>
</table>

资料来源：民国《续修兴化县志》卷二《河渠二》，民国二十三年铅印本，第24—25页。

① 姚汉源：《中国水利发展史》，上海人民出版社2005年版，第495页。

② 参见民国《续修兴化县志》卷二《河渠二》，民国二十三年铅印本，第25页上。

四、民国淮河治理工程

1. 民国时期的淮河水患

明清两代多次治理淮河，但收效甚微。民国初年，国家经历了长期战乱，面临着内忧外患，淮河流域地区水利多严重失修，水旱灾害频发。

“据统计，从 1912 年到 1948 年这 37 年间，就曾发生过 40 次较大的水旱灾害，每次都有一百多万人流离失所，逃荒要饭。”①除水灾频繁发生外，还屡见特大水灾，其中以 1916 年、1921 年、1931 年和 1938 年这几次水灾最为严重。

1921 年间，淮河流域内普遍多雨，夏季 6 月至 8 月，仅三个月的降雨量便超过了全年的平均值。暴雨骤至，淮河流域各主要水系水位暴涨，但河道堤坝却多年失修，从而致使多处堤坝溃决，河南、安徽、山东、江苏四省受灾害，农田淹没面积近 4973 万亩，灾民 660 多万人，财产损失 2.15 亿银元，其中苏皖两省灾情最重。② 因此，这次水灾，被称为“20 世纪汛期洪水总量最大，历时最长的大洪水”③。

1931 年，长江和淮河两大流域罕见地同时暴发严重水患。该年 6、7 两月降有暴雨三次，雨量为常年同期的 2—3 倍，淮河流域多地雨量为常年同期的 3 倍。8 月期间，虽淮河水系雨量开始减少，淮河干流上游、淮南山区、洪河与颍河的下游、皖北和苏北地区的雨量却激增。持续性暴雨，使得上游、中游、下游各处洪水四溢，崩堤垮坝事件常有发生。上游河南省受灾面积 1100 万亩，中游安徽境内受灾面积 2100 万亩，下游江苏受灾面积 3300 万亩，三省合计受灾面积达 6500 万亩，三省灾民近 2000 万。④

① 水利部治淮委员会：《淮河水利简史》，水利电力出版社 1990 年版，第 290 页。

② 参见淮河水利委员会编《中国江河防洪丛书・淮河卷》，中国水利水电出版社 1996 年版，第 39 页。

③ 耿庆国：《淮河巨洪与中国巨震》，中国地球物理学会第十九届年会，中国地球物理 2003——中国地球物理学会第十九届年会论文集，中国地球物理学会，2003 年，第 372 页。

④ 参见胡焕庸《淮河的改造》，新知识出版社 1950 年版。

表 4-5 1931 年淮河流域水灾所致农作物损失统计表

种类	担数(担)	单价(银元/担)	总计(银元)
籼糯稻	19958410	4	79837640
大豆	15983360	4.5	71925120
高粱	10931610	3	32794830
小米	5238610	3	15715830
皮棉	1035240	29	30021860
合集			230295380

资料来源:沈百先,《中华水利史》,商务印书馆 1979 年版,第 61 页。

至于 1938 年的水患,则完全是人为所致。1938 年 6 月 9 日,国民党政局为挽救溃局,阻止日军南进,在郑州市花园口制造了震惊中外的黄河花园口决堤事件。堤坝炸开后,洪水如挣脱束缚的猛兽,乘着地势,向东南奔流,在正阳关至怀远一段注入淮河。淮水入淮后,造成江苏多地发生水患,尤以洪泽湖、高宝诸湖地区严重,大片耕地被淹。

表 4-6 1938 年江苏省被淹耕地统计表

县域名称	原有耕地	被淹耕地	淹地占耕地面积百分比
高邮	1976648	300000	15
宝应	1631775	680000	42
淮安	2602033	400000	15
淮阴	1336320	155000	12
泗阳	2280960	132000	6
涟水	2583084	110000	4

资料来源:李文海、林敦奎、程歗、宫明,《近代中国灾荒纪年续编 1919—1949》,湖南教育出版社 1993 年版,第 516 页。

2. 导淮计划

面对害而不稳的淮河,民国许多阶层都提出了各自的导淮计划,其中柏文蔚、詹美生、张謇、费礼门这四人导淮计划的影响较为深远。[①]

民国元年(1912年),柏文蔚就任安徽省都督,提议裁兵导淮,并刊布了《导淮兴垦大纲》。[②] 柏文蔚认为,淮河水患主要原因有三个:一是黄河北徙之后,淮水弱,难以独流入海,常生淤积;二是前清时期保障漕运的船闸失修,使得沂、沭、泗诸水下泄无阻,河水汇聚于淮河下游地区,结果是沂沭泗地区成旱,而淮河成涝;三是因为洪泽湖常年淤积,河床上抬,蓄水能力下降。由此,柏文蔚提出了自己的导淮理论,对于导淮线路的选择、工期的安排、经费的筹措等都有着独到的见解,更是首次提出来江海分疏具体比例的计划,即以4∶6的比例划分入江入海的淮水。

美国工程师詹美生也曾参与了导淮工程的设计。1912年,詹美生首次考察淮河,提出了疏导淮河的报告书,认为应该"导淮分入江海"。1914年,詹美生再次来华考察导淮事宜,发表导淮计划书,估算淮河洪水量为5660 m^3/s,认为淮水不宜分疏入江入海,而应导淮河水至扬州西附近入长江,即"导淮入江"。当时,为了实施该计划,北洋政府一度与美国红十字会签订了发行治淮公债的相关合作方案,利息以治理后所增收的税额和运河航行权为担保,由红十字会采取包工制。不久,一战爆发,故该计划未能实现。[③]

近代著名实业家张謇曾积极参与治淮。1919年,张謇发表《江淮水利施工计划书》,详细阐述了他的导淮计划。鉴于苏、皖二省面临的治理困局,他又拟出《淮沂泗沭治标商榷书》,主张苏皖两省合力治理。对于江苏境内,他认为:"就苏境言,向所塞者先使之通,设遇大水,其自然之冲刷力,必能将窄浅之河,渐次深广。"[④]张謇提出的治淮策略对后世影响很大,其所提出的"江海分疏"和"淮沂沭合治"等理念被后来导淮委员会制定治淮计划时所吸纳。

美国工程师费礼门曾任职于中国南运河工程局,其间他结合大量

---

① 参见张厚金《民国时期治淮方略研究》,贵州师范大学2019硕士学位论文。

② 程必定、吴春梅主编:《淮河文化纵论 "第四届淮河文化研讨会"论文选编》,合肥工业大学出版社2008年,第91页。

③《裁兵归田的导淮计划》,《申报》1928年7月16日版。

④《张謇敬告导淮会议与会诸君意见书续》,《申报》1923年4月8日版。

淮水资料与亲身实践，于 1920 年制定了导淮计划书，他认为将淮、沂、沭之水全数导入海才是科学合理的做法。此外，他还认为美国红十字会工程团的计划因为诸多原因未能被付诸实施是十分可惜的，而张謇的治淮计划所需经费太过庞大，不可实现。

综上，民国时期的各种治淮计划，分歧在于导淮线路的选择、入江入海水量的选择、淮河及其支流沂沭河的治理问题这三点。而随着治淮计划讨论的深入及科学测量的完善，到南京国民政府时期，导淮委员会最终确定了三分入海、七分入江和淮沂沭泗合治分导入海的治淮原则，并逐步付诸实施。

3. 治淮实施

民国成立之初，便有人提出导淮理论，但政府性的全面导淮计划一直未能确定。每当洪水来犯，各地仅仅是小修小补，淮河治理没有较全面的实施。南京国民政府成立后组建导淮委员会制定导淮计划，但由于经费问题一直没有施行。1931 年，淮河大水灾的发生才使得政府认识到问题的严重性，并逐步开展导淮工程。这期间，日本入侵，淮河流域多地沦陷，不少工程也被迫停止。下文将对民国时期淮河江苏段治理工程进行简单梳理。

首先是对淮河入江水道的整理。因里运河西堤各涵闸都需要进行修整，以便控制水量，防洪水侵袭，所以此次工程集中整理了里运河西堤的高邮船闸并修建了涵闸工程，这期间整理西堤，堵塞缺口和修建涵闸工程共 27 处。[①] 工程还培修了洪泽湖大堤。洪泽湖的东南大堤，年久失修，时有浸漏。工程从 1936 年 2 月开工，同年 7 月竣工，同时修理了洪泽湖旧有从蒋坝至高良涧的大堤，耗费工款 8.3 万余元。[②]

其次是整理淮河入海水道。张福河全长约 31 千米，是导淮排洪工程中入海水道的第一段，同时也是作为灌溉及航运工程中连接淮运的干道，因而需对其进行疏浚。该工程 1933 年 1 月开工，同年 7 月完工，

---

① 参见秦孝仪《革命文献》第八十二卷《抗战前国家建设·水利建设》，中华台北中央文物供应社 1980 年版，第 347 页。

② 参见同上书，第 353 页。

共计挖土达220万立方米，使用疏浚经费471000元。[①] 此外，导淮制定的江海分疏计划，其入海线路初步开辟入海水道工程，决定从张福河经废黄河至套子口入海，全长167千米。工程一期先将河底开宽35米，堤距重定为250米。具体工役采用征工办法，分设导淮入海工程处主持工程事务，征召淮域附近十二县农夫利用农隙时间施工，按土方补助津贴。各县具体分工如下："淮阴2万人，长22.762公里；泗阳1万人，长11.22公里；江都5000人，长4.192公里；泰县5000人，长4.597公里；高邮1万人，长10.234公里；宝应1万人，长11.36公里；淮安2万人，长22.41公里；涟水2.5万人，长22.625公里；兴化1万人，长10.287公里；东台5000人，长3.289公里；盐城1.5万人，长22.84三公里，最下5公里海口切滩工程须另计议，共征共16万人，长162余公里。"[②]最后，工程还整理沂沭泗附属水系。此次治淮工程进展顺利，将沂沭各水系的堤防恢复到洪水前的容貌，并且浚深了河道，使得沂沭河的入海河道通畅。

综上，虽民国时期治淮面临各种困境，但是导淮工程还是实施且取得了一定成果，总结了相当多经验及教训，为后世治理奠定了些许基础。新中国成立后，淮河进入了全面治理的新时代。

五、治淮成就与思想流变

1. 明清时期主要治淮策略

宋元以前，里下河所在江淮地区有"走千走万，不如淮河两岸"之说，域内土肥水美，物产丰饶。明清时期，黄河南下夺淮，二渎合一，黄河的多沙善徙特点导致淮河不堪重负，溃堤频繁，洪流横溢，不仅威胁当地民生，更重要的是淮域之地乃漕粮北运的运河必经之所，事关京师财赋供应和政权稳定的国计根本，所以明清两代都把治淮列为政府工作的重点。但是，本时期治淮、治河、治运交织在一起，防洪、治沙和维持航运俱要兼顾，情况错综复杂，虽屡次大力治理，非但未能根治水患，

① 参见秦孝仪《革命文献》第八十二卷《抗战前国家建设·水利建设》，中华台北中央文物供应社1980年版，第346页。

②《苏省导淮今日开工》，《申报》1934年11月1日版。

反而日趋严重，且对今里下河地区的生态、生产、文化等产生了深远的影响，直至现今。

第一，逼河南下、护陵保漕的明代治水策略。明中前期，凡治水者皆以“利不当与水争，智不当与水斗”为圭臬，占据主导地位的是分流治水思想。决策者以为黄河源远流长，水势浩大，而夺淮之道泄洪能力小，汛期经常溃坝漫溢，只有采取分流之策，以杀水势，分则势弱，水患自消，而淮域自安。[①]

明代最早主张分流的人是明初名臣宋濂。他从历史经验出发，认为“自禹之后无水患者七百七十余年，此无他，河之流分而其势自平也”，又认为“河源起自西北，去中国为甚远。其势湍悍难制，非多为之委，以杀其流，未可以力胜也”[②]。由于宋濂的渊博学识及个人魅力，他的分流治淮策略在很长一段时间内都有影响。[③]

明中期以后，由于淮河河床淤高，堤防不堪重负，多次决堤。明廷忧虑黄河北上，借黄行运无法施行。彼时的总河刘大夏为保漕运，奉旨于弘治八年（1495 年）堵塞荆隆、黄陵岗等七处决口，挡住黄河北流入海，同时修筑了自胙城至虞城的太行堤，逼黄河由濉、涡、颍诸水入淮出海。后因濉、涡等河道淤高，黄河遂北移至沛县飞云桥入泗水，由泗水全流入淮。至此，黄、淮二渎彻底合而为一。明万历年间，潘季驯四任河道总督一职，得以全力贯彻落实他的“束水攻沙”“蓄清刷黄”之策，经十余年不懈治理，河道逐渐稳固。但是潘氏治淮的效果依旧不是太好，黄河泥沙逐渐淤积中下游河床，河成悬河，威胁漕运。同时随着洪泽湖水位的逐渐抬高，大水向上侵蚀位于上游的泗州祖陵，出现所谓“护陵”问题，使得治淮工作更加错综复杂，回旋余地很小，日益被动。加之淮弱而黄强，洪泽湖常受黄水倒灌，清口淤高，大量来水下泄不畅，四处漫流，决溢堤坝，凤泗所处的中游地区，频年被淹；在下游，湖东屏障的高家堰不断告急，洪水决口，里下河地区常年被水，运河阻滞。万历十九年（1591 年），泗州大水，“公署州治，水淹三尺。……至城内积水不泄，

---

① 参见卢勇《明清时期淮河水患与生态社会关系研究》，中国三峡出版社 2009 年版，第 157—158 页。

② （明）陈子龙等：《明经世文编》，中华书局 1962 年版，第 9 页。

③ 参见卢勇《明清时期淮河水患与生态社会关系研究》，中国三峡出版社 2009 年版，第 158 页。

居民十九淹没”[①]。在这种情况下，为了挽救黄水倒灌清口，威胁祖陵、漕运的危机，分黄导淮被提上日程。

万历二十三年（1595 年），杨一魁继任总理河道大臣。他上任后，首先派礼部给事中张企程赴当地查探洪灾与祖陵被水情况。张企程踏勘后认为祖陵被水虽因高家堰，但“（高堰）屏翰淮、扬，殆不可少。莫若于南五十里开周家桥注草子湖，大加开浚，一由金家湾入芒稻河注之江，一由子婴沟入广洋湖达之海，则淮水上流半有宣泄矣。于其北十五里开武家墩，注永济河，由窑闸出口直达泾河，从射阳湖入海，则淮水下流半有归宿矣”[②]。为保陵、护运，解灾民于倒悬，杨、张二人联名上书，提出“分杀黄流以纵淮，别疏海口以导黄”之策，得到朝廷同意。

万历二十四年（1596 年），杨一魁组织河南、山东、江北民工 20 万人，首先自桃源黄家嘴起挑黄家坝新河，向东越清河至安东（今涟水）灌口，以抑黄强。新河可分泄黄水入海，共长 300 余里。其次，辟清口沙七里，在高堰修周桥、武家敦、高良涧三闸，导淮水东流经里下河地区入海。再次，挑挖、浚疏高邮茆塘港，引水南下邵伯湖，经金家湾下芒稻河而至长江，同时，复建芒稻河、金家湾减水闸以调控。同年十月，所有工程竣工。“于是，泗陵水患平，而淮、扬安矣。”[③]明代后期杨一魁主导的这次分水治淮影响很大，他主要集中于“桃、清、淮、泗间”，竣工后虽然短暂缓解了祖陵危机，但这次分流只顾眼前之急，忽视长期后果，给淮域尤其是里下河地区的自然生态环境和漕运带来严重灾难。

第二，保漕护运、牺牲苏中的清代治淮。清代以降，江南的经济重心地位日重，京师之军费、官俸、宫需、民生等皆依赖江南贡赋，所以漕运之重，无以复加，即为了漕运这个国家战略，别的皆可舍弃，正所谓“治黄即所以治淮，而治淮莫先于治河”[④]。康熙帝遂任命靳辅为河督，以“治河之道，必当审其全局，将河道运道为一体，彻头彻尾而合治

① 卞利：《明代中期淮河流域的自然灾害与社会矛盾》，《安徽大学学报》1998 年第 3 期，第 86—92 页。
② （清）张廷玉等：《明史》卷八十四《河渠二》，中华书局 2013 年版，第 2061—2062 页。
③ 同上。
④ （清）赵尔巽等：《清史稿》，中华书局 1998 版，第 776 页。

之”[①]为基本方略，在确保漕运的基础上，统筹全局以治淮。康熙十八年(1679年)，靳辅上书：“当淮流循禹故道之时，淮流安澜直下，此地未闻水患。迨黄流南徙夺淮，淮流不能畅注，于是壅遏四漫。山阳、宝应、高邮、江都四州县，河西低洼之区，尽成泽国者六百年矣。”[②]在征得康熙帝的支持下，靳氏治淮继承并发展了明代潘季驯的“束水攻沙”“蓄清刷黄”“坚筑堤防”思想。他认为分流会导致水势低弱，泥沙因之沉淀淤积河床，主张束多支于一槽，以水攻沙。在靳辅的组织策划下，人们一方面大筑淮河堤防，全面提升堤防质量，从云梯关内开始，修筑起延伸至海口的坚固堤防；另一方面，他非常重视“蓄清刷黄”，继续增高扩建高家堰以拦蓄洪泽湖水冲刷清口，使漕运畅通。

整体言之，靳辅在潘氏借清刷黄的基础上又有一定发展：第一，他提出“黄淮相济”的思想，让部分浑浊的黄河水经过低洼地带沉淀泥沙，变成清水后再注入洪泽湖，增强冲刷清口积沙的能力；第二，他通过在高家堰增修减水坝来扩大汛期淮河洪峰的下泄能力，保护运道免受冲击；第三，“寓浚于筑”，靳辅一边强调束水攻沙，一边高度重视人工挑浚，以沙固堤，收“一举两得之计”；此外，他还在浚疏河道中，总结出“川”字河的先进经验，可以实现迅速冲沙、刷深河床之效。靳辅还认为：“治水者必先从下流治起，下流疏通则上流自不饱涨。”[③]在海口积沙问题上，他超越了潘季驯的旧识，多次组织海口疏浚。潘氏曾认为，海口积沙无法疏浚，也不必过虑，应让水流自行冲刷。所以靳辅多次要求属下“切切以云梯关外为重”，筑堤与挑浚并重，重视海口积沙的疏浚。

这一时期，由于将黄淮二渎束于一槽，且堤防坚固、河道固定，水流迅猛，来自黄土高原的巨量泥沙在水流的冲刷下被搬运到入海口外，在海口附近的拦门沙、沙嘴淤长迅速。随着海浪的冲刷，泥沙随流迁移，在黄海大陆架的平缓斜坡上逐渐沉积。靳辅治水以后，随着泥沙日益

---

① 沈云龙：《近代中国史料丛刊(第十五辑)》，《靳文襄公(辅)奏疏》，(中国台湾)台北文海出版社1996年版。

② 马齐等监修：《大清圣祖仁皇帝实录》卷八十二，大藏出版株式会社印行，第2页。

③ 沈云龙：《近代中国史料丛刊(第十五辑)》，《靳文襄公(辅)奏疏》，(中国台湾)台北文海出版社1996年版。

堆积，淮河入海口不断向海延伸了200余里，带动今苏北地区的大陆线快速向东延展。因此，本时期的淮河河道实际上被变相地拉长了。在淮河源头海拔高度固定的情况下，下游河道变长使得河床比降降低，河道更显缓平，降低了流速，泄洪也就愈加艰难。自乾隆时期开始，这个问题开始逐渐显现并无法解决。[①] 陈应芳在《浚丁溪海口记》中指出：自明末以后，就在运河东堤上设置减水坝，"湖水自是岁岁减而东注，而兴（化）与泰（州）视高（邮）、宝（应）更若釜然，内洼而外高，其来也日积，其去也日壅，而膏腴沃衍之壤荡而为雈苇潴泽之乡"[②]。因此，就整体而言，清代治淮依旧是以明潘季驯"束水攻沙"思想为基础，稍有拓展。淮河下游地区，虽然在康乾时期得到了短暂的安流，但这是以苏中里下河地区的巨大牺牲为代价的。[③] 甚至有人认为明清时期的淮河治理是一场彻底的失败，"至明大筑高堰，而黄淮遂并而不复，为患益剧。陷泗州、浸虹县、废临淮，逼徙清河、邳州。时复旁溢徐海，下侵高宝。前清开国二百余年，几无宁岁"[④]。

2. 治淮杰出人物举要——张謇

张謇（1853—1926），字季直，号啬庵，祖籍常熟，生于江苏海门市，清末状元。张謇涉猎的领域颇多，是中国近代著名的实业家、政治家和教育家，同时也是我国近现代水利的奠基人。1887年8月，黄河在郑州十堡决口，时任开封知府幕僚的张謇奉命调查灾情，协助治河救灾。张謇目睹了灾区"漂没村庄，镇集以二三千计……溺死之人，蔽空四下，若凫鸥之出没"[⑤]的惨况，极为触动。张謇多次冒险与孙云锦之子孙东甫一同乘舟察看水势与决口情况，并作《郑州决口记》详记始末。他更是翻阅前人的治水著作，反复钻研，五次上书河南巡抚倪文蔚，阐述自己

① 为保障汛期的运道安全，清代在运河东岸设置众多减水坝和归海大坝（车逻坝、南关坝、五里中坝、南关新坝、昭关坝），每当运河水位涨到一定程度的时候，当局就启开这些坝，放水东流。但是东部有高大的范公堤阻遏，洪水只能长时间停潴在低洼的苏中里下河地区，基本靠自然消散，时间往往极为缓慢。

② （清）黄之隽等编：《乾隆江南通志》，广陵书社2010年版，第1110页。

③ 参见卢勇、陈加晋、陈晓艳《从洪水走廊到水乡天堂：明清治淮与里下河湿地农业系统的形成》，《南京农业大学学报（社会科学版）》2017年第6期，第155页。

④ 《张謇上书陈关于水利意见》，中国台北"中研院"近代史研究所档案馆藏档案。

⑤ 张謇：《郑州决口记》，曹从坡、杨桐等编：《张謇全集》卷二，江苏古籍出版社1994年版。

的治黄方案，但最终并未被采纳。这次经历，使得张謇开始关注水患，对治水等相关水利问题有了初步的研究。因主张不被采纳，张謇告别孙云锦，返回南通，途经淮北，目睹了水患泛滥，他感慨当地百姓深受其苦，便留下来详细调查灾情，结下了与淮河的不解之缘。1903 年，淮河又一次暴发特大水患。这一次，张謇又一次上书，提出治淮主张，从此开启了张謇的导淮历程。自 1903 年第一次发表治淮文章起，张謇便将其后半生的岁月奉献给了导淮事业。在此后二十多年的风尘里，这位年过半百的老人不辞辛劳地为导淮奔波，设立江淮水利测量局、担任全国水利局总裁、任职江北运河督办，撰写治淮文章七十多篇，制定了详细的导淮方案，直至生命的最后阶段。[①]

（1）注重实地勘测

1907 年，张謇上《代江督拟设导淮公司疏》，拟设立导淮公司，目的一为筹集款项，二为进行全淮的测量工作。1909 年，张謇于清江浦筹建江淮水利公司，后该公司于 1911 年改组成为江淮水利测量局。[②] 测量局负责测量淮河沿线的水文数据，为导淮积累数据资料。1917 年，江淮水利局对淮河干流进行了第二次全面测量，这是第一次用现代科学方法进行的测量，测量结果被汇编成《勘淮笔记》。在这次测量中，测量小组以废黄河平面作为零点计算海拔高程，在中国水利史上是首次。张謇先后数次带队或派遣技术人员赶赴淮河流域实地勘测，对于因战乱而中断的测量，他仍会带队前往复勘，他认为："自应先事复勘，以定规画疏导之大要，为施工用项之预计。"[③]同时还在淮河沿线多处设立水文站，时时监测，以便及时获得淮河的水文变化，开创了中国水利观测的新局面。[④]

（2）重视专门人才

对测量的重视还体现在张謇对于测量人才的培养。为了治理淮河水患，张謇从国外聘请了著名水利专家来华指导，有美国的方维因、英

---

① 参见卢勇、沈雨珣《张謇的治淮成就与思想转变》，《产业与科技论坛》2017 第 12 期，第 109—111 页。

② 参见须景昌《张謇与淮河水利》，《南通大学学报(社会科学版)》2007 年第 5 期，第 119—128 页。

③《张謇全集》编纂委员会编：《张謇全集・4・论说・演说》，上海辞书出版社 2012 年版，第 309 页。

④ 参见卢勇、沈雨珣《张謇的治淮成就与思想转变》，《产业与科技论坛》2017 第 12 期，第 109—111 页。

国的葛雷夫、荷兰的贝龙猛和特来克、瑞典的施美德和比利时的平爵内等。张謇对这些专家极为重视和尊重，如聘任特来克为九孔大闸工程主持人，协同贝龙猛复勘淮河等。在引进外援的同时，张謇还注重培养本国的水利人才。1906 年，张謇在通州师范首次设立测绘科和土木工科，聘请日本水利专家木村忠治郎、宫本几次担任教员，教授学生测绘和水利施工中的知识。培养出的学生实测绘制出了淮河水道地形图和通州地形图，为导淮的理论设计提供了数据资料。但培育的水利人才无法满足导淮的实际需要，于是张謇在李仪祉、许肇南的帮助下，历时两年多，在 1915 年成立了河海工程专门学校——中国最早的培养水利技术人才的学校，今河海大学的前身。办校 10 年，共培养出水利和土木工程类学生 233 名，如宋希尚、须恺、汪胡桢等一批水利专家学者也毕业于此。河海学生毕业后大都从事导淮工作，还有部分被派往参加整治海河、长江的工程，这些既懂国内水利情况又掌握科学水利方法的学生极大地推动了中国水利事业的发展。

(3) 制定治淮方案

在二十多年的时间内，张謇就发表了数份治淮方案。随着研究的深入，和实测数据资料的越来越多，张謇也在不停地修改着他的导淮计划，对水利的研究探讨也逐渐从传统思维过渡到现代科技方法。特别是张謇在 1919 年发表的《江淮水利施工计划书》，被学者认为是中国近代水利思想史上的一个转折点。因在此之前的水利学者，包括张謇本人，在研究治水过程中讲究理论治理，即通过罗列证据驳斥反对意见，以各种社会或历史论据来支撑治水观点，却不注重该方案工程的可行性分析。而在《江淮水利施工计划书》中则加入了大量的实测数据来支撑论点，张謇根据数据确定了入江入海的水量比，以此增加了方案的可信度，不再空谈。计划书中出现了大量的公式和图示，成为确定施工方案的数据基础。张謇将抽象的水利计划变为具象的工程方案，增加了工程的可行性。①

① 参见卢勇、沈雨珣《张謇的治淮成就与思想转变》，《产业与科技论坛》2017 第 12 期，第 109—111 页。

第三节　江海堤防修筑与防灾减灾

江苏濒江临海的地理区位使得沿江沿海区域成为洪涝风潮频发地区，每到汛期，江海水位陡升，潮位上涨，便会对沿江沿海百姓生产生活造成极大的破坏。为了保障沿江沿海地区经济与社会发展，历代对江海堤防修筑都极为重视，通过对江堤、海堰、海堤与避潮墩的修建，构筑起挡浪消能、防潮御卤的江海堤防。

一、江苏长江堤防工程修筑

江苏沿江一带地势多为低洼平原，土质疏松，圩田纵横，为防止河道漫溢、溃决成灾，沿江各县也积极修建江堤以抵御江潮来袭。北宋以来官府便不断进行修筑。明代以降，江中沙洲丛生，为了保障大运河的顺利通航，明廷对该段长江沿岸堤防的修建更为频繁。清代，长江流域的迅速开发，盲目的围垦致使江湖行水及蓄水困难，沿江地区水患常有发生。顺治十一年（1654 年），“东南财赋之地，素称沃壤。近年水旱为灾，民生重困，皆因水利失修，致误农工。该督抚责成地方官悉心讲求，疏通水道，修筑堤防，以时蓄泄，俾水旱无虞，民安乐利”①。清代对江堤的修葺则更加重视。

有明一代，政府便已重视江防的修筑。永乐二年（1404 年）十一月，朝廷诏令征发民夫河工修筑泰兴县沿江圩岸，东起新河，西至丹阳县，修筑江岸堤防计长 6650 丈，高 1.5 丈。② 永乐七年（1409 年），“圩岸复沦于江者三千九百余丈，十二月，遣官相度修筑如旧”③。由于堤岸修筑不足，江水时常泛涨，沿江富饶的农田常常因此而抛荒，沿岸百姓无田可种，往往会造成较严重的饥荒。为此，扬州同知李公垅组织进行了较大规模的江岸修筑，在境内长江江岸的西南侧筑堰捍水，从泰兴县的保全乡到庙湾港，筑成了长 16925 丈、广 3 丈 5 尺、高 1 丈的沿江防

---

① （民国）赵尔巽等编：《清史稿》卷一百二十九《河渠志四》，中华书局 1977 年版，第 3823 页。

② 参见张崇旺编《中国灾害志 断代卷 明代卷》，中国社会出版社 2019 年版，第 303 页。

③ 光绪《泰兴县志》卷五《区域志第五 · 河渠》，清光绪十二年刻本，第 4 页。

护堤堰。成化二十年(1484 年),知州郑重于通州西 15 里修石闸唐家坝并建涵洞 15 所,州判萧盛筑沿江堤岸 120 里。[①] 到了嘉靖十二年(1533 年),县令朱篪又进行增筑,自庙湾港至过船港,增筑地方计 7630 丈,沿江的农田由于堤坝的保护得以保全。十四年(1535 年),朱篪又疏浚县西南马桥河。四十五年(1565 年),知县许希孟疏浚县北通泰河。[②] 明代泰兴县修筑的长江堤岸成功地保护了沿岸的农田,凭借这些堤堰工程,“濒江八十里之田,赖以无虞”[③]。这是长江沿岸水利设施建设对防灾减灾正向作用的典型范例。

清道光以来,泰兴县沿江地区广修江堤,使得潮汐不能直来直往,内地亦少江潮之患。道光三十年(1850 年),大水冲坍江堤,知县张行澍自庙湾港至王家港修筑江堤 8000 余丈,高 1 丈,广 5 尺,基广 3 丈,百姓称之为“张公堤”。光绪九年(1883 年),知县陈谟又自庙湾港至界河增筑 14000 余丈,高广如张堤。[④] 光绪十一年(1885 年)七月,暴风潮溢,坏庙港至凌家港及复成洲、连成洲江堤,洋漗港港岸[⑤],知县杨激云修筑复故;十二年三月,修筑李公祠圩岸;十四年正月,知县甘调鼎修筑凌家港等处沿江坍堤;十五年四月,知州陈谟督修江堤港岸;十六年闰二月,知县郝炳纶以江岸倒塌,迁筑庙港以下,东南至官篷寺小港一带,及连成洲三十四圩,连万福洲、尹家园子等处江堤,并修筑李家港,南起自过船港,北止及洋漗港,南北两岸江堤,是月,修浚大孙桥一带河道,是年十月,修浚朱家港等处港河;十七年三月,迁筑龙稍港至纱条港堤岸;十八年二月迁筑复成洲界港五十一圩堤岸,九月修浚灌溉港、蒋家港河道;十九年二月,迁筑马甸港至龙稍港一段江堤。[⑥] 光绪年间江潮灾害频发促使出现大规模的江堤修筑。江堤的修筑以护港为主,避免江潮对沿江船港造成破坏。

又有扬州府江都、仪真二县江段,永乐元年(1403 年),修江都县河

① 参见光绪《通州直隶州志》卷二《山川志》,《中国地方志集成·江苏府县志辑 52》,第 89 页。
② 参见光绪《泰兴县志》卷五《区域志第五·河渠》,第 6 页。
③ 同上。
④ 同上。
⑤ 参见刘昌森、于海英等《长江三角洲自然灾害录》,同济大学出版社 2015 年版,第 457 页。
⑥ 参见宣统《泰兴县志续》卷一《区域志》,民国二十二年刻本,第 2 页。

东等乡边江堤岸；十年六月，扬州仪真等县江潮泛涨，漂流人畜，十一月即修仪真县缘江岸及浚夹沟等处河道。[①] 清代，在江都县境内江段，多次对江堤进行修葺。康熙五十五年（1716年），江都县瓜洲花园港息浪庵被江潮冲刷，为保护城垣民舍，在花园港修筑长堤一道。道光三十年（1850年），知县郑祖经劝捐筑滨江圩堤；同治九年，左副都御史晏端书修沿江御潮长堤。[②] 佛感洲常受江潮大溜冲刷，滨江坍地最为严重。光绪十五年（1889年），佛感洲二圩地方坍江百余丈，知县祥安禀请筑西南大堤长900余丈；二十八年再次坍江，知县卢维雍筹款挑筑新堤西自二圩头起，东至七濠大坝口止，长264丈；三十二年大坝口决，知县袁国钧禀准扬道拨款于大坝口六濠圩估筑越堤长152丈；又宣统元年（1909年）九月，该洲四圩箍江大岸坍破60余丈，虹桥堤岸岌岌可危，自西北三圩起至东南顺和圩止筑新堤一道，长计634丈，"详奉拨发藩库银两并募集工款"，大工兴筑至宣统二年七月得以告竣。[③] 因江都县境内江洲较多，其上多有圩田，因而在江都县域内的江堤修筑以保护城垣与民舍为主，圩田不被江潮坍没。

可见，明清时期江苏主要江堤工程修筑极为频繁，见表4-8，关于长江的治理思想以修守堤防为主，沿江地区江堤的修建也逐渐系统化。

表4-8　明清时期江苏兴修主要江堤

序号	兴筑时间	工程主要内容
1	永乐元年（1403年）	句容杨家港、王旱圩等堤
2	永乐二年（1404年）	泰兴沿江圩岸、六合瓜步等屯；扬州民协助海门张墩港、东明港百余里溃堤
3	永乐三年（1405年）	修鹰扬卫乌江屯江岸
4	永乐四年（1406年）	溧水决圩与江都刘家圩港
5	永乐七年（1409年）	筑泰兴拦江堤3900余丈

① 参见凤凰出版社编《中国地方志集成 江苏府县志辑 41 嘉庆重修扬州府志 1》，凤凰出版社2008年版，第158页。

② 参见同上书，第203页。

③ 参见凤凰出版社编《中国地方志集成 江苏府县志辑 67 光绪江都县志、民国江都县续志、民国江都县新志》，凤凰出版社2008年版，第380页。

续表

序号	兴筑时间	工程主要内容
6	永乐八年(1410 年)	修丹阳练湖塘
7	宣德六年(1431 年)	修溧水永丰圩 80 余里圩岸
8	正统七年(1442 年)	筑南京浦子口、大胜关堤
9	正德十四年(1519 年)	浚南京新江口右河
10	嘉靖二年(1523 年)	筑仪真、江都官塘五区
11	康熙五十五年(1716 年)	南京瓜洲江岸崩塌,建护城堤埽工长二百七丈,护城石工长三百一丈,花园港越堤长一百八十丈
12	乾隆四十一年(1792 年)	六月,瓜洲城外江岸坍塌入江约百余丈,西南城墙塌四十余丈。将瓜洲量为收进,让地于江,并沿岸筑土坝以通纤路
13	乾隆五十七年(1792 年)	瓜洲江岸均系柴坝,江流溜急,接筑石矶,不能巩固。于回澜旧坝外,抛砌碎石,护住埽根,自裹头坍卸旧城处所靠岸,亦用碎石抛砌,上面镶埽
14	道光元年(1821 年)	修江苏湖州黑窑厂江堤
15	道光十三年(1833 年)	两江总督陶澍请修江苏六合双城、果盒二圩堤埂

资料来源:黄强、唐冠军总主编;毛振培、宁应城本卷编,《水清河畅:长江流域的河道治理》,长江出版社 2014 年版,第 59—61 页。

二、江苏沿海防潮御卤工程

江苏海岸线长约 1045 千米,北起鲁苏交界处的绣针河口,南抵长江口南岸苏沪交界 35 号界碑外侧。沿海地区是广阔的滨海平原以及河口三角洲,深受海潮、风暴以及洪涝卤水等自然灾害的威胁,特别是大海潮的来临,借助风势海水常常泛滥至村庄田地,造成庐舍漂没、灶田渍毁的危害。海潮冲刷海岸,造成海岸的坍没,桑田变为沧海。海水的蒸发退去,大量盐渍存留造成农田盐碱化,土壤贫瘠,荒芜难种。“海潮之患,淮扬为甚,自唐以来迭见记载。每大风骤起,波涛汹涌,瞬息数十里,煮盐之民溺死动至万数千人,获救者十无一二,亭场田舍之损失更不可以数计”[①]。江苏常见的潮灾形式主要有海啸、潮水漫溢、卤水倒灌、江潮等。潮灾发生具有明显的季节性特点，多发在夏秋季节。因而，防潮工程的修筑对于滨海地区农业的发展以及百姓生计尤为重要。江苏沿海地区历来十分注重对沿海防潮工程的修建，捍海堰以及避潮墩是其重要的防潮方式。

1. 海堰海堤

海堰，又称“海堤”，主要分布在江苏淮河南北，其基本功用在于捍海潮、引水利与护城池。江苏淮北沿海地区修筑防潮工程最早见于《北齐书·杜弼传》，“杜弼行海州事，于州东带海而起长堰，外遏咸潮，内引淡水”[②]。可见早在北齐天保年间，作为海州知州的杜弼便已在州东海岸修筑海堰以堤防海潮咸卤的侵袭，同时引入生活、灌溉所需的淡水。隋开皇年间，海州东海县又修筑起西捍海堰，“西捍海堰，在东海县北三里，南接谢禄山，北至石城山，南北长六十三里，高五尺，隋开皇九年县令张孝征造”[③]。唐开元七年(719 年)，东海县令元暖在隋筑西堰的基础上，另筑东捍海堰，“东海县东北三里，西南接苍梧山，东北至巨平山，长三十九里，开皇十五年县令造。外捍海潮，内贮山水，大获灌溉”[④]。两道捍海堰对外可捍海潮，以免民患，于内可蓄山水，以便民利，其为东海县沿岸建立有效的防潮屏障，形成了系统的海堰防潮模式。唐开元年间，海州潮患频繁，每遇海潮暴涨，百姓漂溺无数。为防止潮灾，开元十四年(726 年)，刺史杜令昭主持在朐山城东 20 里处修建永安堤，“朐山东二十里有永安堤，北接山，环城长七里，以捍海潮”[⑤]，以海堰护城成为其重要的作用。随着宋代以后经济重心的南移与人口的南迁，淮南滨海地区海堰修筑数量与规模逐渐增加。

淮南滨海地区，由于地势低平，沿岸滩涂坦荡，常受海潮冲击。唐大历年间(766—779)，淮南西道黜陟使李承修筑常丰堰，自盐城南入海陵，绵亘数百里。常丰堰的具体位置以及长度，据今人考证在东沙冈

---

① 民国《民国阜宁县新志》卷九《水工志》，民国二十三年铅印本，第 1 页。

② (唐)李百药撰：《北齐书》卷二十四《列传十六》，中华书局 2013 年版，第 353 页。

③ 嘉庆《海州直隶州志》卷十二《山川》，清嘉庆十六年刊本。

④ 同上。

⑤ 同上。

上，北段在今阜宁城以南沟墩一带，南端则在今大丰刘庄以南，长度约在140里左右。[1]“奏置常丰堰于楚州以御海潮，溉屯田瘠卤，收长十倍”[2]，常丰堰的修筑除了“御海潮”外，其重要的作用还在于遮护民田，屏蔽盐灶，推动滨海屯垦区的农业经济发展。

至宋代，由于常丰堰修筑年久，在海潮的冲击与侵蚀下，对于大潮的阻挡功能已经不能正常发挥，“历史既久，颓废不存”。仁宗天圣元年(1023年)，范仲淹任监西溪盐仓，在目睹由于海潮怒盛造成农田淹没的灾情后，便与江淮发运使张纶以及卫尉少卿胡令仪协力增修常丰堰。由于常丰堰旧堰塌没，加之海岸线的变化，需要重新对新堰选址，范仲淹建议“移堤少西避，共冲叠石以固，其外纡斜迆逦如坡形，不兴海争”[3]。今人张文采考证认为新堰的位置起自海陵东新城，至虎墩，越小陶浦以南，跨楚、泰二州。[4] 经过六年的修筑，于天圣六年(1028年)捍海堰竣工，堰长25696丈，共计143里，地基阔3丈，堰面阔1丈，高1丈5尺。新修的捍海堰坚固而潮不能侵，堰成之后，流民返乡归耕者当年即达2600余户。因范仲淹主持修筑，故后世称之为“范公堤”。范公堤筑成之后，“束内水不致伤盐，隔外潮不致伤稼”[5]，沿海农田与盐场均受其利。

范公堤修筑后，后人又进行了多次延修工程。仁宗至和二年(1055年)，海门县知县沈起增筑海堰70里，“既堤，北海七十里以除水患”，后人称之为“沈公堤”。沈公堤起于吕四场，至余西场，接张纶所筑捍海堤。自徽宗、高宗以来，捍海堰的修筑已成定式，“如有塌损，随时修葺”[6]。孝宗淳熙三年(1176年)，泰州知州魏钦绪又增筑泰州月堰，以遏潮水。孝宗淳熙八年(1181年)，淮东提举常平茶盐使赵伯昌言：“通州、楚州临海旧有捍海堰，东距大海，北接盐城，袤二百四十二里……宣

① 凌申：《历史时期江苏古海塘的修筑及演变》，《中国历史地理论丛》2002年第4辑，第46—55页。
② (宋)欧阳修：《新唐史》卷一百四十三《列传六十八》，中华书局2013年版，第4686页。
③ (清)傅泽洪：《行水金鉴》，台湾商务印书馆影印文渊阁四库全书，第582册，第373页。
④ 参见张文彩编著《中国海塘工程简史》，科学出版社1990年版，第24页。
⑤ 乾隆《淮安府志》卷七《海防》，清咸丰二年重刊本，第7页。
⑥ 毛振培、谭徐明：《中国古代防洪工程技术史》，山西教育出版社2017年版，第174页。

和以来，屡被其害，丧亡不可胜数”[①]，因久经失修，有冲决之患，因而又进行修葺以使坚固。宁宗庆元初，范公堤久颓，潮汐冲决为害农田，海陵县令陈之纲请于郡董役修治海堰。[②] 元嘉定中，兴化县令詹士龙同如皋县尹魏甫元，请于东路发九郡人夫修筑海堰，延亘 300 余里。[③]

延至明代，政府亦积极修建海堰海堤，保护沿海民众及其农田。据万历《通州志》记载：“通之为灾，海居八九，虽天亦人也。藉今范氏堤，岁增月培，横亘屹立，蚁封无隙。而潮水所从入，地高作堰，坝间设闸门，使潴泄随宜，弃上有备，虽值百六之数，必不尽成鱼鳖。是故经画修辑之失宜，而遽委诸实者之天，窃恐不可。”[④]范公堤北起刘庄附近，与盐城县境内的唐代常丰堰相接，南至通州海门一带，屏蔽海潮，保护了沿海的农田与盐灶。明末吴嘉纪有《范公堤》诗一首赞曰：

范公劳苦筑长堤，洋洋潮汐不复西。黄壤黑壤接庐舍，南场北场多鸣鸡。

运盐搰搰车在野，获稻苍苍水映畦。老弱嬉游日无扰，风俗宛与成康齐。

遗爱千年东海湄，只今强半是蒿黎。此中啼号有赤子，长者试与重提携。[⑤]

因两淮盐场之故，明代更为重视范公堤的作用，各朝对其修补不断。洪武二十三年（1390 年）七月海潮猛涨，冲毁捍海堰，受灾民众达到三万人之多。海门知县将此事上报朝廷，即“起苏、松、淮、扬四府人夫修筑”[⑥]。永乐九年（1411 年），漕运总兵、平江伯陈瑄征发淮扬两府人夫再次修治捍海堰堤。景泰三年（1452 年），知府邱陵委派千户冯祥、主簿袁敬加固海堤。成化二年（1466 年）、七年（1471 年）如皋县两度遭受海潮冲击，1180 余丈的海堰被损毁，出现 72 处缺口，余东、掘港

---

① (清)孙云锦修，吴昆田、高延第纂，荀德麟、周平等点校：《光绪淮安府志》卷五，方志出版社 2010 版。

② 参见道光《泰州志》卷二十《名宦》，江苏古籍出版社 1991 年版。

③ 毛振培、谭徐明：《中国古代防洪工程技术史》，山西教育出版社 2017 年版，第 174 页。

④ 万历《通州志》卷二《禨祥》，齐鲁书社 1995 年版，第 71 页。

⑤ 康熙《两淮盐法志》卷二《二十八艺文·诗》，《中国史学丛书》第 42 册，第 2205 页。

⑥ 乾隆《直隶通州志》卷三《山川志》，清乾隆二十年刻本，第 13 页。

等处亦遭破坏。[①] 成化十三年(1477 年),巡盐御史雍泰征发沿海民夫和各场灶丁 4000 人在吕四场进行营建,在余东、掘港等被冲决之处尤为重视。[②] 成化十五年(1479 年)二月,巡盐御史杨澄于泰州修筑海堤百余里,并在堤上种植柳树数万株,“民甚宜之,因呼为杨公堤。堤高七尺,广视高增尺者三。此外又以堤西相接鱼行庄,造水闸、土坝各一座,坝以蓄水而备旱,闸以泄水而防涝,又为浅铺一千所,命夫往来巡守”,这次修筑工程作用很大,“海涛以捍,民田不至于荒芜”。[③] 弘治年间都御史张敷华派遣陆本修筑。正德七年(1512 年),巡盐御史刘士绎巡视淮扬二府及 30 个盐场,征发民夫 6000 名进行修筑。[④] 嘉靖十九年(1540 年)海潮泛涌造成了沿海军民万余人的死亡,海门县知县汪有执奏请修筑捍海堰。

嘉靖二十四年(1545 年),御史齐东提请“量起淮扬二府人夫修筑,不惟民灶命脉可保无虞,而民田盐课亦有永赖”,其章奏下所司施行。[⑤] 嘉靖三十七年(1558 年),大风潮涌,沿岸损失惨重,特别是马塘盐灶,因无堤堰的保护几乎被毁。御史王训请求增修马塘灶一带的防潮御卤堤岸,“东起彭家缺,南接新堤,遮防草荡,存活灶命”[⑥]。隆庆年间,兴化县令李仁安对范公堤进行了疏浚和整修,“李侯筑河堤而民患息”[⑦]。万历八年(1580 年)掘港营“场南古堤坏,潮溢为患”,守备王廷臣“力请部使增筑月堤,民获安枕,众皆归德焉”。[⑧] 万历九年(1581 年)拼茶场大使徐九仲“时遇海潮泛滥,田禾被淹”,遂率众民夫加固范公堤“以障海水,潮不得入,民获有秋”。[⑨] 万历十一年(1583 年),漕河尚书凌云翼委派阜宁县知县杨瑞云、运判宋子春大修海堤,建泄水涵洞、水

---

① 参见光绪《直隶通州志》卷二《山川志》,清光绪二年刻本,第 57 页。

② 参见民国《阜宁县新志》卷九《水工志·海堆》,民国二十三年铅印本。

③ 乾隆《两淮盐法志》卷二十二《场灶八·范堤》,稀见明清经济史料丛刊第一辑第 7 册,国家图书馆出版社 2009 年版,第 188 页。

④ 参见张崇旺《明清时期江淮地区的自然灾害与社会经济》,福建人民出版社 2006 年版,第 363 页。

⑤ 参见康熙《两淮盐法志》卷二十八《艺文四·附沿革》,《中国史学丛书》第 42 册,第 2340—2341 页。

⑥ 嘉庆《如皋县志》卷三《建置》,清嘉庆十三年刊,第 44 页。

⑦ 咸兴《重修兴化县志》卷二《河渠一》,清咸兴二年刊本,第 11 页。

⑧ 嘉庆《如皋县志》十五《名宦》,清嘉庆十三年刻本,第 19 页。

⑨ 嘉庆《东台县志》卷二十《职官》,清嘉庆二十二年刊本,第 22 页。

渠11处，石闸1座，“用帑银42400余两，捍泄两得”[①]。万历十二年(1584年)御史蔡时鼎创修吕四新堤，“长22里，东折向南江大河口6里许，西暨余东、余中场”[②]。十五年(1587年)，巡抚都御史杨一魁责令盐城县令曹大咸修补范公堤，自庙湾起，历盐城、兴化、泰州、如皋、通州，共长582里，沿堤筑土墩43座，闸洞8个。[③] 在堤岸易决口处建造土墩，以便及时运土堵塞决口。万历二十年(1592年)丁溪场大使徐品在任上见“西水横溢，仓舍漂没”，于是率领民众筑堤捍水，昼夜不息。[④] 万历四十三年(1615年)，巡盐御史谢正蒙大规模修补范公堤，自吕四场至庙湾场共计800余里的堤岸得到修复，“易斥卤之乡尽为原隰，获确薄之地尽为耕获”[⑤]。崇祯四年(1631年)、五年(1632年)、六年(1633年)，范公堤皆被海水冲毁，海防同知刘斌动支库金进行修补加固。

清代以降，对于范公堤的整修更甚。清康熙四年(1665年)，歙人黄家佩、黄家洵、黄馔鸠众重修，不费朝廷一钱，而800里全堤兴复如故，庆安澜者垂五十年。[⑥] 康熙九年(1670年)，修筑江都范公堤。[⑦] 康熙五十四年(1715年)，施世纶知泰州，修筑范公堤。雍正二年(1724年)七月，山阴、盐城、兴化、泰州诸州县海潮漫过范公堤，伤毁场庐人畜，对范公堤进行修筑。雍正十一年(1733年)，因范公堤为沿海藩篱盐场之保障，现已残缺，后重新修筑范公堤，并于堤内建筑越堤一道。[⑧]

乾隆六年(1741年)十月，总办江南水利大理寺卿汪漋委员修补泰、兴、盐、阜四州县范堤残缺处，址3丈2尺，面1丈2尺，高1丈；十九年(1754年)，盐政吉庆奏请关于范公堤堡夫积土修守事宜，责成场员管理，归入交代，以专责成。[⑨] 乾隆十一年(1746年)，江督尹继善增修

---

① 张崇旺：《明清时期江淮地区水利治灾工程述论》，《北大史学》2007年第1辑。

② 康熙《两淮盐法志》卷十七《堤堰》。

③ 参见民国《阜宁县新志》卷九《水工志・海堆》，民国二十三年铅印本。

④ 参见嘉庆《东台县志》卷二十《职官》，清嘉庆二十二年刊本。

⑤ 康熙《两淮盐法志》卷二十五，郭子章《重修范堤记》，《中国史学丛书》第42册，第1753—1757页。

⑥ 同上。

⑦ 参见乾隆《江南通志》卷五十七《河渠志》，清文渊阁四库全书本。

⑧ 同上。

⑨ 参见民国《阜宁县新志》卷九《水工志・海堆》，民国二十三年铅印本。

通、泰范公堤。[1] 乾隆二十三年(1758年),嵇璜等议覆陈宏谋上疏修筑范公堤,“此堤目下似无关系,而经久捍卫,不可废弃。乞敕盐臣动项派员,分段分年,如式修筑”[2]。乾隆二十五年(1760年),浚料兴场、串场河,即以河中所起之土加筑堤上。[3] 乾隆二十九年(1764年),盐政高恒以丁溪、小海、草堰、刘庄、伍祐、新兴、庙湾七场离海较远,潮汛不至,所有堡夫积土奏裁停止。嗣堤身遇有水沟、獾洞等项,即动裁存银两,随时修补。[4] 乾隆四十年(1775年),江南副总河专办下河水利嵇璜等奏请修筑范公堤缺口,并下令禁止挖地防水。[5]

道光十五年(1835年),有商人挖堤过水,宝应成给谏观宣两次陈奏,申禁如故。[6] 据凌申《历史时期江苏古海塘的修筑及演变》一文统计,范公堤从宋庆历元年至光绪九年(1041—1883)的842年间,史载重修工程即达55次,其中规模较大的有9次。[7] 除范公堤外,亦有其他防潮堤堰的修建。明嘉靖年间,在海州东海县城东修筑有“长四里,阔三丈”的万金堤。[8] 又有杨公堤,在海州南,东至板浦,西抵涟河,为南北要地。因海潮浸漫阻行旅,万历己未年,知州杨凤筑堤15里。后又因潮汐为阻,知州刘梦松少移而西,并延筑堤长65里。顺治丙申年,知州任三奇又移而西。[9] 板浦堰,在海州东南40里,高10余丈,用以防潮,以便盐船通行。[10]

堤堰的兴修能够更大范围地遮护民田、屏蔽盐灶,为盐、农生产与生活提供了重要屏障。自隋唐以来对常丰堰、范公堤的多次修筑,保护了堤内农田以及亭灶免受侵害,并起到了防潮御卤的作用,从而达到“滨海舄卤之地,结为良田”,盐课田租不受其损。明代,范公堤还起到

---

① 参见民国《续修兴化县志》卷二《河渠一》,民国三十三年铅印本。

② 咸丰《重修兴化县志》卷二《河渠志》,清咸丰二年刊本,第5页。

③ 参见光绪《盐城县志》卷三《河渠志》,清光绪二十一年刻本,第18页。

④ 民国《阜宁县新志》卷九《水工志》,民国二十三年铅印本,第3页。

⑤ 武同举:《江苏水利全书》第3册,南京水利实验处1950年版。

⑥ 参见光绪《盐城县志》卷三《河渠志》,清光绪二十一年刻本,第18页。

⑦ 参见凌申《历史时期江苏古海塘的修筑及演变》,《中国历史地理论丛》2002年第4辑,第46—55+159页。

⑧ 嘉庆《海州直隶州志》卷十二《山川·水利》,清嘉庆十六年刊本,第40页。

⑨ 参见同上书,第38页。

⑩ 参见同上书,第39页。

防倭的作用,“嘉靖间,倭贼闯入,官军据岸遏之,贼不能前”[①]。范公堤不但是一项著名的捍海堰工程,也是中国水利史上一项极为重要的防灾减灾工程,它的修筑缓解了江淮地区因风潮海患侵害对沿海人民造成的损失,为江淮一带滨海地区的经济发展产生了积极作用。随着海岸日渐东迁,范公堤距岸愈远,大潮到来也无须上堤躲避,范公堤的防潮御卤功能随之丧失。避潮墩,一种更符合沿海灶民需要的新兴防潮工程应运而生,逐渐成为明清时期最重要的防潮形式。

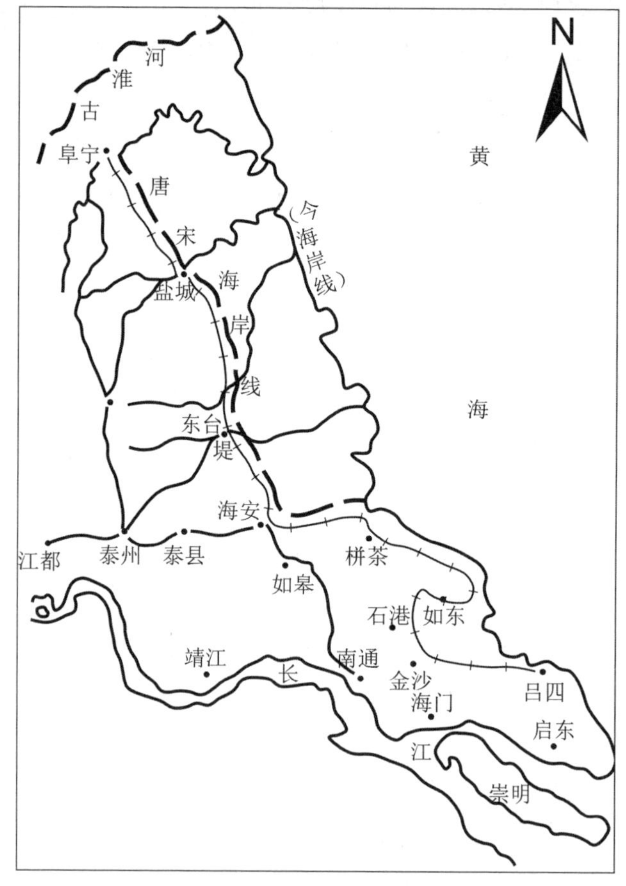

图 4-8 范公堤修筑图

(来源:张崇旺,《明清时期自然灾害与江淮地区社会经济的互动研究》,厦门大学历史系 2004 年博士论文,第 297 页。作者改绘)

---

① 乾隆《江南通志》卷五十七《河渠志》,清文渊阁四库全书本。

2. 避潮墩的修建

对于防潮御卤而言，范公堤确实发挥了其防灾减灾的历史作用。随着海岸线的东移，范公堤逐渐失去了它的作用。范公堤以东是不断淤积出的滨海平原，地势更为低下。明代以降，盐业迅速发展，伴随着滨海平原向东的不断发展，盐作活动也随之东迁。为了减轻海潮泛涌对盐场的危害，明代江淮地区沿海灶丁修筑"避潮墩"以自救。"自大海东徙，草荡日扩，凡煎了亭民刈草之处，每风潮骤起，陡高寻丈。樵者奔避不及……因筑墩自救，顾其数有限。"①明代沿海府县也会组织修筑避潮墩以保护盐场和灶丁，从而保障盐课的足额征收。嘉靖十七年（1538年），海潮猛涨，巡盐御史郑漳修海堤未成，遂创设避潮墩于各团，"诸灶赖以复业"。嘉靖十九年（1540 年），巡盐御史焦涟修筑范堤，因遇大潮，又增筑避潮墩台 220 余处，②开启了对潮墩的大规模修筑。明嘉靖年间官府修筑的避潮墩，"墩形如覆釜，围四十丈，高二丈，容百人"，"潮至则卤丁趋其上避之，称便焉"。③ 万历十五年（1587 年），盐城知县曹大咸在重修范堤后，又沿堤修筑潮墩 43 座。④

表 4-9　明嘉靖年间两淮盐场避潮墩分布情况表

盐场名	位置	墩数	盐场名	位置	避潮墩数
东台场	散列六团	12	吕四场	散列于三团	12
安丰场	散于诸团	10	掘港场	散列于四团	8
富安场	散布于三团	6	马塘场	散列于二团	4
角斜场	散列于费家滩	2	丰利场	散列于三团	6
栟茶场	散列于四团	8	白驹场	散列于三团	6
何垛场	散列于三团	6	刘庄场	无	无
丁溪场	散列于五团	10	伍祐场	散列于十团	6

① 民国《阜宁县新志》卷九《水工志·避潮墩》，民国二十三年铅印本，第 5 页。

② 参见同上书。

③ 嘉靖《两淮盐法志》卷三《地理志第四》，《四库全书存目丛书·史部》第 274 册，第 186—198 页。

④ 参见光绪《盐城县志》卷八《职官》，清光绪二十一年刻本。

续表

盐场名	位置	墩数	盐场名	位置	避潮墩数
小海场	恃列于团	2	新兴场	散列于诸团	4
草堰场	散列于四团	8	庙湾场	散列于灶团	4
石港场	散列于三团	6	莞渎场	散列于诸团	4
西亭场	散列于二团	4	板浦场	散列于九团	14
金沙场	散列于三团	6	临洪场	散列于诸团	4
余西场	散列于二团	4	兴庄团	散列于诸团	4
余中场	散列于诸团	10	徐渎浦	因高亢，潮患莫能及	无
余东场	散列于七团	14			

资料来源：张崇旺据嘉靖《两淮盐法志》记载统计而来，转引自《明清时期自然灾害与江淮地区社会经济的互动研究》，第306—307页。

明代避潮墩的创建是为弥补范堤修筑不成而进行的权宜之计，分散的潮墩终将不能达到最好的避潮效果。因而，两淮运使陈暹还提出修建连墩的想法：

> 各场俱临海边潮水为患甚急，宋范文正公修筑海堤，民获其利，迨至于今，海水渐远于堤，各场灶在堤内者少，在堤外者多。海潮一发，人定受伤，灶舍亦荡。后来议筑望潮墩台，居民稍得趋避，但各墩相去数里，每墩复不容数人，防患未广。应请于每年冬月停煎之后，查照各场人丁多寡，大约以十丁为一甲，行令各场，官吏督率灶丁，每甲一年筑墩一座，筑完申司呈院查验，以课场官勤惰。如此数十年之后，墩台接续渐积，可以成堤而永无潮患，乃百世之利，目前之急务也。①

连墩成堤依然是当时防潮的最主要形式。

自清代以来，盐业活动规模的扩大，盐业改团煮为散煎，盐灶更加分散，修建连墩的设想自然很难实现，因而，只能增加避潮墩的数量，提高墩台密度，潮墩的增筑任务逐渐增加。康熙十年（1671年），盐城知

① 嘉庆《东台县志》卷十一《考五·水利》，嘉庆二十二年刊本。

县陈继美巡视潮墩时，有诗云："墩台星罗接大荒，凭高远眺海云翔。"[①]潮墩星罗棋布，散布在滨海平原上。雍正十一年(1733年)，阜宁县因逼近海口，民众多樵采为生，恐潮水泛涨，遂修建潮墩以济民生。在阜宁东共修建大塌子、米奂港、陷鹿港、乾饭港、五新港等七座潮墩。[②] 乾隆十一年(1746年)，盐政吉庆巡查盐场，见亭场煎舍处所，间有土墩，各场明代所建潮墩多被破损，旧设潮墩已是"十坏九废"。潮墩废弛，盐业受损，灶丁亦有伤亡。因而他采用官办商捐的方式，修筑避潮墩143座，后又增添5座，共148座，并将修筑各潮墩造册存案。为加强管理，防止只修不管，潮墩的状况与场员升迁考核相关联，"嗣后，不时亲加查勘，少有残损，即随时修补。并于升迁事故离任时，一体造册交代。仍造清册咨部，以备场员交待时考核。"[③]乾隆十二年，大潮异涨，新修潮墩即有成效，"凡灶丁趋避潮墩者，俱得生全。不及奔赴，或另乘竹筏等类者，多遭淹毙"[④]。于是又新筑潮墩85座，商贾受潮墩屏障之利，踊跃公捐。潮墩修筑上规定取土宜远，不得于墩边挖成坑堑。同时强调设立马道，并修造台阶以便灶民登降墩台。[⑤] 以东台县为例，自乾隆十一年十二月起，东台县在范堤外建筑避潮墩，至嘉庆年间，共计存留有潮墩115座。

表4－10　嘉庆年间东台县各盐场范堤外列潮墩分布表

盐场	潮墩
富安场	10
安丰场	4，后因潮水为患，灶长吴英九告增，今有10座
梁垛场	2
东台场	17
何垛场	23

① 光绪《盐城县志》卷二《舆地》，清光绪二十一年刻本，第3页。
② 参见乾隆《阜宁县志》卷二，清抄本。
③ 嘉庆《两淮盐法志》卷二十八《场灶二》。
④ 同上。
⑤ 同上。

续表

盐场	潮墩
丁溪场	10
草堰场	19
角斜场	8
栟茶场	16

资料来源：嘉庆《东台县志》卷十一《考五·水利》。

乾隆以后，潮墩的修建进入停缓期，因年久失修，潮墩破损坍塌严重。由于灶民不断东迁就卤，新迁之地又无潮墩避潮，伤亡惨重。光绪七年(1881年)，滨海地区普遍遭受潮灾。“六月海啸，是月二十二日潮头突高丈余，淹毙亭民五千余名，船户三百余人。”[①]刘坤一及左宗棠纷纷奏请修筑潮墩，以为亡羊补牢之计。宁县扬镇诸善士广为劝捐，将于庙湾等场普筑潮墩，以备缓急，筑墩之工，即以灾民为之。次年即颁发库款，由场大使唐如峒雇夫役进行修筑。于光绪九年(1883年)四月兴工，六月竣工，增加潮墩防备港1座，盐蒿港1座，丫头港1座，鲈鱼港1座，海神庙1座，蛮船港1座，团洼1座，四副头1座，八十顷1座，六份滩1座，共计10座。[②] 盐城县于光绪七年后，同样增筑潮墩，在伍祐场境，旧有62座，增筑11座；在新兴场境，旧有21座，增筑9座。[③]

除官筑潮墩外，民间也积极参与潮墩的修筑。乾隆年间，谢弘宗曾积极倡导进行筑墩体制的改革，鼓励民间力量的参与，采取官督民筑的方式。其在《筑墩防潮议》中有具体的说明：

防潮之道奈何？曰：惟筑墩则可以防之。今夫沿海居民皆灶也，灶民煎盐甚多暇日，以其暇日使之挑泥筑墩，甚便也。墩形四方，广阔二丈，高一丈八尺，灶户煎盐利归于商，领鐅代煎，利归鐅主。灶户也，商也，鐅主也，三者岁筑一墩，其阔二丈，各任高二尺，其高六尺。次年每增一尺，其三尺连前高九尺，三年高一丈二尺，

① 民国《阜宁县新志》卷九《水工志·避潮墩》，民国二十三年铅印本，第8页。

② 参见民国《阜宁县新志》卷九《水工志·淮水》，民国二十三年铅印本，第5页。

③ 参见光绪《盐城县志》卷二《舆地下》，民国二十一年刻本。

四年高一丈五尺，五年高一丈八尺，斯墩成矣。墩成，则一时潮发，偕栖。阔二丈，高一丈八尺。墩上不但人可避水，即牛畜亦可全生。墩之四围遍植笆篱、柳草，防风涌浪卷、峻土倒泻，兼令牛畜什物有所系属。至商家公垣，亦令筑土围，高与公垣等。至沿海大路，民灶通行，有民人愿捐资筑墩者，亦予奖励。江北淮、扬、通、海各属，悉委佐二闲员董其事，令沿海乡约挨查庄灶，开明人户，度其地形，绘成墩图，令民节次挑筑。近墩之家，择老成勤干者为墩头，倡率挑挖，稽其勤惰。每年六月下旬乃秋汛潮起之候，先令乡约查察墩若干，某某工竣，某某未竣，即押令如式挑竣。至七月上旬，董事之员逐墩查验，具结申送。州县官亦不时稽察，考其殿最。如此数年，则筑墩之规模定矣。①

避潮墩的修建可以减少潮灾到来造成的严重损害，与沿海之灶户、盐商等休戚相关。因而，谢弘宗建议改用民筑潮堤，由灶户、盐商、鐅主共同承担修筑任务，三者修筑每年增加一个定高度，三五年即可成墩。避潮墩民、灶皆可用，也鼓励社会人士参与捐资筑堤。官府要做好修筑潮墩的统计、绘制墩图，同时负责对墩台完成进度和质量的查验，做好考核工作。在鼓励民筑潮墩的背景下，在清末出现了大量灶户、民户兴筑潮墩的热潮。光绪九年（1883 年），运司孙翼谋得到左宗棠批准，在通泰、修各场建灶户墩、民户墩，“每灶屋后筑一救命墩，民捐民办，不请公款”。② 其中泰州除刘庄、梁垛地居腹里未修筑外，共筑灶户墩 2570 座，民户墩 149 座；通州除石港、金沙、余东未修筑外，共筑灶户墩 1106 座，民户墩 280 座。③ 光绪二十三年（1897 年），泰州所属丁溪等五场又遭潮灾，共筑屋墩 1368 座。④ 以民筑形式出现灶户墩、民户墩，修建规模罕见，能够更好地增加潮墩的密度，提高防潮能力。

避潮墩在明清时期江苏沿海地区防潮上发挥着重要的作用。避潮墩的修筑与滨海盐业生产有着密切的联系，关系着国家盐课以及盐商、

① 光绪《盐城县志》卷 2《舆地下》，民国二十一年刻本，第 1—3 页。
② 光绪《重修两淮盐法志》卷三十七《场灶门·堤墩下》。
③ 同上。
④ 陆费垓：《淮盐分类新编》卷一，书目文献出版社 1989 年版。

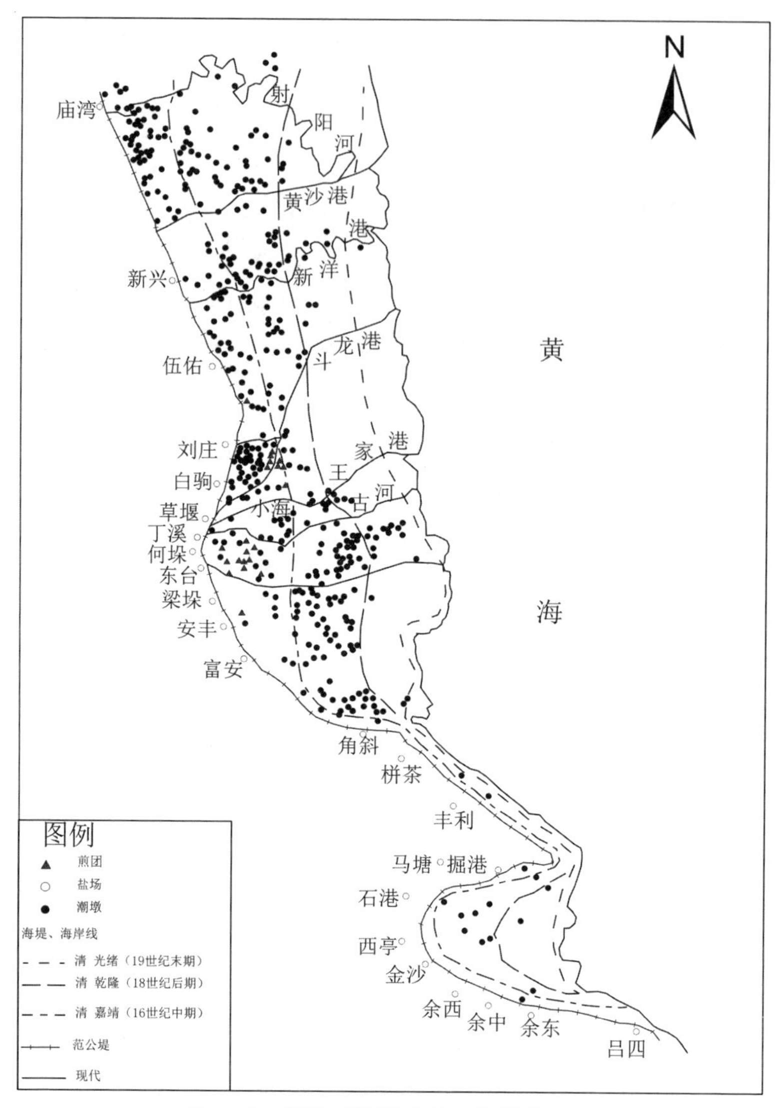

图 4－9　明清时期淮南盐场潮墩分布图

（来源：鲍俊林，《明清江苏沿海盐作地理与人地关系变迁》，复旦大学历史地理学博士论文 2014 年。作者改绘）

灶户的利益。因而在清代避潮墩的修建中，民间力量广泛参与进来。① 对于盐作活动而言，避潮墩是最好的防潮形式。

总之，江苏沿海地区的捍海堰堤和避潮墩等防潮御卤工程，一定程

① 张崇旺：《明清时期江淮地区水利治灾工程述论》，《北大史学》2007 年第 1 辑。

度上抵挡住了风潮泛涌和海水倒灌对沿海民众和农田的侵袭，减轻了水患和灾荒的危害程度。中国古代历朝皆有修筑海堰海堤以防范潮灾的历史，积累了大量的经验，到了明清时期则集前代之大成。在唐宋防潮堤堰修筑经验的基础上，明清两代多次修筑范公堤，兴修避潮墩等防潮工程，大大减轻了潮灾对民田、亭灶的损害，其对如今江苏沿海地区防潮工程的修建，依然具有很重要的历史价值。

三、明清时期堤防白蚁防治方法

关于堤坝白蚁防治，我国先民对其认知也较早。《韩非子·喻老》："白圭之行堤也，塞其穴。"[①]可见，"塞穴"之法是古人治理堤坝白蚁的最早方法。明清时期，水患加剧，堤防之重前所未有，同时在河工实践中，人们对堤坝白蚁的认知逐渐加深，单纯的"塞穴"已经不符合时代需求。因此，明清两朝形成了从防到治较为系统、完善的防治举措。

1. 防护措施

所谓"河务工程宜未雨绸缪，不可临渴掘井"[②]。堤坝白蚁危害严重，造成的危机难以及时处理，且其本身难以根治，倘若提前防护得当，则为最有效、最经济的手段。

将堤坝修筑坚实是防蚁患的首要之举。防水患重在修堤，但堤坝常常面对着"内忧外患"，一方面堤坝要正面应对洪水冲击，另一方面还要受内部蚁穴的侵蚀，因此堤坝自身的坚固程度就显得极为重要，对此明清河臣都十分重视。明代河臣刘天和在《问水集》中探讨了堤防之制，他认为筑堤障水既要考虑地势地形，更要"必择坚实好土，毋用浮杂沙泥"[③]。同样，清代河臣靳辅也提出："欲求坚固堤工，莫如兴筑之时夯硪得法。"[④]土质坚实，白蚁不易筑穴其中，而堤身坚固，蚁穴亦不可轻易溃堤，因此，修堤时将堤坝修筑坚实是防治白蚁的良好开端。

① (战国)韩非、郑之声等编：《韩非子》，燕山出版社 1995 年版，第 146 页。

② (清)俞昌烈、毛振培等点校：《楚北水利堤防纪要》卷二《岁修》，湖北人民出版社 1999 年版，第 124 页。

③ 卢勇：《问水集校注》，南京大学出版社 2016 年版，第 13 页。

④ (清)靳辅：《文襄奏疏》卷八《治河题稿》，四库全书本。

堤坝修筑工程并非一劳永逸之举,“欲堤岸之密固,又在人力之勤否”[①]。清人认为:“有堤而无人与无堤等,有人而不能用与无人等”[②],故堤防的人员配备至关重要。在明清时期,堤防巡视常“巡修合一”,因此承担这些任务的以专业河工为主。以清代湖北地区的巡视为例,河工方面“应以每堤一百丈设立圩老一名,圩甲二名,圩役五名”,在农闲之际,近河民夫也要“同力冬春农隙……齐力防护蚁穴獾洞”[③]。人员配置确定后,即“照依分定,具领堤名号……遇有蚁穴獾洞,即行刨挖填补岁修之”[④]。此外,河工巡视前的准备工作在明清两朝已经有了较为具体的要求,包括修堤工料的准备和堤工守水器具的准备等。巡视前首先应当提前备好土牛等工料,从而不至“汛涨猝至,临时无土,每至束手”[⑤]。其次,“蚁穴随时报明补休,汛涨时多备守水器具”,河工巡视时尤其是汛期时要将工具备足。[⑥] 这些守水器具包括挡雨、照明、堵口、报汛等工具,一应俱全,“蓑衣笠帽足用;灯笼两个;巡签两枝;火把足用;铁锄、铁锹两把;元箕一二十副,连竹扁担;榔头两个;夯两架;铁锅两口;棉袄、棉絮数件;麻布口袋十条”[⑦]。

除了平常小规模的巡视检修之外,地方政府还会定期组织大规模的“签堤”运动:

> 防患于未然者,唯有签堤之一法,每年于春初百虫起蛰后,将南北两坦,逐细签试……其法用尖头细铁签长三尺,上安丁字木柄如柱杖式先量明两坦丈尺,每人摊管三尺,如坦长三丈,派兵夫十名,按坦之长短,排定人数,开定名单,自上向下,按次持签排立,挪步前行,每挪一步,即立住中。左右用力签试,三签再向前进,步步皆然……古云蚁穴沉灶,不可以小而忽之。[⑧]

---

① (明)王绅:《继志斋集》卷九《书・与傅士仪书》,中华书局 2020 年版,第 247 页。

② (清)俞昌烈、毛振培等点校:《楚北水利堤防纪要》,湖北人民出版社 1999 年版,第 126 页。

③ 乾隆《江陵县志》卷八《江防》,乾隆五十九年刻本。

④ 康熙《湖广通志》卷九十三《艺文》,康熙二十三年刻本。

⑤ (清)胡祖翮:《荆楚修疏指要》卷首《林制府防汛事宜十条》,湖北人民出版社 1999 年版,第 179 页。

⑥ 乾隆《江陵县志》卷八《江防》,乾隆五十九年刻本。

⑦ (清)俞昌烈、毛振培等点校:《楚北水利堤防纪要》卷二《大汛防守长堤》,湖北人民出版社 1999 年版,第 127 页。

⑧ (清)徐端:《安澜纪要》卷上《签堤》,线装书局 2004 年版,第 118—122 页。

签堤即利用锥探检验土堤的质量，具体操作方法是：在每年春季组织劳力，在堤坝内外两坡一字排开，每两人间隔约一米，每人手持一米左右的铁签，在自己的左、前、右三个方向垂直插入堤中，签插完毕则向前挪动一步，若签插处松动，则需查勘是否有蚁穴在内。之后，再根据所签到洞穴的大小进行分类处理，"所签洞穴小，则立饬力作兵夫随时填筑坚实。大者报之厅营，速即亲临查看，估计土方，专派委员。务须泼水行硪，认真填筑"[①]。总体而言，签堤之法作为一种防范措施，其人员分配较为合理，能使"兵夫各分其职，签者自签，挖者自挖，填者自填"[②]，其成效往往"俾用力而成功速"[③]。此外，开展签堤的时间点也相当合时，每年春日"惊蛰"前后，即白蚁分飞成家之际，蚁群会提前筑好分飞孔，因此，该时间段内更易发现蚁穴所在。

另需注意的是，一些人类活动会破坏堤身的坚固度，成为蚁穴溃堤的诱因，政府则会对其进行监管。如《荆州万城堤志》中提及的"忌刨种""忌厕屋、粪窖、私剅""忌栽蓄竹树"[④]这三点禁忌，这些行为都会使堤身受损。同样，"旧制河岸不得凿井，防蚁穴之溃也"[⑤]，堤岸附近，尤其是靠近堤坝根基处，凿井等活动也被明文禁止。即便如此，仍有破坏堤防的行径，"黄河出岸，淤填肥美，奸民往往盗决……掘一蚁穴而数十丈立溃矣"[⑥]，农民为了灌溉私自盗掘堤坝导致蚁穴溃堤的事件，时有发生。

做好防护工作举足轻重，假使"獾洞蚁穴，不及修补，一经过汛水渗漏溃决，每一次将各官员记大过三次。倘经三次不能实力经理，归入大计案内纠参"[⑦]。反之，"如所修堤塍防护得宜，一岁之内保固无虞，记大功三次，三载安澜，请于大计，或俟俸禄满予以保护"[⑧]。这些奖惩机制于上层建筑上规范并激励了河官及河工，使他们对于蚁穴的防护及处

① (清)徐端：《安澜纪要》卷上《签堤》，线装书局2004年版，第119页。

② 同上书，第120页。

③ 同上。

④ (清)倪文蔚：《荆州万城堤志》卷五《防护》，湖北教育出版社2017年版，第137页。

⑤ (清)纪昀：《纪文达公遗集》卷十六，清嘉庆十七年纪树馨刻本。

⑥ (清)潘季驯：《河防一览》卷一《敕谕五道》，台湾学生书局，1965年，第106页。

⑦ (清)倪文蔚：《荆州万城堤志》卷五《防护》，湖北教育出版社2017年版，第191页。

⑧ 同上。

理上不得不更加慎重，从而利于堤坝白蚁防治工作的开展。

2. *治理方法*

提前预防虽能有效减少堤坝白蚁带来的危害，但人工巡视往往左支右绌，难以面面俱到，如若白蚁造成的险情于堤上发生，则需要补救之法。通过梳理史料得出，明清堤坝白蚁治理方法主要有以下几种：

第一，塞堵法。如若发现蚁穴，及时塞堵最为直接简便，塞堵可及时缓解险情。《楚北水利堤防纪要》中较为详细地记载了内堵和外堵这两种方法：

> 大堤走漏为至险至急之事，古人云：蚁穴、泛灶盖不急救，则害不测矣……凡有走漏之处，当先知堤身是淤是沙，离河远近，有无顺堤河形，测量堤根水深若干；见有旋涡，即是进水之门，速令人下水踹摸。一经踹着，问明洞窟大小，如系方圆洞，则用铁锅扣住，令其用脚踹定，四面浇土，即可断流；如系斜长之形，一锅不能扣住者，应用棉袄等物细细填塞，或用口袋装土一半，两人抬下，随其形象塞之，仍然用散土四面浇筑，亦可堵住。此外堵法也。①

外堵法先依据外部观察找到漏洞，后再参照漏洞的形状进行堵塞。洞方圆者，可用铁锅先扣住，洞斜长者则需要棉袄或土袋填塞，之后再在洞口浇筑。外堵法操作简便，堵口材料也易于获得。此外，《防河奏议》中也介绍了外堵之法，稍有不同的是，行外堵法时，“设或洞口宽大，必使一人赤体将洞口坐住，一面飞集人夫于所坐之下周围填土”②，用人赤身去临时堵住洞口，一方面体现了堵口的迫切性，另一方面体现了外堵法象形而堵之的处理原则。在堵住洞口后，为作警示及便于下次重点巡视，河工或附近居民会“于江工险要之处一例签钉椿木，编槿条竹笆以垂永久”③。

如果在临河一面未能见到明显进水痕迹，则采用“内堵法”进行堵筑：

---

① (清)俞昌烈，毛振培等点校：《楚北水利堤防纪要》，湖北人民出版社1999年版，第129页。
② (清)嵇曾筠：《防河奏议》卷十《挑挖引河说》，清雍正刻本。
③ (清)托津：《钦定大清会典事例》，嘉庆二十五年武英殿刻本。

> 或临河一面，不见进水形象，无从下手，只得于里坡抢筑月埝，先以底宽一丈为度，两头进土，中留一沟出水，俟月埝周身高出外滩水面二尺，然后赶紧抢堵。如水流太急，扎一小枕拦之，里面再行浇土更为稳当，仍然须外面帮宽夯硪坚实，俟里外水势相平，则不进水矣。此内堵法也。[①]

内堵法是在大堤里坡筑月堤一道，月堤底宽为一丈，两边同时兴筑，至中间留一条水沟出水。等到月堤高于外水面二尺后，按照“外堵法”方法就行堵筑。堵口完成的依据是月堤内外水平即可。

第二，挖巢法。事实上，单纯的塞堵只能缓解险情，治标不治本，隐患仍在堤身之内，还需将白蚁巢穴挖去，即挖巢法。行挖巢之法，当“沿流朔源，无乱掘之理”[②]，定位蚁穴是关键所在。“每逢汛水泛涨，内必浸漏，默志其处，候十月间，从浸漏处挖开，有小洞，篾丝通入，视其斜正跟挖即得”[③]。此法先通过观察汛期河水水位升涨造成的堤身渗漏，随后标其渗漏处，待汛期过后，跟踪漏水孔向堤身内追挖，直至挖出主巢。不过，挖巢法受时间限制，汛期不宜开展，加上老堤不能全动，不可胡乱施工，“反致老堤受伤”[④]，不过，其开展技术难度较大，往往费工费时。但与简单的塞堵漏穴相比，挖巢法开始尝试去处理隐患根源，算是技术上的进步。

第三，药杀法。石灰呈碱性，对于多种病虫害有一定的防治功效，古人早已认识到石灰可以克制白蚁，而明清时期堤坝治蚁，更是“重用石灰，日甚一日”[⑤]。清人认为“蚁不过五尺，必须搜挖净尽，投诸河流，或用火焚，以石灰拌土筑塞，方净根株，缘蚁最畏灰也。”[⑥]石灰材料扎实后硬度较大，白蚁口器不易搬动，且石灰材料还改变了土壤的化学性质，加强了土壤的碱性，而白蚁好筑巢于酸性土壤中，石灰的加入不利于白蚁初建群体的形成。故“其北面诸堤如涂涂附丛蚁穴焉，而其要害

① (清)俞昌烈，毛振培等点校:《楚北水利堤防纪要》，湖北人民出版社 1999 年版，第 129 页。
② (清)倪文蔚:《荆州万城堤志》卷五《防护》，湖北教育出版社 2017 年版，第 142 页。
③ 同上书，第 141 页。
④ 同上书，第 142 页。
⑤ (清)舒惠、毛振培点校:《荆州万城堤续志·总序》，湖北教育出版社 2017 年版，第 359 页。
⑥ (清)倪文蔚:《荆州万城堤志》卷五《防护》，湖北教育出版社 2017 年版，第 142 页。

数处，议当熔灰延石削土鸠砖”[①]，将白蚁巢挖除后，用石灰拌土，填筑其空当既能夯实堤身，又可防白蚁复生，从而起到了很好的收尾效果。因此，药杀法“较之由堤内漏眼挖筑为功实多矣”[②]。

第四，生物防治法。古人常言“一物降一物”，生物防治法即利用了生物物种间的相互关系，以一种或一类生物抑制另一种或另一类生物的方法。笔者检索文献虽未发现本时期堤防白蚁生物防治的直接记载，但从史料分析来看，应该有所应用，特整理如下：

竹鸡，亦称“泥滑滑”“竹鹧鸪”或“扁罐罐”，是南方常见鸟类，以白蚁为食，在宋代已有竹鸡除白蚁的记录，“竹鸡叫，可去壁虱、白蚁”[③]。明清史书、方志中亦多有记载其克制白蚁的内容：“有竹鸡……性好啼，啼曰泥滑滑，白蚁畏之，谚曰：‘家有竹鸡啼，白蚁化为泥’”[④]竹鸡可克制白蚁，但其声能化蚁为泥为水的说法，则稍显夸张。

鲮鲤，俗称“穿山甲”，是白蚁的天敌，常于森林、堤坝上寻找白蚁为食。“鲮鲤吐舌，蝼蚁附之，而因吞之，又开鳞甲使蝼蚁入之，乃奋起迅而舐取之。”[⑤]穿山甲依靠其敏锐的嗅觉可精确找寻堤坝上的蚁穴，在挖至蚁穴主巢时，便伸出那善于伸缩且富有黏性的长舌舔食白蚁。此外，穿山甲的鳞片中有一种吸引白蚁的腥味，可引诱白蚁入内，方便其食用。

蚁虎，一种食蚁的蜘蛛。宋《夷坚志》：“蚁虎者，有人自淮南得种来，比白蚁之大三四倍，放入虫柱中，少顷，蚁纷纷而坠，脑上率有小窍，半日，空群无余。”[⑥]可见，蚁虎捕杀白蚁的效率极为惊人。同样，《光绪仙居志》：“能食白蚁者谓之白蚁虎。”[⑦]此外，还有关于白鸽防治白蚁的记载，“鸽之大者曰地白……人家多喜畜之以治白蚁”[⑧]。

---

① (清)苏昌臣:《河东盐政汇纂》卷三《禁垣》,清康熙刻本。

② (清)倪文蔚、毛振培点校:《荆州万城堤续志》卷五《徐太守补獾说》,湖北教育出版社2017年版,第390页。

③ (宋)苏轼,李之亮笺注:《苏轼文集编年笺注·附录八》,巴蜀书社2011年版,第516页。

④ (清)屈大均:《广东新语》卷二十《禽语》,中华书局1985年版,第523页。

⑤ 同上书,第619页。

⑥ (清)洪迈:《夷坚志》夷坚支戊卷第七《鼹鼠蚁虎》,中华书局2006年版,第1108页。

⑦ 光绪《仙居县志》卷二十《古迹志》,光绪二十年木活字印本。

⑧ (清)屈大均:《广东新语》卷二十《禽语》,中华书局1985年版,第582页。

从以上我们可以窥见，明清时期针对堤坝白蚁的防治在实践中得到了发展。在防护措施方面，人们首重堤坝的建造质量，尽可能减少白蚁筑巢的可能性。其次，还制定了完备的巡视章程，将人员配置、工作内容、前期准备及相关禁令及奖惩规则都做了详细说明。最后，通过普通巡视及大规模巡视并行的策略，力求杜绝蚁患或在蚁患决堤前尽可能地减少损失。在治理方法方面，这些治蚁法之间并没有割裂，而是环环相扣，有序进行。塞堵法用于第一时间的险情处理，挖巢法是汛期过后针对蚁源的清除，而药杀法则是用于收尾工作，至于生物防治法则是古人充满智慧的伟大尝试，值得肯定。

第四节　太湖流域治理与水利建设

自孙吴、东晋对太湖流域开发以后，水土流失问题逐渐严重，造成太湖下游“三江”多段淤狭。南朝以后，吴兴（今湖州吴兴区）、义兴（今宜兴市）、晋陵（今常州市）等郡，大水时节，太湖漫溢，沿太湖沿岸郡县常遭水患。唐代之前，关于太湖流域水利治理并不多见，太湖下游地区排涝工程亦难得踪迹。自唐后期及五代，为保障太湖下游低洼地的开发，修建了大规模的农田水利工程，形成具有特色的“塘浦圩田”系统。太湖泄水三江为吴淞江、东江、娄江，唐代以来，东江、娄江相继湮灭，吴淞江则成为主要通道。据嘉庆《上海县志》载唐代吴淞江河口宽 20 里，北宋时为 9 里，到了元代仅有 2 里。[①] 吴淞江河道淤积，使得泄洪严重受阻。随着太湖流域水利矛盾日益激化，北宋以来，各种水灾促使朝廷加强对太湖水利进行治理。除了河道淤垫外，太湖流域还是潮灾多发地，故抵御海潮的侵袭，保护沿海居民和土地也很重要。因此，关于太湖流域的治理与建设，主要分为两方面，一是加强河道的疏浚，二是推动海塘的兴筑。

① 参见毛振培、谭徐明《中国古代防洪工程技术史》，山西教育出版社 2017 年版，第 133 页

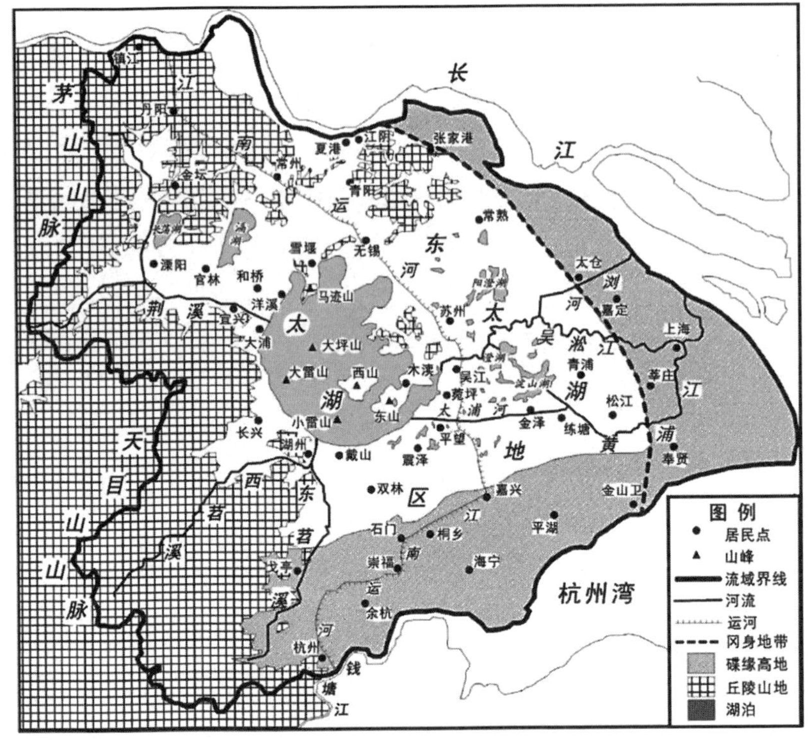

图 4-10 太湖流域地形图

(来源:张修桂,《太湖演变的历史过程》,《中国历史地理论丛》2009 年第 1 辑,第 6 页。)

一、江苏太湖流域治河工程

1. 宋元时期太湖水利治理

宋元时期,由于太湖流域河港水系破坏严重,河道淤积严重,导致泄水三江仅存吴淞江畅通,因而,关于太湖水利治理的工程主要是开浚河浦,以减少洪涝灾害发生。北宋以来,吴淞江淤积愈发严重,淤积不断向海口延伸,并且屡疏屡塞。仁宗景祐元年(1034 年),范仲淹至海浦,开疏河道,"既导吴淞入海,又于常熟之北、昆山之东入江入海之支流普疏而遍治之"①。徽宗时期,太湖多有洪涝灾害的发生,政府对太湖水利的治理较为频繁。崇宁二年(1103 年),"议浚吴淞江,自大通浦入

① 康基田:《河渠纪闻》,中国水利工程学会水利珍本丛书 1936 版,第 34 页。

海”。政和元年(1111 年),“诏苏、湖、秀三州治水,创立圩岸,其工费许给越州鉴湖租赋”[①]。政和六年(1116 年),平江三十六浦淤塞严重,积水为患,赵霖进行了大规模的太湖水利兴修。至宣和元年(1116—1118),赵霖“修浚华亭县青龙江,江阴县黄田港,昆山县茜泾浦、掘浦,常熟县崔浦、黄泗浦,宣兴县百渎;筑常熟县塘岸界岸、长洲县界岸,俱随岸开塘;又围裹常熟县常湖、秀州、华亭泖为田;并开浚各泾浦各小河”[②]。在宋廷处于危难之时,赵霖对太湖进行了大规模的治理,并取得了显著的成效。

宋室南渡后,太湖流域成为国家政治、经济重要腹地,对太湖的治理则是更加频繁。高宗绍兴二十九年(1159 年),“浚平江三十六浦以泄水”[③]。孝宗时期,疏浚港浦、修筑陂塘渐成高潮。乾道元年(1165 年),平江守臣沈度、两浙漕臣陈弥作提出疏浚昆山、常熟县界白茆等十浦,约用 300 万余工。其所开港浦,并通彻大海。[④] 至元代,由于太湖流域肆意围垦,使得下游河道闭塞不通,因而对河港的疏浚工程进一步加强。至元二十四年(1287 年),宣慰使朱清循娄江故道,导由刘家港入海。[⑤] 大德十年(1306 年),行都水少监任仁发疏浚吴淞江等处漕河,并置涵闸,开江东西河道。[⑥] 英宗至治三年(1323 年),吴淞江再度淤塞,须通海故道及新生沙涨碍水河道 78 处进行疏浚,其中常熟州 9 处、昆山州 11 处、嘉定州 35 处、松江府 23 处。[⑦] 又在顺帝至正十三年(1353 年)、二十四年(1364 年),因吴淞江淤塞难行,张士诚两度疏浚通江刘家港、白茆港。[⑧]

宋元时期,关于太湖的治理总体上看以开浚河浦、分疏入海河港为主,其主要目的在于为下游排洪提供出路。浚治的重点为吴淞江,同时包含南北诸大浦,这也是明清时期所持续遵行的治理办法。

---

① 周魁一等注释:《二十五史河渠志注释》中国书店 1990 年版,第 170—183 页。
② 武同举:《江苏水利全书》第 3 册,南京水利实验处 1950 年版。
③ (元)脱脱等编:《宋史》卷三十一《高宗本纪八》,中华书局 2013 年版。
④ 参见周魁一等注释《二十五史河渠志注释》,中国书店 1990 年版,第 185—209 页。
⑤ 参见武同举《江苏水利全书》第 3 册,南京水利实验处 1950 年版。
⑥ 同上。
⑦ 参见周魁一等注释《二十五史河渠志注释》,中国书店 1990 年版。
⑧ 同上。

2. 明代太湖水利治理

太湖流域由于前代修筑排蓄水系的不合理和沿岸民众大规模地围湖造田而频繁发生水患,导致该区域受灾严重。明人归有光一针见血地指出:

> 顾江(吴淞江)自湖口距海不远,有潮泥填淤反土之患。湖田膏腴,往往为民所围占,而与水争尺寸之利,所以淞江日隘。昔人不循其本,沿流逐末,取目前之小快,别浚浦港以求一时之利,而淞江之势日失,所以沿至今日仅与支流无辨。或至指大于股,海口遂至湮塞,此岂非治水之过欤?[①]

明廷为此进行了颇为频繁且规模庞大的治理工程。孟昭华根据清末武同举编著的《江苏水利全书》记载的资料统计,明代疏治太湖工程至少有千余次。[②] 其主要形式为疏浚吴淞江。明初吴淞江淤积情况十分严重,夏原吉奉命治河,他根据"掣淞入浏"的治理原则,将吴淞江水由夏驾浦导入浏河,出长江,同时开浚范家浜,引导淀泖之水由黄埔水道入海。除此之外,还疏浚福山、白茆等塘,分泄水势,导之入长江。

据《明史·夏原吉传》记载:

> 浙西大水,有司治不效。永乐元年,命原吉治之。寻命侍郎李文郁为之副,复使佥都御史俞士吉赍水利书赐之。原吉请循禹三江入海故迹,浚吴淞下流,上接太湖,而度地为闸,以时蓄泄。从之。役十余万人。原吉布衣徒步,日夜经画,盛暑不张盖,曰:"民劳,吾何忍独适。"事竣,还京师,言水虽由故道入海,而支流未尽疏泄,非经久计。明年正月,原吉复行,浚白茆塘、刘家河、大黄浦。大理少卿袁复为之副。已,复命陕西参政宋性佐之。九月工毕,水泄,苏、松农田大利。[③]

夏原吉主持治理太湖流域,共征发夫役十余万人,疏浚河道达到四五万丈。上段疏浚东北入江的嘉定县刘家港和常熟县的白茆港,下段

① 参见归有光《水利论》,四库全书存目丛书·史部第225册,齐鲁书社1996年版,第68页。
② 孟昭华:《中国灾荒史记》,中国社会出版社1999年版,第498页。
③ (清)张廷玉等撰:《明史》卷一百四十九《列传三十七》,中华书局2013年版,第4151页。

着重疏浚直通南跄口的范家港。由夏驾浦引吴淞江上游水自刘家港入江，开范家滨，引山湖水自南跄口入海。其后永乐四年（1406 年）、十年（1412 年）、十一年（1413 年）、十三年（1415 年）仍不断开浚及修筑塘堰。除了疏浚白茆、浏河等入江水道外，还重新开通百余里长的吴淞江故道。天顺二年（1458 年）崔恭任应天巡抚，大力疏浚了吴淞江。弘治四年（1491 年）以后几乎连年大水，《明史・五行志》记载："七年（1494 年）七月，苏、常、镇三府潮溢，平地水五尺，沿江者一丈，民多溺死。"[①]当年，由工部左侍郎徐贯主持，在太湖下游地区疏通深阔了吴江、长桥一带芦苇丛生的河段和吴淞江与大石、赵屯等浦，再开白茆港和白鱼洪、鲇鱼口等处，又修建七浦、盐铁等塘，[②]并将湖州、常州有关河道疏浚加深。

正德十六年（1521 年），巡抚李充嗣、工部郎中林文需主持疏浚白茆河，并于当年十月动工，新开江口至双庙段 3556 丈，又疏浚双庙至常熟县东仓。万历五年至八年（1577—1580），巡按御史林应训主持太湖水利施工，开吴淞江 140 里，开庞山湖口接太湖通吴淞江，疏浚黄浦江上源 1.4 万丈，疏通白茆塘 45 里，开浚盐铁塘、夏驾浦、蜛龙江等入江水道，修筑苏、松二府大河、小港、圩岸等。[③] 这些水利工程的建设一定程度上预防和补救了太湖流域的严重水患，支撑了该区域的防灾减灾事业。

明代治理太湖的方式仍然以疏浚河道为主，疏浚的重点是吴淞江，其次是浏河和白茆浦。然而，吴淞江与浏河随浚随淤，日渐壅塞，逐渐失去了其泄洪排水的功能。太湖下游由三江泄水变为黄浦一江承担，这一巨大变化对太湖水利的影响颇为深远。[④] 为了改善太湖水利状况，明人作出了很大的努力，开展了许多大型水利工程，对流域内的农业生产也起到了一定的作用。然而，由于缺乏完善系统的规划，明廷只能随淤随治，虽能收一时一地之利，却无法令太湖长久安澜，太湖水患亦无

---

① （清）张廷玉等撰：《明史》卷二十八《五行一・水潦》，中华书局 2013 年版，第 451 页。

② 参见孟昭华《中国灾荒史记》，中国社会出版社 1999 年版，第 499 页。

③ 同上书，第 498—499 页。

④ 郑肇经主编：《太湖水利技术史》，农业出版社 1987 年版，第 17 页。

法从根本上得到解决。

3. 清代太湖水利治理

万历年间御史林应训疏浚吴淞江、白茆塘后，直至明末太湖流域未能再有持续性的大规模水利修治。清初太湖流域水旱灾害频频，水利设施失修，河道淤积严重。顺治三年（1646 年），江苏巡抚土国宝上奏："白茆潮沙积壅，状如丘阜；吴淞江竟如沟洫，下流既壅，上流奚归，舟楫莫治。"[①]清定鼎之初，社会动荡，加之国家财力有限，也无暇治理太湖水利。直至康熙年间，由于水利颓废严重，当地政府意识到太湖流域水利治理的重要性。

康熙十年（1671 年），由江苏巡抚马祜协同布政使慕天颜制定了以浚治"三江"为主、兼治大浦的综合治理方案。先浚浏河，自盐铁口起至航船港以达海口，该段 5180 丈，挑浚河面阔 11 丈，底阔 6 丈 6 尺，深 1 丈，工期从康熙十年二月二十六日起工，至康熙十一年五六月内陆续完工。[②] 对吴淞江的治理，自黄浦东口起至新泾口施家港止，共计 10491 丈，挑开河面阔 15 丈，底阔 7 丈 5 尺，深 15 尺，工期于康熙十年十二月初八日起工，至康熙十一年四月二十六日完工。[③] 康熙十九年（1680 年），江苏巡抚慕天颜又奏请开白茆河和孟渎河，自常熟支塘起迪东以至海口清理淤道 43 里，共长 7856 丈，总计人夫 99.4 万工，并议修大闸 1 座；孟河自武进奔牛镇之万缘桥起，至孟河城北出江淤道，计 48 里，共长 8533 丈，需人夫 84 万工，并议建大闸 1 座。[④] 康熙年间对浏河、吴淞江、白茆河等泄洪主道的治理，使得太湖下游水患大大减轻，苏松地区水利设施的完善也为水运提供便利。

雍正、乾隆年间，对太湖水利的治理极为重视。雍正四年（1726 年），雍正帝连发二道上谕决定修治苏松水利。五年（1727 年），开浚吴淞江、白茆河。浚太仓州刘家港，用帑银 29900 两；浚吴淞江西段，自艾祁口至盘龙江口；浚吴淞江东段，自盘龙江口至野鸡墩，共长 36 里；浚

---

① 《皇朝经世文编》卷十一《筹治三江水利疏》。

② 参见彭雨新、张建民《明清长江流域农业水利研究》，武汉大学出版社 1993 年版，第 34 页。

③ 参见同治《直隶苏州府志》卷十一《水利三》，清光绪九年刊本。

④ 参见武同举《江苏水利全书》卷三十四《太湖流域四》，南京水利实验处 1950 年版。

白茆港，长7700余丈；浚徐六泾之梅里塘，长3500丈；又浚常熟县福山塘，长4300余丈，共用帑银97000余两。[①] 这次河道疏浚费用，全部以国帑作为费用，可见雍正帝对治理太湖水利的决心。乾隆二十八年(1763年)，江苏巡抚庄有恭上奏请修三吴水利，计划疏浚太湖出水诸河道，浚治吴淞江、娄江等泥沙淤积河段，铲除植芦冒占之区，加固圩岸，对原有闸坝进行改移。该工程于同年十二月兴工，先对河港进行疏浚，后及河身，并重新开挖吴淞江引河以及黄渡镇越河640丈。二十九年三月工毕，花费白金22万余两。[②] 雍乾年间大规模的治理对于太湖地区的水利建设无疑有着重要的作用。此后，嘉道间也多次进行吴淞江的疏浚工作。道光十一年(1831年)，巡抚林则徐奏浚浏河，十四年(1834年)三月，浚白茆河、徐六泾及许浦、高浦。[③]

清代关于太湖水利建设主要围绕疏浚下游泄洪水道以及沿江港浦的治理，主要体现在对太湖主要泄洪渠道的吴淞江、浏河、白茆河以及东北部港浦的疏浚和有效管理，并取得了良好的成效，一改明代太湖水利废弛的败状。特别在康乾雍时期，清政府注重对太湖水利的兴修，并有国家出资进行修筑，“帑金千万，不必惜费”，体现了政府对水利建设以及百姓安危的重视。清代太湖流域的水利治理还有很多，主要治理工程见表4-11。

表4-11　清代江苏太湖流域部分河道疏浚工程

序号	兴筑时间	工程内容
1	康熙十年(1671年)	江苏巡抚马祜开浚刘河淤道二十九里，于天妃宫建大闸一座；浚吴淞江，自黄渡至黄浦口长一万一千八百余丈，于黄浦口建大闸一座
2	康熙十九年(1680年)	浚江苏常熟白茆港、武进孟渎河

① 参见武同举《江苏水利全书》卷三十四《太湖流域四》，南京水利实验处1950年版。

② 同上。

③《苏州通史》编纂委员会；王国平，唐力行主编：《苏州通史 清代卷》，苏州大学出版社2019年版，第32页。

续表

序号	兴筑时间	工程内容
3	康熙二十年(1681年)	江苏巡抚慕天颜奏浚白茆港,自支塘至海口,浚淤道四十三里,并议修大闸一座
4	康熙四十七年(1708年)	总督邵穆布、巡抚于准浚刘家港,长三十里,面阔七丈,深八尺;建七鸦口闸
5	康熙四十八年(1709年)	总督邵穆布、巡抚于准奏准开浚白茆、福山二港,修白茆旧闸,建福山新闸
6	雍正五年(1727年)	发帑兴修江南水利,开浚吴淞江、白茆河;浚太仓州刘家港;浚徐六泾之梅里塘;又浚常熟县福山塘
7	乾隆二十八年(1763年)	江苏巡抚庄有恭奏修三吴水利,拟清理太湖出水诸口,浚治吴淞江、娄江浅狭阻滞之处,铲除植芦冒占之区,加培圩岸,改移闸座
8	乾隆三十五年(1770年)	挑浚苏郡入海河道,白茆河自支塘镇至滚水坝,长六千五百三十余丈;徐六泾河自陈荡桥至田家坝,长五千九百九十余丈
9	嘉庆十七年(1812年)	挑浚江苏武进孟渎河和上海太仓刘河
10	嘉庆二十一年(1816年)	疏浚吴淞江
11	道光十四年(1834年)	二月,总督陶澍、巡抚林则徐奏浚刘河,借项兴挑,并浚白茆河,官民捐办;八月,奏以刘河节省余款三万四千九百两,挑浚太仓七浦
12	道光三十年(1850年)	正月,浚白茆河,自支塘至海口,长五千五百余丈;浚徐六泾,自塘桥至范孝思基,长四千九百余丈;浚许浦,自许浦桥至南桥,长一千七百余丈;浚高浦,自西坛至马桥,长一千九百余丈;旁浚支河六十八道,移建白茆老新闸,其徐六泾、许浦、高浦各于海口筑坝,蓄清拒浑,以时启闭,至五月工竣
13	同治五年(1866年)	江苏巡抚郭柏荫奏浚刘河,长七千六百九十余丈,平水面浚深九尺;又重修刘河镇天妃闸
14	同治九年(1870年)	浚白茆河道,改建近海石闸
15	同治十年(1871年)	挑浚吴淞江,自黄渡至新闸西,长九千余丈

资料来源:毛振培,谭徐明,《中国古代防洪工程技术史》,山西教育出版社2017年版,第368—370页。

二、江苏太湖流域海塘工程

前文已经专门论述江苏两淮地区的海堰海堤工程，而在太湖流域，由于深受潮灾的威胁，常以修筑海塘工程来进行减灾。太湖流域海塘工程北起常熟，南至杭州，共800余里。其分为江南海塘与浙西海塘两部分，江苏南部海塘归属于江南海塘北段，分属在太仓、镇洋、常熟、昭文四州县，构成了太镇海塘工程和常昭海塘工程。

太仓境内海塘最早可追溯到元至正四年(1344年)，都水庸田使司修筑捍海堤。明洪武三十二年(1399年)、永乐二年(1404年)以及成化八年(1472年)均增筑海塘。[①] 嘉靖二十二年(1543年)，知州冯汝弼修筑海塘，自刘家河北至常熟县界9287丈，刘家河南至嘉定县界1856丈，高可达五六尺。海塘的修筑主要防治海潮冲塌田地，影响税粮的收入。

清雍正十年(1732年)，太仓与镇洋沿岸海潮来袭，田庐漂没无数。苏州知府徐永佑等人勘议太仓、镇洋、宝山、常熟、昭文五州县滨海情形，在宝山境内浦西起至镇洋县境浏河南岸止的沿边一带顶冲迎溜处，建筑土、石塘工，其中包括位于镇洋境内的上塘2430余丈。[②] 乾隆十一年(1746年)，沿海沿江地区再遭潮灾，次年，镇洋知县请帑筑土塘，自楚城泾起至杭船港止839丈，底宽5丈，面宽1丈3尺5寸，高1丈8寸。除了官修海塘外，滨海业户也情愿出资修筑海塘，以避免潮水入侵带来损害。乾隆十六年(1751年)，沿海州县通力合作，捐资修筑土塘。乾隆十七年(1752年)，太仓知州宋楚望请筑海塘，自刘河口至昭文县(今常熟境)，长50里。[③] 常熟、昭文海塘工程在乾隆年间也有兴筑。乾隆十九年(1754年)，御史陈作梅请筑昭文县海塘，东接太仓州界铛脚港起至常熟县界耿泾港止，土塘共长9132丈，计程60里，面宽1丈，底宽3丈6尺，筑高1丈，塘外留余地5丈栽种甘柯、杨枝护塘，塘内留余地4丈，由原业耕

① 参见嘉庆《直隶太仓州志》卷十九《水利》，嘉庆七年刻本。

② 参见王大学《明清"江南海塘"的建设与环境》，上海人民出版社2008年版，第119页。

③ 参见武同举《江苏水利全书》第三册，南京水利实验处1950年版。

种管业。[1] 挑土筑塘即成，随塘河道面宽 6 丈，计塘内外余地及塘底、塘河共宽 14 丈 1 尺，共估土方、桥木、料工等银 27716.64 两。[2]

要而言之，江南海塘江苏段的修建与江南地区经济迅速发展有着密切联系，其主要是防潮功用，亦可蓄淡围垦，用于排水和灌溉，以保证农田不致害，税粮不受影响。江苏境内的江南海塘主要是在明清时期修筑起来的，其中以太镇、常昭海塘工程为典型。海塘多以土塘为主，修筑工程浩大，同时注重护塘，在塘外修筑护滩坝，形成系统的海塘工程体系。

第五节　明清时期黄淮河防管理体系

明清时期，黄河夺淮南侵，黄淮合流，淮河被纳入黄河水系。黄河携带大量泥沙南下，沿途淤积，导致淮水北岸多数支流被冲决紊乱，淮河干流河床也被逐渐淤高，洪水下泄不畅，大水时常漫溢肆流，水灾频仍，民不聊生。本时期，两代政府定鼎北京，大量物资供应依赖京杭运河由江南地区漕运北上，而运河的江苏、山东段多采用黄河河道，黄运合一，大水冲决运道或泥沙致运道浅涩，再加上周边的明祖陵以及当地民生问题，黄淮河道的治理显得比以往任何时候都重要。为应付日益严重的水患，明清两代政府在不断的实践中，逐渐建立起一整套的河防管理体系，对明清时期的黄淮运治理起到了相当大的作用，对后世的影响也很深远。[3]

一、管理体系及人员设置

明代以前，治河并不设专官，当河流（主要是黄河）发生决堤等重大水灾时才由皇帝临时派出主管官员前往处理。即使在明代前期尚是如此，如永乐八年（1410 年）秋“河决开封，坏城二百余丈……时尚书宋

① 参见王大学《政令、时令与江南海塘北段工程》，《史林》2008 年第 5 期，第 58—69＋186—187 页。

② 参见同治《苏州府志》卷十一《水利三》，清光绪九年刊本。

③ 参见卢勇、王思明《明清时期黄淮河防管理体系研究》，《中国经济史研究》2010 年第 3 期，第 152—158 页。

礼、侍郎金纯方开会通河。帝乃发民丁十万，命兴安伯徐亨、侍郎蒋廷瓒偕纯相治，并令礼总其役”[①]。他们到地方之后，按照当时钦差部院堂官的体制，地方官员都归其节制，统一协调治水。但这种设置大多是因事而设，事完即撤。自明中期以后，下游淤高，河成悬河，黄、淮、运形势日益严峻，为了应对这种局面，明廷开始设立“总理河道”一职，全权负责黄淮事宜。[②]

成化七年(1471 年)，“命王恕为工部侍郎，奉敕总理河道，总河侍郎之设，自恕始也”[③]。此后，总理河道逐渐成为常设官职，其下级管理机构中除设有郎中、主事外，按照明代惯例还有特务组织锦衣卫以及军队方面的千户等官员协管河防工作。明代堤防的最基本单位称为“铺”，守堤人员称为“铺夫”，每铺管辖堤段的长短和铺夫的多少因堤防的重要性不同而异。据潘季驯在《河防一览》中记载的当时情形是：“每堤三里，原设铺一座。每铺夫三十名，计每夫分守堤一十八丈。”[④]《明史·河渠志》则记载“每里十人以防，三里一铺，四铺一老人巡视”[⑤]。此处的“老人”是指管理堤防的最基层负责人，此后地方上的水利管理体系也渐渐完善。

清代以降，对河事更为看重。顺治元年(1644 年)清廷甫建，即改总理河道为河道总督，设为定制，同时规定河道总督加兵部尚书、都察院右都御史衔，为从一品官，从此之后河防体制更趋完备。初期，河道总督驻山东济宁，后驻江苏清江浦。雍正七年(1729 年)分为江南河道总督(管辖安徽江苏境内黄淮河，驻清江浦)和河南山东河道总督(管辖河南山东境内黄河驻济宁)，东西两河分治，后又设北河，管理京畿河务，但重要性不及前者。总督衙署内不设佐杂属员，署内应办之事仅靠吏员办理，其内部组织分工及属员情况，因人而异，设置比较随便。[⑥] 清

① 周魁一等注释：《二十五史河渠志注释》，中国书店 1990 年版，第 321 页。

② 参见卢勇、王思明《明清时期黄淮河防管理体系研究》，《中国经济史研究》2010 年第 3 期，第 152—158 页。

③ 周魁一等注释：《二十五史河渠志注释》，中国书店 1990 年版，第 329 页。

④ (明)潘季驯：《河防一览》，水利珍本丛书本 1936 年版。

⑤ (清)张廷玉等编：《明史》卷八十三《河渠一》，中华书局 2013 年版，第 2041 页。

⑥ 刘子扬：《清代地方官制考》，紫禁城出版社 1988 年版。

代河道总督以下分设文武两套机构，文职主要负责核算钱粮及水利工程所需物资的购备等；武职负责河防修守，民夫、河兵的管理等。河防机构文武官员具体设置及官衔如表 4－12。

表 4－12　清代河防机构文武官员具体设置及官衔

河道总督（加兵部尚书都察院右都御史衔，从一品）	
文官	武官
道（道员，官阶高于州府而低于省） 厅（同知或通判，与地方州府同级） 汛（主簿、县丞、巡检等，县级） 堡（堡夫若干）	道员，加兵备职衔，但一般归为文官 守备或协办守备，统领河营兵 千总、把总 河兵若干

清代河防体系，河道总督以下分设道、厅、汛、堡四级。以清嘉庆年间徐州道为例，其具体管理机构和人员配备如表 4－13 所示。

表 4－13　清嘉庆间（1796—1820）徐州道黄淮河防体系结构图

	厅	汛	堤长（丈）	分属	兵	夫
淮扬道（南岸）	桃南厅：通判一员守备一员	烟墩汛：县丞一员，把总一员，协防一员	8251	桃源	166	46
		龙窝汛：主簿一员，千总一员，协防一员	8251	桃源	159	44
	外南厅：同知一员守备一员	南岸汛：巡检一员，把总一员，协防一员	5040	清河	150	28
		外河汛：县丞一员，千总一员，协防二员	10195	清河　山阳	210	26
淮扬道（南岸）	桃北厅：同知一员守备一员	崔镇汛：主簿一员，千总一员，协防一员	8359	桃源	154	46
		黄家嘴汛：巡检一员，把总一员，协防二员	6480	桃源	160	36
	外北厅：同知一员守备一员	北岸汛：主簿一员，千总一员，协防二员	8642	清河	270	48

资料来源：据黎世序、潘锡恩等《续行水金鉴》整理，反映清嘉庆末年情况，摘引自颜元亮《清代黄河的管理》，《水利史研究室五十周年学术论文集》，水利电力出版社 1986 年版。

当时的黄河徐州道分为南、北两道，其下共设四厅、七汛，具体到所管辖的大堤长度、所属县名、丁夫名额，有的资料中甚至可以查找到丁夫的名单，清代黄淮河防体系的分工之严密由此可见一斑。在厅汛等中层官僚中，文武官员并列配置，具体运作中二者职责互有连带，以起到相互监督、牵制之效。[①]

二、权限与内部关系

明初，在总河设立之前，由皇帝亲自处理治河事宜或派遣官员前往修防疏浚，即通常为人熟知的“钦差大臣”，属临时设置，事完即撤。自成化年间总理河道一职设立之后，往往以尚书、都御史等兼职，位高权重，节制一省或数省巡抚，地方上一切官员都自居其属吏，以便统一协调、调度。明代后期，总理河道大多兼有提督军务衔，即身兼武职，可兼管军队中的千户等将官，以便紧急情况下调动军队参与治河。如弘治六年(1493 年)明孝宗命兵部尚书刘大夏出任总河，万历八年(1580 年)秋，万历皇帝则给总河潘季驯加南京兵部尚书衔。

明代总河以下设管河副使、堤防参政和管河工部员外郎等职，协助总河管理河务。史载弘治八年(1495 年)十月明孝宗“敕令河南管河副使张鼐、大名府带管堤防参政李瓒按照管河、管屯官事例常川巡视，听其便宜行事，巡抚等衙门不得有所阻扰”[②]，但这些官职还都不是常设。此外，明代皇帝还时常派遣中官(太监)监督军务、河务，据《明史·河渠志》载，景泰三年(1452 年)五月，“命英督有司修筑。复敕中官黎贤、武良，工部侍郎赵荣往治”[③]。这些外派的中官，由于他们身份特殊，权限影响很大。派遣中官督察河务，是明代河防管理中的一大特色。[④]

清承明制，对黄淮运河务甚为重视。顺治元年(1644 年)，河道总督纳入官制，所属机构也日益成为专设，从此“分镇协理，体制大备”，具

① 参见卢勇、王思明《明清时期黄淮河防管理体系研究》,《中国经济史研究》2010 年第 3 期，第 152—158 页。

②《孝宗实录》卷一百零五，四库全书本。

③ (清)张廷玉等编:《明史》卷八十三《河渠一》，中华书局 2013 年版。

④ 参见卢勇、王思明《明清时期黄淮河防管理体系研究》,《中国经济史研究》2010 年第 3 期，第 152—158 页。

体如下：

总河督掌南北各河职疏浚及堤防诸事宜，职权非常广泛，包括河道的挑浚淤浅，导引泉流，沿河堤坝堰锸之岁修、抢修等工程，史载河道总督"统摄河道漕渠之政令，以平水土、通贡漕，天下利运，率以重臣主之权而责亦重"[①]。具体而言，南河河道总督掌黄河、淮河会流入海，洪泽湖、黄、济运，南北运河泄水行漕及瓜州江工、支河湖港之疏浚堤防诸事。东河河督掌南河南下汶水分流，运河蓄泄及支河湖港之疏浚堤防诸事。[②] 当然，总河的职责还包括治水经费的造册注销、重大工程的奏请，属下官员的奖惩等具体事项。

道，长官道员为正四品官，其品秩及升补与地方守、巡道相同，且一般均兼地方巡道，以利协调。如雍正五年(1727 年)，河南巡抚田文镜就曾奏请设彰卫怀守道一员，统辖三府，稽查吏治，并责巡防。[③] 道员加兵备衔，督率厅汛各员，河兵堡夫，以及钱粮的出纳，权责较重。

厅级文职长官为同知或通判，武职则设守备或协办守备，统率河兵。厅下辖汛，长官为主簿、县丞，武职设千总、把总，管辖范围从几千丈至上万丈不等。清代自乾隆八年(1743 年)始实行地方官和河官互相升调的做法，遇有工程修筑、抢险救灾之类可以协同办理，互相照应，但也给互相推诿扯皮提供了可能，每有治河事件，工程所需工料不至的情况时有发生。

如前文言，明代的黄淮基层水利管理单位叫"铺"，每堤三里一铺，每铺 30 名铺夫，由经验丰厚的老人负责巡视，一般设置为四铺一老人。清代把这种体制改作"堡"，并进一步完善为约二里一堡。后于乾隆四十九年(1784 年)在两座夫堡中间添设兵堡一座，派士兵两名把守。设置专职河兵参与治河是清代的一项独创，清代治河大家靳辅就认为设置河兵"无招募往来之淹滞，无逃亡之虑，无雇请老弱之弊"[④]。河兵受河营和厅、汛的双重管辖，负责堵口抢险、工程修筑等，实际上是一支专

---

① (清)康基田:《河渠纪闻》卷十三。

② 刘子扬:《清代地方官制考》，紫禁城出版社 1988 年版，第 405 页。

③ 引自武同举:《再续行水金鉴》卷一百六十《豫河志卷十二 · 工程下之三》

④ 靳辅:《治河方略》卷二。

业技术队伍。堡夫雇自民间，负责巡堤捕鼠、抬土送文、栽柳护堤等，工作相对轻松，不过待遇也低于河兵。另外，还有一种直属河道总督统领的河兵队伍，称为“河标”，是治河的最精锐部队，主要驻扎在关键河段和漕运的咽喉之处。①

三、运作模式

1. 经费的筹集与河工劳役

明清的黄淮治理是花费巨大的工程项目。河工经费的筹集与劳役的调度是事关治理成功的关键，所以前者多由政府国库支出，后者则由当地或周边地区的居民以服劳役和交纳物料等的形式体现。但在各个时期又和当时的财政制度、赋役体制等有很大的关系，因而有各自不同的特点。

明代河防所需费用主要是中央财政支出大部，地方摊派部分。万历三十一年（1603 年），河官时聘在奏折中说：“惟南出小浮桥，地形卑下，其势甚顺，度长三万丈有奇，估银八十万两。公储虚耗，乞多方处给。”②准确地说明了当时的河防经费情况，即当时治河费用主要是政府负担，所以“公储虚耗”，但后期随着河工日繁，也自地方民间摊派筹措，要“乞多方处给”。地方一般是按亩征集工程款项，尤其是工程所需物料、运输等多由民间提供。

明代河工民夫多出自徭役，按地亩征发民夫，但地主往往将负担转嫁，造成近河贫民负担很重。针对这种情况，自嘉靖年间始，明廷采取御史谭鲁的建议，由淮河流域周边经济富裕的上中等大户出银，雇募贫民参赴河工。然而这项政策执行得并不理想，由于吏治恶化，官场贪污腐败，导致“后银有余，而岁征如故”，普通民众负担反而加重，“官徒有募夫之名，而害归于藉名者之家，利归于管工者之手”③，暴露出了明代河工征派制度的弊端。

---

① 参见卢勇、王思明《明清时期黄淮河防管理体系研究》，《中国经济史研究》2010 年第 3 期，第 152—158 页。

② 周魁一等注释：《二十五史河渠志注释》，中国书店 1990 年版，第 381 页。

③ (清)王庆云：《石渠余纪》，北京古籍出版社 1985 年版。

清代的河工经费称做"河工银","供岁修、抢修及兵饷役食之用"。清初,清承明制,政府负担一部分,地方摊派一部分,还可以以工代银,所以"出之于征徭者居多,发帑盖无几"[①],政府财政负担不是很重。乾隆年间,府库充盈,天下大治,遂将原来由民间按亩摊派的款项改由政府财政支出,此后渐成定例。不料,这一做法不仅导致沿河百姓将治河与自己利益分离,趁乱哄抬工料物价之事时有发生。而且随着河事糜烂,吏治腐败,河工银逐年增长,道光年间已几乎占到政府财政收入的六分之一,成为国库支出的重大负担,政府财政几乎不堪,正如魏源所言:"河工者,国帑之大漏卮也。"[②]

为了缓解财政压力,清代还鼓励商贾捐款治水,乾隆十八年(1753年),两淮富商程可立等"因久居乐土,共冀永保安全,……情愿公捐银六十万两,助兴大工"[③]。随后,清廷专设大工捐输局,负责商捐事宜,此举成为清后期一条重要的筹款途径。

清代的河工制度,采用派夫与雇夫并行的方法。初期,黄淮水利工程多为派夫,基本原则是本府内之河役用夫出自本府,人数不足再由邻郡调集。岁修人数则分为三份,三年轮回一次。康熙十二年(1673年),河南巡抚佟凤彩曾上书建议改为募夫,但总河靳辅却认为"应募之辈多系贫穷无籍之徒,……及至工程严谨,逃避不前,坐误河工"[④]。于是在具体操作中,一般采取灵活的做法,"或仍照往例拨岁修人夫修筑,或照近例动币兴筑",但实际上"雍正之时徭之裁免者已多矣"[⑤]。所以清代的河工制度自雍正后以雇夫制为主。

清代河工制度的另一大创举是河兵的设立。最初,清廷在南河江苏段设 6 营,共兵丁 5860 名,至乾隆二年(1737 年)增至 20 营,9145 名。[⑥] 河兵皆宿河岸,熟谙水性。平时习骑射,专练填筑等河工技术。所以清史学家认为河兵"惟责任专谙练熟,故能奏功而无害。此尤本朝

---

① 武同举等编:《再续行水金鉴》。

② (清)魏源:《魏源集》,中华书局 1976 年版。

③《南河成案》卷九,转引自颜元亮《清代黄河的管理》,《水利史研究室五十周年学术论文集》。

④ (清)傅泽洪、黎世序等主编;郑元庆等纂辑:《行水金鉴》,凤凰出版社 2011 年版。

⑤ 武同举等编:《再续行水金鉴》。

⑥ 周魁一等注释:《二十五史河渠志注释》,中国书店 1990 年版,第 452 页。

兵制之超出前代者”[①]。河兵的薪饷主要以募夫钱充抵,不足部分由河工款项中划拨。[②]

2. 水利工程的建设与维护管理

明初,每逢黄淮发生决堤等重大灾情,即由地方官上报奏闻,然后由朝廷派专员到受灾地区组织抢险赈灾,上报不及时者治罪。“(洪武)二十三年春,决归德州东南风池口,经夏邑、永城。发兴武等十卫士卒,与归德民并力筑之。罪有司不以闻者”[③]。大型水利工程,由地方官或朝臣上书提出具体规划设想,最后由皇帝定夺,如果工程复杂、意见不一,则举行廷议,择其善者而从之。此后,由于黄淮工程越来越复杂,明廷多次举行廷议,廷议定下来之后,总河可以根据规划在小范围内相度处置,相机修筑,所谓“将在外,君命有所不受”,但还是要随时奏闻皇帝。[④]

“河防之本在堤”,明代,堤防修筑之后,有较完备的维护规定。由于当时多为土堤,易受到风雨剥蚀、车马践踏等残损,所以要经常维护。嘉靖年间规定“横埋丈余圆木,上覆以土,守堤者每遇践踏木露,即仍以土覆之”[⑤]。万历年间进一步规定“堤口要一年一修垫,与梢栏门闸板相平。若一年不修,堤口必减三四尺”[⑥]。后来,潘季驯在《恭报三省直堤防告成疏》中总结了堤防维护制度“每岁务将各堤顶加高五寸,两旁汕刷及卑薄处所一体帮厚五寸,年终管河官呈报各司道。要见本堤原高阔若干,今加帮共高阔若干。司道官躬亲验核,年终造册奏缴,不如式者指名参就。庶河防永固,而国计民生有赖焉”[⑦]。

清代黄淮上的大型堤防修筑称为“大工”,流程与明代大体类似,但清代总河为定职,权限也相对更大,在调集人力物力方面较之明代更有

① (清)王庆云:《石渠余纪》,北京古籍出版社1985年版。
② 参见卢勇、王思明《明清时期黄淮河防管理体系研究》,《中国经济史研究》2010年第3期,第152—158页。
③ 周魁一等注释:《二十五史河渠志注释》,中国书店1990版,第320页。
④ 参见卢勇、王思明《明清时期黄淮河防管理体系研究》,《中国经济史研究》2010年第3期,第152—158页。
⑤ 卢勇:《问水集校注》,南京大学出版社2016年版。
⑥ 王云五主编;(明)戚继光撰:《练兵实纪》。
⑦ (明)潘季训撰:《河防一览》,台湾学生书局民国54年版。

优势。其余各工主要分为岁修、抢修、另案等几个类型。岁修是指每年霜降后，厅、营、汛员必须在所管辖境内周历查勘，遇有堤工不坚或埽坝朽坏情况的，第二年开春即组织维修，一般由厅营主持进行。岁修是保证第二年安全度汛的前提，有清一代，对于岁修的组织和贯彻施行还是相当重视的。抢修，是在桃伏汛内抢办各工，主要包括抢厢埽工、支河堵塞等。岁修和抢修通常合称"岁抢修"。另案工程与岁抢修没有严格的划分，一般工程量较大，具体又细分为"常年另案"和"专款另案"。堤防的增培、修砌砖石、河滩的挑切取直以及新埽厢的制作，甚至闸坝的启闭等都属常年另案；专款另案指特别拨款的大工，包括决口堵塞、挑河筑堤等，另案工程完工后一年内奏送清单，违反规定者，上报有关部门，依律论处。

在堤防维护方面，明代已经有一套比较完备的方法，即所谓"四防二守"的修防体制。"四防"包括昼防、夜防、风防、雨防，根据不同情况对于各堡夫、河兵均有具体规定，确保大堤时时有人巡守，使之无意外之虞。"二守"是指"官守"和"民守"，官守指在大堤设立堡夫、河兵，使其通力合作；民守是指汛期除堡夫、河兵外，另征发附近邻堤乡村夫役，协助防守，水落回家，量时去留。在大堤养护方面，清代还有"签堤"的规定。所谓签堤，即每年春初，将大堤南北两坦，逐段用尖头细铁签进行锥探，对发现的洞穴大小、弯直等细细查勘，两面俱能出签者，给予重赏，然后再分层填实，恢复原状。同时，当时堡夫还驯养猎犬和用火熏辣椒等办法，对堤岸獾鼠进行捕捉，这些措施对消除大堤隐患，还是行之有效的。①

3. 水利事务的稽查与奖惩

明清时期的水利稽查主要是通过御史制度来贯彻执行的。正如清鄂尔泰在《授时通考》中所说："国家司空有总职，水利有专官……重役宪臣之稽查。"②宪臣就是御史系统官员的泛指。御史是独立于整个封建行政体系以外的官僚建制，他们一般只需直接对皇帝负责，因此对各

---

① 水利部黄河水利委员会：《黄河水利史述要》，水利出版社1982年版，第341页。

② (清)鄂尔泰：《授时通考》，中华书局1956年版，第319页。

项事务具有较强的监察功能。[①]

明代按当时的行政区划分为13道监察御史(明末增设到15道),地方各道御史分别承担对本道地方政府的监察,同时承担对中央各衙门不定期的监察任务,朝廷也会派遣中央都察院御史到地方监管军民和财政,如考察民风,巡视漕运和防洪等。清代继承了明御史系统建制,惟中央不设佥都御史,地方的监察御史增加到22道而已。由于明清时期黄淮问题事关国家根本,因此河臣多遭参劾,嘉靖六年(1527年),御史吴仲"因劾(章)拯不能办河事,乞择能者往代"。结果章拯被罢职,"以盛应期为总督河道右都御史"[②]。连康熙间的治河名臣靳辅也曾受御史弹劾。当时御史郭琇弹劾靳辅,说他的治河策略"内外臣工亦交章论之。耗资巨大而治河无绩,令停筑重堤,免辅官,以闽浙总督王新命代之"[③]。靳辅因此被罢官,得力助手陈潢病死狱中。此事虽属冤案,仍可见御史对河臣的监察影响力非比寻常。

但是,明代常派御史本人担任治河大臣,或总河自身兼御史衔,使御史的监察功能相对弱化。如景泰二年(1451年),"特敕山东、河南巡抚都御史洪英、王进协力合治,务令水归漕河"[④]。明末潘季驯治河时,万历帝更是授予他独立行事的特权,"今特命尔前去督理河漕事务,将河道都御史暂行裁决,以其事专属于尔"[⑤],以使潘在治水的过程中可以独立行事而不必顾忌。

关于奖惩,明代总河由朝廷直接委任,视其治河成效决定升迁去留。下属官牟的升迁则主要靠保举,即长官推荐制。总河离任前,可以推荐一批河官,总河一般在奏报中推荐熟悉河务、勤勉能干的官员,使之受到封赏或优先补缺升迁。如弘治三年(1490年)总河白昂曾举郎中娄性协治河事;万历六年(1578年),因治河有功,"赏衡及总理河道

① 参见卢勇、王思明《明清时期黄淮河防管理体系研究》,《中国经济史研究》2010年第3期,第152—158页。

② 周魁一等注释:《二十五史河渠志注释》,中国书店1990年版,第339页。

③ 同上书,第504页。

④ 同上书,第324页。

⑤ 同上书,第425页。

御史万恭等银币有差”[1]。清代大抵如此，嘉庆二十五年（1820年）河东总督张文浩奏报秋汛安澜，“赏张文浩三品顶戴兼右副都御史衔，河南巡抚姚祖同下部议叙，出力员弁升叙有差”[2]。

由于河防事关重大，明清两代对于失职河臣的惩罚都很严厉，不少河官甚至总河都丧命任上。明崇祯八年（1635年），总河荣嗣被御史倪于义劾其期罔误工，被逮问，父子皆死于狱中。其手下属官郎中胡琏因分工独多，也受连坐而死。而继荣嗣的周鼎虽然修治泇河颇有功勋，后来竟因为漕舟阻浅，被遣戍烟瘴之地。明崇祯帝在位的十几年，河臣数易，且没有几个有好下场的。[3]

最迟在明末就有了具体的河防失职官员处罚条例，崇祯年间的总河周鼎被流放，依据的就是“故决河条例”[4]。清代，对于失职官员的处罚进一步条例化。顺治初年工部颁发的《河工考成保固条例》明文规定了堤防的保修年限、责任定义，同时规定经管河道的同知、通判为直接责任人；分司道员、总河为主管责任人。如条例中规定：堤防一年内被冲决，管河同知、通判降三级调用；分司道员降一级调用；总河降一级，留任。异常水灾冲决，专修、督修官员停俸并修复。顺治十六年（1659年）条款增加了官员离职后，任职期间差错追诉条款等，后又不断完善。[5]

可见，为抵御江、河、湖、海等多种类型的水灾，江苏地区水利工程的修筑规模巨大、数量繁多，黄淮河防管理体系也相对完备。这些水利工程的建设较为成功地阻遏住了黄河、长江、淮河、太湖及海潮的水患侵袭，减轻了沿岸灾害损失的严重程度，为保障东南财赋之地、维护全国统治作出了历史性贡献。同时，古人在水利防灾减灾中总结出了相应的治水思想与理论，形成了较为完整的技术体系、管理体系，并历代继承和发展。尽管政府在治水防灾方面花费了巨大心力，但由于地形、

---

① 周魁一等注释：《二十五史河渠志注释》，中国书店1990年版，第354页。

② 中国水利水电科学研究院水利史研究室编校：《再续行水金鉴1·淮河卷》，湖北人民出版社2004年版。

③ 周魁一等注释：《二十五史河渠志注释》，中国书店1990年版。

④ 同上。

⑤ 周魁一：《中国科学技术史·水利卷》，科学出版社2017年版，第426页。

气候以及政治等其他各类因素的掣肘，还是无法从根本上消除水患。

明人谢肇淛曾一语道出个中关键："今之治水者，既惧伤田庐，又恐坏城郭；既恐妨运道，又恐惊陵寝；既恐延日月，又欲省金钱；甚至异地之官，竞护其界，异职之使，各争其利；议论无画一之条，利病无审酌之见；幸而苟且成功，足矣，欲保百年无事，安可得乎？"[①]抛开技术原因不谈，这些因素大多是中国历史上历朝历代治水的通病，也是传统时代水利事业发展的局限，更是中国古代难以根治水患的原因所在。即使如此，历代在江苏地区水利工程建设与防灾减灾方面作出的努力仍然值得肯定，先贤在治水事业中发挥的聪明才智值得称颂，其总结出的经验教训亦值得今人在水灾治理、灾害防范以及水利工程兴筑上借鉴与思考，未来江苏水利与防灾减灾建设依然任重而道远。

① (明)谢肇淛:《五杂组》卷三《地部一》,中华书局 1959 年版,第 66 页。

第五章　水利与社会文化演变

“社会”的含义因语境不同而有所差异，本章以社会学范畴下的“社会”为主体，探讨构成社会文化的要素中社会关系、社会行动、人与群体等要素与水利建设、水利发展的关系。叙述中不仅包含社会构成的要素、社会群体的研究，还会从社会行动与文化两方面来分析江苏地区的社会发展。通过分析江苏地区水利与社会构成要素之间的关系，读者不仅可以了解水利建设对江苏社会发展的影响，也能了解社会发展在水利建设中所起的作用，从而加深对江苏地区水利发展史的认知。

第一节　水利与聚落建设

江苏地区历史悠久，虽然区域内属于“聚落”范畴的农村、城市等几经更迭，但是一直重视对水资源的利用。郑连第在《古代城市水利》中曾写道：“没有水，就没有城，所以城市水利在历史发展的长河中的作用是十分明显的，与我国光辉灿烂的历史一样，有着特殊的光彩。”[①]这反映出水利在城市建设中具有重要作用。先秦时期的群落遗址、明清时期的城池，其地理位置都与水源相关联。在聚落周围存在着可供水流畅行的人工通道，同时聚落之间还以河道相连。由此可知，水利建设与聚落建设是一体的，水利建设既可单独服务于聚落中的人，亦可与聚落

---

① 郑连第：《古代城市水利》，水利电力出版社 1985 年版，第 3 页。

中的其他设施组合来实现更多的功能，更好地为生活在聚落中的人提供生存空间与资源。

一、水利与聚落选址

江苏地区的人类活动最早可追溯至史前时代。通过发掘考古遗址，并对留存的器具及动植物进行科学测定，可推测出遗址年代以及当时人类的生活状况。结合地理位置等因素，可探究水利与聚落选址之间的关系。目前江苏地区考古发掘的遗迹，其所属年代古至旧石器时代，近则到清朝，几乎囊括了当地人类文明发展的各个重要阶段，呈现出了聚落的演变之路，可进一步分析聚落选址的条件。

旧石器时代，人类在生死考验中积累经验，在选择聚居地时，水源已成为重要考量因素之一。以旧石器晚期遗址——连云港将军崖为例，依照《江苏连云港将军崖旧石器晚期遗址的考古发掘与收获》所载，将军崖旧石器晚期遗址存在石质器具、石铺生活面和灶坑遗迹，可见此地有早期聚落发展之迹象，同时，此处虽未见水利设施遗迹，但石铺生活面应是时人人工于低洼处垫石而成。[①] 反映将军崖遗址虽未有文字遗存，但出土的遗迹可揭示当时有人类生活的事实。同时在栖息地的选择方面，重点参考具有水源地的锦屏山，这可以满足生存用水的需求，用石头填充洼地则在一定程度上可避免积水。

江苏地区也考古发掘出不少新石器时代的遗址。《苏北史前遗址的分布与海岸线变迁》一文便对涵盖今徐州市、连云港市、淮阴市、盐城市、扬州市和南通市的新石器时代遗址之分布有所论述。按文中所述，苏北地区的新石器时代遗址可依其所属文化类型划分为五个阶段，分别为青莲岗阶段、刘林阶段、大汶口阶段、龙山阶段以及岳石阶段。[②] 其中，青莲岗的遗址主要分布于苏北灌溉总渠以北的苏北地区，其中黄河泗阳至涟水一段的南北两岸分布最为密集；刘林阶段遗址较少，主要分布在山东与江苏交界处以及涟水县境，高邮、海安县有零星分布；大汶

① 参见房迎三、惠强、项剑云、骆琳、刘锁强《江苏连云港将军崖旧石器晚期遗址的考古发掘与收获》，《东南文化》2008 年第 1 期，第 14—19＋97 页。

② 参见吴建民《苏北史前遗址的分布与海岸线变迁》，《东南文化》1990 年第 5 期，第 239—252 页。

口阶段遗址主要分布在苏北北部的连云港、沭阳、泗洪等地；苏北地区的龙山阶段遗址较其他阶段的遗址较多，与大汶口遗址分布较为相似，呈现出以连云港、沭阳、泗洪等地为核心的分布特征；岳石阶段遗址甚少，仅在江苏与山东接壤的部分和苏北北部有零星分布。[①]

学者认为苏北史前遗址的分布与当地的环境有密切联系，例如青莲岗阶段遗址分布区域的地理环境归纳为四类：山麓台地、废黄河泗阳至涟水段南北两岸不高的土岗、洪泽湖沿岸、黄淮冲积平原的土墩，它们均与水有所关联。其中山麓台地处的遗址，三面环山，一面靠水，便于生活用水，而较高的台地可使部落少受水淹之灾；废黄河南北两岸土岗上的遗址，根据其所处时代讨论，当时黄河流经附近，为当地提供了水源，而土岗则意味着遗址高于河面，可少受水灾；洪泽湖沿岸的遗址，其所在地略高于湖滩，"在洪水期，洪泽湖上涨，把遗址局部淹没，形成一个个岛屿"[②]，虽局部受水灾困扰，但遗址高处可免水扰；黄淮冲积平原土墩上的遗址，从黄淮冲积平原地理位置角度来看，应靠近黄河或淮河，而上游若有洪涝，满溢的河水便会流经平原四散漫溢，淹没平地，故在土墩之上的遗址，借地势之便可不致水淹隐患。

综合归纳青莲岗遗址所在地的四种地理环境，此阶段的遗址均靠近水源地，而地势高于四周，可见时人营建聚落时以地理位置为要，选择取水便利的高地，既满足用水又规避水涝。此后，自刘林阶段至岳石阶段，其遗址所在的地理环境与青莲岗阶段较为相似，多是临水或近水的高地，可见新石器时代生活于江苏北部地区的人类受限于水利建设技术，在聚居地的选址上，会有意识地以地理环境的天然优势为首选，借助自然之利来提升生存几率。

地理环境会影响早期人类的聚落选址，上述江苏北部史前遗址的分布实际上便有此迹象。虽然不同阶段的史前遗址，其分布区域稍有不同，但大多集中于苏北北部地区，苏北中部平原及苏北南部则较少发掘有遗址。此现象引起部分学者的注意，经过对苏北史前遗址中的动植物遗存的鉴定，苏北海岸线变迁与苏北史前遗址的关系成为研究的

---

① 参见吴建民《苏北史前遗址的分布与海岸线变迁》，《东南文化》1990 年第 5 期，第 239—252 页。

② 同上。

重点之一，且其成果渐丰，对两者的联系作出较为详细的解释。①

据研究，自青莲岗阶段至龙山阶段，纵然海平面曾有上升，淹没苏北部分区域，然而苏北北部的部分地区由于远离海岸，故当地留存的遗址较多。苏北中部及南部由于近海，海平面稍有上升，海岸线便会自南向北往内陆推进，有海侵之痕迹。刘林文化时期的苏北史前遗址少存，而考古发掘的资料显示其时苏北为高海面时期，区内沼泽、河湖广布，一些在青莲岗阶段适于居住的陆地，在此阶段内没于水中，只有少量区域仍出露水面，譬如云台山以及因黄淮泥沙沉积而发育成陆地的涟水一带，因其地势较高，成为可供人类聚居之地。由此可见，地理环境会影响史前人类居住地的范围，是影响早期聚落选址的客观因素之一。

图 5－1　龙虬庄遗址模拟的史前房屋(高邮市政府/提供)

总的来说，人类的主观意识和地理环境等客观存在均会影响苏北史前遗址的选址。在此两者间又掺杂着水环境的影响：一是水会限制

① 参见吴建民《苏北史前遗址的分布与海岸线变迁》，《东南文化》1990 年第 5 期，第 239—252 页。刘志岩、孙林、高蒙河：《苏北海岸线变迁的考古地理研究》，《南方文物》2006 年第 4 期，第 77—82 页。顾维玮、朱诚：《苏北地区新石器时代考古遗址分布特征及其与环境演变关系的研究》，《地理科学》2005 年第 2 期，第 239—243 页。

人类可居住地的界域范围；二是人类会偏向于选择靠近水源的高地居住。换言之，水利亦影响着早期人类聚居处的选址。实际上，上述因素不仅影响着苏北地区史前时代的聚落选址，苏南地区亦受其影响。

江苏南部的常州，发掘了属于新石器时代良渚文化的象墩遗址。这个史前遗址地处太湖西北平原，地势稍高于其附近区域，而常州的古河道老澡港河与遗址东段相距 200 米，遗址外围有环壕与老澡港河相通。[①] 遗址中发掘有柱洞、灶台、灰坑以及陶罐、陶鼎碎片等遗迹，显然是当时人类聚居之地，即为早期的聚落。而根据其地势及其与河道之间距，可推测此遗址选址时对水源地有一定的考量，即靠近水源而居高处，既便于取水又可减免涨水之忧。所以苏南地区新石器时代遗址的选址条件与前述苏北地区的史前遗址相近。至于遗址外围的环壕，因考古学者未曾对其进行考古发掘，故无从得知环壕与遗址之间的关系。虽然缺乏物证，但就环壕而言，与老澡港河相通意味着流水可自接口处流入环壕，因此推测环壕应是由人工开凿，并利用古河道水源以达成一定目的的水利设施。

除了象墩遗址，常州市还有圩墩新石器时代遗址。圩墩遗址在常州市戚墅堰镇，处于大运河南岸，距河道不到百米，有多个文化层堆积，可分为上、中、下层，其中上层发掘之物为遗址晚期遗迹，中层即为遗址中期遗迹，下层则属遗址早期遗迹。[②] 虽然遗址地上层与中层发掘了墓葬，但也有非随葬品的遗物出土。结合遗址所有地层发掘出的遗迹，无论是不同材质的器具，还是遗存的灰烬或兽骨，抑或是带桩方木、红烧土块等，均表明此处遗址曾有人类建造屋舍并生活居住，是早期聚落的雏形。虽然圩墩遗址的发掘简报中未提及水利之事，但发掘的兽骨遗迹中有生活于水中的草龟、鼋与鲫鱼，还有应是缀于渔网上的网坠，足见当时人类已经开始于水体中捕捉动物食用，是渔业的雏形。也可推测出遗址选址应便于前往水体，或在水体附近，这也与同时代江苏其他地方的遗址选址条件相近。

从史前遗址的选址中可以发现，江苏地区的聚落选址均有考虑到

---

① 参见郑铎《江苏常州象墩遗址的考古调查与发现》，《中国文物报》2013 年 5 月 10 日。

② 参见吴苏《圩墩新石器时代遗址发掘简报》，《考古》1978 年第 4 期，第 223—241 页。

地理环境的影响，其中近水与较高的地势是当时人类所钟爱的聚居地要素。此后，哪怕技术进步使人类可以改变聚居地的部分环境条件，使之宜居，但近水、择高而居依旧是历朝历代建设聚落时的首选条件。

镇江市双井路宋元粮仓遗址的考古发现，便再次体现了聚落选址时距水位置及地势的偏好。自京杭大运河开凿后，处于长江南岸的镇江便成为长江与大运河交汇之地，双井路宋元粮仓遗址的考古勘探区域便是靠近长江与运河，其中心则是一古河道遗迹。根据《江苏镇江双井路宋元粮仓遗址考古发掘简报》，古河道遗迹将双井路遗址分割为南北两大区域，南岸区域地势较高，中部地层有“建筑平砌砖及夯土遗迹”，下层为“长江淤积形成的淤沙层”；北岸区域地势平坦，在与南岸海拔相同的地层中“发现有大面积的建筑夯土遗迹”，而底层是“水相淤积形成的地层”[①]。由建筑夯土遗迹可知此遗址应属于聚落的一部分，结合遗址的地理环境以及遗址中所发现的遗迹来看，双井路遗址最早建设于唐代，而此聚落基址可能一直沿用至清代，其建设之初定址为当时的长江之畔，建筑高于江面，与史前聚落选址的基本条件一致。

不过聚落的选址条件并非毫无改变，随着技术的改进与创新，人类掌握了可规避水患威胁的水利技术。例如，通过修建堤坝和疏浚水体等方式，水域两岸的平坦之地亦能成为宜居之地。故人类聚落便逐渐从高地向地势平坦的平原迁移，如扬州城历史沿革中所反映的聚落基址位置变迁。

就《扬州城遗址考古发掘报告：1999～2013 年》[②]与《扬州城市的空间变迁》[③]所述，先秦时蜀岗便有“邗”族聚居被称为“邗国”，春秋战国更迭之际，吴国吞并邗国，在其基址上建立邗城，并于蜀岗下开邗沟以沟通江淮，此后朝代更替，蜀岗至长江之间的土地便一直为人类建城居住。唐代以前，扬州地区的城市多建于蜀岗之上，其基址始于邗城，且经过战国、秦、汉、晋与南朝等朝代的重建与修缮。在此期间，邗沟一直

① 王书敏、霍强、王克飞、孙研、居法荣、何汉生、李永军：《江苏镇江双井路宋元粮仓遗址考古发掘简报》，《东南文化》2011 年第 5 期，第 130—132 页。

② 中国社会科学院考古研究所、南京博物院、扬州市文物考古研究所编著：《扬州城遗址考古发掘报告：1999～2013 年》，科学出版社 2015 年，第 1—16 页。

③ 赖琼：《扬州城市的空间变迁》，《湛江师范学院学报》1996 年第 4 期，第 84—88 页。

是这些城市的水源地及通行道路之一。到了隋朝，隋炀帝开凿运河，并在蜀岗地区建城，如《扬州城市的空间变迁》所称："隋代的江都城首次突破了城墙向四周，特别是向蜀冈下的平原地带扩展，为唐代罗城的修建奠定了基础。"[①]至此，扬州地区的城市不再只局限于蜀岗之上，蜀岗之下直至长江北岸的广袤平原，均有聚落建设。

唐朝时，蜀冈之上有子城，蜀冈之下为罗城；五代十国时期，周世宗在唐罗城东南隅筑周小城；北宋时的宋大城又重建于周小城基址之上；南宋时，沿用前代旧城而于蜀岗修筑堡城，又于宋大城与堡城间筑夹城，晚期则在堡城中筑城墙，其西为宝祐城；明朝前期于宋大城西南部筑城，后因城市扩建，原有的城池称做"旧城"，而嘉靖后筑于旧城之东的城池则称"新城"；清朝时，官府沿用明朝的扬州新旧城，并再次开发蜀岗一带，但再未于蜀岗上筑城。

纵观扬州城的变迁，其转折点在于隋朝大运河的开凿，此后，或是基于水利运输之便，蜀岗之下的平原成为时人居住的首选之地，即便仍有筑城蜀岗之上，亦是因军事所需，而蜀岗之下的城市则附有更为丰富的社会功能。

这种聚落选址的变化，实际上并未脱离史前时代聚落选址之思量，地理环境仍是人类所看重的因素之一。但是作为地理环境中的一部分，水不再处于不可控的状态。合理利用水利设施，既降低了平原区发生水灾的可能性，又为人类提供了水源和运输等方面的便利。通观江苏各城市的历史发展沿革，影响城市选址的因素众多，地理环境因素是无法忽视的，而水利虽无法直接影响城市选址，却可以改变地理环境而成为江苏各城选址的间接因素。

二、水利与聚落空间扩展

聚落的空间并非一成不变，在同朝代的不同时段中，聚落的空间常常发生变化。特别是当社会稳定人口增长时，为满足新生人口的居住，聚落便会扩建。而聚落空间扩展的过程中，水利也会参与其中。历史

① 赖琼：《扬州城市的空间变迁》，《湛江师范学院学报》1996年第4期，第84—88页。

上，江苏地区的城市发展亦曾经历空间扩展的阶段，但不同朝代、不同城市，其扩展的原因或有所不同，甚至扩展的方向亦非一致。水利在其间所扮演的角色亦非类同，因此要了解水利与聚落空间扩展之间的关系，需视具体的城市而定。

江苏东部自古临海，许多城市并非一直拥有如现在这般广阔的发展空间。譬如南通，新石器时代时大部分区域为海水覆盖，如今所得的空间均是向海域扩张之果。1949 年以前南通的城市空间发展分为两大阶段，一是“新石器时代至清末的自然淤涨及零星开发阶段”，二是“清末至民国时期的大规模围垦阶段，从自然淤涨到人工围垦，南通利用海滨淤积形成的土地扩展城市，是以当地的陆域面积从新石器时代的不足 500 平方公里发展至如今的 9000 平方公里”①。南通的空间扩展显然是与水争地所得，在此过程中，滨海陆地的形成有两种方式：一是海水泥沙缓慢淤积的滩涂；二是人工围海排水，加速泥沙沉积。其中人工围垦的方式便是水利建设的一种，故南通后期的空间扩展是借助于水利工程完成的。

南通的北部即是盐城，这一座以盐为名的城市，其发展与海洋紧密相连，在空间扩展方面亦是如此，其陆域面积的增长意味着海洋的退缩。关于盐城的空间演变，多有论文提及，譬如《盐城古代滩涂开发的历史回顾》②《古代盐城文化的历史发展》③《盐业与盐城的历史变迁》④《盐城地区海陆演变的历史》⑤，这些文章援引史志资料与考古资料，在论述盐城历史发展进程时触及盐城地理环境及城市空间的演变。依据当前学界相关研究，盐城在先秦时期经历多次的海侵海退运动，直至新石器时代晚期，江苏东部沿海再次经历海退，长江北岸沙嘴、淮河

① 《中国国土资源报》编辑部：《江苏南通：“淤涨型城市”的突围》，《国土资源》2016 年第 5 期，第 52—54 页。

② 王陈：《盐城古代滩涂开发的历史回顾》，《盐城师专学报（哲学社会科学版）》1996 年第 4 期，第 93—96 页。

③ 傅荣贤、周静：《古代盐城文化的历史发展》，《盐城师专学报（哲学社会科学版）》1993 年第 2 期，第 109—112 页。

④ 凌申：《盐业与盐城的历史变迁》，《盐业史研究》1997 年第 2 期，第 39—42 页。

⑤ 蒋炳兴：《盐城地区海陆演变的历史》，《扬州大学学报（自然科学版）》1986 年第 1 期，第 92—98 页。

南岸沙嘴，与岸外沙堤相接①，形成潟湖②。加之长江与淮河近潟湖段的泥沙沉积，以及人类活动等原因，潟湖不断萎缩，从而形成陆地。③秦汉时，盐城东域仍是海域，或有沙洲出露，但未与大陆相接。此后千百年间，这片沿海区域因盐业而兴盛。海洋带来盐业发展机会的同时，也因海潮泛滥致灾。因此，唐朝大历年间淮南节度使李承筑堤于海岸，通过堤坝阻挡海潮侵入沿岸土地。李承所筑之堤是常丰堰，亦被称做"李堤"。虽然李堤在抵御海潮的同时可令潮水中携带的物质沉积于堤坝外，从而促进滩涂的形成，但此堤本身并不稳固，抵御海潮的能力较弱，其对造陆的辅助作用亦不明显。因此直至北宋，范仲淹修筑捍海大堤，江苏东部的海岸线并无较大变化，盐城的空间扩展亦不明显。

盐城的空间扩展主要在南宋以后，这与黄河夺淮密切相关。南宋初，黄河夺淮南下，借淮河河道经苏北入海，大量泥沙在入海口淤积，推动海岸线向外推移。虽然南宋年间黄河的两次改道给沿岸人民带来严重威胁，但是也成为江苏地区沿海陆地扩展的主要因素。此后直至清朝黄河北徙，这段易于决堤而成水患的河段，令"河口向东推进九十多公里"④，亦使盐城的空间自范公堤向西扩展。

就盐城与南通的空间扩展而言，两者的影响因素既有共性又存在差异。在滨海区域，海水上泛时所携带的物质常常沉积于浅海区域，积年累月而成的沙洲，便是自新石器时代至清末南通地区缓慢增长的土地资源，亦是盐城南宋以前近海区域部分陆地的形成方式之一。不过这种方式在陆地形成过程中的作用有限，盐城与南通的空间扩展并非以此为主，在清末至民国年间，南通主要以人工围垦的方式迅速扩充土地，而盐城则是因黄河改道所沉积的大量泥沙而获得东部滨海的陆地。两城空间扩展的主要因素不同，水利在其中发挥的作用亦不同。于南通而言，人工围垦中所修筑的水利设施，是为增长土地所服务的，主要用于引灌淡水与排除海水；而盐城虽因黄河之水得以扩展城市空间，却

---

① 张春华：《扬州地区住宅的发展脉络研究》，东南大学出版社2011年版，第164页。

② 指咸水浸渍的湖泊。

③ 蒋炳兴：《盐城地区海陆演变的历史》，《扬州大学学报(自然科学版)》1986年第1期，第92—98页。

④ 同上。

也饱受黄河泛滥之苦，因此当地的水利建设多是为解决水患灾害而设。

当然，南通与盐城所能代表的仅是江苏地区的滨海聚落，内陆聚落自有另一番景象。《历史文化名城淮安古城空间演化历程》[①]与《国家历史文化名城空间发展研究——以淮安古城为例》[②]对淮安古城的空间扩展过程有详细研究，从中可见水利与淮安空间扩展之间的关系。按研究所述，淮安地区的聚落始建于战国之初，淮安古城始筑于东晋义熙年间，其时城周 11 里，城门附有子城，城墙设军事防御设施，城内主要用于居住。元明之际，因城北新筑城池，原有之城便成旧城，城北的城池则称“新城”。淮安新城自元末的土城为始，历经明朝洪武、永乐、正德、隆庆年间以及清朝乾隆年间的数次增筑、修缮，最终城周 7 里零 20 丈。此外，淮安旧城与新城之间还建有夹城。夹城所在最初为运道，因黄河改道导致的运道迁移，“此处逐渐淤塞，多为湖泊”[③]，后于明嘉靖年间为抵御倭寇而筑城，最终夹城连接淮安旧城与新城。

在已有的研究中，淮安古城空间的发展动力被概括为交通枢纽、经济发展、人口聚集与城市安全此四种因素，[④]其中交通与经济发展中均可见水利之影响。淮安处于京杭大运河与淮河之间，特殊的交通位置使之“成为人员与货物集聚之地”，经济的快速发展，使得城市规模渐盛，城市的空间亦随之扩展。虽然淮安古城的空间扩展未如南通与盐城一般趋向水域，与水争地，但水利作为影响淮安古城交通与经济发展的因素，间接地影响着淮安古城的空间扩展。

水道既令淮安古城兴盛，亦使扬州得以发展。前文已述扬州城城址演变的历史，但未及城市空间扩展之事，此因从整体上看，扬州城的空间并非随着时间发展而增加的。由于战争等因素的影响，扬州城的规模在部分朝代中显然小于前朝，难以从历史发展的全过程上把握扬州空间扩展的影响因素。不过同一朝代的不同时期，扬州城会因城市

① 倪明、朱春阳：《历史文化名城淮安古城空间演化历程》，《淮阴工学院学报》2008 年第 2 期，第 33—36 页。

② 倪明：《国家历史文化名城空间发展研究——以淮安古城为例》苏州科技学院城市设计与规划专业 2008 年硕士学位论文。

③ 同上。

④ 同上。

发展之需而有空间变化，便如明朝的扬州旧城与新城，又如清朝在蜀岗一带的建设。《嘉庆重修扬州府志》在叙述明朝扬州城之建设时曾言："明扬州府仍以江都附郭徙县治河西街儒林坊，扬州府江都。"①并以"倚郭元末废，太祖辛丑年复置"为注释，②可见明朝扬州旧城建于明太祖辛丑年间。而这座重建于前朝城池之上的扬州城，"周九里，为一千七百五十七丈，五尺厚，一丈五尺高倍之。门五，东曰宁海（今曰大东，又曰先春），西曰通泗，南曰安江，北曰镇淮，东南曰小东，各有瓮城、楼橹、敌台、雉堞，南北水门二，引市河通于濠"③。

除了城池常见的城门与各类军事防御设施以外，扬州旧城还开辟水门以通南北向的市河，并引市河与萦绕于城池外部的护城河相接，以此提供可通行于城内外的水道。由此可见，明朝扬州城初建之时便以市河、护城河等水利设施为重。而随着时间的推移，扬州城原有的城市设施因故损坏而需重修，与此同时，又因需而新建设施。"天顺七年淫雨，城坍塌七百余丈，指挥李铠营修。嘉靖元年巡盐御史泰越重修。十八年巡盐御史吴悌、知府刘宗仁以北水门久废塞，浚通之。三十三年修维扬水关"④，其中所述便是扬州修缮水道及新建水关之事，而维扬水关是出于防范上游水害并防止倭寇进犯所设，其址在旧城北门外，虽是军事水利设施，但亦可算入城市空间扩展的范畴。

只维扬水关一处虽可推测扬州城空间的扩展与水道相关，却难以明确两者关系。但扬州城的营建并不止维扬水关一处，如嘉靖三十五年（1556 年），扬州新筑城池，后又有维修堤岸及增设水关、月城之事，由此可知明朝扬州城空间扩展之详情。"三十五年知府吴桂芳以倭变，用副使何城、举人杨守诚之议，请于上官，接东郭建外城，即宋大城之东南隅也。工方兴，以迁去，后守石茂华继之，起旧城东南角循运河而东，折而北，复折而西，至旧城东北角止，约一十里，为一千五百四十一丈，

---

①《嘉庆重修扬州府志（一）中国地方志集成·江苏府县志辑第 41 册》，凤凰出版社 2008 年版，第 97 页。

② 同上。

③《嘉庆重修扬州府志（一）中国地方志集成·江苏府县志辑第 41 册》，凤凰出版社 2008 年版，第 264 页。

④ 同上。

九尺高，厚与旧城等，今称曰新城。为门七，南曰挹江（今曰钞关），曰便门（今曰徐宁），北曰拱宸（今曰天宁），曰广储（初亦曰镇淮），曰便门（今曰便益），东曰通济（今曰缺口），曰利津（今曰东关），门各有楼，为敌台十有二，南北水门各一，东南即运河为濠，北筑濠与旧城濠连注于运河”①。其中所述便是扬州因倭寇进犯而于旧城东修筑新城之事。

结合《扬州城遗址考古发掘报告：1999～2013年》引载自《嘉靖惟扬志》的“今扬州府城隍图”②，可知扬州新城筑于宋大城东南隅之上，受原有基址影响，其形制规整，为东西距短而南北距长的长方形。同时，新城接旧城而起，西面城墙即为旧城之东城墙，东面、南面与北面城墙则为新筑，其中东面与南面城墙各有两座城门，北面城墙则开有三座城门，且与旧城相仿，新城南北亦各筑一道水门。

此后，“三十六年因倭寇薄城下，石茂华令商民黄焕等于关外夜津桥下更造水关一重，额曰通济。万历二十年知府吴秀浚西北城濠，甃以石堤，增城堞三尺。二十五年知府郭光、知县张宁复申发军饷，甃石濠堤，未竟者四百余丈，增敌台一十有六。崇祯十一年，盐法太监杨显明自柴河口至宝带河开濠，长十余里，累土为城，工未及成，又委守备樊明英增修钞关月城”③。扬州在修筑新城以后又多次维护河道设施，并增修水关与月城，此等建设都与扬州的水体相关。

通过扬州修筑维扬水关、新城及其后的水关、月城等建筑来看，明朝扬州城的空间扩展多是因战备之需，而水道成为护卫城市的重要设施，是以增筑的水关、月城皆在水道流经范围之内，新城则与旧城相似，于城墙外开掘护城河。水体成为明朝扬州城扩建时所首要考虑的点。水利设施在城市增建中，既护卫扬州城的安全，亦以济运之能为当地经济发展提供便利。

清朝沿用明朝扬州城的建设，虽后有修缮，但城池形制及护城河、

---

①《嘉庆重修扬州府志（一）中国地方志集成·江苏府县志辑第41册》，凤凰出版社2008年版，第264页。

② 中国社会科学院考古研究所，南京博物院，扬州市文物考古研究所编著：《扬州城遗址考古发掘报告：1999～2013年》，科学出版社2015年版。

③《嘉庆重修扬州府志（一）中国地方志集成·江苏府县志辑第41册》，凤凰出版社2008年版，第264页。

市河等水利设施基础未变。故清朝的扬州城凭借前朝遗留之水利，与淮安古城一般以水运发展经济，也为空间扩展提供资源。据袁枚为《扬州画舫录》所作之序："记四十年前，余游平山，从天宁门外拖舟而行，长河如绳，阔不过二丈许；旁少亭台，不过匽潴细流、草树卉歙而已。自辛未岁天子南巡，官吏因商民子来之意，赋工属役，增荣饰观，奓而张之。水则洋洋然回渊九折矣，山则峨峨然隥约横斜矣；树则焚槎发等，桃梅铺纷矣；苑落则鳞罗布列，閛然阴闭而霅然阳开矣。"[①]可知清朝初年的扬州郊外一片荒芜颓败，乾隆以后则因官商合作而得以开发，疏浚河道，于岸边栽花植树并建屋舍。[②] 而当时扬州的商人群体中多是依靠水运来经营盐业的盐商，故清朝之初，水利也是扬州城郊外建设的间接推动者。

从南通、盐城、淮安古城及明清扬州城的空间扩展情况来看，江苏地区的聚落建设因当地富有水体且多与水利相关。沿海之地在空间扩展上多趋向海洋。聚落建设也会综合当地环境，产生不同的营建方式；至于内陆城市，其扩建的趋向不定，多依照城市自身所需开展。水利虽非江苏地区聚落空间扩展之主因，但作为可以影响聚落交通、经济乃至安全的重要因素，也间接地影响着聚落空间的扩展。

第二节　水利与经济体系

人是社会的主体，为了生存，人类在社会中与他人建立多种关系，并为之付诸行动，经济便是在这些社会行动中产生的。人类在物质交换中建立了较为基础的一种经济关系，又在社会互动中建立其他的经济关系，进而在社会中形成完整的经济体系。在长久的发展中，江苏地区以自身资源优势构建了相对稳定的经济体系，农业与工商业中的众多行业均在其列。同时，因江苏地区水域众多，不少行业选择水运，水成为这些行业发展的条件之一。因此本节将以经济体系中的农业与工

① (清)李艾著，陈文和点校：《扬州画舫录》，广陵书社 2010 年版，第 1 页。
② 同上。

商业为例，分析水利与此二者之间的关系。

一、水利与农业经济结构

在江苏地区的历史中农业占有重要分量，“苏湖熟，天下足”的“苏”，便是苏州，可见苏州农业之盛。农业不仅能够产出粮食和其他人类生存所需的物质，亦能产生经济价值，故农业也是江苏地区经济发展中重要的部分。不论是传统的农业，如粮食作物的种植，还是可归于农业之中的渔业，抑或是后世兴盛的花卉业等，均是江苏地区农业经济的重要组成部分，推动当地的经济发展。这些产业形式的发展由多种因素协同推动，如气候、土壤、水资源等自然因素，以及社会因素中的人类需求，人类为利用及管控水资源而造就的水利建设亦是推动农业发展的因素之一。不同的农业类型其所需的资源并不均等，而江苏各地的自然资源亦有所差异，故不同地区所含的农业类型或有所不同，水利作用于其间的程度亦随之发生变化。

1. 水利与扬州的农业经济

西岸矮屋比栉，屋前地平如掌，辘轴参横，草居雾宿，豚栅鸡栖，绕屋左右。闲田数顷，农具齐发，水车四起，地防不行，秧针刺出。鸡头菱角，熟于池沼。葭菼苍然，远浦明灭。打谷之歌，盈于四野。山妻稚子，是任是负。①

杏花村舍止于此，平时园墙版屋，尽皆撤去。居人固不事织，惟蒲渔菱芡是利，间亦放鸭为生。②

平冈艳雪在邗上农桑之对岸，临水红霞之后路。迎恩河至此，水局益大，夏月蒲荷作花，出叶尺许，闹红一舸，盘旋数十折，总不出里桥外桥中。其上构清韵轩，前后两层，粉垣四周，修竹夹径，为园丁所居。山地种蔬，水乡捕鱼，采莲踏藕，生计不穷。③

上述文字皆是摘录自《扬州画舫录》，所言所述皆是清朝乾隆与嘉

① (清)李艾著、陈文和点校:《扬州画舫录》，广陵书社 2010 年版，第 12—13 页。
② 同上书，第 14 页。
③ 同上。

庆时期扬州城郊之景，载有时人操持农业的景象。以上述记载中清代扬州城的农业状况为例，当时城郊除了传统的粮食作物种植以及家禽家畜养殖，借助于良好的水利系统，扬州水产种植与养殖业也有良好发展，呈现“鸡头菱角，熟于池沼”“惟蒲渔菱芡是利，间亦放鸭为生”“水乡捕鱼，采莲踏藕”之景。扬州的水域之中，芡实、菱角、莲、藕为水产种植所出，鸭子则出于养殖业，又另有鱼类出自渔业，可见水利为当时扬州的水产种植与养殖业提供不少助力。

水产种植与养殖业的发展令扬州地区催生了专门用于水产品交易的市场——鱼市。鱼市虽以“鱼”名之，其中所售却不止鱼之一项，芡实、莲藕等水生作物也是鱼市售卖的货品，而这些产品便是扬州黄金坝鱼市所售之一。作为明清时期颇具规模的鱼市之一，它不仅可反映其时扬州农业经济之一隅，亦得见水利在此间的作用。

> 黄金坝在府城西北，《嘉靖维扬志》谓为黄巾坝，久废。今在府城北高桥东，以蓄内河之水，土恶不能堤，故以薪代坝，上皆鱼市。郡城居江、淮之间，南则三江营，出鲥鱼，瓜洲深港出鮆刀鱼；北则艾陵、甓社、邵伯诸湖，产鱼尤众。由官河乘风而下，城肆贩户于此交易。肆中一日三市，早挑、中挑、晚挑，皆沿湖诸村镇中人为之。村镇设行，渔户取鱼自行交易，挑者输于城中，其行若飞，或三四十里，多至六七十里，俄顷即至，以行之迟速分优劣。①
>
> 淮南鱼盐甲天下。黄金坝为郡城鲍鱼之肆，行有二：曰咸货，曰腌切。地居海滨，盐多人少，以盐渍鱼，纳有楅室，糗干成薨，载入郡城，谓之腌腊。……行货半入于南货。业南货者多镇江人，京师称为南酒，所贩皆大江以南之产，又署其肆曰海味。②

上述文字叙述了扬州城外黄金坝的情况，其中既有黄金坝本身的情况，亦有其上鱼市经营的详情。按其所述，黄金坝是一座以薪柴辅佐堆砌修筑的堤坝，本是筑以辅助内河蓄水的水利工程，但因其靠近扬州城北门，且处于水路运输通达之地，因此逐渐成为附近居民自行聚集的

---

① (清)李艾著，陈文和点校：《扬州画舫录》，广陵书社2010年版，第8页。

② 同上。

交易之地，最后成为具有一定规模的鱼市。鱼市所售并非全为鱼类，实际上黄金坝并无鱼行，附近村镇的渔民一日间分早中晚三个时段挑鱼运至村镇的集市交易，再由专司挑运之事的人将已售出的鱼快速送往城中。而专门的鱼行设于扬州城中，例如扬州城北面的广储门附近，“鱼市亦谓之鱼摊，在广储门者，由都天庙砖路而来者也”。黄金坝的集市上只设有八鲜行与咸货行、腌切行，其中八鲜行售卖的货物是菱、藕、虾蟹与蟫螯之类的水生动植物，以及柿子、萝卜之类的普通蔬菜与水果，咸货与腌切行中所售的则是以盐腌渍甚至晒干的海产，三行均不见新鲜鱼类。因此黄金坝的鱼市虽以鱼为称，实际上并不止于鱼类。

黄金坝中售卖的货物并非只有扬州城的产物，“郡城居江、淮之间，南则三江营，出鲥鱼，瓜洲深港出鰲刀鱼；北则艾陵、甓社、邵伯诸湖，产鱼尤众”。“黄鲞如宁波，海鲤如武昌”“行货半入于南货。业南货者多镇江人，京师称为南酒，所贩皆大江以南之产，又署其肆曰海味”。说明市中所鬻有来自扬州邻城，甚至更远处的宁波、武昌等大江以南地区的货物。这些源于其他城市的货物，“由官河乘风而下，城肆贩户于此交易”，或是“船到上行”，可见是经由水路运送至扬州城的。而其时扬州城与邻近城市之间相连的水道甚多。运河与宝带河相连，向南可通瓜洲至长江，而瓜洲一带筑有多个港口水道；东延至盐场，则有专门的运盐河与运河相连；运河北沿可达高邮一带。显然密布的水道为这些来自大江南北的货物提供了良好的运输渠道，是扬州城鱼市得以存续的基础。

其实扬州不仅有鱼市，还有花市一说，而水生的莲花所成的莲市便是花市之一。“堤尽构方亭，为游人观荷之地。莲市散后，败叶盈船，皆城内富贾大肆春时预定者。花瓣经冬，风干治冻疮最效。”[①]夏日间，于水岸或画舫上观荷成为明清时期扬州城的风尚，而莲塘产出的花与叶因具备药用价值而产生了经济价值。

不仅莲市，其时扬州城中的观赏花卉还有菊花、桂花等，明清时期扬州城中还有各类花市。“天福居在牌楼口，有花市。花市始于禅智

① (清)李艾著，陈文和点校：《扬州画舫录》，广陵书社2010年版，第32页。

寺，载在郡志。王观的《芍药谱》云：扬人无贵贱皆戴花。开明桥每旦有花市，盖城外禅智寺、城中开明桥，皆古之花市也。近年梅花岭、傍花村、堡城、小茅山、雷塘皆有花院，每旦入城，聚卖于市。每花朝，于对门张秀才家作百花会，四乡名花集焉。”[①]花农于每日清晨将鲜花从种植处运送至花市集聚之地，而花市渐从城外之禅智寺扩展至开明桥附近，最终成为扬州城常设的集市。而扬州城郊的部分村镇，因花市之盛而设有专门栽培花卉的花院，并聘用钻营栽花之术的居民，便是“土人周叟，有田数亩，屋数椽，与园为邻。田氏以金购之，弗肯售，愿为园丁于园内种花养鱼。其子扣子，得叶梅夫养菊法，称绝技”[②]所言。而此等花院多设便于灌溉之用的沟洫于园中，引院外水源浇灌其内，譬如扬州城西郊多植桂花的锦镜阁。“是地桂花极盛，花时园丁结花市，每夜地上落子盈尺，以彩线穿成，谓之桂球；以子熬膏，味尖气恶，谓之桂油；夏初取蜂蜜，不露风雨，合煎十二时，火候细熟，食之清馥甘美，谓之桂膏；贮酒瓶中，待饭熟时稍蒸之，即神仙酒造法，谓之桂酒；夜深人定，溪水初沉，子落如茵，浮于水面，以竹筒吸取池底水，贮土缶中，谓之桂水。”[③]锦镜阁内设有溪流与池塘，既能满足桂树生长中的水源之需，又可取之以酿酒或贮桂水。

此外，明清时期的扬州城中还有观赏鱼养殖业。时人朱标是个中好手，“柳林在史阁部墓侧，为朱标之别墅。标善养花种鱼，门前栽柳，内围土垣，植四时花树。盆花庋以红漆木架，罗列棋布，高下合宜。城中富豪以花事为陈设，更替以时，出标手者独多。柳下置砂缸蓄鱼，有文鱼、蛋鱼、睡鱼、蝴蝶鱼、水晶鱼诸类。《梦香词》云：‘小队文鱼圆似蛋，一缸新水翠于螺’谓此。上等选充金鱼贡，次之游人多买为土宜，其余则用白粉盆养之，令园丁鬻于市”[④]。除了栽培花卉，朱标还利用砂缸养殖观赏鱼类，虽未明说鱼类养殖之法，但观赏鱼类之养殖多需良好的水质，扬州城取水不止有水井一途，还有专门自水质优良之处取水输送

---

① (清)李艾著，陈文和点校：《扬州画舫录》，广陵书社2010年版，第43页。

② 同上书，第125页。

③ 同上书，第150页。

④ 同上。

至城中各处的船只，是以观赏鱼养殖亦可以之取得合宜之水。

上述明清时期扬州城的农业、鱼市、花市以及观赏鱼业皆与水利相关，一者以水利设施为植物或动物提供生长环境，再者借水利之便利营建集市以及输送农业产物，又或是从水利设施中取水与农产品相合以制备具有经济价值的产品。可见其时扬州城的农业经济多借助水利之便为产销提供便利。

2. 水利与苏州的农业经济

水利为扬州城的农业经济提供便利，使之在传统粮食作物的种植与养鸭捕鱼以外，还发展了花卉及观赏鱼养殖业，而苏州的农业则因不同的水利情况而另有发展之路。水稻作为太湖地区基本的粮食作物，其栽培是当地农业之重，明中叶以前种植水稻的水田在耕地总面积中占额较大，明中叶以后因多种因素影响，水稻种植面积逐渐减少，而经济作物耕种面积的增加，导致多地出现作物种植结构的变化，其中苏州地区因万历时期水利失修导致适于水稻种植的水田面积减少而改种棉花。①

"太湖地区因自然环境变迁尤其是自然水环境变迁而导致稻田面积减小，最典型的地区要数苏州府的嘉定、太仓一带，这一地区地理位置三面缘海，土田高亢瘠薄，明初尚有大小塘浦泾港三千余条，水道通流，可以车戽灌溉，所以民间种稻者十分而九。到了万历时期，由于水利失修，江潮逐渐壅塞，清水不下，浊潮逆上，沙土日积，先前的塘浦泾港'其存者如衣带而已'，水稻种植已十分困难，'其民独托命于木棉'。"②这是高升荣《水环境与农业水资源利用——明清时期太湖与关中地区的比较研究》中关于苏州部分地区水稻田改种棉花之事的概括，据其中所述，可知塘浦泾港，是当地传统农业特别是水稻种植业的水源供给者，同时稻田因地势较高而难以直接接引水道于田间，需以水车等水利设施自低处的水道中汲取水源输往水田，故当塘浦泾港废塞导致水流不畅令稻田灌溉不顺时，水稻种植难以为继。

---

① 高升荣：《水环境与农业水资源利用——明清时期太湖与关中地区的比较研究》，陕西师范大学历史地理学专业 2006 年博士论文。

② 同上。

虽然水利设施的废塞令苏州传统的水稻种植业出现衰落之象，但犹存的水利设施依旧为当地的农业经济提供便利，如棉桑种植业便是清代苏州农业经济中颇具分量的产业。苏州地区种植棉与桑的历史颇为久远，其中植桑或可追溯至上古时期，而种棉之兴或起于南宋时期，两者的发展均与纺织业相连，植桑养蚕以制丝，种棉以纺棉布或制保暖的衣物，至清朝时，随着人口增长及商业贸易的发展，生产布料衣物的纺织行业渐盛，为之提供原材料的植桑、植棉之业随之发展，已颇具规模。《清代苏州棉桑开发研究》详举史志资料以叙述清代苏州地区棉花与桑树种植及其产品流通的发展状况，其中引述康熙时期《吴县志》所载之枫桥附近的商贸情况："自阊门至枫桥将十里，南北二岸，居民栉比，而南岸尤盛。凡四方难得之货，靡所不有，过者烂然夺目。枫桥尤为商舶渊薮，上江江北菽、粟、棉、花大贸易咸聚焉。"①可见其时苏州地区的棉业贸易兴盛，而贩棉所行之道并不拘于陆路，水路亦为之盛；而引述清代邵长蘅的《冶游》②一诗，则见苏州地区棉花与桑树并种，且用之以纺布、养蚕之事，足知苏州地区棉花、桑树种植业与纺织业之间的关系。

虽然明清时期苏州稻田改种棉花是因水利环境不善所致，但此非表示棉花不需水源。事实上，适于种植在干燥高地之上的棉花亦需定时浇灌方可长成，《农政全书》中记载："种……棉花黍稷之属，仍备有水车器具，可以车水救旱。"③所言，即便棉花耐旱，仍需于棉田中备置水车以便浇灌，免棉田干旱之灾。而体量更为高大的桑树亦不能免之，《清代苏州棉桑开发研究》通过整理多部农书记载来说明桑树对水分的需求，"种植过程中浇水、除草、施肥都需定期且及时""干旱时需要时常浇水"④。耐旱的棉花与桑树因其植物性状，其种植之土壤需避免水涝，故田间需有良好的排水系统，以免积水致灾。

苏州地区的作物种植均依赖于水利设施，一方面凭借水利设施浇

---

① 康熙《吴县志》卷二十六《兵防》，清康熙三十年刻本。

② 诗为："西乡大养蚕，东乡种棉花，养蚕姊条桑，种花妹纺车"。乾隆《元和县志》卷三十五《艺文四》，第 57 页。

③ (明)徐光启著，石声汉校注：《农政全书》，上海古籍出版社 1979 年版，第 214 页。

④ 杨凤銮：《清代苏州棉桑开发研究》，苏州大学硕士毕业论文，2017 年。

灌田地，避免作物缺水而亡；又需在田间设置排水之设施，以免作物因积水而生涝害。同时，田间的产出可凭船只运往集市，并输往其他城市。

此外，与扬州相似，苏州地区的农业经济中也有花卉行业的身影，其中经济因素是花卉业发展的决定性因素。苏州地区自古凭借水利之便成为江苏地区商贸发达的富饶之处，文人墨客与商人兼聚集于此，花卉因其风雅之姿颇受时人追捧，因此产生了花卉业。早在北宋时期，苏州地区的人们便有赏花、簪花之俗，清朝时赏花的风气日盛，四季皆有其当季之观花景点。[①] 花卉产业的兴盛，除了经济、习俗来支撑，亦需自然条件辅助。苏州气候适宜，可觅沃土，兼之具备水源，故可栽种花卉。明清时期，苏州花卉行业的产销链条完整，花农在山中或城郊的园圃中按地利之宜栽种合适的花种，在一定区域内形成花卉生产集聚之地。是以水波荡漾之地广栽莲花，而丘陵山塘间遍植梅、茶，城郊之地更有牡丹、蔷薇之类。此外，苏州地区的花树店，所植花类比花农经营的园圃更丰富，时人可于此购得多种花卉。同时，花卉种植产生的销售环节催生了苏州地区与扬州类似的花市。虎丘花市在苏州地区颇负盛名，虎丘的七里山塘有可行船的水道，是以花农趁清晨日光未盛之时取花，既可携花篮沿街售卖，也可装载盆栽于船上，以船将大量花卉送往花市之中。

以上所述，明清时期苏州境内花卉行业之盛与水利密切相关，水利不仅为花卉生长提供水源，亦成为花卉运输的通道，促进当地花卉产业的发展。花卉产业之盛不仅限于苏州地域之内，近如扬州，远似福建、岭南之地亦有花卉产业，而发达的水利运输便实现了地区间花卉产业的交流，最初引种于岭南地区的茉莉花在苏州盛放，而苏州地区栽培的花卉也乘船运输至其他地区。

纵观明清时期苏州地区的作物种植及花卉栽培的发展，可见水利环境的变化可导致农业的变化，譬如作物结构的调整，或是花卉种类的不同，而无论栽培的植物之生长习性有何差异，都无法脱离水源，是以

① 沈婧：《历史时期苏州地区花卉业研究》，南京农业大学2017年硕士毕业论文，第9页。

水利是农业得以存续的重要因素。通过水利设施，如水车或沟洫，农耕之田或栽花之地皆可得到良好的灌溉。同时水利设施也可用于排水，避免田间过度积水而使植物根茎受损。再者，苏州地区可供航行的水道众多，且水道连通其他城市，故苏州地区农业生产之物可借由水道用船舶运送至交易之地，直达其他城市。

3. 水利与特色农业——以里下河地区农业生产为中心的考察

历史上里下河地区的农业作物一直以稻为大宗，百姓饭稻羹鱼、枕稳衾温，怡然自得。魏晋时期，北人避难南渡，带来了先进的生产工具，以及稻麦复种的全新耕作方式。东晋太兴元年（318 年），元帝诏曰："徐、扬二州土宜三麦，可督令旱地，投秋下种，至夏而熟。"[①]唐宋时期政府除征谷物外，还广收绫、绢、麻等，里下河地区下湿不易储粮，因此除了稻麦种植，还会普种桑麻。彼时物阜民丰的江淮地区一度成为国家赋税的主要来源，杜牧称赞"今天下以江淮为国命"[②]。南宋时期，伴随着黄河南下夺淮与战乱频繁，繁盛的景象一度中止，"异日沃野上腴为天下最，今乃侪于荒远凋敝之区"[③]。明清时期，国家政权逐渐稳定，天灾人祸却再度降临里下河地区，坚韧不屈的当地百姓并未消极逃亡，他们应时而变，充分利用尚未被洪水淹没的土地，积极调整作物种类和比重，耐水、早熟的稻类作物依旧为大宗，高产的麦类作物可与水稻进行轮作而被大面积种植。此外，为弥补灾荒年间稻麦等主粮不足和满足纳贡之所需，水生蔬菜的种植与加工规模也远超前代。[④]

（1）主要作物种类及特色品种

根据里下河地区清代官修农书中对于物产的记载，如嘉庆《重修扬州府志》、嘉庆《高邮州志》、咸丰《重修兴化县志》等，主要是按植物类和动物类一前一后进行排列。其中植物类又主要按照谷、蔬、瓜、果、木、竹、花、草等进行排序，与人们生存密切相关的谷类始终位列第一，其余顺序可能稍有变化。谷类中，稻始终位列第一，麦位列第二，且二者记

---

① (唐)房玄龄:《晋书》卷二十六《食货志》，中华书局 1999 年版，第 513 页。

② 杜牧:《上宰相求杭州启》，《全唐文》卷七百五十三。

③ 嘉庆《扬州府志》卷六十三《戒谕两淮守令恤农诏》。

④ 冯培:《明清时期里下河地区的湿地农业发展及社会影响研究》，南京农业大学 2018 年硕士毕业论文。

载最为详尽，品种最为齐全。主要原因在于稻、麦栽培技术较为成熟、产量较高，而且明清两朝田赋夏粮以征麦为主，秋粮以征米为主。而水生蔬菜主要处于蔬和果中，记载种类较多。以稻、麦为主的粮食作物和水生蔬菜的栽种在当地农业生产中占据了极大比例，对当地湿地农业的开发意义巨大。

泽国水连天，水为万物生长之源，虽善利万物，但也常泛滥成灾。里下河地区地势低洼，每至夏季梅雨时节，水灾多发，低田常被淹没，于是当地百姓纷纷选用耐水品种。如泰县喜栽海大麦，因海大麦“本生海下，性不畏水”，且“较寻常大麦稍高”①，麦高则水灾来临不易淹没。泰县地区还种植“水里钻”，此小麦品种亦有“性不畏水”的优势特征。“大晚稻”、“古上楼”等因“宜水田”，是当地百姓栽种的首选。

虽然常被水灾侵蚀，但甘泉等县山地干旱，不易灌溉，农业更是看天“吃饭”，若遇久晴不雨则易发旱灾，因而当地百姓在较高不易灌溉之地多种旱作物。扬州、宝应等地栽种的糯稻乃宋大中祥符五年（1012年）于福建引入的占城稻。占城稻早熟耐旱，“不择地而生”②，适应性强，十分适合易发旱灾的里下河地区。兴化于近场高阜之地始种麦、豆，虽“不过十之一二”，但也可见彼时里下河百姓已意识到通过合理选种因地制宜的作物品种来最大限度减少损失。除麦、豆外，境东高地还多有种植落花生及棉。高邮地区因湖西地势较高，故植桑饲蚕均极利便，所产麦豆亦较湖东为多，而湖东地势较低则多植水稻。③

此外，当地百姓还利用早稻栽培时间早、生长期短的特点，来规避夏水秋涝。里下河地区早稻品种极多，有晏五日、早红莲、大风光、秋前五、江西早、望江南等。道光十五年（1835年），“江苏巡抚林委购楚省早稻种，发借高邮，三十日熟”④。购于楚省的早稻成长期较短，百姓可

---

① 民国《泰县志稿》卷十八《物产志上》，《江苏府县志辑》第68册，江苏古籍出版社1991年版，第498页。

②《宋史》卷一百七十三《食货上》，中华书局1999年版，第2783页。

③ 冯培：《明清时期里下河地区的湿地农业发展及社会影响研究》，南京农业大学2018年硕士毕业论文。

④ 凤凰出版社编：《中国地方志集成·江苏府县志辑46·嘉庆高邮州志·道光续增高邮州志》，凤凰出版社2008年版。

赶在夏季河水盛涨前收割水稻，以防农田被淹、庄稼歉收甚至颗粒无收。除了引入早稻种外，在长期的实践过程中，当地百姓积累了一整套农作经验，并付诸实践，培育、改良新品种，通过缩短水稻生长时间，提早收获以避洪水横流。“旧稻之最早者曰秋前五，其后农人以稻孙为种，逐渐早熟，秋前十日即可收获，因名曰急猴子。复以急猴子之稻孙为种，又早数日，因名曰吓一跳。”[①]秋前五有两大优势：第一，“栽莳最先，不忧夏旱”，第二，“刈获最早，不忧秋涝”[②]。百姓再以早熟、生长周期短的“秋前五”中的优良种质资源培育出“急猴子”，又以“急猴子”培育出“吓一跳”，水稻生长周期一再缩短，为躲避秋涝争取了充裕的时间。

里下河地区水生蔬菜采集食用历史悠久，早在距今约7000—5000年的高邮市龙虬庄遗址就出土了一定数量的芡实与菱角遗存，菱角均为四角菱。[③] 里下河地区水网发达的河湖沼泽湿地环境为水生蔬菜的大量生长、栽培提供了良好的自然条件，郑板桥有诗《由兴化迂曲至高邮七截句》云：“一塘蒲过一塘莲，荇叶菱丝满稻田。最是江南秋八月，鸡头米赛蚌珠园。”描绘了当地水生蔬菜的丰饶盛景。当地百姓在采摘食用野生水生蔬菜的同时，也择优进行大面积人工栽培。里下河地区可食用的水生蔬菜种类诸多，如表5-1，有藕、菱角、芡实、蒌蒿、荸荠、茨菰、蒲菜、茭白、水芹、荇菜等，有人工栽培种和野生种。其中藕和菱角的栽培面积最广，并形成了独具当地特色的品种，宝应荷藕、邵伯老菱和高邮双黄蛋并称为“古运河上的三元及第”，并被指定为朝廷贡品。[④]

表5-1　明清里下河地区水生蔬菜的主要种类及特色品种

水生蔬菜种类	植物名称	食用部位	特色品种
藕	莲	地下茎	美人红、大紫红、小暗红
菱角	菱	果实	邵伯菱

① 胡为和、卢鸿钧、高树敏：《（民国）三续高邮州志、（民国）高邮志余高邮志余补》，广陵书社2015年版。

② （清）刘荣照修，（清）陈玉树、龙继栋纂：《光绪盐城县志》，江苏古籍出版社1991年版。

③ 龙虬庄遗址考古队编著：《龙虬庄：江淮东部新石器时代遗址发掘报告》，科学出版社1999年版。

④ 冯培：《明清时期里下河地区的湿地农业发展及社会影响研究》，南京农业大学2018年硕士毕业论文。

续表

水生蔬菜种类	植物名称	食用部位	特色品种
茨菰(慈菇)	茨菰	球茎	宝应紫圆慈菇(夸老乌)
芡实、鸡头米	芡	果实	淮芡(北芡、刺芡)
水芹	水芹	茎叶	扬州长白水芹
荸荠(凫茨)	荸荠	球茎	界荠
蒲菜(蒲芽)	香蒲	假茎	淮安蒲菜
蒌蒿	蒌蒿	嫩茎、叶	/
茭儿菜、菰米	菰	嫩茎、种子	/

藕,又称“莲藕”,属莲科植物根茎。莲栽培种可分为藕莲、子莲和花莲三大类。顾名思义,子莲栽培以产莲子为目的,花莲以栽培欣赏型花卉为目的,藕莲则以栽培水生蔬菜藕为目的。里下河地区莲藕种植历史可追溯至唐朝,《新唐书·地理志》记载“广陵郡土贡藕”。至明清莲藕已成为当地大宗生产的土特产品,里下河各地均有栽种,其中宝应所产藕最佳,万历《宝应县志》列“宝应十景”中有“西荡荷香”,康熙《宝应县志》列“宝应十二景”中亦有“莲叶接天”,当时植荷盛况可见一斑。悠久的种植历史使宝应形成了以顶尖“红芽”为特征的三大地方性品种,分别为美人红、大紫红和小暗红。美人红也叫“白花红芽藕”,因叶柄呈鲜紫红色而得名,属中晚熟品种,藕身长达1米以上,一般有4—5节,藕皮米白色,适合于中水位湖滩、池塘栽种,一般于5月上旬定植,9月下旬至10月份采收;小暗红又称“小雁红”,一般于每年4月下旬下藕秧,7月下旬至次年4月上旬为采收期;大紫红主藕4—5节,藕身呈长圆筒形,藕皮米白色,叶芽紫红色,花少,适于中水位湖塘栽种,当地5月上旬种植,9至10月采收。①

菱角是里下河地区除莲藕之外的另一大宗水生蔬菜,是一种菱科菱属的一年生草本水生植物菱的果实。既有栽培种,也有野生种。野

① 冯培:《明清时期里下河地区的湿地农业发展及社会影响研究》,南京农业大学2018年硕士毕业论文,第20页。

生菱与栽培菱的区别是野菱盘的心叶较尖，不及栽培菱圆壮；野菱叶片较暗，缺乏光泽，不及栽培菱光滑亮绿；野菱果实较栽培种更小。明代李时珍《本草纲目》中提到了江淮地区所栽种的一种嫩皮而紫色的“浮菱”。乌菱也称“风菱”，在阜宁、高邮等多地均有栽种，属于两角菱，晚熟品种，两角粗长而下弯，皮暗绿色，菱老壳便转黑。此外，还有一种“洲菱”，皮带红色，产于江都境内。最著名的当属邵伯、艾陵诸湖所产的邵伯菱，为四角菱，属早中熟种，皮薄肉嫩，鲜菱果皮淡绿色、绿中泛白，肩角较大且略向上翘，因形似羊角，又称“羊角青”。一般于 4 月上旬播种，8 月中旬到 10 月中旬采收。

茨菰也称“慈姑”，是一种泽泻科多年生草本植物的球茎，植物名与蔬菜名相同。“宝应紫圆慈姑”是当地特色品种，又名“夸老乌”。因其球茎外皮青紫色，呈圆球形，故名。植株粗壮，对慈姑黑粉病的抗性较强。球茎纵茎 4—5 厘米，横径 4—4.5 厘米，球茎肉质致密，淀粉含量较高，耐贮藏，品质好。[①]

芡实，在里下河地区也被称做“鸡头米”，为睡莲科芡属一年生水生草本植物“芡”的果实。“芡”分南芡与北芡两种。北芡又称“刺芡”“淮芡”，花有紫色和红色，为野生种，主要产于江苏洪泽湖、宝应湖一带，适应性强，分布广泛。北芡实是最传统的野生药用品种，由于药用功效较强而被人为栽培。其特点是全株密被刚刺，结出的芡实颗粒较小且圆（颗粒大小与黄豆粒基本上差不多），表皮光滑，里面呈白色。北芡实的药用功效虽然较强，但不易煮烂，口感不如南芡实软糯好吃，所以主要烘干后作为中药材使用。

水芹为伞形科，属多年生草本植物，其嫩茎和叶柄供食用，植物与蔬菜同名，有尖叶型与圆叶型两类，扬州地区的特色品种“扬州长白水芹”便是尖叶型的代表。“扬州长白水芹”最先产于扬州市郊瘦西湖一带，据《扬州画舫录》记载：“红桥至保障湖，绿扬两岸，芙蕖十里，久之湖泥淤淀，荷田渐变而种芹。”保障湖即瘦西湖。扬州长白水芹株形细长且高，茎中空，上部淡绿色，下部位于水中呈白绿至白色，为中熟种，一

① 冯培：《明清时期里下河地区的湿地农业发展及社会影响研究》，南京农业大学 2018 年硕士毕业论文，第 20 页。

般在当年 8 月下旬种植，12 月上旬开始采收。可分期分批采收，一直可采到次春 3 月下旬为止。

荸荠，也称“马蹄”，以其地下球茎供食用，球茎脆甜多汁。里下河地区有特色品种“界荠”，原产宝应、高邮和盐城。球茎形状为扁圆形，皮红褐色，肉白色，芽较粗直，平脐，皮较厚。

蒲菜，按其食用部位的不同，大体可分为三类：白长肥嫩的地下匍匐茎、白嫩如茭白的短缩茎和由叶鞘抱合而成的假茎。淮安蒲菜便属于第三类，为香蒲的假茎，有绿茎类和红茎类两个大种，清香脆嫩，壮而不老，品质优良。淮安蒲菜，原产江苏省淮安市，以万柳池天妃宫一带的蒲菜和夹城池河的蒲菜最为著名。在明天启《淮安府志》卷二《物产》中，用的是蒲菜的古名“蒲蒻”，《周礼》中即有“蒲菹”的记载，可见当地蒲菜种植历史悠久。明代淮安人顾达，原在外地做官，曾作诗《病中乡思》（今载于吴山夫的《山阳志遗》卷四）“一筋脆思蒲菜嫩，满盘鲜忆鲤鱼香”，以怀念故乡的蒲菜，从中亦可见淮安蒲菜之美味。在淮扬地区还广泛流传着梁红玉领兵镇守淮安抗金时取蒲菜代食的典故，故淮安民间又称蒲菜为“抗金菜”。

（2）稻、麦等粮食作物的生产技术

伴随着黄河南下夺淮，大量泥沙淤积下游入海通道，洪水排泄不畅，四处泛滥，地势低洼的里下河地区逐渐成为黄淮下游滞洪、泄洪区。在有限的土地上，人口不断增加以及对农产品的需求不断增长，迫使当地百姓开始另寻出路，通过向低洼地扩展开辟新的耕地、间作套种、水田养鸭等生产方式来获取更多粮食。①

当地农田多临河湖，叠被水灾，但滨湖土地多较肥沃。于是当地百姓在与洪水灾害作斗争的过程中，根据当地水多田少的土地格局，因地制宜地对广阔的水域和低洼地进行开发，形成了垛田、湖田、圩田等多种土地利用形式。

在海拔不足 2 米的兴化等地，百姓常有昏垫之厄，于是他们创造性地挖掘河泥以垫高农田，形成了千百个高低错落的水中小丘，百姓于其

① 冯培：《明清时期里下河地区的湿地农业发展及社会影响研究》，南京农业大学 2018 年硕士毕业论文。

上种植庄稼、蔬菜和瓜果，以确保灾荒之年食粮无忧，这种独特的土地利用方式被称为"垛田"。垛田大致产生于明中叶至清前期，《扬州风土记略》中有关于垛田的详细记载："兴化一带，有所谓坨者，面积约亩许，在水中央，因地制宜，例于冬时种菜，取其岸水之便也，故年产白籽甚丰。"[①]因当地百姓长年累月地在湖荡河沟间罱泥、扒苲，故而垛田逐年增高，可有效抵御洪水；垛田呈独特的丘状形态，垛与垛之间有河水相隔，互不干扰，所以通风好、光照充足、灌溉方便，为作物生长提供了良好的环境；此外，垛上泥土来源于荒滩草地，土质疏松，富含有机质，出产的蔬菜品质上乘、产量丰厚，在灾荒之年养活了无数人。

里下河地区河流密布，多芦苇沼泽地、湖滩洼地等，水生植物繁盛。每至冬季，水位下降，湖底出露，形成大片季节性湖滩地。高邮、扬州等地百姓便于枯水季节在湖滩上抢种一季水稻。"昔时管家尖种藕……乾隆四十年大旱，饥民掘食之尽，因改为稻田，然在湖心稍溢则没耳。"[②]《扬州画舫录·城西录》中形容湖田"水大为湖，水小为田"。陈旉曾隐居于扬州，足迹遍布江淮，其在《陈旉农书》中也提到了汛期以后在湖田上种植"黄绿谷"，这种水稻生长期极短，"自下种至收刈，不过六七十日"[③]，如此便能很好地避免春水初盛、淹没庄稼。

圩田作为挡水护田的重要措施，圩堤越高，防水效果越好，"虽大水之年，水流激湍无虞矣"[④]。里下河地区圩田兴起较晚，直到清代才逐渐兴盛，当地官吏认识到圩田之益，鼓励多修筑圩堤以保民田。乾隆五年(1740 年)，大修盐城、江都、甘泉、高邮、宝应、兴化、泰州等州县河渠两岸田圩，堤高 4 尺、底阔 8 尺、顶宽 2 尺；八年(1743 年)筑盐城合陇堆圩、护陇堆圩，每个圩的面积均在 10 万亩以上。嘉庆十年(1805 年)，高邮开始于归海坝筑堤建圩，可容田"三千二百七十六亩"，到嘉庆十九年(1814 年)之时，"两岸出地数尺，群圩乃兴"[⑤]。光绪十三年(1887 年)，

---

① 徐谦芳原著，蒋孝达、陈文和校点：《扬州风土记略》，江苏古籍出版社 2002 年版。

②《扬州北湖小志》卷一《叙水上第一》，清嘉庆十三年刻本，成文出版社，第 43 页。

③ (宋)陈旉撰，缪启愉选译：《陈旉农书选读》，农业出版社 1981 年版。

④ (清)钱泳著，卢鹰注：《履园丛话》，陕西人民出版社 1998 年版。

⑤ 胡为和、卢鸿钧、高树敏：《(民国)三续高邮州志、(民国)高邮志余高邮志余补》，广陵书社 2015 年版。

修高邮6圩、盐城82圩、兴化8圩，盐城筑新圩12处、兴化筑新圩2处。里下河地区逐渐形成了“表里相维、高深相就、经纬相制”的圩田布局。关于圩田的形制，《王祯农书》中有详细记载：“又有据水筑为堤岸，复叠外护，或高至数丈，或曲直不等，长至弥望，每遇霖潦，以捍水势，故名‘圩田’。内有沟渎，以通灌溉，其田亦或不下千顷。”[①]即在低洼沼泽之地或河滩湖滨处依据水势地势之宜筑建连绵、高厚的堤坝，堤上设闸排灌，将部分湖水排干，堤内沟渠纵横，堤、闸、渠、田组成了一个完整的圩田农业系统。涝时堤、闸可拦洪泄水，旱时堤内沟渠可灌溉润田、滞水蓄流，蓄排两利，以实现旱涝保收。

一直到黄河南下夺淮以前，里下河地区地埶饶食，百姓少饥馑之忧，得天独厚的生存环境让当地百姓安枕无忧。但在黄河夺淮百余年间，肆虐的洪水淹没了无数农田，破坏了许多水利灌溉设施，加上黄河泥沙的冲击，土壤肥力下降，这直接导致了农业生产力的降低。从鱼米之乡到洪灾走廊的巨大心理落差使得一部分人开始积极寻求生存的出路，他们踏实进取，积极调整耕作制度，在水旱频仍之地开辟农田，精耕细作，少种多收，实现空间利用上的集约化。农业劳作耗费了他们极多的心血与智慧，但也锻炼了其意志，在环境变迁过程中他们表现出了积极适应性及探索精神。

明清时期，国家政权逐渐稳定，天灾人祸却再度降临里下河地区。里下河地区常遭水灾，河面愈廓愈大，田身愈削愈小，加上人口增长，导致地窄人稠。当地百姓应时而变，充分利用尚未被洪水淹没的尺寸土地，积极调整作物布局，在保证粮食、油料作物播种面积的同时，适量减少棉、麻等纤维作物的比重，在粮食作物内部，麦类、豆类等高产作物的比重又有所扩大。

泰县人口达百万以上，若只种植水稻，民食尚歉，“幸旱粮极众，大小麦为大宗，荞麦尤为歉岁补救品”[②]。在饥荒年代，产量相对较高的水旱作物是里下河地区老百姓的首选。当地主要轮换种植水稻和冬小

---

① (元)王祯撰，缪启愉、缪桂龙译注：《东鲁王氏农书译注》，上海古籍出版社2008年版。

② 民国《泰县志稿》卷十八《物产志上》，《江苏府县志辑》第68册，江苏古籍出版社1991年版，第499—500页。

麦，诗句“膏腴最是上河田，夏麦秋粳两熟全”[①]便形象地描绘了当地水旱轮作的场景。黄河泛滥多发于夏秋季节，秋末冬初播种冬小麦，次年夏初可收获，如此便能避开黄河水患。此后伴随着夏汛来临，紧接其后种植水稻。此外，还会利用夏秋麦收空隙和闲地多种植一季作物，主要种植荞麦。荞麦种植不到两月即可收获，且荞麦“性稍吸肥腴，能使土瘦”[②]。合理的轮作换茬是用地结合养地的一项最为经济有效的措施，将用地与养地正确地结合起来，有利于土壤肥力的保持和恢复提高，保证耕作制度中各种作物的全面持续增产。里下河地区在旱地还多推广间作套种，兴化“东部土质粘腻，可植旱谷。有麦，(夏)秋二季收获，间有种植黄豆、芦秫、玉蜀黍、棉花之类”[③]。在麦子生长期中，当地百姓会在麦子行间补种黄豆、芦秫（高粱）、玉蜀黍（玉米）、棉花等旱作物。豆科作物含根瘤菌可固氮，将其与别的作物间作套种可以增加土壤肥力，《天工开物》中也提到“豆贱之时，撒黄豆于田，一粒烂土方三寸，得谷之息倍焉”[④]。此外，当地百姓还会有意识地专门种植一些绿肥作物用做肥料，主要是秧草，即南苜蓿，“散生秧畦中，能壅为肥料”[⑤]。秧草耐旱、抗寒，生长迅速，自身根瘤可固氮，在土地空闲时，种下秧草任其生长，适时犁入土中可作肥料。通过间作套种，可以充分利用作物的生长时间，变一收为多收，还能改善作物的通风透光条件，提高作物产量。尤其是明清时期对于里下河这种人多地少的地区，间作套种可谓是解决人地矛盾最有效的措施。

里下河先民面临灾难适时而变，积极调整耕作制度，在长期的劳动实践中创造了独具智慧的精耕细作技术。并根据农作物之间物性相宜的特点，组织不同特性的作物轮作、间作、套种，有效地克服了因土地连年种植而导致地力下降的难题。不断调整用地方案，使得作物在消耗

---

① (清)储树人:《海陵竹枝词》，见雷梦水、潘超等编《中华竹枝词(二)》，古籍出版社 1997 年版，第 1465 页。

② (明)宋应星著，潘吉星译注:《天工开物译注》，古籍出版社 2013 年版，第 19 页。

③ 民国《续修兴化县志》卷四《物产》，《江苏府县志辑》第 48 册，江苏古籍出版社 1991 年版，第 497 页。

④ (明)宋应星著，潘吉星译注:《天工开物译注》，上海古籍出版社 2013 年版，第 8 页。

⑤ 民国《江都县续志》卷七《物产考上》，《江苏府县志辑》第 67 册，江苏古籍出版社 1991 年版，第 454 页。

地力的同时，也能通过其他方式滋养土地，保持地力常新，将稳产、高产建立在恢复和提高地力的基础上，实现持续增产。

明清时期洪水泛滥成灾，里下河地区成了一片汪洋泽国，当地百姓自给自足，通过水田养鸭，地无遗利，充分开发未被洪水淹没的土地资源，在饥寒交困的年代竭尽所能为自己的生存提供物质资料。高邮地区多于“水田放鸭”[①]。在兴化、阜宁等地，养鸭更是成为农民的副业。在长期实践过程中还形成了一整套的养鸭技术。首先，考虑到里下河地区主要种植单季稻，养鸭极具季节性，当地在水稻栽种成活后将雏鸭

图 5-2 油菜花掩映的滩涂绿洲(高邮市政府提供)

放入稻田，一直至抽穗阶段前都将鸭子圈养在成片的水稻田中。两个月之后，稻子抽穗便可收鸭，此时鸭已长大，只需静待水稻成熟。饲养的鸭种“以秋前五为最多，早春种次之”[②]，高邮地区则用本土的麻鸭，高邮麻鸭潜水觅食能力极强，能够捕捉水田中的害虫。其次，田间养鸭渐成规模，极具组织性。“有鸭司务用小船、长竹以管理之，有特别毛色号

① 嘉庆《高邮州志》卷四《物产》，《江苏府县志辑》第 46 册，江苏古籍出版社 1991 年版，第 177 页。

② 民国《阜宁县新志》卷十二《农业志》，《江苏府县志辑》第 60 册，江苏古籍出版社 1991 年版，第 236 页。

头鸭以领导之，更有鸭嘴烙成火印以识别之”①。再次，通过水田养鸭以治蝗虫。清代最大的治蝗农书《治蝗全书》中称提到“蝻未能飞时，鸭能食之，如置鸭数百于田中，顷刻可尽”②。若待蝻为成虫，高飞远扬，家鸭的啄食能力便无法施展，而且蝗虫繁殖能力惊人，家鸭需要一定数量才能除蝻。里下河地区养鸭“少以百计，多以千计，成群结队，日游泳于水田之中，夜归宿于芦栏之内”③。规模化的水田养鸭为除蝻提供了可能，“适用于人工捕捉后之残余跳蝻，鸭群宜大小并用，分组轮流饮啄，以免严热胀毙”④。田间养鸭效益良多，根据高邮鸭的实验结果表明：第一，鸭子在水田间来回游动，可以疏松土壤，改善土壤通气状况；第二，鸭在水田中以食遗谷、杂草、害虫为饲料，对农田杂草的控制率高达 99.5％，对病虫害也能起到一定对防治作用。还能节约饲料，降低养鸭成本，提高经济效益；第三，鸭粪亦可肥田，鸭在水稻田中排粪量约为 8.82 公斤/只，按每亩 15 只鸭的放养密度，每亩稻田便能提供 132.3 公斤鲜粪；第四，通过稻鸭共作的实验方式，还能减少鸭子体内脂肪沉淀，使鸭肉更为紧实。⑤

在庄稼收获之后，阜宁地区的老百姓还会于田间放牛，“前清中叶，本县地多荒废，刍牧易求，养牲者众，嗣后田野日治，草源锐减”⑥。田间放牛不仅能满足牛的饲料需求，也能治理杂草，一举两得，甚是省力。

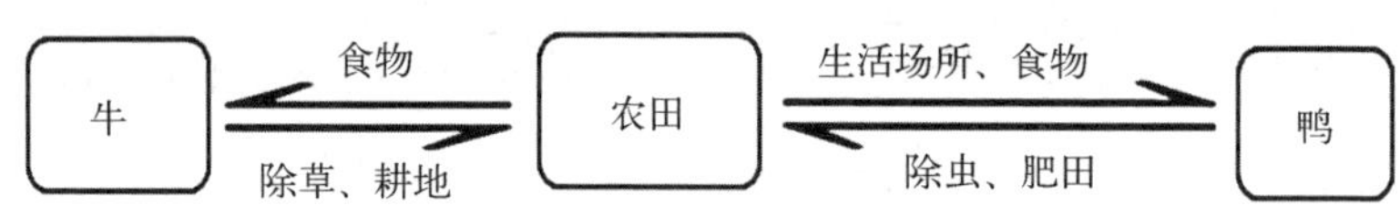

图 5－3　田间养鸭、放牛物质循环图

明清时期的里下河地区常遭水灾，人口的暴涨更是雪上加霜。因而当地先民变害为利，创造性地利用当地多水的特性，于农田之中养

① (民国)阮性传撰：民国《兴化县小通志》，《养鸭篇》，民国间抄本。

② (清)顾彦：《治蝗全法》卷一《士民治蝗全法》，犹白雪斋光绪十四年刊本。

③ (民国)阮性传撰：民国《兴化县小通志》，《养鸭篇》，民国间抄本。

④ 民国《阜宁县新志》卷十二《农业志》，《江苏府县志辑》第 60 册，江苏古籍出版社 1991 年版，第 235 页。

⑤ 罗璇：《稻田放养适宜鸭品种的筛选及其对稻鸭共作系统的作用》，扬州大学 2019 年硕士学位论文。

⑥ 民国《阜宁县新志》卷十二《畜牧》，《江苏府县志辑》第 60 册，江苏古籍出版社 1991 年版，第 236 页。

鸭，建立起种养结合型的耕作制度，种植业与饲养业有机结合，农田既是作物生产区，也是畜禽养殖区，使得农业生产向深度和广度发展，多重效益凸显。

里下河地区水系发达、沟港纵横，境内主要湖泊有白马湖、宝应湖、高邮湖、吴翁湖、得胜湖等，主要河流有长江、京杭大运河、串场河、宝射河、大潼河、北澄子河、通扬运河等。农田灌溉水源丰富，农民引其浇灌田亩，膏泽既沛，溉田万顷。但当地多圩田，圩岸较高，又有一些高田难以灌溉，于是当地百姓便因地制宜使用各式翻车直引低渠沃高壤，巧妙地将翻车的机械特点与当地农业地理情况相结合，正确地发挥了翻车在农业灌溉中的作用。当地翻车主要有风车、牛车和脚车三种，“江都东有所谓车蓬田者，用牛车或七人轴。高、宝一带，或用五人，或用三人。下河临水之田，率用风车，或洋风车，省人力多矣”①。

明代郝壁的诗句“千曲水车力挽牛，脂田沃灌到真州”②，描绘了真州（今扬州仪征）地区牛转翻车车水溉田的高效。民国年间《三续高邮州志》中也详细记载了牛曳翻车的形制：“设车篷，四柱如亭，架四阿，谓之截口；茨以菅，植木于中为心，斜四木以系轮，谓之钧拎；轮周，谓之辋；辋上齿，谓之拨；所以运拨，谓之糙齿；所以升水，谓之鹤；所以受鹤，谓之筒。一童子驱牛运之，湖水上喷，依沟遂而四达。”③在凉亭中设木质转盘，转盘和水车之间用转动轴连接，以牛为动力来拽动转盘。齿轮交错，转盘的齿轮便会带动转动轴上的齿轮转动，进而带动水车转动。水车以木板为槽，尾部浸入水流中，水车运转时刮水板间的河水便被运至地势较高的田中。牛转翻车虽省力，但是一些贫苦百姓家中并没有牛，即使租牛也要花费较多租金。所以牛转翻车的使用也存在局限，并未普及。

① （民国）徐谦芳：《扬州风土记略》，江苏古籍出版社 1982 年版，第 89 页。

② （明）郝壁：《广陵竹枝词》，见雷梦水、潘超等编《中华竹枝词（二）》，北京古籍出版社 1997 年版，第 1296 页。

③ 胡为和、卢鸿钧、高树敏：《（民国）三续高邮州志、（民国）高邮志余高邮志余补》，广陵书社 2015 年版。

图 5－4　牛转翻车

（来源：王毓瑚校，《王祯农书》，第 329 页。）

里下河地区多风的气候特征为风力翻车提供了风力。清代李如枚在《水车行并序》中详细记载了泰州、高邮地区风车的形制及运作原理："于水滨支木为架，中树巨木，下安木盘，围径丈许，盘心设齿轴以拽水。复于盘之周围施八枝木，其上各张苇帆，信风而鼓，轮转齿错，水吸车施，互相上下，异乎车拽、脚踏诸车，盖纯藉天工，不烦人力。"①依托风力水车运转，并将水从沟渠中吸出，这样不仅可以用于灌溉，还可用于排水。《天工开物》中也提到了扬州地区的风车："扬郡以风帆数扇，俟风转车，风息则止。此车为救潦，欲去泽水以便栽种。"②同时每遇暴雨，四水投塘，低地迅速涨水，排水困难，极易成涝，甚者数月不退。尤其以圩为界，圩田内水倘若积多，较难排出堤外，这时候就特别需要使用风力翻车来排水。

① （明）马麟修，（清）杜琳等重修，（清）李如枚等续修：《续纂淮关统志 14 卷 1》，齐鲁书社 1996 年版。

② （明）宋应星著，潘吉星译注：《天工开物译注》，上海古籍出版社 2013 年版，第 15 页。

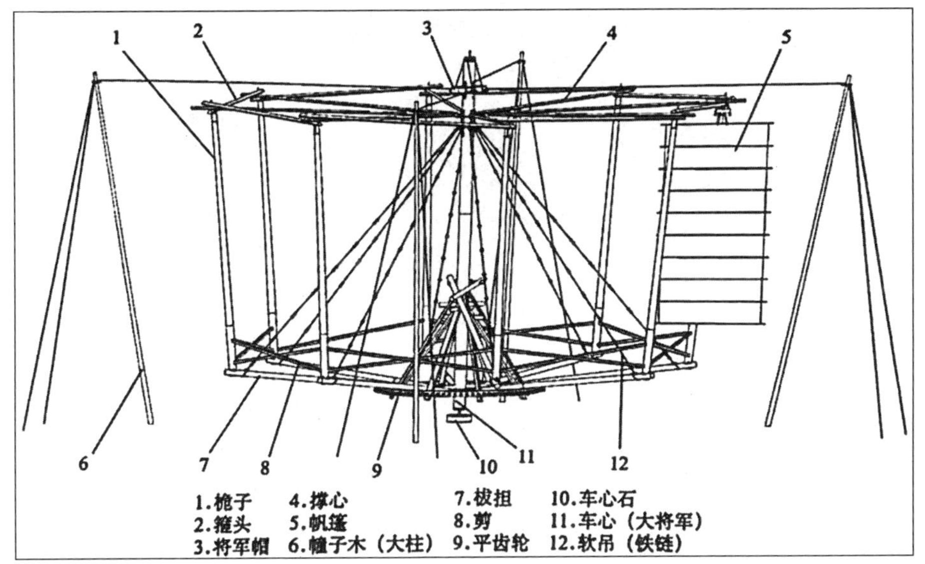

图 5－5　风力翻车复原图

（来源：王思明、张柏春主编，《技术：历史与遗产》，中国农业科学技术出版社 2010 年版，第 175 页。）

无论是牛转翻车还是风力翻车，操作搬运都十分不便，且制作成本较高，唯脚踏翻车简单易操作，受地形限制较小，成本低，适合普通百姓之家。所以在里下河地区使用最广泛的还是脚踏翻车。脚踏翻车的形制与牛车大体相似，“鹤筒、糙齿无大异，唯筒端横担一轴，全用人力踏之，以转鹤汲水。或四人或六人为一架，人力虽劳，简单易办，宜于小农”①。脚踏翻车全靠人力踩踏，少则两人、三人一架，多则五人、七人不等，车水人手扶横杆，脚踏“蹬拐”，“蹬拐”带动转动轴，转动轴带动水车上的刮水板，刮水板再将水从河流中送出，既可灌溉，亦可排涝。并且操作搬运方便，还可随时改变取水点。不过，脚踏翻车灌溉完全用人力，其劳作自然很辛苦。清代储树人有诗曰：“上河水车车盖篷，下河水车车借风。只有踏车辛苦极，四人曝背太阳中。”②

① 胡为和、卢鸿钧、高树敏：《（民国）三续高邮州志、（民国）高邮志余高邮志余补》，广陵书社 2015 年版。

② 李志兴：《海陵竹枝词》，现代出版社 2014 年版。

图 5-6 脚踏翻车

(来源:王毓瑚校,《王祯农书》,第 326 页。)

表 5-2 明清里下河地区的翻车类别

	脚踏翻车	牛转翻车	风力翻车
动力	人力	畜力	风力
运动方式	轮—轴组合式	轮—轴—齿组合式	轮—轴—齿组合式
长处	受地形和天气影响小	省力	纯借天力
局限性	极其耗费人力	操作搬运不便; 成本高,贫苦之家多无牛	操作搬运不便;成本高;遇上无风或风力太小,便无用武之地

(3) 水生蔬菜的栽培与加工

明清时期里下河地区的水生蔬菜具有产量高、不惧水灾、种植便利、商品化程度高等优势而得到规模化种植,包括选种、育苗、移栽、病虫害治理等,并逐渐形成了一整套栽培技术。其中莲藕、菱的栽培技术较为成熟,栽培面积最广。水生蔬菜的大面积栽培也带动了水生蔬菜加工业的发展,除作为百姓日常的食物来源,水生蔬菜还被用做药物。其中,宝应地区以藕为原材料加工的藕粉"鹅毛雪片"甚为出名,并曾被列为贡品。

里下河地区充足的水资源为水生蔬菜的栽培提供了良好环境,但不同的水生蔬菜也需根据适合栽培的水深程度在不同水域中进行栽种。“菰、蒲皆出于湖，莲藕、芡皆出于荡，芹、莼、水荇皆出于河，荸荠出于田，茨菇生于浅水。”[①]藕的栽培历史极其悠久，里下河地区盛产藕，其栽培又可细分为浅水藕和深水藕。浅水藕，适栽于水浅的水田或池塘；深水藕，适栽于水位略深的池塘、湖滩或河荡中，如“美人红”和“小暗红”；“大紫红”则既较耐深水。

莲藕栽培方式分实生和藕节栽培两种，各地植藕也遵循此二法。《农政全书》中详细记载了栽培方法，“莲子，八九月中，收坚黑者。于瓦上，磨莲子头，令薄。取墐土作熟泥封之，如三指大，长二寸。使蒂头平重，磨处尖锐。泥干时，掷于泥中，重头沈下，自然周正”。因莲子皮厚，不易发芽，必须以锐器将外皮磨薄，只需磨一头，以助发芽。埋入土中时，还须将薄皮的一头置上，厚皮的一头置下，使芽与空气、阳光接触，有助于发芽，结出之藕外形也更为周正。“藕节栽培法”则直接以藕进行栽种：“春分前栽，则花出叶上。凡种时，藕壮大、三节无损者顺铺在上。头向南，芽朝上。”[②]此法与现今里下河地区种藕方法类似。据笔者实地调研发现，当地百姓于每年三四月上旬进行栽种，以土层深厚、有机质丰富的黏质土最佳。同时选择藕头饱满、顶芽和侧芽完整、藕身肥大、藕节细小和色泽光亮的母藕或以充分成熟的子藕，平铺排列于田中，催芽后栽植。用“实生栽培法”耗费时间，生藕慢，且有的莲子不易发芽，所以当地主要使用“藕节栽培法”。

莲藕在结藕期间受台风影响较大，台风引起的大风浪会使藕根松动，造成减产。百姓一般在莲塘附近栽种大片芦苇荡或种树木用以减风防风。范成大的《晚春田园杂兴》中便介绍了这种种植芦苇防风的方法：“湖莲旧荡藕新翻，小小荷钱没涨痕。斟酌梅天风浪紧，更从外水种芦根。”[③]此法至今在里下河地区仍被沿用。

菱具有较强的抗涝、抗蝗能力，所以也被广泛栽种。《王祯农书》中就曾提到：“然蝗之所至，凡草木叶，靡有遗者，独不食芋、桑与水中菱、

① 万历《兴化县新志》卷二《地理之纪・物产》，明万历钞本。

② (明)徐光启撰，石声汉校注：《农政全书校注》，上海古籍出版社 1979 年版，第 682 页。

③ 范成大撰：《范石湖集》，上海古籍出版社 1981 年版。

芡，宜广种此。”[①]菱的栽培分浅水菱和深水菱两种：浅水菱（水位在0.3—2米左右）可采用直播或育苗移栽，但一般采用直播，因水位较浅，春季水中泥土升温较快，播种后出苗快且出苗率高；深水菱（水位在2—4米左右）多用育苗移栽，不适宜直播。因深水菱栽培水面的水位较深，直播一般不能出苗。即使能出苗，苗也十分细弱，所以需要进行育苗移栽，并等菱种发芽后才能播种。

徐光启的《农政全书》中详细叙述了育苗移栽的方法："重阳后，收老菱角，用篮盛，浸河水内。待二三月，发芽，随水浅深，长约三四尺许，用竹一根，削作火通口样，箝住老菱，插入水底。若浇粪，用大竹打通节注之。”[②]此法极其耗费时间，注定会逐渐淘汰。如今里下河地区提前培育菱苗，起苗后运至水面进行定植。于船头执菱叉来固定住菱苗束的草绳结头，再将菱苗插入水底土中。此法更为快捷便利，而且栽后菱盘直接浮于水面，茎蔓可以基本直立水中，摇摆度较小，易于成活，且抗风能力强。

每年七八月菱菜如盘、菱花吐白之时，种菱者便乘小舟，“以竹竿于水面往来挥拂，所以逐虫也”[③]。收获菱角通常也用此小舟，这是一种木质小划船，也称“瓜皮船”。明代周南老有诗云：“采菱女儿新样妆，瓜皮船小水中央。”

饥荒年代当地百姓将藕、菱角、芡实、蒌蒿、荸荠、茨菰、蒲菜、莼菜、茭白、荇菜等水生蔬菜进行加工，制作成各色美食。如菱角曝其子为米，可当粮，清朝许凌云的《泗水患》便称赞菱角米救荒的重要性：“夹岸芦丁花是壁，依河舫小水为田。劝君莫把清贫厌，菱角鸡首也度年。”除鲜食菱角外，当地于冬月取出风干，谓之“风菱”，这是最常用的加工方式；有的地区也会将菱角制成菱粉，遇灾荒可食菱米粉以渡饥荒；菱还在扬州地区被用于喂鱼。芡，有两种食法，老者为芡实，去壳入药，嫩者即鸡头米，鲜食即可。蒌蒿，“春采苗叶熟食，夏秋茎可为齑，心可入茶”。菰米，为菰的种子，是一种类似于稻米的救荒粮食。

---

① （元）王祯著，缪启愉、缪桂龙译注：《东鲁王氏农书译注》，上海古籍出版社2008年版，第339页。
② （明）徐光启撰，石声汉校注：《农政全书校注（中）》，上海古籍出版社1979年版，第683页。
③ 《扬州北湖小志》卷一《叙渔第五》，清嘉庆十三年刻本，成文出版社，第62页。

清代张养重在《舟中闻笛》中记载："舍北舍南暮水平，山妻吹火逐滩行。生柴自折炊菰米，何处移舟无月明。"蒲菜，洁白如羊脂玉箫，清脆鲜嫩，早春尤金贵，按根数卖，故清代淮安人段朝端的《春蔬》七首，即以蒲菜开篇："春蔬哪及吾郡好，入馔蒲芽不论斤。"除食用外，香蒲茎柔韧修长，也是极好的草编原料。山阳地区百姓"取蒲茎编包"①，淮安、扬州盐业发达，以蒲茎编包可满足盐场运盐所需，所以销路极广。泰州地区的蒲鞋极为出名，出产极多，蒲鞋也是用蒲茎编制，泰州城有蒲鞋市，"一在升仙桥北，一在状元街，一在坡子街北"②。

最负盛名的当数"鹅毛雪片"。"鹅毛雪片"为宝应藕粉之专称，粉尤精洁，质地细腻，调熟以后呈半透明的淡紫色，晶莹诱人，一直为皇室贡品。"鹅毛雪片"最重要的便是选料，所选制作原材料为宝应当地独产的白莲藕。据南宋嘉泰年间《吴兴志》记载：花"红者莲腴而甜，藕硬而淡；白者莲嫩而淡，藕莹而甜"，故以"红荷莲，白荷藕"名贵。宝应当地也有民谣与此地方志记载互为印证："美人红，小孩腿，花香手臂洗尽泥；大紫红，个头大，做成捶藕堪称霸；小暗红，女儿恨，日光里头晒成粉。"美人红藕香色白，大紫红个大孔宽，小暗红粉足生淀，三者都属白莲藕，是制作"鹅毛雪片"的佳品。古人总结了"鹅毛雪片"制作过程："每秋八九月，官发价市新白莲藕，于常平仓设厂，雇夫督办，取藕去皮节，擦滤浆晒，削成粉，名'鹅毛雪片'，质轻粹，差可拟也。正贡八十觔，装解知府衙门，照价结领，与民无与云。"③

鹅毛雪片制法看似简单，实则要经清料、擦浆、吊浆、沉淀、捏团、刀削、晒干等多道程序，清代宝应知县吴春滢曾作《藕粉诗》对鹅毛雪片的制作过程有生动描绘："洗濯激清流，泥去皮先刮。锯节复裁梢，响彻榨床轧。千揉与万搓……百指费辛勤，乃见白如雪。此犹一半功，就视尚未毕。"可见藕粉制作工序之繁多。在制作过程中，刀工尤其重要，以刀削出的藕粉要保证薄如蝉翼，粉片齐整，最关键的是要保证全部工序当日完成，100 斤的荷藕大约只能制作出 6 斤 8 两重的

① 民国《续纂山阳县志》卷一《疆域》，《江苏府县志辑》第 55 册，江苏古籍出版社 1991 年版，第 315 页。
② (清)俞扬：《泰州旧事摭拾》卷五《物产》，江苏古籍出版社 1999 年版，第 101 页。
③ 民国《宝应县志》卷一《方贡附》，《江苏府县志辑》第 49 册，江苏古籍出版社 1991 年版，第 18 页。

“鹅毛雪片”。

(4) 圩、垛造田技术的成熟

明清政府为保证运河畅通和黄河安澜采取的措施，推动了里下河地区圩、垛体系的扩展，这一整套对土地的经营利用方式，成为明清时期里下河湿地农业生产中最典型也是最核心的构成要素。

所谓圩田，“据水筑为堤岸，复叠外防或高至数丈，或曲直不等，长至弥望，每遇霖潦，以扞水势，故名曰圩田”①。“明初分为十塘。塘有塘夫，使之随时修筑。统计下河之地，不下三十万顷。为田者十之四。为湖者十之六。当时堤坚固。疏浚得宜。故水旱皆无虑也”②，可见在明初里下河地区便已修筑起万顷圩田，以保田地水旱无忧。随着上游以保漕护运为目的的水利设施逐渐完善，黄、淮、运余水下泄增多，至乾隆年始，里下河各州县开始大力提倡圩田修筑，乾隆八年(1743 年)，准奏淮扬等邑修筑圩岸，盐城筑河圩、里圩与荡圩三处，共计 23 万余丈。③ 乾隆十八、十九年，兴化县“亲民之官勤民筑圩以卫田庐”，开始在范公堤以西、兴盐界河以南筑起圩田。④ 自嘉庆年始，圩田修筑正式进入高潮。宝应在大纵湖沿岸筑起唐公圩、太平圩等圩，高邮于“嘉庆十年重筑坝下护城堤，东北联属成养老圩。迨十九年挑浚下河并修筑诸河，两岸出地数尺，群圩乃兴”⑤。道光以降，滨江区域的江都县因为归江水量骤增，为保田护地，也开始筑起圩田。通过上述可见，圩田修筑先于盐城、兴化，后西南至宝应、高邮二县，再往南推进到滨江地区，而这时间和地域的推进，大体上与黄、淮、运余水倾泻方向与压力相应。⑥

何谓垛田，徐谦芳在《扬州风土记略》中对这种特殊造田形式进行

① (元)王祯著，王毓瑚校:《王祯农书》，农业出版社 1981 年版，第 41 页。

② 靳辅:《治河奏绩》卷四，《景印文渊阁四库全书》第 579 册，台湾商务印书馆，第 730a 页。

③ 乾隆《淮安府志》卷八《水利志》，第 387—389 页。

④ (清)赵彦俞等纂:《咸丰重修兴化县志 民国续修兴化县志》，《中国地方志集成・江苏府县志辑(48)》，江苏古籍出版社 1991 年版，第 71 页上栏。

⑤ 胡为和修，(清)高树敏纂:《中国地方志集成(民国)・三续高邮州志 8 卷・江苏府县志辑》，1922 年版，第 40 页。

⑥ 参见肖启荣《明清时期洪泽湖水排泄与下河地区的基层水利》，《历史地理研究》2019 年第 2 期，第 30—45 页。

过描述，“兴化一带，有所谓坨者，面积约亩许，在水中央，因地制宜，例于冬时种菜，取其戽水之便也”①。坨即垛也，一便也道出垛田特征，以面积少许、立于水上而别于他处水田。② 垛田的真正起因，结合当地县志、名人笔记考证，是兴化先民为适应当地环境变迁，以及应对明清时期日趋严重的水患威胁，因地制宜发展出来的一种抗灾减灾的独特土地利用方式。③ 而明清时期里下河地区环境变迁与严重水患，与明清政府在黄淮运交汇之处所开水利工程不无关系。

以圩田与垛田为核心的造田、护田方式，保证了里下河地区在屡被淹田的情况下可供耕种田地面积的增长，也在一定程度上促使当地长时段人口数量的增长。兴化自 1736 年起至 1916 年，县境东部先后筑起老圩、中圩、合圩等总面积达 52 万亩的 9 个大圩。④ 高邮至嘉庆十年(1805 年)后，再挑新圩，经道光、咸丰，境内圩田棋布星罗，增筑累百。后光绪十四年(1888 年)，欲使无田不圩，更是以兴大役，与水争地，县境圩岸可容田亩多达 74 万余。⑤ 黄河北徙、运河停罢与建国后治淮之利，里下河地区摆脱了频年水患，经 60—70 年代大规模农田基本建设，联圩并圩与生产改制等，在 1986 年土地利用调查中，兴化境内垛田和圩田共计 105779 亩，占土地总面积 2.95%，⑥高邮境内圩区 683893.74 亩，占全县耕地面积 48.6%。

新开辟田地是为缓解长时段人口数量增长带来的地区生存压力，也为人口的迅速增长提供了客观条件。元至明清，兴化、高邮等里下河诸州县在面临频年水患、人口几度出现短时段负增长的情况下，总数仍较元代有显著增长。正如兴化县志所载：“国初人丁不过三万有奇，二

---

① 徐谦芳、董玉书原著，蒋孝达、陈文和校点：《扬州风土记略》，古籍出版社 2002 年版，第 67 页。

② 参见王建革、袁慧《清代中后期黄、淮、运、湖的水环境与苏北水利体系》，《浙江社会科学》2020 年第 12 期，第 145—155 页。

③ 参见卢勇《江苏兴化地区垛田的起源及其价值初探》，《南京农业大学学报(社会科学版)》，2011 年第 2 期，第 132—136 页。

④ 兴化市地方志编纂委员会：《兴化市志》，上海社会科学院出版社 1995 年版，第 227 页。

⑤ 胡为和修，(清)高树敏纂：《中国地方志集成(民国)·三续高邮州志 8 卷·江苏府县志辑》，1922 年版，第 40—54 页。

⑥ 兴化市地方志编纂委员会：《兴化市志》，上海社会科学院出版社 1995 年版，第 115 页。

百年来数增十倍，即闾阎生齿之繁证。”①此中因由，多言“国家修养滋息，丁日增而赋不加，又豁减以苏瘠壤，均差以惜民力”②，但是在农业生产技术没有显著革新、仍靠“土中刨食”的时代，增加的地块才是社会人口保有较高生育率与增长率的关键。

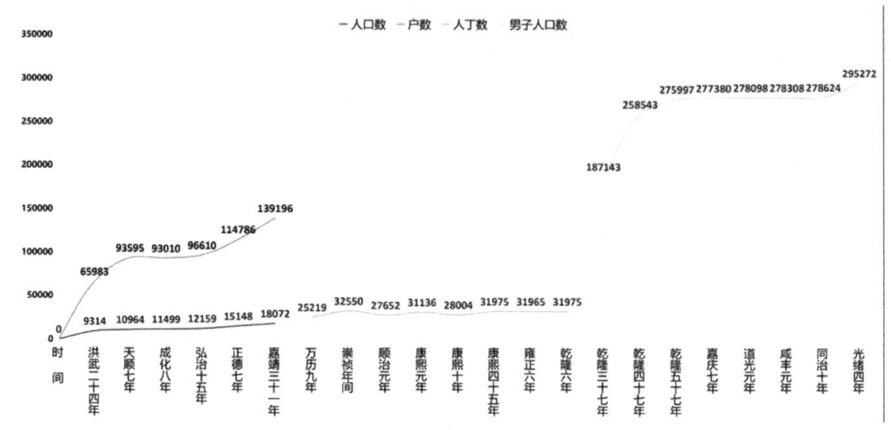

图 5－7　洪武二十四年至光绪四年高邮人口变化

注：1. 人口数据来源于（嘉庆）《高邮州志》卷三《户口》；（光绪）《再续高邮州志》卷二（民赋志）；（民国）《三续高邮县志》第一册《民赋志·户口》；《高邮县志 江苏省》等。

2. 明清政府为赋役所需，虽定期统计户口，但标准并不相同，明洪武至嘉靖年间统计户籍与人口，明万历至清乾隆初年只统计人丁数，清乾隆三十七年至光绪四年只统计男子人口数，根据数据并不能单纯将其认为人口数，但是根据数量的变化，也可一窥各个时期人口数量的增减。

以人口数据资料保存较为详细的高邮为例，由图 5—7 可以看到，明洪武二十四年（1391 年）人口仅 65983 口，到了清光绪四年，男丁便增至 295272 口，总数扩张近 10 倍。而这是在明清政府为了保漕护运不顾民生决堤、放坝造成百姓大量死亡或流徙的背景下人口数量的增长。短时段中人口因灾死亡或迁徙，造成劳动人口锐减的劣势，被以圩、垛造田技术与水乡农业生产结构的优化以及地方水利灌溉工程的构建所弥补，进而在当地出现了长时段人口数量倍增的奇迹，可见圩、垛造田方式的推广与成熟对于里下河地区有着极为重大的意义。

---

① 咸丰《重修兴化县志》卷三《户口》，清咸兴二年刊本，第 174 页。

② （清）杨宜崙修，（清）夏之蓉、沈之本纂：《中国地方志集成·江苏府县志辑 46·嘉庆高邮州志·道光续增高邮州志》，江苏古籍出版社 1991 年版，第 152 页。

（5）“保漕”下的灌区灌溉

明清时期，“运河至上”的保漕之法不仅表现在为保漕船、运道而在河湖汛期不顾沿运百姓生计的开闸泄洪，也表现在运河淤垫，沿运各闸闭塞蓄水用以济运，而使农田缺乏稳定的灌溉水源。里下河地区百姓为了生计，在国家权力与政策对运河漕运加以调控的保漕体系下，逐渐衍生出集蓄水、调水、配水和排水于一体的灌溉工程体系。

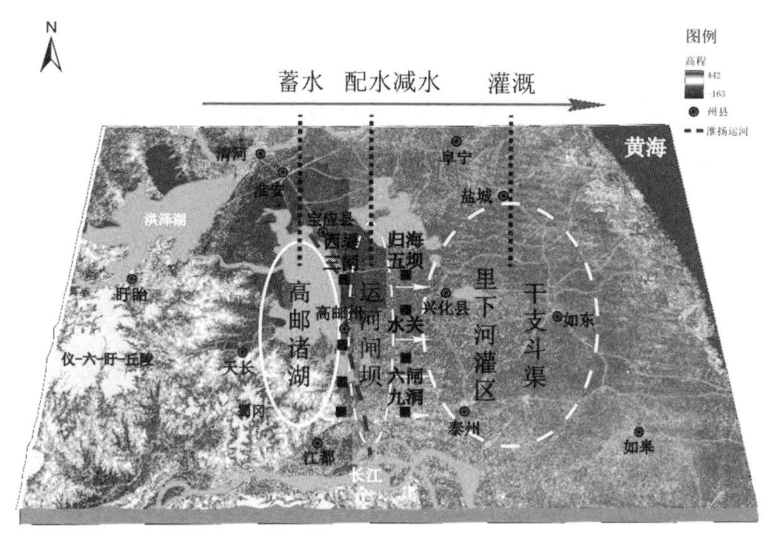

图 5-8　里运河—里下河灌区灌溉工程体系示意图

注：底图为 GDEMV2 30m 分辨率 DEM 数字高程，河流、湖泊与州县数据来自中国历史地理信息系统 CHGIS V4.0 1820 年河流、湖泊与州县数据。

明清“蓄清杀黄”之策，使黄、淮、运的治理陷入“黄流泛滥、泥沙淤积—洪泽涨溢、加筑高堤—泥沙再度淤垫、再度加筑高堤”的困局，因泥沙淤垫，屡次加高高堰，洪泽湖水位常达到两丈以上，①形成了对里下河地区势如建瓴的上游形势。此形势中，除了频仍的水患，也为里下河地区构建自流灌溉的水利体系奠定了基础。在国家主导的漕运体系下，地方政府与当地百姓为改变生存窘态，成为水源分配的主体，如“乾隆三十一年（叶均）补宝应主簿，邑濒运河，置闸与涵洞二十余，所田亩皆资灌溉。……丙戌夏，大水，均以闭闸为均守所揭。河督召均问状，均

① 武同举编纂：《江苏水利全书》第二编卷五，水利实验处印行 1950 年版，第 2 页。

言：高邮三坝水志不至三尺不开，今水未至三尺，奈何不顾百姓……壬寅大旱，又以启闸忤监司意，赖河督知君，得无事，累迁邳州州判”[①]，便是地方政府协调水源分配的典例。再如光绪《再续高邮州志》记载“闸洞之设专为济旱减涨，应启即启，应闭即闭，务使民田有益”[②]，而与国家以保漕为目的的水利体系相悖。

明清政府在里下河地区的经营，以河、堤、堰、闸、坝等水利工程控制了河湖的水流。明弘治三年(1490 年)，“开複河于高邮堤之东，自州北之杭家嘴至张家沟，长竟湖，两岸拥土为堤，引舟内行”[③]，实现了高邮湖与运河的分离。至此，在官方之下，地方政府与当地百姓为缓解生存窘况逐渐形成了一套单独的防洪灌溉体系，自西而东构建起运西湖泊、里运河与灌区间的灌溉调配系统，洪泽湖、宝应湖、高邮湖等运西诸湖成为蓄水的主体，在运西湖泊与里运河之间通过西堤三闸实现湖泊与运道水量的互动，如“高邮运河为南北孔道，西受湖水，东入闸河”[④]。里运河与灌区间则通过归海五坝、水关与六闸九洞用以配水或减水，对流入灌区的水量加以调控，高邮境“闸洞由北至南计十一座，除拦河金门闸外，余皆分受运河之水，入南北下河，溉民田数百万顷”[⑤]。在灌区，以经纬河渠构建出干支斗渠的灌区灌溉体系，“下河形势以运盐河为经，南北河为纬，溉民田数十万顷”[⑥]，兴化以“梓辛、车路、白涂、海沟为四经河，横泾、山子屯、军古、子博、真塔寺、渭水及官河为八纬，河东塘港亦纬河”[⑦]，东接高邮来水，南连泰州北至盐城，为泄水之道，将灌区的范围由高邮扩展到里下河的兴化、泰州与盐城等地。

国家以漕运为核心的保漕举措，将运道水量控制在满足漕船通行的范围，诸多举措为国家漕运之大政服务，却与地方民生产生重重矛盾。无论是洪水的倾泻还是旱季对水源的节制，均是沿运区域百姓生

---

① 嘉庆《扬州府志》卷四十五《宦迹三》，第 23 页。

② 光绪《再续高邮州志》卷二《河渠志》，第 32 页，

③ 康熙《扬州府志》卷五《河渠志上》，第 6 页。

④ 嘉庆《高邮州志》卷二《河渠志・运河》，第 10 页。

⑤ 同上书，第 36 页。

⑥ 同上书，第 23 页。

⑦ 凤凰出版社编：《中国地方志集成 江苏府县志辑 48 咸丰重修兴化县志 民国续修兴化县志》，凤凰出版社 2008 年版，第 67 页。

计难以承担之重，里下河灌区灌溉工程便是在此背景下形成且完善的。灌区灌溉工程形成后，诸县皆可得排涝与灌溉之利。

(6) 肥田增产之法

“淮扬之民，多以种田为业。”①田地收成丰歉与否直接关系百姓生活。黄、淮、运余水频年东泄，里下河地区大水不绝，为了避灾减灾，当地人们或消极或积极寻求适宜的农业耕作方式。为了保证收成，人们因地制宜地选择抗灾性能好或在生长季节能够避开水患的水稻品种，从而引起了农业种植结构变化。②

在高邮“农产以稻为大宗，东乡地势低洼，止收早稻一熟，麦豆俱少”③，在兴化“近因西水频仍，农家皆种早禾，然地土瘠薄，究不敌中禾之多。其晚禾种者甚少”④。当然，不止高邮、兴化两县，盐城、东台与江都等均有多植单季水稻以避秋水之潦的情况。单季稻的种植模式固然可以避免高堰泄水、运堤启坝致禾稻尽沉水底而使收成减产，只是“淹过田亩，寒沙淤土，未宜禾稻，初年止可种豆麦，薄收无几，糊口之外，偿牛种而不敷。次年亦何可资治农具？第三年农力稍苏，始翼有秋”⑤，积淹田地肥力降低，一季稻谷如何保证收成可供一家食赋所用，适应生态环境的肥田增产之法便显得尤为重要。

独特的土地利用方式必然也会诞生与之相符的耕作与经营方式。⑥ 除了田地的耕耘、灌溉与作物的收获外，最为重要也是当地民众最为注重的就是田地的增肥之事。“粪壤者，所以变薄田为良田，化硗土为肥土也”⑦，这也是缓解积淹田地肥力降低、提高作物收成的良策。

垛田除了防洪功能之外，也有使农作物增产增收之效。在湖区向

① 雍正《高邮州志》卷三《水利志》，第 6 页。

② 张崇旺：《试论明清江淮地区的水旱灾害与农业耕作的变迁》，《中国农史》，2006 年第 1 期，第 37—40 页。

③ 胡为和修，(清)高树敏纂：《中国地方志集成（民国）三续高邮州志 8 卷 江苏府县志辑》，江苏古籍出版社 1922 年版，第 124 页。

④ 咸丰《重修兴化县志》卷三《实业志・物产》，清咸兴二年刊本，第 201 页。

⑤ (清)慕天颜，(清)盛符升撰：《抚吴封事》卷 1《辑瑞陈言》，第 15 页。

⑥ 伽红凯、卢勇等：《环境适应与技术选择：明清以来长三角地区特色农业发展研究》，《中国农史》，2021 年第 4 期，第 127—139 页。

⑦ (元)王祯著，王毓瑚校：《王祯农书》，农业出版社 1981 年版，第 36 页。

荡与平地转变的过程中，当地百姓认识到“浑水河是富河塘”[①]，又以“坝水系挟泥沙而来，色黄而肥，沿途沉淀，即为壅田垩本”[②]，因此，淤浅而成的湖荡滩地成为造田的最佳选择。此外，独特的岛状耕地，全系人工罱积河泥和荒滩草地堆叠而成，土质疏松，加上面积少许，且四面环水，光照、通风、灌溉条件俱佳。[③] 垛田以河泥作底，本身便是肥沃之土，“若能时加新沃之土壤，以粪治之，则益精熟肥美，其力当新壮矣”[④]。为保证“地力新壮”，从水中取“肥”，成为肥田增产的不二之选。垛田因独特的岛状耕地，传统肥田增产之法与圩田略有不同，主要有罱泥、捩水草与扒苲三种，所获之物，又称“泥粪”。元代王祯对攫取“泥粪”和其使用方式有过简单描述，“江南田家，河港内乘船，以竹为稔，挟取青泥，锹拨岸上，凝定裁成块子，担开用之”[⑤]。里下河地区垛田的罱泥活动，与其他地区罱泥安排具有相似性，按照“冬春必罱河泥两次，以粪田亩”[⑥]，并逐渐成为当地最重要的农事安排之一。罱积河泥是用当地特有的淤荫农具泥罱子，在湖滩、浅河中捞取淤泥，放置木船中舱，分运于亩，既可肥田又可增高加固垛圪。捩水草是在夏天水草旺盛之季，用工具“捩管”将水草夹起，铺在垛田种植的蔬菜行间，[⑦]王祯在其《农书》有记“和泥渥漉，深埋禾苗根下，沤罨既久，则草腐烂而泥土肥美”[⑧]，可见古人早已认识到捞取的水草也可做田地“增肥之物”，起到遮阴、保湿与肥田之效。扒苲是介于罱泥与捩水草之间获取肥源的农耕方式，“苲”是河中淤泥与水草等的混合物，通过铁制淤荫工具苲耙将河底草肥一并扒出，此种肥源多带水草、小鱼、小虾等，肥力更甚。

---

① 兴化县土壤普查办公室：《江苏省兴化县土壤志》，1998 年版，第 9 页。

②《泰州文献》编纂委员会编，庐佩民主编，黄林华、姜小青副主编：《泰州文献 第二辑》卷 3《兴化县小通志》，凤凰出版社 2014 年版，第 175 页。

③ 参见卢勇《江苏兴化地区垛田的起源及其价值初探》，《南京农业大学学报(社会科学版)》，2011 年第 2 期。

④ (宋)陈旉著，万国鼎校注：《陈旉农书校注》，农业出版社 1965 年版，第 34 页。

⑤ (明)袁黄著，(清)程璇著，(清)王竹舫著，郑守森等校注：《宝坻劝农书》，中国农业出版社 2000 年版，第 27 页。

⑥ (清)沈梦兰撰：《五省沟洫图说》，农业出版社 1963 年版，第 9 页。

⑦ 闵庆文、孙雪萍、张慧媛主编：《江苏兴化垛田传统农业系统》，中国农业出版社 2015 年版，第 91—93 页。

⑧ (元)王祯著，王毓瑚校：《王祯农书》，农业出版社 1981 年版，第 37 页。

在里下河面积广大的圩田区，除了施以草木灰、人畜粪便作为肥料，河泥仍是肥田最为依赖之物。如高邮“粪田之料甚多，大别有二：曰河泥，曰剿粪……每春湖滨河侧，诸农乘舟汲泥，往来如织，于田角设塘以蓄之，俟少竖，分运入亩”[①]，盐城“捞取河泥粪田，田益沃而河益深，且田日高，沟日深，获肥饶之利，弭壅开之害，田功之善者也”[②]，阜宁“操小舟入沟浦，以铁口罱取水下至泥，分布田间，其力胜于粪壤倍徙”[③]，足见攫取河泥用以肥田增产在里下河地区已是常事，除了能够获得河泥，也有疏通沟渠以利过水的功效。

二、水利与工商业体系

若论江苏地区之经济发展，自然需言及工商业发展。江苏地区的工商业发展历史久远，按《从考古资料看两汉时代的江苏经济》[④]之研究，秦汉时期，尤其是两汉以来，江苏地区经济发展迹象已显，农业、手工业，甚至城市及其间商业之发展均有长进，其中手工业的类别多样，如造船业、制陶业、冶铜业、铸铁业、纺织业、漆器业、酿酒业、编织业、煮盐业、建筑业与木器业等，均有考古之遗迹可证。

手工业的产生大多与人类生存发展的需要息息相关，其发展又需满足一定的资源条件，故此江苏地区的手工业类型多与当地的自然条件相合，譬如制陶亟需陶土，亦需烧制时可供热量之材；冶铜与铸铁须得矿物，且与制陶相似，需有薪柴供热。不同类别的手工业，其产生原因各异，生产之法不同，所需之物也不尽相同，对水资源的需求亦不同，因此水利在江苏地区手工业发展之中的地位也不尽相同。制陶、冶铜、铸铁之类虽亦用水，但需水量较少，故江苏地区对水依赖性极高的手工业应属造船业与煮盐业。

江苏地区的商业亦有与水相关的，如明清时期的画舫业与沐浴业，两者均是依赖水源以维持经营的商业产业。此外，手工业产品流通至

① 民国《三续高邮州志》卷一《营业状况》，民国十一年刊本，第 101 页。
② 光绪《盐城县志》卷二《舆地下》，光绪二十一年刻本，第 29 页。
③ 光绪《阜宁县志》卷四《川渎下・射阳湖》，光绪十二年刻本，第 29 页。
④ 参见苏文《从考古资料看两汉时代的江苏经济》，《东南文化》1989 年第 3 期，第 178—191 页。

市场中亦属于商业之范畴，而这些产品的流通方式中亦能窥见水利之作用，江苏地区的商业贸易不仅可走陆路，也可走水路。故而江苏地区的手工业与商业，是无法与其境内的水环境作切割的，水利在不同的产业中提供了不同的效用。

1. 水利与造船业

关于造船业，先秦时期江苏地区便有船只，高邮“天山一号”汉墓的出土物中所刻之“广陵船官板”说明西汉时江苏地区的广陵国设有船官，加之《史记》之记载，可见其时江苏地区已有造船业。[①] 两汉时期，江苏地区的船只以木料制成，而形制不同，考古所得之遗迹显示，其时木船有两种形式，“一种是结构简单的独木舟，出土于如东县汤园乡和宜兴县西渚乡，宜兴出土的一条残长 7 米余，残宽不足 1 米，是在一条古河道中挖出的；另一种即武进出土的弧式木船，它的制造方法是在独木舟中间镶底板，把舱与船首船尾隔开，属于从独木舟到木板船的过渡形式”[②]。就船身结构的变化而言，两汉时期的造船技术有了明显提升。虽然无法就其中的信息知悉水利在早期的造船过程中所起的作用，但从史料记载可知，江苏地区丰富的水资源是造船业产生的原因之一，时人乘船渡江河、获渔利，皆是与水打交道之事。因此只要江苏地区仍有水域，而其地居民需渡过水域，便会产生造船之需，推动当地的造船业发展。江苏地区造船业的发展，不仅为内河航运提供助力，亦使海上远航得以实现，为国内的漕粮运输、军事战争以及民间的渔业和商贸客运提供便利。[③]

明清时期，江苏地区仍然是全国造船业的重地之一，郑和下西洋所用的船舶便出自南京的造船厂。同时，江苏地区造船业的发展也为当地居民提供了多种形制，适于不同用途的船舶，如《扬州画舫录》所载民间用船，适于游览的鼓棚、丝瓜架，适于船宴之用的沙飞，以及运载灰粪的船只等。[④] 当然，水利为明清时期江苏地区的造船业发展提供合适的

① 参见苏文《从考古资料看两汉时代的江苏经济》，《东南文化》1989 年第 3 期，第 178—191 页。

② 同上。

③ 参见刘沛安《江苏古代造船与水运》，《江苏船舶》1982 年第 2 期，第 51—56 页。

④ (清)李艾著，陈文和点校：《扬州画舫录》，广陵书社 2010 年版，第 226 页。

条件，这从自造船厂的建设中便可窥见分毫，譬如龙江船厂。作为明代江苏地区重要的造船厂之一，南京的龙江船厂的历史被刊载于册，便是李昭祥所著之《龙江船厂志》，其中载有龙江船厂建设位置及其附近环境的内容。

按《龙江船厂志》所记："洪武初，即都城西北隅空地，开厂造船。其地东抵城濠，西抵秦淮街军民塘地，西北抵仪凤门第一厢民住廊房基地（阔一百三十八丈）；南抵留守右卫军营基地，北抵南京兵部苜蓿地及彭城伯张田（深三百五十四丈）。后因承平日久，船数递革。厂内空地，暂召军民佃种，止留南、北水次各一区，以便工作。畎浍中界，而厂遂分为前后矣。二厂各有溪口，达之龙江，限以石闸、板桥，以时启闭。东南隅旧有短垣，西北沮洳艰版畚。弘治四年，主事王钚作木栅，以补其缺，周绕二厂，各置水关，以几出入，守者便之。岁久而废。"①龙江船厂占地面积较广，规模颇大，而水道是船厂选址之必要条件。船厂建设之初的"东抵城濠"，即便后来分作两厂，亦是"二厂各有溪口，达之龙江"。船厂所用的水道并非不设限制之普通河流，按"限以石闸、板桥，以时启闭"之言，船厂的水道当是利用石闸、板桥以蓄水而提高水位，便于船只试航，而水道蓄水或泄水当由船厂之需为准。此外，船厂在水道上设置水关，并派遣守卫管理，凸显船厂四周水道，还兼具防护之能。

就江苏地区造船业的发展而言，水利环境是造船业的重要考量因素，也正因为江苏地区水体密布，故造船业是应江苏地区社会需求而发展的。而秦汉以来，各地兴修水利，甚至设立监管机构使水利系统愈发完善，水运交通亦随之发展完善，此又为造船业提供发展机遇。以上都表明水利促进了江苏地区造船业的发展。

2. 水利与盐业

从化学角度来说，人类日常食用的盐是金属离子钠离子与酸根离子氯离子结合而成的化合物，因化学元素广泛存在于自然界中，盐之产地也较多，山海之间均可寻之。《天工开物》中认为产盐之地可分为"海、池、井、土、崖、砂石"六类，而"赤县之内，海卤居十之八，而其二为

① (明)李昭祥：《龙江船厂志》卷四，民国三十六年国立中央图书馆影印玄览堂丛书续集本，第86—95页。

井、池、土碱”，即中国盐产以海盐为主，井盐、池盐与土盐产量较少。[①] 海盐之盛皆因国境内海岸线绵延千里，其间海水皆含盐分，可以制盐。

按《天工开物》所载，截至明朝，盛行的海盐制法颇多。“一法，高堰地，潮波不没者，地可种盐。种户各有区画经界，不相侵越。度诘朝无雨，则今日广布稻、麦稿灰及芦茅灰寸许于地上，压使平匀。明晨露气冲腾，则其下盐茅勃发。日中晴霁，灰盐一并扫起淋煎。”[②]制法之一适于海滨高地，盐户在海水无法抵达的高地上规划盐田，估测天气，于晴日之前在盐田上放置草木灰以吸附土中或空气中的盐分，待天晴后以淋煎之法制盐。“一法，潮波浅被地，不用灰压。候潮一过，明日天晴，半日晒出盐霜，疾趋扫起煎炼。”[③]第二种制法适于海滨浅滩区域，海潮退去后，待日光曝晒，盐田便能析出盐霜，供盐户扫取煎炼。再有一法，“逼海潮(入)深地，先掘深坑，横架竹木，上铺席苇，又铺沙于苇席之上。俟潮灭顶冲过，卤气由沙渗下坑中，撤去沙、苇。以灯烛之，卤气冲灯即灭，取卤水煎炼”[④]。可无视天气状况，以灯之热量蒸发深坑之中由沙与苇席过滤之后的海水，待时机成熟便取水煎炼。又有淋煎法，与第三种制盐法类似，“掘坑二个，一浅一深。浅者尺许，以竹木架芦席于上。将帚来盐料，铺于席上。四周隆起，作一堤垱形，中以海水灌淋，渗下浅坑中。深者深七、八尺，受浅坑所淋之汁，然后入锅煎炼”[⑤]。均是掘坑架席以滤海水，只是淋煎法需掘深浅两坑，以深坑再次滤取海水以便煎炼。

以《天工开物》所载，海盐的制成必须依靠海洋，无论是海潮直接淋灌，或是以草木灰吸附土壤或空气中由海水蒸腾而得的潮气，所用之材均源自海洋。江苏东部地区恰是滨海之区，得天独厚的地理位置，且自古便有煮海为盐的习惯，最终形成了国内四大盐场之一的两淮盐场。

---

① (明)宋应星著，潘吉星译注：《天工开物译注》，上海古籍出版社2013年版，第37页。

② 同上书，第38页。

③ 同上书，第39页。

④ 同上。

⑤ (清)李艾著，陈文和点校：《扬州画舫录》，广陵书社2010年版，第39页。

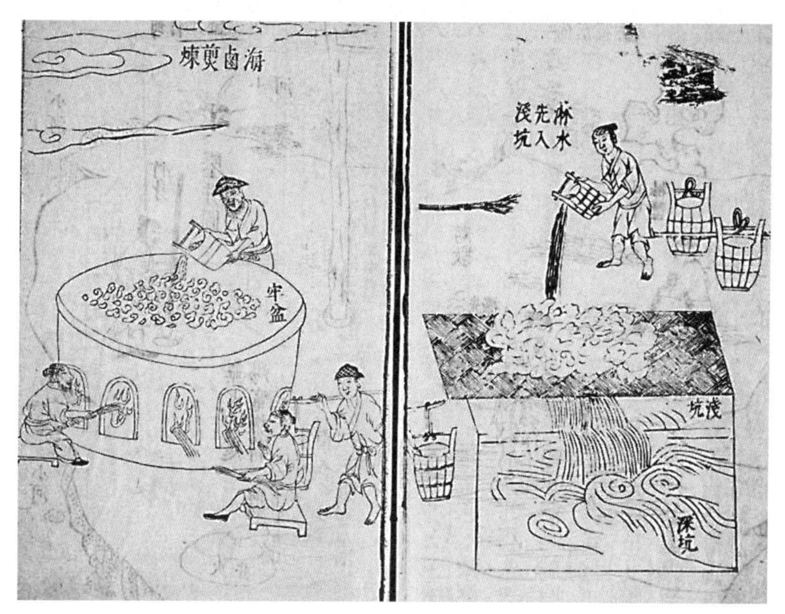

图 5-9　海卤煎炼图

［来源：(明)宋应星，《天工开物》］

唐代以前江苏沿海利用天然的地理优势“煮海为盐”；至唐代于滨海之地“开沟引潮，铺设亭场”，人工增加盐田；宋元时期，先是因范公堤之修筑，沿海地区的盐田受之庇护，加上政策放宽，盐业繁荣，后又因黄河夺淮而使海岸线东移，滨海之地面积增加，范公堤东面的盐田面积也在增加，故而产盐量上升，盐业依旧繁盛；明朝时，因黄河再次夺淮，江苏沿海新增的沙地愈多，盐田不断东迁，故当地盐业发展态势良好；到了清朝，江苏的盐业渐显颓势，海岸线东移使淮南盐场产盐量下降，而原有盐田因潮水不至而荒废，虽新成的海滩上再建新的盐场，然而海盐产量不稳，加之清末张謇等人在苏北沿海地区大兴垦殖，盐业愈发受限；民国时盐场数量大减，仅存 10 场。①

以江苏盐业例，可见海洋是其产生的首要条件。同时水利设施也曾有助于江苏盐业的发展，譬如范公堤，作为抵御海潮侵蚀之水利工程，实际上也保护了堤内的盐田，令其不受海潮冲决之险。此外，盐业

① 参见凌申《江苏沿海两淮盐业史概说》，《盐业史研究》1989 年第 4 期，第 56—62＋55 页。

除了受盐场产盐量之影响，亦受交通的影响。两淮盐场所产之盐，并非只供给江苏一地，亦供给国内其他地方，故江苏盐业颇受运销的影响。为使运盐路途畅顺，在制盐场所开挖水道，与江苏境内的其他水道相连，譬如盐城、泰州境内连通盐场的串场河。故水利是江苏地区盐业发展之助力。

3. 水利与画舫业——以扬州为例

优良的水利环境，为江苏地区的画舫业产生提供条件。其中南京的秦淮河一带，自古便是商贸繁华之地，杜牧有诗《泊秦淮》："烟笼寒水月笼沙，夜泊秦淮近酒家。商女不知亡国恨，隔江犹唱后庭花。"所述便是诗人乘舟秦淮时所见之景。虽然无法自诗中确认其时南京是否已有画舫行业，但其时秦淮河上可泛舟，且两岸商贸繁荣是可确定的。而到了明朝，南京的画舫行业已盛行，明朝的《金陵图咏》中曾有言："迄今游舫鳞集，想见风流。"[①]所述便是南京秦淮一带的桃渡，可知画舫业之盛。到了清朝，南京的画舫业依旧，《板桥杂记》载有："秦淮灯船之盛，天下所无。两岸河房，雕栏画槛，绮窗丝障，十里珠帘……薄暮须臾，灯船毕集，火龙蜿蜒，光耀天地，扬槌击鼓，踏顿波心。自聚宝门水关至通济门水关，喧阗达旦，桃叶渡口，争渡者喧声不绝。"[②]其中描绘的场景，足以说明当时秦淮河画舫业十分繁盛。

与南京相隔不远的扬州，画舫业亦十分盛行，清朝时更是有文人以画舫为名，著有《扬州画舫录》，以记载乾嘉时期扬州之盛景。明清时期的扬州，无论是前往城郊游赏山水，或是参加花市集会，都可乘船而至，画舫亦在其列。同时，扬州围绕画舫形成了系列产业，除游赏之外，还可以在舫中饮食、娱乐。

扬州画舫，始于鼓棚。

> 鼓棚本泰州驳盐船，至朽腐不能装载，辄牵入内河，架以枋楣椽柱。大者可置三席，谓之大三张，小者谓之小三张。驳盐船之脚船，枋楣椽柱如瓜蓏架者谓之丝瓜架。木顶船谓之飞仙，制如苏州

---

① (明)朱之蕃、陆寿柏绘，(明)余孟麟、雅游编：《金陵图咏》，明天启三年刻本，第17页。

② (清)余怀：《板桥杂记》，清康熙刻说铃本，第4页。

酒船，本于城内沙氏所造，今谓之沙飞，皆用篙戙。沙飞梢舱有灶，无灶者谓之江船，用橹者为摇船，前席棚后木顶者谓之牛舌头，用桨者为划子船，双桨为双飞燕，亦曰南京篷。杭堇浦《道古堂集》中所谓"八柱船开荡桨斜"谓此。①

可见清朝时扬州画舫造型多样，有鼓棚、丝瓜架、沙飞、江船、摇船等，适于不同人群之需。而体型规模较大的画舫，更是能摆设酒席，但因其舫中无灶而需另聘有灶之船，于沙飞船上备制酒菜，再送至设宴的画舫上。此外，画舫的酒席还可以预订于岸上酒家，此等酒食便是"野食"。"野食谓之饷。画舫多食于野，……而四城游人又多有于城内肆中预订者，谓之订菜，每晚则于堤上分送各船。城内食肆多附于面馆，面有大连、中碗、重二之分。冬用满汤，谓之大连；夏用半汤，谓之过桥。面有浇头，以长鱼、鸡、猪为三鲜。"②可知因画舫业而生的野食之俗，带动了扬州的餐饮业发展。

茶肆，又如醉白园、野园、冶春社、七贤居且停车、跨虹园一般的酒肆，再如小东门街附近的熟羊肉店，都是为往来城周的人们提供餐饮。扬州的画舫业与餐饮业相辅相成，如城中明月楼、子云亭、紫云社、小秦淮之类的服务的，同时也为画舫供应餐食。"明月楼茶肆在二钓桥南。南岸外为二道沟，中皆淮水，逢潮汐则江水间之。肆中茶取于是，饮者往来不绝，人声喧阗，杂以笼养鸟声，隔席相语，恒以眼为耳。"③临近二道沟的明月楼茶肆，取地利之便，以二道沟之水为饮者烹茶。始建于康熙年间的子云亭与紫云社，均建于湖上，而紫云社后于乾隆年间改为银杏山房，并设青莲社以为酒肆，"桥外子云亭，桥内紫云社，皆康熙初年湖上茶肆也。乾隆丁丑后，紫云社改为银杏山房，由莲花桥南岸小屋接长廊，复由折径层级而上，面南筑屋三楹，与得树厅比邻。暇时仍为酒家所居，易名青莲社。"④而建于河畔的小秦淮茶肆，曾更名为"东篱"，后改建为客舍，"小秦淮茶肆在五敌台。入门，阶十余级，螺转而下，

① (清)李艾著，陈文和点校：《扬州画舫录》，广陵书社 2010 年版，第 156 页。

② 同上书，第 140 页。

③ 同上书，第 87 页。

④ 同上书，第 166 页。

小屋三楹，屋旁小阁二楹，黄石巑岏。石中古木十数株，下围一弓地，置石几、石床。前构方亭，亭左河房四间，久称佳构，后改名东篱，今又改为客舍”①。

扬州的茶肆多建于水畔，酒肆亦然。“北郊酒肆，自醉白园始，康熙间如野园、冶春社、七贤居、且停车之类，皆在虹桥；壶觞有限，不过游人小酌而已。后里人韩醉白于莲花埂构小山亭，游人多于其家聚饮，因呼之曰韩园。迨醉白死，北门街构食肆慕其名而书之，谓之醉白园。园之后门居小迎恩河西岸，画舫多因之饮食焉。”②“跨虹阁在虹桥爪，是地先为酒铺，迨丁丑后，改官园，契归黄氏，仍令园丁卖酒为业。”③上述酒肆均位于画舫往来的水道岸边，为城中居民或是画舫提供酒食。便是食肆，亦有临河之店，“小东门街多食肆，有熟羊肉店，前屋临桥，后为河房，其下为小东门马头”④。显然亦是为周边往来的居民、游人供食之处。

从上述史料中可见，水利系统是扬州画舫业发展的必要条件，正是扬州城内外相互通航的河道环境，令画舫可自河道往来于城中或是郊外的赏景之地。同时，画舫业推动了扬州餐饮业的发展。

4. 水利与浴室产业——以扬州为例

明清时期，江苏地区的浴室之风盛行，多地建有浴室。其中扬州因浴室产业兴盛而流传着“水包皮”的风俗，其发展状况更是被辑录于册，如《扬州画舫录》记载：

> 浴池之风，开于邵伯镇之郭堂，后徐宁门外之张堂效之，城内张氏复于兴教寺效其制以相竞尚，由是四城内外皆然。如开明桥之小蓬莱，太平桥之白玉池，缺口门之螺丝结顶，徐宁门之陶堂，广储门之白沙泉，埂子上之小山园，北河下之清缨泉，东关之广陵涛，各极其盛。而城外则坛巷之顾堂，北门街之新丰泉最著。并以白石为池，方丈余，间为大小数格，其大者近镬水热，为大池，次者为

---

① (清)李艾著，陈文和点校：《扬州画舫录》，广陵书社2010年版，第107页。

② 同上书，第12页。

③ 同上书，第156页。

④ 同上书，第104页。

中池，小而水不甚热者为娃娃池。贮衣之匮，环而列于厅事者为座箱，在两旁者为站箱。内通小室，谓之暖房。茶香酒碧之余，侍者折枝按摩，备极豪侈。男子亲迎前一夕入浴，动费数十金。除夕浴谓之洗邋遢，端午谓之百草水。①

依照记载，明清时期邵伯镇应是江苏地区最早设置浴室的地方。邵伯镇离扬州较近，故浴室风气很快便传播至扬州城一带。浴室产业最初并非设于扬州城中，“后徐宁门外之张堂效之”表明浴室最初进驻的是扬州城郊的村镇，兴教寺设有浴室，后才传入扬州城中，受到众人追捧。

此外，《扬州画舫录》所记还显示了当时浴室建筑的布局及经营情况。其时浴室规模可能不尽相同，但皆设有浴池与存储衣物之处，甚至设有休憩之用的暖房。其中浴池以白石砌成，内有间隔而将白石池分为体积不同的数格，而不同体积的浴池，其池中之水的状态不同，大池较热，中池适中，小池温度最低，始于不同人群之沐浴，便是幼童亦可于小池中洗浴。至于储衣间，内设座箱与站箱，以便客人妥善存储衣物，不致衣物沾染湿气。此外，暖房不仅提供茶酒便于客人休憩，还雇用侍者为客人按摩。上述可见扬州浴室经营体制之完善。同时，扬州城中还出现了与浴室产业相关的风俗习惯，譬如当地男子于婚前前往浴室洗浴之举，又或是除夕之“洗邋遢”，端午之“百草水”，均是时人于节庆时前往浴室洗浴之俗，足以说明其时浴室产业之盛行，而这些习俗的形成又为浴池的经营提供持续的动力。

浴室的盛行固然是因为时人有洗浴的需要，但若无水利之便，此等以水聚财的产业是无法顺利经营的。洗浴是浴室提供的核心服务，而洗浴是为清洁人身上之脏污所起，故而浴室须常常保持浴池之洁净，进水与换水是浴室工作之重心。《扬州画舫录》的记述可见其时扬州城内的浴室分布于开明桥、太平桥、缺口门、徐宁门、广储门、埂子、北河、东关等地，而这些地方恰是靠近城市水道之地，故可推测浴池经营者为保持池中之水的洁净，而选择在上述地区建设浴室，以便浴池的进水与换水。以此而言，扬州城的水利建设为浴池经营带来了便利，推动了其发展。

① (清)李艾著，陈文和点校：《扬州画舫录》，广陵书社2010年版，第12页。

纵观江苏地区的经济发展，无论是农业经济，还是工商业经济，水利在其中都发挥着不小的作用。不同类型的经济产业，其所需之水利建设或有所不同，或是以水利设施攫取水源，或是以之护卫产业的生产地，其中，大多数产出实物之产业，都可以通过水利的运输功能将产业发展壮大。水利所含的功能为不同的产业提供发展的条件，又为其持续发展提供助力。

水利可以为其附近地区的经济产业提供水源，故而农业经济，如粮食作物及经济作物之种植，可通过田间沟洫及水利农具助作物生长，从而维持农业经济之发展。更甚者，水源成为部分经济产业孕育之境，例如水产种植与养殖业，又或是造船业、盐业、画舫业、浴室产业，它们脱胎于水环境之中，水源是其产生之条件，若是脱离水环境，这些产业便不复存在。而借助于水利建设，江苏地区的水环境更加完善，依赖于水环境的经济产业则因之而获得更为良好的发展条件。

至于水利所能提供的济运之能，是江苏地区许多经济产业发展过程中不可缺少的助力。无论是农业生产的产品，还是工业生产所得，均可通过航运抵达各地之市场，提高运销产量。而通航的水道，又能将其他城市的产出送抵江苏，为江苏的部分产业提供原材料，继而促进其发展。因此，水利于江苏地区的经济发展而言是十分重要的，江苏之经济甚至可以说是因水而兴。

第三节　水利与文化变迁

“文化是人类适应和改造自然环境，积累的共同的社会生活的经验。”①在人类社会的发展历程中，广义上的文化大体可分为物质文化与精神文化两类，且二者并非孤立存在，在一些情况下，物质文化与精神文化相互作用、相互转化，丰富各自的内涵。在历史的长河中，生活在江苏地区的人们所建立的各类水利工程，既是当地物质文化的一部分，

---

① 王思斌：《社会学教程(第五版)》，北京大学出版社2021年版，第34页。

同时在建设过程中所凝结的智慧结晶——归纳的经验，则属于精神文化。水利本就与文化相关，而江苏地区之文化，特别是风俗习惯、宗教、信仰等精神文化，亦受水利建设之影响，故在一些表现形式上与水利密切联系。

一、水利与社会文化风俗

1. 风俗文化

江苏地区水网密布，河海纵横，百姓受水之恩或与水抗争之事时有发生，故不少与水利相关的风俗习惯应运而生。

如运河名城扬州，水利不仅为当地带来繁荣的经济，亦产生了一些与产业经济相关的文化形式，即画舫文化及其与节庆习俗相关的文化形式。因扬州境内河湖密布，城中的市河自水门汇于护城河，又于城四周之河道相通，故画舫可通行于城内外，富家自有船艇供其出行，而城中居民与到访扬州的游人，则可乘坐城中公共的画舫泛舟湖上，因此以画舫游湖赏景或是邀客欢聚，是明清时期扬州常见之休闲方式。如《扬州画舫录》记载："城内富贵家好昼眠，每自旦寝，至暮始兴，燃烛治家事，饮食燕乐，达旦而罢，复寝以终日。由是一家之人昼睡夕兴，故泛湖之事，终年不得一日领略。即有船之家，但闲泊浦屿，或偶一出游，多于申后酉初，甫至竹桥，红日落尽，习惯自然。"[①]描述了扬州富人乘画舫出游、休憩的场景。又因扬州城内游湖之风盛行，最终形成了当地游湖的礼仪习俗，"游人泛湖，以秋衣蜡屐打包，茶釜灯遮、点心酒盏，归之茶担，肩随以出。若治具待客湖上，先投柬帖，上书'湖舫候玉'，相沿成俗，寖以为礼，平时招携游赏，无是文也"[②]。简而言之，自行游湖需备茶担，而待客传中，则需投递柬帖。

再是因礼教有别，画舫有堂客、官客之分。"堂客"为妇女之称，妇女上船，四面垂帘，屏后另设小室如巷，香枣厕筹，位置洁净。船顶皆方，可载女舆。家人挨排于船首，以多为胜，称为"堂客船"。一年中惟龙船市堂客船最多。唐赤子翰林《端午》诗云："无端铙吹出空舟，赚得

① (清)李艾著，陈文和点校：《扬州画舫录》，广陵书社2010年版，第134页。

② 同上。

珠帘尽上钩。小玉低言娇女避，郎君倚扇在船头。皆此类堂客船也。迨至灯船夜归，香舆候久，弃舟登岸，火色行声。天宁寺前，拱宸门外，高卷珠帘，暗飘安息，此堂客归也。”①

在画舫文化中，饮食与娱乐亦是重要内容，首先画舫宴饮之酒食，或自城中食肆等店购置，或雇用沙飞船为之烹调：

郡城画舫无灶，惟沙飞有之，故多以沙飞代酒船。……城中奴仆善烹饪者，为家庖；有以烹饪为佣赁者，为外庖。其自称曰厨子，称诸同辈曰厨行。游人赁以野食，乃上沙飞船。……厨子随其后，各带所用之物，裹之以布，谓之刀包。拙工司炬，窥伺厨子颜色，以为炎火温蒸之候。于是画舫在前，酒船在后，橹篙相应，放乎中流。②

而船中娱乐，则以牙牌、叶格与对弈为主，如“画舫多作牙牌、叶格诸戏”“画舫多以弈为游者”③。此外，还有歌船、灯船等，“歌船宜于高棚，在座船前。歌船逆行，座船顺行，使船中人得与歌者相款洽”④。“灯船多用鼓棚，……或值良辰令节，诸商各于工段临水张灯，两岸中流，交辉焕采。时有驾一小舟，绝无灯火，往来其间，或匿树林深处，透而望之，如近斗牛而观列宿”⑤。时人可泛舟湖上，聆听歌船上丝竹之乐，或可夜间行舟，观万家灯火及灯船之上灿若星河的花灯。

因此，水利是扬州画舫文化的根基。因水利之便，画舫方能通达于扬州城内外，游人方可泛舟于水上，或体会宴饮博弈之乐，或听歌船之妙音、观灯船之璀璨，就此形成了明清时期扬州居民乘船出游之习俗。

而画舫对扬州文化的影响并不止于此，也见诸其他传统的节庆习俗之中：

画舫有市有会，春为梅花、桃花二市，夏为牡丹、芍药、荷花三市，秋为桂花、芙蓉二市；又正月财神会市，三月清明节，五月龙船

① (清)李艾著，陈文和点校：《扬州画舫录》，广陵书社 2010 年版，第 133—134 页。
② 同上书，第 133 页。
③ 同上书，第 137 页。
④ 同上书，第 134 页。
⑤ 同上书，第 138 页。

市，六月观音香市，七月盂兰市，九月重阳市。每市，游人多，船价数倍。①

扬州的习俗是在鲜花盛放的时节中开设花市，游人又喜于传统节日之中集会，因此可在此游赏嬉戏，尽享节日之欢，而画舫正是这些传统习俗中不可缺少的重要角色。节庆时，画舫可作为花市的延伸，“花船于市会插花画舫中，大者用磁缸，小则瓶洗之属，一瓶动值千金”②。端午龙船市时，游客也可乘坐画舫观赏龙舟抢标等等，画舫泛游成为扬州百姓欢度节庆的方式之一。

此外，水利也为扬州带来了其他的风俗习惯。譬如中元节的盂兰会，扬州就有夜间燃放荷花灯于河中并登舟游船的风俗。又如前文所述浴室产业时提及的婚庆前夕于浴室洗浴之俗，都是因水利环境而兴起的风俗习惯。

水利是江苏地区的航运基础，正是水利之兴，方有江苏地区舟楫林立之景，也促进了花市与集会活动的兴盛。而这些又与江苏百姓的生活融为一体，成为当地习俗中洗浴之风盛行、水上灯会常见的必要条件之一。

2. 民风更易

因水利失治、水患频发，造成了人口、耕地的损失和耕作制度的逆变。这是一种有形的、较为短期的影响，会随着地理环境和水利条件的变化而改变。另一种影响是无形的、长远的，即水患带给人们心理层面的消极影响和当地社会风习的变迁。以明清时期江苏境内淮河流域的社会风俗演变为例，起先淮河安流，淮民是“走千走万，不如淮河两岸”的安土重迁、乐观向上的积极性格。而随着淮域水灾的频繁发生，逐渐影响到社会生活的各个方面，民风也随之更易。水灾频繁所导致的“得不偿本”，使人们逐渐丧失了“粪治勤沃”“精耕细作”的信心，积极进取的精神逐渐衰退，消极保守的安贫思想、逃荒风俗以及好斗尚武的习气逐渐成为主流。

① (清)李艾著，陈文和点校：《扬州画舫录》，广陵书社 2010 年版，第 138 页。

② 同上。

（1）消极保守的安贫思想

所谓“一方水土养一方人”，淮河流域民众饱受诟病的“一耕而获”“广种薄收”“靠天吃饭”等消极、宿命思想，实则源于历史上此地曾长期遭受水害频发、侵扰等环境因素，而非其天生懒惰，这是在特定历史条件下造成的无奈结果。

明清时期，淮域民众生产生活的普遍情况是：“淮、徐、凤阳一带之民，全不用人力于农工，而惟望天地之代为长养。其禾、麻、菽、麦亦不树艺，而惟刈草以资生者，比比皆然。”[①]他们仅靠天地之养度日。光绪《阜宁县志》中对当地环境和民众心理之间的互动关系有一段深刻的阐述：“高阜之区，粪治勤沃。稍涉卑壤，广种薄获，授权于天。盛潦倾注，辄成泽国。缘畎浍未浚，行潦无以达大川。人工虽瘁，淫霖所过，得不偿本。故苟简相循，田日以瘠，民日以贫。”[②]因为“人工虽瘁，淫霖所过，得不偿本”，所以才会由“粪治勤沃”到“苟简相循”，最终导致了环境和心理的双重恶性循环。

明清时期，淮域部分封建官吏秉持民本思想，也曾推行过一些利于生产、改善民生的积极措施，却因民风消极安贫，多以失败告终，如明代徐州副使王挺曾劝农种植水稻，结果当地农人“反谓土不宜稻”。清代乾隆年间，淮安府中“山阳令金秉炸、知府赵西皆倡劝谕土人，以植桑、种棉、习纺织为务，并为之募师制具，设立程度以诱之，而民莫应其后。其后山阳令姚德彰、清河令万青选，复设局募工以教之，迄未能行。斯亦淮人口窳之一端”[③]。在邳州，“乾隆中，州牧韩桐尝教民树椿以饲蚕矣，一时颇获其利。未及百年而流风沫焉。光绪中，大吏又以乌柏湖桑给民广种矣，而植者亦罕焉。岂非囿于闻见难于图始之故耶”[④]。“难于图始”表明当地民众的保守心理与封建官吏提倡的新的生产技术、耕作制度有很强的抵制力，是安贫消极、“宿命”思想的一种典型表现。

---

①《清经世文编》卷二十六《户政一·理财上》。

② 光绪《阜宁县志》卷一《畺域》，第3页。

③ 光绪《淮安府志》卷二《疆域》，清光绪十年刊本，第6页。

④ 民国《邳志补》卷二十四《物产》，第17页。

(2) 逃荒风习

上文提及,淮河安流期间,淮民曾奉行"走千走万,不如淮河两岸"的安土重迁、乐观向上的积极性格。黄河夺淮以后,民风随之更易,"近淮诸邑,为中土尾闾,无岁不受水,凛凛然鱼鳖之是忧"①。黄淮运交汇的清河县(今属江苏淮阴市),"阡陌相属,春或不雨,鸣沙蔽天,暑涝骤降,数里不通牛马。昔志所谓四乡无十里之田,中农无一岁之蓄,赋三倍于邻封,漕院籴于他郡,农欲无病,不可得也"②。

可见,频繁的水灾和恶劣的自然环境大大削弱了农民农业生产的热情。因此,明清时期淮域的普遍情况是邑中凋敝,庐舍穿漏,田荒不治,天不养人,于是农民往往辛苦劳作一年,却颗粒无收,更有甚者背负一身债务。长此以往,他们得过且过,对农桑和土地不再抱有多大希望。在灾害来临时,他们便开始向外逃荒以躲避水患。于是,"行走三分利,坐吃山也空。老不离乡是贵人,少不离乡是废人。在家千般苦,出外神仙府。脚不移,嘴不肥。大地处处是行窝……"③的淮民性格便习而成之。

如果说频繁的水患是淮域居民外出逃荒的重要推力,那么耕作制度的改变以及当地居民对赈济的依赖和以此形成的耍滑则是逃荒风俗形成的拉力。④

第一种拉力是当地耕作制度的改变。稻作农业生产方式是建立在对水的可控制基础上的,因此对河渠、沟洫、闸坝等水利工程设施的要求较高,需要人们经常对其进行挑浚和维修,因此,积极从事稻作的人们一般对自然环境具有比较主动且锐意进取的精神。与"一耕而获"不同,双季稻更要求在种植的一年内对水有较长时期的控制力,即要求人们精耕细作,勤勉辛劳。明清时期,由于黄河夺淮,淮河流域的耕作制度多转为旱作,受灾严重的里下河地区的双季稻也变为低产的单季稻。因此,淮域居民形成了比较强烈的宿命心理,不仅"广种薄收""靠天吃

① 光绪《盐城县志》卷八《职官》,清光绪二十一年刊本。

② (清)鲁一同:《清河风俗物产志》(一),小方壶斋舆地从钞本。

③ 转引自王振忠、王冰《遥远的回响—乞丐文化透视》,上海人民出版 1997 年版,第 49 页。

④ 此处"拉力"的说法借用自张崇旺《明清时期江淮地区的自然灾害与社会经济》,福建人民出版社 2006 年版。

饭”,还勤于甚至是乐于外出逃荒,其中主要原因还有环境压迫导致耕作制度改变的无奈结果。

第二种拉力则是当地居民对赈济救济体系的依赖和耍滑。据张崇旺先生研究,明清两代官府和民间社会对江淮赈灾的部分有效性,使江淮人形成了一种企图通过逃荒形式获得多份赈济物品,并以此来维持自己生计的惯性。由于淮河流域居天下之中,是漕运的必经之地和盐业的重要生产基地,因此明清两代对该区域均十分重视。每每在灾歉来临时,官府除了用蠲免、蠲缓或者平粜等手段来救济灾民外,往往还要动用国库给灾民以直接赈济。明正德十三年(1518 年),淮河大水,“凤阳祖宗龙兴之地,雨久山水骤发,临淮、天长、五河、盱眙等县,居民房屋尽被冲塌,田野禾稼淹没无存,老稚男妇溺死甚众”①。由于灾情重大,明政府多方筹集白银 50 万两,甚至截留漕粮 15 万余石进行赈济,以防“不逞之徒倡乱”,以后大灾截留漕粮赈灾渐渐成为惯例,但这也助长了当地居民不主动自救,等待政府、社会力量赈济的恶习,并逐渐习以为常。

由此可见,利用政策漏洞是他们外出逃荒的诱因之一。此外,在这种逃荒背后,我们还可看到灾地政府的刻意为之,即灾地政府为了转嫁水灾后重建和赈救的压力,总是有意无意地暗中资助这种外出逃荒行为。灾地官府甚至专门为灾民开出官印护照,以便灾民出行乞求赈时,获得一种较为正式的认可和某种程度上的便利。徐珂在谈到这种得到官府支持的灾民逃荒的情景说:“江苏之淮、徐、海等处,岁有以逃荒为业者,数百成群,行乞于各州县,且至邻近各省,光绪初为最多。其首领辄衣帛食粟,挟有官印之护照,所至必照例求赈。且每至一邑,必乞官钤印于上,以为下站求赈之地。若辈率以秋冬至,春则归农。盖其乡人,辄为无赖生监诱以甘言,使从己行,以壮声援。求赈所得,多数肥己,余人所获,不及百之什一也。”②

当然,明清时期淮域居民逃荒习俗的形成,其中也有江南富庶之地的优渥生活对淮域农民的吸引因素所致,但究其根本,当地水利环境变

① (中国台湾)中央研究院历史语言研究所编:《明实录 68 · 明武宗实录》卷一五一,1964 年。
② 徐珂:《清稗类钞 · 乞丐类 · 淮徐人以逃荒行乞》,中华书局 1986 年版,第 5486 页。

迁是这种习俗形成的最重要、最根本的推动力量。

二、水利与民间信仰

神灵崇拜自古有之，古代由于科学技术的局限性，农业基本是“看天吃饭”，因此人们常常供奉神灵，寄丰收希望于神灵，将神灵视做自己的精神支撑和保护力量，并由此衍生出了水神、土谷神、青苗神、棉花神等各种农事神。[①] 上至庙堂，下至民间，多修建庙宇和祠堂供奉神灵以祈神求丰收，其中龙王作为中国古代神话传说中的水族统领，掌管着兴云降雨的大权，每逢久旱不雨或涝灾严重时，民间便会从龙王庙内请出龙王神像游街祈灵，沿途居民焚香祷祝丰收。故形成了广泛信仰龙王、王灵官、天妃等神灵的现象。

如明清时期的里下河地区，作为黄、淮、运交汇之地，水旱灾害多发，给百姓的生活和农业生产带来了巨大灾难，而农业生产的丰歉又主要取决于水资源是否充沛，因此当地水神信仰最为盛行，修建了数量众多龙王庙，例如明代淮安的北沙龙王庙，“去治东北一百六十里淮河口北沙镇。其神灵感，遇水旱迎祷辄应”[②]。该庙始创于元朝，虽因海运逐渐败废，但因该庙之龙王能致风雨，极为灵验，隆庆时期山阳知县高君时又重修此庙。直至清代，光绪年间《淮安府志》中仍有记载：“一在东门外，一在新城北，一在龙兴寺前。”又如仪征县（今江苏扬州）境内有惠泽龙王庙、九龙将军庙、白龙庙、小龙庙等龙神庙宇，泰州有港口回龙王庙、姜堰坝口龙王庙、五龙王庙等。泰州地区还有祭祀王灵官之风俗，王灵官为雷神，有祈晴祷雨之本领。储树人的《海陵竹枝词》有诗记之：“粉墙处处画龙蟠，求雨民人自设坛。抬出当当轿一座，王灵官拜王灵官。”[③]

除王灵官外还有天妃，也叫“妈祖”，是流传于我国东南沿海地区的民间信仰，生前以护民保航而受人景仰，百姓祭祀天后以求祛除洪涝水

---

① 也存在瘟神、虫神等灾害之神。

② 万历《淮安府志》卷六《学校志 · 祠庙》，天一阁藏明代方志选刊续编(8)，第 494 页。

③ (清)储树人：《海陵竹枝词》，见雷梦水、潘超等编《中华竹枝词(二)》，北京古籍出版社 1997 年版，第 1450 页。

患。嘉庆《重修扬州府志》记载了扬州江都县天妃祠:“一名天妃宫,旧在挹江门外,今建于南门官河侧。”百姓祭祀天后以求多祈求祛除洪涝水患。

此外,在江苏民间还会有小范围地祭祀一些乡贤名宦人格神。如一些著名的治水能臣因治水有功而造福一方,被当地百姓列为祭祀的对象,如山阳县的王公祠供奉的是明代漕抚王宗沭,清河县的黎公祠供奉的是清代总河黎世序。在江苏扬州高邮、江都、仪征等地,小范围内还流行向康泽侯求雨的习俗。各地称谓不尽相同,江都称为“康令祠”,仪征称“康公庙”,“亦即祀康令者也”。[①] 高邮则称“康泽侯庙”,也叫“耿七公庙”,“在州西北十里湖中洲上,俗呼为耿七公庙。相传侯耿姓名裕德,东平人,或云以女归州之茆氏来邮,或云即茆氏甥,死而栖神湖中,屡显灵异,尝夜悬灯于波涛汹涌间,为人拯溺捍患,又遇有旱潦瘟疫虫蝗祷之无不立应”[②]。

水除了是农业生产的必要资源外,也是通航的必要条件。江苏地区河网密布,水道纵横,尤其是长江、淮河、京杭大运河的通航等,为其带来了无限的经济发展机遇,但水道潜藏着危险,威胁着往来舟船之上商客和货物的航行安全。面对水道的威胁,除了大力增修及维护水利设施,该地居民还借助于信仰之力以祈求水运安全。

位于淮安的清口惠济祠,便是一座时人祈求风调雨顺的庙宇。惠济祠最初供奉的是泰山的碧霞元君,名曰“泰山行祠”,直至嘉靖年间才改名为“惠济祠”,所奉之事扩展至济运之上,“惠济祠逐渐融入天妃崇拜”,碧霞元君之信仰亦为源自福建的妈祖天妃所替代。[③] 淮安地区祈求水神庇佑通航安全的信仰,是整个江苏地区水神信仰的一个缩影。

除了妈祖天妃之信仰,江苏苏南地区信奉的水神中还有金龙四大王。在扬州,关帝庙与五司徒庙也是当地人祈求风调雨顺的地方。《扬

---

① 乾隆《江都县志》卷八《祠祀》,中国方志丛书(393),第 413 页。

② 嘉庆《重修扬州府志(一)》卷二十六《祠祀》,《江苏府县志辑》第 41 册,江苏古籍出版社 1991 年版,第 403 页。

③ 参见胡梦飞《明清时期淮安地区天妃庙宇的历史变迁:以清口惠济祠为视角》,《湖北职业技术学院学报》2014 年第 3 期,第 50—54 页。

州画舫录》中称关帝庙为“殿宇三楹，昔名关神勇庙，居民水旱皆祷于是”[①]。而五司徒庙中有记，南宋时“平章贾似道来守是邦，有祷于神前，遇旱暵则飞雨，忧霖则返照，救焚则焰灭，散雪则瑞应”[②]。虽五司徒庙中途曾改祀他神，但清朝时再次复祭，“国朝康熙三十一年，县令熊开楚因旱祷雨有应，为立庙碑。雍正十一年，春雨浃旬，郡守尹会一过庙祈晴立霁。入夏弥月不雨，又虔祷于庙，甘雨大沛。因陈牲昭报，并檄行县，令每岁春秋，永远致祭”[③]。最后成为扬州地区春秋两季固定祭祀。此外，当地端午节庆中亦有神灵信仰的部分：

> 龙船自五月朔至十八日为一市。先于四月晦日演试，谓之下水；至十八日牵船上岸，谓之送圣。船长十余丈，前为龙首，中为龙腹，后为龙尾，各占一色。四角枋柱，扬旌拽旗，篙师执长钩，谓之跕头。舵为刀式，执之者谓之拏尾。尾长丈许，牵彩绳令小儿水嬉，谓之掉梢。有独占鳌头、红孩儿拜观音、指日高升、杨妃春睡诸戏。两旁桨折十六，前为头折，顺流而折，谓之打招。一招水如溅珠，中置戽斗戽水，金鼓振之，与水声相激。上供太子，不知为何神，或曰屈大夫，楚之同姓，故曰太子。小船载乳鸭，往来画舫间，游人鬻之掷水中，龙船执戈竞飞，谓之抢标。又有以土瓶实钱果为标者、以猪胞实钱果使浮水面为标者，舟中人飞身泅水抢之，此技北门王哑吧为最。迨端午后，外河徐宁、缺口诸门，龙船由响水闸牵入内河，称为客船。送圣后奉太子于画舫中礼拜，祈祷收灾降福，举国若狂。[④]

可见，扬州端午节的送圣环节中供奉的“太子”，亦是人们为祈祷安顺而立。

江苏地区水神信仰的根源在于当地的水环境。此处位于长江、淮河之下游，东部临海，且夏季多雨甚至有台风之虞，因此不仅易受水涝

---

① (清)李艾著，陈文和点校：《扬州画舫录》，广陵书社2010年版，第160页。

② 同上书，第206页。

③ 同上。

④ 同上书，第133页。

之侵扰，甚至有海潮入侵之灾。尽管江苏自古重视水利，不仅专门设有管理机构，而且经常维护、修缮、建设水利工程，但也难免受极端天气之影响而致灾。而水神之信仰是人们面对灾祸之时所寻求的心灵寄托，成为当地水文化的一部分。

三、水利与地域文化

1. 与水相生的地域文化

俗话说一方水土养一方人。不同的地域环境，对于地域百姓的社会、经济与文化发展会产生不同的影响。在社会发展中，不同的水环境对于地域文化的形成与发展有着不同的影响。以江苏兴化垛田一带独特的地域文化为例，展现独特的水环境下地域文化形成的特点。兴化垛田的独特地貌和物产影响到当地人生活的方方面面。加之垛田地区地处江淮之间，水网密布，交通便利，以宽广的胸襟迎接、包容八方来客，数百年来在垛田地区形成了特色明显的地域文化。[①]

从历史上看，兴化垛田地区早先受楚文化的滋养，后又融入吴文化乳汁，是真正的南北文化的交融地区。又由于其岛状地形非常适合隐居躬耕，深受历代文人雅士的青睐，成为名家辈出的文化沃土。明朝万历年间兴化即被称为“缙绅之渊薮，人才之都会”。从古到今，代有人才，各领风骚，形成了中国文化史上奇特的“兴化现象”。

明清时期就有施耐庵、宗臣、禹之鼎、郑板桥、李鱓、刘熙载等大师出现，据说施耐庵创作《水浒传》是源于垛田境内的得胜湖、八卦阵、水浒港，以及传说的抗金反元故事等影响。扬州八怪的代表人物郑板桥也出生于垛田地区，其别具一格的“六分半书”与垛田散而不乱、错落有致的地貌极为神似，似乎也是源于“杂垛戏水”韵味的创新灵感。他在《自在庵记》也说：“兴化无山，其间菜畦瓜圃、雁户渔庄，颇得画家遥远之意。”[②]20 世纪 80 年代以来，兴化又涌现出一大批在小说创作方面卓有成就的作家，他们是王干、费振钟、毕飞宇、朱辉、楚尘、庞日亮、马

---

① 卢勇、高亮月：《挖掘与传承：全球重要农业文化遗产兴化垛田的文化内涵探析》，《西北农林科技大学(社会科学版)》2015 年第 6 期，第 155—160 页。

② 艾舒仁：《郑板桥文集配图本》，四川美术出版社 2005 年版，第 198 页。

春阳、顾保孜、朱辉等，形成了一个群星璀璨的作家群体，构成了中国当代文学一道亮丽的风景。2011 年第八届茅盾文学奖评选中，入围的178 部作品名单中，兴化籍作家作品占了 4 部，分别是毕飞宇的《推拿》、朱辉的《天知道》、梅国云的《第 39 天》和顾坚的《青果》。最终，毕飞宇获得第八届茅盾文学奖。毕飞宇的书中将兴化垛田地区的民风民俗、人性的好坏，体现得尤为生动。①

重文重教、崇拜文化、崇拜文人形成了垛田特有的人文景观。兴化的学者既从这方水土中汲取着激情与灵感，又从这里收获了敬意与崇拜。悠久的历史文脉、政府的支持加上兴化作家群的共同努力，奠定了兴化以垛田为特色文化的丰厚底蕴。2012 年 4 月兴化成为中国小说协会唯一认定的“中国小说之乡”。

灵动的水、秀丽的垛，也催生了垛田丰富多彩的乡土艺术发展，造就了一大批民间艺人和深厚的民间文化。高家荡的高跷龙、芦洲的判官舞、四人花鼓舞、新徐庄的刻纸与扎裱，以及拾破小品画、垛田农民画，都具有独特的艺术表现力、感染力和生命力。1993 年组建“垛田乡书画摄影协会”，并与上海浦东新区北蔡镇联合举办书画摄影轮展，农民画、拾破画、剪刻纸多次在国家级和省级大赛获奖。芦洲的高跷剧表演参加 1995 年扬州琼花节民间文艺展演获得广泛好评，高家荡高跷龙舞已被列为泰州市非遗保护名录。2000 年 5 月，兴化电视台拍摄、播放专题片《水乡画苑一奇葩》全面介绍了垛田的书画现象。2002 年垛田因书画创作特色鲜明被江苏省文化厅命名为“民间艺术之乡”。2010 年 9 月农民画家李玉书的《四季春》《放风筝》，获得首届“中国农民艺术节”最高奖项，并被中国农业博物馆永久收藏。其中《放风筝》以一家三口在垛田菜花地里放风筝为画面，反映了当代水乡农民的和谐家庭生活和社会主义新农村的新气象，小中见大，寓意深刻。据不完全统计：目前兴化共有各级文物保护单位 70 多处，其中省级文物保护单位 5 处，国家级非物质文化遗产 2 个，其中大多数在垛田或者垛田周边。

兴化垛田不仅为民众提供了一个神清气爽、心旷神怡的工作和生

① 参见卢勇、高亮月《挖掘与传承：全球重要农业文化遗产兴化垛田的文化内涵探析》，《西北农林科技大学(社会科学版)》2015 年第 6 期，第 155—160 页。

活场所，而且成为显现地域人文精神的代表名片。垛田逐渐成为到过的人共同关注和喜爱的对象，不断地用摄影、舞蹈、绘画、对联、歌曲、散文等等艺术形式加以描绘和书写，既流露出他们由衷喜爱的真情实感，也不断地丰满了这一极具地域文化色彩的代表符号。

1959 年杨训仁摄影的《兴化的油菜》一书由江苏文艺出版社发行，是较早拍摄、宣传油菜的图片。在 1960 年描写垛田油菜的《油菜舞》在扬州地区群众文艺汇演中获奖。1961 年扬州大学教师摄影家齐云直拍摄的《兴化垛田风光》在扬州专区第一届摄影艺术展览展出，并刊在当年 7 月 26 日《新华日报》摄影艺术专版上。随着这些照片陆续在国内外发表、获奖，壮观奇丽的垛田春色被世人所知晓。1984 年阙文林根据巴金原著改编的电影《寒夜》，选择垛田作为外景基地，画面优美细腻，首次在银幕上宣传了垛田。2012 年 11 月 28 日江苏省委宣传部与新华社江苏分社联合制作"水润江苏"形象片，在美国《纽约时报》广场新华社电子屏播出，其中兴化垛田作为经典元素亮相"世界十字路口"，展现了美好江苏新形象。2013 年，"兴化垛田（菜花）"图案作为江苏省唯一作品亮相《美丽中国》邮票，搜狐网的《江苏旅游》栏中甚至推介兴化垛田是"真正意义上的水乡"。垛田已成为江苏乃至中国文化的标志性符号之一。①

2. 水利与文化的交流

水利在国内外文化交流中的影响，可追溯至明清时期以前，江苏地区的扬州港便在国际文化交流史中留下浓厚的色彩。《扬州出土波斯陶及其在文化交流史上的地位》提及了扬州出土的波斯陶情况，并认为"扬州港在我国早期海上陶器贸易中具有十分重要的作用，她不仅是当时中日交通的直达港，而且是中国与西亚各国海上交通的直达港"②。随着中外商贸往来，外国的文化为扬州本土所吸收，在唐朝时期的扬州城市遗址挖掘中发现了带有异国装饰图案的青花瓷枕残片③，扬州出土

① 参见卢勇、高亮月《挖掘与传承：全球重要农业文化遗产兴化垛田的文化内涵探析》，《西北农林科技大学（社会科学版）》2015 年第 6 期，第 155—160 页。

② 顾风：《扬州出土波斯陶及其在文化交流史上的地位》，《东南文化》1988 年第 1 期，第 34—39 页。

③ 韩春鲜、光晓霞：《唐代扬州海上丝绸之路的商贸与文化交流》，《唐都学刊》2019 年第 2 期，第 51—55 页。

的铜器中亦见外国文化元素，这些中西合璧之器物，足见当时扬州地区与域外之国的文化交流。此外，中日历史上有名的文化交流事件——鉴真东渡，也是自扬州启航。

运河的开通对江苏文化的交流、发展与变迁也起到重要作用。江苏作为大运河的起源地之一，也是大运河流经城市最多、线路最长的省份。正如李炳均等在《关于我国历代建都与文化史发展的关系及建都特点的初步研究》中所记："自从贯通南北的运河开凿以后，除了沟通南北的经济联系外，更重要的是改变了中国境内文化传布与扩散的趋向。由自西而东的趋向改变为自南而北的趋向。这个文化扩散趋向的改变，是从隋炀帝时开始，并一直成为以后千余年中国文化扩散的趋向"①。这表明大运河的开凿在沟通南北、促进文化交流层面上的积极影响，因此，大运河江苏段是运河全线文化最为丰富的河段之一。

自运河建设以来，多次的北方移民浪潮令当地语言习惯发生变化，传统的吴语与来自北方的中原方言在此共同发展；而来自福建的妈祖信仰，南宋时便已在镇江落地生根，同时，源于北方的平水大王与金龙四大王亦随着运河航运之繁盛而受镇江民众之信仰。② 运河航运之盛行，不仅促进了南北商贸往来，为江苏地区的经济发展提供助力，而且航运中来往的商客，也不自觉地承担着文化交流传播的作用，其随身携带的物品，与江苏本土文化相融、交汇，从而产生了深远的影响。

再如江苏省花"茉莉花"的形成与传播，也与江苏便利的水运环境密切相关。提起茉莉花的文化符号，浮现在脑海中的便是旋律悠扬、传唱度极高的《茉莉花》，而歌曲《茉莉花》是江苏民歌，茉莉花也是江苏省省花。实际上，茉莉花并非原产于中国，据史料记载，其产自"西国"，最初由胡人传至岭南交趾一带。江苏的茉莉花，就是因水运之便而自南方传入的。茉莉花传入后，因其清香异常为当地人所喜，不久便与江苏地区的风俗相相合，如苏州花市及簪花之俗，茉莉花不仅成为苏州百姓簪花的新材料，而且成为时人所栽种的盆景风尚。如今茉莉花虽已成

① 李炳均、刘敬坤:《关于我国历代建都与文化史发展的关系及建都特点的初步研究》,《东南文化》1986 年第 1 期,第 115—122 页。

② 参见俞佳奇《镇江运河文化的历史考察》,《镇江高专学报》2018 年第 4 期,第 5—9+14 页。

为江苏文化中的一部分,但江苏民歌《茉莉花》,实际上是今人对民歌《鲜花调》的改编,原曲自清朝时已流行于扬州一带,而首演于1926年的意大利歌剧《图兰朵公主》中,部分采用了此民歌的曲调。可见随着明清时期水运交通之便,江苏地区的文化甚至传扬至国外。

由此可见,江苏地区与外界之文化交流,涵盖了国内与国际的多元化交流。这些文化交流多利用水运之便,伴随着商贸交易而至,再以一定的融合形式存续在江苏的习俗和本土生产的商品之中。

四、水利与淮扬美味

自古以来,扬州一直是长江、淮河流域的政治经济中心,借助四通八达的水运传播,形成了以扬州为中心并辐射周边淮安、泰州等地的中国八大菜系之一的"淮扬菜"。淮扬菜起源于春秋,唐宋时期兼收南北菜肴特色,已自成一派,到了明清时期更是达到鼎盛时代,据明万历《扬州府志》记载:"扬州饮食华奢,市肆百品,夸视江表。"[①]

受江淮盐商与河务官员豪甲天下的饮食消费习惯影响,早期淮扬菜极其注重食材的新奇,这也间接促使淮扬菜得以发扬光大。[②] 徐谦芳在其《扬州风土记略》中说:"扬州土著,多以鹾务为生,习于浮华,精于肴馔,故扬州筵席各地驰名,而点心制法极精,汤包油糕尤擅名一时。"[③]此后,在有见识的署政官吏和文人雅士的共同倡导下,江淮厨业顿改厨风,从"烹龙炮凤"转为"烹家野小鲜",呈现出追求当地所产时鲜制作菜肴的全新局面。如今淮扬菜最大的特点就是"赶季",即原料讲究鲜活,追求食材本身的鲜美滋味,从当地民谣"醉蟹不看灯、风鸡不过灯、刀鱼不过清明、鲟鱼不过端午"中便可窥见,这与淮扬一带独特的水环境息息相关。

广阔的里下河平原气候适宜、四季分明,境内河湖交错、水网纵横,多条河流在境内纵贯横穿,大小湖泊镶嵌其间。四季八节,各有时鲜,

---

① 万历《扬州府志》,北京图书馆古籍珍本丛刊,书目文献出版社1987年版。

② 参见卢勇、高亮月《挖掘与传承:全球重要农业文化遗产兴化垛田的文化内涵探析》,《西北农林科技大学(社会科学版)》2015年第6期,第155—160页。

③ (民国)徐谦芳:《扬州风土记略》,江苏古籍出版社1982年版。

有道是“春有刀鲚，夏有鲴鲥，秋有蟹鸭，冬有野蔬”[1]，加上百姓种谷培蔬、养鱼畜鸭，不断更新养殖与加工技术，为淮扬菜的发展提供了丰饶的原料基础，可以说当地的凡鱼野蔬与山珍海味分庭抗礼而无愧矣！

以文思豆腐为例，文思豆腐作为一道典型的淮扬菜，充分凸显了淮扬菜讲究食材本味、清新平和的特色。《调鼎集》又称“什锦豆腐羹”，此菜食材虽简单，所用豆腐、香菇、冬笋、鸡胸脯肉、火腿皆当地所产，但讲究刀工精细，软嫩清醇，入口即化。此外，为满足外来人口的饮食习惯，淮扬菜还吸纳各地菜肴，并加以吸收、吸收，逐步形成了“咸甜适中，南北皆宜”的风味，兼具南北饮食的特色。尤其因水运通航而来的徽商、晋商，也随之带来了北方食面的习俗，因此里下河地区大麦、小麦开始大量种植，为当地的面食制作提供了充足的原材料。与此同时，淮扬菜又兼采他长，自成一派，形成了千层油糕、汤包等独具特色的糕点，而面条喜用浇头，辅以当地盛产的河鲜时蔬，覆于面上，鲜香味美，别具一格。

再如闻名遐迩的垛田美食。垛田地区水网密布、土地肥沃、物产丰富，自古就是鱼米之乡和淮扬菜系发展传承的核心地区，其饮食文化博大精深，形成了食材新鲜丰富、技法精细考究与师法自然、因时而食的美食特点。[2]

一是食材新鲜丰富。垛田地区河湖纵横，水田相依，鱼虾等水产品种四时不绝。鱼、虾、蟹、鳖、螺、蚌、蚬层出不穷，鱼类产品青、鲢、鲤、银、黑、鳊、鳜鱼、虎头鲨品种繁多。湖鲜风味鲜美，蟹黄豆腐羹、淮扬名菜长鱼（黄鳝）烧猪肉的“大烧马鞍桥”等等，都是垛田的特色美味。刚从湖里捕上来的大青虾，活蹦乱跳，晶莹剔透，用烈酒呛一下，加上佐料，直接上桌，清淡自然。还有藕、莲、菱、芋头、莴苣、茨菇等，这些水灵灵的本土蔬菜给垛田筵席带来阵阵水乡清凉之风。垛田香葱，质地柔嫩，香味浓郁，且有中药功效。这些都为兴化的餐桌提供了丰富的食品原料，也吸引了众多商贾名士举家来到垛田这个世外桃源隐居避乱。

---

① 顾建国：《江苏地方文化史》，江苏人民出版社 2019 年版，第 354 页。

② 参见卢勇、高亮月《挖掘与传承：全球重要农业文化遗产兴化垛田的文化内涵探析》，《西北农林科技大学（社会科学版）》2015 年第 6 期，第 155—160 页。

当地传说施耐庵在兴化时酷爱三腊菜，而郑板桥则对兴化红膏蟹情有独钟，知识分子的加入，促进了当地各个行业尤其是餐饮业的迅速发展。①

二是技法精细考究。垛田菜品取自天然，往往于自然平淡中见真味。垛田地区做菜十分讲究刀工，很多名菜形态精美，既是美食又是工艺品。在烹饪上非常注重火功，擅长炖、焖、煨、焐、蒸、烧、炒，重视调汤，原汁原味，清新自然，滋味淡而不薄，讲求食材的本来风味，这也与当下追求绿色、健康的饮食风尚相吻合，所以受到食客的普遍追捧。兴化古属扬州，苏东坡《扬州以土物寄少游》诗中提及的鲜鲫、紫蟹、春莼、姜芽、鸭蛋之类，郑板桥诗词中描述的鲥鱼、鲜笋和“蒲筐包蟹、竹笼装虾、柳条穿鱼”等，比比皆是。这些构成了淮扬菜令人艳羡的新鲜食材。又以其居天下之中的地理优势，得以博采海内厨艺之精髓。在垛田地区食材和垛田菜品基础上发展兴盛起来的淮扬菜，素有“东南第一佳味，天下之至美”之美誉。许多标志性事件的宴会都是淮扬菜唱主角：1949 年开国大典首次盛宴；1999 年中华人民共和国 50 周年大庆宴会；2002 年中国国家主席江泽民宴请美国总统小布什等，其中都能看到垛田饮食的影子。

三是师法自然，因时而食。垛田地区食材丰富，取材简易，更讲究清新鲜活。蔬菜是垛田的名优土产，但其品质亦随生长期和季节的变化而变化，有一个最佳食用期，因此人们在不同季节对蔬菜的选择就有不同的讲究。比如韭菜要吃头刀的，菜鲜味足；荠菜、马兰头在清明前上桌；苋菜馉一定要在盛夏里做；三腊菜就要在严冬里腊。“腊月青菜赛羊肉”，经霜打过的青菜才能甜而无渣；再如螺蛳菜肴，垛田人最喜欢吃清明节前无子、肉肥的螺蛳，还流传“清明螺赛肥鹅”等说法，这种因时而异的准则确保了盘中的美食原料来自最佳状态……正如清代美食家袁枚的话：“冬宜食牛羊，移之于夏，非其时也。夏宜食干腊，移之于

---

① 参见卢勇、高亮月《挖掘与传承：全球重要农业文化遗产兴化垛田的文化内涵探析》，《西北农林科技大学(社会科学版)》2015 年第 6 期，第 155—160 页。

冬，非其时也。”[①]可谓殊途同归，道出了垛田美食的真谛。[②]

第四节 水利与社会群体

“社会群体是指人们通过互动而形成的、由某种社会关系联结起来的共同体，在这个共同体中，成员具有共同的身份和某种团结感以及共同的期待。”[③]即属于同一社会群体的人具备部分相同的特性，且其社会关系较为稳定。如活跃于明清时期江苏地区的盐商、漕帮，是当地社会中颇具特色的两大社会群体。此外，一些具有相同职业属性的社会成员组成了相应的社会群体，例如渔民、灶户等。不管是盐商、漕帮，还是渔民、灶户，这些社会群体的形成与发展都与水利有着莫大的关系：水利促使他们形成了一定规模，成为这些社会群体谋生的通路，而这些社会群体又反哺水利，助水利发展。

一、盐商——以扬州为例

盐业是江苏地区极为重要的经济产业之一，而作为盐业的操纵者，盐商自然成为江苏地区极具分量的社会群体之一。虽然江苏的盐场设于东部沿海的城市，但盐商却集聚于运河附近的城市中，例如运河名城扬州。扬州地处长江和大运河这自然和人工两大水道的交界处，具有“襟江、控河、据海”三大地理优势，优越的地理位置和便利的水运交通极大地促进了扬州的发展，连隋炀帝都赋诗道：“借问扬州在何处？淮南江北海西头。”[④]自明成祖迁都北京后，中央远离了长期向国家供应所需粮食等重要物资的东南地区，因此通过大运河运输漕粮就成为作为运河重镇——扬州的城市功能之一。“两京、诸省官舟之所经，东南朝

① 袁枚：《随园食单·时节须知》，凤凰出版社2002年版，第43页。

② 参见卢勇、高亮月《挖掘与传承：全球重要农业文化遗产兴化垛田的文化内涵探析》，《西北农林科技大学（社会科学版）》2015年第6期，第155—160页。

③ 王思斌：《社会学教程（第五版）》，北京大学出版社2021年版，第95页。

④ 孙剑编著：《唐代乐舞》（上），太白文艺出版社2018年版，第129页。

觐贡道之所入，盐舟之南迈，漕米之北运”[①]，就是对这一时期大运河扬州段在漕运中所发挥功能的经典概括。

除漕粮运输之外，盐运也使得扬州的地方经济获得了空前发展。当时两淮盐政设于扬州，吸引了大批以徽商和西商为代表的外来商人，这在很大程度上也得益于明代纲盐制中“盐官专卖”向“商专卖制”的转变以及清代户籍制度中“商籍”的明文增加。[②] 明清时期，随着政治中心和经济重心的分离、支盐制度的完善和新城的建立，扬州依托漕运、盐政的兴盛促进了其工商业贸易的发展，吸引了各地商帮与行会齐聚于扬州新城沿运一带，而人口的流动又进一步与漕运、盐业的发展互相影响。

扬州盐业经营由来已久。西汉初期，奉行“与民休息”政策，盐铁得以自由经营，这也是扬州盐业的开端。当时扬州临海，吴王刘濞“煮海水为盐”，大力发展盐业经营，致使扬州出现了“以故无赋，国用富饶”[③]的繁荣景象。隋唐以后，随着大运河的开通，扬州一跃成为全国最重要的水路枢纽城市，加之隋唐经济的发展、人口的增加扩大了对于食盐的需求，在两方面因素共同下推进了扬州盐业的进一步发展。如从隋炀帝三下扬州到唐代时“军国大计，仰于江淮”和“扬一益二”的说法，再到杜牧诗中“蜀船红锦重，越橐水沈堆。处处皆华表，淮王奈却回”中的描述，均反映了朝廷对扬州地处隋唐运河、长江与陆路三大中枢位置的重视与当地商业贸易频繁往来的现象。宋代扬州主城缩小，盐业官营的色彩变浓，仅局部开放盐贩，如淮南一带的盐贩须在朝廷特许之下手持“盐引”运销一定斤两的食盐，但总体上盐利收入进一步提升。南宋至元初，扬州城遭到了金、元军队的严重破坏，盐业大受打击。元代时，由于元政府支持“商运商销”的方法，扬州盐商得到了长足的发展。当时的盐引的操作流程类似于今天的银行本票盐，商人预先购买盐引后可以盐引为凭证支取并贩卖一定数量的食盐，其中，贩卖时的销售凭证被称为“水程”，表明了盐运和运河之间的关系。此时，扬州成为盐商

① 嘉靖《惟扬志》卷二十七《诗文序十一》。
② 参见《钦定大清会典则例》卷四十八《户部・关税下》。
③ (汉)司马迁:《史记》卷一百六《吴王刘濞列传第四十六》，中华书局出版社 2013 年版，第 2822 页。

聚集之地，著名的东关街成为盐商聚集地，而东关街尽头的运河沿岸则成为盐商船只停泊之处，“俱于城河内停泊，听候通放，不下四十万引”①的说法，反映出当时扬州因运河盐运带来的纷繁贸易。杨维桢在《盐商行》中说：“司纲改法开新河，盐商添力莫谁何。大艘镇鼓顺流下，检制孰敢悬官钝。”②可见盐商的实力已经可以主导新河开凿，对运河形成产生影响。

自明朝以后，随着盐业政策的变化，盐商逐渐成为盐业的主导者，对江苏社会的发展产生了重要影响。明朝时盐业依旧受控于官府，盐场所出为官府所有，但是作为盐业的一部分，盐运的权力逐渐被转移至私人手上，从而形成了盐商群体。明朝时盐运方式经历了三个阶段：开中法、开中折色法与纲盐法，而盐商的聚集地也随政策而变化。起初开中法的实行主要是为了满足边境的粮食供应，但支边商人可借此机会获得盐引，故而盐商由此活跃，两淮作为其时盐场区域之一，开始有部分盐商定居。后来，运司纳银制确立，开中折色法在明弘治年间正式实行，商人可向官府交纳银两以代运粮之役，再支取盐引，故而更多人行运盐之业。又因自此可免支边之役，一些从前因开中法而居于边地的盐商开始向生活条件更为舒适的沿海地区迁移，譬如江苏。

当部分盐商势力渐盛而欲迁居江苏时，扬州旧城之建设已颇为完善，如城外护城河可护卫城市之安全，又与城中的市河，乃至周边城市的河道相连，成为其时江苏水运交通系统的一部分，为扬州城与外界的联系提供便利。也正是因为扬州接近两淮盐场且水道可通达至此，所以开中折色法实行以后，定居于扬州的盐商日益增加。元末明初，受到大规模战争的洗礼，尤其是朱元璋与张士诚的兼并战争中，扬州城遭受了严重的摧残，人口大幅度减少，“以李德成知府事，按籍城中，居民仅余十八家”③，人丁萧条，百业凋敝，因其保卫南京的作用以及交通枢纽的地理位置令明廷不得不想出一个方法重振这一破败不堪的古老工商

① 江苏省大丰市盐务管理局编：《大丰盐政志》，方志出版社 1999 年版，第 196 页。

② 彭黎明、彭勃主编：《全乐府 6》，上海交通大学出版社 2011 年版，第 90 页。

③《明太祖实录》卷五，上海书店出版社 1982 年版。

业城市，当时以苏州府为核心的大批江南人口填充至江淮一带，[①]为扬州古城工商业的重振打下了深厚的人力基础。

明代扬州仍是江淮地区盐业运转中心，扬州设两淮都转运使司，同时配置有相应的监察部门。明初实行开中制度，商人通过以粮换盐引，进而支盐、售盐，换取货币，但明初边境安全任务较重，国家机器以边防为主，而换取盐的唯一凭证——盐引，又被国家牢牢把持，故商人换取货币之后，仍需兑换粮食以换盐引进而出售，循环往复，财富积累水平体现在粮食的多少。后商人为节省运输费用又发展商屯，这一时期商人对大运河的依赖性便有所降低，商人更多地会雇用农民在边境屯田，以便于就近产粮换取盐引，最终形成了军屯为主、商屯次之、漕运再次的军需补助体系。

明中期，随着贵族官僚与势豪占中，盐商长期支取不到盐，而后演化出总支与代支制度，进而导致开中商人逐渐演化为售粮、售引的边商和售盐的内商。之后在北方少数民族的频繁侵扰下，屯田被大规模破坏，商屯逐渐解体。又随着开中折色制的兴起，以实物贸易为主的边商逐渐没落，纷纷转变为以货币贸易为特征的内商，只有部分边疆土著仍从事边商。而食盐运输业也在这一过程中分化出一类新商种——水商，为内商买引代行，通过收取中介性的服务费用维持生意。这一时期，大运河的水运功能促进了淮扬地区水商的发展。

明中叶之后，由于制盐技术的进步，越来越多原隶属于官府的灶户（一种具有人身依附关系的工奴）要求出售余盐改善生计，促成了余盐开禁的最终形成。余盐开禁后，大大缓解了正盐的占中压力，内商放弃复杂的正盐支取程序和避免庞杂的费用，大量购入余盐进行贩卖，促使西商和徽商纷纷迁入两淮盐业的大本营——扬州。因此，扬州的繁荣昌盛，与其便利的水运通航分不开来。

万历年间，袁世振改陈盐法，对两淮盐场施行纲盐法。至此，明朝官府下放食盐收购的权利，盐商只需自官府处买盐引，便可自行前往盐场收购食盐，销往他处，自此盐商之势力越发强盛。

---

① 高波：《明清扬州人口变化及其原因浅谈》，《扬州职业大学学报》2016 年第 2 期，第 15—18 页。

明末清初，盐法的实行虽稍有变通，实质上却仍沿用明朝后期的纲盐法，故而在清朝盐法再度改制以前，盐商势力依旧不受限制，其攫取财富之能力日增。纲运制取代开中制，使得内商结纲行运并获得了引窝的世袭权力，个体商户代销逐渐转变为商帮包销。当时淮南地区的盐运中枢设于仪征，尹台在其《皇明增筑月城记》中提到："仪真……漕艘货贾鹾商。竹箭木材，麻丝布绮，粳粟器殖所转输。……即名都巨镇，其盛鲜或过之。"① 以仪征运河为中心的周边地区得到了快速的发展。②

清初，扬州因为清军所屠而遭受了空前的浩劫，但仍是因为其漕运枢纽地位和在盐业运营中不可替代的重要地位，使得扬州经济再度繁盛。清代将漕、盐、河称为"东南三大政"，而扬州兼具三者之利。随着经济的繁荣，扬州当地市井生活变得丰富起来，漆器、玉雕、玉器产量都得以大幅提升，而"天下玉，扬州工"的美誉也是这一时期得来。③

清前期实施官督商办的盐法制度，康熙年间，存在许多盐商运盐到江广口岸途中被管理衙门层层搜刮过桥费用、过口岸费用的问题，而后被康熙帝严令禁止，沿河官员贪腐问题得到了一定程度的改善。清代康熙、乾隆二帝南下皆是沿运河南下，沿河官员在斥巨资为皇帝打造行宫别院的同时也可以得到一笔赏赐，这种政治性的巡游活动对扬州而言也十分劳民伤财。

清代首先在制度上保护了盐商对国内市场的垄断，"查盐课一项，每年供支国用，为数不少，关系甚重。向来贩运均有一定口岸，不准彼此侵占，正所以保护商人"④。而以扬州盐商为代编的两淮盐商在当时贩盐界具有举足轻重的地位。雍正四年（1726 年），因当时的四川当地余盐混入巴东行销，对淮商的垄断地位造成了破坏，在两淮盐政的干预之下，他们获准"增引两千五百二十六道，照淮起课运销"⑤。这反映了

① 隆庆《仪真县志》卷十四《艺文考》，明隆庆刻本，第 39 页。

② 参见王振忠《明清淮南盐业与仪征民俗》，《盐业史研究》1994 年第 4 期，第 27—32＋64 页。

③ 盛华星：《京杭大运河影响下的扬州古城格局与传统文化构建》，《城市建设理论研究（电子版）》，2018 年第 35 期，第 27—28 页。

④ 王思治：《清史论稿》，巴蜀书社 1987 年版，第 51 页。

⑤ 嘉庆《两淮盐志法》卷七《转运 · 引目》。

两淮盐商与清政府非同寻常的关系。在这样一种官督商办的模式下，其产业自然不愁发展壮大。

运河对扬州盐商而言可以说如同一根主心骨，运河通航一旦出现问题，会对扬州盐运造成很大的影响，可以说“运河兴，则扬州兴，运河衰，则扬州衰”。如 19 世纪中期的太平天国运动给长江中下游地区带来了空前的劫难。1853 年，太平军攻陷扬州，切断运河航线致使清王朝漕运与盐运处于瘫痪状态①；随之而来 1855 年黄河铜瓦厢决口，更打乱了运河正常的航运体系，最终使清政府改行海运。另外，随着海势东迁，扬州一带盐产量逐渐衰减，扬州盐商最终走向没落。支柱性产业的衰落，使得扬州这一曾经繁华无比的工商业重镇最终走向了衰败。

明清时期盐商势力增长之时，扬州因其处于水陆交通枢纽位置之故，一直为盐商群集之地。而这些积累大量财富的盐商群体，成为明清两朝扬州城经济发展的主力军，在扬州工商业的发展中贡献良多，又影响着其时扬州的世俗文化建设。

清朝时，扬州的经济更是在乾隆南巡以后飞速发展，再至巅峰。自盐业运输中积攒了大量财富的盐商，其生活习惯或影响了扬州的社会发展。《扬州画舫录》介绍迁居扬州的徽州歙县棠樾鲍氏时曾提及早期部分扬州盐商极尽奢豪之事的案例：

> 初，扬州盐务竞尚奢丽，一婚嫁丧葬，堂室饮食，衣服舆马，动辄费数十万。有某姓者，每食，庖人备席十数类，临食时，夫妇并坐堂上，侍者抬席置于前，自茶面荤素等色，凡不食者摇其颐，侍者审色则更易其他类。或好马，蓄马数百，每马日费数十金，朝自内出城，暮自城外入，五花灿著，观者目炫。或好兰，自门以至于内室，置兰殆遍。或以木作裸体妇人，动以机关，置诸斋阁，往往座客为之惊避。其先以安绿村为最盛，其后起之家，更有足异者。有欲以万金一时费去者，门下客以金尽买金箔，载至金山塔上，向风飏之，顷刻而散，沿江草树之间，不可收复。又有三千金尽买苏州不倒翁流于水中，波为之塞。有喜美者，自司阍以至灶婢，皆选十数龄清

① 参见徐顺荣《明清时期扬州盐官与扬州盐商》，广陵书社 2015 年版。

秀之辈；或反之而极，尽用奇丑者，自镜之以为不称，毁其面以酱敷之，暴于日中。有好大者，以铜为溺器，高五六尺，夜欲溺，起就之。一时争奇斗异，不可胜记。①

虽然其中所述并未明确说明盐商于当地社会的影响，但字句之间已有端倪：“初，扬州盐务竞尚奢丽，一婚嫁丧葬，堂室饮食，衣服舆马，动辄费数十万。”此语可见扬州盐商为生活起居耗费巨资，而这些资金显然将流向市场，成为扬州城各行各业的发展流动资金。扬州盐商的饮食之好，可推动餐饮行业的发展；蓄养马匹之举，可推动马市发展；喜兰，则可刺激兰花种植，并延伸至整个花卉种植业。可见资金的流转并不仅限于扬州城内部，亦会随着商贸交易而流入其他城市，进而影响周边城市的发展。

享乐仅是部分盐商生活特性的一个侧面，实际上，盐商也曾为扬州的建设提供帮助，以自身财力反哺社会。袁枚为《扬州画舫录》所作的序中记载了其时扬州城建设情况的变化：乾隆南巡之前，扬州郊外“长河如绳，阔不过二丈许；旁少亭台，不过匽潴细流，草树卉歙而已”，水道狭窄不畅，两岸缺少植株；后来则是“水则洋洋然回渊九折矣，山则峨峨然隥约横斜矣；树则焚槎发等，桃梅铺纷矣；苑落则鳞罗布列，閛然阴闭而霅然阳开矣”，水道得以疏浚拓宽，两岸树木繁茂而园林掩映其间。② 这种变化显然并非自然之力，而是官府与商民共同合作的成果，与“御制诗注云：从香阜寺易轻舟，由新河直抵天宁门行宫。乃众商新开，既表敬公之心，且以工代赈，即此地也”③。这表明在扬州城修缮的过程中，官府是工程之主导，而包括盐商在内的商人是资金提供者，民众则是工程的建设者。可知扬州的商人，特别是盐商，自扬州城与其他城市之间的水路运输中获得立家立世之本，又将其中部分资金用于扬州建设，进而维护了扬州的水利建设，最终促进了扬州的发展。

盐商除了经济上对扬州有较大贡献，在文化建设上亦有付出。当时，盐商虽因盐业起家，但因古代仍以商人为末，对士人大力追捧，故盐

① (清)李艾著，陈文和点校：《扬州画舫录》，广陵书社 2010 年版，第 77—78 页。
② 同上书，第 1 页。
③ 同上。

商为抬高社会地位，一般治学而好儒。例如个园曾经的主人黄至筠，作为两淮盐业商总，其家中子代均治学，即便未成文人大家，但也具备一定的学识。不仅如此，盐商还为扬州城中百姓提供学习的机会，如汪应庚，“修文庙、资助贫生、赞襄婴育”①，资助扬州城中的贫困人群，从而使贫困的学子能够继续学业。此外，明清时期的扬州城中还盛行诗会等文人聚会活动，而这些诗会除了在一般茶肆中举行，亦有在园林或画舫等地中举行的。须知扬州的园林与画舫多属于盐商所有，故他们为士人活动提供了便利，进一步促进了扬州文化的发展。

扬州盐商的兴衰变迁是江苏地区盐商群体发展的最佳写照。以盐商为代表的因盐政与水利之便而兴起的特殊社会群体，曾刺激着江苏地区的经济与文化之发展，成为古代江苏社会中拥有一定话语权的群体之一。

二、以水为生之社群

在江苏地区漫长的发展历史中，盐商只是受水利影响的众多社会群体中的其中一员，其余如盐户、渔民，或漂泊于水上的人家等，都是构成江苏水利社会的群体之一。

作为盐业发展的生产者，盐户居于江苏东部滨海之地，受政府管理，以煮盐为业，不事农耕。而渔民，则见诸江苏各处。居于水畔的人家，实际上可能兼具农民、渔民等多重身份，“杏花村舍止于此，平时园墙版屋，尽皆撤去。居人固不事织，惟蒲渔菱芡是利，间亦放鸭为生”②，此语道出扬州水岸人家营生的方式。“蒲”应是蒲草，“菱”为菱角，“芡”为芡实，而“渔”显然是指捕鱼，加之“放鸭为生”，可见此处人家以种植水生植物以及捕鱼作为生存资料的主要来源，而以养殖禽鸭作为额外的收入来源，其社群之定位是多重的。

优越的水利环境除了为江苏居民提供动植物资源以外，还提供了水路运输的便利，扬州的水道常见装载有货物的船只与各景点之间往来的画舫。而水道并非总是风平浪静，其间往来的船只多遇险之事，若

① (清)李艾著，陈文和点校：《扬州画舫录》，广陵书社2010年版，第198页。

② 同上书，第14页。

其中有不善水之人遇溺，便需求救于他人，这促使了救生船的出现。“仪征小鄢，本救生船中篙师之子，生而好学妇人。”[①]此句中出现的“救生船”与“篙师”两词，表明明清时期的江苏地区有专门的救生船以救助溺水之人，而航船之业的盛行产生了篙师一职。此外，江苏地区部分居民受雇于官府或富室，成为一些水利设施的看管者。便是前文述及的水关、水闸等设施的看管者，他们需关注社会需求，或为航船开启闸机，或为护卫城中安全而关闭闸门。以此观之，水体密布的江苏地区，其间居民以水为生的方式是多样的。

除了上述的几种生计方式，《扬州画舫录》中还载有一则信息：“草堰陈周森，事母至孝，家贫，以舟为生，年二十未娶。”[②]虽然无法从中知悉“以舟为生”所指的具体生计方式，但此举牵出了一种江苏居民的生活方式——以舟为家。就此亦可知即便江苏地区整体上经济繁荣，但非所有人皆能受其之惠，部分百姓无法获得田地，被迫居于舟上。这类群体不同于前文所述的篙师等经营船只的群体，以舟为生之人大多家贫，生存资源多为渔获，而此计并不稳定，因此水上人家大多难以以此生财从而改善生活。如计小敏的《清代以来淮扬水上社会的研究(1644—1949)》[③]一文中便有研究此类以舟为家的社会群体，其认为，船民可能是受水患之害的农民转变而来。江苏地区因水体众多之故，难免水灾之发生，清朝康熙年间，江苏因淮扬水灾而致多地出现灾民。这些灾民因流离失所，只能寄居于船上，随之漂泊，直到有幸于陆上寻得安身之地。

除了这种因灾而居舟上的船民，江苏地区还有漕帮与水上保甲两类常年居于水上的群体。其中部分漕帮呈现匪徒之气，他们不行正常营生，或是走私海盐，或是骚扰过往行船，威胁着水上之安全。因基于社会秩序的不稳定性，官府进而对水上人家施行管控措施，寄希望于保甲制度的实施可维护水上安全。

① (清)李艾著，陈文和点校：《扬州画舫录》，广陵书社2010年版，第70页。

② 同上书，第41页。

③ 计小敏：《清代以来淮扬水上社会的研究(1644—1949)》，《扬州大学学报(人文社会科学版)》2017第3期，第122—128页。

三、治水利益群体的形成与影响

治水利益群体是在治水中以利益为链接形成的社会群体，他们围绕治水，以攫取利益为核心，并围绕治水有着相同或相似的职业属性，治河官员、沿河民众以及运丁水手等相互抱团，形成一定的社会利益群体。治水利益集团这一社会群体的形成与影响在长时段黄淮治理中体现极为明显，尤其嘉道之际治水更为典型。嘉道之际是清代治水史上的重要节点，治水思想停滞倒退，河工贪腐成风，导致水患频仍，漕运难行，为稍后时期的黄河改道、漕运废止种下恶果。用哈丁的公地悲剧理论去探究其缘由，我们发现本时期的黄、淮、运在经济上没有严格的产权制度，在政治上以人治为主没有规则，在法治上没有必要的强制措施。治水活动逐渐演变为皇帝孤家寡人的国家任务，沿河民众、治河官员和运丁水手等迅速形成利益集团，他们为个人利益而裹挟和绑架了黄、淮、运的治理，使之陷入恶性循环的怪圈，随着稍后到来的铜瓦厢大决口而迅速崩溃。①

1. 从休戚与共到以河谋利：沿河民众的角色转变与影响

俗话说“火烧一条线，水淹一大片”，水灾的受灾面积是巨大的，尤其是沿河附近居民往往首当其冲，而且嘉道之前的沿河民众还必须承担堵口、筑堤等徭役任务，相当困苦。有明一代及清中前期，治河所需费用来自两部分，一部分为国库拨款，另一部分则起征于民间。所以明代刘天和在《议免河南夫银疏》中给皇帝上奏说：“黄河为患，频年兴作，劳役无息。加以连年灾伤，民多艰窘，为照今年灾伤比之往年尤甚，下地多被冲没，高地复罹旱蝗。本道巡行目击，老幼悲愁，凄凉满目，其未经地方，大略相同，来岁春夏之交，青黄不接，尤难聊生。本道所议工程，起夫征银正在贫月之间，若不预为呈请，诚恐临时征银不前，起夫不至，河患无备，尤为难处。”②所以每兴河工，所费银两大部分由民间摊派，以致民生艰难，所以刘天和特地上书嘉靖帝，请求蠲免。也正因为

---

① 参见卢勇《公地悲剧：嘉道之际治水过程中利益集团的形成及影响》，《江苏社会科学》2016 年第 5 期，第 256—262 页。

② 刘天和：《问水集》卷六《议免河南夫银疏》，水利珍本丛书本，第 124 页。

民力有限，治河产生费用并不很多。明嘉靖七年十五年刘天和治水所费不过“支过银共七万八千五百三十两六钱一分二厘二毫四丝”[①]。

清代以降，多承明制。河工经费“出之于征徭者居多，发帑盖无几”[②]，很少动用国库拨款。清康熙年间河督靳辅记载：“至于河工岁修之额设二十余万，不及兵饷百分之一，即另有疏筑大工，岁增亦不逾数万金……是又所费小而所益大也。”[③]正如魏源在《筹河篇》中所说：“国初靳文襄承明季溃败决裂之河，八载修复，用帑不过数百万；康熙中，堵合中牟杨桥大工，不过三十六万。其时全河岁修不过数十万金，盖由河槽深通，而又力役之征，沿河协贴物料方价皆贱，工员实用实销，故工大而费省。”[④]正因为如此，本时期的治河活动中民众利益与黄淮防治休戚相关，所以他们对于黄河及治河官员有一种天然的关心与亲近之情。

顺治康熙年间的治河总督朱之锡去世时，济宁州知州在陈情朱之锡的事迹时说：“坐镇任城，南北驰驱。万艘允许之力，军民调剂，群黎享安楫之利。新河开而漕并欢呼，纤夫苏而役工敛福。条议损益，已无病于民生。节省帑金，更有裨于国计。……合州人民罢市辍相，扶老携幼，匍匐恸哭，若失考妣，至今言及，无不泪下。”[⑤]这跟嘉道时期沿河民众对治河官员视若雠仇简直判若云泥。[⑥]

待乾隆即位后，清朝正值盛世，国库充盈，于是他下令：“谕各处岁修工程如直隶山东运河……等工，向于民田按亩派捐者，悉令动用帑金，时用帑十余万，而省百姓数倍之累，岁有工作，且食其力。”[⑦]此后相沿成习，遂成定例，典型的如乾隆四十六年（1781 年）著名的青龙岗大工“五月，决睢宁魏家庄，大溜注洪泽湖。七月决仪封漫口二十余，北岸水势全注青龙岗”[⑧]。该工程历时三载才最终堵闭，“除动帑千余万外，

① 刘天和：《问水集》卷六《议免河南夫银疏》，水利珍本丛书本，第 90 页

② 武同举：《再续行水金鉴》卷一百四十九，水利委员会刊本，第 3925 页。

③ 靳辅：《治河方略》卷九，乾隆三十二年校勘本，第 9 页。

④《魏源集·筹河篇》，中华书局 1976 年版，第 335—367 页。

⑤ 朱之锡：《河防疏略·附崇祀录》，清康熙戊申年寒香馆刻本。

⑥ 参见卢勇《公地悲剧：嘉道之际治水过程中利益集团的形成及影响》，《江苏社会科学》2016 年第 5 期，第 256—262 页。

⑦ 王庆云：《石渠余纪》卷一《纪免徭役》，北京古籍出版社 1985 年版，第 86 页。

⑧（民国）赵尔巽：《清史稿》卷一百二十六《河渠一》，中华书局 1998 年版，第 2555 页。

尚有夫料加价银千有一百万，应分年摊征。其时帑藏充溢，破格豁免，而自后遂沿为例，摊征仅属空名”①。乾隆帝为减轻当地居民负担，破例动用国库银两，免除所有应摊征自民间的费用。

嘉庆即位后继承了乃父传统，以“安民”为己任。嘉庆四年（1799年）六月，新任东河总督吴璥上任未久，即奏请河工料价归地粮摊征，而触怒天颜。嘉庆虽然知道吴璥专业素质较好，“熟谙河务”，但事关“安民”大计，仍严旨切责：“河工需用物料价值，例有正项开销，岂容轻议加增？乃该督等以筹备帮价为词，于地粮内按年摊征银十四五万两，使豫省群黎均受其累，为民上者岂忍出此？虽所称酌添运费，每秸一斤只系五毫，而一经州县吏胥之手，则层层加派，所征必不只此数，且议加之后，不能复减，非暂时借资民力，竟永远累及闾阎矣”②。结果，吴璥刚上台即被交部议处，革职留任。

在乾隆和嘉庆想来，动用国库治河，免除民间摊征，这本是一件安民惠民之举，但是没想到的是，此举打破了原先民众与黄河互为一体、休戚与共的微妙平衡。结果治水活动不幸地成为那块“公地”，人人都要为个人利益去过度放牧，此后“每逢决口，则沿河商民，且欲囤柴苇，倍昂钱值，乘官急以取利，是为河费一大窦”③。此外，由于治水所需费用出自国库，当地民众无须承担更多风险，沿河居民甚至出现了主动决堤以获利者，给黄河防治造成严重后果。道光二年（1822年），河南武陟县马营坝民人掘坝放淤，造成“内塘（堤防）二十余里均成平滩”。道光六年，拦黄堰又被沿河民众掘开放淤，使东唐郭等处被灾。④ 这其中以道光十二年（1832年）八月二十一日发生的“桃南之变”最为典型。据林则徐奏称：当时的桃源监生陈端、刘开成、陈光南等携带刀枪，捆缚巡兵，盗决桃南厅于家湾龙窝汛十三堡河堤，结果“全黄入湖，滔滔下注，湖东各州县更不止如前此之被淹”⑤。此次盗决之原因，经林则徐核查，“该处内湖外河中隔一线单堤。湖内靠堤之处本系滩地粮田。访之

---

①《魏源集·筹河篇》，中华书局1976年版，第335—367页。

②《清仁宗实录》卷四十六，中华书局1986年版，第560页。

③《魏源集·筹河篇》，中华书局1976年版，第335—367页。

④ 参见王士杰《民国续武陟县志》卷二《沿革表》，成文出版社影印本2007年版。

⑤ 杨国桢编：《林则徐书简》，福建人民出版社1985年版，第22页。

年老兵民，全称从前湖滩田亩岁有收成，近年湖潴较旺，十一、十二两年盛涨均至二丈一尺以上，为向来所无，滩上田地遂成巨浸”[1]，沿河豪绅为一己私利，企图通过盗决堤防，泄水下注，从而达到退出湖滩地亩，同时使湖滩地得以灌淤之目的。实际上，盗决者也取得了如期的效果，史称“此次决堤掣溜之后，该处三四十里以内滩田均已受淤，较诸未淤以前高出五六尺至丈余不等”，“是地亩受淤之处现已成为膏腴”[2]。至此，对于沿河民众而言，治水已彻底变成朝廷和皇帝的事，对于自己关系不大，如何在这项庞大的活动中捞取好处，成为他们个人博弈的最佳策略。

2. 从廉洁奉公到贪腐成性：治河官员利益共同体的形成

清前期，河患严重，康熙帝曾把“三藩、河务、漕运”列为必须解决的三件大事而书于宫中柱上，这就需要大胆提拔肯吃苦、能创新的清廉官员，所以康熙时期一直非常重视总河的选任。他多次强调：“倘河务不得其人，一时漕运有误，关系非轻。”[3]因此这一时期的河官大多能廉洁奉公，有的甚至被后世奉为河神。

顺治、康熙时期的河道总督朱之锡，任职 10 年，以勤俭为本，营建有方，河库存银由 10 万两增长到 46 万余两，存银分文不花。按朝中规定，可将 5 万两余羡赏给朱之锡本人，但他却分文不取。以至于他死后家无余财，所剩的仍是祖遗的三间泥墙瓦房。《梅麓公行略》一文中称他：“其居官清介，一切耳目玩好，无所尚。惟藏书数百卷，被服如儒生，布衣蔬食，泊如也。”[4]

康熙年间的总河张鹏翮为官清廉，康熙帝多次谕示群臣：“张鹏翮……自到任已来，一文不肥己，正项河银俱实用于河工，无纤毫浮耗。此数事得有成效也。”[5]据史料记载，仅康熙三十九年，康熙帝称赞张鹏翮为清廉好官即不下十次之多。张勤望在《通奉公行述》中描述张鹏翮：“居无一椽，食无半亩，敝衣布被，家计萧然……四壁空虚，一棺清

① 杨国桢编：《林则徐书简》，福建人民出版社 1985 年版，第 22 页。

②《林则徐集・奏稿四》(上)，中华书局 1965 年版，第 88 页。

③《清圣祖实录》卷一百五十四，中华书局 1985 年版。

④《梅陇朱氏宗谱》，光绪刻本，上海图书馆藏本。

⑤《清圣祖实录》卷二百三十二，中华书局 1985 年版。

冷,贫宦与老僧无异也。”[①]

雍正皇帝尤重吏治,他即位后便明确指出:“数十年来,日积月累,亏空婪赃之案,不可胜数,朕若不加惩治,仍容此等贪官污吏拥厚资以长子孙,则将来天下有司皆以侵课纳贿为得计,其流弊何所底止!”[②]在他即位后的一个月,就果断地下达了全面清查亏空的谕令。谕令要求,各省督抚将所属钱粮严行稽查,凡有亏空,三年之内务必如数补足,不得苛派民间,更不得借端掩饰。如逾限期,从重治罪,所以雍正时期的河官大多清正廉明。雍乾时期的吏部尚书、副总河嵇曾筠在官时,“视国事如家事。知人善任,恭慎廉明,治河尤著绩。用引河杀险法,前后省库帑甚钜”[③]。

即使到乾隆初年,河工的吏治管理依然很严,乾隆十八年(1753年)九月,秋汛已过,黄河在徐州张家路决口,当时新任江南河道总督策楞奏称:淮徐道义官管河同知李焞和武官守备张宾,因共同侵吞工帑,以致误工决口。乾隆异常震怒,立令把李、张二人斩首示众,将总河高斌及协办河务的江苏巡抚张师载,以徇纵渎职罪,绑赴刑场陪斩,以儆效尤。高斌当时已年逾古稀,且是乾隆帝岳父(慧贤皇妃之父)。皇亲国戚亦被拉去陪斩,文武官员皆为震撼。及至乾隆后期,封建统治由盛而衰,世风日下,河政逐渐败坏。清代河工成例,黄河决口所用银两,只准报销六成,其余四成由道府以下文武汛员赔偿。[④] 乾隆三十九年(1774年),皇帝再次强调:“今后负责治河的河臣,也不能例外,该年老坝口合龙所用正杂银十一万多两,除报销六成外,下余四万四千余两,由总河吴嗣爵赔银两万两,高晋赔银一万两。所余一万余两,由文武各员照例按股分赔。”[⑤]此举看似严格,但实际上由于清代官员官俸很低,所谓赔偿,只能靠贪污所得,结果整个河官系统克扣虚报盛行,贪污腐败成风。

---

① 张勤望:《通奉公行述》,《遂宁张氏族谱》卷四,民国刊本。

②《清世宗实录》卷八,中华书局1985年版。

③(民国)赵尔巽:《清史稿》卷三百一十《列传九十七》,中华书局1977年版。

④ 参见卢勇《公地悲剧:嘉道之际治水过程中利益集团的形成及影响》,《江苏社会科学》2016年第5期,第256—262页。

⑤《清高宗实录》卷九百六十九,中华书局1985年版。

治河费用于是畸形攀升。康熙年间，每年的河工经费不过数十万两，乾隆末，大工虽不派夫，而岁修、抢修、另案，两河尚不过二百万。[①] 到了嘉庆时期，每年的河工经费就达到五六百万两，而"河工益坏、运道益阻"。嘉庆时期的一次衡家楼堵口就花费帑金一千多万两，"亟命侍郎那彦宝驰赴工次，总办堵筑事宜，……鸠工集料，协济帑金不下一千万两，赈恤难民同时并举"[②]。所需费用达到令人匪夷所思的地步。"黄河决口，黄金万两"，成为当时河工中广为流传的谚语。一些民谣也生动地揭露了河官的贪腐，"从前河工积弊甚多，久为人所指责，旧有文官吃草，武官吃土之谣"[③]。"文官吃草"，指的是其在购买河防物料中克扣贪污；"武官吃土"，说的是负责筑坝、维修等土建项目的武官虚报工程量作弊。[④]

河官们为了有更多机会贪污捞钱，甚至消极应对防灾堤防，故意不闻不问，对堤坝"薄者不填，缺者不补，以致溃决废坏，不可收拾也"[⑤]，为了揽财已完全置国运民命于不顾，可谓天良丧尽。对于河官的贪腐渎职，当朝者也有所察觉。嘉庆十一年（1806 年）八月，皇帝在上谕中愤然责问："南河文武官员，欺诈成风，冀图兴工糜帑，藉以渔利饱真。积习相沿，牢不可破。试思河工设立官牟兵夫，岁给俸饷，原责其实力防守，俾河工安全无事。乃伊等视俸饷为故常，转冀大工屡兴，不但可以侵肥获利，并藉为升迁捷径。甚至援引亲友，滥邀官职，种种恶习，不可枚举。"[⑥]

道光二年（1821 年）七月，道光帝发现春季完工的仪封堵口工程工款开支不实，"秸料共止五千四百余垛，应合银九十八万六千余两"，而竟"销银一百七十九万六千余两，浮销几至加倍"，"又引河抽沟线项下，实发银一百九十八万五千余两，今销银二百六十万九千余两，计浮销六

① 参见《魏源集·筹河篇》，第 335—367 页。

② 清嘉庆《封丘衡家楼河神庙碑记》，河南省封丘县荆隆宫乡桑园村存碑。

③ 武同举：《再续行水金鉴》卷一百六十，第 4176 页。

④ 参见卢勇《公地悲剧：嘉道之际治水过程中利益集团的形成及影响》，《江苏社会科学》2016 年第 5 期，第 256—262 页。

⑤ 靳辅：《经理河工第八疏》，《治河方略》卷六，中国水利工程学会 1937 年版，第 242 页。

⑥ 黎世序等：《续行水金鉴》卷六十二，商务印书馆 1936 年版，第 1372 页。

十二万四千余两"[①]。虽经皇帝下谕严查，但官官相护，结果仍不了了之。[②]

本时期河工费用持续不正常高涨，达到了骇人听闻的程度。其原因据魏源分析："及嘉庆十一年，大庾戴公督南海，奏请工料照时价开销，其所藉口，不过一二端，而摊及全局。于是岁修、抢修顿倍，岁修增而另案从之，名为从实销，而司农之度支益匮，是为河费二大窦。计自嘉庆十一年至今，凡十八载，姑以岁增三百万计之，已浮旧额万万，况意外大工之费，自乾隆四十五年至今，更不可数计耶？"[③]究其根本，在于清代制度设计的缺陷，使得皇帝在治水活动中走到了河官们的对立面，彻底导致了河官们与皇帝之间的鸿沟。治水活动演变成为皇帝个人的事情（即哈丁所言之公地），所以河官们皆事不关已，高高挂起。

而人治体系下的政治腐败进一步加剧了河官体系的塌方式沦陷，为打点上级、笼络同僚，甚至为了赔付治河决口所需费用，负责治河之人只能冒领虚报，贪污克扣，腐败日盛一日。所以清人在论及治河事务时直白地指出："利国家之公，则妨臣下之私。"[④]言下之意即，如果治河对国家有好处，就会妨碍我们河官捞取个人利益。这正是哈丁"公地悲剧"理论的真实写照：每个当事人都知道资源将由于过度使用而枯竭，但每个人对阻止事态的继续恶化都感到无能为力，都抱着"及时捞一把"的心态加剧事态的恶化。[⑤]

3. 从漕运主力到社会不稳定因素：运丁水手的两重性嬗变

清代定鼎北京，军需官俸等皆仰给于江南，"漕粮为天庾正供，俸米旗饷计口待食，为一代之大政"[⑥]。而漕运苏北山东段需借黄济运，因此黄淮运问题纠缠在一起。治河的最主要目的并不是为了民生，而是漕运，而且本时期运河中段需借黄行运，黄运交织，所以从本质上来说：治

---

① 《清宣宗实录》卷三十八，中华书局1985年版。

② 参见卢勇《公地悲剧：嘉道之际治水过程中利益集团的形成及影响》，《江苏社会科学》2016年第5期，第256—262页。

③ 《魏源集·筹河篇》，第335—367页。

④ 同上。

⑤ 参见卢勇《公地悲剧：嘉道之际治水过程中利益集团的形成及影响》，《江苏社会科学》2016年第5期，第256—262页。

⑥ 刘锦藻：《清朝续文献通考》卷七十五《国用考十三》，民国景十通本。

河即保漕。嘉庆皇帝在《封丘衡家楼河神庙碑记》中说:“(河决衡家楼)岂有舍数百万人民田产庐舍付之洪流,况七省漕运要道,尤为国家大计。”一个“尤”字道出了清代治水之真谛,时人也明确指出:“国家修治黄河岁无所惜,修治运河费无所惜者,为转漕故也。”①

清承明制,漕运也继承明代的运军体系,在有漕各省设立运军队伍,只是将明代指挥官改名为“守备”,千户百户改名为“千总百总”,卫军改称“旗丁”。但他们的主要任务是运输漕粮,所以也称“运丁”。运丁们平时在各地屯田从事生产,漕运期间,根据贫富情况和每户的壮丁人数佥选出运。及至康乾时期,因营卫屯地大量丧失,加之运丁差役繁重,漂泊风雨,安全很成问题,加之“旗丁所得津贴,仍不敷沿途闸坝、起拨、盘粮、交仓之费。倾覆身家,十丁而六”②,所以运丁多设法逃避,逃亡之事时有发生,运军逐渐难以为继。在此情况下,康熙三十五年(1696 年),清政府开始改弦更张,明令规定:今后每艘漕船仅保留两名旗丁,其他所需水手改为招募。此后招募的水手成为漕运主力,而原有之旗丁由于人数锐减,其主要职责变为各船的监工。由于漕运工作风雨漂泊,艰辛异常,水手的待遇又相当低下,还要接受沿河各处漕务官吏胥役对他们的贪索。因此,应聘水手者大多是赤贫穷汉,既有无业的城市游民、乞丐,又有破产农民、手工业者,甚至罪犯、流氓等。他们大都无籍无贯,走食四方,所谓“类皆无籍匪徒”。

此外,当时江北地势北高南低,且运道多淤浅,所以“各省粮艘北上,每遇过闸过坝及急流浅阻,必须人力挽拽者”③。因而各省漕船过江治河即纷纷添备短纤,所谓短纤即沿河专以拉纤为职业的人,他们是漕船遇有浅滞之时临时雇募的帮工,和水手的性质大体类似,大概有 10 万人左右。④ 沿河两岸更有无数店铺、客栈、茶馆、小商贩、脚夫等,凭借治水与漕运谋生。据记载,清代“漕河全盛时,粮船之水手,河岸之纤

① 钱泳:《履园丛话》上册,中华书局 1979 年版,第 97 页。
② 包世臣:《中衢一勺》卷七上《畿辅开屯以救漕弊议》,《包世臣全集》,黄山书社 1994 年版,第 184 页。
③《清文宗实录》卷五百七十八,中华书局 1985 年版。
④ 参见李文治《李文治集》,中国社会科学出版社 2000 年版,第 375 页。

夫，集镇之穷黎，藉此为衣食者不舍数百万人”[①]。围绕着治水及漕运衍生出的各种辅助性职业，已成为当时沿河中下层民众赖以生存的重要支柱。[②]

由上可知，最初漕运的主力旗丁来自各地卫所，他们都有各自的土地、家庭，相对比较敬业和安稳。但是，随着卫所的凋敝，政府只能大量顾募水手，这些水手都是来自各地的破产农民和无产者以及流氓、罪犯，他们频繁闹事、结帮械斗，甚至杀人越货。

清人有诗记载道：“粮船凶如虎，估船避如鼠。……压粮官吏当头渡，皂夫挥鞭赶行路。赶尔今朝下关去，估船偶触粮船旁。旗丁一怒估船慌，蛮拳如斗焉能挡？愿输浊酒鸡鸭羊，庙中罚金祭龙王。”[③]连道光皇帝也承认：“漕船水手沿途讹诈，扰累商民”，“而居民商旅隐受其害者，实不知凡几矣！”[④]而且运丁水手还普遍参与走私，夹带私钱私盐，遇稽察员役，动辄抗拒，伤人放火，诬赖沿途商民船只悉被欺凌，种种不法之事甚多。

另外，据本时期文书档案显示：清中叶以后，运丁水手不仅积极参加各种帮派组织，而且成立了自己的宗教——罗教。罗教与现今之邪教颇为类似，其内部等级森严，唯教首马首是瞻，用挖眼、截肢等酷刑吓唬控制帮众，是后世著名黑帮组织“青帮”的前身。客观地说，罗教的成立对运丁水手甚至纤夫起到了一定的互助互济作用，但它同时又具有着强烈的排他性和攻击性，“帮派之间械斗不已，水手对沿途商家百姓骚扰活动不断，更有兵牟、捕快与其勾结，代藏武器”[⑤]。运丁水手逐渐成为沿河地区令人畏惧、不容小觑的一股庞大准军事势力。

河官们发现了运丁水手的利用价值，经常在背后暗中唆使怂恿，宣称正是河运维持了水手和沿岸居民的生计，让他们可以养家糊口，一旦黄河改道或者漕运改走海运，他们无粮可运、家庭破产，便会成为流寇

---

① 丁显：《河运刍言》，《皇朝经世文续编》卷四十七，文海出版社 1972 年版，第 37 页。

② 参见卢勇《公地悲剧：嘉道之际治水过程中利益集团的形成及影响》，《江苏社会科学》2016 年第 5 期，第 256—262 页。

③ 徐丛法主编：《京杭运河志》（苏北段），上海社会科学出版社 1988 年版，第 522 页。

④ 陶澍撰、陈蒲清等校点：《陶澍全集》（奏稿 4），岳麓书社 2010 年版，第 68 页。

⑤ 中国第一历史档案馆：《道光十六年整顿漕务史料》，《历史档案》1990 年第 4 期。

土匪。如果聚众闹事，威胁国家安全，这个难以驯服的群体将会是一个可怖的隐患。与此相对应，运丁水手也经常受此怂恿借机聚众闹事，说明本时期的运丁水手已与治河官员默契地达成一种互相借力的共同体，从而呈现出明显的二重性特征。一方面他们需要接受河官的勒索敲剥，另一方面，他们又与河官变相联合，共同以运河为公地，来实现个人或者小团体利益的最大化。

于是清廷也不得不顾及数十万水手的生计稳定，以免这些经常罔顾国法且帮派林立的青壮丁男聚众造反。当时的御史郑瑞玉不无忧虑地说："无论官弁旗丁廉俸粮饷，未可裁减；即各省水手，不下十余万人，一旦散归，无从安置，难保不别滋事端。"①正如魏源所说："仰食河工之人，惧河北徙，由地中行，则南河东河数十百冗员，数百万冗费，数百年巢窟，一朝扫荡，故簧鼓箕张，恐喝挟制，使人口讋而不敢议。"②但是既然国家的安定要依赖这些水手的安分守己，那么整顿河漕的公事便不得不让位于维持稳定，不能破坏他们的集体利益，于是只好借治河、漕运这块"公地"来继续安抚水手运丁这批"牧羊人"，以免他们不满闹事，危及统治。

综上，我们不难得出以下结论：嘉道之际的黄淮治理已不再是基于单纯的经济性、技术性因素考量，而是逐渐被沿河民众、治河官员和运丁水手等利益集团所裹挟绑架。沿河民众为一己之私故意哄抬物价，甚至故意决堤放水；治河官员消极治水、贪腐虚报；运丁水手则抓住朝廷对稳定的渴望，勒索政府。他们就像哈丁描绘的"公地悲剧"中的牧羊人一样，明知这块公地会被他们耗尽精血，仍然不顾一切为个人捞取利益，为眼前利益而"杀鸡取卵"，而不会考虑他们的行为所导致的社会成本。究其根本，本时期的治水活动在经济上没有严格的产权制度，在政治上人治为主没有规则，在法治上以安抚为主鲜有强制，于是治河和漕运都被他们玩弄于股掌，不得不听其敲诈，皇帝（或者清政府）的任何治河努力都被付之东流。概之，本时期的治河已不能遵循科学的规律，只能是首先满足利益集团的勒索敲诈，戴着枷锁跳舞，治水过程中形成

① 《清宣宗实录》卷一百七十五，中华书局 1985 年版。

② 《魏源集·筹河篇》，第 335—367 页。

的利益群体犹如蚀骨之蛆，诞生在治水的过程中，也依附于治水，以维系其生存。治水活动逐渐演变为国家和社会的巨大毒瘤，国库不堪重负，黄淮和漕运很快陷入恶性循环的怪圈，随着铜瓦厢大决口的到来而最终崩溃。①

① 参见卢勇《公地悲剧：嘉道之际治水过程中利益集团的形成及影响》，《江苏社会科学》2016 年第 5 期，第 256—262 页。

结　语

江苏自古物华天宝、钟灵毓秀，“水”是江苏地域文化最为重要的自然与人文符号，也是江苏地域文化中最鲜明的标志。江苏先民勤劳勇敢，有着极为悠久的治水历史，最早可追溯至大禹治水的五帝时代，后续代有传承且逐渐宏大而细致，既包含对淮水、长江、黄河与太湖水患的防治、江淮地区水利工程的修建，也包含贯通南北与以南京为核心的漕运体系的建立，还包含与水相宜的塘浦圩田农田水利的兴起，同时包含了在治水、用水的历史进程中形成的社会经济与文化。毫不夸张地说，历史悠久、文化深厚的江苏，之所以能够长期成为中国政治、经济与文化的重心，与其良好的治水、用水与利水的水利环境息息相关。

对于依托“江苏文脉整理与研究工程”的《江苏水利史》一书而言，全面并尽可能准确地梳理历代江苏水利发展情况，无疑是最为重要且基本的。本书立足于江苏区域，以水利为中心架构全篇，对于水利发展过程的重现、水利发展记忆的保存、水利发展规律的探索与其他地域文化间的交流互动是本书研究的主要内容。江苏拥有浩如烟海的历史文献，其中包含大量有关治水、用水与利水的水利资料，通过历史记载与自然信息的结合对过去千年江苏区域水利开发与利用历史的综合研究是水利史研究领域的传统。本书重在搜罗、搜集、利用正史及方志、文人笔记、治水专书等文献资料，在此基础上展开对数千年之水利开发与利用历史的全面梳理，对先民水利利用的智慧进行深入挖掘与总结，以期实现对整个江苏水利史的全景式呈现。

第一，史学就是史料学，本书主要从文献的角度进行水利史研究。

这不仅是水利史书籍编纂的传统，也是对诸文化典籍与文化传统的继承与发展，其中最重要的是历史典籍的搜集与信息的提取、处理，这是本书科学论证的基础与前提。地方志资料是重建江苏地区水利发展的主要依据之一，作为地方性史料，本书在编纂的过程中整理、查阅了江苏历史时期地方志资料近 400 余部，其中包括《吴地传》、康熙《江南通志》、乾隆《江南通志》、民国《江苏省通志稿》等较大区域的地方志史料；也包括如光绪《淮安府志》、道光《苏州府志》、嘉庆《新修江宁府志》以及雍正《扬州府志》等历代府级地方志；还有，县级地方志，如历代《盐城县志》《仪真县志》《重修宝应县志》等等，也是本书重点查阅对象。此外，按内容划分，地方志中对水利开发与利用的记载主要分为以下几类：水利、川渎、河渠、舆地与地理志等部分，包含水系、农田水利、水患防治等相关内容；古代史书典籍、现代期刊论文与专著均为本书进行江苏水利志研究的重要参考，如正史中有关水利的记载，尤其是记载水利的专篇——《河渠志(或沟洫志)》，记载十分丰富，反映了长达 4000 余年水利活动的主要史实，其中关于江苏区域水利活动的记载有着极为珍贵的参考价值；再如明代归有光的《三吴水利志》、顾炎武《天下郡国利病书》、沈启辑《吴江水考》等等，这些珍贵史料的获得为本书的撰写奠定了极为坚实的基础。

第二，水利为农之命脉，也是整个传统社会的运转枢纽。本书重点关注了江苏水利发展与水系、水生态环境、农田水利、水运航道、防灾减灾、社会文化等诸板块之间的互动关系。姚汉源先生在《中国水利发展史》中提到“水利史应包括各部门的历史，如防洪治河、农田水利、航运工程、城市水利、水能利用、水利机具以及有关文献、人物等等”，指出了水利史研究关注的主要内容。实际上，区域水利通史的研究不仅应关注区域内以时间先后为序的水利发展状况，也应关注水利史各板块、部门的历史。因此，本书基于江苏独特的水利发展脉络，按江苏境内的水体与生态环境演变、水利与农耕发展、水利与交通发展、水利与防灾减灾、水利与社会文化五大板块，以时间先后为纲，其内容涉及江苏境内淮河、黄河、长江、太湖、高邮湖等水体的变迁，先秦至新中国成立前农田水利系统、农田水利事业、农田水利法规与农田水利发展，江苏境内天然水运航道、人工航道以及大运河江苏段河道的维护与以南京为中心的水运网络构建，此外，以黄、淮、运与长江四河水患、沿海防潮御卤与太湖流域水患的治理和基于水利发展而形成的包含聚落建设、经济文化与社会群体的形成，也是江苏水利史研究的重要内容。

第三，以水利发展为线，尝试串联社会经济发展之全貌。本书通过对江苏境内水系、水生态环境变迁、农田水利等诸板块的考察研究，将历史时期江苏社会经济发展的历史面貌主要作两方面归纳：

1. 水利环境极大地影响了江苏历史地理面貌的演变。江苏的平原均属河流冲积平原，境内大大小小的河流多达 2000 余条。历史时期，江苏境内有淮河发育，更有长江、黄河两条大河流经，属黄淮平原的苏北地区便是由黄河与淮河泥沙淤积而成，苏南大片区域为长江中下游平原，属长江三角洲，受长江与太湖流域水沙冲积而成。再如现今江苏临海的连云港、盐城、南通三市的大部分区域，均是河流入海，泥沙落淤、填海造陆而成。此外，江苏境内如高邮湖、太湖等诸多大中小型湖泊与纵横交错的水系，造就了江苏“水乡泽国”的地理面貌。

2. 水系的分布特征塑造了江苏以流域为单元的城市、经济与文化体系。这一现象在南北大运河的发展中体现得尤为清晰。至隋代，沟通南北的京杭大运河初步形成，国家“食于东南”的财赋供给格局使得江苏一带成为国家主要粮食产地，南北经济的交流带动了运河沿线城镇的发展，运河串联起诸多城镇，形成了极为明晰的“运河城镇带”。江苏沿运城市随大运河的繁荣而不断壮大，扬州、苏州、镇江等几大繁荣、成熟的运河城市，又相继带动起沿运中小城市的成长。在大运河水系结构与水运格局的影响下，两岸城市与工商业呈现线性集聚格局。还有，长江带给江苏的不仅仅是水流、泥沙和鱼虾，也为江苏塑造了极为绚丽的长江文化，使得江苏成为长江文化的富集区，吴文化、六朝文化、江南文化等皆成为长江文化的重要组成部分。

第四，总结江苏水利发展历程、规律与特点，为江苏水利建设提供历史镜鉴。本书以水利发展历史为脉络，以水利专题为纲要，结合江苏水利发展历程，通过对江苏境内水系与水生态环境、水利与农耕发展、水利与交通发展、水利与防灾减灾以及水利与社会文化等发展过程加以概述与分析，认识到历史时期江苏水利发展呈现开发、破坏、再开发与再破坏的循环发展特点，深刻体现了事物发展螺旋式上升与波浪式前进的历史发展规律。

以明清时期洪泽湖区域黄淮运水系交汇的水环境动态演变为例，南宋建炎二年（1128 年）黄河夺淮南下，黄淮二渎合一。到了明清时期，两代王朝均启用大运河，以沟通南北，行船通漕，而苏北黄淮交汇之地随着黄河南下，泥沙在淮河水道的淤积，严重干扰运河的通畅。为了保漕，在洪泽湖区域形成了治黄、济运的清口水利枢纽。黄、淮、运三者动态的演变过程决定了单一的清口水利枢纽在河身、湖底的淤高下难承其责。黄河的南下大大增加了淮河流域的洪涝频率，短时段的洪涝、短视的治水者与运河的重要地位，往往出现人为决堤以挽运道的“破坏”之举。到了清代，官方开始逐渐构建起借黄济运、灌塘济运的济运之策，但是河流、湖泊的淤积仍不可遏止，无论是刷黄还是济运都举步维艰，水生态环境在洪涝与淤积中日趋恶化，这一现象直到清咸丰五年黄河北徙，才逐渐好转，但淤高的河身与湖底为淮河流域埋下了祸根。可以看到，明清苏北一带，黄、淮、运交汇之地在官方的治理之下，其水利建设在开发与破坏两者间呈现螺旋上升的发展态势。

第五，江苏境内水利事业的发展受整个江河湖海水生态大环境的影响，并对江河湖海的水生态大环境产生深刻的反作用，体现了水对环境、社会的塑造。江苏境内水系发达，水网密布，黄河、淮河与长江“四渎”之三与太湖、洪泽湖中国五大淡水湖之二居于其中，东临海洋的地理区位又使得水对江苏环境变迁影响更为突出。长江、黄河与淮河等大江大河的地理特性与巨型湖泊的分布特征，在分析江苏区域水利发展的过程中，“不自觉”地将其置于历史时期全国大范围内水利事业发展的大背景下去全面考量，使江苏成为理解全国水利事业发展的“试验田”。在整体环境变迁的背景下，更多地以“水”为中心，全面分析水环境主导下水利工程与周边环境的关系，在展现河道、闸坝等灌溉工程和垛田、圩田、沙田等土地利用方式的过程中，探讨了土地与水的关联。在水系的形成演变、湖泊的沧桑变迁背景下，地方百姓不畏艰难，在适应、利用与改造水环境的过程中，寻找与自然的和谐相处之道。

诚如习近平总书记所言:绿水青山就是金山银山。当前江苏经济文化建设经过多年高速发展,已走在全国前列,但水利建设尤其是水利文化建设仍然存在诸多不足,尤其是缺乏对于深厚水利文化底蕴的挖掘、梳理和弘扬,江苏文脉工程的意义正在于此。因此,系统总结江苏水利开发史,不仅是盛世修典的一项任务活动,抑或是单纯的学术问题,更重要的是希冀提供一种新的历史视角和研究思路,为学者和政府探索江苏数千年水利开发的历史演变趋势以及治理方略,关注江苏境内人与自然的关系等等提供资政参考,并在此过程中做到古为今用、传承弘扬,如此则善莫大焉。

本书在撰写过程中得到了江苏省社科院胡发贵研究员、孙钦香博士,南京农业大学董维春副校长、盛邦跃教授、王思明教授等的关心与指导。感谢江苏省哲学社会科学界联合会、西北农林科技大学樊志民老师、中共江苏省委党校彭安玉老师、河南大学吴朋飞老师提供的良好建议。感谢江苏省社科联原党组书记、常务副主席张颢瀚教授、南京大学胡阿祥教授为本书作序,多承谬赞,受之有愧。多位博士研究生王羽坚、任思博、曲静,硕士研究生冯培、陈雪音、张志翔、张强、尚家乐、高慧、郭梦宇等同学参与了前期资料的搜集整理、部分内容的撰写,尤其尚家乐同学协助本人承担了后期大量的文字校对及图表绘制等工作,在此一并表示衷心感谢。

附　录

一、江苏水利大事记

1. 远古时期

相传女娲氏时洪水浩洋而不息，幸有积芦灰以止淫水。

2. 新石器时代（前5000—前2000）

良渚人修渠凿井用以溉田、饮用。

3. 夏、商（前2000—前1046）

禹治水，疏而导之，遂功成。

4. 西周（前1046—前771）

相传泰伯开泰伯渎，长八十余里。

5. 春秋战国（前771—前221）

周元王元年（前475年）范蠡开渎，自望亭运河分支东行，（泰）伯渎之水出坊桥来会，达于漕河。

吴王伐楚命伍子胥开河运粮，遂凿胥溪河。后凿胥浦河，西引太湖水入海。

哀公九年（前486年）吴王夫差凿邗沟，以通江、淮。

夫差十四年（前482年）吴国凿荷水运渠，以通泗、济。

越勾践二十四年（前473年）越灭吴，凿“通江陵道”。

楚考烈王十五年（前248年）春申君黄歇受封于江东，治水松江，开锡澄运河，疏浚港浦河渠甚多。

6. 秦(前221—前207)

秦始皇三十七年(前210年)凿云阳北岗,并于京岘开徒阳运河。

7. 汉(前202—公元220)

元光三年(前132年)五月,黄河决口于瓠子口,夺淮水、泗水。

元和三年(公元86年)下邳相张禹修蒲阳陂,通引灌溉,得熟田数百顷。

汉安元年(142年)广陵太张守纲,开沟挖渠,引水溉田,是为"张公渠"。

建安五年(200年)广陵太守陈登筑高家堰,长30里,以堰捍淮。

8. 魏晋南北朝(220—589)

赤乌四年(241年)吴王诏凿东渠(青溪)以泄后湖水。

赤乌八年(245年)吴王使校尉陈勋发屯兵三万,凿句容中道,自小其至云阳西城,是为破岗渎。

赤乌十三年(250年)八月水,丹阳、句容、故鄣山洪泛滥,诏蠲逋。

建衡元年(269年)奚熙建蒲里塘。

太康四年(283年)淮北、淮南与太湖大水。

元康五年(295年)淮北、淮南、沿江大水;次年,淮南、沿江、江南均大水。

永和年间,建欧阳埭,引江入埭。

太和六年(371年)江南、太湖大水。

元嘉十二年(435年)长江、江南、太湖地区均大雨。

元嘉十七年(440年)淮北、江南大水。

元嘉二十二年(445年)十一月,疏浚淮水,废田千顷。

永明九年(491年)八月,溧水大水,蠲逋。

北齐杜弼敕行海州事,于州东建临海长堰,以遏海潮,兼引淡水。

9. 隋(581—618)

开皇年间,先后筑海州云台山万金坝、东海县捍海堰,以抵海潮。

炀帝大业年间,凿永济、通济两渠,治山阳渎。

大业六年(610年)炀帝欲东巡会稽,自京口至余杭凿江南河,长

800余里，广10余丈。

大业十二年(616年)炀帝改破釜塘为洪泽浦，唐始称洪泽湖，后世延之。

10. 唐(618—907)

贞观三年(629年)淮、沂、泗及太湖地区均大水。

贞观八年(634年)江淮、江南大水。

贞观年间，李袭誉曾为扬州大都督府长史，引雷陂水，筑句城塘以溉田。

永徽元年(650年)六月，常州大雨水，溺死数百人。

麟德元年(664年)句容县令杨延嘉开绛岩湖，后废；大历十二年(777年)王昕重治此湖，开田万顷。

开元十四年(726年)江、海潮溢，淹没瓜步；太湖水；海州刺史杜令昭修永安堤以御海潮。

开元二十六年(738年)润州刺史齐瀚开伊娄河。

大历二年(767年)淮南水灾；太湖泛滥。淮南节度判官李承筑常丰堰，以御海潮。

贞元八年(792年)黄、泗、淮、江水并溢，苏南苏北均大水，淹没泗州城，溺死者数万。苏州刺史于頔疏畎浍、修頔(荻)塘。

元和三年(808年)淮南节度使李吉甫筑平津堰、富人塘，溉田数千顷。长庆中，复修白水荡。

元和七年(812年)淮南大水；镇江旱涝成灾。

元和八年(813年)常州刺史孟简复引长江水开孟渎以溉农田。

元和十一年(816年)苏州刺史王仲舒修宝带桥。

宝历元年(825年)淮北、太湖大水。

宝历二年(826年)盐铁使王播开七里港河，东通旧官河。

大和七年(833年)淮南、江南、太湖三地大水。

大中十二年(858年)淮北、淮南、江南大水湮没数万家。

11. 五代十国(907—979)

同光四年(926年)苏州、吴县、吴江县大水。

长兴三年(932 年)六月,徐州等地大水。

天福四年(939 年)宿迁大水。

天福五年(940 年)苏州、吴县、吴江县大水。

12. 北宋(960—1127)

太平兴国八年(983 年)黄河决滑州,夺泗水入淮河,徐州地区大水。

至道二年(996 年)陈省华议筑昆山塘。

大中祥符四年(1011 年)淮南海潮;太湖泛滥,毁田伤民。

乾兴元年(1022 年)淮南、太湖雨水坏民田,无禾。

天圣元年(1023 年)淮北、淮南水灾,太湖泛滥。

天圣二年(1024 年)范仲淹征四万人修捍海堰。

天圣三年(1025 年)发运使张纶请开真州长芦口河。

建炎年间,兴化偏西部筑成堤圩,北接盐城南及高邮,至绍兴十年(1140 年)方告功竣,是为"绍兴堰"。

景佑二年(1035 年)范仲淹守苏州乡郡,督浚黄泗、下张、三丈浦等,利及数州;上言仁宗,江南圩田,蓄泄有备。

庆历元年(1041 年)苏州通判李禹卿修筑太湖堤。

庆历二年(1042 年)晋陵县许恢浚申港、灶子港、戚墅三港,可灌田万顷。

至和二年(1055 年)昆山县主簿邱与权疏浚太湖堰塞塘浦,又筑昆山塘,后改称"至和塘",后又改称"娄江"。

嘉祐六年(1061 年)泗州为淮水所溢,淮南大水。

熙宁三年(1070 年)郏亶上书吴中水利之得失,著《上苏州水利书》《上治田书》,总结了唐末以来吴中河、湖治理存在问题。

熙宁七年(1074 年)疏通真州、扬州、楚州段运河。

熙宁十年(1077 年)黄河南决侵淮。

神宗元丰元年(1078 年)太湖地区大风雨潮,损财伤民。

元丰六年(1083 年)开龟山运河,上自洪泽镇,接原发运使许元所开新河,下于龟山镇入淮,全长 57 里。

元丰六年(1084 年)江淮等路发运副使蒋之奇、都水监陈裕甫疏通洪泽河道。

政和五年(1115 年)张抗督率军民于丹阳筑永丰圩。

政和六年(1116 年)平江府户曹赵霖开浚港浦,置闸以闭启、筑圩以卫田。

重和元年(1118 年)江、淮与太湖均大水,溺民没众。

13. 南宋(1127—1279)

建炎二年(1128 年)杜充决黄河,自泗入淮,以阻金兵。

绍兴二年(1132 年)淮甸水灾;次年,江南、吴江淫雨坏民田。

绍兴四年(1134 年)太湖淫雨害稼;淮南海溢。次年,江南与太湖地区久旱后大涝。

绍兴二十七年(1157 年)淮南、江南大水。

绍兴二十八年(1158 年)徐康疏浚太湖。

隆兴元年(1163 年)江淮大水,淮民南流数十万;太湖水溢。

乾道二年(1166 年)姜铣上言奏请造蔡泾闸、开申港,泄水势以利民。

淳熙元年(1174 年)江东提举潘甸奏报南宋朝廷:所辖州县措置修筑浚治陂塘已毕工,共修浚陂塘沟堰 2400 余所,可溉农田 44000 余顷。

淳熙年间提举薛元鼎建五龙桥。

淳熙三年(1176 年)应张子正奏,诏令修泰州月堰,以遏潮水。

淳熙十五年(1188 年)淮甸大雨,淮水溢。

绍熙五年(1194 年)淮东提举陈损之新筑江都县至淮阴大运河大堤,邵伯大运河堤防始于此;同年,黄河溃堤于阳武,夺泗入淮。自此淮、沂、沭、泗尽遭淤塞,历时 661 年之久。

庆元五年(1199 年)沿江及太湖地区均大水。

开禧二年(1206 年)淮河大水。

嘉定十六年(1223 年)江淮并涨;太湖水溢;是年,水害伤民坏田众多。

淳祐二年(1242 年)两淮大水,常州、湖州大水。

14. 元(1271—1368)

至元十五年(1279 年)夏,濉河大水。

至元十九年(1282 年)宣尉使朱清通海运,循娄江故道,导由刘家港入海。

元贞二年(1296 年)黄淮并涨,淮北、淮南、沿江地区均大水。

大德元年(1297 年)黄河溢,漂没田舍;次年,黄淮并涨,淮北、淮南均大水。

大德二年(1298 年)立浙西都水庸田司,专主水利;次年,置浙西平江河渠闸堰 78 处,浚太湖和淀山湖。

大德三年(1299 年)太湖大水、江湖泛滥。

大德八年(1304 年)任仁发大浚吴淞江入海故道。

至治二年(1322 年)太湖大水,溢田。

泰定元年(1324 年)黄河决口。次年,淮北、淮南大水;淮南海溢。

天历元年(1328 年)淮北、淮南、太湖水。次年,淮北、淮南大水;太湖地区夏涝,冬大雪。

至顺元年(1330 年)淮南、太湖水,害民田,饿殍甚重。次年,太湖又水溢,害田伤民。

元通二年(1334 年)黄淮并溢、淮南水;江南有旱涝。

至元元年(1335 年)濉河溢、淮安、清河等县水;淮南海溢。

至正四年(1344 年)黄河漫,丰、沛大水,吴江水。

15. 明(1368—1644)

洪武十一年(1378 年)太湖大水、扬州水溢。

洪武二十五年(1392 年)疏浚胥溪河。次年,太祖即命崇山侯李新,破岗凿渠,南接石臼,北通秦淮。

永乐三年(1405 年)南京新河江口,上自大胜关,下至江东驿,堤岸倾圮 3000 余丈。

永乐七年(1409 年)漕督陈瑄疏浚大运河、筑高邮湖堤。次年,疏浚沙河故道,易其名为“清江浦”,与古邗沟相通,合称“里运河”。

永乐九年(1411 年)沭河、长江大水,太湖涝。

永乐十一年(1413 年)二月初七,苏州府同知柳敬中奏报:昆山之太平河,东通大海,西接福兴河,上达阳澄湖,为利最博。近年淤塞,旱、涝俱不便。今欲疏浚,约用工 78400 人,计 25 日可完成。朱棣令征调旁近民夫 10 万,加快完成。次年,疏浚海州城南官河 240 里,及苏州昆山太平河。

永乐十三年(1415 年)朱棣役众开清江浦四闸,建淮安五坝,又置高邮湖诸塘岸。同年,平江伯陈瑄凿移风、清江、福兴、新庄四闸,以利民众。

泰定四年(1427 年)淮北水,淮南海溢。

宣德七年(1432 年)周忱教民治水之法,治芙蓉湖,筑堤成圩,西为芙蓉圩,东即杨家圩。

宣德九年(1434 年)黄河泛滥成灾。

正统元年(1436 年)太湖湖东溢;吴江水。次年,河、淮并涨;淮北、淮南水,湮没农舍民田;里运河堤闸有损,淮患现于淮阴以下流域。

正统七年(1442 年)淮南、淮北淫雨;湖海涌潮,平地水高数尺。

正统十四年(1449 年)淮南、太湖、浙西洪涝。

景泰五年(1454 年)江、淮大水;太湖流域洪涝旱交错为害,草木皆枯,死者无算。

成化七年(1471 年)黄、淮大水;淮南海潮涨发,坏捍海堰,漂没田宅人畜无数。

成化八年(1472 年)长江溢、江南水;太湖、浙西潮涨。吴县知县雍泰作堤为民利,称“雍公堤”。

成化十三年(1477 年)总漕都御史李裕、巡河郎中郭昇重修白塔河。

成化十七(1481 年)南京雨涝,太湖水溢。靖江加之太湖流域二十余府先旱后涝,淫雨不止,淹没沿岸,多饿殍浮尸。

正德五年(1510 年)江南、太湖、浙西二十余县淫雨经月不止,漂溺者不可胜数。

正德七年(1512 年)淮北大水、无锡大雨;沿江滨海地区海潮涨溢,人死以万记。

正德十二年(1517 年)黄、淮溢,淮北、淮南大水;江南、太湖、浙西水涝。是年,水漫民田屋舍,民死者以万记。

嘉靖元年(1522 年)江、淮水溢;淮北、淮南、江南、太湖风雨交替。是年,居民荡析,漂死无算。

嘉靖二年(1523年)工部都水司郎中林文沛开常州府河渎,檄无锡县开间江港245丈,又开西新河、永安河、包沿河、苏塘河共长12531丈,以泄运河之水,使归常熟宛山荡,散出白茆诸港。

嘉靖二十年(1541年)黄河决口、淮河泛滥、沭河大水;淮南与里下河大水。

嘉靖四十年(1561年)江淮并涨、里运河决堤;江南与太湖涝;淮北淮南滨海之地有海溢。河堤决、田舍湮,浮尸饿殍无算。

嘉靖四十五年(1566年)工部侍郎朱衡开新河于沛县,疏河导渠。

隆庆三年(1569年)黄、淮交溃,沂、沭并溢,洪湖大堤、里运河堤决,淮北大雨,淮南海溢、大雨交错,长江、太湖大水,松江、太仓海潮涨溢。洪涝风潮交相为害,全省被灾,人畜死伤无记;次年,黄、淮并涨,洪水泛滥,徐、沛、萧、砀、邳、宿、泗等州及洪泽湖、里运河处堤毁溃决。

嘉靖末,归有光著成《三吴水利录》。

万历三年(1575年)黄、淮并涨;次年,漕运侍郎吴桂芳命郎中陈诏、高邮州守吴显等,重开月河,西徙康济河。

万历五年(1577年)巡按御史林应训议东南水利之事,开长桥、两滩,浚吴淞、白茅诸塘泄太湖之下流,以通入海之势。

万历十年(1582年)黄淮并溢;全省风潮海啸,溺民无数。

万历十五年(1587年)淮、沂并涨;江南、太湖水溢,塞河道、没禾稼、崩田园。

万历十九年(1591年)黄、淮决溢至于泗州、盱眙;两淮、江南、太湖淫雨成灾。

万历二十四年(1596年)"分黄导淮",联通高邮、邵伯两湖,引淮水入江。

万历三十九年(1611年)黄河决口,淮北大水;靖江雨涝;四十年,黄河决、淮北海啸;四十一年,黄河又决。

万历四十三年(1615年)黄河决口,海州海啸。

天启元年(1621年)黄、淮、沭、运等决,且徐州淫雨不止,民多溺亡。

天启三年(1623年)黄河决口;江淮河水皆啸;南汇大水。次年,黄河决;江南、太湖大水,漂没无数。

天启七年(1627年)黄、沭、太湖决溢;淮南水;江南旱涝相继。

崇祯二年(1629年)黄河决口;淮北雨涝;青浦大水;通州风潮海溢。次年,黄河又决;通州海溢。

崇祯四年(1631年)黄淮交溃;淮南淫雨成灾;阜宁海溢。

崇祯六年(1633年)黄淮交溃;江南、太湖大雨成灾;吴县旱涝相继为害;靖江潮溢;漂溺人畜田禾。次年,黄河决口,江水涨溢。

崇祯十四年(1641年)黄河决口。次年,黄河复决;泗水暴溢;沛县、东台、桐乡雨涝。

崇祯年间,张国维筑长洲至和等塘、浚江阴运河;修松江、捍海堤,筑镇江漕渠,著《吴中水利全书》。

16. 清(1636—1912)

顺治四年(1647年)黄河决泛、里运河决、淮北雨涝、松江大水、如皋海溢。

顺治八年(1651年)沂、沭并涨;淮南、江南、沿江与太湖地区大雨水。次年,黄河决口邳州。

顺治十一年(1654年)淮南、松江风潮海溢。

顺治十五年(1658年)黄、淮、沭并涨;太湖大水;通、盐海溢。次年,赣榆海啸;沭阳大水;黄、沂、沭、并涨;两淮地区淫雨为灾。湮没民田、漂没庐舍。

康熙元年(1662年)黄、淮并涨,河水南溃入洪泽湖,旋冲翟家坝,东注高宝湖,决高邮、淹里下。

康熙四年(1665年)黄、淮、沂、沭并涨;淮北雨涝,飓风成灾、覆船无算;睢宁、涟水等地先旱后涝;淮南及太湖地区大水。是年,人畜庐舍漂没无算。

康熙七年(1668年)黄河决泛宿迁、三义坝、睢宁、张家庄、皇家嘴,淮南大水;宝应、高宝、江都多处大水决堤;淮北、浙西海溢。

康熙八年(1669年)黄、淮、运泛决,溧水、赣榆大水,嘉兴涝。

康熙十年(1671年)马祜、慕天颜、于阶开浚刘河淤道,建闸三座;开吴淞江东至新泾口,自新泾口迤西至赤雁浦、黄渡,修复旧址闸坝。

康熙十五年(1676年)黄水于清口倒灌入洪泽湖,决洪泽大堤,由永济河过杨家庙入运河,又决高家堰、高良涧等处;黄淮并流,决里运河清水潭、江都大潭湾、邵伯等处;里下河溢,太湖、江南大水。

康熙十九年(1680年)黄、淮并涨,泗州陷没、里运河决泛,江南、江北洪涝相交;太湖淫雨成涝。

康熙二十年(1681年)慕天颜浚白茆港43里,疏孟渎河48里,皆建闸。

康熙二十五年(1686年)工部侍郎孙在丰于淮扬疏浚河口。

康熙三十五年(1696年)黄、淮、运决口,淮北涝;江南、太湖旱涝交替为灾;江海潮溢。次年,黄决淮涨;里下河、太湖大水。

康熙四十八年(1709年)邵穆布、于淮浚白茆、福山两港,修白茆旧闸,建福山新闸;又建福山黄泥湾新闸。

雍正元年(1723年)黄河决口、常熟大水;淮南洪涝相交。次年,沛县、六合大水;江南旱洪交替为害;淮南沿滨海溢。

雍正七年(1729年)黄水入睢;丰县、盱眙大水;溧水涝。次年,黄、淮、沂、沭并涨;江南、太湖大水;淮北涝、淮南海溢、海潮倒灌睢宁。

雍正十年(1732年)淮南、上海滨海之地风潮海溢,且太湖大水,湮没无算;江阴更甚,溺死者数千,为百年之灾。

雍正十二年(1734年)江苏巡抚高其倬委督吴县知县江之瀚,浚筑穹窿山麓堰闸池塘,以资灌溉蓄汇,堰池闸座桥梁沟涧悉复其旧。

乾隆七年(1742年)淮河决高邮、邵伯各闸坝;沭河大水、里运河涨溢苏北被灾,漂溺无数;淮南、丰县、高淳雨涝,尽淹田舍。次年,黄河决口、淮湖涨溢、江南雨涝,两淮地区旱涝相替为灾。

乾隆十年(1745年)黄、淮、沭涨溢,黄河决口于陈家浦。

乾隆十二年(1747年)淮北大水;淮南、太湖风潮水溢,漂没人畜无数。

乾隆十八年(1753年)黄河决于铜山,漫水以南至于灵、虹等县,归于洪泽湖;里运河决,启放洪湖及运河各坝;淮南大水。

乾隆二十年(1755年)两淮淫雨成灾,海潮暴涌,淹没田舍、漂溺民畜;长江涨溢,四十余日始退;太湖洪涝相交为灾;是年,洪、涝、旱、潮无处不在,遍野为灾。

乾隆二十八年(1763年)庄有恭疏吴淞江、刘家河,开浚太湖诸溇渎,铲除湖滩草荡。

乾隆四十六年(1781年)黄河决口,微山湖水溢,太湖水溢。

乾隆四十八年(1783年)黄河决睢宁,铜山大水;次年,黄河又决。

乾隆五十九年(1794年)黄河决口于丰县,注水于微山湖;太湖大雨。

嘉庆元年(1796年)黄淮并决,淮北水,武进涝;次年,黄河又决于砀山。

嘉庆十一年(1806年)黄河决口于睢宁,次年决于阜宁入射阳湖,奏请改道,不果。

嘉庆十四年(1809年)里运河决口于五家庄、山阳状元墩。

嘉庆十五年(1810年)运堤连决,开决"归江""归海"各坝;兴化没田、涟水涝、东台旱。次年,黄河又决,漫于洪泽。

嘉庆十九年(1814年)洪泽水涨,开决湖堤、运堤各坝。

道光二年(1822年)洪泽湖堤与里运河堤各坝先后开决;里下河大水,淮北雨涝。次年,长江异涨,沿江潮溢;太湖水。

道光十四年(1834年)陶澍、林则徐开刘河,建石坝涵洞,浚白茆、七浦。

道光二十九年(1849年)黄河决口于阜宁;江南、太湖淫雨不止;江海潮溢。遍野皆水,灾害甚重。

咸丰元年(1851年)黄河决砀山,冲大溜为大沙河;次年,黄、淮并涨,洪泽湖三河决口百余丈。

咸丰三年(1853年)黄河忽决于丰县故口处,溺人畜无算。

咸丰五年(1855年)黄河决口于铜瓦厢,由淮河改流为大清河于利津入渤海。是年,黄淮并涨,中运河、六塘河满溢成灾。

同治五年(1866年)淮河涨溢成灾;淮北淫雨为害;里运河堤毁溃决。是年,洪涝交相为害,漂没人畜无算。

同治七年(1869年)中运河、沭河大水;淮南、兴化涝田;江南大雨。次年,江南雨涝;淮南卤水倒灌;靖江风潮海溢。

光绪四年(1878 年)淮河水、里运河开归海三坝;吴江、青浦雨涝。

光绪九年(1883 年)淮水、洪泽湖并涨,两淮淫雨成涝;里运河开归海坝;阜宁海啸漫田;青浦卤水灌田、淫雨岁歉。

光绪十五年(1889 年)江淮沿岸雨涝成灾。太湖、江南淫雨不止,山洪暴发、田淹殆尽。

光绪三十二年(1906 年)沂沭涨溢,骆马湖堤漫决,洪水四散泛滥;两淮地区淫雨成灾,洪涝相交。

宣统元年(1909 年)淮北大水,六塘河决口;次年,两淮大水,中运河、六塘河决。

17. 民国(1912—1949)

民国二年(1913 年)张謇于《导淮计划宣告书》提及统筹兼顾、以治诸河的治水理念。

民国三年(1914 年)滨海地区卤潮倒灌里下河腹地,受害面积达 120 万亩。

民国五年(1916 年)淮河大水流入洪泽湖,洪水分三河,由运河各坝分流归海,小部分经旧黄河入海。

民国十年(1921 年)江、淮、沂、泗涨溢;太湖江水倒灌、洪水为灾。

民国十五年(1926 年)黄河决于刘庄、灌于微山湖,冲蔺家坝,徐、海、淮被灾。

民国二十年(1931 年)江、淮、沂、泗涨溢,全省洪涝相交;淮水入江灌里运河,里运河溃决,淮南尽淹;沂水、泗水入中运河,中运河亦决,淮南水漫;太湖大雨加之海潮侵袭,受灾严重。

民国二十二年(1933 年)长江水涨发甚早,设防于此;八月,黄河漫决,培修沿河堤防。江南滨海,受风潮海袭。

民国二十七年(1938 年)阻拦日军进攻,国民党军队于河南中牟县花园口以炸药使黄河决口,造成豫东、皖北、苏北成“黄泛区”九年有余,受灾人口达 1300 万,死亡人数达 90 万。同年,日寇决苏北运堤,里下河淹没殆尽。次年,里下河北部沿海海啸,死伤数万。

二、江苏省首批省级水利工程遗产名录

序号	市别/单位	遗产名称	所属区县
1	南京(7处)	武庙闸	玄武区
2		东水关遗址	秦淮区
3		天生桥河(胭脂河)	溧水区
4		朱家山河	浦口区
5		茅东闸	高淳区
6		水阳江水牮	高淳区
7		永定陡门	高淳区
8	无锡(10处)	梁武堰	江阴市
9		双泾闸	江阴市
10		横山水库	宜兴市
11		黄埠墩、西水墩	梁溪区
12		江南运河清名桥段故道	梁溪区
13		北仓河	锡山区
14		芙蓉圩	惠山区
15		梁溪河	滨湖区
16		间江	滨湖区
17		梅里伯渎港遗址	新吴区
18	徐州(6处)	古黄河明大堤	丰县
19		太行堤	丰县
20		华沂闸	邳州市
21		向阳渠	铜山区
22		故黄河百步洪	云龙区
23		云龙湖水库	泉山区
24	常州(6处)	沙河水库	溧阳市
25		救荒滃遗址	溧阳市
26		建昌圩	金坛区

续表

序号	市别/单位	遗产名称	所属区县
27		春秋淹城	武进区
28		文成坝、舣舟古渡及御码头	天宁区
29		南市河	钟楼区
30	苏州(8处)	白茆闸遗址	常熟市
31		谷渎港 渎港	张家港市
32		浏河节制闸	太仓市
33		吴江古纤道	吴江区
34		宝带桥	吴中区
35		苏南水稻田灌溉遗址	吴中区
36		盘门	姑苏区
37		山塘河	姑苏区
38	南通(8处)	洪家滩“十涝十排”纪念地	海安市
39		如皋城东水关	如皋市
40		范公堤(如东段)	如东县
41		张公堤	海门区
42		通海垦牧公司海堤挡潮墙遗址	启东市
43		西被三闸	通州区
44		江岸水楗	崇川区
45		九圩港闸	崇川区
46	连云港(6处)	石梁河水库	东海县
47		安峰山水库	东海县
48		小塔山水库	赣榆区
49		红领巾水库	赣榆区
50		临洪闸	海州区
51		凰窝水库	连云区
52	淮安(5处)	矶心闸	淮安区
53		双金闸	淮阴区

续表

序号	市别/单位	遗产名称	所属区县
54		三闸遗址	淮阴区
55		板闸遗址	清江浦区
56		清江大闸	清江浦区
57	盐城(7处)	草堰石闸	大丰区
58		丁溪闸	大丰区
59		新洋港闸	亭湖区
60		斗龙港闸	大丰区
61		射阳河闸	射阳县
62		宋公堤	滨海县
63		云梯关	响水县
64	扬州(13处)	刘堡减水闸	宝应县
65		高邮灌区(含界首小闸、子婴闸)	高邮市
66		大运河明清故道(高邮段)	高邮市
67		平津堰	高邮市
68		车逻坝旧址	高邮市
69		南关坝旧址	高邮市
70		大运河明清故道(邵伯段)	江都区
71		古运河三湾	邗江区
72		古邗沟故道	邗江区
73		瘦西湖	邗江区
74		瓜洲闸	邗江区
75		刘公闸	广陵区
76		茱萸湾闸	广陵区
77	镇江(6处)	珥陵灌区	丹阳市
78		练湖闸	丹阳市
79		赤山闸	句容市
80		新四军水坝	句容市

续表

序号	市别/单位	遗产名称	所属区县
81		京口闸遗址	润州区
82		玉山大码头遗址(西津渡)	润州区
83	泰州(3处)	南水门遗址	海陵区
84		泰州宋代排水涵遗址	海陵区
85		千垛灌溉工程遗产	兴化市
86	宿迁(4处)	雪枫堤	泗洪县
87		古汴河	泗洪县
88		浮山堰遗址	泗洪县
89		庄滩闸	泗阳县
90	骆运(1处)	洋河滩闸	宿迁市宿豫区
91	淮沭新河(6处)	淮阴闸	淮安市淮阴区
92		杨庄闸	淮安市淮阴区
93		二河闸	淮安市洪泽区
94		沭阳闸(含柴米地涵)	宿迁市沭阳县
95		烧香河闸	连云港市连云区
96		善后新闸	连云港市灌云县
97	总渠(3处)	白马湖穿运洞	淮安市淮安区
98		高良涧闸	淮安市洪泽区
99		阜宁腰闸	盐城市阜宁县
100	洪泽湖(3处)	洪泽湖大堤	淮安市洪泽区
101		蒋坝水位站	淮安市洪泽区
102		三河闸	淮安市洪泽区
103	江都(7处)	邵伯节制闸	扬州市江都区
104		江都西闸	扬州市江都区
105		江都水利枢纽(含一站、二站、三站)	扬州市江都区
106		芒稻闸	扬州市江都区
107		太平闸	扬州市江都区

续表

序号	市别/单位	遗产名称	所属区县
108		邵仙洞闸	扬州市广陵区
109		万福闸	扬州市广陵区
110	秦淮河(2处)	武定门节制闸	南京市秦淮区
111		武定门泵站	南京市秦淮区
112	省水文局(6处)	南京潮位站	南京市鼓楼区
113		江阴潮位站	无锡市江阴市
114		新安水文站	徐州市新沂市
115		百渎口水位站	常州市武进区
116		苏州(觅渡桥)水位站	苏州市姑苏区
117		镇江潮位站	镇江市京口区

资料来源：江苏省水利厅《关于江苏省首批省级水利遗产名录的公示》
http://jssslt.jiangsu.gov.cn/art/2021/11/24/art_42984_10123621.html

三、江苏省世界灌溉工程遗产

世界灌溉工程遗产(Heritage Irrigation Structures)是国际灌溉排水委员会(The International Commission on Irrigation and Drainage,简称ICID)从2014年在全球范围内评选的与“灌溉”“排水”相关的遗产项目,目的在于更好地保护与利用仍发挥灌溉功效的古代灌溉工程,挖掘和宣传古代灌溉工程形成与发展的历史以及对世界文明进程的影响。中国国家灌排委员会主席、水利部农村水利水电司司长陈明忠提到:“中国的世界灌溉工程遗产几乎涵盖了灌溉工程的所有类型,是灌溉工程遗产类型最丰富、分布最广泛、灌溉效益最突出的国家。”截至2022年10月6日,我国世界灌溉工程遗产已有30处,其中江苏两项入选,分别为江苏里运河—高邮灌区与兴化垛田灌排工程体系。

一、江苏里运河—高邮灌区

2021年11月里运河—高邮灌区正式入选第八批世界灌溉工程遗产名录,是江苏省首个入选该名录的灌溉工程。灌区位于淮河下游,江苏省中部的里下河地区西侧,为北亚热带季风气候,雨量充沛,且地势平坦、低洼，是典型的平原水乡。依据地形、地貌特征，主要由沿京杭大运河一线的自流灌区、高邮湖西地区以及丘陵山区与沿湖圩区三大灌溉区域组成，是一个面积超过50万亩的大型灌区。

里运河—高邮灌区历史极为悠久，最早可追溯到春秋时期吴王夫差开凿的邗沟。至唐宪宗元和年间淮南节度使李吉甫修筑富人、固本等“高邮三塘”，高邮一带已形成大规模引水灌溉的水利形势。唐至明清时期是高邮灌区成长与完善期，因政府对京杭大运河疏浚与维护的重视，通过筑运堤、开月河、建减水闸坝等，在里运河与沿线湖泊周边兴建了众多水利工程，使得灌溉工程体系逐步完善。至民国十年（1921年），高邮里运河两岸已经形成子婴闸、界首小闸、头闸等九闸九洞，形成灌溉、排水兼备的水利体系。

高邮灌区

里运河—高邮灌区灌溉工程体系主要以高邮湖与里运河为供水水源，通过车逻洞、车逻闸、八里松洞、南关洞等九座水闸、水洞、水关与引水渠，构建出灌区内灌、排、挡、降等工程体系，形成了干、支、斗渠三级渠道为主的灌溉工程体系，体现了高邮地区人民“人定胜天”的伟大气魄和高超的水利科学水平。

二、江苏兴化垛田灌排工程体系

2022年10月，江苏省兴化垛田灌排工程体系入选第九批世界灌溉工程遗产名录。作为国内外唯一的高地旱田灌排工程体系，该遗产主要分布在江苏省兴化市垛田街道、沙沟镇、千垛镇、中堡镇、竹泓镇、林湖乡、开发区、兴东镇、昭阳街道等九个乡镇，总面积为52.88平方千米。该地属亚热带湿润季风气候区，流域年平均气温为14℃—15℃，多年平均降雨量1040毫米，其流域水系为淮河水系中的里下河腹地水系，地势低洼平坦，地势东、南稍高，西北偏低，为四周高中间低的碟形洼地，有“锅底洼”之称。

兴化垛田

兴化垛田灌排工程体系起源最早可追溯至唐代。唐大历二年(767年)，淮南节度判官李承为防海潮侵害，修筑常丰堰，自盐城入海陵，堰西斥卤之地(含今兴化东部)渐成农田。北宋天圣元年(1023年)，范仲淹在常丰堰基础上筑范公堤，有效防止海水西灌。后因黄河夺淮，里下河一带，特别是兴化境内因泥沙淤积，湖泊向荡地转变，境内湖荡密布。至明代中后期，垛田才正式创建与初步发展。至清代，随着兴化垛田渐成规模，排灌工程也随之趋于成熟。后人力垦造垛田一直延续到20世纪90年代。

该遗产主要由垛田、灌排工程体系与相关水利文化遗产构成，包括堤防、闸站、泵站、湖荡塘泊、古桥、码头等形式。通过开河排水、堆土成垛，随着堤防、闸坝等水利工程的日益细化，水系得到分级控制，建立起分层的垛田灌溉工程体系。兴化垛田排灌工程体系建成后，极大地改善了区域自然环境与社会经济发展条件，在灌溉排水、防洪抗旱、生态农业与景观旅游等方面至今仍发挥着显著的效益。

参考文献

一、古籍和地方志

[1] (北魏)郦道元著;陈桥驿校证. 水经注校证[M],北京:中华书局,2007.07.

[2] (道光)重修宝应县志,中国方志丛书 第406册[M],台北:台湾成文出版社,1966年.

[3] (光绪)阜宁县志[Z],清光绪十二年刻本.

[4] (光绪)无锡金匮县志[Z],清光绪七年刊本.

[5] (光绪)盱眙县志稿[Z],清光绪十七年刻本.

[6] (光绪)盐城县志[Z],清光绪二十一年刻本.

[7] (汉)班固撰;(唐)颜师古注.汉书[M],北京:中华书局,2013.

[8] (汉)兰台令史班固撰;(唐)秘书少监颜师古注. 汉书 点校本二十四史[M], 北京:中华书局, 2013.04.

[9] (汉)司马迁撰.史记[M],北京:中华书局,2013.

[10] (洪武)无锡县志[M],清文渊阁四库全书本.

[19] (嘉靖)兴化县志[M]. 南京:凤凰出版社,2014.03.

[11] (嘉庆)高邮州志[Z],清道光二十五年范凤谐等重校刊本.

[12] (嘉庆)高邮州志[Z],中国方志丛书第29册.

[13] (嘉庆)扬州府志[Z],清嘉庆十五年刊本.

[14] (民国)泗阳县志[Z],民国十五年铅印本.

[15] (民国)徐谦芳.扬州风土记略[M],南京:江苏古籍出版社,1982.

[16] (民国)续修盐城县志稿[Z],民国二十五年铅印本.

[17] (民国)赵尔巽等编. 清史稿[M],中华书局,1977.

[18] (明)归有光:震川集选,林纾选评寄王太守书铅印本[M],商务印书馆,民国十三年.

[20] (明)陆世仪著. 陆子遗书[M], 扬州:广陵书社, 2019.

[21] (明)宋濂等撰. 元史[M],中华书局,2013.

[22] (明)朱国盛纂,(明)徐标续纂:南河志[M],续修四库全书.

[23] (明)朱之蕃,陆寿柏绘;(明)余孟麟,雅游编;金陵图咏. (明)陈沂. 古今图考[M],不分卷. 明天启三年刻本.

[24] (乾隆)淮安府志,续修四库全书第700册[M],上海:上海古籍出版社,2002.

[25] (乾隆)震泽县志[Z],清光绪重刻本.

[26] (清)董诰等编. 全唐文[M],北京:中华书局,1983.

[27] (清)傅泽洪,黎世序等主编;郑元庆等纂辑. 行水金鉴 续行水金鉴附分类索引[M], 南京:凤凰出版社,2011.

[28] (清)顾祖禹著. 读史方舆纪要[M],北京:中华书局,2005.

[29] (清)郭起元撰;(清)蔡寅斗评. 介石堂水鉴6卷[M], 济南:齐鲁书社,1996.08.

[30] (清)黎世序. 续行水金鉴[M],清道光壬辰年(1852)河库道署刊本,中国水利 珍本丛书第一辑,北京:中华书局,1983.

[31] (清)李艾著;陈文和点校. 扬州画舫录[M],扬州:广陵书社,2010.

[32] (清)阮元校刻;蒋鹏翔主编. 四部要籍选刊 阮刻尚书注疏 [M], 杭州:浙江大学出版社,2014.

[33] (清)余怀. 板桥杂记. 清康熙刻说铃本[M].

[34] (清)张廷玉等撰. 明史[M],中华书局,2013.

[35] (宋)乐史撰. 太平寰宇记[M],北京:中华书局,2007.

[36] (宋)司马光:资治通鉴[M],中华书局,1956.

[37] (唐)房玄龄等撰. 晋书[M], 北京:中华书局,2013.

[38] (唐)房玄龄等撰. 晋书[M], 北京:中华书局,2013.

[39] (唐)魏征等撰. 隋书[M], 北京:中华书局,2013.

[40] (万历)扬州府志[Z],明万历刻本.

[41] (元)脱脱等撰. 宋史[M],中华书局,2013.

[42] (至正)昆山郡志[Z],元至正元年修清宣统元年本.

[43] 陈椿庭.水利水电科研工作发展历程[C].//中国水力发电史料征集编辑委员会编. 中国水力发电史料选编[M]. 中国水力发电史料编辑部，1997.

[44] 单锷撰.吴中水利书[M]，北京：中华书局，1985.

[45] 丁文江著，黄汲清等编. 丁文江选集[M]，北京：北京大学出版社，1993年.

[46] 凤凰出版社编. 中国地方志集成 江苏府县志辑 6 光绪六合县志、民国六合县续志稿、民国棠志拾遗[M]，南京：凤凰出版社，2008.

[47] 古照彦，中央研究院历史语言研究所编：明洪武实录[M].

[48] 故宫博物院编. 阜宁县志等四种[M]，海口：海南出版社，2001.

[49] 顾炎武著，黄坤等校点.天下郡国利病书[M]，上海：上海古籍出版社，2012.

[50] 侯宗海，夏锡宝纂. 光绪江浦埤乘[M]，南京：江苏古籍出版社，1991.

[51] 胡宿.文恭集[M]，北京：中华书局，1985.

[52] 黄汝香.(光绪)清河县志[Z]，台湾：成文出版社，1969.

[53] 李吉甫.元和郡县志[M] 广雅书局，清光绪25年.

[54] 李民，王健撰. 尚书译注[M]，上海：上海古籍出版社，2010.

[55] 李铭皖，冯桂芬等.同治苏州府志[Z]，南京：江苏古籍出版社，1991.

[56] 呤唎.太平天国革命亲历记[M]，北京：中华书局，1961.

[57] 楼钥.北行目录[M]，北京：中华书局，1991.

[58] 卢勇. 问水集校注[M]，南京：南京大学出版社，2016.

[59] 马可波罗，冯承钧译.马可波罗行记[M]，北京：中华书局，1954.

[60] 明神宗实录[M]，隆庆六年十一月乙未，台北中研院历史语言研究所校印本，1962.

[61] 清朝文献通考[M]，扬州：江苏广陵古籍刻印社，1993.

[62] 丘濬.大学衍义补[M]，景印文渊阁四库全书，子部，第712册.

[63] 沈括.长兴集[M]，上海：上海书店，1985.

[64] 沈佺编.民国江南水利志[M].

[65] 苏州历史博物馆，江苏师范学院历史系，南京大学明清史研究室编.武安会馆碑记(光绪十五)明清苏州工商业碑刻集[M]，南京：江苏人民出版社，1981.

[66] 佟世燕修. 康熙 江宁县志[Z],南京:南京出版社,2013.

[67] 万恭. 治水筌蹄[M],中国水利古籍丛刊本,北京:水利电力出版社,1985.

[68] 王逢. 梧溪集[M],北京:中华书局,1985.

[69] 王鸣盛著,黄曙辉点校. 十七史商榷[M],上海:上海书店出版社,2005.

[70] 魏源全集编辑委员会编校,贺长龄辑,魏源编次,曹堉校勘. 魏源全集[M]. 长沙:岳麓书社,2004.

[71] 武同举. 江苏水利全书[M],水利出版社,1951.

[72] 许嵩著,孟昭庚等点校. 建康实录[M],上海:上海古籍出版社,1987.

[73] 袁康,吴平. 徐儒宗点校:越绝书[M],杭州:浙江古籍出版社,2013.

[74] 张履祥辑补,陈恒力校释,王达参校. 补农书校释 [M],北京:农业出版社,1983.

[75] 张双棣. 吕氏春秋译注[M],北京:北京大学出版社,2011.

[76] 张铉. 至正 金陵新志[Z],上海:大化书局,1987.

[77] 中国水利水电科学研究院水利史研究室编校. 再续行水金鉴 淮河卷[M], 武汉:湖北人民出版社,2004.

[78] 周秉钧注译. 尚书[M],长沙:岳麓出版社,2001.

[79] 朱长文撰. 吴郡图经续记[M],宋刻本.

二、现代专著

[1] 胡焕庸撰. 淮河[M],上海:开明书店, 1952.

[2] (美)西奥多·W. 舒尔茨. 经济增长与农业[M], 北京:北京经济学院出版社, 1991.

[3] (日)森田明. 清代水利与区域社会[M],济南:山东画报出版社,2008.

[4] (日)星斌夫. 大运河——中国の漕运[M],东京:近藤出版社,1971.

[5]《中国农业全书》总编辑委员会,《中国农业全书·江苏卷》编辑委员会编. 中国农业全书 江苏卷[M],北京:中国农业出版社,1998.

[6] 鲍俊林. 复旦博学文库 15—20 世纪江苏海岸盐作地理与人地关系变迁[M], 上海:复旦大学出版社,2016.

[7] 陈吉余. 沂沭河[M],新知识出版社,1955.

[8] 陈静生,蔡运龙,王学军. 人类—环境系统及其可持续性[M],北京:商务印书馆, 2007.

[9] 戴均良等主编. 中国古今地名大词典[M], 上海:上海辞书出版社,2005.

[10] 丹阳市吕城镇志编纂委员会编著. 丹阳市吕城镇志[M],方志出版社,2010.

[11] 单树模,王庭槐,金其铭编著. 江苏省地理[M],南京:江苏教育出版社,1986.

[12] 范金民主编,胡阿祥卷主编. 江南社会经济研究 六朝隋唐卷[M],北京:中国农业出版社,2006.

[13] 范金民. 国计民生 明清社会经济新析[M], 南京:江苏人民出版社,2018.

[14] 范金民. 科第冠海内 人文甲天下 明清江南文化研究[M], 南京:江苏人民出版社, 2018.

[15] 范金民. 明清社会经济与江南地域文化[M],中西书局,2019.

[16] 冯贤亮. 太湖平原的环境刻画与城乡变迁(1368—1912)[M],上海:上海人民出版社,2008.

[17] 冯贤亮. 明清江南地区的环境变动与社会控制[M], 上海: 上海人民出版社,2002.

[18] 复旦大学历史学系编. 明清江南经济发展与社会变迁 复旦史学集刊第 6 辑[M],上海: 复旦大学出版社,2018.

[19] 高燮初主编,王卫平编著. 吴地经济开发[M],南京:南京大学出版社,1994.

[20] 葛剑雄主编. 中国人口史 第 4 卷[M],上海:复旦大学出版社,2005.

[21] 葛剑雄. 中国人口发展史[M],福州: 福建人民出版社,1991.

[22] 郭文韬. 中国农业科技发展史略[M],中国科学技术出版社,1988.

[23] 韩茂莉. 宋代农业地理[M],太原: 山西古籍出版社,1993.

[24] 胡阿祥,范毅军,陈刚主编. 南京古旧地图集[M],南京:凤凰出版社,2017.

[25] 胡阿祥. 东晋南朝侨州郡县与侨流人口研究[M],南京:江苏人民出

版社,2019.

[26] 胡阿祥.淮河[M],江苏:江苏教育出版社,2011.

[27] 黎澍主编. 马恩列斯论历史科学[M],北京:人民出版社,1980.

[28] 刘淼. 明清沿海荡地开发研究[M],汕头:汕头大学出版社,1996.

[29] 卢勇著,王思明主编,王红谊,包平等编委. 明清时期淮河水患与生态社会关系研究[M],北京:中国三峡出版社,2009.

[30] 罗传栋主编. 长江航运史(古代部分)[M],北京:人民交通出版社,1991.

[31] 马俊亚. 被牺牲的"局部"[M],国立台湾大学出版中心,2010.

[32] 马俊亚. 规模经济与区域发展:近代江南地区企业经营现代化研究[M],南京:南京大学出版社,1999.

[33] 马俊亚. 区域社会经济与社会生态[M],北京:生活·读书·新知三联书店,2013.

[34] 马俊亚. 江南苏北地域文化变迁[M],南京:南京大学出版社,2020.

[35] 马克思,恩格斯.中共中央马克思恩格斯列宁斯大林著作编译局编译[M],马克思恩格斯选集,北京:人民出版社,1995.

[36] 闵庆文,孙雪萍,张慧媛主编,江苏兴化垛田传统农业系统[M],北京:中国农业出版社,2015.

[37] 南京市地方志编纂委员会编.南京水利志[M],深圳:海天出版社,1994.

[38] 邱树森主编,汪家伦等编.江苏航运史(古代部分)[M],北京:人民交通出版社,1989.

[39] 彭安玉. 明清苏北水灾研究[M],呼和浩特:内蒙古人民出版社,2006.

[40] 山东省地方史志编纂委员会编. 山东省志 第6卷 地质矿产志[M],济南:山东人民出版社,1993.

[41] 史念海. 中国的运河[M],西安:陕西人民出版社,1988.

[42] 水利部淮河水利委员会淮河水利简史编写组编. 淮河水利简史[M],北京:水利电力出版社,1990.

[43] 水利部淮河水利委员会淮河志编纂委员会编.淮河志 第2卷 淮河综述志[M],北京:科学出版社,2000.

[44] 水利水电科学研究院中国水利史稿编写组. 中国水利史稿[M],北京:水利电力出版社,1989.

[45] 太湖水利史稿编写组编. 太湖水利史稿[M],南京:河海大学出版社,1993.

[46] 谭其骧主编. 中国历史地图集 第8册 清明期[M],北京:地图出版社,1987.

[47] 汤民辑:鳅闻日记,近代史资料 1963 年第 1 期[M],北京:中华书局.

[48] 田家怡,闫永利,韩荣钧等. 黄河三角洲生态环境史 上[M],济南:齐鲁书社,2016.

[49] 汪家伦,张芳编著. 中国农田水利史[M],北京:农业出版社,1990.

[50] 王鸿桢. 中国古地理图集[M],北京:地图出版社,1985.

[51] 王建革. 国家哲学社会科学成果文库·江南环境史研究[M]. 北京:科学出版社,2016.

[52] 王建革. 水乡生态与江南社会(9—20 世纪)[M],北京:北京大学出版社,2013.

[53] 王利华主编. 中国历史上的环境与社会[M],北京:生活·读书·新知三联书店,2007.

[54] 王社教. 苏皖浙赣地区明代农业地理研究[M],西安:陕西师范大学出版社,1999.

[55] 王思斌.社会学教程(第五版)[M],北京:北京大学出版社,2021.

[56] 王卫平,王国平主编. 吴文化与江南社会研究[M],北京:群言出版社,2005.

[57] 王卫平主编. 明清时期江南社会史研究[M],北京:群言出版社,2006.

[58] 王卫平著,王卫平,池子华主编. 中日地方志与江南区域史研究[M],苏州:苏州大学出版社,2014.

[59] 王星光. 中国农史与环境史研究[M],郑州:大象出版社,2012.

[60] 文物编辑委员会编. 文物资料丛刊 [M],北京:文物出版社,1985.

[61] 吴海涛. 淮河流域环境变迁史[M],合肥:黄山书社,2017.

[62] 吴宗越编著.沂沭泗河览胜[M],北京:长江出版社,2006.

[63] 吴朋飞. 历史水文地理学的理论与实践:基于涑水河流域的个案研

究[M]，北京：科学出版社，2016.

[64] 吴朋飞等. 黄河变迁与开封城市兴衰关系研究[M]，北京：科学出版社，2019.

[65] 武汉水利电力学院、水利水电科学研究院中国水利史稿编写组编. 中国水利史稿 上[M]，北京：水利电力出版社，1979.

[66] 夏明方，郝平主编. 灾害与历史[M]，北京：商务印书馆，2018.

[67] 徐四海编著. 江苏文化通论[M]，南京：东南大学出版社，2016.

[68] 尤联元，杨景春. 中国地貌 [M]，北京：科学出版社，2013.

[69] 展龙主编. 中华大典农业典・农田水利分典[M]，开封：河南大学出版社，2017.

[70] 张崇旺. 淮河流域水生态环境变迁与水事纠纷研究 1127—1949 上[M]，天津：天津古籍出版社，2015.

[71] 张崇旺. 明清时期江淮地区的自然灾害与社会经济[M]，福州：福建人民出版社，2006.

[72] 张芳著，路甬祥主编. 中国古代灌溉工程技术史[M]，太原：山西教育出版社，2009.

[73] 张文彩编著. 中国海塘工程简史[M]，北京：科学出版社，1990.

[74] 张修桂. 中国历史地貌与古地图研究[M]，北京：社会科学文献出版社，2006.

[75] 中国科学院编：中国自然地理・历史自然地理 [M]，北京：科学出版社，1982.

[76] 中国科学院地理研究所等. 长江中下游河道特性及其演变[M]，北京：科学出版社，1985.

[77] 中国科学院水利电力部水利水电科学研究院编. 堵口及围堰工程实例[M]，北京：水利电力出版社，1960.

[78] 中华文化通志编委会编，周魁一，谭徐明撰. 中华文化通志・水利与交通志[M]，上海：上海 人民出版社，1998.

[79] 钟歆著，李家超校. 扬子江水利考[M]，北京：商务印书馆，1936.

[80] 周魁一. 农田水利史略[M]，北京：水利电力出版社，1986.

[81] 周振鹤主编，胡阿祥，孔祥军，徐成著. 中国行政区划通史 三国两晋南朝卷 下[M]，上海：复旦大学出版社，2017.

[82] 邹逸麟主编. 黄淮海平原历史地理[M]，合肥：安徽教育出版

社,1997.

三、现代论文、报刊

[1] 安介生. 历史时期江南地区水域景观体系的构成与变迁——基于嘉兴地区史志资料的探讨[J]. 中国历史地理论丛,2006(4):17—29.

[2] 鲍俊林,高抒. 13 世纪以来中国海洋盐业动态演变及驱动因素[J]. 地理科学,2019,39(4):596—605.

[3] 鲍俊林,高抒. 沙岛浮生:明清崇明岛的传统开发与长江口水环境[J]. 史林,2020(3):81—92+ 221.

[4] 鲍俊林. 传统技术、生态知识及环境适应:以明清时期淮南盐作为例[J]. 历史地理研究,2020,40(2):38—51+157.

[5] 卜风贤. 古代黄河治理中的科技力量[N]. 团结报,2020 - 04 - 30(005).

[6] 陈吉余,虞志英,恽才兴. 长江三角洲的地貌发育[J]. 地理学报,1959(3):201—220.

[7] 陈吉余,恽才兴. 南京吴淞间长江河槽的演变过程[J]. 地理学报,1959(3):221—239.

[8] 陈吉余. 长江三角洲江口段的地形发育[J]. 地理学报,1957(3):241—253.

[9] 陈岭. 清末至民国江南水利转型与政治因应——以常熟白茆河为中心[J]. 江苏社会科学,2017(4):252—263.

[10] 陈启能. 乔治·奥威尔和卡尔·魏特夫[J]. 史学理论研究,2003(4):116—121+160.

[11] 陈希祥,缪锦洋,宋育勤. 淮河三角洲的初步研究 [J]. 海洋科学,1983,7(4):10—13.

[12] 陈希祥. 淮河下游区第四系下界的初步研究[J]. 地层学杂志,1987,11(3):207—212.

[13] 陈园园,卢勇. 江苏高邮湖泊湿地农业系统的保护与发展[J]. 农村经济与科技,2019,30(10):1—3.

[14] 褚绍唐. 吴淞江的历史变迁[J]. 上海师范大学学报(自然科学版),1980(2):102—11.

[15] 崔宇,卢勇. 历史地理视角的明清时期“束水攻沙”治黄之败探析

[J]. 农业考古,2009(4):206—211.

[16] 戴甫青. "邗沟十三变"综述[J]. 档案与建设,2019(1):71—74+76.

[17] 冯文科. 大别山地区构造地貌特征 [J]. 地质科学,1976,11(3):266—276.

[18] 伽红凯,卢勇,陈晖. 环境适应与技术选择:明清以来长三角地区特色农业发展研究[J]. 中国农史,2021,40(4):127—139.

[19] 高宝湖图说[J]. 运工专刊,1934.

[20] 哈承祐,朱锦旗,叶念军,黄敬军,龚建师,陆华. 被遗忘的三角洲——论淮河三角洲的形成与演化[J]. 地质通报,2005(12):1094—1106.

[21] 韩昭庆. 洪泽湖演变的历史过程及其背景分析[J]. 中国历史地理论丛,1998(2):61—76+249—250.

[22] 胡其伟. 民国以来沂沭泗流域环境变迁与水利纠纷[D]. 复旦大学,2007.

[23] 计小敏. 清代以来淮扬水上社会的研究(1644—1949)(J). 扬州大学学报(人文社会科学版),2017,21(3):122—128.

[24] 季士家. 江苏建省考实[J]. 东南文化,1989(2):180—188+179.

[25] 李宗盟,高红山,刘芬良,王帅,武茹丽,张辰光. 淮河形成时代探析[J]. 地理科学进展,2020,39(10):1708—1716.

[26] 梁利. 简论我国古代灌溉事业发展与地理环境的关系[J]. 水利电力科技,1995,22(2):46—50.

[27] 廖高明. 高邮湖的形成和发展[J]. 地理学报,1992(2):139—145.

[28] 凌申. 历史时期射阳湖演变模式研究[J]. 中国历史地理论丛,2005(3):73—79.

[29] 刘小平. 唐代寺院的水碾硙经营[J]. 中国农史,2005(4):44—50.

[30] 刘训华,朱正业. 清前期苏北地区的水利与饥荒[J]. 安徽农业科学,2010,38(2):1067—1068+1070.

[31] 刘振中,徐馨,陈钦峦等. 江淮分水岭东段地区的地貌发育 [J]. 扬州师院学报(自然科学版), 1982,3(1): 54—59.

[32] 卢勇,冯培. 20 世纪以来大运河水利史研究的反思与前瞻[J]. 中国农史,2019,38(5):134—144.

[33] 卢勇,洪成. 中国古代治水中的传统哲学理念及其应用[J]. 西北农林科技大学学报(社会科学版),2014,14(1):132—137.

[34] 卢勇,李燕.环境变迁视野下的明清时期苏北旱灾研究[J].中国农史,2013,32(1):61—69.

[35] 卢勇,沈雨珣.张謇的治淮成就与思想转变[J].产业与科技论坛,2017,16(12):109—111.

[36] 卢勇,沈志忠.明清时期洪泽湖高家堰大堤的建筑成就[J].安徽史学,2011(6):109—112.

[37] 卢勇,施大尉.兴化垛田:全球重要农业文化遗产[J].唯实,2015(8):79—82.

[38] 卢勇,王思明,郭华.明清时期黄淮造陆与苏北灾害关系研究[J].南京农业大学学报(社会科学版),2007(2):78—81+88.

[39] 卢勇,王思明.明清淮河流域生态变迁研究[J].云南师范大学学报(自然科学版),2007(6):45—52.

[40] 卢勇,王思明.明清时期淮河南下入江与周边环境演变[J].中国农学通报,2009,25(23):494—499.

[41] 卢勇,王思明.明清时期黄淮河防管理体系研究[J].中国经济史研究,2010(3):152—158.

[42] 卢勇,王思明.明清时期黄淮水灾预防措施探析[J].中国农史,2009,28(3):138—144.

[43] 卢勇,余加红.明末黄河中下游水利衰败与社会变迁(1573—1644)[J].云南社会科学,2019(2):162—173.

[44] 卢勇.公地悲剧:嘉道之际治水过程中利益集团的形成及影响[J].江苏社会科学,2016(5):256—262.

[45] 卢勇.江苏兴化地区垛田的起源及其价值初探[J].南京农业大学学报(社会科学版),2011,11(2):132—136.

[46] 卢勇.明代刘天和的治水思想与实践——兼论治黄分流、合流之辨[J].山西大学学报(哲学社会科学版),2016,39(3):68—73.

[47] 卢勇.水利勃兴与大国崛起:春秋战国时期军事水利的发展与启示[J].江海学刊,2017(6):173—180.

[48] 梅福根.浙江吴兴邱城遗址发掘简介[J].考古,1959(9):479+512.

[49] 南波.江苏省东海县焦庄古遗址[J].文物,1975(8):45—56+60.

[50] 彭安玉.论明清时期苏北里下河自然环境的变迁[J].中国农史,2006(1):111—118.

[51] 羌建.张謇与陈炽农业观之比较研究[J].中国农史,2013,32(6):123—130.

[52] 孙竞昊,卢俊俊.江南区域环境史研究的若干重要问题检讨和省思[J].重庆大学学报(社会科学版),2021,27(2):248—263.

[53] 唐元海.淮河古水系述略[J].治淮,1985(4):34—37.

[54] 王得庆.苏州新庄东周遗址试掘简报[J].考古,1987(4):311—317+362.

[55] 王建革,袁慧.清代中后期黄、淮、运、湖的水环境与苏北水利体系[J].浙江社会科学,2020(12):145—155+161.

[56] 王建革,袁慧.清代中后期黄、淮、运、湖的水环境与苏北水利体系[J].浙江社会科学,2020(12):145—155+161.

[57] 王建革.19—20世纪江南田野景观变迁与文化生态[J].民俗研究,2018(2):34—47+157—158.

[58] 王建革.芦苇群落与古代江南湿地生态景观的变化[J].中国历史地理论丛,2016,31(2):5—13.

[59] 王建革.明代太湖口的出水环境与溇港圩田[J].社会科学,2013(2):143—154.

[60] 王建革.清代东太湖地区的湖田与水文生态[J].清史研究,2012,83(1):76—86.

[61] 王建革.水文、稻作、景观与江南生态文明的历史经验[J].思想战线,2017,43(1):156—164.

[62] 王建革.宋代以来江南水灾防御中的科学与景观认知[J].云南社会科学,2017(2):98—104+187.

[63] 王建革.小农、士绅与小生境——9—17世纪嘉湖地区的桑基景观与社会分野[J].中国人民大学学报,2013,27(3):30—38.

[64] 王建革.元明时期嘉湖地区的河网、圩田与市镇[J].史林,2012(4):75—88+190.

[65] 王建革.元明时期吴江运河以东的河网与地貌[J].历史地理,2013(1):131—144.

[66] 王立霞.论唐宋水利事业与经济重心南移的最终确立[J].农业考古,2011(3):10—12.

[67] 王星光.中国古代农具与土壤耕作技术的发展[J].郑州大学学报

(哲学社会科学版),1994(4):8—11.

[68] 王永新.我国古代的水利法规[J].治淮,1994(1):42—43.

[69] 魏嵩山.太湖水系的历史变迁[J].复旦学报(社会科学版),1979(2):58—64+111

[70] 吴忱,朱宣清,何乃华等.华北平原古河道的形成研究[J].中国科学(B辑),1991,21(2):188—197.

[71] 吴大林.江苏溧水县发现东周古井[J].考古,1987(11):1047.

[72] 吴海燕,郭孟良.万恭及其《治水筌蹄》初探[J].河南师范大学学报(哲学社会科学版),1991(4):62—65.

[73] 吴梅.淮河水系的形成与演变研究[D].中国地质大学(北京),2013.

[74] 夏邦杰,王延荣,杨惠淑.治水与定国安邦[J].河南水利与南水北调,2012(17):16—17.

[75] 肖启荣.清代洪泽湖分泄与里下河平原防洪的实践过程研究(1644—1855)——黄运治理背后的 国计民生[J].地方文化研究,2018(1):77—85.

[76] 徐寅亮.导淮问题的研究[J].东方杂志,1923.

[77] 杨乙丹,朱宏斌.江南农区由点状分布到面状分布的演变——从地方行政机构设置和变迁角度的思考[J].农业考古,2005(3):85—89.

[78] 杨荫楼.秦汉隋唐间我国水利事业的发展趋势与经济区域重心的转移[J].中国农史,1989(2):38—44.

[79] 姚书春,王小林,薛滨.全新世以来江苏固城湖沉积模式初探[J].第四纪研究,2007(3):365—370.

[80] 宇田津彻郎,汤陵华,王才林,郑云飞,柳泽一男,佐佐木章,藤原宏志.中国的水田遗构探查[J].农业考古,1998(1):3—5.

[81] 袁慧,王建革.水环境与兴化圩-垛农田格局的发展(16—20世纪上半叶)[J].中国农史,2019,38(2):133—144.

[82] 袁慧.唐宋时期苏北运堤对湖泊水环境分割的过程研究[J].历史地理,2018(2):13—22.

[83] 展龙,徐进.明代水利奏报制度研究[J].安徽史学,2019(4):36—47.

[84] 展龙.明代漕运总兵考论[J].贵州社会科学,2019(5):80—87.

[85] 张芳.清代南方山区的水土流失及其防治措施[J].中国农史,

1998(2):50—61

[86] 张芳. 宁、镇、扬地区历史上的塘坝水利[J]. 中国农史,1994(2):32—42.

[87] 张芳. 扬州五塘[J]. 中国农史,1987(1):59—64+106—107.

[88] 张凤岐. 秦汉政治制度与农业发展研究[D]. 西北农林科技大学,2017.

[89] 张剑光. 江南运河与唐前期江南经济的面貌[J]. 中国社会经济史研究,2014(4):15—27

[90] 张茂恒,李吉均,舒强等. 兴化 XH—1 孔记录的苏北盆地晚新生代沉积体系及环境变化过程[J]. 地理研究,2011,30(3):513—522.

[91] 张新斌. 大禹与中国运河水系的起源[N]. 河南日报,2019—10—30(12).

[92] 张义丰. 淮河流域两大湖群的兴衰与黄河夺淮的关系[J]. 河南大学学报(自然科学版),1985(1):45—50.

[93] 赵凌飞. 六朝江南水利事业与经济社会变迁[D]. 江西师范大学, 2014.

[94] 赵筱侠. 黄河夺淮对苏北水环境的影响[J]. 南京林业大学学报(人文社会科学版),2013,13(3):92—101.

[95] 周魁一. 我国古代水利法规初探[J]. 水利学报,1988(5):26—36.

[96] 朱巍. 试论陆世仪农田水利之学的理论与实践——以江南太仓为例[J]. 农业考古,2010(4):181—184.

[97] 竺可桢. 中国近五千年来气候变迁的初步研究[J]. 中国科学,1973(2):168—189.

[98] 庄华峰. 古代江南地区圩田开发及其对生态环境的影响[J]. 中国历史地理论丛,2005(3):87—94.